eHealth in Deutschland

Florian Fischer · Alexander Krämer
(Hrsg.)

eHealth in Deutschland

Anforderungen und Potenziale innovativer
Versorgungsstrukturen

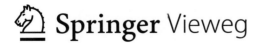

Herausgeber
Florian Fischer
AG Bevölkerungsmedizin und biomedizinische
Grundlagen, Fakultät für Gesundheitswissen-
schaften, Universität Bielefeld
Bielefeld
Deutschland

Alexander Krämer
AG Bevölkerungsmedizin und biomedizinische
Grundlagen, Fakultät für Gesundheitswissen-
schaften, Universität Bielefeld
Bielefeld
Deutschland

ISBN 978-3-662-49503-2   ISBN 978-3-662-49504-9 (eBook)
DOI 10.1007/978-3-662-49504-9

Die Deutsche Nationalbibliothek verzeichnet diese Publikation in der Deutschen Nationalbibliografie; detaillierte bibliografische Daten sind im Internet über http://dnb.d-nb.de abrufbar.

Springer Vieweg
© Springer-Verlag Berlin Heidelberg 2016
Das Werk einschließlich aller seiner Teile ist urheberrechtlich geschützt. Jede Verwertung, die nicht
ausdrücklich vom Urheberrechtsgesetz zugelassen ist, bedarf der vorherigen Zustimmung des Verlags.
Das gilt insbesondere für Vervielfältigungen, Bearbeitungen, Übersetzungen, Mikroverfilmungen und die
Einspeicherung und Verarbeitung in elektronischen Systemen.
Die Wiedergabe von Gebrauchsnamen, Handelsnamen, Warenbezeichnungen usw. in diesem Werk berechtigt
auch ohne besondere Kennzeichnung nicht zu der Annahme, dass solche Namen im Sinne der Warenzeichen-
und Markenschutz-Gesetzgebung als frei zu betrachten wären und daher von jedermann benutzt werden
dürften.
Der Verlag, die Autoren und die Herausgeber gehen davon aus, dass die Angaben und Informationen in diesem
Werk zum Zeitpunkt der Veröffentlichung vollständig und korrekt sind. Weder der Verlag noch die Autoren
oder die Herausgeber übernehmen, ausdrücklich oder implizit, Gewähr für den Inhalt des Werkes, etwaige
Fehler oder Äußerungen.

Gedruckt auf säurefreiem und chlorfrei gebleichtem Papier

Springer Vieweg ist Teil von Springer Nature
Die eingetragene Gesellschaft ist Springer-Verlag GmbH Berlin Heidelberg

Vorwort

Digitalisierung und Gesundheit – zwei Themen von gesellschaftlicher Bedeutung und fortwährender Aktualität. Die Digitalisierung im Gesundheitswesen ist dabei Folge aber auch zentraler Bestandteil eines sozialen Wandlungsprozesses, der uns aktuell beschäftigt aber auch zukünftig Herausforderungen mit sich bringen wird. So sind die zentralen Zielsetzungen von eHealth, also der Nutzung moderner Informations- und Kommunikationstechnologien im Gesundheitswesen, in Bezug auf eine Verbesserung der Versorgungsstrukturen und -prozesse in der Gesundheitsversorgung allseits erwünscht. Viele eHealth-Anwendungen sind bereits nicht mehr aus dem Versorgungsalltag wegzudenken. Dennoch stehen den (antizipierten) Potenzialen auch ethische, rechtliche und finanzielle Herausforderungen gegenüber. Darüber hinaus übt die Digitalisierung auch einen Einfluss auf das Verständnis und die Entwicklung der Interaktion zwischen unterschiedlichen an der gesundheitlichen Versorgung beteiligten Instanzen aus.

Daher bedarf es einer kritischen Auseinandersetzung mit den Potenzialen und Herausforderungen von eHealth aus verschiedenen Perspektiven. Dazu zählen sowohl die Perspektive von Leistungserbringerinnen und -erbringern als auch die Perspektive von Nutzerinnen und Nutzern. Darüber hinaus sind auch unterschiedliche wissenschaftliche Disziplinen ebenso wie die Politik in Fragestellungen und Diskussionen zum Thema eHealth einzubeziehen.

Der Einbezug unterschiedlicher Sichtweisen auf eHealth wird in diesem Sammelband angestrebt. Das Buch ist in vier Themenfelder gegliedert. In dem ersten Themenfeld stehen die Grundlagen und Voraussetzungen für eHealth im Vordergrund. Dabei erfolgt in Kap. 1 zunächst eine Einführung in das Themenfeld, in welcher sowohl eine begriffliche Einordnung und Abgrenzung vorgenommen als auch die Zielsetzungen und Herausforderungen von eHealth aufgezeigt werden. Es folgen weitere Kapitel, die sich mit den technischen (Kap. 2), rechtlichen (Kap. 3) und ethischen (Kap. 4) Voraussetzungen und Besonderheiten von eHealth auseinandersetzen. Darüber hinaus werden Aspekte der Finanzierung und Evaluation (Kap. 5) sowie Qualität von eHealth (Kap. 6) angesprochen. Diese einführenden Kapitel sollen als Grundlage dienen, um das Forschungs- und Praxisfeld von eHealth zu verstehen.

In dem zweiten Themenfeld werden unterschiedliche Anwendungsmöglichkeiten von eHealth aufgegriffen. So werden neben der elektronischen Gesundheitskarte (Kap. 7) auch explizit der Austausch bzw. die Weiterleitung von Daten im Rahmen der gesundheitlichen Versorgung am Beispiel von prozessorientierten Krankenhausinformationssystemen (Kap. 8) und einrichtungsübergreifenden Elektronischen Patientenakten (Kap. 9) betrachtet. Im Vordergrund stehen darüber hinaus innovative Anwendungen, die mit dem Einsatz digitaler Technologien ein umgebungsunterstütztes Leben („Ambient Assisted Living") ermöglichen sollen (Kap. 10). Kap. 11 befasst sich mit elektronisch unterstützten Angeboten der Aus-, Weiter- und Fortbildung im Gesundheitswesen. Neben der weitestgehenden Fokussierung auf Anwendungen aus dem deutschen Kontext werden auch internationale Perspektiven von eHealth betrachtet (Kap. 12).

Im dritten Themenfeld wird mit der Telemedizin ein zentrales Anwendungsfeld von eHealth beschrieben. Dabei wird zunächst zur Einführung auf die Akzeptanz der Telemedizin (Kap. 13) sowie anhand des Beispiels von Nordrhein-Westfalen – mit dem ZTG Zentrum für Telematik und Telemedizin und der Landesinitiative eGesundheit.nrw – auf die Implementierung und Weiterentwicklung von Telemedizin auf regionaler Ebene eingegangen (Kap. 14). Es folgen weitere Kapitel, die sich explizit mit den Potenzialen und Anforderungen von Telemedizin in bestimmten Anwendungsgebieten auseinandersetzen. Dazu gehören die Teleradiologie (Kap. 15), das Telemonitoring am Beispiel der Kardiologie (Kap. 16), die Telemedizin im Rahmen der Notfallmedizin (Kap. 17) und der Schlaganfallbehandlung (Kap. 18), die Tele-Intensivmedizin (Kap. 19) und auch internet- und mobilbasierte Interventionen zur Prävention und Behandlung psychischer Störungen (Kap. 20).

Vor dem Hintergrund des hohen Interesses der Bevölkerung an Gesundheitsthemen und der zunehmenden Nutzung des Internets als Informationsquelle steht die onlinebasierte Gesundheitskommunikation im Fokus des vierten Themenfeldes. Hier wird zunächst auf die Nutzung und den Austausch von Gesundheitsinformationen über das Internet eingegangen (Kap. 21), bevor explizit Aspekte zur Qualitätssicherung betrachtet werden (Kap. 22). Darüber hinaus setzt sich Kap. 23 damit auseinander, wie eine effektive Risikokommunikation durch das Internet umgesetzt und bereichert werden kann. Da auch im Gesundheitswesen zunehmend mobile digitale Technologien eingesetzt werden, beschäftigt sich Kap. 24 mit mHealth in der medizinischen Versorgung, Prävention und Gesundheitsförderung. Des Weiteren wird betrachtet, inwieweit Social Media als Marketinginstrument im Krankenhaussektor eingesetzt werden kann (Kap. 25).

Dieses Buch soll somit einen Überblick über die aktuelle Diskussion zum Thema eHealth im deutschen Kontext bieten. Basierend auf den Erfahrungen und Sichtweisen unterschiedlicher wissenschaftlicher Disziplinen auf dieses Themenfeld soll der Sammelband dazu beitragen, die verschiedenen Facetten von eHealth darzustellen und einen inter- und transdisziplinären Austausch zu fördern. Dies stellt eine unabdingbare Voraussetzung dar, um die Zielsetzung von eHealth – nämlich die Sicherung und Verbesserung der Qualität in der Gesundheitsversorgung – zu erreichen.

Wir möchten uns bei allen Kolleginnen und Kollegen bedanken, die ihren Beitrag zu diesem Sammelband geleistet haben. Darüber hinaus gilt unser besonderer Dank Violetta Aust und Saskia Bruning, die wertvolle Unterstützung beim Redigieren der Manuskripte und bei der Finalisierung des Buches gegeben haben.

Bielefeld
im April 2016

Florian Fischer
Alexander Krämer

Inhaltsverzeichnis

Teil I   Grundlagen und Voraussetzungen für eHealth

1   eHealth: Hintergrund und Begriffsbestimmung 3
    Florian Fischer, Violetta Aust und Alexander Krämer

2   Technische Standards bei eHealth-Anwendungen 25
    Bernhard Breil

3   eHealth: Rechtliche Rahmenbedingungen, Datenschutz
    und Datensicherheit 47
    Andreas Leupold, Silke Glossner und Stefan Peintinger

4   Ethische Aspekte von eHealth 83
    Georg Marckmann

5   Finanzierung und Evaluation von eHealth-Anwendungen 101
    Florian Leppert und Wolfgang Greiner

6   Qualität und eHealth 125
    Anke Simon

Teil II   eHealth-Anwendungen

7   eGesundheitskarte 155
    Arno Elmer

8   Prozessorientierte Krankenhausinformationssysteme 165
    Thomas Lux

9   Einrichtungsübergreifende Elektronische Patientenakten 183
    Peter Haas

10 Ambient Assisted Living 203
    Andreas Braun, Florian Kirchbuchner und Reiner Wichert

| 11 | eLearning in der medizinischen Aus-, Weiter- und Fortbildung .... | 223 |

Daniel Tolks

| 12 | Internationale Perspektiven von eHealth .... | 241 |

Roland Trill und Anna-Lena Pohl

Teil III Anwendungen und Anforderungen der Telemedizin

| 13 | Akzeptanz der Telemedizin .... | 257 |

Christoph Dockweiler

| 14 | Telemedizin in Nordrhein-Westfalen – ZTG Zentrum für Telematik und Telemedizin und die Landesinitiative eGesundheit.nrw .... | 273 |

Eric Wichterich, Veronika Strotbaum und Rainer Beckers

| 15 | Teleradiologie in Deutschland .... | 295 |

Torsten B. Möller

| 16 | Telemonitoring am Beispiel der Kardiologie .... | 307 |

Martin Schultz, Christine Carius und Joanna Gilis-Januszewski

| 17 | Telemedizin in der Notfallmedizin................................... | 319 |

Michael Czaplik und Sebastian Bergrath

| 18 | Telemedizin in der Schlaganfallbehandlung........................... | 335 |

Nicolas Völkel, Frank Kraus, Roman L. Haberl und Gordian J. Hubert

| 19 | Tele-Intensivmedizin.. | 347 |

Robert Deisz, Daniel Dahms und Gernot Marx

| 20 | Internet- und mobilbasierte Interventionen zur Prävention und Behandlung psychischer Störungen .... | 363 |

David Daniel Ebert, Anna-Carlotta Zarski, Matthias Berking und Harald Baumeister

Teil IV Onlinebasierte Gesundheitskommunikation

| 21 | Onlinebasierte Gesundheitskommunikation: Nutzung und Austausch von Gesundheitsinformationen über das Internet..................... | 385 |

Eva Baumann und Elena Link

| 22 | Qualität von onlinebasierter Gesundheitskommunikation.............. | 407 |

Florian Fischer und Christoph Dockweiler

| 23 | Risikokommunikation im Internet .... | 421 |

Martina Gamp, Luka-Johanna Debbeler und Britta Renner

**24 mHealth in der medizinischen Versorgung, Prävention
und Gesundheitsförderung** 441
Constanze Rossmann und Nicola Krömer

**25 Einsatz von Social Media als Marketinginstrument im
Krankenhaussektor**. 457
Larissa Thevis und Florian Fischer

Stichwortverzeichnis. 467

Autorinnen- und Autorenverzeichnis

Violetta Aust Fakultät für Gesundheitswissenschaften, AG Bevölkerungsmedizin und biomedizinische Grundlagen, Universität Bielefeld, Bielefeld, Deutschland

Eva Baumann Institut für Journalistik und Kommunikationsforschung, Hochschule für Musik, Theater und Medien Hannover, Hannover, Deutschland

Harald Baumeister Institut für Psychologie und Pädagogik, Universität Ulm, Ulm, Deutschland

Rainer Beckers ZTG Zentrum für Telematik und Telemedizin GmbH, Bochum, Deutschland

Sebastian Bergrath Klinik für Anästhesiologie, Uniklinik der RWTH Aachen, Aachen, Deutschland

Matthias Berking Lehrstuhl für Klinische Psychologie und Psychotherapie, Friedrich-Alexander-Universität Erlangen-Nürnberg, Erlangen, Deutschland

Andreas Braun Fraunhofer-Institut für Graphische Datenverarbeitung, Smart Living & Biometric Technologies, Darmstadt, Deutschland

Bernhard Breil FB Gesundheitswesen Gesundheitsinformatik (Systemintegration), Hochschule Niederrhein, Krefeld, Deutschland

Christine Carius Herz- und Diabeteszentrum Nordrhein-Westfalen, Institut für angewandte Telemedizin, Bad Oeynhausen, Deutschland

Michael Czaplik Klinik für Anästhesiologie, Uniklinik der RWTH Aachen, Aachen, Deutschland

Daniel Dahms Klinik für Operative Intensivmedizin und Intermediate Care, Uniklinik der RWTH Aachen, Aachen, Deutschland

Luka-Johanna Debbeler Fachbereich Psychologie, AG Psychologische Diagnostik & Gesundheitspsychologie, Universität Konstanz, Konstanz, Deutschland

Robert Deisz Klinik für Operative Intensivmedizin und Intermediate Care, Uniklinik der RWTH Aachen, Aachen, Deutschland

Christoph Dockweiler Fakultät für Gesundheitswissenschaften, AG Umwelt und Gesundheit, Universität Bielefeld, Bielefeld, Deutschland

David Daniel Ebert Lehrstuhl für Klinische Psychologie und Psychotherapie, Friedrich-Alexander-Universität Erlangen-Nürnberg, Erlangen, Deutschland

Arno Elmer IHP – Innovation Health Partners, Berlin, Deutschland

Florian Fischer Fakultät für Gesundheitswissenschaften, AG Bevölkerungsmedizin und biomedizinische Grundlagen, Universität Bielefeld, Bielefeld, Deutschland

Martina Gamp Fachbereich Psychologie, AG Psychologische Diagnostik & Gesundheitspsychologie, Universität Konstanz, Konstanz, Deutschland

Joanna Gilis-Januszewski Herz- und Diabeteszentrum Nordrhein-Westfalen, Institut für angewandte Telemedizin, Bad Oeynhausen, Deutschland

Silke Glossner Feldkirchen, Deutschland

Wolfgang Greiner Fakultät für Gesundheitswissenschaften, AG Gesundheitsökonomie und Gesundheitsmanagement, Universität Bielefeld, Bielefeld, Deutschland

Peter Haas Fachhochschule Dortmund, FB Informatik, Medizinische Informatik, Dortmund, Deutschland

Roman L. Haberl Abteilung für Neurologie und Neurologische Intensivmedizin, Klinikum München-Herlaching, München, Deutschland

Gordian J. Hubert Abteilung für Neurologie und Neurologische Intensivmedizin, Klinikum München-Herlaching, München, Deutschland

Florian Kirchbuchner Fraunhofer-Institut für Graphische Datenverarbeitung, Embedded Sensing and Perception, Darmstadt, Deutschland

Alexander Krämer Fakultät für Gesundheitswissenschaften, AG Bevölkerungsmedizin und biomedizinische Grundlagen, Universität Bielefeld, Bielefeld, Deutschland

Frank Kraus Abteilung für Neurologie und Neurologische Intensivmedizin, Klinikum München-Herlaching, München, Deutschland

Nicola Krömer Philosophische Fakultät, Seminar für Medien- und Kommunikationswissenschaft, Universität Erfurt, Erfurt, Deutschland

Florian Leppert Fakultät für Gesundheitswissenschaften, AG Gesundheitsökonomie und Gesundheitsmanagement, Universität Bielefeld, Bielefeld, Deutschland

Andreas Leupold München, Deutschland

Elena Link Institut für Journalistik und Kommunikationsforschung, Hochschule für Musik, Theater und Medien Hannover, Hannover, Deutschland

Thomas Lux Hochschule Niederrhein, FB Gesundheitswesen, Prozessmanagement im Gesundheitswesen, Krefeld, Deutschland

Georg Marckmann Medizinische Fakultät, Institut für Ethik, Geschichte und Theorie der Medizin, Ludwig-Maximilians-Universität München, München, Deutschland

Gernot Marx Klinik für Operative Intensivmedizin und Intermediate Care, Uniklinik der RWTH Aachen, Aachen, Deutschland

Torsten B. Möller reif & möller Netzwerk für Teleradiologie, Dillingen/Saar, Deutschland

Stefan Peintinger München, Deutschland

Anna-Lena Pohl Institut für eHealth und Management im Gesundheitswesen, Hochschule Flensburg, Flensburg, Deutschland

Britta Renner Fachbereich Psychologie, AG Psychologische Diagnostik & Gesundheitspsychologie, Universität Konstanz, Konstanz, Deutschland

Constanze Rossmann Philosophische Fakultät, Seminar für Medien- und Kommunikationswissenschaft, Universität Erfurt, Erfurt, Deutschland

Martin Schultz Herz- und Diabeteszentrum Nordrhein-Westfalen, Institut für angewandte Telemedizin, Bad Oeynhausen, Deutschland

Anke Simon Fakultät Wirtschaft, Angewandte Gesundheitswissenschaften, Duale Hochschule Baden-Württemberg Stuttgart, Stuttgart, Deutschland

Veronika Strotbaum ZTG Zentrum für Telematik und Telemedizin GmbH, Bochum, Deutschland

Larissa Thevis Fakultät für Gesundheitswissenschaften, AG Bevölkerungsmedizin und biomedizinische Grundlagen, Universität Bielefeld, Bielefeld, Deutschland

Daniel Tolks Klinikum der Universität München, Institut für Didaktik und Ausbildungsforschung in der Medizin, München, Deutschland

Roland Trill Institut für eHealth und Management im Gesundheitswesen, Hochschule Flensburg, Flensburg, Deutschland

Nicolas Völkel Abteilung für Neurologie und Neurologische Intensivmedizin, Klinikum München-Herlaching, München, Deutschland

Reiner Wichert AHS Assisted Home Solutions GmbH, Weiterstadt, Deutschland

Eric Wichterich ZTG Zentrum für Telematik und Telemedizin GmbH, Bochum, Deutschland

Anna-Carlotta Zarski Lehrstuhl für Klinische Psychologie und Psychotherapie, Friedrich-Alexander-Universität Erlangen-Nürnberg, Erlangen, Deutschland

Abkürzungsverzeichnis

AAL	Ambient Assisted Living
ACR	American College of Radiology
AEUV	Vertrag über die Arbeitsweise der Europäischen Union
AKdÄ	Arzneimittelkommission der deutschen Ärzteschaft
AMTS	Arzneimitteltherapiesicherheit
ASB	Arbeiter-Samariter-Bund
ASS	Acetylsalicylsäure
BÄK	Bundesärztekammer
BDSG	Bundesdatenschutzgesetz
BGB	Bürgerliches Gesetzbuch
BGG	Behindertengleichstellungsgesetz
BLAG	Bund-Länder-Arbeitsgruppe Telematik im Gesundheitswesen
BMBF	Bundesministerium für Bildung und Forschung
BMU	Bundesministerium für Umwelt, Naturschutz und Reaktorsicherheit
BTA	Bayerische TelemedAllianz
BZAK	Bundeszahnärztekammer
CDA	Clinical Document Architecture
CIRS	Critical Incident Reporting System
CT	Computertomografie
DAV	Deutscher Apothekenverband
DGAI	Deutsche Gesellschaft für Anästhesiologie und Intensivmedizin
DICOM	Digital Imaging and Communication in Medicine
DIN	Deutsches Institut für Normung e. V.
DIVI	Deutsche Interdisziplinäre Vereinigung für Intensiv- und Notfallmedizin
DKG	Deutsche Krankenhausgesellschaft
DRG	Diagnosis Related Groups
DRK	Deutsches Rotes Kreuz
DS-GVO	Datenschutzgrundverordnung
DSTU	Draft Standard for Trial Use
eBA	Elektronischer Berufsausweis

EbM	Evidenzbasierte Medizin
EBM	Einheitlicher Bewertungsmaßstab
eEPA	einrichtungsübergreifende Elektronische Patientenakte
eGBR	Elektronisches Gesundheitsberuferegister
eGK	Elektronische Gesundheitskarte
eHBA	Elektronischer Heilberufsausweis
EHIC	European Health Insurance Card
EHIF	Estonian Health Insurance Fund
eKA	elektronische Krankenakte
EPA	Elektronische Patientenakte
EU	Europäische Union
G-BA	Gemeinsamer Bundesausschuss
G-DRG	German Diagnosis Related Groups
GG	Grundgesetz
GKV-SV	Spitzenverband Bund der Krankenkassen
GMK	Gesundheitsministerkonferenz
GPS	Globales Positionsbestimmungssystem
HWG	Heilmittelwerbegesetz
ICD	International Classification of Diseases
ICM	Inverted Classroom Model
IEEE	Institute of Electrical and Electronics Engineers
IGeL	Individuelle Gesundheitsleistung
IHE	Integrating the Health Care Enterprise
IHTSDO	International Health Terminology Standards Development Organisation
IKT	Informations- und Kommunikationstechnologie
InEK	Institut für das Entgeltsystem im Krankenhaus
IoT	Internet of Things
ISO	International Organization for Standardization
IT	Informationstechnik
JUH	Johanniter Unfallhilfe
KBV	Kassenärztliche Bundesvereinigung
KDO	Kirchliche Datenschutzordnung
KIS	Krankenhausinformationssystem
KV	Kassenärztliche Vereinigung
KZBV	Kassenzahnärztliche Bundesvereinigung
LAN	Local Area Network
LMS	Learning Management System
LOINC	Logical Observation Identifier Names and Codes
MARS	Mobile App Rating Scale
Max	Maximum
mbH	mit beschränkter Haftung
MBit/s	Megabit pro Sekunde

Abkürzungsverzeichnis

MBO-Ä	(Muster-)Berufsordnung für die in Deutschland tätigen Ärztinnen und Ärzte
MDK	Medizinischer Dienst der Krankenversicherung
MFA	Medizinische Fachangestellte
min	Minuten
Min	Minimum
Mio.	Millionen
MOOC	Massive Open Online Course
NA	Notarzt/Notärztin
NACA	National Advisory Committee for Aeronautics
NEF	Notarzteinsatzfahrzeug
NEMA	National Electrical Manufacturers Association
NRW	Nordrhein-Westfalen
NTP	Network Time Protocol
NYHA	New York Heart Association
OER	Open Educational Resources
OPS	Operationen- und Prozedurenschlüssel
PACS	Picture Archiving and Communication Systems
PR	Public Relations
PSI	Population Services International
PTBS	Posttraumatische Belastungsstörung
QES	qualifizierte elektronische Signatur
QM	Qualitätsmanagement
QMS	Qualitätsring Medizinische Software
RA	Rettungsassistent/Rettungsassistentin
RCT	Randomisiert-kontrollierte Studie (randomized controlled trial)
REST	Representational State Transfer
RfStV	Rundfunkstaatsvertrag
RIM	Reference Information Models
RS	Rettungssanitäter/Rettungssanitäterin
RTH	Rettungshubschrauber
rtpa	recombinant tissue plasminogen activator
RTW	Rettungswagen
RWTH	Rheinisch-Westfälisch Technische Hochschule
SD	Standardabweichung (standard deviation)
SFHÄndG	Schwangeren- und Familienhilfeänderungsgesetz
SGB	Sozialgesetzbuch
SMD	Standardisierte Mittelwertsdifferenz
SMS	Short Message Service
SOAP	Simple Object Access Protocol
SOP	Standard Operating Procedures
TAM	Technology Acceptance Model

TEMPiS	Telemedizinisches Projekt zur integrierten Schlaganfallversorgung
TI	Telematikinfrastruktur
TIM	Telematik in der Notfallmedizin
TMG	Telemediengesetz
TNA	Telenotarzt
TOM	Technische und organisatorische Maßnahme
TQM	Total Quality Management
UTAUT	Unified Theory of Acceptance and Use of Technology
VDE	Verband der Elektrotechnik, Elektronik und Informationstechnik
VPN	Virtual Private Network
VSDM	Versichertenstammdatenmanagement
WfMS	Workflow-Management-System
WLAN	Wireless Local Area Network
WMS	Workflow-Management-System
ZfT	Zentrum für Telematik e. V.
ZTG	Zentrum für Telematik und Telemedizin

Teil I
Grundlagen und Voraussetzungen für eHealth

eHealth: Hintergrund und Begriffsbestimmung

Florian Fischer, Violetta Aust und Alexander Krämer

Zusammenfassung

Digitalisierung erlangt eine zunehmende Bedeutung im Gesundheitswesen. Dies ist auf unterschiedliche gesellschaftliche Wandlungsprozesse zurückzuführen. Das Themenfeld „eHealth", welches sich durch den Einsatz von Informations- und Kommunikationstechnologien im Rahmen von gesundheitsbezogenen Aktivitäten auszeichnet, ist sehr heterogen. Dies bezieht sich auf die bestehenden Begriffsdefinitionen, Anwendungsfelder sowie Nutzergruppen. Die übergreifende Zielsetzung besteht jedoch in der Sicherung und Verbesserung der Qualität in der Gesundheitsversorgung. Um das Themenfeld und die Bedeutung von eHealth besser fassen zu können, wird in diesem Beitrag eine begriffliche Einordnung und Abgrenzung vorgenommen sowie auf die Ziele und Anforderungen von eHealth eingegangen.

F. Fischer (✉) · V. Aust · A. Krämer
Fakultät für Gesundheitswissenschaften, AG Bevölkerungsmedizin und biomedizinische Grundlagen, Universität Bielefeld, Postfach 100 131, 33501 Bielefeld, Deutschland
E-Mail: f.fischer@uni-bielefeld.de

V. Aust
E-Mail: violetta.aust@uni-bielefeld.de

A. Krämer
E-Mail: alexander.kraemer@uni-bielefeld.de

© Springer-Verlag Berlin Heidelberg 2016
F. Fischer und A. Krämer (Hrsg.), *eHealth in Deutschland*,
DOI 10.1007/978-3-662-49504-9_1

1.1 Einleitung

Digitalisierung ist ein zunehmendes Kennzeichen unseres Alltagslebens und findet sich sowohl im privaten, beruflichen als auch öffentlichen Umfeld wieder. Seit etwa der Jahrtausendwende hat die Bedeutung der Digitalisierung auch im Bereich von Gesundheitsdienstleistungen kontinuierlich zugenommen (Schachinger 2014). Dies lässt sich unter anderem an der steigenden Anzahl und Nutzung von Webseiten, Gesundheitsportalen und mobilen Anwendungen (z. B. Gesundheits-Apps oder Wearables) erkennen (Gigerenzer et al. 2016). Ein weiteres Kennzeichen der Digitalisierung ist der zunehmende Einsatz von Informations- und Kommunikationstechnologien (IKT) im Rahmen von gesundheitsbezogenen Aktivitäten, welcher unter dem Begriff eHealth (für Electronic Health) zusammengefasst wird. Das immanente Ziel von eHealth liegt in der Verbesserung der Versorgung und damit verbunden der Förderung des Gesundheitszustandes, sowohl auf individueller als auch auf gesellschaftlicher Ebene. Da die Gesundheit – aus einer bio-psycho-sozialen Perspektive – im Vordergrund steht und die elektronischen Technologien nur das Medium bzw. Instrument zur Erhaltung oder Verbesserung des Gesundheitszustandes darstellen, wird das Präfix „e" in diesem Buch stets klein vor dem eigentlich interessierenden Parameter „Health" geschrieben.

Digitalisierung stellt aber nur einen Teil der gesellschaftlichen Veränderungen bzw. sozialen Wandlungsprozesse dar. So zeigt sich in Deutschland derzeit der demografische Wandel sehr deutlich in der Alterung der Bevölkerung. In Verbindung mit dem epidemiologischen Wandel, als Folge sowie Ursache des demografischen Wandels, nehmen chronische, degenerative und altersbedingte Erkrankungen in der Bevölkerung zu. Dies ist auch auf einen Wandel in der (sozialen und natürlichen) Umwelt und damit verbundenen Änderungen im Gesundheitsverhalten zurückzuführen (Risikowandel). Auch der ökonomische sowie der technologische Wandel haben zu tief greifenden Veränderungen in der Bevölkerung geführt. Diese Veränderungen werden unter anderem durch die Globalisierung und die Transformation von einer Produktions- zu einer Dienstleistungs- und Wissensgesellschaft deutlich. All diese Entwicklungen sind Zeichen eines deutlichen Strukturwandels, der sowohl Ursache als auch Resultat eines digitalen Wandels ist. Mit der Digitalisierung und der Gesundheit treffen zwei Megatrends aufeinander, die beide das tägliche Leben durchdringen.

Vor dem Hintergrund der Besonderheiten von Gesundheitsleistungen (u. a. asymmetrische Informationen) und Gesundheitsmärkten (z. B. zahlreiche nicht-marktwirtschaftliche Regelungen im Gesundheitswesen) ebenso wie der Komplexität des Gesundheitswesens bringt eHealth einige Herausforderungen mit sich. Obwohl unter anderem Fragen der Finanzierung und des Datenschutzes bisher die Einführung von eHealth-Innovationen erschweren, bietet die Digitalisierung im Gesundheitswesen große Chancen, um die Versorgungsqualität zu verbessern. Auf die Bedeutung von eHealth wurde bereits in der 58. Weltgesundheitsversammlung in Genf im Mai 2005 hingewiesen. Hier wurde durch die Weltgesundheitsorganisation (WHO) eine „eHealth Resolution" verabschiedet (WHO 2005). In dieser Resolution wurde, Bezug nehmend auf die

1 eHealth: Hintergrund und Begriffsbestimmung

Alma-Ata-Deklaration („Health for All") (WHO 1978), der Slogan „eHealth for All by 2015" ausgerufen (WHO 2005; Healy 2007). Um das Themenfeld und die Bedeutung von eHealth besser fassen zu können, wird in diesem Beitrag eine begriffliche Einordnung und Abgrenzung vorgenommen sowie auf die Ziele und Anforderungen von eHealth eingegangen.

1.2 Begriffliche Einordnung und Abgrenzung

Viele Disziplinen aus den Natur-, Sozial- und Technikwissenschaften sind in dem Themenbereich eHealth vertreten. Diese bringen verschiedene Methoden und Sichtweisen ebenso wie unterschiedliche inhaltliche Schwerpunkte in die Diskussion und Weiterentwicklung von eHealth ein. Die methodische und inhaltliche Komplexität des Themenfeldes findet sich auch in unterschiedlichen Definitionsansätzen wieder. So wurde im zurückliegenden Jahrzehnt bereits mehrfach darauf hingewiesen, dass bislang keine klare Definition von eHealth vorliegt (Boogerd et al. 2015; Ahern et al. 2006; Oh et al. 2005; Pagliari et al. 2005). Dennoch zeigt sich sowohl anhand der stark voranschreitenden Forschungsaktivitäten – unter anderem bedingt durch die Zunahme an internationalen Förderprogrammen in diesem Bereich (Dockweiler und Razum 2016) – als auch der steigenden Anzahl an Publikationen die Bedeutung von eHealth (Boogerd et al. 2015; Fatehi und Wootton 2012).

1.2.1 Definitionen von eHealth

In den internationalen Publikationen zeigen sich jedoch immer wieder Uneinheitlichkeiten bzw. Unklarheiten in der Verwendung der Begrifflichkeiten. Manche Begriffe werden, obwohl es lediglich Überschneidungen in den jeweiligen Definitionen gibt, synonym verwendet (Häckl 2010). Bei anderen werden eigentlich gut abgrenzbare Begriffe nicht oder falsch eingesetzt (Ahern et al. 2006). Dies zeigte sich nicht nur in der Entwicklung dieses Forschungs- und Praxisfeldes, sondern zieht sich bis in die heutigen Ausführungen zum Thema eHealth durch. Aus diesem Grund soll zunächst eine Übersicht – ohne Anspruch auf Vollständigkeit – hinsichtlich der begrifflichen Einordnung und Abgrenzung von eHealth vorgenommen werden.

Dabei sei zunächst darauf verwiesen, dass sich im deutschsprachigen Raum zwei Termini herausgebildet haben: Dazu zählt neben eHealth auch der Begriff „Gesundheitstelematik". Die Bezeichnung „Gesundheitstelematik" – ein Kunstwort aus Gesundheitswesen, Telekommunikation und Informatik (Haas 2006) – ging dem Begriff „eHealth" zeitlich voraus (Burchert 2003). Im weiteren Verlauf wurden die Begriffe parallel, und teilweise synonym, verwendet. Mittlerweile hat sich die Begrifflichkeit „eHealth" jedoch sowohl international als auch im deutschsprachigen Raum durchgesetzt. Die Weltgesundheitsorganisation (WHO) bezeichnete Gesundheitstelematik als einen Sammelbegriff für alle gesundheitsbezogenen Aktivitäten, Dienste und Systeme, die IKT einsetzen, um eine räumliche Distanz zu überwinden. In der Definition werden mit der globalen Gesundheitsförderung, Krankheitskontrolle und -versorgung, sowie der Ausbildung, dem Management und der Forschung im und für das Gesundheitswesen vielfältige Anwendungsfelder und Zielsetzungen aufgezeigt, welche die Breite des Themenfeldes deutlich machen (WHO 1998).

Haas (2006), der „Gesundheitstelematik" (oder die englischsprachige Variante „Health Telematics") synonym mit dem Begriff „eHealth" verwendet, fasst unter Gesundheitstelematik „alle Anwendungen des integrierten Einsatzes von Informations- und Kommunikationstechnologien im Gesundheitswesen zur Überbrückung von Raum und Zeit" (Haas 2006, S. 8).

In einer weiteren Definition werden vermehrt die Anwendungsbereiche der Prozessverbesserung und des Zugriffs bzw. der Vermittlung von Wissen im Gesundheitswesen aufgegriffen. So definiert Dietzel (1999) Gesundheitstelematik wie folgt:

> Gesundheitstelematik bezeichnet die Anwendung moderner Telekommunikations- und Informationstechnologien im Gesundheitswesen, insbesondere auf administrative Prozesse, Wissensvermittlungs- und Behandlungsverfahren (Dietzel 1999, S. 14).

In einer späteren Definition von Dietzel (2004) wird die Anwendung moderner Telekommunikations- und Informationstechnologien im Gesundheitswesen als allgemeine Definition für Gesundheitstelematik verwendet. Dem wird eHealth gegenübergestellt, welches alle Leistungen, Qualitätsverbesserungen und Rationalisierungseffekte beschreibt (Dietzel 2004), die durch eine Digitalisierung der Datenerfassung, -speicherung und -bearbeitung sowie den zugehörigen Kommunikationsprozessen ermöglicht werden. Eine Unterscheidung der beiden Begriffe lässt sich darin finden, dass der Terminus eHealth – welcher im Zuge der New Economy-Bewegung entstanden ist – die Idee des Electronic Commerce (eCommerce) als elektronischem Marktplatz für Gesundheitsleistungen auf das Gesundheitswesen überträgt. Gesundheitstelematik fokussiert somit stärker den Einsatz von IKT zur Überwindung räumlicher und zeitlicher Distanzen, während eHealth als Überbegriff für weitere digitale Anwendungsarten im Gesundheitswesen genutzt wird.

Dass eHealth weit mehr als eine Form der Kommunikation zur Überwindung von räumlichen und zeitlichen Distanzen ist, verdeutlicht das weitläufig und allgemein gefasste Verständnis der EU-Kommission. Dementsprechend ist eHealth „die Sammelbezeichnung für die auf Informations- und Kommunikationstechnologien basierenden Instrumente zur Verbesserung von Prävention, Diagnose, Behandlung sowie der Kontrolle und Verwaltung im Bereich Gesundheit und Lebensführung" (Europäische Kommission 2013).

Eine im internationalen Kontext vielfach verwendete Definition von eHealth stammt von Eysenbach (2001):

> eHealth is an emerging field in the intersection of medical informatics, public health and business, referring to health services and information delivered or enhanced through the

1 eHealth: Hintergrund und Begriffsbestimmung

Internet and related technologies. In a broader sense, the term characterizes not only a technical development, but also a state-of-mind, a way of thinking, an attitude, and a commitment for networked, global thinking, to improve health care locally, regionally, and worldwide by using information and communication technology (Eysenbach 2001).

In dieser Definition wird die multi- bzw. interdisziplinäre Perspektive auf das Themenfeld deutlich. Die Definition geht über die rein technische Perspektive hinaus und macht deutlich, dass es sich bei eHealth auch um eine Grundhaltung (*state-of-mind*) handelt. Demnach sollte eHealth zum einen auf eine stärkere Vernetzung und Kooperation der Leistungserbringerinnen und -erbringer abzielen, zum anderen darf eHealth nicht nur lokal begrenzt sein, sondern muss sowohl regionale als auch globale Aspekte berücksichtigen, um über den Einsatz von IKT die Gesundheitsversorgung zu verbessern.

Die unterschiedlichen beteiligten Stakeholder im Kontext von eHealth werden in einer Definition der Europäischen Union (EU) genannt. Hervorzuheben ist in dieser Definition der explizite Bezug zu dem Bedarf der Bürgerinnen und Bürger, Patientinnen und Patienten, der im Gesundheitswesen Beschäftigten sowie der Politik:

> eHealth refers to the use of modern information and communication technologies to meet the needs of citizens, patients, health care professionals, health care providers as well as policy makers (EU Ministerial Declaration of eHealth 2003, S. 1).

Es zeigt sich somit, dass vielfältige Definitionen für den Begriff „eHealth" bestehen. In einem qualitativen systematischen Review aus dem Jahr 2005 wurden insgesamt 51 eigenständige Definitionen von eHealth aufgezeigt. In diesen Definitionen waren zwar immer die Begriffe „Gesundheit" und „Technologie" enthalten, jedoch unterschieden sie sich in einzelnen Spezifika (Oh et al. 2005). Auch Pagliari et al. (2005) weisen auf das gleiche Problem des Mangels an einer klaren und einheitlich verwendeten Definition hin. Darüber hinaus machten sie deutlich, dass die existierenden Definitionen zumeist eher den funktionellen Bereich von eHealth im Allgemeinen als spezifische Anwendungsformen im Speziellen beinhalten.

Die elementare Zielsetzung des Einsatzes von eHealth, nämlich die Verbesserung der Versorgungsqualität, findet sich in der Definition des Bundesministeriums für Gesundheit (BMG). Dementsprechend ist eHealth der „Oberbegriff für ein breites Spektrum von IKT-gestützten Anwendungen [...], in denen Informationen elektronisch verarbeitet, über sichere Datenverbindungen ausgetauscht und Behandlungs- und Betreuungsprozesse von Patientinnen und Patienten unterstützt werden können" (BMG 2015a).

1.2.2 Anwendungsbereiche von eHealth

Die Grundlage für eHealth stellt die Digitalisierung dar, wobei nicht der Einsatz digitaler Medien an sich dazu führt, dass eine Maßnahme in den Bereich eHealth einzuordnen ist. Hierfür ist immer der Einbezug von IKT – unter Nutzung der Digitalisierung – im Gesundheitswesen erforderlich. IKT können in vielen Bereichen und auf viele Arten im

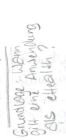

Gesundheitswesen eingesetzt werden. Während die in Abschn. 1.2.1 genannten Definitionen allgemein für den Einsatz von eHealth gültig sind, kann auch nach der Art des Medieneinsatzes, nach inhaltlichen Einsatzgebieten, den jeweiligen Zielsetzungen der Anwendungen, den beteiligten (medizinischen) Disziplinen, dem jeweiligen Versorgungskontext oder den beteiligten Nutzergruppen unterschieden werden.

Es sind bereits einige Versuche vorangegangen, eHealth in einzelnen Ebenen – gemäß der Anwendungsbereiche oder Zielsetzungen – voneinander abzugrenzen. Erst unlängst wurde im Rahmen einer Studie für das Bundesministerium für Wirtschaft und Energie (BMWi) eine Taxonomie erstellt, um eine Systematisierung von eHealth vorzunehmen. In dieser Taxonomie werden drei hierarchische Ebenen unterschieden: 1) Anwendungsfelder (z. B. Telemedizin), 2) Anwendungsarten (z. B. Telemonitoring) und 3) Einzelanwendungen (BMWi 2016). Da eHealth an sich jedoch zu einer Vernetzung unterschiedlicher Akteure und Versorgungsgebiete (möglichst von der Prävention und Gesundheitsförderung, über Versorgung und Nachsorge) führen soll, sind die bestehenden Abgrenzungen jedoch häufig nicht trennscharf.

Dennoch stimmen bestehende Abgrenzungen darin überein, dass es einige zentrale Anwendungsgebiete von eHealth gibt. An dieser Stelle sei unter anderem auf die Abgrenzung von eHealth-Leistungen in fünf Gestaltungsbereichen (Inhalt, Ökonomie, Vernetzung, Gesundheit und Versorgung) nach Kacher et al. (2000) oder die vier Säulen von eHealth (Inhalt, Geschäft, Vernetzung und Anwendung) nach Trill (2009) verwiesen.

Da die Anwendungsbereiche von eHealth sehr vielfältig sind, nehmen wir eine Unterscheidung in die folgenden Teilbereiche vor (Abb. 1.1):

- *Telemedizin:* Unter dem Begriff „Telemedizin" werden konkrete medizinische Versorgungskonzepte bzw. Dienstleistungen gefasst, die sich durch einen direkten Patientenbezug auszeichnen. Telemedizin umfasst alle Einsatz- und Anwendungsarten moderner IKT im medizinischen Umfeld. Insofern sind IKT ein Teil der Gesamtlösung, die von weiteren technischen, medizinischen oder organisatorischen Dienstleistungen begleitet werden können.
- *eHealth in Prävention, Gesundheitsförderung und Versorgung:* Es gibt weitere Anwendungen, die keinen direkten medizinischen Bezug aufweisen, sondern sich zum Beispiel auf Unterstützung im Rahmen von Prävention oder pflegerischer Versorgung beziehen. Dazu gehören auch Möglichkeiten, die zu einem selbstständigen Verbleib im häuslichen Umfeld (z. B. bei chronisch Kranken oder Patientinnen und Patienten mit Demenz) führen sollen. Hierzu können unter anderem Anwendungen über mobile Endgeräte (mHealth) als auch Ambient Assisted Living (AAL) gefasst werden.
- *eHealth-Ökonomie:* Im Fokus dieses Teilbereichs steht die Optimierung administrativer Prozesse mithilfe von IKT. Dies umfasst unter anderem auch die Speicherung und den Abruf von Patientendaten über die elektronische Gesundheitskarte oder andere elektronische Systeme (z. B. Krankenhausinformationssysteme, elektronische

1 eHealth: Hintergrund und Begriffsbestimmung

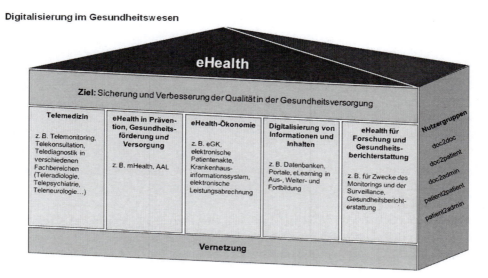

Abb. 1.1 Anwendungsbereiche von eHealth

Patientenakten). Auch die elektronische Leistungsabrechnung oder Einkaufsplattformen für Leistungserbringerinnen und -erbringer sowie Online-Apotheken können in diesem Bereich zusammengefasst werden.

- *Digitalisierung von Informationen und Inhalten:* Der Abruf und Austausch von Informationen im Rahmen von onlinebasierter Gesundheitskommunikation stellt einen zentralen Bestandteil von eHealth für unterschiedliche Nutzergruppen dar. So bestehen zum einen Datenbanken und Portale im Internet, die sowohl für Leistungserbringerinnen und -erbringer als auch Patientinnen und Patienten bzw. Bürgerinnen und Bürger von Interesse sein können. Zum anderen kann eHealth auch in der Aus-, Weiter- und Fortbildung von Gesundheitsberufen Anwendung finden.
- *eHealth für Forschung und Gesundheitsberichterstattung:* Die über Maßnahmen der Digitalisierung gewonnenen Daten können auch für Forschungszwecke genutzt werden. Dabei lassen sich Daten aus unterschiedlichen Bereichen in Verbindung setzen (Big Data) (Arima 2016; Luo et al. 2016). Dies kann für Zwecke des Monitorings und der Surveillance, unter anderem auch im Rahmen der Gesundheitsberichterstattung, genutzt werden.

Die Vernetzung von Akteuren und Angeboten bildet die gemeinsame Basis der verschiedenen Anwendungsbereiche. eHealth stellt somit das Dach für unterschiedliche Anwendungsbereiche dar, in denen IKT genutzt werden und bei denen die übergreifende Zielsetzung in der Sicherung und Verbesserung der Qualität in der Gesundheitsversorgung besteht (Abb. 1.1).

In der Systematik wurde bewusst nicht zwischen den eingesetzten Medien unterschieden, da dies die Abgrenzung zu komplex machen würde und die Medien auch in unterschiedlicher Ausprägung in den einzelnen Anwendungsbereichen eingesetzt werden können. Da die Vernetzung von Akteuren ein zentraler Bestandteil von eHealth ist, wird ein Austausch zwischen unterschiedlichen Nutzergruppen bei den einzelnen Anwendungen möglich. Bei der Kategorisierung der Einbindung von Nutzerinnen und Nutzern bzw. den Kommunikationsstrukturen im Bereich von eHealth wird zwischen den folgenden Formen unterschieden:

- *doc2doc:* Kontakte zwischen Ärztinnen bzw. Ärzten und/oder anderen Leistungserbringerinnen bzw. -erbringern, zum Beispiel im Rahmen von Telekonsultationen oder Teleausbildung
- *doc2patient:* Kontakte zwischen Ärztinnen bzw. Ärzten und Patientinnen bzw. Patienten, zum Beispiel im Rahmen von Telediagnostik oder Telecare
- *doc2admin:* Einsatz von IKT im Rahmen administrativer Vorgänge (doc2admin), zum Beispiel Kommunikation zwischen Leistungserbringerinnen bzw. -erbringern und Kostenträgern
- *patient2patient:* Erfahrungsaustausch zwischen Patientinnen und Patienten, zum Beispiel im Rahmen von Selbsthilfeportalen im Internet
- *patient2admin:* Weitergabe von gesundheitsbezogenen Daten an einen (teilweise nicht-medizinischen) Dienstleister, zum Beispiel im Rahmen von Gesundheitsapps

1.3 Zielsetzung von eHealth

Genauso vielfältig wie die Definitionen, Anwendungsbereiche und Nutzerinnen bzw. Nutzer von eHealth sind auch dessen Zielsetzungen. Laut einem Bericht des Committee on Quality of Healthcare in America des Institute of Medicine (2001) sollte eine qualitativ hochwertige Versorgung im Gesundheitssystem geschaffen werden, die auf sechs Dimensionen beruht:

1. Sicherheit: Bereitstellung einer medizinischen Versorgung, die keinen Schaden bei Patientinnen und Patienten verursacht
2. Effektivität: Berücksichtigung der Evidenz, um eine unbedenkliche sowie effektive Gesundheitsversorgung sicherzustellen
3. Patientenzentrierung: Bereitstellung einer Gesundheitsversorgung, die sich an den individuellen Bedarfen, Bedürfnissen und Präferenzen der Patientinnen und Patienten orientiert
4. Zeitgerechte gesundheitliche Versorgung
5. Effiziente Strukturen und Prozesse in der Gesundheitsversorgung durch sinnvollen Ressourceneinsatz

6. **Gerechtigkeit:** Bereitstellung einer gleichbleibenden Versorgungsqualität für alle Patientinnen und Patienten zu jeder Zeit, an jedem Ort oder Setting

Betrachtet man das deutsche Gesundheitssystem, so sind aktuell noch viele Herausforderungen erkennbar, in denen diese sechs Dimensionen einer qualitativ hochwertigen Versorgung nicht oder nur unzureichend erfüllt werden. So wird sich laut der Vorausberechnung des Statistischen Bundesamtes (2015) der Anteil an Menschen im Alter ab 65 Jahren von 21 % im Jahr 2013 auf ca. 32 % im Jahr 2060 in Deutschland erhöhen. Höheres Alter geht häufig mit chronischen Erkrankungen, Multimorbidität und in der Konsequenz auch mit einer höheren Inanspruchnahme von medizinischen und pflegerischen Leistungen einher (RKI 2015). Vor dem Hintergrund dieser demografischen Entwicklung ist zukünftig mit einem Anstieg des Versorgungsbedarfs zu rechnen. Jedoch herrschen bereits jetzt Engpässe in der medizinischen und pflegerischen Versorgung, sodass es in diesem Zusammenhang zu einer weiteren Verschärfung der Situation kommen kann (Bundesärztekammer 2014; BMG 2015b). Insbesondere in ländlichen Regionen, welche von der demografischen Alterung besonders betroffen sind (Schlömer 2015), kann eine flächendeckende und wohnortnahe Versorgung vielfach nicht (mehr) gewährleistet werden (Berg et al. 2015). Eine zu geringe Bevölkerungsdichte und eine damit einhergehend zu geringe Patientenzahl, sowie fehlende Infrastrukturen – wie zum Beispiel fehlende Bildungs- und Betreuungseinrichtungen oder auch fehlende Einkaufsmöglichkeiten und kulturelle Angebote – sorgen dafür, dass diese Regionen für (junge) Ärztinnen und Ärzte unattraktiv sind und sich eine Neubesetzung von Praxen oder freien Arztstellen in ländlichen Krankenhäusern zunehmend schwieriger gestaltet (Berg et al. 2015). Die zunehmende Komplexität und Spezialisierung der Medizin begünstigt die Konzentration medizinischer Hochleistungszentren und trägt so ebenfalls dazu bei, dass ländliche Regionen zunehmend benachteiligt werden (Voigt 2008).

Neben den drohenden Versorgungslücken zeigen sich im Gesundheitswesen noch weitere Probleme, wie beispielsweise eine unzureichende Koordination der verschiedenen Sektoren und eine mangelnde Kommunikation zwischen den beteiligten Akteuren. Solche Strukturproblematiken verursachen Ineffizienzen und vermeidbare Kosten. Eine adäquate gesundheitliche Versorgung setzt dabei einen kooperativen Prozess zwischen den beteiligten Leistungserbringerinnen und -erbringern voraus. An dieser Stelle kann eHealth ansetzen, um die Schnittstellenproblematik im deutschen Gesundheitswesen zu überbrücken und Rationalisierungspotenziale zu nutzen. Um die Qualität und Effizienz der Gesundheitsversorgung langfristig zu sichern, scheint eine Weiterentwicklung der zurzeit vorherrschenden Versorgungsstrukturen dringend erforderlich.

Obwohl die Qualitätsdimensionen aus dem Bericht des Committee on Quality of Healthcare in America des Institute of Medicine (2001) zunächst unabhängig von dem Bezug zur Digitalisierung in der Gesundheitsversorgung erstellt wurden, zeigen sie dennoch wesentlichen Anforderungen und auch Zielsetzungen auf, die sich auf eHealth-Anwendungen übertragen lassen. Eine Herausforderung besteht jedoch in der öffentlichen Diskussion darin, wie Sinn und Zweck von eHealth gefasst werden. So sollte die Zielsetzung von eHealth nicht ausschließlich darauf fokussiert werden, die Engpässe im Gesundheitssystem, zum Beispiel bedingt durch einen Ärztemangel oder Disparitäten zwischen ländlicher und städtischer Versorgung, abzufangen. Vielmehr sollte eHealth dazu dienen, eine wirkliche Qualitätsverbesserung im Versorgungsgeschehen möglich zu machen. Dabei sollten insbesondere benachteiligte und vulnerable Bevölkerungsgruppen adressiert werden. Durch einen niedrigschwelligen Zugang zu gesundheitsbezogenen Themen, können die Information und das Empowerment der Bürgerinnen und Bürger – und somit auch deren Partizipation an unterschiedlichen Stellen des Gesundheitswesens – gesteigert werden.

Somit sollte das alles übergreifende Ziel in der Sicherung und Verbesserung der Qualität in der Gesundheitsversorgung bestehen. Aus strategischer und auch operativer Sicht lassen sich in diesem Zusammenhang vielfältige (Teil-)Ziele benennen, die in Abhängigkeit von den einzelnen Nutzergruppen und den jeweiligen konkreten Anwendungen von unterschiedlich stark ausgeprägter Relevanz sind:

- Zeitliche und räumliche Überwindung von Prozessen und Strukturen im Gesundheitssystem
- Verbesserung der Koordination der Versorgung (z. B. einrichtungsübergreifende prospektive Behandlungsplanung und -koordination)
- Steuerung sowohl sektorbezogener als auch sektorenübergreifender Prozesse
- Verbesserung der Betreuung von Patientinnen und Patienten durch Aufhebung bzw. Überbrückung sektoraler Grenzen (patientenbezogene, kooperative Versorgung)
- Verbesserung der Inanspruchnahmebedingungen der Gesundheitsversorgung
- Ermöglichung integrierter Entscheidungsunterstützung durch Bereitstellung aktuellen Wissens
- Erhöhung der Transparenz des Leistungs- und Behandlungsgeschehens (Patientensouveränität)
- Ermöglichung zur aktiven Teilnahme der Bürgerinnen und Bürger am Gesundheitswesen
- Ablaufoptimierung (Abrechnungs- und Verwaltungsvorgänge)
- Zusicherung modernster Behandlungsmöglichkeiten (kollektive Intelligenz)
- Nutzung von Patientendaten für Forschung und Gesundheitsberichterstattung für die Verbesserung der Versorgungsoptionen
- Steigerung der Effektivität (Wirksamkeit) und Effizienz (Wirtschaftlichkeit) durch gezielten Einsatz verfügbarer Ressourcen
- Erschließung neuer Märkte durch Entwicklung von innovativen Anwendungen und damit verbunden eine Stärkung der Gesundheitswirtschaft

1.4 Telemedizin: Chancen und Risiken

Da Telemedizin einen zentralen Bestandteil von eHealth darstellt, sollen Chancen und Risiken der Anwendung von digitalen Technologien im Gesundheitswesen an diesem konkreten Beispiel festgemacht werden. So werden unter dem Begriff „Telemedizin" verschiedenartige ärztliche Versorgungskonzepte gefasst, die unter Zuhilfenahme von IKT das Ziel haben, medizinische Leistungen der Gesundheitsversorgung der Bevölkerung in den Bereichen Diagnostik, Therapie, Rehabilitation und der ärztlichen Entscheidungsberatung über räumliche Entfernungen und/oder zeitlichen Versatz hinweg zu erbringen (Bundesärztekammer 2015; Brauns und Loos 2015). Die Patientendaten die im Rahmen der telemedizinischen Versorgung gewonnen werden, können neue und rationellere Behandlungschancen ermöglichen (Dietzel 1999).

Telemedizin lässt sich dabei in unterschiedliche Anwendungsgebiete unterteilen. Diese können entweder nach dem jeweiligen medizinischen Fachgebiet (z. B. Telekardiologie, Teleradiologie) oder der genutzten Form der Anwendung unterschieden werden. Die meist genutzten Formen der Anwendung von Telemedizin sind die Einholung einer (weiteren) Expertinnen- bzw. Expertenmeinung (Telekonsultation) und die Überwachung von Vitalparametern von Patientinnen und Patienten (Telemonitoring).

Das Interesse der letzten Jahre verleitet zu dem Eindruck, dass das Gebiet der Telemedizin eine junge Technologie ist, die erst jetzt in der Medizin genutzt werden kann. Allerdings sind die Ursprünge der Telemedizin schon deutlich älter. Die erstmalige Anwendung von Telemedizin ist für das Jahr 1897 dokumentiert, als eine Diagnose per Telefon abgeklärt wurde (Spencer und Daugrid 1990). Ein erster wissenschaftlicher Artikel über den Einsatz von Telemedizin wurde im Jahr 1950 publiziert. Darin wurde die Übertragung von radiologischen Bildern über eine Telefonverbindung in Pennsylvania beschrieben (Gerson-Cohen und Coley 1950). Im Verlauf der Zeit partizipierten immer mehr medizinische Disziplinen an den Möglichkeiten der Telemedizin, um die Vorteile dieser Technologien für die Gesundheitsversorgung zu nutzen. Systematische Vorstöße zur Implementierung der Telemedizin in Europa, und im Speziellen in Deutschland, gab es seit den 1990er Jahren.

1.4.1 Chancen der Telemedizin

1.4.1.1 Raum- und zeitunabhängige Bereitstellung medizinischer Expertise

Gemäß der Definition der Telemedizin, deren Ziel darin besteht, medizinische Expertise ohne zeitliche Verzögerung und über räumliche Distanzen hinweg verfügbar zu machen, bietet diese einige Möglichkeiten zur Verbesserung der Versorgungsqualität. Die Möglichkeit zur Schließung solcher Versorgungslücken ist insbesondere für jene Regionen von Bedeutung, in denen die Sicherstellung einer flächendeckenden und wohnortnahen Versorgung nur schwierig oder gar nicht möglich ist (Berg et al. 2015). Verschiedene

Fachbereiche haben das Potenzial der Telemedizin bereits für sich erkannt. So ist beispielsweise die Beschäftigung von Radiologinnen bzw. Radiologen für Krankenhäuser in Regionen mit niedriger Bevölkerungsdichte aufgrund der zu erwartenden geringen radiologischen Einsatzzahlen, insbesondere während des Nacht-, Wochenend- oder Feiertagsdienstes, unwirtschaftlich (Pinto dos Santos et al. 2014; Seithe et al. 2015). Durch moderne Datenübertragungstechniken soll die Teleradiologie dem zeitlich und örtlich variablen Bedarf an radiologischer Expertise gerecht werden.

Auch in der Schlaganfallbehandlung haben sich telemedizinische Anwendungen längst etabliert (Audebert et al. 2008). Verbesserte Behandlungsmöglichkeiten in speziellen Schlaganfallzentren, sogenannten Stroke Units, können die Sterblichkeit und das Risiko für bleibende Behinderung deutlich senken (Stroke Unit Trialists' Collaboration 2013). Die Zertifizierung als Stroke Unit fordert allerdings eine jederzeit verfügbare neurologische Expertise (Audebert 2011). Die Umsetzung einer flächendeckenden Schlaganfallversorgung mithilfe des klassischen Stroke Unit-Konzepts scheint daher nur schwer zu realisieren. Mithilfe telemedizinischer Anwendungen werden Kliniken ohne spezialisierte neurologische Abteilungen mit größeren Schlaganfallzentren vernetzt, sodass Ärztinnen und Ärzte via Telekonsultationen sowohl die Diagnostik als auch die Therapieentscheidungen sichern können (Müller-Barna et al. 2011).

Telemedizinische Anwendungen in den Bereichen der Radiologie und Neurologie stellen aber nur Beispiele der vielfältigen Möglichkeiten telemedizinischer Unterstützungsangebote dar. Telemedizin kann grundsätzlich dazu beitragen, fehlende Personalressourcen (z. B. in ländlichen Regionen) zu kompensieren und medizinische Expertise überall verfügbar zu machen, um somit eine hohe Versorgungsqualität unabhängig von Raum und Zeit sicherzustellen.

1.4.1.2 Steigerung der Versorgungsqualität

Telemedizin darf allerdings nicht als reiner Ersatz für fehlendes Personal verstanden werden. Telemedizinische Anwendungen sind im Wesentlichen wirksame Instrumente, die zu einer Verbesserung der Versorgungsqualität beitragen können. Dank telemedizinischer Vernetzungen kann ärztliche Expertise in unterversorgte Regionen geholt werden, sodass auch dort eine qualitativ hochwertige medizinische Versorgung möglich wird. Zudem sollen durch die Optimierung des Informationsflusses unnötige stationäre Einweisungen ebenso wie Doppeluntersuchungen vermieden werden.

Bleibt man bei dem Beispiel der Schlaganfallversorgung, so haben Untersuchungen gezeigt, dass telemedizinisch vernetzte Klinken im Vergleich zu Kliniken ohne telemedizinische Anbindung eine deutlich bessere Versorgungsqualität in Bezug auf die Schlaganfallversorgung aufweisen. Patientinnen und Patienten erhielten in telemedizinisch vernetzten Kliniken eine bessere Diagnostik und profitierten dadurch auch von einer besseren Therapieentscheidung. Die bessere Versorgungsqualität führte zu einem besseren Outcome und somit letztendlich auch zu einer kürzeren Verweildauer (Audebert et al. 2006b). Vergleicht man die Versorgungsqualität von erfahrenen Schlaganfallzentren mit der von telemedizinisch beratenen Krankenhäusern, so fallen keine signifikanten Unterschiede auf (Audebert et al. 2006a).

1 eHealth: Hintergrund und Begriffsbestimmung

Auch das Telemonitoring bietet das Potenzial zur Verbesserung der Versorgungsqualität. Beim Telemonitoring werden kontinuierlich Messdaten zum Gesundheitszustand der Patientinnen und Patienten erhoben, sodass die behandelnden Ärztinnen bzw. Ärzte auf umfassendes Datenmaterial zurückgreifen können. Der Vorteil dieses Monitorings besteht darin, dass der Gesundheitszustand von Patientinnen und Patienten über eine längere Phase und in verschiedenen Lebenslagen (u. a. auch in Alltagssituationen) dargestellt werden kann. Diese Informationsbasis erleichtert eine qualitativ hochwertige Diagnose. Gleichzeitig können relevante Veränderungen rechtzeitig erkannt werden, sodass die Therapie besser an den individuellen Zustand der Patientinnen und Patienten angepasst werden kann und Therapierisiken verringert werden können (Budych 2013).

1.4.1.3 Verbesserung patientenrelevanter Outcomes

Eine Verbesserung der Abläufe im Rahmen der Versorgung kann auch mit einem verbesserten Outcome bei den Patientinnen und Patienten einhergehen. Betrachtet man das Beispiele der telemedizinischen Schlaganfallbehandlung, so zeigten Studien, dass die verbesserte Versorgungssituation in telemedizinisch vernetzten Kliniken die Sterblichkeit und das Risiko für bleibende Behinderung bei Patientinnen und Patienten nach einem Schlaganfall deutlich senken kann (Audebert et al. 2006b). Vergleicht man die Schlaganfallletalität in Netzwerkkliniken mit der in traditionellen Stroke Units, so kann man feststellen, dass diese in beiden Einrichtungen niedrig ausfällt (Audebert et al. 2006a; Audebert et al. 2006b).

Auch beim Telemonitoring konnten positive Auswirkungen auf das Outcome und die Lebensqualität der Patientinnen und Patienten nachgewiesen werden. So zeigten bereits mehrere Studien, dass Telemonitoring bei Patientinnen und Patienten mit einer Herzinsuffizienz dazu beitragen kann, sowohl die stationären Einweisungen als auch die Gesamtsterblichkeit zu verringern (Abraham et al. 2011; Clark et al. 2007; Hindricks et al. 2014; Xiang et al. 2013). Außerdem konnte aufgezeigt werden, dass sich die Patientinnen und Patienten durch das Telemonitoring im Umgang mit ihrer Krankheit sicherer fühlen. Insbesondere die tägliche Messung der Vitalparameter und das Feedback der telemedizinischen Zentren fördern das Sicherheitsgefühl der Patientinnen und Patienten und steigern somit auch die Lebensqualität (Prescher et al. 2013).

1.4.1.4 Kosteneffektive Versorgung

Neben den bereits beschriebenen positiven Effekten der Telemedizin zeigten Untersuchungen, dass telemedizinische Versorgungskonzepte auch zur Kostenreduktion beitragen können. Für ländliche Regionen stellen telemedizinische Anwendungen meist eine attraktive Lösung dar, da so bereits vorhandene Infrastrukturen und Personalressourcen flexibel und kostensparend genutzt werden können (Berg et al. 2015). Für die Teleradiologie konnten Plathow et al. (2005) bereits im Jahr 2005 zeigen, dass – unter Berücksichtigung bestimmter Fallzahlen – teleradiologische Systeme besonders für kleinere Krankenhäuser die ökonomisch günstigste Variante sind.

Eine Kostenanalyse von telemedizinischen Stroke Units zeigte, dass die Kosten für die akute Schlaganfall-Behandlung in telemedizinisch vernetzten Krankenhäusern höher ausfallen, als in Kliniken ohne spezialisiertem Therapieangebot (Schenkel et al. 2013). Allerdings muss an dieser Stelle betont werden, dass die Akutbehandlung von Schlaganfällen in traditionellen Stroke Units im Vergleich zu konventionellen Therapien ebenfalls mit höheren Kosten verbunden ist (Epifanov et al. 2007; Moodie et al. 2006). Demgegenüber fallen allerdings die Kosten für Pflegeleistungen in telemedizinisch vernetzten Kliniken signifikant niedriger aus. Dies ist auf die bessere Versorgungsqualität und das bessere Outcome der Patientinnen und Patienten zurückzuführen (Schenkel et al. 2013). Die erhöhten Kosten für die akute telemedizinische Behandlung werden demnach durch niedrigere Folgekosten ausgeglichen. Volkswirtschaftlich betrachtet birgt Telemedizin somit die Chance, das Gesundheitssystem durch verbesserte Outcomes und damit einhergehende niedrigere Pflegekosten zu entlasten. Auch kann Telemedizin, wie bereits beschrieben, zu einer Verringerung bzw. Verkürzung von Arztbesuchen und Krankenhausaufenthalten beitragen, sodass auch hier Einsparungspotenziale für das Gesundheitssystem entstehen (Budych 2013).

Auch am Beispiel des Telemonitorings von Patientinnen und Patienten mit einer Herzinsuffizienz kann aufgezeigt werden, dass Telemedizin Potenziale zur Kostenreduktion birgt. Durch die Reduzierung der Krankenhaustage und die Reduzierung der Ausgaben für stationäre Aufenthalte, konnten die Gesamtbehandlungskosten von telemedizinisch betreuten Patientinnen und Patienten mit einer Herzinsuffizienz im Vergleich zur Kontrollgruppe mit einer Standardtherapie um 39,5 % gesenkt werden. Unter Berücksichtigung der entstehenden Kosten für die telemedizinische Anwendung beträgt die Einsparung im Verhältnis zu den Programmkosten ca. 3:1 (Return on Investment) (Kielblock et al. 2007).

1.4.2 Herausforderungen und Risiken der Telemedizin

Risiken des Einsatzes von Telemedizin lassen sich unter anderem darin finden, dass Fehlbefundungen möglich sind. Diese können beispielsweise durch eine fehlerhafte Kommunikation zwischen den beteiligten Leistungserbringerinnen bzw. -erbringern hervorgerufen werden, jedoch durch ein standardisiertes Vorgehen, entsprechende schriftliche und validierbare Dokumentation sowie Schulungen minimiert werden (Seithe et al. 2015).

Bislang bestehen zudem kaum „telemedizinfreundliche" Strukturen (Beckers 2015). Technische Barrieren wurden unter anderem in der lückenhaften Abdeckung mit Breitbandnetzwerken gefunden (Berg et al. 2015). So ist trotz des steten Ausbaus der Mobilfunknetze keine vollumfängliche Funkabdeckung gegeben. Dies zeigte sich insbesondere im Rahmen von telemedizinischen Anwendungen, die im im Rettungsdienst eingesetzt wurden (Czaplik et al. 2015). Darüber hinaus ist die mangelnde Interoperabilität vieler Systeme eine zentrale Herausforderung. Viele Unternehmen haben eigene Lösungen für einzelne Komponenten einer telemedizinischen bzw. telematischen Gesamtlösung entwickelt. Aufgrund der mangelnden Kompatibilität und den häufig an den Sektorengrenzen endenden IT-Lösungen entsteht jedoch eine erhöhte Unsicherheit bei den Anwenderinnen und Anwendern (Budych 2013).

Eine solche Unsicherheit ist auch hinderlich in Bezug auf die Akzeptanz von telemedizinischen Anwendungen. So wurde in einer Studie aufgezeigt, dass etwa die Hälfte der befragten niedergelassenen Ärztinnen und Ärzte eher keinen Nutzen von der Telemedizin erwartet. Die Gründe für die ablehnende Haltung bestanden vor allem darin, dass die telemedizinischen Anwendungen nicht zum Verständnis der Arzt-Patienten-Beziehung der Befragten passen und zudem Bedenken hinsichtlich des Datenschutzes, der technischen Voraussetzungen in der Praxis sowie der Abrechnungsmöglichkeiten bestanden (Obermann et al. 2015). Dementsprechend scheint eine unzureichende bzw. fehlende Ausbildung und Aufklärung von Ärztinnen und Ärzten – ebenso wie anderen Gesundheitsfachberufen – ein Hemmnis bei der Etablierung von Telemedizin darzustellen (Brauns und Loos 2015). In diesem Zusammenhang ist jedoch auf einen hohen Implementierungsaufwand hinzuweisen, der auf die Teilnahme an Schulungen, die Integration entsprechender Software in die bestehende IT-Infrastruktur der Praxis sowie die Umstellung von Routineprozessen zurückzuführen ist (Budych 2013).

Auch auf Seiten der Patientinnen und Patienten ist die Akzeptanz von Bedeutung. Die Nutzung neuer Technologien ist für technikunerfahrene Personen ungewohnt und wird dementsprechend mit Misstrauen betrachtet. Für viele Patientinnen und Patienten dient der direkte Kontakt zu Ärztinnen und Ärzten oder Pflegekräften als soziale Komponente. Dementsprechend besteht hier die Sorge, dass eine Technisierung zu einer Entpersonalisierung führt und somit Zuwendung und Zuspruch verloren gehen. Zudem kann eine automatische Übertragung von Vitalparametern von Patientinnen und Patienten als Überwachung empfunden werden (Budych 2013).

Bislang wurden viele Anwendungen der Telemedizin nur als Insellösungen im Rahmen von Pilotprojekten genutzt; die Etablierung dieser Konzepte in der Regelversorgung steht dabei noch aus (Brauns und Loos 2015). Damit telemedizinische Anwendungen aber in den Leistungskatalog für die Erstattung durch die gesetzlichen Krankenversicherungen aufgenommen werden können, bedarf es Studien, welche die Evidenz dieser Anwendungen aufzeigen. Es liegen zwar Erfahrungsberichte oder kleine Studien vor, die jedoch nur ein niedriges Evidenzniveau aufweisen (Budych 2013).

Aufgrund der unzureichenden bzw. unsicheren Finanzierung von Telemedizin bestehen für Leistungserbringerinnen und -erbringer nur geringe Anreize, um in telemedizinische Versorgungsstrukturen zu investieren (Beckers 2015). In regionalen telemedizinischen Versorgungskonzepten kooperieren in vielen Fällen Akteure aus unterschiedlichen Sektoren des Gesundheitssystems. Dies erschwert im aktuellen, sektorenorientierten System die Kostenerstattung (Berg et al. 2015).

Auch Unklarheiten in Bezug auf rechtliche Rahmenbedingungen, zum Beispiel Haftungsfragen und ärztliche Schweigepflicht (Fehn 2014), sowie Aspekte des Datenschutzes sind als Herausforderungen für Telemedizin zu berücksichtigen. Da

Gesundheitsdaten die sensibelsten und persönlichsten Daten der Patientinnen und Patienten darstellen, müssen entsprechende Maßnahmen zum Schutz der Daten vor unrechtmäßigem Zugriff getroffen werden (Riepe und Schwanenflügel 2013).

1.5 Zukünftige Anforderungen

Die aktuellen Entwicklungen deuten darauf hin, dass sich in Deutschland in den kommenden Jahren Veränderungen in der gesundheitlichen Versorgung ergeben werden. So wurde am 04. Dezember 2015 das „Gesetz für sichere digitale Kommunikation und Anwendungen im Gesundheitswesen (E-Health-Gesetz)"[1] durch den Deutschen Bundestag beschlossen. Das Ziel dieses Gesetzes besteht darin, Strukturen zu schaffen und Prozesse zu fördern, die zur breitflächigen Nutzung von eHealth in Deutschland führen sollen. So werden explizit die Zielsetzungen genannt,

- Anreize für die zügige Einführung und Nutzung sowohl medizinischer als auch administrativer digitaler Anwendungen zu schaffen,
- Nutzungsmöglichkeiten des Notfalldatensatzes auf der elektronischen Gesundheitskarte zu erweitern und Zugriffsverfahren für Versicherte zu erleichtern,
- die Telematikinfrastruktur mit ihren Sicherheitsmerkmalen als die zentrale Infrastruktur für eine sichere Kommunikation im Gesundheitswesen zu etablieren und sie für weitere Anwendungen im Gesundheitswesen und für weitere Leistungserbringer zu öffnen,
- die Strukturen der Gesellschaft für Telematik zu verbessern sowie ihre Kompetenzen zu erweitern und
- die Interoperabilität der informationstechnischen Systeme im Gesundheitswesen zu verbessern (BMG 2015c).

Somit vermag eHealth einen Anteil zu leisten, die starren Grenzen im Gesundheitswesen – bedingt durch die sektorale Trennung – zu überwinden, sofern dies von Seiten der Politik, Leistungserbringerinnen und -erbringer sowie Patientinnen und Patienten gewünscht und unterstützt wird. Darüber hinaus können Informationen und Daten transparenter dargestellt oder besser miteinander verknüpft werden. Sofern es somit gelingt, die Qualität der medizinischen Versorgung zu sichern oder zu verbessern, sollte die Frage nach möglichen finanziellen Einsparpotenzialen zunächst zweitrangig sein. Trotz dieser antizipierten Vorteile kann eHealth nicht die Anreizprobleme im Gesundheitswesen lösen (Oberender und Zerth 2007).

---

[1]Gemäß der Nomenklatur des Bundesministeriums für Gesundheit (2015c) wird eine abweichende Schreibweise von „eHealth" bei der Benennung der Kurzform des Gesetzes für sichere digitale Kommunikation und Anwendungen im Gesundheitswesen genutzt.

eHealth wurde und wird immer noch als Innovation betrachtet. Dennoch ist es erforderlich, dass in diesem Themenfeld mehr Evidenz, basierend auf qualitativ hochwertigen Studien, geschaffen wird. Nur somit können solche Anwendungen dauerhaft und zielführend für die beteiligten Partnerinnen und Partner eingesetzt werden (Hübner 2015). Datenschutzrechtliche Aspekte sind ebenso wie ethische Fragestellungen vor der Entwicklung und Implementierung von eHealth-Anwendungen zu berücksichtigen. Des Weiteren müssen systemimmanente Innovationshürden (z. B. hinsichtlich der Finanzierung) abgeschafft oder zumindest reduziert werden. Darüber hinaus ist eine Telematikinfrastruktur erforderlich, die auch im E-Health-Gesetz gefordert wird. Diese Infrastruktur muss neben Aspekten der Technikinfrastruktur (z. B. Aggregation von Systemen, Netzen und Verfahren zur Verarbeitung und zum Austausch von Daten) auch eine Diensteinfrastruktur zur Förderung der Zugänglichkeit der entsprechenden Daten und eine Regelinfrastruktur in Bezug auf Gesetze und Verfahren beinhalten (Eymann 2007). Bislang ist Deutschland immer noch weit von einem vollständig interoperablen digitalisierten Gesundheitssystem entfernt (Deloitte 2014).

Die Lösung der Herausforderungen kann nur in einem inter- sowie transdisziplinären – und nicht nur multidisziplinär ausgerichteten – Umfeld erfolgen (Kostkova 2015). Auch wenn sowohl ein Technology Push (durch Digitalisierung, Standardisierung, Nutzung von Multimedia etc.) als auch ein Market Pull (durch demografischen Wandel, Qualitäts- und Kostenwettbewerb, Veränderungen in Informationsbedürfnissen zu gesundheitsbezogenen Themen etc.) im Bereich eHealth bestehen, ist die Nutzerorientierung von zentraler Bedeutung. Bislang ist die Entwicklung von eHealth-Anwendungen häufig technikgetrieben; dies sollte zukünftig mit einer stärkeren Nutzerinnen- und Nutzerorientierung erfolgen. Somit sollte der Fokus nicht auf dem „technisch Möglichen", sondern dem „technisch Nötigen" liegen (Dockweiler und Razum 2016), um die Entwicklung jener Anwendungen zu forcieren, die benötigt und von Nutzerinnen und Nutzern gewünscht werden.

Im Rahmen der Nutzerinnen- und Nutzerorientierung sind neben sprachlichen oder kulturellen Aspekten, ebenso wie unterschiedlichen Zugangsmöglichkeiten, insbesondere die Bedürfnisse und der Bedarf von Patientinnen und Patienten zu berücksichtigen. Aus der Perspektive von Public Health stehen vielfach soziale und somit auch gesundheitliche Ungleichheiten im Fokus. Diese gilt es auch im Kontext von eHealth explizit zu adressieren. So sind digitale Ungleichheiten („Digital Divide") sehr komplex und vielseitig. Neben regionalen Versorgungsvariabilitäten können auch der sozioökonomische Status, kulturelle Hintergrund, Gender oder Alter mit diesen digitalen Ungleichheiten zusammenhängen (Marschang 2014). Die Zielsetzung muss also darin bestehen, einen niedrigschwelligen bzw. barrierefreien Zugang zu Dienstleistungen des Gesundheitssystems und somit eine gerechte Nutzung des Versorgungssystems zu schaffen. Bereits im Jahr 1999 wurde der „Digital Divide" als eine der größten Herausforderungen für sowohl die wirtschaftliche Entwicklung als auch die Wahrung der Menschenrechte bezeichnet (US Department of Commerce 1999).

Trotz oder gerade wegen der gesellschaftlichen Veränderungen ist darauf zu achten, dass der Einsatz von digitalen Technologien im Gesundheitswesen nicht zu einer Entfremdung zwischen Ärztin bzw. Arzt und Patientin bzw. Patient kommt. Auch wenn bereits Begrifflichkeiten von „virtuellen Patientinnen und Patienten" oder auch ePatientinnen und ePatienten genutzt werden, ist diese Entwicklung kritisch zu reflektieren. Letztlich stellt eHealth nur ein Instrument dar, um die Gesundheit zu fördern und die klassische Gesundheitsversorgung zu ergänzen. Insofern muss eHealth immer hinsichtlich der Auswirkungen auf die Bevölkerungsgesundheit als auch auf die individuellen Nutzerinnen und Nutzer betrachtet werden (Fischer 2016). Im Vordergrund sollte weiterhin die Förderung der Eigenverantwortlichkeit und Selbstständigkeit von Patientinnen und Patienten stehen. Die digitalen Technologien dürfen immer nur als Unterstützung zu verstehen sein, die für die Nutzerinnen und Nutzer auf Basis objektiver aber auch subjektiver Kriterien eine Erleichterung im Alltag bieten.

Literatur

Abraham WT, Adamson PB, Bourge RC, Aaron MF, Costanzo MR, Stevenson LW, Strickland W, Neelagaru S, Raval N, Krueger S, Weiner S, Shavelle D, Jeffries B, Yadav JS (2011) Wireless pulmonary artery haemodynamic monitoring in chronic heart failure. A randomised controlled trial. Lancet 377(9766):658–666

Ahern DK, Kreslake JM, Phalen JM (2006) What is eHealth: Perspectives on the evolution of eHealth research. J Med Internet Res 8(1):e4

Arima H (2016) Utilizing big data for public health. J Epidemiol 26(3):105

Audebert HJ (2011) Schlaganfallbehandlung 2011. Neue therapeutische Optionen. Notfall Rettungsmed 14(5):413–423

Audebert HJ, Kukla C, Vatankhah B, Gotzler B, Schenkel J, Hofer S, Fürst A, Haberl RL (2006a) Comparison of tissue plasminogen activator administration management between telestroke network hospitals and academic stroke centers. Stroke 37(7):1822–1827

Audebert HJ, Schenkel J, Heuschmann PU, Bogdahn U, Haberl RL (2006b) Effects of the implementation of a telemedical stroke network. The Telemedic Pilot Project for Integrative Stroke Care (TEMPiS) in Bavaria, Germany. Lancet Neurology 5(9):742–748

Audebert HJ, Lichy C, Szabo K, Schäbitz WR (2008) Telemedizin und Stroke Unit. Ersatz, Überbrückung oder Ergänzung? Notfall Rettungsmed 11(3):173–177

Beckers R (2015) Regionale Entwicklung und flächendeckende Telemedizin. Ein Widerspruch? Bundesgesundheitsbl Gesundheitsforsch Gesundheitsschutz 58(10):1074–1078

Berg N van den, Schmidt S, Stentzel U, Mühlan H, Hoffmann W (2015) Telemedizinische Versorgungskonzepte in der regionalen Versorgung ländlicher Gebiete. Möglichkeiten, Einschränkungen, Perspektiven. Bundesgesundheitsbl Gesundheitsforsch Gesundheitsschutz 58(4–5):367–373

BMG (2015a) eHealth. http://www.bmg.bund.de/glossarbegriffe/e/e-health.html. Zugegriffen: 31. März 2016

BMG (2015b) Pflegefachkräftemangel. http://www.bmg.bund.de/themen/pflege/pflegekraefte/pflegefachkraeftemangel.html. Zugegriffen: 31. März 2016

BMG (2015c) Gesetz für sichere digitale Kommunikation und Anwendungen im Gesundheitswesen (E-Health-Gesetz). http://www.bmg.bund.de/fileadmin/dateien/Downloads/E/eHealth/150622_Gesetzentwurf_E-Health.pdf. Zugegriffen: 31. März 2016

BMWi (2016) Ökonomische Bestandsaufnahme und Potenzialanalyse der digitalen Gesundheitswirtschaft. Bundesministerium für Wirtschaft und Energie, Berlin

Boogerd EA, Arts T, Engelen LJLPG, van de Belt TH (2015) „What is ehealth": time for an update? JMIR Res Protocol 4(1):e29

Brauns H-J, Loos W (2015) Telemedizin in Deutschland. Stand – Hemmnisse – Perspektiven. Bundesgesundheitsbl Gesundheitsforsch Gesundheitsschutz 58(10):1068–1073

Budych K (2013) Telemedizin. Wege zum Erfolg (Management von Innovationen im Gesundheitswesen). Kohlhammer, Stuttgart

Bundesärztekammer (2014) Ärztestatistik 2014: Etwas mehr und doch zu wenig. Ergebnisse der Ärztestatistik zum 31. Dezember 2014. http://www.bundesaerztekammer.de/ueber-uns/aerztestatistik/aerztestatistik-2014/. Zugegriffen: 07. Jan. 2016

Bundesärztekammer (2015) Telemedizinische Methoden in der Patientenversorgung – Begriffliche Verortung. http://www.bundesaerztekammer.de/fileadmin/user_upload/downloads/pdf-Ordner/Telemedizin_Telematik/Telemedizin/Telemedizinische_Methoden_in_der_Patientenversorgung_Begriffliche_Verortung.pdf. Zugegriffen: 07. Jan. 2016

Burchert H (2003) Teleradiologie, Telemedizin, Telematik im Gesundheitswesen und E-Health – Eine Begriffsbestimmung und -abgrenzung. In: Jäckel A (Hrsg) Telemedizinführer Deutschland. Medizin Forum AG, Ober-Mörlen, S 46–53

Clark RA, Inglis SC, McAlister FA, Cleland JGF, Stewart S (2007) Telemonitoring or structured telephone support programmes for patients with chronic heart failure: systematic review and meta-analysis. BMJ 334(7600):942

Czaplik M, Brokmann J, Hochhausen N, Beckers SK, Rossaint R (2015) Heutige Möglichkeiten der Telemedizin in der Anästhesiologie. Anaesthesist 64(3):183–189

Deloitte (2014) Perspektive E-Health – Consumer-Lösungen als Schlüssel zum Erfolg? Deloitte & Touche GmbH, Düsseldorf

Dietzel GTW (1999) Chancen und Probleme der Telematik-Entwicklung in Deutschland. In: Jäckel A (Hrsg) Telemedizinführer Deutschland. Medizin Forum AG, Bad Nauheim, S 14–19

Dietzel GTW (2004) Auf dem Weg zur europäischen Gesundheitskarte und zum e-Rezept. In: Jähn K, Nagel E (Hrsg) e-Health. Springer, Berlin, S 2–6

Dockweiler C, Razum O (2016) Digitalisierte Gesundheit: neue Herausforderungen für Public Health. Gesundheitswesen 78:5–7

Epifanov Y, Dodel R, Haacke C, Schaeg M, Schöffski O, Hennerici M, Back T (2007) Costs of acute stroke care on regular neurological wards: a comparison with stroke unit setting. Health Policy 81(2–3):339–349

EU Ministerial Declaration of eHealth (2003) eHealth. European Union, Brussels

Europäische Kommission (2013) eHealth. http://ec.europa.eu/deutschland/press/pr-releases/11379_de.htm. Zugegriffen: 31. März 2016

Eymann T (2007) e-Health aus Sicht der Wirtschaftsinformatik. In: Jähn K, Reiher M, Nagel E (Hrsg) e-Health im Spannungsfeld zwischen Entwicklung und Anwendung. Akademische Verlagsgesellschaft, Berlin, S 14–23

Eysenbach G (2001) What is e-health? J Med Internet Res 3(2):20

Fatehi F, Wootton R (2012) Telemedicine, telehealth or e-health? A bibliometric analysis of the trends in the use of these terms. J Telemed Telecare 18:460–464

Fehn K (2014) Strafbarkeitsrisiken für Notärzte und Aufgabenträger in einem Telenotarzt-System. Medizinrecht 32(8):543–552

Fischer F (2016) Ethische Aspekte von E-Health aus der Perspektive von Public Health. In: Müller-Mielitz S, Lux T (Hrsg) E-Health-Ökonomie. Springer, Wiesbaden (im Druck)

Gerson-Cohen J, Colley A (1950) Telediagnosis. Radiology 55:582–587

Gigerenzer G, Schlegel-Matthies K, Wagner GG (2016) Digitale Welt und Gesundheit. eHealth und mHealth – Chancen und Risiken der Digitalisierung im Gesundheitsbereich. Sachverständigenrat für Verbraucherfragen, Berlin

Haas P (2006) Gesundheitstelematik. Grundlagen – Anwendungen – Potenziale. Springer, Berlin

Häckl D (2010) Medizinisch-technischer Fortschritt, e-Health und Telemedizin. Gabler, Wiesbaden

Healy JC (2007) The WHO eHealth Resolution – eHealth for All by 2015? Methods Inf Med 46(1):2–4

Hindricks G, Taborsky M, Glikson M, Heinrich U, Schumacher B, Katz A, Brachmann J, Lewalter T, Goette A, Block M, Kautzner J, Sack S, Husser D, Piorkowski C, Sogaard P (2014) Implant-based multiparameter telemonitoring of patients with heart failure (IN-TIME). A randomised controlled trial. Lancet 384(9943):583–590

Hübner U (2015) What are complex eHealth innovations and how do you measure them? Methods Inf Med 54:319–327

Institute of Medicine (2001) Envisioning the national healthcare quality report. National Academy Press, Washington

Kacher C, Wiest A, Schumacher N (2000) E-Health: Chancen und Risiken für Ärzte, Patienten und Kostenträger. Zeitschrift für Allgemeinmedizin 76:607–613

Kielblock B, Frye C, Kottmair S, Hudler T, Siegmund-Schultze E, Middeke M (2007) Einfluss einer telemedizinisch unterstützten Betreuung auf Gesamtbehandlungskosten und Mortalität bei chronischer Herzinsuffizienz. DMW 132(9):417–422

Kostkova P (2015) Grand challenges in digital health. Front. Public Health 3:134

Luo J, Wu M, Gopukumar D, Zhao Y (2016) Big data application in biomedical research and health care: A literature review. Biomedical Informatics Insights 8:1–10

Marschang S (2014) Health inequalities and eHealth. ec.europa.eu/information_society/newsroom/cf/dae/document.cfm?doc_id=5170. Zugegriffen: 29. März 2016

Moodie M, Cadilhac D, Pearce D, Mihalopoulos C, Carter R, Davis S, Donnan G (2006) Economic Evaluation of Australian Stroke Services. A prospective, multicenter study comparing dedicated stroke units with other care modalities. Stroke 37(11):2790–2795

Müller-Barna P, Boy S, Audebert HJ (2011) Telediagnostik und Telekonsil in Schlaganfallnetzwerken. Aktueller Stand und Zukunftsperspektiven. Nervenheilkunde 1–2:25–30

Oberender P, Zerth J (2007) e-Health aus Sicht der Wirtschaftstheorie. In: Jähn K, Reiher M, Nagel E (Hrsg) e-Health im Spannungsfeld zwischen Entwicklung und Anwendung. Akademische Verlagsgesellschaft, Berlin, S 2–12

Obermann K, Müller P, Woerns S (2015) Ärzte im Zukunftsmarkt Gesundheit 2015: Die eHealth-Studie. Die Digitalisierung der ambulanten Medizin. Eine deutschlandweite Befragung niedergelassener Ärztinnen und Ärzte. Stiftung Gesundheit, Hamburg

Oh H, Rizo C, Enkin M, Jadad A (2005) What is eHealth: A systematic review of published definitions. J Med Internet Res 7(1):e1

Pagliari C, Sloan D, Gregor P, Sullivan F, Detmer D, Kahan JP, Oortwijn W, MacGillivray S (2005) What is eHealth: A scoping exercise to map the field. J Med Internet Res 7(1):e9

Pinto dos Santos D, Hempel JM, Kloeckner R, Düber C, Mildenberger P (2014) Teleradiologie. Update 2014. Radiologie 54:487–490

Plathow C, Walz M, Essig M, Engelmann U, Schulz-Ertner D, Delorme S, Kauczor H-U (2005) Teleradiologie: Betriebswirtschaftliche CT-Untersuchungen eines kleineren Krankenhauses. Fortschr Röntgenstr 177(7):1016–1026

Prescher S, Deckwart O, Winkler S, Koehler K, Honold M, Koehler F (2013) Telemedical care: feasibility and perception of the patients and physicians: a survey-based acceptance analysis of the Telemedical Interventional Monitoring in Heart Failure (TIM-HF) trial. Eur J Prev Cardiol 20(Suppl. 2):1–24

Riepe C, Schwanenflügel M (2013) Ethische Herausforderungen und Chancen von Telematik und Telemedizin. GuS 67(4):52–54

RKI (2015) Gesundheit in Deutschland. Robert Koch-Institut, Berlin

Schachinger A (2014) Der digitale Patient. Analyse eines neuen Phänomens der partizipativen Vernetzung und Kollaboration von Patienten im Internet. Nomos, Baden-Baden

Schenkel J, Reitmeir P, von Reden S, Holle R, Boy S, Haberl R, Audebert H (2013) Kostenanalyse telemedizinischer Schlaganfallbehandlung. Veränderung der stationären Behandlungskosten und Pflegekosten am Beispiel des Telemedizinischen Projekts zur integrierten Schlaganfallversorgung in Bayern (TEMPiS). Gesundheitswesen 75(7):405–412

Schlömer C (2015) Demographische Ausgangslage: Status quo und Entwicklungstendenzen ländlicher Räume in Deutschland. In: Fachinger U, Künemund H, Nagel E (Hrsg) Gerontologie und ländlicher Raum. Lebensbedingungen, Veränderungsprozesse und Gestaltungsmöglichkeiten. Springer VS, Wiesbaden, S 25–43

Seithe T, Busse R, Rief M, Doyscher R, Albrecht L, Rathke H, Jonczyk M, Poschmann R, Tepe H, Hamm B, de Bucourt M (2015) Teleradiologische Prozess- und Untersuchungszeiten: Eine institutsinterne Effizienz- und Qualitätsanalyse. Radiologe 55(5):409–416

Spencer D, Daugrid A (1990) The nature and content of telephone prescribing habits in a community practice. Family Medicine 22:205–209

Statistisches Bundesamt (2015) Bevölkerung Deutschlands bis 2060. 13. koordinierte Bevölkerungsvorausberechnung. Statistisches Bundesamt, Wiesbaden

Stroke Unit Trialists' Collaboration (2013) Organised inpatient (stroke unit) care for stroke. Cochrane Database Syst Rev, 9:CD000197

Trill R (2009) Praxisbuch E-Health. Von der Idee zur Umsetzung, Kohlhammer, Stuttgart

US Department of Commerce (1999) The digital divide summit. http://www.ntia.doc.gov/ntiahome/digitaldivide/summit. Zugegriffen: 31. März 2016

Voigt PU (2008) Gutachten Telemedizin. http://entwurf.initiative-gesundheitswirtschaft.org/wp-content/uploads/2014/12/Gutachten-Telemedizin.pdf. Zugegriffen: 31. März 2016

WHO (1978) Declaration of Alma-Ata. World Health Organization, Geneva

WHO (1998) A health telematics policy. Report of the WHO Group Consultation on Health Telematics. World Health Organization, Geneva

WHO (2005) eHealth Resolution. 58th World Health Assembly, Resolution 28. World Health Organization, Geneva

Xiang R, Li L, Liu SX (2013) Meta-analysis and meta-regression of telehealth programmes for patients with chronic heart failure. J Telemed Telecare 19(5):249–259

Technische Standards bei eHealth-Anwendungen

Bernhard Breil

Zusammenfassung

Standards stellen eine unabdingbare Voraussetzung für gelebte Interoperabilität dar. Unter Interoperabilität wird die Fähigkeit verschiedener Systeme zur möglichst nahtlosen Zusammenarbeit verstanden. Insbesondere das Zusammenwirken der Standards auf verschiedenen Ebenen ist wichtig. Zum Verständnis dieser Standards wird ein Überblick über technische Aspekte von eHealth in Deutschland gegeben. Für viele Teilbereiche existieren bereits etablierte Standards, die weiter gepflegt und miteinander verbunden werden müssen.

2.1 Einleitung

Mit dem Gesetz zur Einführung der Elektronischen Gesundheitskarte (§ 291a SGB V) wurde der Weg für weitere eHealth-Anwendungen im Gesundheitswesen geschaffen. In Absatz 3 heißt es dort:

> (3) Über Absatz 2 hinaus muss die Gesundheitskarte geeignet sein, folgende Anwendungen zu unterstützen, insbesondere das Erheben, Verarbeiten und Nutzen von
>
> 1. medizinischen Daten, soweit sie für die Notfallversorgung erforderlich sind,

---

B. Breil (✉)
FB Gesundheitswesen Gesundheitsinformatik (Systemintegration), Hochschule Niederrhein, Reinarzstr. 49, 47805 Krefeld, Deutschland
E-Mail: bernhard.breil@hs-niederrhein.de

2. Befunden, Diagnosen, Therapieempfehlungen sowie Behandlungsberichten in elektronischer und maschinell verwertbarer Form für eine einrichtungsübergreifende, fallbezogene Kooperation (elektronischer Arztbrief),
3. Daten zur Prüfung der Arzneimitteltherapiesicherheit,
4. Daten über Befunde, Diagnosen, Therapiemaßnahmen, Behandlungsberichte sowie Impfungen für eine fall- und einrichtungsübergreifende Dokumentation über den Patienten (elektronische Patientenakte)

[…].

Damit eben solche eHealth-Anwendungen eine entsprechende Unterstützung im Versorgungsgeschehen gewährleisten können, müssen neben gesetzlichen Rahmenbedingungen auch technische Voraussetzungen geschaffen und in der Praxis genutzt werden. Die Vernetzung betrifft dabei nicht nur die Verbindung von Krankenhausinformationssystemen (KIS), sondern schließt neben dem ambulanten Sektor auch verstärkt Patientinnen und Patienten ein. Zurzeit erleben wir, dass sich das Gesundheitswesen immer stärker vernetzt und neben Institutionen und Ärztinnen bzw. Ärzten längst auch Bürgerinnen und Bürger stärker in diese Entwicklung eingebunden werden. Im Krankenhaus werden beispielsweise Informationen der einweisenden Ärztinnen bzw. Ärzte mit Daten der Patientinnen und Patienten zusammengeführt. Damit ein solches Szenario jedoch in der Realität flächendeckend eingesetzt werden kann, müssen die beteiligten Systeme interoperabel sein. Doch was bedeutet dies genau? Betrachten wir zunächst die Definitionen.

Unter Interoperabilität wird die Fähigkeit verschiedener Systeme zur möglichst nahtlosen Zusammenarbeit verstanden. Das bedeutet, dass Anwenderinnen bzw. Anwender es in der Regel nicht mitbekommen, wenn beim Informationsaustausch Systemgrenzen überschritten werden.

Das Institute of Electrical and Electronics Engineers (IEEE) geht in der Definition von Interoperabilität noch einen Schritt weiter:

> Interoperability is the ability of two or more systems or components to exchange information and use the information that has been exchanged (IEEE 1990).

Hier liegt der Fokus neben dem reinen Austausch auch auf dem Nutzen dieser Daten. Um Interoperabilität zu erreichen, sind verbindliche Absprachen nötig, die von den Herstellern dieser Systeme umgesetzt werden. Ein effizienter Informationsaustausch setzt die konsequente Nutzung dieser Standards voraus. Analog zu internationalen Konferenzen müssen sich auch hier alle Teilnehmerinnen und Teilnehmer auf eine gemeinsame Sprache verständigen. Im Gesundheitswesen ist es sogar noch ein wenig komplizierter, denn die Standardisierung muss auf unterschiedlichen Ebenen spezifizieren, wie eine Datenübertragung stattzufinden hat: 1) Zunächst muss allgemein betrachtet werden, wie ein Kommunikationsprozess definiert ist. Auf prozessualer Ebene wird geregelt, welche Akteurinnen und Akteure welche Daten schicken und ob dazu eine Bestätigung gesendet werden soll oder nicht. 2) Auf der technischen Ebene ist dann zu betrachten, wie die Datenstruktur aufgebaut ist. Hier wird festgelegt, in welchem Dateiformat (z. B. XML-Dateien, Textdateien) Nachrichten verschickt werden und wie diese von der Struktur aufgebaut sind (welche Datenelemente und welche Datenfelder gibt es in diesen Dateien). 3) Auf der dritten Ebene werden dann die möglichen Inhalte der Datenfelder spezifiziert. Hier steht die wohl komplexeste Standardisierung, nämlich die auf der semantischen Ebene, im Vordergrund (EN 13606 Association 2001). Auf der semantischen Ebene werden die Wertebereiche und Domänen adressiert, welche die korrekte Interpretation der Daten betreffen und unter anderem klare Begriffsdefinitionen, den Umgang mit Synonymen und Homonymen sowie die verwendeten Einheiten und Bezugssysteme regeln. Alle drei Ebenen zusammen bestimmen letztlich die Kommunikationsqualität der Systeme untereinander. Im Folgenden werden ein Überblick über technische Aspekte von eHealth in Deutschland gegeben und wichtige Standards zu den jeweiligen Ebenen im Überblick vorgestellt.

2.2 IHE

Integrating the Healthcare Enterprise (IHE) ist eine 1998 gegründete internationale Initiative, die sich vor allem mit der Standardisierung von Abläufen im Gesundheitswesen beschäftigt. Damit wird die prozessuale Ebene der Standardisierung adressiert. Ziel von IHE ist es, den elektronischen Austausch von Gesundheitsinformationen zu verbessern. Dazu greift IHE auf andere Standards wie HL7 (Abschn. 2.3) oder DICOM (Abschn. 2.4) zurück, die in den folgenden Teilkapiteln erläutert werden. Neben *IHE International* existieren weitere nationale Organisationen (wie z. B. *IHE Deutschland),* welche die generischen Profile um länderspezifische Details erweitern. Nationale Arbeiten zur einrichtungsübergreifenden Kommunikation mit IHE werden für Deutschland in einem IHE Cookbook zusammengefasst, das ständig überarbeitet und erweitert wird (HL7 Deutschland 2016).

IHE ist in mehreren Domänen aktiv. Seit der Gründung auf der Jahrestagung des amerikanischen Radiologenverbandes zusammen mit dem Verband der Hersteller von medizinischen Anwendungslösungen in Amerika im Jahr 1998 gibt es die Domäne Radiologie (Haas 2006), zu der im Laufe der Zeit weitere Domänen hinzugekommen sind. Auf den Webseiten von IHE (IHE International 2014) findet sich eine Übersicht über die Domänen, in denen es bereits Implementierungen oder finale Versionen zu IHE-Profilen gibt:

- Anatomic Pathology (Pathologie)
- Cardiology (Kardiologie)
- Eye Care (Augenheilkunde)
- IT Infrastructure (IT-Infrastruktur)
- Laboratory (Labormedizin)
- Patient Care Coordination (Einrichtungsübergreifende Behandlungsketten)
- Patient Care Device (Kommunikation von Gerätedaten)
- Pharmacy (Pharmarzie)

- Quality, Research and Public Health (Qualitätssicherung, Forschung und Public Health)
- Radiation Oncology (Strahlentherapie)
- Radiology (Radiologie)

In diesen Domänen wird eine Zusammenarbeit mit den jeweiligen Fachgesellschaften angestrebt. Die technische Spezifikation erfolgt dann mit Hilfe von Profilen und Transaktionen, die für jede Domäne definiert werden.

IHE-Profile

IHE definiert zunächst Use-Cases für relevante IT-gestützte Abläufe im Gesundheitswesen und erstellt Beschreibungen, aus denen das technische Komitee Spezifikationen in Form von Integrationsprofilen innerhalb der zuvor genannten Domänen erstellt. In den Integrationsprofilen wird beschrieben, wie ein Kommunikationsszenario unter Verwendung von etablierten Standards aussehen kann. Dabei wird festgelegt, welche Akteurinnen und Akteure in welchen Rollen Informationen untereinander austauschen können. Der Austausch erfolgt in Nachrichten (Transaktionen), deren technische Details in der *Transaction Specification* beschrieben sind. Integrationsprofil und *Transaction Specification* bilden dann die relevanten Voraussetzungen für die Hersteller, welche die IHE-konforme Kommunikation umsetzen wollen (IHE Deutschland 2015).

Zurzeit gibt es mehr als 100 IHE-Profile, von denen ungefähr die Hälfte einen finalen Status hat, während andere sich noch in der Erprobungsphase befinden. Im Folgenden sollen exemplarisch einzelne Profile vorgestellt werden. Eine vollständige Auflistung findet sich im Wiki auf der Webseite von IHE (IHE International 2014).

> **Überblick über einzelne IHE-Profile**
>
> - **Consistent Time:** Dieses Profil stellt durch Verwendung des Network Time Protocols (NTP) sicher, dass alle Akteure dieselbe Zeit haben.
> - **Cross-Enterprise Document Sharing (XDS.b):** Durch das Cross-Enterprise Document Sharing wird der Zugriff auf eine einrichtungsübergreifende Patientenakte geregelt. Das XDS-Profil erlaubt den Austausch beliebiger Dokumente, da der Dokumenteninhalt von den strukturierten Metadaten getrennt ist. Die Dokumentenverwaltung (und -suche) läuft über ein zentrales Dokumentenregister (Document Registry), das alle Verweise auf Dokumente, die in verschiedenen Document Repositories liegen können, verwaltet. Ein Document Consumer kann dann nach der Suche in der Document Registry ein Dokument aus einem Document Repository abrufen. Damit der Ablauf so funktioniert, muss das Dokument von der Document Source zunächst in einem Repository bereitgestellt werden (mittels Provide and Register), das dann die zugehörigen Metadaten an die zentrale Document Registry weiterleitet. Obwohl das XDS-Profil den

Austausch beliebiger Dokumente erlaubt, wurde das Profil für den Austausch von DICOM-Bildern erweitert. Die Erweiterungen finden im Profil XDS-I.b Berücksichtigung.
- *Cross-Enterprise Document Sharing for Imaging (XDS-I.b):* Dieses Profil ist eine Erweiterung des XDS-Profils, um auch Multimediaobjekte wie Bilder und Filme zu verwalten und auszutauschen. Im Gegensatz zum XDS.b werden hier die Bilder bei der Quelle gelassen (da DICOM-Daten schnell sehr groß werden können) und nur ein sogenanntes Key Object Selection Document erstellt, das Verweise auf die eigentlichen Bilder enthält. Dadurch ergeben sich leichte Änderungen im Prozessablauf.
- *Patient Identifier Referencing (PIX):* Mit Hilfe des PIX-Profils werden verschiedene Patientenidentifikatoren auf einer neuen Master-Patient-Index-ID vereint.
- *Patient Demographics Query (PDQ):* Das PDQ-Profil dient der Bereitstellung demografischer Patientendaten auf Anfrage eines Akteurs. Im Gegensatz zum PIX-Profil werden hier demografische Angaben wie Name und Geburtsdatum übergeben.

In einem jährlich stattfindenden Connectathon treffen sich dann Hersteller, die die Kommunikation via IHE unterstützen, um die standardkonforme Umsetzung zu testen und so die praktische Anwendung voranzutreiben. Die IHE-Profile decken bereits viele relevante medizinische Szenarien ab und können in Zukunft zu einer verbesserten Interoperabilität beitragen. In Deutschland hat sich IHE vor allem im aktenbasierten Austausch, also der Standardisierung der Kommunikation zwischen einrichtungsübergreifenden, elektronischen Patientenakten, etabliert, obschon es aktuelle Arbeiten an der aktenlosen Kommunikation gibt (Urbauer et al. 2015; Bergh et al. 2015).

2.3 HL7

Betrachten wir nun die technischen Standards, die sich auf das Datenformat beziehen, dann führt im Gesundheitswesen kein Weg an HL7 vorbei. HL7 steht für Health Level 7 und ist eine 1989 gegründete Standardisierungsorganisation, die ein umfangreiches Standard-Portfolio auf der 7. Ebene im ISO/OSI-Referenzmodell verabschiedet hat.

Zu den wesentlichen Aufgaben von HL7 zählen die Entwicklung von Standards und die Förderung des entsprechenden Einsatzes. Dazu arbeitet HL7 mit anderen Standardisierungsorganisationen zusammen und bietet unterschiedliche Trainings und Schulungen an, um interessierten Entwicklern die Standards näher zu bringen. HL7 gibt dabei die folgende Mission an:

> HL7 provides standards for interoperability that improve care delivery, optimize workflow, reduce ambiguity and enhance knowledge transfer among all of our stakeholders, including healthcare providers, government agencies, the vendor community, fellow SDOs and

patients. In all of our processes we exhibit timeliness, scientific rigor and technical expertise without compromising transparency, accountability, practicality, or our willingness to put the needs of our stakeholders first (HL7 International 2016).

An der Entwicklung der Standards sind viele freiwillige Vertreterinnen und Vertreter aus Industrie und Forschung beteiligt, deren Arbeit innerhalb von HL7 in verschiedenen Arbeitsgruppen organisiert ist. Mit dem Kommunikationsstandard HL7 v2, dem HL7 v3 Referenzmodell, dem Dokumentenstandard CDA und dem neuesten Standard FHIR werden die wichtigsten Standards aus der HL7-Familie im Folgenden kurz vorgestellt.

2.3.1 HL7 v2

Der HL7 Kommunikationsstandard Version 2.x bildet seit Jahren den Standard für den Datenaustausch im stationären Sektor, vor allem zwischen dem KIS und verschiedenen Abteilungssystemen (RIS, LIS, PACS) eines Krankenhauses. Mit HL7 v2 werden Nachrichten in Form von Textdateien zwischen Informationssystemen ausgetauscht. Die aktuelle Version des Standards ist die Version 2.8 (Stand März 2016).

Diese Nachrichten beziehen sich beispielsweise auf die Änderungen von Patientenstammdaten, Verlegungen von Patientinnen und Patienten, Leistungsstellenkommunikation zwischen Abteilungen oder adressieren Abrechnungszwecke. Die Kommunikation erfolgt dann abhängig von verschiedenen Nachrichtentypen und auslösenden Ereignissen (Trigger-Events). Bei den Nachrichtentypen lassen sich unter anderem die in Tab. 2.1 dargestellten Typen unterscheiden (Corepoint Health 2016).

Die Nachrichten bestehen aus mehreren Segmenten, die durch einen Zeilenumbruch getrennt sind. Die folgende Liste gibt einen Überblick über häufig verwendete Segmente:

- DG1 *(Diagnosis)* – Segment für Diagnosen und Attribute
- EVN *(Event)* – Details zum auslösenden Ereignis
- FT1 *(Financial Transaction)* – Segment für Buchungsinformationen
- MSH *(Message Header)* – Header-Segment am Anfang der Nachricht
- OBR *(Observation Request)* – Auftragsanforderung
- OBX *(Observation Result)* – Auftragsergebnis
- PID *(Patient-Identification)* – Patientendaten
- PV1 *(Patient Visit)* – Fallspezifische Patienteninformationen
- PR1 *(Procedures)* – Durchgeführte Maßnahmen

Innerhalb dieser Segmente werden Felder durch das Pipe-Symbol (|) getrennt. Im zweiten Feld der ersten Zeile einer HL7-Nachricht werden die Trennzeichen definiert. Die Standard-Belegung der Trennzeichen beinhaltet die in Tab. 2.2 dargestellten Symbole.

2 Technische Standards bei eHealth-Anwendungen

Tab. 2.1 Nachrichtentypen in HL7 v2 (Corepoint Health 2016)

Nachrichtentyp	Bedeutung
ACK	Allgemeine Bestätigung (Acknowledgement)
ADT	Patientenstammdaten (Admission-Discharge-Transfer)
BAR	Abrechnung (Billing Account Record)
DFT	Abrechnung (Detailed Financial Transaction)
MDM	Dokumentenaustausch (Medical Document Management)
ORM	Anforderung (Order Message)
ORU	Befundübermittlung (Observation Result Unsolicited)

Auszug aus den HL7-Nachrichtentypen. Eine vollständige Liste findet sich im Anhang A der HL7-Spezifikation

Die Nachrichten werden durch Trigger-Events ausgelöst. Solche Trigger-Events sind beispielsweise die Aufnahme oder Verlegung einer Patientin bzw. eines Patienten oder die Diagnoseübermittlung. Nachrichtentypen und Trigger-Events definieren die Abfolge der einzelnen Segmente innerhalb der Nachricht. Damit ergibt sich die Bedeutung der Nachricht abhängig von den Inhalten an der jeweiligen Position. Die Kombination aus diesen beiden Komponenten findet sich im 9. Segment des Message Headers (MSH). Erlaubte Kombinationen aus Message Type und Trigger-Event sind beispielsweise:

- Patientenaufnahme (ADT^A01)
- Patientendatenupdate (ADT^A08)
- Diagnoseübermittlung (BAR^P01)

Tab. 2.2 Trennzeichen in HL7-Nachrichten

Zeichen	Bedeutung	Beispiel
^	*Komponententrenner:* trennt innerhalb eines Segments zwei Elemente, zum Beispiel Name und Vorname	Mustermann^Max
~	*Wiederholungstrenner:* erlaubt das mehrfache Vorkommen von Komponenten, zum Beispiel mehrere Patienten-IDs von verschiedenen Quellen	1234^^^SystemA~9876^^^SystemB
\	*Escape Symbol:* wird verwendet, wenn Trennzeichen zur Nachricht gehören	Johnson & Johnson wird zu Johnson \T\ Johnson
&	*Subkomponententrenner:* trennt Teile innerhalb einer Komponente, zum Beispiel Straße und Hausnummer	Hauptstraße&25

```
MSH|^~\&|RIS|123456789|KIS|987654321|201511021222||MDM^T01^MDM_T01|64322|P|2.5.1
EVN|T01|200911021022|200911021022|O|74357
PID|1|6408125|6408125||Mustermann^Erika^^||19450912|F|||Heidestraße 17^^Köln^^51147^GER|||||M|CHR||2010315D||||München|Y||
PV1|1|I|CARE POINT^5^1^Instate^^C|R||||||||N|||8573245||||||||||||||||||201511021122|||||
TXA|1|CN|RTF|||||20151030100756||||24567^FACIL||||34252.rtf|DO|R|AV|AC|||
|
```

Abb. 2.1 Beispielhafte HL7-Nachricht (selbst erstellt mit HL7 Soup)

Die gesamte HL7 besteht somit aus mehreren Zeilen, die jeweils durch ein Segment-Kürzel eingeleitet werden, dem dann die entsprechenden Daten durch | getrennt folgen. Abb. 2.1 zeigt eine beispielhafte HL7-Nachricht, die mit HL7 Soup erstellt wurde.

HL7 v2 spezifiziert dabei nur die Syntax für die Nachrichten selbst und macht keine Aussagen zur Nachrichtenübertragung bzw. zu Akteurinnen oder Akteuren und zu Kommunikationsszenarien. Dafür werden die zuvor beschriebenen IHE-Profile benötigt.

2.3.2 HL7 v3

Bei HL7 v3 handelt es sich um einen neuen Ansatz der Spezifikation, bei dem die Nachrichten nicht einzeln spezifiziert werden, sondern aus einem gemeinsamen, generischen Referenzmodell (HL7 Version 3 RIM) abgeleitet werden. Anhand dieses Referenzmodells soll ein einheitliches Verständnis über Prozesse und Objekte zwischen den Kommunikationspartnern ermöglicht werden.

Auf diesem Referenzmodell basiert dann eine ganze Familie von Standards, die im Gegensatz zu HL7 v2 in XML definiert sind. Das RIM besteht dabei aus vier Basisklassen und zwei Verbindungsklassen, mit denen sowohl im klinischen als auch im administrativen Bereich viele Anwendungen abgedeckt werden können. Die folgende Liste zeigt die Basisklassen und Verbindungsklassen (Benson 2010).

- Basisklassen
  - entity (z. B. für Personen, Organisationen)
  - role (z. B. Patient, Arzt)
  - participation (z. B. Autor)
  - act (z. B. Maßnahme, Beobachtung)
- Verbindungsklassen
  - role relationship
  - act relationship

Das RIM ist als generisches Modell zu verstehen, das für konkrete Anwendungen weiter spezialisiert wird. Ärztinnen bzw. Ärzte werden beispielsweise als Personen in der Rolle einer Krankenhausärztin bzw. eines Krankenhausarztes abgebildet, während sich Diagnosen in Form einer Observation (als Unterklasse des *acts*) darstellen lassen. Generisch

2 Technische Standards bei eHealth-Anwendungen

betrachtet lässt sich demnach ein Szenario wie folgt ausdrücken. Personen *(entity)* nehmen in einer bestimmten Rolle *(role)*, zum Beispiel als Ärztin bzw. Arzt oder Patientin bzw. Patient, teil *(participation)* an einer Maßnahme *(act)*. Dabei kann sowohl das Verhältnis dieser Personen als Verbindung der Rollen (z. B. Arzt-Patient) als auch der Zusammenhang zwischen zwei Maßnahmen (Anamnese bedingt bildgebende Diagnostik) über die jeweiligen Verbindungsklassen *(role relationship, act relationship)* abgebildet werden.

Durch diesen Ansatz ist HL7 v3 einerseits sehr mächtig, da viele Kommunikationsszenarien deutlich detaillierter abgebildet werden können, als dies mit den textbasierten Nachrichten in Version 2 möglich ist. Andererseits ist Version 3 damit sowohl in der Spezifikation als auch in der Umsetzung mit deutlich mehr Aufwand verbunden. Ersteres zeigt sich in der Dauer der Abstimmungsprozesse, letztgenannter Punkt am besten darin, dass es kaum Hersteller gibt, deren Systeme in der Lage sind, HL7 v3 zu verstehen.

2.3.3 CDA

Auf Basis des HL7 v3 Informationsmodells entstand mit der Clinical Document Architecture (CDA) ein Standard der HL7-Familie, der sich auf den strukturierten Austausch von klinischen Dokumenten bezieht. CDA ist ein XML-Standard zur Strukturierung des Inhalts und zum Austausch medizinischer Dokumente, der wichtige Elemente in den jeweiligen Dokumenten sicherstellten soll. Eine erste Definition (Release 1) wurde im Jahr 2000 veröffentlicht, die dann 2005 nochmal deutlich überarbeitet wurde (Release 2). Zu den Kerneigenschaften von CDA-Dokumenten gehören nach Dolin und Alschuler (2011) die folgenden Eigenschaften:

- Persistenz
- Verantwortlichkeit für die Verwaltung des Dokuments
- Signaturfähigkeit
- Kontext
- Ganzheit des Dokuments
- Lesbarkeit

Ein CDA-Dokument besteht wie ein HTML-Dokument aus zwei Teilen, einem Header und einem Body. Der Header enthält die Metainformationen zum Dokument (Datum und Uhrzeit der Erstellung), zur Patientin bzw. zum Patienten (Name, Behandlungsanlass) sowie zur Verfasserin bzw. zum Verfasser (Person, Rolle). Im Body des CDA-Dokumentes findet sich der eigentliche Inhalt mit Angaben zu klinischen Fragestellungen, Diagnosen und Prozeduren sowie Medikamenten. Ein CDA-Dokument enthält dabei allgemeine Elemente, mit denen man analog zu einem Text-Dokument den Inhalt strukturieren kann. Hier stehen die folgenden Elemente zur Verfügung (Dolin et al. 2006):

- Abschnitte <section>
- Paragrafen <paragraph>
- Kennzeichnung von bestimmten Inhalten <content>
- Überschriften <caption>
- Tabellen <table>
- Listen <list>

Darüber hinaus werden medizinische Konzepte explizit berücksichtigt, wie die folgende, unvollständige Liste zeigt:

- *observation* – eine (codierte) Beobachtung (z. B. ein Befund oder eine Diagnose)
- *procedure* – eine Prozedur (z. B. eine Operation oder eine andere Behandlung)
- *encounter* – Angaben zu früheren, jetzigen oder geplanten Patientenkontakten
- *substanceAdministration* – medikamenten-bezogene Angaben (stattgefunden oder geplant)
- *supply* – Material oder Medikamentenverabreichungen
- *observationMedia* – multimedialer Inhalt als Teil des Dokuments
- *regionOfInterest* – Kennzeichnung im Bild

Bei CDA-Dokumenten lassen sich je nach Strukturierung und Standardisierung verschiedene Level unterscheiden (Dolin et al. 2001).

Level der CDA-Dokumente

- **CDA-Level 1:** Bei Level-1-Dokumenten ist lediglich der CDA-Header strukturiert. Dort finden sich Metadaten zur Patientin bzw. zum Patienten, zum Dokument und zur Ärztin bzw. zum Arzt. Der eigentliche Inhalt der CDA-Datei im Body ist dabei lediglich durch allgemeine Strukturen wie Abschnitte, Tabellen und Listen geordnet. Es gibt keine inhaltlichen Vorgaben. Eine solche Datei kann elektronisch ausgetauscht und (von Menschen) betrachtet werden, jedoch können keine Inhalte maschinell weiterverarbeitet werden.
- **CDA-Level 2:** In Level 2 sind die Abschnitte im CDA-Body zusätzlich mit standardisierten Codes (z. B. LOINC) versehen bzw. nutzen die medizinischen Konzepte von HL7 v3 wie *observation* und *procedure*. Abhängig vom definierten Template sind dann bestimmte Abschnitte verpflichtend (z. B. Vitalzeichen in einer klinischen Untersuchung). Innerhalb dieser Abschnitte sind jedoch Freitext-Eingaben zulässig.
- **CDA-Level 3:** Level 3 baut auf Level 2 auf und enthält strukturierte Informationen, die sich aus dem HL7 RIM ableiten. Auch innerhalb der strukturierten Level-2-Abschnitte stehen formale und maschinenlesbare Codes, die eine automatisierte Verarbeitung von solchen Dokumenten ermöglichen und so standardisierte Inhalte wie Symptome und Diagnose spezifizieren.

Implementierungsleitfäden

Basierend auf diesem CDA-Standard, der inzwischen auch als ISO-Standard (ISO 27932:2009) eingetragen ist (International Organization for Standardization 2015) finden sich mehrere Implementierungsleitfäden, die CDA-Dokumente für ein bestimmtes Austauschszenario definieren.

Die folgende Liste zeigt aktuelle Projekte, in denen bereits Implementierungsleitfäden vorliegen. Hier zeigen die neuesten Entwicklungen, dass CDA sich mittlerweile im Bereich des dokumentbezogenen Austausches im Gesundheitswesen durchgesetzt hat.

▶ **Arztbrief 2015:** Unter dem Namen „Arztbrief 2015" liegt eine aktuelle CDA-Spezifikation eines Arztbriefes für das deutsche Gesundheitswesen vor. Der Leitfaden, der im Rahmen des Interoperabilitätsforums unter Mitarbeit des Technischen Komitees von HL7 Deutschland e. V. erstellt wurde, basiert dabei auf dem VHitG-Arztbrief, der 2005 im Rahmen einer Initiative vom Bundesverband Gesundheits-IT (bvitg e. V.) erstellt worden ist (Bundesverband Gesundheits-IT 2005). Ziel dieser Spezifikation ist es, die medizinisch relevanten Teile der Krankengeschichte, die zwischen Leistungserbringern ausgetauscht werden, zu definieren. In einem Template wird hier festgelegt, welche Inhalte und welche Codes für einen standardisierten Arztbrief verpflichtend sind.

▶ **Dokumentationsmodule zum Aufbau eines Nationalen Notaufnahmeregisters:** Mit dem Notaufnahmeprotokoll wird ein einheitlicher Dokumentationsstandard geschaffen, der notwendig ist, um ein Notaufnahmeregister mit vergleichbaren Daten erstellen zu können. Im Verbundforschungsprojekt „Verbesserung der Versorgungsforschung in der Akutmedizin in Deutschland durch den Aufbau eines Nationalen Notaufnahmeregisters" (AKTIN) wurde eine Spezifikation in CDA erstellt, die inhaltliche Definitionen der Deutschen Interdisziplinären Vereinigung für Intensiv- und Notfallmedizin (DIVI) aufgreift.

▶ **Ärztlicher Reha-Entlassungsbericht**: Der ärztliche Reha-Entlassungsbericht ist ein Dokument, das bereits seit 1977 zur Unterstützung der medizinischen Dokumentation der Rehabilitations- und Rentenverfahren eingeführt wurde und nun als CDA-Spezifikation vorliegt. Im Vordergrund steht der Austausch von klinischen und sozialmedizinischen Informationen. Die aktuelle Spezifikation ergänzt den CDA-Arztbrief um Rehabilitandendaten.

▶ **Meldewesen und Infektionsschutz**: Um das Meldewesen in Deutschland effizienter zu gestalten und Meldungen nach dem Infektionsschutzgesetz (§ 6 Meldepflichtige Krankheiten, § 7 Meldepflichtige Nachweise von Krankheitserregern) zu unterstützen, wurden CDA-Spezifikationen für den ersten Teil der Meldekette erstellt. Bei den meldepflichtigen Krankheiten lassen sich Arztmeldungen und Labormeldungen unterscheiden. Für beide Varianten liegen abgestimmten CDA-Spezifikationen vor.

▶ **Medikationsplan**: Ein häufig genannter Grund für den Ausbau der Telematikinfrastruktur in Deutschland ist die Unterstützung im Bereich der Medikation, um Kontraindikationen und Wechselwirkungen zu entdecken und Doppelmedikationen zu vermeiden. Dafür ist es notwendig, dass Medikationsinformationen zwischen dem ambulanten und stationären Sektor – aber auch innerhalb der Sektoren – strukturiert und standardisiert übertragen werden. Um eine einfach Umsetzung zu fördern, wurde auf CDA zurückgegriffen. Die Arzneimittelkommission der deutschen Ärzteschaft (AKdÄ) hat zusammen mit der AG AMTS des bvitg e. V. eine Spezifikation für einen Medikationsplan erstellt, der nun in CDA überführt werden muss.

Neben diesen Implementierungsleitfäden, die sich bereits in einer Version >1.0 befinden, wird zurzeit an weiteren CDA-Spezifikationen gearbeitet. Auf den Seiten von HL7 Deutschland (2016) werden unter anderem die folgenden Leitfäden aufgeführt:

- Diagnose
- Mutterpass
- ePflegebericht

2.3.4 HL7 FHIR

Fast Healthcare Interoperability Resources (FHIR; ausgesprochen wie „fire") ist der neuste Standard der HL7-Gruppe. FHIR ist aus der Idee entstanden, Integration auf Basis moderner Kommunikationsplattformen neu zu definieren. Trends wie ein Paradigmenwechsel im Gesundheitswesen (Patientinnen und Patienten stehen mehr im Fokus) sowie die Verwendung zahlreicher mobiler Geräte, die online auf Daten und Ressourcen zugreifen, haben die Entwicklung von FHIR vorangetrieben. Konzeptionelle Arbeiten haben bereits im Jahr 2011 begonnen. Derzeit (Stand März 2016) gibt es einen Draft Standard for Trial Use (DSTU), der auf dem Connectathon getestet wird (Heckmann 2015).

FHIR kombiniert die besten Eigenschaften der anderen HL7-Standards und versteht sich als Bausatz aus modularen Ressourcen, die in unterschiedlichen Kontexten gebündelt werden. Im Gegensatz zu den IHE-Profilen, die überwiegend auf Simple Object Access Protocol (SOAP) basieren, basiert FHIR auf Representational State Transfer (REST) und somit auf zustandsbasierter Kommunikation. Einzelne Ressourcen können somit über die HTTP-Operationen GET und POST direkt adressiert werden und für die Suche und Aktualisierung (oder Erzeugung) von Daten genutzt werden.

Bei den Datenelementen setzt HL7 FHIR auf die 80 %-Regel. Diese Regel besagt, dass Elemente nur Teil der Kernspezifikation werden, wenn es wahrscheinlich ist, dass die meisten Implementierungen dieses Datenelement nutzen werden (Heckmann 2015). Andere Elemente werden über Erweiterungen (Extensions) adressiert, die nach nationalen Vorgaben oder innerhalb einer bestimmten Anwendungsdomäne (Kardiologie, Radiologie) relevant sind.

2 Technische Standards bei eHealth-Anwendungen

Tab. 2.3 Ausschnitt aus der Ressource Patient in FHIR

Name	Kardinalität	Typ	Beschreibung
Identifier	0..*	Identifier	Patienten-Identifier
Active	0..1	Boolean	Flag, ob die Patientenakte in Verwendung ist
Name	0..*	HumanName	Name des Patienten
Telecom	0..*	ContactPoint	Kontaktinformationen
Gender	0..1	Code	Geschlecht (male | female | other | unknown)
BirthDate	0..1	Date	Geburtsdatum

In sogenannten *Structure Definitions* wird der Aufbau der Datentypen, Ressourcen (in Tab. 2.3 wird die Ressource „Patient" als Beispiel dargestellt) oder Erweiterungen definiert. Als Datentypen stehen die primitiven Datentypen (Primitives Types) wie Integer oder String ebenso zur Verfügung wie die komplexen Datentypen (Complex Types), die sich aus Kombinationen der primitiven Datentypen bilden lassen. Durch die maschinenlesbare Spezifikation der Structure Definitions bilden diese die Basis für automatisierte Validierung.

FHIR basiert in großen Teilen auf dem HL7 v3 RIM und nutzt die dort bereits spezifizierten Datentypen und Vokabulare wie das *AdministrativeGender* beim Geschlecht (Tab. 2.3). Die Ressourcen dokumentieren in einem *Conformance-Statement* die Konformität eines Systems zum FHIR-Standard (Heckmann 2015).

Der Fokus von FHIR liegt vor allem auf einer guten Implementierbarkeit, die durch Einsatz etablierter Webtechnologien erreicht werden soll. Durch zugehörige Dienste ist es zudem möglich, Ressourcen selbst oder verwendete Codes zu validieren.

2.4 DICOM

Digital Imaging and Communication in Medicine (DICOM) ist eine Spezifikation für das Erzeugen, Übertragen und Speichern von Bilddaten und zugehörigen Befunden in der Medizin. Hervorgegangen aus einer Arbeitsgruppe des American College of Radiology (ACR) und der National Electrical Manufacturers Association (NEMA) wurden in den 1980er Jahren bereits zwei Versionen dieses Standards herausgegeben, der 1992 dann erst mal den Namen DICOM erhielt.

Bei DICOM handelt es sich um einen herstellerunabhängigen, prozessbasierten Standard, dessen Spezifikation folgende Punkte umfasst:

- Spezifikationen einzelner Objekte (CT-Objekt, MRT-Objekt)
- Zugehörige Dienste (Speichern, Drucken, Suchen)
- Kommunikation zwischen Systemen (Modalitäten, Server)
- Dateiformate

Der DICOM-Standard ist umfangreich und besteht aus 18 Paketen, die Aspekte wie Datenstrukturen (Data Structure and Semantics), Objektdefinitionen (Information Object Definitions), den Webzugriff (Web Access to DICOM) und viele andere Spezifikationen bündeln. Standardkonformität bedeutet bei DICOM in der Regel eine Konformität zu Teilen des Standards, da für bildgebende Systeme (CT, MRT) andere Bereiche gelten als für Prozessunterstützung und Bildspeicherung in digitalen Archivsystemen wie einem Picture Archiving and Communication Systems (PACS). Eine vollständige Beschreibung findet sich auf den Seiten der NEMA (2016).

DICOM Daten sind Binärdaten, die über eine reine Bilddarstellung hinausgehen. Hinter DICOM steckt ein Datenmodell, das den Zusammenhang zwischen Studien, Modalitäten und Bildserien definiert, der in jedem DICOM-Objekt abgelegt ist. Dabei nimmt eine Patientin bzw. ein Patient an einer Studie (für jede Modalität und Lokalisation eine) teil, die aus mehreren Bildserien besteht, die wiederum mehrere Bilder enthalten können. Ein solches DICOM-Objekt enthält dann Informationen zur Patientin bzw. zum Patienten, zur Studie sowie zum Bild und ist eine Aneinanderreihung von Datenelementen mit folgendem Aufbau:

- *Tag* – Kürzel in Form eines Wertepaares, zum Beispiel (0010, 0010) = Patient's Name
- *Value Representation (VR)* – Datentyp des Feldes, zum Beispiel DA = Date, CS = Code String
- *Value Length* – Maximale Länge des Feldes
- *Value Field* – Der eigentliche Feldinhalt

In Teil 6 (Data Dictionary) des DICOM-Standards ist beschrieben, welche Tags erlaubt sind, während Teil 5 (Data Structure and Semantics) und Teil 3 (Information Object Definitions) spezifizieren, welche Strukturen und Datentypen für diese Tags erlaubt sind. Neben den statischen Informationen werden im Standard auch bestimmte Dienste definiert, die die Kommunikation zwischen Service Class Provider (SCP) und Service Class User (SCU) regeln. Diese Dienste sind beispielsweise (Johner und Haas 2009):

- Übertragen von Bildern
- Bilder ausdrucken
- Untersuchung beauftragen
- Bilder speichern (Festplatte, DVD)
- Bilder nach Kriterien (Patient, Datum, Studie) suchen

DICOM hat sich seit Jahren als herstellerunabhängiger Standard im Bereich des medizinischen Bildmanagements etabliert. Der Austausch von DICOM-Daten erfolgt über die IHE-Profile XDS.b und IXDS-I.b.

2.5 xDT-Kommunikationsstandard

Wenn man technische Standards im Gesundheitswesen betrachtet, reicht es nicht aus, sich auf den stationären Bereich und HL7 zu beschränken. Zwischen Arztpraxen im ambulanten Sektor, bzw. konkreter zwischen Arztpraxen und Kassenärztlichen Vereinigungen (KV), erfolgt die Kommunikation über den Standard ADT (Abrechnungsdatenträger). Dieser wurde bereits 1987 von der Kassenärztlichen Bundesvereinigung (2016) herausgegeben, um die Abrechnung zwischen Arztpraxis und KV zu vereinfachen. Im Laufe der Jahre folgten weitere Spezifikationen (Haas 2004). xDT hat sich als Sammelbegriff etabliert, der für einen beliebigen Datenträgeraustausch steht und aktuell unter anderem die in Tab. 2.4 dargestellten Spezifikationen umfasst. Obwohl die Daten heute online an die KVen übertragen werden, ist der Name „Datenträger" im Standard geblieben.

Tab. 2.4 Standards aus der xDT-Familie

Akronym	Bedeutung	Beschreibung	Version (Monat/Jahr)
ADT	Abrechnungsdatenträger	Standard für die Abrechnung zwischen Arztpraxis und KV, mittlerweile Teil des KVDT	5.10 (11/2015)
BDT	Behandlungsdatenträger	Schnittstelle für den Datentransfer von Behandlungsdaten zwischen verschiedenen Arztpraxissystemen	3.0 (Beta) (03/2015)
GDT	Gerätedatentransfer	Schnittstelle für die Kommunikation zwischen Arztpraxisinformationssystem und medizintechnischen Geräten	3.0 (10/2013)
KVDT	KV-Datenträger	Abrechnungsstandard zwischen Arztpraxis und KV, der aus den Teilen ADT, KADT und SADT besteht	5.10 (11/2015)
LDT	Labordatenträger	Schnittstelle für Labordatenkommunikation	3.0.1 (11/2015)
NDT	Notfalldatenträger	Transfer von Daten einer Notfallpraxis in das System des behandelnden Arztes	1.4 (11/2014)

Standards im ambulanten Bereich aus der xDT-Familie. Die Spezifikation KVDT (mit dem zugehörigen ADT-Paket) wird von der KBV weiterentwickelt. BDT, GDT und LDT werden inzwischen vom Qualitätsring Medizinische Software (QMS), einem Zusammenschluss von Lösungsanbietern und Dienstleistern im Gesundheitswesen, weiterentwickelt. NDT ist eine Spezifikation der KV Nordrhein

2.5.1 Aufbau einer ADT-Nachricht

ADT ist ein textbasiertes Format, bei dem die Datei neben Container-Sätzen („con0", „con9") aus mehreren Datenpaketen besteht. Die Reihenfolge ist dabei festgelegt. Das erste Paket ist das ADT-Datenpaket, in dem Daten zur vertragsärztlichen Abrechnung übertragen werden. Auf dieses Paket folgt das KADT-Datenpaket für die kurärztliche Abrechnung, ehe als drittes Paket schließlich das SADT-Paket für die Abrechnung von Leistungen nach dem Schwangeren- und Familienhilfeänderungsgesetz (SFHÄndG) angehängt wird. Die einzelnen Datenpakete setzen sich aus mehreren Sätzen zusammen, die im Bereich von ADT beispielsweise Headerdaten („adt0") und Daten zur ambulanten Behandlung („0101") unterscheiden. Ein Satz wiederum ist unterteilt in verschiedene Felder, die alle folgenden Aufbau haben:

- *Länge* – Mit drei Zeichen wird die Länge des Feldes angegeben (z. B. 013)
- *Kennung* – Die Kennung erlaubt den Verweis auf die Art der Daten (z. B. 3000 = Patientennummer)
- *Inhalt* – Der eigentliche Wert
- *Ende CR/LF* – Ein Zeilenumbruch *(carriage return, line feed)* kennzeichnet das Feldende

Bei den Feldern selbst lassen sich Muss- und Kann-Felder unterscheiden. Diese können in Form von bedingten Muss-Feldern an eine Bedingung gekoppelt sein, im Fall eines unbedingten Muss-Feldes sind sie jedoch immer verpflichtend.

2.5.2 Regeln

Neben der Einteilung als Muss- und Kann-Felder werden die ADT-Datensatzdefinitionen durch Regeln ergänzt. Dabei können pro Feld mehrere Regeln aktiv sein. Diese Regeln sind in verschiedene Kategorien eingeteilt, welche in Tab. 2.5 mit Beispielen versehen werden.

Die Regeln des einheitlichen Bewertungsmaßstabs (EBM) sind abhängig

- vom Arzt bzw. von der Ärztin (Fachrichtung),
- von Behandlungen und Diagnosen,
- von der Patientin bzw. vom Patienten (Alter, Geschlecht, Krankenversicherung) und
- von der Abrechnungsziffer.

In der Praxis ist die Überprüfung der Regeln schwieriger als bei einer Prüfung gegen eine XSD-Schemadatei, wie es bei XML-Standards üblich ist.

Tab. 2.5 ADT-Regeln

Kategorie	Regel	Beispiel
Format	Regel 005: HHMM	Stunde und Minute einer Uhrzeit sind wie folgt anzugeben
Inhalt	Regel 147: 0,1	In diesem Feld sind nur 0 oder 1 erlaubt
Kontext	Regel 306	Falls eGK eingelesen wurden muss FK 3004 existieren

2.6 Semantik-Standards

Neben den technischen Standards, die vor allem die zu übertragenden Elemente und das zugehörige Format spezifizieren, ist auch eine terminologische Standardisierung notwendig, die den Wertebereich und die Domänen von diesen Attributen kennzeichnet. Um medizinische Konzepte wie Diagnosen und Prozeduren einrichtungs- und systemübergreifend übertragen zu können, sind begriffliche Vereinbarungen bzw. Ordnungssysteme notwendig. Ein Ordnungssystem ist eine Dokumentationssprache, die auf einer Begriffsordnung basiert. Zu diesen Ordnungssystemen zählen Klassifikationen und Nomenklaturen, die im Folgenden mit Beispielen erläutert werden.

2.6.1 Allgemeine Informationen

Bei den Begriffssystemen muss man zunächst zwischen Klassifikationen und Nomenklaturen unterscheiden. Die Klassifikation beruht auf dem Prinzip der Klassenbildung. Hierbei werden verschiedene Begriffe zusammengefasst, die über mindestens ein gemeinsames Merkmal verfügen. Die so gebildeten Klassen erhalten dann einen eindeutigen Schlüssel und einen Klassennamen. Die Klassen einer Klassifikation dürfen sich dabei nicht überlappen und müssen das dokumentierte Gebiet vollständig abdecken, was häufig durch die Klasse „Sonstige" erreicht wird.
Zu den bekanntesten Klassifikationen im Gesundheitswesen zählen (DIMDI 2015; Lehmann 2004):

- *International Classification of Diseases* (ICD): Die ICD ist in der 10. Revision, German Modifikation, die amtliche Klassifikation zur Verschlüsselung von Diagnosen in der ambulanten und stationären Versorgung in Deutschland.
- *Operationen- und Prozedurenschlüssel* (OPS): Der OPS ist seit Einführung der G-DRG für die Verschlüsselung aller kostenrelevanten medizinischen Prozeduren notwendig.
- *International Classification of Diseases Oncology* (ICD-O): Klassifikation für die Tumordokumentation mit den Achsen „Topographie" und „Morphologie".

Tab. 2.6 Klassifikationen vs. Nomenklaturen (Rienhoff und Semler 2015)

Klassifikation	Nomenklatur
Klassieren von Objekten	Detailliertes Beschreiben von Objekten
(Bewusster) Informationsverlust	Präzise Informationen durch Deskriptoren
Einteilung in Klassen ist abhängig von der Fragestellung (Abrechnung, Statistik)	Neutrale, polyhierarchische Begriffshierarchie

Aufgrund der Klassenbildung sind Klassifikationssysteme für die detaillierte medizinische Dokumentation zu ungenau, da Informationen verloren gehen. Diesen Informationsverlust gibt es bei Nomenklaturen nicht. Nomenklaturen sind systematische Zusammenstellungen von Bezeichnungen mit einer definierten Dokumentationsaufgabe. Hier steht die detaillierte Beschreibung durch Zuordnung von Deskriptoren im Vordergrund. Im Gegensatz zu Klassen können sich die Inhalte der Deskriptoren überschneiden und jedem Objekt können beliebig viele Deskriptoren zugeordnet werden. Dadurch werden eine erhöhte Präzision (Precision) und eine verbesserte Vollständigkeit (Recall) bei Suchanfragen erreicht. Tab. 2.6 fasst die wesentlichen Unterschiede zwischen Klassifikationen und Nomenklaturen zusammen (Rienhoff und Semler 2015).

Klassifikationen sind daher gut geeignet für Abrechnungszwecke und Statistiken. Wenn es jedoch um eine detaillierte medizinische Dokumentation geht, bzw. differenzierte Daten ausgetauscht werden sollen, führt kein Weg an einer Nomenklatur vorbei.

2.6.2 SNOMED CT

SNOMED CT ist die wohl komplexeste Terminologie in der Medizin. Ursprünglich war SNOMED ein Akronym für Systematized Nomenclature of Human and Veterinary Medicine, das jedoch nach Übernahme durch die International Health Terminology Standards Development Organisation (IHTSDO) als Markenname genutzt wird. SNOMED CT wird seit mehreren Jahren von der IHTSDO gepflegt, erweitert und vertrieben. Das Ziel besteht darin, SNOMED als globale und einheitliche Sprache für medizinische Konzepte zu etablieren (IHTSDO 2016).

Die Entwicklung von SNOMED begann schon in den 1970er Jahren. Mittlerweile ist SNOMED CT die komplexeste Terminologie im Gesundheitswesen. Sie enthält mehr als 311.000 medizinische Konzepte, die in mehr als 1.360.000 Beziehungen miteinander verknüpft sind (Johner und Haas 2009).

Aktuell besteht SNOMED CT aus 18 Achsen, deren hierarchisch angeordnete Begriffe zu detaillierten Beschreibungen benutzt werden können. Jedem Begriff ist ein sechsstelliger, alphanumerischer Code zugeordnet. Auf den Seiten der IHTSDO (2016) findet sich die folgende Übersicht über die Achsen:

- Body structure (body structure)
- Clinical finding (finding)

- Environment or geographical location (environment / location)
- Event (event)
- Observable entity (observable entity)
- Organism (organism)
- Pharmaceutical / biologic product (product)
- Physical force (physical force)
- Physical object (physical object)
- Procedure (procedure)
- Qualifier value (qualifier value)
- Record artifact (record artifact)
- Situation with explicit context (situation)
- Social context (social concept)
- Special concept (special concept)
- Specimen (specimen)
- Staging and scales (staging scale)
- Substance (substance)

Bei der Codierung lassen sich zwei Varianten unterscheiden:

1. Präkoordinierte Begriffe: Präkoordinierte Begriffe beziehen sich auf ein Konzept, das einen eindeutigen Concept Identifier erhält.
2. Postkoordinierte Begriffe: Durch die Zuordnung von mehreren Deskriptoren und Konzepten kann die Tiefe und der Detaillierungsgrad bei der Codierung deutlich erhöht werden.

Der Unterschied zwischen Präkoordination und Postkoordination wird an folgendem Beispiel deutlich: Ein präkoordinierter Begriff „Durchfall, ausgelöst durch Staphylokokken" (398570005) ließe sich über Postkoordination wie folgt codieren:

- Krankheit (64572001)
- Lokalisation Darm (113276009)
- Manifestation Diarrhoe (62315008)
- Ursache Staphylococcus (65119002)

2.6.3 LOINC

LOINC ist ein vom Regenstrief Institute (2016) entwickeltes, kontrolliertes Vokabular, das ursprünglich für Laborbefunde entwickelt wurde. LOINC steht für Logical Observation Identifier Names and Codes. Darüber hinaus ist LOINC (aktuelle Version 2.52) mittlerweile zur eindeutigen Identifikation von Untersuchungen, Laborwerten bis hin zur Einordnung von Dokumententypen (Dugas et al. 2009) angewachsen.

Tab. 2.7 Beispiele für LOINC-Codes

Bezeichnung	Einheit	LOINC-Code
Cholesterol in Serum or Plasma *(Cholesterin)*	mg/dL	2093-3
Calcium in serum *(Calzium)*	mmol/L	1995-0
Haematokrit Blood *(Hämatokrit)*	%	4544-3

Beispielhafte LOINC-Codes mit Bezeichnung und Einheit, die so in HL7-Nachrichten verwendet werden können

Die Begriffe in LOINC werden anhand einer eindeutigen ID registriert. Der volle LOINC-Datensatz besteht für Laborwerte aus verschiedenen Einträgen. Dazu gehören neben dem Namen des untersuchten Materials folgende Eigenschaften:

- zugehörige Einheit (Masse, Volumen)
- zugehörige Zeiteinheit (gemessen zu einem Zeitpunkt oder über eine bestimmte Zeitspanne)
- Art der Probe (z. B. Urin, Blut)
- verwendete Skala (quantitativ, qualitativ)
- Messmethode (sofern relevant)

Obwohl ein Teil der Begriffe schon in die deutsche Sprache übersetzt worden ist, wird LOINC in vielen Laboren noch nicht eingesetzt. In Tab. 2.7 ist eine Übersicht über LOINC-Codes – gemäß eigener Übersetzung – dargestellt.

Neben der eigentlichen Datenbank existiert auch ein Mapping-Tool, das im Jahr 2015 bereits mehr als 11.000 qualitätsgesicherte deutschsprachige Bezeichnungen enthielt. Unter dem Namen RELMA (Regenstrief LOINC Mapping Assistant) steht in der Version 6.10 ein Tool zur Verfügung, das neben der Anwendung auch die Weiterentwicklung unterstützt.

LOINC wurde als offener Standard entwickelt und wächst ständig weiter. Derzeit fehlende und dennoch benötigte Begriffe können dem LOINC-Komitee vorgeschlagen werden. Nach einem positiven Votum werden sie entsprechend ergänzt. Sowohl LOINC selbst als auch RELMA stehen auf den Seiten des Regenstrief-Instituts zum Download zur Verfügung.

2.7 Fazit

Standards stellen eine unabdingbare Voraussetzung für gelebte Interoperabilität dar. Insbesondere das Zusammenwirken der Standards auf verschiedenen Ebenen ist wichtig. Für viele Teilbereiche gibt es bereits etablierte Standards, die weiter gepflegt und miteinander verbunden werden müssen. Geht die Kommunikation über die Grenzen eines

Krankenhauses hinaus, werden vor allem CDA und FHIR zum Einsatz kommen, wie es zahlreiche Pilotprojekte und die steigende Anzahl an Spezifikationen für CDA verdeutlichen. Die IHE-Profile zeigen, wie existierende Standards dann in einem Gesamtszenario eingesetzt werden können, um die Gesundheitsinformationen einrichtungsübergreifend auszutauschen.

Literatur

Benson T (2010) Principles of health interoperability HL7 and SNOMED. Springer, London
Bergh B, Brandner A, Heiß J, Kutscha A, Merzweiler A, Pahontu R, Schreiweis B, Yüksekogul N, Bronsch T, Heinze O (2015) Die Rolle von Integrating the Healtcare Enterprise. Bundesgesundheitsbl Gesundheitsforsch Gesundheitsschutz 58(10):1086–1093
Bundesverband Gesundheits-IT (2005) VHitG-Arztbrief. http://www.bvitg.de/arztbrief.html. Zugegriffen: 09. März 2016
Corepoint Health (2016) HL7 Messages. https://www.corepointhealth.com/resource-center/hl7-resources/hl7-messages. Zugegriffen: 09. März 2016
DIMDI (2015) Deutsches Institut für Medizinische Dokumentation und Information. www.dimdi.de. Zugegriffen: 09. März 2016
Dolin RH, Alschuler L (2011) Approaching semantic interoperability in health level seven. J Med Inform Assoc 18(1):99–103
Dolin RH, Alschuler L, Beebe C, Biron PV, Boyer SL, Essin D, Kimber E, Lincoln T, Mattison JE (2001) The HL7 clinical document architecture. J Am Med Inform Assoc 8(6):552–569
Dolin RH, Alschuler L, Boyer S, Beebe C, Behlen FM, Biron PV, Shabo Shvo A (2006) HL7 clinical document architecture, release 2. J Am Med Inform Assoc 13(1):30–39
Dugas M, Thun S, Frankewitsch T, Heitmann KU (2009) LOINC codes for hospital information systems documents: a case study. J Am Med Inform Assoc 16(3):400–403
EN 13606 Association (2011) Semantic interoperability of health information. http://www.en13606.org/the-ceniso-en13606-standard/semantic-interoperability. Zugegriffen: 09. März 2016
Haas P (2004) Medizinische Informationssysteme und Elektronische Krankenakten. Springer, Berlin
Haas P (2006) Gesundheitstelematik. Springer, Berlin
Heckmann S (2015) Gemeinsame Jahrestagung von HL7 und IHE Deutschland vom 21.–23. Oktober 2015 in Kassel http://hl7.de/hl7/jahrestagungen/2015/. Zugegriffen: 09. März 2016
HL7 Deutschland (2016) HL7 Deutschland e. V. www.hl7.de. Zugegriffen: 09. März 2016
HL7 International (2016). Health Level Seven International. www.hl7.org. Zugegriffen: 09. März 2016
IEEE (1990) IEEE standard computer dictionary: a compilation of IEEE standard computer glossaries. Institute of Electrical and Electronics Engineers, New York
IHE Deutschland (2015) Integrating the Healthcare Enterprise. http://www.ihe-d.de/fuer-einsteiger/. Zugegriffen: 09. März 2016
IHE International (2014) IHE Wiki. http://wiki.ihe.net/index.php. Zugegriffen: 09. März 2016
IHTSDO (2016) What is SNOMED CT? International Health Terminology Standards Development Organisation. http://www.ihtsdo.org/snomed-ct/what-is-snomed-ct. Zugegriffen: 09. März 2016
International Organization for Standardization (2015) Data Exchange Standards – HL7 Clinical Document Architecture, release 2. http://www.iso.org/iso/iso_catalogue/catalogue_tc/catalogue_detail.htm?csnumber=44429. Zugegriffen: 09. März 2016

Johner C, Haas P (2009) Praxishandbuch IT im Gesundheitswesen: Erfolgreich einführen, entwickeln, anwenden und betreiben. Hanser, München

Kassenärztliche Bundesvereinigung (2016) IT in der Arztpraxis. Datensatzbeschreibung KVDT. Kassenärztliche Bundesvereinigung, Berlin

Lehmann TM (2004) Handbuch der Medizinischen Informatik. Hanser, München

NEMA (2016) Digital Imaging and Communications in Medicine. National Electrical Manufacturers Association. http://dicom.nema.org/. Zugegriffen: 09. März 2016

Regenstrief Institute (2016) A universal code system for tests, measurements, and observations. https://loinc.org/. Zugegriffen: 09. März 2016

Rienhoff O, Semler SC (2015) Schriftenreihe der TMF – Technologie- und Methodenplattform für die vernetzte medizinische Forschung e. V. Bd. 13. Terminologien und Ordnungssysteme in der Medizin. Springer, Berlin

Urbauer P, Sauermann S, Frohner M, Forjan M, Pohn B, Mense A (2015) Applicability of IHE/Continua components for PHR systems: learning from experiences. Comput Biol Med 59:186–193

eHealth: Rechtliche Rahmenbedingungen, Datenschutz und Datensicherheit

Andreas Leupold, Silke Glossner und Stefan Peintinger

Zusammenfassung

Das Kapitel befasst sich mit den rechtlichen Rahmenbedingungen für eHealth-Angebote im Allgemeinen und Angeboten der Telemedizin (wie Telediagnostik, Telekonsile, Telematikplattformen, Telemonitoring) im Speziellen. Neben dem allgemeinen Vertragsrecht, insbesondere dem Behandlungsvertrag zwischen Arzt/Ärztin und Patient/Patientin, wird auch das E-Health-Gesetz behandelt. Ferner werden die werberechtlichen Vorgaben und die Probleme von ärztlichem Rat und Laienrat im Internet erläutert. Zudem werden die Grundlagen des Datenschutzes und der Datensicherheit ausgeführt, wobei auch die Vorgaben der Europäischen Datenschutzgrundverordnung vorgestellt werden. Den Abschluss bilden Leitlinien für die Ausgestaltung von internetbasierten gesundheits- bzw. krankheitsbezogenen Informationsangeboten. Dadurch werden konkrete Hilfestellungen gegeben, um die rechtlichen Rahmenbedingungen für eHealth-Angebote auch in der Praxis sicher umzusetzen.

A. Leupold (✉)
Säckingenstr. 2, 81545 München, Deutschland
E-Mail: al@leupold-legal.com

S. Glossner
Friedenstraße 9b, 85622 Feldkirchen, Deutschland
E-Mail: silke.glossner@lg-m1.bayern.de

S. Peintinger
Prager Str. 4, 80937 München, Deutschland
E-Mail: stefan.peintinger@eu.kwm.com

© Springer-Verlag Berlin Heidelberg 2016
F. Fischer und A. Krämer (Hrsg.), *eHealth in Deutschland*,
DOI 10.1007/978-3-662-49504-9_3

3.1 Einleitung

Der Begriff „eHealth" ist gesetzlich nicht abschließend definiert und wird in der Praxis wie in der entsprechenden Fachliteratur auch nicht immer einheitlich verwendet. In der Regel steht der Begriff „eHealth" für jede Art von elektronischer Unterstützung im Gesundheitswesen, wie zum Beispiel Telekonsile, digitalen Arztbriefen oder elektronischen Patientenakten. Entsprechend der Zielsetzung des vorliegenden Werkes werden mit dem Begriff hier auch innovative Versorgungsstrukturen bezeichnet. Dies sind insbesondere neue mobile Anwendungen im Gesundheitswesen, zum Beispiel Anwendungen auf dem Smartphone (Apps), welche die Bewegungen des Trägers registrieren oder sog. Fitness-Tracker, die verschiedene Körpermesswerte aufzeichnen. Das Thema eHealth deckt also ein weites Feld ab: Es reicht von einfachen Gesundheitstipps im Internet zur Online-Sprechstunde, von Fitness-Apps zum Kalorienzählen bis zu Telekonsilen, die Leben retten können. Die Begriffe „eHealth-Angebote" und „eHealth-Dienste" werden im Folgenden alternativ verwendet. Sie beinhalten alle Anwendungen, in welchen moderne (elektronische) Informations- und Kommunikationsmedien eingesetzt werden und die der Vermittlung von Informationen zu Gesundheitsthemen oder medizinischem Fachwissen bzw. der Diagnose und/oder Behandlung von Krankheiten dienen.

So unterschiedlich die Erscheinungsformen von eHealth auch sind, ein Aspekt ist ihnen allen gemein: Bei der Erbringung von eHealth-Diensten werden Daten erhoben, die (möglicherweise) einen Rückschluss auf die Gesundheit der Nutzerinnen und Nutzer zulassen, beispielsweise wenn eine App zum einen das Essverhalten und zum anderen die am Tag verbrannten Kalorien erfasst. Neben der Patientin bzw. dem Patienten selbst haben verschiedene Gruppen großes Interesse an diesen Informationen, etwa Gesundheitseinrichtungen (z. B. Ärztinnen bzw. Ärzte, Krankenhäuser, Pflegeheime), Krankenkassen, aber auch Anbieter aus dem Gesundheitssektor (z. B. Hersteller von Fitnessarmbändern und Fitness-Apps) und am Ende des Tages möglicherweise auch noch die Arbeitgeberinnen bzw. Arbeitgeber der jeweiligen Nutzerinnen und Nutzer. Daten und ihr Schutz stehen daher im Zentrum aller Entwicklungen im noch jungen Wissenschafts- und Wirtschaftssektor eHealth.

Die technische Entwicklung im Gesundheitswesen ist rasant – und bisweilen hinkt die Gesetzgebung und Rechtsprechung dieser Entwicklung einen Schritt hinterher. So scheint es wenigstens, denn tatsächlich stellen sich bei neuen Technologien und Anwendungen nicht immer genuin neue rechtliche Probleme. Viel häufiger erscheinen bereits bekannte rechtliche Fragen schlicht in neuem Licht. Im Folgenden sollen daher die bestehenden rechtlichen Rahmenbedingungen für moderne eHealth-Anwendungen dargestellt werden, wobei ein besonderer Schwerpunkt auf die datenschutzrechtlichen Anforderungen gelegt wird. Dabei wird, wo immer dies möglich ist, auch ein Ausblick auf künftige rechtliche Entwicklungen gegeben.

3.2 Rechtliche Rahmenbedingungen für eHealth-Angebote

Ein „Medizin- oder Arztgesetz", das umfassend alle Aspekte rund um das Thema Gesundheit abdeckt, gibt es in Deutschland nicht. Die rechtlichen Regelungen finden sich vielmehr in zahlreichen verschiedenen Gesetzen. Der Behandlungsvertrag zwischen Ärztin/Arzt und Patientin/Patient etwa wird in den §§ 630a ff. des Bürgerlichen Gesetzbuches (BGB) geregelt. Mit der Sicherheit von Medizinprodukten befasst sich das Medizinproduktegesetz. Im Bundesdatenschutzgesetz (BDSG) finden sich Regelungen zum Datenschutz bei Gesundheitsdaten, in den Sozialgesetzbüchern finden sich Regelungen zur elektronischen Gesundheitskarte (eGesundheitskarte) und so weiter und so fort.

3.2.1 Die Regelungen des E-Health-Gesetzes

Anders als es die populäre Bezeichnung „E-Health-Gesetz"[1] vielleicht vermuten lassen würde, regelt das E-Health-Gesetz nicht etwa die Besonderheiten der Telemedizin. Es wird damit auch kein neues „E-Health-Gesetzbuch" geschaffen. Die offizielle Bezeichnung lautet „Gesetz für die sichere digitale Kommunikation und Anwendungen im Gesundheitswesen (E-Health-Gesetz)". Dieser Gesetzestitel hilft beim Verständnis des Regelungsgehaltes nun schon eher: Es soll nämlich primär die technische Infrastruktur im Gesundheitswesen auf eine neue rechtliche Grundlage gestellt werden. Letztlich regelt das E-Health-Gesetz damit aber nur einen kleinen Teilausschnitt aus dem großen und vielfältigen Themenbereich eHealth.

Mit dem Gesetz werden schließlich auch nicht die in unterschiedlichen Gesetzen bereits bestehenden Regelungen in einem Gesetzbuch zusammengeführt, sondern es werden die existierenden Normen lediglich geändert und angepasst. Die Regelungen selbst behalten also ihren „verstreuten" Platz im jeweiligen Gesetz. Dieser Umstand vereinfacht das Lesen des Gesetzentwurfs für den juristischen Laien leider nicht.

Was sind nun die wichtigsten Neuerungen des Gesetzes?[2] Zunächst sind hier die Regelungen zum sogenannten Stammdatenmanagement, also die Überprüfung und Aktualisierung der Daten der Versicherten, zu nennen. Die Standardisierung von IT-Systemen

---

[1] Das Gesetz für sichere digitale Kommunikation und Anwendungen im Gesundheitswesen (E-Health-Gesetz) wurde am 21. Dezember 2015 beschlossen. Das Gesetz kann unter http://dipbt.bundestag.de/extrakt/ba/WP18/671/67134.html abgerufen werden.

[2] Vgl. insoweit auch die Pressemitteilung des Bundesgesundheitsministeriums vom 27. Mai 2015: Hermann Gröhe: „Patienten-Nutzen gehört in den Mittelpunkt" abzurufen unter http://www.bmg.bund.de/presse/pressemitteilungen/pressemitteilungen-2015-02/e-health-gesetzentwurf-im-kabinett.html (zuletzt abgerufen am 10. März 2016).

im Gesundheitswesen soll – auf freiwilliger Basis – befördert werden. Arztbriefe sollen künftig möglichst nur noch in elektronischer Form versandt werden. Ferner sollen die Voraussetzungen geschaffen werden, Notfalldaten sowie Medikationspläne auf der eGesundheitskarte zu speichern.

Eine Darstellung der rechtlichen Probleme rund um eHealth darf sich daher nicht allein auf dieses Gesetz fokussieren. Tatsächlich werden die Neuerungen in der digitalen Infrastruktur und die Möglichkeiten von Internet, Fernkommunikation und Telemedizin in vielen Zusammenhängen rund um das Thema „Gesundheit" juristisch relevant und nicht nur bei der Frage nach der technischen Grundlage dieser Infrastruktur. Im Folgenden sollen diese vielen unterschiedlichen Zusammenhänge daher geordnet und leicht verständlich beleuchtet werden.

3.2.2 Der Behandlungsvertrag

Eingeführt durch das Patientenrechtegesetz wird seit Februar 2013 im BGB der Behandlungsvertrag etwa zwischen Ärztin bzw. Arzt und Patientinnen bzw. Patienten geregelt. Der Behandlungsvertrag ist ein sog. Dienstleistungsvertrag, kein Werkvertrag, bei dem ein bestimmter Erfolg geschuldet wäre. Daher kann von den behandelnden Instanzen nicht die Heilung, sondern lediglich das Bemühen im Rahmen einer sachgerechten (medizinischen) Behandlung verlangt werden. Im Folgenden wird zunächst ein Überblick über die mit einem Behandlungsvertrag verbundenen Rechte und Pflichten gegeben. Auch die Behandlungsmöglichkeiten der Telemedizin stehen grundsätzlich unter denselben haftungsrechtlichen Anforderungen wie die klassische Medizin (§ 823 BGB) (Bamberger und Roth 2013). Es soll dann auch der Frage nachgegangen werden, inwieweit verschiedene, im Rahmen von eHealth entwickelte Ideen zulässig sind und diese unser Verständnis einer ärztlichen Behandlung verändern können.

3.2.2.1 Der Abschluss des Behandlungsvertrages

Das Gesetz sieht keine bestimmte Form für den Behandlungsvertrag vor. Normalerweise wird der Vertrag konkludent dergestalt geschlossen, dass die oder der zu Behandelnde die Praxis einer Ärztin bzw. eines Arztes aufsucht bzw. sich einen Termin geben lässt. Der Vertragsschluss kann aber grundsätzlich auch zum Beispiel über das Internet erfolgen. Mit dem Vertragsschluss entstehen bereits bestimmte Pflichten; etwa die Verpflichtung der Ärztin bzw. des Arztes zur Behandlung einer Patientin bzw. eines Patienten. Bei einer Kontaktaufnahmemöglichkeit über eine Website ist daher sinnvollerweise durch die Ärztin bzw. den Arzt klarzustellen, dass hierdurch noch kein Behandlungsvertrag zustande kommt, sondern dies erst mit dem Besuch in der Praxis erfolgt.

Den Behandlungsvertrag schließen Ärztin bzw. Arzt und Patientin bzw. Patient. Der Versicherungsstatus der Patientin bzw. des Patienten (privat oder gesetzlich) ist hierbei nicht von Bedeutung. Allerdings sind Ärztinnen und Ärzte mit kassenärztlicher Zulassung grundsätzlich verpflichtet, die Kassenpatientinnen und -patienten zu behandeln. In einem solchen Fall besteht der Entgeltanspruch nicht gegen die Patientin bzw. den Patienten und auch nicht gegenüber der Krankenkasse, sondern gegenüber der Kassenärztlichen Vereinigung (KV). Damit steht hinter den Kassenpatientinnen und -patienten ein leistungsfähiger Schuldner. Entsprechend wichtig ist es für die behandelnde Ärztin bzw. den behandelnden Arzt, schon aus Gründen der Durchsetzung seines Zahlungsanspruchs, die entsprechenden Versicherungsdaten der Patientin bzw. des Patienten sorgfältig aufzunehmen. Die Neuerungen durch das E-Health-Gesetz, insbesondere die Regelungen zum Zugriff auf elektronische Patientendaten, erleichtern dies natürlich.

Muss davon ausgegangen werden, dass eine vollständige Übernahme der Behandlungskosten durch einen Dritten nicht gesichert ist (was auch bei Kassenpatientinnen und -patienten der Fall sein kann, etwa bei individuellen Gesundheitsleistungen [IGeL]), so sind Patientinnen und Patienten vor (!) Beginn der Behandlung über die voraussichtlichen Kosten zu informieren (§ 630c Abs. 3 BGB). Diese Information kann allerdings in sog. Textform geschehen. Textform bedeutet nicht Schriftform, sondern es genügt eine lesbare Erklärung, in der die Person des Erklärenden genannt ist und die auf einem dauerhaften Datenträger abgegeben wird (etwa auch in einer E-Mail). Verletzen Behandelnde diese Informationspflicht, können sie sich schadenersatzpflichtig machen, wenn die Patientin bzw. der Patienten der Behandlung bei richtiger Information nicht zugestimmt hätte. Diesen Schadenersatzanspruch kann die Patientin bzw. der Patient dem Vergütungsanspruch der Ärztin bzw. des Arztes entgegenhalten, sprich: Die Bezahlung kann verweigert werden.

3.2.2.2 Die Pflichten von Ärztinnen und Ärzten

Durch den Behandlungsvertrag verpflichtet sich die Ärztin bzw. der Arzt, die Patientin bzw. den Patienten nach den bestehenden und allgemein anerkannten fachlichen Standards zu behandeln (§ 630a Abs. 2 BGB). Dementsprechend ist ein sorgfältiges Handeln gemäß der in dem jeweiligen Fachgebiet bestehenden Standards erforderlich. Bisheriges Leitbild des Gesetzgebers wie der Gerichte war wohl die Behandlung durch die Ärztin bzw. den Arzt in den eigenen Praxisräumen; hier ist allerdings aktuell ein – wenngleich noch zögerlicher – Bewusstseinswandel zu beobachten.

Vor jeder Therapie ist eine sorgfältige Diagnostik durchzuführen, die Anamnese, Befunderhebung und Diagnose umfasst. Ein ärztlicher Behandlungsfehler liegt immer dann vor, wenn von dem geschuldeten Pflichtprogramm oder Behandlungsmaßstab negativ abgewichen wird (§ 630a BGB) (Palandt 2016). Die Befunderhebung erfolgt in aller Regel im unmittelbaren Kontakt mit der Patientin bzw. dem Patienten (Abhören, Abtasten, etc.). Bei der Befunderhebung liegt ein Fehler immer dann vor, wenn eine medizinisch gebotene Abklärung unterbleibt (BGH NJW 11, 1672 Tz.13). Hier würde die (geplante, derzeit aber noch nicht realisierte) Möglichkeit, mit Hilfe der eGesundheitskarte die notfallrelevanten Daten (bestehende Erkrankungen, Allergien) abzurufen, für die behandelnden Personen die Diagnose und den Therapievorschlag in vielen Fällen erheblich erleichtern.

Auf der Basis der Indikation erfolgt durch die Ärztin bzw. den Arzt der Therapievorschlag. Ein Problem für die behandelnde Person insbesondere bei älteren Patientinnen und Patienten ist derzeit oft noch, dass nicht immer bekannt ist, welche Medikamente die Patientin bzw. der Patient von anderen Ärztinnen und Ärzten verschrieben bekommen hat bzw. bereits einnimmt. Das E-Health-Gesetz sieht vor, dass Patientinnen und Patienten, die mindestens drei verordnete Medikamente zu sich nehmen, einen Anspruch auf einen Medikationsplan haben, der dann auch über die eGesundheitskarte abrufbar sein soll (Bundesministerium für Gesundheit 2016).

Im Rahmen des Therapievorschlages ist eine sorgfältige Aufklärung der Patientinnen und Patienten vorzunehmen (§ 630c BGB). Dies gilt insbesondere, wenn ärztliche Maßnahmen notwendig werden. Die Patientin bzw. der Patient ist so sorgfältig aufzuklären (§ 630e BGB), dass sie bzw. er in die Maßnahme (etwa eine Blutentnahme, einen operativen Eingriff, etc.) eigenverantwortlich einwilligen kann. Willigt die Patientin bzw. der Patient nicht wirksam ein, besteht die Möglichkeit, sofern die Behandlung zu einem Gesundheitsschaden führt, gegen die behandelnde Person einen Schadenersatzanspruch geltend zu machen. Die Beweislast für die Einwilligung trägt die bzw. der Behandelnde. Im Rahmen der Behandlung schuldet die Ärztin bzw. der Arzt gegebenenfalls auch eine Nachsorge (Wundkontrolle, etc.). Passiert nun ein Aufklärungs- oder Behandlungsfehler, kann die Patientin bzw. der Patient Schadenersatz (§ 280 Abs. 1 BGB) wegen Schlechterfüllung des Behandlungsvertrags verlangen. Dabei hat die oder der Behandelnde auch für die Pflichtverletzungen der für sie oder ihn tätigen Personen einzustehen. Unter Umständen steht der Patientin bzw. dem Patienten auch ein Schmerzensgeld zu.

Aus der strafrechtlichen Perspektive stellt jeder Heileingriff eine Körperverletzung dar (§§ 223 ff. StGB), deren Rechtswidrigkeit allerdings im Regelfall durch die Einwilligung des zu Behandelnden beseitigt wird. Wo eine solche Einwilligung fehlt, kommt auch eine strafrechtliche Verantwortung der Ärztin bzw. des Arztes in Betracht. Allerdings wird im Regelfall eine nur fahrlässige Körperverletzung vorliegen. Selbst im Falle eines groben Behandlungsfehlers ist nicht davon auszugehen, dass die Ärztin bzw. der Arzt den zu Behandelnden tatsächlich vorsätzlich schädigen wollte.

Die Behandlung, insbesondere auch die Aufklärung, hat die Ärztin bzw. der Arzt sorgfältig zu dokumentieren. Hierzu kann eine Patientenakte auf Papier oder in elektronischer Form geführt werden (§ 630 f. BGB). Verletzungen der Dokumentationslast gehen im Arzthaftungsprozess zu Lasten der behandelnden Person. Steht eine medizinisch gebotene wesentliche Maßnahme bzw. ihr Ergebnis nicht in der Patientenakte, gilt die gesetzliche Vermutung, dass diese Maßnahme nicht stattgefunden hat (§ 630h BGB). Des Weiteren greift bei groben Behandlungsfehlern sowie einfachen Befunderhebungs- und Sicherungsfehlern eine Beweislastumkehr zu Lasten der behandelnden Person (§ 630h Abs. 5 BGB) (Palandt 2016). Das bedeutet: nicht die Patientin bzw. der Patient muss nachweisen, dass der Ärztin bzw. dem Arzt ein solcher Fehler unterlaufen ist, sondern die behandelnde Person muss sich entlasten und nachweisen, dass ein solcher Fehler nicht passiert ist. Die ganze Tragweite dieser Beweislastumkehr wird immer dann deutlich, wenn sich die Situation nicht mehr aufklären lässt (sog. non liquet). Dann geht dies zu Lasten desjenigen, der die Beweislast hat, hier also der Ärztin bzw. des Arztes.

Die Schweigepflicht ist eine der tragenden Säulen des Vertrauensverhältnisses zwischen Ärztin bzw. Arzt und den Patientinnen und Patienten. Eine Verletzung der Schweigepflicht stellt zum einen eine Vertragsverletzung dar, zum anderen ist es aber auch eine Straftat nach § 203 Abs. 1 Nr. 1 StGB. Das Gesetz sieht hierfür eine Geldstrafe oder Freiheitsstrafe bis zu einem Jahr vor. Umgekehrt ist der Geheimbereich zwischen Ärztin bzw. Arzt und den Patienten in der Strafprozessordnung besonders geschützt; ärztliche Unterlagen dürfen grundsätzlich nicht beschlagnahmt werden, die behandelnden Ärztinnen bzw. Ärzte haben ein Auskunftsverweigerungsrecht (§ 53 StPO).

3.2.2.3 Die Problematik des Fernbehandlungsverbots

Bei vielen telemedizinischen Anwendungen wird das Fernbehandlungsverbot als eine zentrale Herausforderung genannt, bevor solche Projekte in die Umsetzung gelangen. Daher wird dieser Aspekt, der in direktem Zusammenhang mit der Telemedizin – als einem Teilbereich von eHealth – steht, im Folgenden hinsichtlich der rechtlichen Rahmenbedingungen näher erörtert.

Für die in den Ärztekammern organisierten Ärztinnen und Ärzte besteht in Deutschland das sog. Fernbehandlungsverbot. § 7 Abs. 4 der (Muster-) Berufsordnung (MBO) für die in Deutschland tätigen Ärztinnen und Ärzte besagt, dass eine individuelle ärztliche Beratung nicht ausschließlich über Fernkommunikationsmittel durchgeführt werden darf. Bei telemedizinischen Verfahren ist zu gewährleisten, dass eine Ärztin bzw. ein Arzt die Patientin bzw. den Patienten unmittelbar behandelt.

Damit besteht – anders als oft zu lesen – allerdings kein generelles oder absolutes Verbot der ausschließlichen Fernbehandlung in Deutschland. Anderen Behandlerinnen und Behandlern als den in den Ärztekammern organisierten Ärztinnen und Ärzten ist die ausschließliche Ferndiagnose nicht pauschal verboten. Das können zum einen also inländische Ärztinnen und Ärzte sein, die nicht in einer Ärztekammer organisiert sind – oder Ärztinnen und Ärzte mit Sitz im Ausland, die ihre Dienste über das Internet auch in Deutschland anbieten. Das bedeutet aber nicht, dass eine solche ausschließliche Fernbehandlung aus rechtlicher Sicht empfehlenswert wäre.

Auch bei Fehlen eines direkten Fernbehandlungsverbotes ist eine ausschließliche Befunderhebung über Fernkommunikationsmittel immer mit nicht unerheblichen Haftungsrisiken verbunden. Bei bestimmten Problemen ist der Wunsch der Patientinnen und Patienten nach einer „diskreten Online-Behandlung" hoch, da es leichter ist, bestimmte Beschwerden, zum Beispiel bei Geschlechtskrankheiten, schriftlich in einem Online-Formular niederzulegen, als sie der Ärztin bzw. dem Arzt von Angesicht zu Angesicht mitzuteilen.

Bei einem reinen Fernkontakt bestehen eine Reihe von Herausforderungen. So wurde bereits darauf hingewiesen, dass bei der Befunderhebung ein Fehler immer dann vorliegt, wenn eine medizinisch gebotene Abklärung unterbleibt. Hier tut sich eine große Haftungsfalle für die Ärztin bzw. den Arzt auf, wenn die Befunderhebung auf einem ausschließlichen Fernkontakt beruht. Via Internet müssen sich die behandelnden Personen noch viel mehr als sonst auf die Angaben der Patientinnen und Patienten verlassen. Das betrifft zum einen schon die Angaben zur Identität des Ratsuchenden. Auch die Altersangaben der Patientinnen und Patienten – etwa bei einem Wunsch nach hormonellen Verhütungsmitteln – müssen nicht stimmen. Derlei Herausforderungen wird man jedoch gegebenenfalls mit einer Authentifizierung der Patientinnen und Patienten bei der Anmeldung zu einer Fernbehandlung wirksam begegnen können, zum Beispiel mittels einer Verifizierung über den Fingerabdruck.

Schwieriger gestaltet sich aber die Überprüfung der Richtigkeit der mitgeteilten Beschwerden der Patientinnen und Patienten. Verlassen sich etwa Ärztinnen und Ärzte – zum Beispiel bei einer Hauterkrankung – auf die von den Patientinnen und Patienten zur Verfügung gestellten Fotos, so ist nicht sichergestellt, dass diese wirklich den gesamten relevanten Bereich erfassen. Außerdem ist nicht gesichert, dass das Foto tatsächlich die Patientin bzw. den Patienten selbst zeigt. So besteht die Möglichkeit, dass Patientinnen bzw. Patienten ein Bild aus dem Internet der Ärztin bzw. dem Arzt vorlegen, weil der dort abgebildete Hautausschlag dem eigenen ähnlich sieht. Derartigen Problemen könnte zwar durch eine Live-Videoübertragung begegnet werden. Dennoch fehlt der persönliche Eindruck, etwa im Rahmen einer Ganzkörperuntersuchung (Abtasten, Abklopfen, Abhören, etc.). Die reine Inaugenscheinnahme ist eben nicht die einzige Möglichkeit zur Erkennung von krankhaften Veränderungen im Körper. Erkennt die behandelnde Person ein Symptom nicht, weil bei der Ferndiagnose nur eingeschränkte Erkenntnismöglichkeiten zur Verfügung stehen, besteht die Gefahr, dass eine Gutachterin bzw. ein Gutachter im Arzthaftungsprozess – und in der Folge dann auch das Gericht – sehr viel schneller zu einem Behandlungsfehler kommt als bei einem Praxisbesuch. Grundsätzlich gilt ohnehin, dass der Vortrag, dass es sich um in der allgemeinen Praxis übliche Nachlässigkeiten gehandelt habe, die Ärztin bzw. den Arzt nicht zu entlasten vermag (§ 276 BGB) (Säcker et al. 2016).

Auch in strafrechtlicher Hinsicht ist die ausschließliche Fernbehandlung problematisch, da bei den strafrechtlichen Sorgfaltsanforderungen grundsätzlich davon ausgegangen wird, dass eine ausschließliche Fernbehandlung den ärztlichen Standard (derzeit) nicht gewährleisten kann (§ 15 StGB) (Schönke und Schröder 2014).

Die heute berechtigten Bedenken gegen eine Fernbehandlung werden nur dann nicht länger gelten können, wenn die technischen Möglichkeiten weiter zunehmen und – vielleicht zumindest in bestimmten Teilbereichen – eine Anamnese erlauben, die der in einer Praxis oder Klinik durchgeführten Form nicht mehr nachsteht.

Auch aus Sicht von Patientinnen und Patienten ist die reine Ferndiagnose durch eine behandelnde Person, zu der keinerlei persönlicher Kontakt besteht, mit Fallstricken versehen. Die Patientinnen und Patienten sind zunächst einmal vor einer Behandlung durch Personen zu schützen, die zur Ausübung eines Heilberufes gar nicht zugelassen sind. Es muss durch geeignete technische Verfahren ermöglicht werden, dass die Patientin bzw. der Patient – etwa anhand von Signatur-Zertifikaten – überprüfen kann, ob „die Therapeutin bzw. der Therapeut im Internet" tatsächlich auch Ärztin bzw. Arzt oder Heilpraktikerin bzw. Heilpraktiker ist. Ist die behandelnde Person entsprechend qualifiziert, hat aber ihren Sitz im Ausland (gegebenenfalls sogar außerhalb Europas), wird sich die Patientin bzw. der Patient faktisch mit der Durchsetzung von Schadenersatzansprüchen schwer tun. Selbst wenn ein Urteil erstritten wird – wobei es im Einzelfall schon problematisch werden kann, ob ein deutsches oder ausländisches Gericht zu entscheiden hat – entstehen spätestens bei der Vollstreckung im Ausland Schwierigkeiten.

3.2.2.4 Der Einsatz von Fernkommunikationsmitteln bei Vertragsanbahnung und Behandlung

Das heißt nun nicht, dass Internet und andere Fernkommunikationsmittel im Verhältnis von Ärztin/Arzt und Patientin/Patient nicht sinnvolle Einsatzmöglichkeiten hätten. Im Gegenteil: auch die Bundesregierung setzt – das zeigt sich auch und insbesondere am E-Health-Gesetz – auf eine Verbesserung der Behandlungsqualität durch den Einsatz digitaler Infrastrukturen. Diese können vielfältige Potenziale, sowohl im Hinblick auf die Behandlungsabläufe als auch letztlich die Versorgungsqualität, bieten.

Das Internet wird sicherlich noch an Bedeutung gewinnen, wenn es um die Anbahnung einer Behandlung geht. Ärztinnen und Ärzte können auf ihrer Website ihre Praxis konkret vorstellen. Die allgemeine Darstellung des Leistungsspektrums auf der Praxis-Website stellt noch keine individuelle Beratung oder Behandlung dar. Hier kann das Internet also einen wesentlichen Beitrag leisten, die Qualität der Behandlung durch das Ermöglichen „passender Arzt-Patienten-Beziehungen" zu verbessen.

Aber auch bei der eigentlichen Diagnose und Behandlung hat der Einsatz von Fernkommunikationsmitteln seinen Platz. Den Ausschluss jeglicher Fernbehandlung streben auch die Bundesärztekammern nicht an. Der Punkt liegt – und so ist die (Muster-) Berufsordnung für Ärzte (MBO) zu verstehen – in dem Wort „ausschließlich". Eine individuelle ärztliche Beratung darf nicht *ausschließlich* über Fernkommunikationsmittel durchgeführt werden. Durch dieses Verbot soll die Qualität der ärztlichen Leistung sichergestellt bleiben. Bei telemedizinischen Verfahren ist zu gewährleisten, dass eine Ärztin bzw. ein Arzt die Patienten bzw. den Patienten unmittelbar behandelt (§ 7 Abs. 4 MBO – Ä 1997). Die Telemedizin bietet hier eine große Chance, um die Qualität der Diagnose zu erhöhen, weil ein Mehr an Kompetenz geschaffen wird. So können weitere Ärztinnen und Ärzte mit besonderer Expertise – beispielsweise aus den Bereichen der Neurologie oder Radiologie – dazu geschaltet werden (sog. „Telekonsil"). Eine elektronische Patientenakte – wie sie durch das E-Health-Gesetz befördert werden soll – erleichtert einen solchen Austausch erheblich. Der sicheren Übermittlung dieser Daten wird dabei zentrale Bedeutung zukommen. Sowohl die Authentizität der Daten – stammen also diese Daten tatsächlich von jener Person, die als Übermittler angegeben wird – als auch ihre Integrität – wurden die Daten also nicht etwa vor oder während der Übermittlung verändert – müssen gewährleistet sein. Dies kann etwa mit Hilfe einer elektronischen Signatur geschehen, die auch eine Verschlüsselung der Daten erlaubt. Nur dann kann eine medizinisch korrekte Diagnose und Behandlung gewährleistet sein; ganz abgesehen davon, dass schon der Datenschutz und die medizinische Schweigepflicht einen solchen sicheren Datentransfer erfordern.

Einen Baustein für den weiteren Ausbau der Telemedizin ist dabei das E-Health-Gesetz, welches Sicherheitsstandards für den Datenaustausch aufstellt, um so eine sichere Kommunikationsinfrastruktur zwischen Ärztinnen und Ärzten, Kompetenzzentren und Kliniken zu gewährleisten. Ein weiterer Baustein wird sein, dass die telemedizinischen Möglichkeiten auch adäquaten Niederschlag im Leistungskatalog der Gesetzlichen Krankenversicherung finden. Das E-Health-Gesetz sieht aktuell nur die Vergütung von Telekonsilen bei der Beurteilung von Röntgenaufnahmen vor. Es soll allerdings überprüft werden, welche weiteren telemedizinischen Leistungen vergütet werden können.

Telemedizin ist aus rechtlicher Perspektive unproblematisch dort möglich, wo Ärztinnen und Ärzte vor Ort mit „Tele-Kollegen" zusammenarbeiten. Das rechtliche Verhältnis beider richtet sich nach den gleichen Grundsätzen wie im Falle eines hinzugezogenen Konsiliarius (§ 823 BGB) (Bamberger und Roth 2013). Dabei greift der sog. Vertrauensgrundsatz. Jede Ärztin bzw. jeder Arzt darf eine ordnungsgemäße Behandlung durch eine Kollegin bzw. einen Kollegen voraussetzen. Etwas anderes gilt nur dann, wenn konkrete gegenteilige Anhaltspunkte bestehen (§ 276 BGB) (Säcker et al. 2016).

Besteht ferner zwischen der Ärztin bzw. dem Arzt und zum Beispiel chronisch kranken Patientinnen und Patienten eine vertrauensvolle Zusammenarbeit mit regelmäßigem Kontakt in der Praxis, kann ein Kontakt via Fernkommunikationsmittel eine wichtige und sinnvolle Ergänzung im Rahmen des bestehenden Behandlungsvertrages darstellen. Auch dann findet keine ausschließliche Beratung mittels Fernkommunikation statt. Erkennt die Ärztin bzw. der Arzt bereits über Bildtelefon/Skype oder auch mit Hilfe von bestimmten Apps eine ernstere Situation bei einem ihr bzw. ihm persönlich bekannten Bestandspatienten, kann sofort eine Einweisung veranlasst werden. Diese Situation wäre vielleicht sonst erst Stunden später im Rahmen des Hausbesuchs erkannt worden. Das gilt umso mehr, wo sonst lange Wegstrecken zu bewältigen sind, etwa im ländlichen Raum. Auf eine sorgfältige Dokumentation dieses Kontakts durch die Behandlerin bzw. den Behandler ist – schon um Beweisprobleme zu vermeiden – allerdings zu achten.

In diesem Zusammenhang greift auch der Grundsatz, dass für die eingesetzten Geräte der Fachgebietsstandard gilt. Es wird zwar nicht der Spitzenstandard gefordert (den vielleicht eine Fachklinik erreichen kann), aber doch der sog. gehobene Standard. Kann dieser Standard nicht geleistet werden, darf die entsprechende Behandlung nicht übernommen werden (sog. Übernahmeverschulden) (BGH NJW 1988, S. 763). Die Behandlerin bzw. der Behandler hat sich bei Inbetriebnahme in die Handhabung der zur Fernuntersuchung des bzw. Kommunikation mit der Patientin bzw. dem Patienten eingesetzten Geräte gründlich einzuarbeiten. Die Geräte müssen beständig gewartet und im Einsatz kritisch beobachtet werden (§ 276 BGB) (Säcker et al. 2016). Gegebenenfalls ist für eine Ausfallssicherung (ein redundantes System) zu sorgen (§ 823 BGB) (Bamberger und Roth 2013).

3.2.3 Werbung für eHealth-Angebote

Nicht nur die Fernbehandlung als solche, sondern auch die Werbung dafür unterliegt in Deutschland engen rechtlichen Grenzen, die sich aus dem ärztlichen Standesrecht und dem Heilmittelwerbegesetz ergeben. Gemäß § 27 der MBO dürfen Ärztinnen und Ärzte keine berufswidrige Werbung treiben. „Werbung" ist dabei grundsätzlich jede Handlung, die der Absatzförderung für die beworbenen ärztlichen Leistungen dient (Bülow et al. 2015).

Nicht jede Werbung ist berufswidrig, sondern nur solche, die „anpreisend" ist, irreführende Angaben etwa über Heilungschancen enthält oder mit der die von einer Ärztin bzw. einem Arzt angebotenen Leistungen mit denen anderer Berufskolleginnen und -kollegen verglichen werden. Stets unzulässig ist die Werbung für eigene oder fremde gewerbliche Tätigkeiten oder Produkte im Zusammenhang mit der ärztlichen Tätigkeit.

Anpreisend ist nach dem von den Berufsordnungsgremien der Bundesärztekammer am 12. August 2003 beschlossenen Hinweisen und Erläuterungen

> eine gesteigerte Form der Werbung, insbesondere eine solche mit reißerischen und marktschreierischen Mitteln. Diese kann schon dann vorliegen, wenn die Informationen für den Patienten als Adressaten inhaltlich überhaupt nichts aussagen oder jedenfalls keinen objektiv nachprüfbaren Inhalt haben. Aber auch Informationen, deren Inhalt ganz oder teilweise objektiv nachprüfbar ist, können aufgrund ihrer reklamehaften Übertreibung anpreisend sein. Grundsätzlich nicht anpreisend ist die publizistische Tätigkeit von Ärzten sowie die Mitwirkung des Arztes an aufklärenden Veröffentlichungen medizinischen Inhalts (Bundesärztekammer 2004, S. 293).

Irreführend ist eine Werbung für ärztliche Leistungen im berufsrechtlichen Sinne immer dann, wenn sie geeignet ist,

> potenzielle Patienten über die Person des Arztes, über die Praxis und über die Behandlung irrezuführen und Fehlvorstellungen von maßgeblicher Bedeutung für die Wahl des Arztes hervorzurufen (Bundesärztekammer 2004, S. 294).

Vergleichend ist schließlich eine Werbung, die kritisch auf die persönlichen Verhältnisse von anderen Ärztinnen und Ärzten und/oder die von ihnen angebotenen Behandlungsmethoden Bezug nimmt oder sich lobend über diese äußert (Bundesärztekammer 2004).

Neben dem heute nicht mehr so restriktiv ausgelegten berufsrechtlichen Werbeverbot sind die Bestimmungen des Heilmittelwerbegesetzes (HWG) einzuhalten. Ein besonderes Verbot der Fernbehandlung enthält § 9 HWG. Danach ist eine Werbung für die Erkennung oder Behandlung von Krankheiten, Leiden, Körperschäden oder krankhaften Beschwerden, die nicht auf eigener Wahrnehmung an dem zu behandelnden Menschen oder Tier beruht, unzulässig. Obwohl das ärztliche Standesrecht bereits ein umfassendes Werbeverbot enthält, hat diese Regelung eine eigene Bedeutung, da sie auch von Ärztinnen und Ärzten zu beachten ist, die ihre Praxis im Ausland haben, aber über einen deutschsprachigen Internetauftritt verfügen. Außerdem fallen in den Anwendungsbereich des § 9 HWG auch für die Betreibergesellschaften von Privatkliniken sowie Heilpraktiker (§ 9 HWG) (Bülow et al. 2015).

Ebenso wie das standesrechtliche Fernbehandlungsverbot für Ärztinnen und Ärzte liegt dem Werbeverbot in § 9 HWG der Wille des Gesetzgebers zugrunde, dem Risiko einer Fehldiagnose und/oder Behandlung wirksam zu begegnen. Zu beachten ist dabei, dass bereits in den auf einer Internet-Plattform oder einer Praxis- bzw. Klinik-Website veröffentlichten Patientenfragen und der dazugehörigen Antworten eine unzulässige Werbung für eine Fernbehandlung liegen kann, da sie Ratsuchende dazu veranlassen können, dort eigene Fragen zu stellen.

Angesichts der rasch voranschreitenden Möglichkeiten der Telemedizin mögen sich Ärztinnen und Ärzte fragen, ob eine über das Internet durchgeführte Anamnese tatsächlich nicht auf der eigenen Wahrnehmung beruht, wenn sie sich vom Gesundheitszustand der Patientinnen und Patienten über einen Live-Video-Feed selbst ein Bild machen können. Obwohl der Gesetzgeber vor allem die rein fernmündliche oder schriftliche Diagnose unterbinden wollte, verlangt eine „eigene Wahrnehmung" aber nach der herrschenden Meinung „eine Wahrnehmung durch Sehen oder Augenschein des Patienten gegebenenfalls durch persönliche Untersuchung, in unmittelbarer räumlicher Nähe" (Bülow et al. 2015). Das Werbeverbot für Fernbehandlungen

> dient vorrangig dem Schutz der Volksgesundheit und des individuellen Gesundheitsinteresses und basiert auf dem Grundgedanken, dass partielle Informationen, seien diese auch wissenschaftlich objektivierbar, nie das gesamtheitliche Bild ersetzen können, das sich der Heilkundige bei persönlicher Wahrnehmung und Untersuchung des Patienten machen kann. Die Werbung für derartig verkürzte Behandlungsmethoden soll unterbunden werden.[3]

Ebenso wie das berufsrechtliche Verbot der Fernbehandlung, hat dieses Werbeverbot heute noch seine Berechtigung und stellt sicher, dass nicht wirtschaftliche Interessen über das Patientenwohl gestellt werden. Es bedarf aber in Zukunft der Überprüfung daraufhin, ob die Forderung nach einer räumlichen Anwesenheit von Arzt und Patient während der Anamnese bei fortschreitender Entwicklung der Telemedizin noch uneingeschränkt erhoben werden kann. Anderenfalls könnten derlei Verbote zum Hemmschuh der Telemedizin werden und die deutsche Ärzteschaft im zunehmenden internationalen Wettbewerb um Patientinnen und Patienten unangemessen benachteiligen.

Niedergelassene Ärztinnen und Ärzte, die nicht gegen das Berufsrecht verstoßen und sich nicht dem Risiko einer Abmahnung wegen wettbewerbswidriger Werbung aussetzen möchten, müssen nach der derzeit geltenden Gesetzeslage darauf achten, dass sie gegenüber Patientinnen und Patienten keine Werbung für eine Behandlung betreiben, die ohne persönliche Untersuchung erfolgt. Verstöße gegen das Werbeverbot des § 9 HWG sind immer auch eine geschäftliche Handlung im Sinne des Gesetzes gegen den unlauteren

---

[3]LG München I, Urt. vom 01.03.2012, Az. 17 HKO 20.640/11, BeckRS 2012, 09.725 und OLG München, Urt. vom 02.08.2012, Az. 29 U 1471/12, GRUR-RR 2012, 435.

Wettbewerb, da sie den Absatz ärztlicher Dienstleistungen fördern können. Eine unzulässige Fernbehandlung im Sinne des § 9 HWG liegt immer dann vor, wenn die Patientin bzw. der Patient Fragen an den Werbung treibenden Arzt bzw. die Ärztin stellen kann, die das Ziel eines Behandlungsvorschlags oder der Diagnose haben, und die Ärztin bzw. der Arzt sich konkret und individuell zu der zu behandelnden Person äußert und diese Äußerung nicht auf seiner eigenen Wahrnehmung beruht (OLG Köln, MMR 2013, S. 176).

3.2.4 Fallbeispiele

Zum tieferen Verständnis der bisherigen Ausführungen werden im Folgenden Fallbeispiele gegeben, um auf einzelne Sachverhalte hinzuweisen.

Fallbeispiel 1

Variante 1

Ein Frauenarzt beantwortet auf seiner Website und auf einer eHealth-Plattform im Internet Patientenanfragen zur Behandlung diverser, in seinen Fachbereich fallender Krankheitsbilder. In den Benutzerhinweisen der Plattformbetreiber wird darauf hingewiesen, dass die von den teilnehmenden Ärzten erteilten Informationen keine persönliche ärztliche Beratung und Behandlung ersetzen und sich die Benutzer im Zweifelsfall persönlich an ihren behandelnden Arzt wenden sollten.

Auf die Frage einer Patientin nach der Verträglichkeit ihres Verhütungsmittels mit einem Mittel zur Behandlung einer Blasenentzündung empfiehlt er ihr, die Pille einfach ohne Unterbrechung weiter zu nehmen und weist darauf hin, dass dadurch ihre Blutung nicht wie erwartet beginnen werde, Zwischenblutungen aber möglich seien.

Variante 2

Derselbe Arzt beschränkt sich auf die Empfehlung, zur Abklärung ihrer Beschwerden einen Gynäkologen aufzusuchen.

Die Erteilung allgemein gehaltener Gesundheitstipps ist zulässig und verstößt weder gegen das ärztliche Berufsrecht noch gegen das Heilmittelwerberecht. Äußert sich eine Ärztin oder ein Arzt aber – wie in *Variante 1* – zu einer Patientenanfrage konkret und individuell diagnostisch oder mit Therapieempfehlungen, so liegt darin allerdings eine Werbung für eine unzulässige Fernbehandlung.

Der „Disclaimer", dass die erteilten Informationen keine persönliche ärztliche Beratung und Behandlung ersetzen und die Nutzerin bzw. der Nutzer sich im Zweifelsfall persönlich an die behandelnde Ärztin oder den behandelnden Arzt wenden möge, ist nicht dazu geeignet, einen Verstoß gegen das Verbot der Bewerbung von Fernbehandlungen auszuräumen. Zum einen ändert er nämlich nichts daran, dass die ratsuchenden Plattformnutzerinnen und -nutzer die Einschätzung der Ärztin bzw. des Arztes welche die Anfrage beantworten, nicht weniger ernst nehmen, als eine in der Praxis erteilte Therapieempfehlung. Zum anderen darf für die Fernbehandlung (gerade) auch dann nicht geworben werden, wenn durch sie subjektiv keine Zweifel verbleiben.

Die bloße Empfehlung, eine Ärztin bzw. einen Arzt aufzusuchen (*Variante 2*) stellt dagegen auch dann keine Fernbehandlung dar, wenn der Patientin bzw. dem Patienten dabei Empfehlungen für die Kontrolle konkreter Laborwerte gegeben werden.

Nicht immer lässt sich eine berufswidrige und/oder wettbewerbswidrige Werbung für ärztliche Leistungen aber so einfach von einer zulässigen Beratung unterscheiden. Schon heute gibt es ein breites Angebot an eHealth-Angeboten unterschiedlichster Ausprägung im Internet, deren rechtliche Zulässigkeit nur anhand einer Einzelfallbetrachtung und Berücksichtigung aller gebotenen Leistungen erfolgen kann.

Grundsätzlich gilt, dass reine Sachinformationen etwa zu bestimmten Krankheitsbildern und Therapieformen, die keinen Empfehlungscharakter haben, zulässig sind. Dazu gehört etwa eine allgemein gehaltene Aufklärung über gesundheitliche Risiken oder Krankheitssymptome und ihre mögliche Bedeutung, die keine Diagnose für einen bestimmten Ratsuchenden beinhaltet. Allerdings ist unabhängig von deren rechtlicher Zulässigkeit auch bei der Bereitstellung solcher Informationen für medizinische Laien Vorsicht geboten, da sie nicht selten einer unzutreffenden Selbstdiagnose Vorschub leisten.

Die Grenze von der allgemein gehaltenen medizinischen Sachinformation zur verbotenen, individuellen Diagnose und Therapieempfehlung ist zuweilen fließend und soll im Folgenden anhand einiger Praxisbeispiele aufgezeigt werden.

Fallbeispiel 2

Die Betreiber einer eHealth-Plattform bieten keine individuelle Beratung durch niedergelassene Ärztinnen bzw. Ärzte an, stellen den Nutzern ihrer Plattform aber eine Software zur Verfügung, in welche browserbasiert Symptome eingegeben werden können, zu denen der Ratsuchende dann eine Reihe von Rückfragen beantworten muss, um am Ende eine oder mehrere mögliche Diagnose(n) zu erhalten. Bevor er das Ergebnis der online-Anamnese erhält, muss der Nutzer allerdings einem Hinweis zustimmen, der ihn darauf aufmerksam macht, dass die ihm unterbreiteten „Vorschläge" keinesfalls als Ersatz für eine ärztliche Beratung oder Behandlung verstanden und auch nicht zur selbstständigen medizinischen Behandlung verwendet werden dürfen.

Gegen die Zulässigkeit eines solchen Angebots bestehen Bedenken, da mittels Abfrage der vom Ratsuchenden einzugebenden Symptome eine individuelle Diagnose erstellt wird, die als verbotene Fernbehandlung angesehen werden kann. Ob die Aufforderung, sich zur genauen Abklärung an eine Ärztin oder einen Arzt zu wenden, diese Bedenken auszuräumen vermag, ist zweifelhaft. Zudem ist sie mit Risiken verbunden, da eine Ferndiagnose, die allein auf von der Patientin bzw. vom Patienten selbst eingegebenen Symptomen beruht, fehlerhaft sein kann und die empfohlene Abklärung durch einen Arzt nicht sichergestellt ist. Ob und wann sie tatsächlich in Anspruch genommen wird oder im Ernstfall zu spät erfolgt, ist ungewiss und kann vom Ratgeber auch nicht beeinflusst werden.

> **Fallbeispiel 3**
>
> *Variante 1*
>
> Anstelle einer Software-gestützten Diagnose anhand vom Nutzer selbst eingegebener Symptome bieten die Betreiber der eHealth-Plattform registrierten Benutzern eine „Video Online-Sprechstunde zur Erstberatung" an. Hier kann der Patient einem Arzt seine Beschwerden mitteilen und von ihm detaillierte Informationen über Behandlungsmöglichkeiten, alternative Heilungsmethoden sowie Informationen zu den Therapiekosten erhalten.
>
> *Variante 2*
>
> Wie Variante 1, nur dass die Sprechstunde ausschließlich für Bestandspatienten angeboten wird, die bereits einen Arzt aufgesucht haben.
>
> *Variante 3*
>
> Wie Variante 1, nur dass die Sprechstunde allein dazu dient, es dem Patienten zu ermöglichen, eine zweite Meinung zu einer Diagnose und/oder Therapieempfehlung eines Arztes zu erhalten, den er bereits aufgesucht hat.

Die allgemeine Aufklärung der Patientin bzw. des Patienten über Behandlungsmöglichkeiten und alternative Heilungsmethoden in *Variante 1* ist noch keine unzulässige Fernbehandlung. Erhält die Patientin bzw. der Patient allerdings darüber hinaus auf Rückfrage auch eine individuelle Diagnose, anhand der von ihr bzw. ihm mitgeteilten Symptome und/oder konkrete Therapieempfehlungen, die ohne eine vorangehende persönliche Untersuchung durch den die Empfehlung aussprechenden Arzt erteilt werden, stellt dies eine unzulässige Fernbehandlung und zugleich eine Bewerbung derselben dar.

Die Behandlung von Bestandspatientinnen und -patienten in *Variante 2* ist dagegen unbedenklich, da sie nach mindestens einem vorangegangenen Praxisbesuch erfolgt und somit nicht allein mittels Fernkommunikationsmitteln durchgeführt wird.

Zum gleichen Ergebnis gelangt man in *Variante 3*, denn hier geht es nur um die Überprüfung einer bereits nach körperlicher Untersuchung der Patientin bzw. des Patienten gestellten Diagnose anhand der von einer behandelnden Ärztin bzw. dem behandelnden Arzt in ihrer bzw. seiner Praxis bereits erhobenen Anamnese.

3.2.5 Medizinischer Laienrat im Internet

Zunehmende Verbreitung finden im Internet aber nicht nur mehr oder weniger professionell gestaltete eHealth-Angebote, an denen zugelassene Ärztinnen und Ärzte oder Heilpraktikerinnen und -praktiker mitwirken, sondern auch Internet-Plattformen, auf denen Anfragen zu Gesundheitsthemen von medizinischen Laien beantwortet werden. In solchen kostenlosen Ratgeber-Communities können alle Nutzerinnen und Nutzer nicht nur nach einem Rat, einer Information oder einer Meinung fragen, sondern selbst auch Fragen anderer Nutzerinnen und Nutzer zu körperlichen Beschwerden oder allgemeinen Gesundheitsthemen beantworten. An einer besonderen gesetzlichen Regulierung medizinischer Ratschläge durch Laien fehlt es bislang. Die Anzahl der Internet-Plattformen, die eine technische Infrastruktur für die Beantwortung individueller Fragen zur Behandlung von Krankheiten durch Nutzerinnen und Nutzer ohne medizinische Vorbildung ermöglichen, wächst. Auf den ersten Blick könnten derartigen Beratungsangeboten zwar § 1 des Gesetzes über die berufsmäßige Ausübung der Heilkunde ohne Bestallung (Heilpraktikergesetz) entgegenstehen. In § 1 wird bestimmt, dass jeder, der die Heilkunde ausüben will, ohne als Ärztin oder Arzt bestellt zu sein, dazu der Erlaubnis bedarf. Unter der Ausübung der Heilkunde ist nach dem Gesetzeswortlaut aber nur „jede berufs- oder gewerbsmäßig vorgenommene Tätigkeit zur Feststellung, Heilung oder Linderung von Krankheiten, Leiden oder Körperschäden bei Menschen, auch wenn sie im Dienste anderer ausgeübt wird" zu verstehen. Die Erteilung medizinischer Ratschläge und Therapieempfehlungen durch medizinische Laien, die nicht in Ausübung eines Berufes oder Gewerbes erfolgt, wird auch nicht durch § 2 Abs. 1 der Bundesärzteordnung untersagt. Dieser sieht nämlich lediglich vor, dass derjenige, der in Deutschland den ärztlichen Beruf ausüben will, der Approbation als Ärztin bzw. Arzt bedarf. Medizinische Laien, die auf allgemein zugänglichen Internet-Plattformen Therapieempfehlungen zur Behandlung von Krankheiten geben, haben aber gar nicht die Absicht, diese Tätigkeit beruflich (also zur Schaffung einer dauerhaften Erwerbsgrundlage, die maßgeblich zu ihrem Lebensunterhalt beiträgt) auszuüben, denn sie erhalten für ihre Community-Beiträge keine Vergütung.

In Anbetracht der Tatsache, dass entsprechende Beratungsangebote beträchtliche Risiken für die Nutzerinnen und Nutzer in sich bergen und regelmäßig keine Qualitätssicherung der Beantwortung durch niedergelassene Ärztinnen und Ärzte erfolgt, besteht hier dringender Regulierungsbedarf.

3.3 Datenschutz und eHealth

Der Datenschutz nimmt im Bereich des Gesundheitswesens in Deutschland eine besondere Stellung ein. Alle Arten von Gesundheitsdaten sind so genannte *besondere personenbezogene Daten,* für die ein besonders hohes Schutzniveau gilt. Je digitaler der Patientenumgang und die Patientenversorgung werden, desto mehr digitale Gesundheitsdaten werden auch anfallen. Datenschutz gehört folglich zu den zentralen Themen und Herausforderungen von eHealth. Das Zusammenspiel von Datenschutz und eHealth ist eines der großen Themen der kommenden Jahre. Das liegt vor allem an der Digitalisierung im Gesundheitswesen. Mit der Digitalisierung erhöht sich das Gefahrenpotenzial, das Missbrauchspotenzial wird auch angesichts der schieren Masse an Daten immer schwieriger zu übersehen (Deutscher Bundestag 2014).

Dabei sind die Grundlagen des Datenschutzes für alle eHealth-Anwendungsbereiche grundsätzlich gleich. Regelungen zum Datenschutz bzw. zur Datensicherheit finden sich beispielsweise im Bundesdatenschutzgesetz (BDSG), im Strafgesetzbuch (StGB), in den Landesdatenschutzgesetzen, Landeskrankenhausgesetzen, kirchlichen Datenschutzbestimmungen und in verschiedenen medizinspezifischen Gesetzen (Medizinproduktegesetz, Transfusionsgesetz, Transplantationsgesetz, etc.), dem Sozialgesetzbuch (SGB) V und dem SGB X (Tinnefeld et al. 2012). Ein einheitliches eHealth-Datenschutzgesetz gibt es jedoch in Deutschland nicht.

Eines der Ziele des E-Health-Gesetzes besteht zwar auch darin, den Datenschutz zu stärken. Neben bestimmten Anforderungen an die Datensicherheit enthält das Gesetz jedoch keine speziellen Vorgaben zum Datenschutz; dafür ist dieses Gesetz auch kritisiert worden. Ob diese Kritik in andere Gesetzgebungsverfahren einfließen wird, bleibt aktuell abzuwarten.

3.3.1 Was bedeutet Datenschutz überhaupt?

Nach unserem europäischen Verständnis hat jeder Mensch ein Recht auf informationelle Selbstbestimmung. Das bedeutet, dass es jedem Menschen möglich sein soll zu erfahren, wer was wann und bei welcher Gelegenheit über ihn weiß. Jeder hat das Recht, grundsätzlich selbst über die Preisgabe und Verwendung der persönlichen Daten zu bestimmen. Dies sind zentrale Aussagen des sog. Volkszählungsurteils des Bundesverfassungsgerichts (BVerfG, Urteil vom 15. Dezember 1983, Az. 1 BvR 209/83). Dieses Grundrecht auf informationelle Selbstbestimmung aus Art. 2 Abs. 1 in Verbindung mit Art. 1 Abs. 1 Grundgesetz (GG) gilt indes nicht schrankenlos. Wenn ein überwiegendes Interesse der Allgemeinheit gegeben ist, kann in dieses Grundrecht eingegriffen werden. Ferner muss dieses Grundrecht im Spannungsverhältnis zu der rasanten technischen Entwicklung bestehen, welche gerade den Gesundheitsbereich durchzieht. Dabei ist zu beachten, dass nicht alles was technisch möglich ist, auch (datenschutz-) rechtlich zulässig ist.

Datenschutz bedeutet daher auch, jeder einzelnen Person zu ermöglichen, über Daten, die sich auf sie oder ihn beziehen, selbst bestimmen zu können. Dies bezieht sich auf jede einzelne Rechtsbeziehung dieses Menschen. Es kann einen großen Unterschied machen, ob ein Mensch seiner Arbeitgeberin bzw. seinem Arbeitgeber oder seiner Ärztin bzw. seinem Arzt gegenüber angibt, dass er aufgrund einer Depression in einer Langzeitbehandlung ist. Arbeitgeber könnten diese Information bei einer Leistungsbeurteilung heranziehen oder den Betroffenen gar kündigen. Daher haben die betroffenen Personen ein Interesse, dass diese Angaben der Arbeitgeberin bzw. dem Arbeitgeber nicht bekannt werden. Demgegenüber ist diese Information für weitere in die Behandlung involvierte Ärztinnen und Ärzte relevant, sodass Patientinnen und Patienten selbst Interesse an einem solchen Datenaustausch haben.

Die Datenverarbeitung in elektronischen Systemen darf für die Patientinnen und Patienten aber keine Verschlechterung der Patientenautonomie mit sich bringen (Eberspächer und Braun 2006). Während im Arzt-Patientenverhältnis der Datenumgang noch überschaubar ist, kann ein vernetztes System zur Datenverarbeitung im Gesundheitswesen zu unüberschaubaren Risiken führen. Patientinnen und Patienten wissen unter Umständen nicht mehr, wer welche Daten über sie/ihn hat. Je mehr Informationen gesammelt werden, desto leichter ist es meist, auch einen Personenbezug herzustellen.

3.3.1.1 Sinn und Zweck des Datenschutzes

Der Sinn und Zweck des Datenschutzes besteht darin, Regelungen bereitzuhalten, die gewährleisten, dass das Recht auf informationelle Selbstbestimmung gewahrt wird und ein Umgang mit personenbezogenen Daten dennoch rechtmäßig erfolgen kann. Im deutschen und europäischen Datenschutzrecht gilt daher das Verbot mit Erlaubnisvorbehalt. Dies folgt aus dem Recht auf informationelle Selbstbestimmung nach Art. 2 Abs. 1 i. V. m. Art. 1 Abs. 1 GG sowie aus Art. 8 Abs. 1 EU-Grundrechtecharta.

Der Begriff „Datenumgang" ist dabei als Oberbegriff für das Erheben, Verarbeiten und Nutzen von Daten zu verstehen. „Verarbeiten" bedeutet dabei Speichern, Verändern, Übermitteln, Sperren und Löschen personenbezogener Daten (§ 3 Abs. 4 S. 1 BDSG). Der Umgang mit personenbezogenen Daten ist grundsätzlich verboten. Zu diesem Grundsatz gibt es Ausnahmen, wenn die betroffene Person eingewilligt hat bzw. wenn ein gesetzlicher Rechtfertigungsgrund gegeben ist (§ 4 Abs. 1 BDSG).

Personenbezogene Daten sind Einzelangaben über persönliche oder sachliche Verhältnisse einer bestimmten oder bestimmbaren natürlichen Person (§ 3 Abs. 1 BDSG). Diese natürliche Person wird im Gesetz als *Betroffener* definiert. Eine Patientin bzw. ein Patient, deren bzw. dessen personenbezogene Daten bei der Erstaufnahme in ein Krankenhaus erhoben werden, ist folglich ohne weiteres ein Betroffener im Sinne des Datenschutzrechts. Das Merkmal des Personenbezuges ist weit zu verstehen. Die Information muss sich auf eine natürliche Person beziehen (etwa Name, Anschrift, Telefonnummer, das Geburtsdatum, etc.) oder auch nur geeignet sein, einen Bezug zu einer solchen herzustellen. Als Faustformel gilt dabei, dass ein Datum Personenbezug aufweist, wenn die natürliche Person, auf welche sich dieses Datum bezieht, identifizierbar ist. Daher ist zum Beispiel bei einer kleinen Gruppe Vorsicht geboten. Wenn aufgrund von bestimmten Merkmalen (Geschlecht, Alter, etc.) eine natürliche Person innerhalb dieser Gruppe identifiziert werden kann, dann handelt es sich bereits um personenbezogene Merkmale. Somit lässt sich der Personenbezug auch mittelbar aus dem Gesamtzusammenhang herstellen. Bereits die reine Mitteilung eines Arztbesuches kann bereits den Rückschluss auf bestimmte Erkrankungen erlauben (§ 3 BDSG) (Gola et al. 2015).

Personenbezogene Gesundheitsdaten sind *besonders sensible Daten* (§ 3 Abs. 9 BDSG). Als solche werden sie besonders geschützt. Zu diesen Daten gehören unter anderem Informationen über eine Krankheit, über Risikofaktoren (etwa eine Disposition für bestimmte Erkrankungen) sowie biometrische und genetische Daten.

Wenn Daten vollständig anonymisiert werden, dann können solche Daten ohne weiteres verwendet werden. So können für eine Statistik oder eine medizinische Studie

Einzelangaben ohne Personenbezug verarbeitet werden, ohne dass die Patientinnen bzw. Patienten, auf die sich diese Einzelangaben einmal bezogen haben, hierin eingewilligt haben. Voraussetzung einer solchen Anonymisierung ist jedoch, dass eine Re-Anonymisierung unter keinen Umständen und durch niemanden möglich ist.

3.3.1.2 Grundsätzliche Rechte und Pflichten im Datenschutz

Ein wichtiger Grundsatz im Datenschutzrecht ist der Zweckbindungsgrundsatz. Dieser Grundsatz folgt aus dem Konzept der normativen Zweckbegrenzung. In den verschiedenen Gesetzen findet sich keine klare Definition dieses Grundsatzes. Allerdings gilt der Zweckbindungsgrundsatz als Leitlinie bei jeder datenschutzrechtlichen Vorschrift. Er stellt sicher, dass personenbezogene Daten nicht gleichsam „auf Vorrat" erhoben werden können. Der Zweck der Datenerhebung muss vor der ersten Erhebung festgelegt werden. Jede Art des späteren Datenumgangs muss sich im Rahmen dieses zuvor bestimmten Zweckes halten – oder eine gesonderte Rechtfertigung haben (etwa eine ergänzende Einwilligung).

Der Zweckbindungsgrundsatz wird durch den Grundsatz der Erforderlichkeit ergänzt, der wiederum Ausfluss des Verhältnismäßigkeitsprinzips ist. Der Zweck des Datenumgangs muss rechtmäßig und der Umgang selbst geeignet sein, diesen Zweck auch zu erreichen. Ferner muss der Datenumgang dafür erforderlich sein. Schlussendlich darf es kein milderes und gleich effektives Mittel geben, um diesen Zweck auf andere Art und Weise zu erreichen.

Des Weiteren gilt der Grundsatz der Datenvermeidung und der Datensparsamkeit (§ 3a BDSG). Jede Datenerhebung und jede Gestaltung von Datenverarbeitungssystemen sind an dem Ziel auszurichten, so wenig personenbezogene Daten wie möglich zu erheben, zu verarbeiten oder zu nutzen. Insbesondere sind personenbezogene Daten zu anonymisieren oder zu pseudonymisieren, soweit dies nach dem Verwendungszweck möglich ist. Zudem darf der Aufwand hierfür nicht unverhältnismäßig zu dem angestrebten Schutzzweck sein.

Grundsätzlich haben Betroffene ein Auskunftsrecht. Sie können also erfragen und müssen Auskunft erteilt bekommen, welche Daten eine konkrete Stelle über sie oder ihn hat (§ 19 BDSG, § 10 Abs. 2 MBO-Ä). Werden Daten ohne Kenntnis der Betroffenen erhoben, muss die verantwortliche Stelle den Betroffenen grundsätzlich darüber informieren (§ 19 a BDSG).

Betroffene haben auch einen Anspruch auf Berichtigung, Löschung bzw. Sperrung der eigenen Daten (§ 20 BDSG). Eine Berichtigung setzt voraus, dass die erhobenen Daten falsch sind. Ein Löschungsanspruch setzt voraus, dass die Speicherung unzulässig ist oder die Kenntnis der Daten für die verantwortliche Stelle zur Erfüllung der in ihrer Zuständigkeit liegenden Aufgaben nicht mehr erforderlich ist. Wenn dieser Löschung bestimmte zulässige Gründe entgegenstehen, dann sind die Daten zu sperren. Zu diesen zulässigen Gründen gehört zum Beispiel die gesetzliche Aufbewahrungsfrist für ärztliche Aufzeichnungen (§ 10 Abs. 3 MBO-Ä).

Zu den absoluten Grundsätzen im Datenschutzrecht gehört die Pflicht zur Direkterhebung (§ 4 Abs. 2 S. 1 BDSG). Ohne die Mitwirkung der Betroffenen dürfen demnach Daten nur erhoben werden, wenn dies gesetzlich besonders erlaubt ist.

3.3.1.3 Die Schweigepflicht von Mitarbeiterinnen und Mitarbeitern im Gesundheitswesen

Im Gesundheitswesen liegt es auf der Hand, dass der Umgang mit besonderen personenbezogenen Daten mehr die Regel als die Ausnahme ist. Daher gehört das Gesundheitswesen auch zu jenen Bereichen, in denen eine besondere Schweigepflicht herrscht. § 9 Abs. 1 MBO-Ä normiert diese Schweigepflicht. Nach § 9 Abs. 3 MBO-Ä wird diese Schweigepflicht auf Mitarbeiterinnen und Mitarbeiter der Ärztin bzw. des Arztes und auf Personen erstreckt, die sich in der Berufsausbildung befinden. § 203 Abs. 1 Nr. 1 StGB stellt eine Verletzung dieser Schweigepflicht unter Strafe. § 203 Abs. 3 S. 2 StGB erstreckt die Strafbarkeit auf berufsmäßige Gehilfen und auf Personen in berufsbezogenen Ausbildungen. Neben der Straferwartung von bis zu einem Jahr Freiheitsstrafe oder Geldstrafe ist auch ein Berufsverbot nach § 70 Abs. 1 StGB möglich. Zudem ist auch ein standesrechtliches Verfahren vor der Ärztekammer möglich. Im allgemeinen Sprachgebrauch wird zwar regelmäßig von der „ärztlichen Schweigepflicht" gesprochen. Besser und präziser wäre es aber, von der Schweigepflicht aller Mitarbeiterinnen und Mitarbeiter im Gesundheitswesen zu sprechen.

Wie im allgemeinen Datenschutzrecht gibt es aber natürlich auch hier Situationen, in denen die Datenverarbeitung erlaubt ist. So kann es zum Beispiel der Ärztin bzw. dem Arzt nach § 34 StGB gestattet sein, ein Geheimnis zu offenbaren, wenn ein rechtfertigender Notstand gegeben ist. Auch darf eine Ärztin bzw. ein Arzt zum Beispiel enge Verwandte einer Patientin bzw. eines Patienten über lebensbedrohliche übertragbare Krankheit aufklären und ein Kinderarzt das Jugendamt informieren, wenn Anhaltspunkte für eine mögliche Kindesmisshandlung vorliegen (Tinnefeld et al. 2012).

Eine Patientin bzw. ein Patient kann auch in die Datenweitergabe einwilligen (§ 9 Abs. 2 MBO-Ä). Wenn eine Patientin bzw. ein Patient weder ausdrücklich noch stillschweigend in die Datenverarbeitung einwilligen kann, ist eine mutmaßliche Einwilligung zu prüfen. Die mutmaßliche Einwilligung orientiert sich daran, ob die Patientin bzw. der Patient in dem konkreten Fall zustimmen würde, wenn sie bzw. er es denn könnte. Das beste Beispiel hierfür stellt eine Notfallsituation dar. Anhaltspunkte für eine mutmaßliche Einwilligung können aus dem früheren Verhalten der Patientin bzw. des Patienten folgen oder aus seinem mutmaßlichen Interessen. Daher darf die Notärztin bzw. der Notarzt bei einer bewusstlosen Patientin oder einem bewusstlosen Patienten Daten an das Krankenhaus übermitteln, welches die Nachversorgung übernimmt (Tinnefeld et al. 2012).

3.3.1.4 Datenschutz im öffentlichen und nicht-öffentlichen Bereich

Eine Besonderheit des deutschen Datenschutzrechts besteht in der Unterscheidung zwischen dem Datenschutz im öffentlichen und nicht-öffentlichen Bereich. Diese

Unterscheidung ist relevant, denn es gibt Einrichtungen im Gesundheitswesen, die dem öffentlichen Bereich zugeordnet werden und solche, die dem nicht öffentlichen Bereich zuzuordnen sind. Dabei kann es tatsächlich zu unterschiedlichen Antworten auf datenschutzrechtliche Fragen kommen. Das BDSG gilt für öffentliche Stellen des Bundes (§ 1 Abs. 2 Nr. 2 BDSG). Dazu zählen zum Beispiel die Bundeswehrkrankenhäuser und Kliniken, welche von länderübergreifenden Sozialversicherungsträgern betrieben werden. Für öffentliche Stellen der Länder, zum Beispiel kommunale Krankenhäuser oder Universitätskliniken, gilt regelmäßig das entsprechende Landesgesetz (§ 1 Abs. 2 Nr. 2 BDSG). In einigen Bundesländern gibt es neben dem Landesdatenschutzgesetz noch ein Krankenhausgesetz. Das jeweilige Krankenhausgesetz kann auch Datenschutzbestimmungen für den Umgang mit Patientendaten enthalten. Nicht öffentliche Stellen, also zum Beispiel private Krankenhäuser und Pflegeeinrichtungen, werden ebenfalls vom BDSG erfasst (§ 1 Abs. 2 Nr. 3 BDSG). Wenn eine Einrichtung von einer Kirche betrieben wird, sind die kirchlichen Datenschutzbestimmungen zu beachten. Dies sind die Anordnung über den kirchlichen Datenschutz (KDO) und das Kirchengesetz über den Datenschutz der Evangelischen Kirche in Deutschland (DSG-EKD). Daraus folgt, dass bei jeder datenschutzrechtlichen Fragestellung zunächst zu prüfen ist, welches Datenschutzrecht überhaupt auf den vorliegenden Fall Anwendung findet.

3.3.1.5 Der Einsatz von sog. Big Data Anwendungen in der Medizin – Warum ist Datenschutz und eHealth so ein großes Thema?

Das Zusammenspiel von Datenschutz und eHealth ist eines der großen Themen der kommenden Jahre. Das liegt vor allem an der Digitalisierung im Gesundheitswesen. Mit der Digitalisierung erhöht sich das Gefahrenpotenzial, denn das Missbrauchspotenzial wird immer unüberschaubarer.[4]

Beispielsweise haben Hausärztinnen und Hausärzte früher medizinische Befunde auf die Patientenkarteikarte geschrieben. Dann wurde eine elektronische Akte auf PC in der Praxis angelegt, in welche nur die Ärztin bzw. der Arzt und die Praxismitarbeiterinnen und -mitarbeiter schauen durften. Außenstehende Personen, die an dem Arzt-Patientenverhältnis nicht beteiligt gewesen sind, hatten grundsätzlich keinen Zugang zur Patientenakte.

Heute geben Patientinnen und Patienten medizinischen Daten in eine Software ein, zum Beispiel eine App im Smartphone oder die Smartwatch überwacht gleich die Schritte, die ein Mensch am Tag zurücklegt. Der Personenkreis, der mit diesen Daten in Berührung kommen kann, ist bereits nicht mehr so eng eingrenzbar. In diesem Zusammenhang sind auch die Anforderungen, Potenziale und Gefahren von sog. Big Data Anwendungen zu beachten. Dabei geht es nicht nur um die Verarbeitung großer Datenmengen, sondern um die Sammlung, Zusammenführung und Auswertung von

---

[4]Vgl. Ausschuss für eine Digitale Agenda im Deutschen Bundestag, „eHealth braucht Datenschutz", Meldung vom 12. November 2014, abrufbar unter http://www.bundestag.de/presse/hib/2014_11/-/340612 (Zugriff: 02. November 2015).

Datensätzen, die durch vier Merkmale gekennzeichnet sind: *Volume* (als das erhöhte Datenvolumen), *Variety* (d. h. unterschiedliche Datenformen), *Velocity* (die Geschwindigkeit, in der neue Daten generiert werden) und *Veracity* (d. h. die Ungewissheit über die Datenqualität bzw. Genauigkeit).[5]

Im Gesundheitswesen erlauben Big Data Anwendungen den Abgleich von Gesundheitsdaten einer Vielzahl von Patientinnen und Patienten und insbesondere Befunden, Symptomen Krankheitsverläufen und Therapieerfolgen mit den Gesundheitsdaten von anderen (Risiko-)Patientinnen und Patienten. Dadurch können statistische Wahrscheinlichkeiten errechnet werden, ob jemand selbst auch eine Risikopatientin bzw. ein Risikopatient für eine bestimmte Krankheit ist bzw. sein kann und neue, Erfolg versprechende, Therapieansätze entwickelt werden.

Für das Wissens- und Informationsmanagement, ein Grundstein des Gesundheitswesens, sind Big Data Anwendungen sicherlich vergleichbar mit der industriellen Revolution durch Dampfmaschinen. Für eHealth-Anwendungen bedeutet dies, dass die Grundsätze des Datenschutzes immer eingehalten werden müssen. Nachdem die Datenansammlung sehr umfangreich sein kann, sind immer die damit verbundenen Risiken zu beachten. Je mehr Informationen gesammelt werden, desto leichter ist meist auch ein Personenbezug herzustellen.

3.3.2 Datenschutz und eHealth anhand ausgewählter Praxisbeispiele

Nachdem in Deutschland niedergelassene Ärztinnen und Ärzte grundsätzlich dem BDSG unterliegen und in Deutschland die Anzahl privater Krankenhäuser höher ist als die Anzahl der öffentlichen Krankenhäuser (Statistisches Bundesamt 2016), soll das BDSG anhand der folgenden Beispiele erklärt werden, um einen ersten Einblick in die Materie zu erleichtern.

3.3.2.1 Die Einwilligung in die elektronische Datenverarbeitung bei der Aufnahme in ein privates Krankenhaus

Schon beim ersten Besuch in einem Krankenhaus stellen sich bereits kurz hinter der Pforte datenschutzrechtliche Fragen. Regelmäßig bekommen Patientinnen und Patient bei der Aufnahme ein Stammdatenblatt zur Ersterfassung der personenbezogenen Daten. Hier müssen bereits die Vorgaben des Datenschutzes beachtet werden, zum Beispiel der Grundsatz der Direkterhebung und der Grundsatz der Datensparsamkeit.

Eine Möglichkeit der Datenverarbeitung ist die Einwilligung der Patientin bzw. des Patienten (§§ 4 Abs. 1 i. V. m. 4a BDSG). Diese muss freiwillig erfolgen (§ 4a Abs. 1 S. 1 BDSG). Freiwilligkeit bedeutet nicht nur, dass niemand zur Einwilligung

---

[5]Instruktiv dazu http://www.ibmbigdatahub.com/infographic/four-vs-big-data (Zugriff: 22. März 2016).

gezwungen werden darf. Die freie Entscheidung der Patientin bzw. des Patienten setzt zudem voraus, dass zuvor deutlich gemacht wird, worum es überhaupt geht. Dies kann sowohl durch ein Informationsblatt erfolgen, als auch durch ein Gespräch mit der Ärztin bzw. dem Arzt oder einer anderen Mitarbeiterin bzw. einem anderen Mitarbeiter des Krankenhauses. Diese Informationen müssen transparent sein, also klar, wahr und nachvollziehbar. Allerdings gilt: Eine Überfrachtung mit Informationen verkehrt die gewollte Transparenz zumeist ins Gegenteil.

Die Patientin bzw. der Patient ist auf den vorgesehenen Zweck der Erhebung, Verarbeitung oder Nutzung sowie, soweit nach den Umständen des Einzelfalles erforderlich oder auf Verlangen, auf die Folgen der Verweigerung der Einwilligung hinzuweisen (§ 4a Abs. 1 S. 2 BDSG). So muss in den Formularen zur Krankenhausaufnahme etwa ausgeführt werden, dass die Daten digital erfasst und gespeichert werden. Der Speicherzweck muss angegeben werden. Die Daten dürfen dann auch nur für diesen Speicherzweck genutzt werden. Beispielsweise wird eine Patientin bzw. ein Patient regelmäßig einwilligen, dass ihre bzw. seine Daten zu Behandlungszwecken verarbeitet werden dürfen. Das Krankenhaus darf dann aber nicht an andere Personen (z. B. aufgrund einer Nachfrage der Arbeitgeberin bzw. des Arbeitgebers der Patientin bzw. des Patienten) irgendwelche Auskünfte über die Behandlung gegeben. Dazu müsste die Patientin bzw. der Patient grundsätzlich selbst seine Einwilligung erklären.

Jene Gesundheitsdaten, die als besondere personenbezogene Daten verarbeitet werden sollen, müssen in der Einwilligungserklärung ausdrücklich genannt werden (§ 4a Abs. 3 BDSG). Patientinnen und Patienten müssen also ausdrücklich in die Verarbeitung der *jeweiligen* Daten einwilligen.

Problematisch ist im Datenschutzrecht, inwieweit eine Kategorisierung heruntergebrochen werden muss. Wenn Daten zu Behandlungszwecken verarbeitet werden dürfen, stellt sich für die Patientin bzw. den Patienten automatisch die Frage, was „Behandlung" genau heißt. Eine allgemeingültige Antwort gibt es nicht – es kommt, wie so oft, auf den Kontext an. Der Behandlungszweck in einer Arztpraxis orientiert sich jedenfalls an der jeweiligen Behandlung. Daher muss nicht bei jeder neuen Behandlung eine konkrete Einwilligung eingeholt werden, wenn die Patientin bzw. der Patient bei der Erstaufnahme eingewilligt hat. Zum Behandlungszweck wird auch gehören, dass sich Ärztinnen und Ärzte, die eine Patientin bzw. einen Patienten gemeinsam behandeln, untereinander austauschen (§ 9 Abs. 4 MBO-Ä).

Die Einwilligung muss grundsätzlich schriftlich eingeholt werden (§ 4a Abs. 1 S. 3 BDSG). Wenn die Einwilligung zusammen mit anderen Erklärungen eingeholt werden soll, dann muss sie sogar besonders hervorgehoben werden (§ 4a Abs. 1 S. 4 BDSG). Diese besondere Hervorhebung gilt auch und insbesondere für die Einwilligung bei Gesundheitsdaten (§ 4a Abs. 3 BDSG). Für den Behandlungsalltag bedeutet dies, dass die Einwilligung der Patientin bzw. des Patienten nicht dadurch eingeholt werden darf, dass diese den Allgemeinen Geschäftsbedingungen (AGB) des Behandlungsvertrages zustimmt. Das Krankenhaus kann zwar AGB verwenden, aber die Datenschutzerklärung mit der Einwilligung zur Datenverarbeitung muss durch ein gesondertes Dokument schriftlich festgehalten werden.

3.3.2.2 Gesetzliche Rechtfertigung des Datenumgangs

Wenn keine wirksame Einwilligung nach § 4a BDSG vorliegt, kann der Datenumgang in bestimmten Fällen auch aufgrund gesetzlicher Rechtfertigungsgründe erlaubt sein. Hierbei sind § 28 Abs. 6 und Abs. 7 BDSG von besonderer Bedeutung. § 28 Abs. 6 BDSG rechtfertigt den Datenumgang unter anderem von Gesundheitsdaten i. S. v. § 3 Abs. 9 BDSG für eigene Geschäftszwecke. Eine Einwilligung des Betroffenen ist dann nicht erforderlich. Allerdings sind wiederum nur ganz bestimmte (Ausnahme-)Situationen von § 28 Abs. 6 BDSG umfasst. Der Datenumgang ist zum Beispiel gerechtfertigt, wenn dies zum Schutz lebenswichtiger Interessen der Betroffenen oder von Dritten erforderlich ist, sofern die Betroffenen aus physischen oder rechtlichen Gründen außerstande sind, eine Einwilligung zu geben. Wo eine Patientin bzw. ein Patient bereits nicht einwilligen kann, kann auch keine mutmaßliche Einwilligung konstruiert werden.

Der Datenumgang ist ferner gerechtfertigt, wenn es sich um Daten handelt, die Betroffene offenkundig öffentlich gemacht haben. Dies ist zum Beispiel der Fall, wenn Betroffene in einem offenen Internetforum eine Information öffentlich preisgegeben haben. Problematischer ist ein Beitrag in einem sozialen Netzwerk, denn solche werden grundsätzlich nicht als öffentliche Plattformen im Sinne dieser Norm angesehen.

Ein weiterer Rechtfertigungsgrund nach § 28 Abs. 6 BDSG ist der Datenumgang zur Durchführung wissenschaftlicher Forschung. Der Datenumgang muss erforderlich sein und das wissenschaftliche Interesse an der Durchführung des Forschungsvorhabens das Interesse der Betroffenen an dem Ausschluss der Erhebung, Verarbeitung und Nutzung erheblich überwiegen. Zudem muss der Zweck der Forschung auf andere Weise nicht oder nur mit unverhältnismäßigem Aufwand zu erreichen sein.

Gemäß § 28 Abs. 7 BDSG ist das Erheben von Gesundheitsdaten gerechtfertigt, wenn dies zum Zweck der Gesundheitsvorsorge, der medizinischen Diagnostik, der Gesundheitsversorgung oder Behandlung oder für die Verwaltung von Gesundheitsdiensten erforderlich ist und die Verarbeitung dieser Daten durch ärztliches Personal oder durch sonstige Personen erfolgt, die einer entsprechenden Geheimhaltungspflicht unterliegen. Damit ist sowohl die ärztliche Schweigepflicht als auch § 203 Abs. 1 Nr. 1 StGB gemeint. Dieser schützt das allgemeine Persönlichkeitsrecht und das Recht auf informationelle Selbstbestimmung – und beide Grundrechte genießen einen besonderen Schutz.

3.3.2.3 Telemonitoring am Beispiel der Kardiologie

Die Möglichkeit der Überwachung etwa des Herz-Kreislaufsystems, während der Patientinnen und Patienten selbst nicht im Krankenhaus sind, ist technisch keine so große Neuheit mehr. Für die Patientin bzw. den Patienten selbst bieten die Möglichkeiten des Telemonitoring – etwa via Smartphone App – oft eine erhebliche Steigerung der Lebensqualität. Der Betroffene muss dazu in die Datenerhebung und in die entsprechende Verarbeitung einwilligen, wobei der Zweck und die Art der erhobenen Daten so genau wie möglich festgelegt werden müssen. Bei einem Telemonitoring zur Überwachung des Herz-Kreislaufsystems müsste sich die Einwilligungserklärung zum Beispiel darauf erstrecken, dass der Herzrhythmus der Patientin bzw. des Patienten aufgezeichnet und an die behandelnden, namentlich benannten Ärztinnen bzw. Ärzte übermittelt wird. Andere Daten dürfen dann aber nicht erhoben werden. Beispielsweise ist die Erhebung von Standortdaten nicht notwendig, um den festgelegten Zweck zu erreichen.

3.3.2.4 Der Einsatz von Fitness-Apps und Fitness-Trackern

Im Gegensatz zum Telemonitoring kann sich der Zweck des Datenumgangs beim Einsatz von Fitness-Apps und Fitness-Trackern ganz anders darstellen. Zunächst ist hier immer zu klären, ob überhaupt personenbezogene Daten erhoben werden müssen. Kann die Nutzerin bzw. der Nutzer einer Fitness-App bei der Nutzung völlig unbekannt bleiben, dann findet das Datenschutzrecht keine Anwendung. Kann die Nutzerin bzw. der Nutzer dagegen – wie regelmäßig – identifiziert werden, dann ist ein Personenbezug gegeben und dementsprechend sind die datenschutzrechtlichen Aspekte zu beachten. Das gilt etwa für das Schrittzählen via Smartwatch und/oder Smartphone, die regelmäßig die Nutzerstammdaten enthalten, weil die Nutzerin bzw. der Nutzer diese bei der Einrichtung, welche die App oder den Fitness-Tracker vertreibt, angegeben hat.

Anwenderinnen und Anwender können aber natürlich auch hier in den Datenumgang einwilligen. Die Datenerhebung und die Datenverarbeitung müssen hierzu konkret beschrieben werden. Dabei kann es auch durchaus sinnvoll sein, eine Regelung zu Standortdaten aufzunehmen. Nicht wenige Anwenderinnen und Anwender solcher Apps möchten ihren abendlichen Lauf in einem sozialen Netzwerk posten; dies kann etwa durch eine Verknüpfung der Schrittzahl mit den Standortdaten erfolgen.

Wenn die Betroffenen ausreichend und transparent über den Datenumgang informiert sind und die Einwilligung freiwillig erteilt worden ist, bieten Fitness-Apps und Fitness-Tracker diverse Möglichkeiten für den einzelnen, um die Gesundheit oder Fitnesszustand individuell zu kontrollieren. Eine rechtlich korrekte App setzt voraus, dass die Anwenderin bzw. der Anwender in die konkrete Nutzung durch die jeweiligen Tools wirksam eingewilligt hat. Wenn zum Beispiel keine Einwilligung für eine Benutzung der Daten für Werbezwecke erteilt wurde, darf der Fitness-Tracker keine Werbung von naheliegenden Fachhändlern für Sportartikel anzeigen, auch wenn die Nutzerin bzw. der Nutzer vielleicht zur entsprechenden Zielgruppe gehört.

3.4 Datensicherheit und eHealth

Datenschutz und Datensicherheit können nicht getrennt betrachtet werden. Während Vorgaben zum Datenschutz den rechtlichen Rahmen vorgeben, stellen Vorgaben zur technischen Datensicherheit in der Praxis sicher, dass der Datenschutz auch funktioniert. Bedrohungen für die Datensicherheit im eHealth-Bereich können sich beispielsweise aus dem Einsatz von Schadsoftware, dem Aufdecken und Ausnutzen von Sicherheitslücken (Hacking), dem Abgreifen bzw. Abhören von Datenübertragungen und aus der fehlerhaften Bedingung von Hard- und/oder Software ergeben.

Grundsätzliche Sicherheitsziele müssen die Authentizität des Datenumgangs sein, also die Zurechenbarkeit, die Festlegung des Verwendungszwecks, die Gewährleistung der Vertraulichkeit, Integrität und Nicht-Abstreitbarkeit von Datenübermittlungen, die Revisionsfähigkeit, Rechtssicherheit, Validität sowie die Datenverfügbarkeit (Konferenz der Datenschutzbeauftragten des Bundes und der Länder 2002).

Technische und organisatorische Maßnahmen
§ 9 BDSG regelt die Pflicht, technische und organisatorische Maßnahmen (TOMs) zum Datenschutz durch Datensicherheit zu ergreifen. Die Anlage zu § 9 BDSG regelt dabei abstrakte TOMs, die in der Praxis umgesetzt werden müssen. Auf die Frage, welche TOMs ergriffen werden müssen, gibt es keine abstrakt-einheitliche Antwort für alle Arten des Datenumganges. Je nach Einzelfall muss vielmehr geprüft werden, wie die Datensicherheit konkret gewährleistet werden kann. Zudem gibt es keinen absoluten Schutz, jedoch muss das Schutzniveau angemessen und ausreichend sein.

Zu den TOMs gehört, dass unbefugten Personen der Zutritt zu Datenverarbeitungsanlagen, mit denen personenbezogene Daten verarbeitet oder genutzt werden, verwehrt werden muss. Diese *Zutrittskontrolle* setzt zum Beispiel voraus, dass sich entsprechende Datenverarbeitungsanlagen in einem verschlossenen Raum befinden oder zumindest in einem Bereich stehen, der nicht freizugänglich ist. Dass ein Computer in der Arztpraxis für die Patientinnen und Patienten nicht einsehbar sein darf, dürfte eigentlich selbstverständlich sein. Trotzdem lässt sich in der Praxis immer wieder Gegenteiliges beobachten.

Es muss verhindert werden, dass Datenverarbeitungssysteme von Unbefugten genutzt werden können. Mindestvoraussetzung ist ein passwortgeschützter Zugang zur IT-Anlage. Es dürfen also nur berechtigte Personen auf die Patientendaten zugreifen. Und auch diese dürfen ausschließlich auf die ihrer *Zugriffsberechtigung* unterliegenden Daten Zugriff nehmen. Personenbezogene Daten dürfen bei der Verarbeitung, Nutzung und nach der Speicherung nicht unbefugt gelesen, kopiert, verändert oder entfernt werden. Diese *Zugriffskontrolle* kann zum Beispiel durch eine Rechteeinräumung in der jeweiligen Software geregelt werden.

Bei der elektronischen Übertragung bzw. während des Datentransports müssen personenbezogene Daten so verschlüsselt werden, dass der Datenträger nicht unbefugt gelesen, kopiert, verändert oder entfernt werden kann. Dabei muss es möglich sein, zu überprüfen und festzustellen, an welche Stellen eine Übermittlung personenbezogener Daten durch Einrichtungen zur Datenübertragung vorgesehen ist. Die *Weitergabekontrolle* kann zum Beispiel durch eine Standleitung und eine Datenverschlüsselung erreicht werden. Dies ist besonders wichtig für eHealth-Anwendungen. Eine Möglichkeit ist – etwa bei Anwendungen der Telemedizin – die Nutzung einer eigenen Standleitung, die den Vorteil hat, dass sie vom übrigen Datennetz unabhängig ist. Dadurch wird ein Zugriff durch Unbefugte von außen erschwert. Ferner kann die Standleitung weiterfunktionieren, auch wenn eine normale Leitung ausfällt.

Nach der Eingabe muss es möglich sein zu prüfen, ob und von wem personenbezogene Daten in Datenverarbeitungssysteme eingegeben, verändert oder entfernt worden sind. Diese Eingabekontrolle kann durch *Logfiles* erreicht werden. Diese Logfiles dürfen wiederum ihrerseits nicht veränderbar sein.

Wenn Daten im Auftrag von Dritten verarbeitet werden, muss gewährleistet sein, dass personenbezogene Daten nur entsprechend den Weisungen der Auftraggeberin bzw. des Auftraggebers verarbeitet werden können. Zu dieser *Auftragskontrolle* gehört zum Beispiel eine Vorortbesichtigung durch die Auftraggeberin bzw. den Auftraggeber.

Personenbezogene Daten müssen selbstverständlich auch gegen zufällige Zerstörung oder Verlust geschützt werden. Diese *Verfügbarkeitskontrolle* kann zum Beispiel durch Sicherungen (Back-ups) und Notstromaggregate erreicht werden.

Ferner muss sichergestellt werden, dass zu unterschiedlichen Zwecken erhobene Daten *getrennt* verarbeitet werden können. Denkbar ist etwa, Daten, die zu unterschiedlichen Zwecken erhoben werden, auch in unterschiedlichen Datenbanken zu speichern. So kann es in der Praxis eine Datenbank für die Patientenstammdaten geben und eine Datenbank für Personen, die in die Übersendung von Werbeinformationen eingewilligt haben. Widerruft eine Person ihre Einwilligung zur Benutzung ihrer Daten für Werbezwecke, dann müssen die Daten nur aus der letztgenannten Datenbank entfernt werden.

Sicherungs- und Schutzmaßnahmen bei der elektronischen Datenaufzeichnung
Nach § 10 Abs. 5 MBO-Ä müssen Aufzeichnungen auf elektronischen Datenträgern oder anderen Speichermedien durch besondere Sicherungs- und Schutzmaßnahmen gesichert werden, um ihre Veränderung, Vernichtung oder unrechtmäßige Verwendung zu verhindern. Ärztinnen und Ärzte haben hierbei die Empfehlungen der Ärztekammer zu beachten (Bundesärztekammer und Kassenärztliche Vereinigungen 2014). Dazu gehört unter anderem die tägliche Datensicherung auf ein externes Speichermedium. Aus praktischen Gründen sollte dies ein Medium sein, welches Daten unabhängig von der Stromversorgung speichert, zum Beispiel eine CD oder DVD.

Ferner müssen die Daten in einem Format verfügbar sein, mit welchem auch bei einem Wechsel der IT-Anlagen umgegangen werden kann. Daher sollten die Daten in einem weit verbreitenden Format gesichert werden. Dieser Aspekt ist sinnvollerweise bereits bei der Anschaffung einer Software- und Hardwarelösung zu berücksichtigen.

3.5 Ausblick auf die europäische Datenschutzgrundverordnung

Auf europäischer Ebene wurde die europäische Datenschutzgrundverordnung (DS-GVO) diskutiert. Diese ist beschlossen und ab Mai 2018 geltendes Recht. Es lohnt sich folglich, sich an dieser Stelle bereits ein wenig näher mit ihr zu befassen.

Die DS-GVO ist Bestandteil eines neuen europäischen Rechtsrahmens zum Schutz personenbezogener Daten. Ziel ist es, das Datenschutzniveau, welches zwischen einzelnen Mitgliedstaaten unterschiedlich ausgeprägt ist, zu vereinheitlichen. Während in der Vergangenheit die Möglichkeit der Regelung mittels sog. Richtlinien gewählt wurde, soll zukünftig der Datenschutz durch eine europäische Verordnung geregelt werden. In diesem Fall verbleibt den Mitgliedstaaten nämlich kein Umsetzungsspielraum mehr, so sieht es Art. 288 Abs. 1 des Vertrages über die Arbeitsweise der Europäischen Union

(AEUV) vor. Im Falle einer Verordnung können Mitgliedstaaten eigene Regelungen nur noch erlassen, wenn und soweit die Verordnung dies selbst vorsieht oder wenn eine Regelungsmaterie nicht durch die Verordnung erfasst ist. Im Folgenden soll auf zwei maßgebliche Aspekte eingegangen werden, die in der DS-GVO geregelt werden sollen.

3.5.1 Datenschutz durch Technik und datenschutzfreundliche Voreinstellungen

Technische Schutzeinstellungen müssen unter Berücksichtigung der verfügbaren Technologie und der Implementierungskosten ergriffen werden. Dabei spielen die Art, der Umfang, der Umstand und der Zweck der Datenverarbeitung eine entscheidende Rolle. Ferner sind die Folgenabschätzung und die Eintrittswahrscheinlichkeit eines Datenschutz-Risikos zu beachten. Für den eHealth-Sektor bedeutet dies, dass die technischen Schutzeinstellungen regelmäßig einem sehr hohen Standard entsprechen müssen. Der Verlust bzw. die Offenlegung von Gesundheitsdaten kann schließlich zu erheblichen Risiken für die Betroffenen führen.

Bei der Gestaltung von eHealth-Anwendungen sind geeignete Maßnahmen zu treffen, die sicherstellen, dass durch Voreinstellung grundsätzlich nur personenbezogene Daten verarbeitet werden, die für die spezifischen Zwecke der Verarbeitung erforderlich sind. Dies gilt für den Umfang der erhobenen Daten, den Umfang ihrer Verarbeitung, ihre Speicherfrist und ihre Zugänglichkeit. Dazu gehört regelmäßig, dass durch Voreinstellungen sichergestellt wird, dass personenbezogene Daten grundsätzlich nicht ohne menschliches Eingreifen einer unbestimmten Zahl von natürlichen Personen zugänglich gemacht werden. Die EU Kommission wird wahrscheinlich technische Standards festlegen (Art. 23 Abs. 4 DS-GVO). Diese könnten im Aufbau und der Ausführung der Anlage zu § 9 BDSG entsprechen.

3.5.2 Verarbeitung personenbezogener Gesundheitsdaten

Die Verarbeitung personenbezogener Gesundheitsdaten muss sich an die Grundsätze der DS-GVO halten. Dazu gehört zum Beispiel die Einhaltung der Vorgaben nach Art. 23 DS-GVO.

Erwägungsgründe Nr. 54 und Nr. 75 enthalten konkrete Zweckbindungen für die Datenverarbeitung. Die Verarbeitung muss notwendig sein für Zwecke der Gesundheitsvorsorge oder der Arbeitsmedizin, der medizinischen Diagnostik, der Gesundheitsversorgung oder Behandlung oder für die Verwaltung von Gesundheitsdiensten, sofern die Verarbeitung dieser Daten durch dem Berufsgeheimnis unterliegenden ärztlichen Personals erfolgt oder durch sonstige Personen, die nach mitgliedstaatlichem Recht, einschließlich der von den zuständigen einzelstaatlichen Stellen erlassenen Regelungen, einer entsprechenden Geheimhaltungspflicht unterliegen.

Ferner kann die Datenverarbeitung aus Gründen des öffentlichen Interesses im Bereich der öffentlichen Gesundheit unter anderem zum Schutz vor schwerwiegenden grenzüberschreitenden Gesundheitsgefahren oder zur Gewährleistung hoher Qualitäts- und Sicherheitsstandards unter anderem für Arzneimittel oder Medizinprodukte zweckmäßig erfolgen. Andere Zweckbindungen können sich aus Gründen des öffentlichen Interesses in Bereichen wie der sozialen Sicherheit ergeben. Dazu gehört insbesondere die Datenverarbeitung, um die Qualität und Wirtschaftlichkeit der Verfahren zur Abrechnung von Krankenversicherungsleistungen sicherzustellen. Daraus ergibt sich die Pflicht bei eHealth-Anwendungen einen Zweck bzw. mehrere Zwecke entsprechend dieser Vorgaben festzulegen und einzuhalten. Geplant ist auch, dass ein Verstoß zum Beispiel mit einer Geldbuße in Höhe von 0,5–4 % des weltweiten Jahresumsatzes des für den Verstoß verantwortlichen Unternehmens geahndet werden kann.

3.6 Leitlinien für die Gestaltung von Informationsangeboten im Internet

Das Angebot an eHealth-Leistungen steht zwar derzeit noch am Anfang, weist aber bereits eine beträchtliche Bandbreite auf. Es reicht von einfachen Gesundheitstipps über Informationen zu Gesundheitsthemen im Internet und Online-Sprechstunden, in denen Diagnosen überprüft oder gar erstellt und gelegentlich auch Anfragen von Patientinnen und Patienten mit Therapieempfehlungen beantwortet werden, bis hin zu telemedizinischen Anwendungen.

Für Patientinnen und Patienten können seriöse Informationsangebote im Internet beträchtliche Vorteile haben. Allein die entfallenden Wartezeiten sind für viele Personen schon Grund genug, solche Angebote zu nutzen. Auch wenn die Berufsordnungen vorsehen, das der Arztberuf kein Gewerbe sei (§ 1 Abs. 1 S. 2 MBO-Ä), wird sich die Ärzteschaft auf eine wachsende Konkurrenz aus anderen EU-Mitgliedstaaten einstellen müssen. So sind etwa in England Online-Sprechstunden längst eine zulässige und zudem kostengünstige Alternative zum Praxisbesuch. Oberstes Gebot muss dabei aber stets der Schutz der Patientinnen und Patienten bleiben. Jedes seriöse eHealth-Angebot sollte bestimmten Mindeststandards entsprechen, die hier dargestellt werden sollen. Dass diese Mindeststandards häufig nicht erfüllt werden, hat eine empirische Untersuchung der Verbraucherzentrale Nordrhein-Westfalen im Oktober 2015 gezeigt, deren Ergebnisse Anlass zur Sorge geben (Verbraucherzentrale Nordrhein-Westfalen 2015).

Der folgende Anforderungskatalog soll den Betreibern von eHealth-Diensten als Orientierungshilfe dienen und berücksichtigt sowohl die von der Verbraucherzentrale Nordrhein-Westfalen (2015) für die Überprüfung von eHealth-Angeboten herangezogenen Aspekte als auch die im Discern-Projekt für die Qualität von Patienteninformationen entwickelten Kriterien (Discern 2009). Der Katalog enthält sowohl vom Gesetzgeber zwingend vorgeschriebene Informationspflichten und Verbote wie auch unverbindliche Empfehlungen. Er ist nicht abschließend und wird an neue gesetzliche Entwicklungen ebenso anzupassen sein, wie an die sich fortentwickelnde Rechtsprechung und technischen

Neuentwicklungen. Er konzentriert sich zudem auf die Gestaltung von eHealth-Angeboten, mit denen medizinische Laien angesprochen werden sollen, denn letztere sind besonders schutzbedürftig. Viele Empfehlungen werden allerdings auch bei der Bereithaltung von Fachinformationen für Ärztinnen und Ärzte im Internet zu beachten sein.

3.6.1 Formale Anforderungen

Eine Selbstverständlichkeit sollte für jeden Anbieter medizinischer Informationen im Internet die Einhaltung der gesetzlichen Informationspflichten sein, die auch für jeden anderen Internetauftritt gelten. Gemäß § 5 des Telemediengesetzes (TMG) haben Dienstanbieter für geschäftsmäßige, in der Regel gegen Entgelt angebotene Telemedien, folgende Informationen leicht erkennbar, unmittelbar erreichbar und ständig verfügbar zu halten:

1. Namen und Anschrift, unter welcher der Dienstanbieter niedergelassen ist; bei juristischen Personen (also z. B. einer GmbH oder anderen Gesellschaftsform) sind zusätzlich die Rechtsform, die Vertretungsberechtigten und, sofern Angaben über das Kapital der Gesellschaft gemacht werden, das Stamm- oder Grundkapital sowie, wenn nicht alle in Geld zu leistenden Einlagen eingezahlt sind, der Gesamtbetrag der ausstehenden Einlagen anzugeben
2. Angaben, die eine schnelle elektronische Kontaktaufnahme und unmittelbare Kommunikation mit dem Dienstanbieter ermöglichen, einschließlich der E-Mail Adresse
3. Angaben zur zuständigen Aufsichtsbehörde
4. Handelsregister, Vereinsregister, Partnerschaftsregister oder Genossenschaftsregister, in das der Dienstanbieter eingetragen ist, und die entsprechende Registernummer
5. Angaben über
    a) die Kammer, welcher der Dienstanbieter angehört
    b) die gesetzliche Berufsbezeichnung und den Staat, in dem die Berufsbezeichnung verliehen worden ist
    c) die Bezeichnung der berufsrechtlichen Regelungen und dazu, wie diese zugänglich sind
6. in Fällen, in denen der Dienstanbieter über eine Umsatzsteueridentifikationsnummer nach § 27a des Umsatzsteuergesetzes oder eine Wirtschafts-Identifikationsnummer nach § 139c der Abgabenordnung verfügt, die Angabe dieser Nummer
7. bei Aktiengesellschaften, Kommanditgesellschaften auf Aktien und Gesellschaften mit beschränkter Haftung, die sich in Abwicklung oder Liquidation befinden, muss auch hierauf hingewiesen werden

Um für die Nutzerin bzw. den Nutzer erkennbar zu sein, müssen diese Angaben allerdings nicht auf der Startseite gemacht werden. Üblicherweise werden sie in ein „Impressum" aufgenommen oder auf der Unterseite „Kontakt" bereitgehalten. Werden diese Bezeichnungen verwendet, so wissen die Nutzerinnen und Nutzer, wo die notwendigen Angaben zum Anbieter zu finden sind (BGH, MMR 2007, S. 40). Auch eine unmittelbare Erreichbarkeit scheitert nicht daran, dass Nutzerinnen und Nutzer nicht schon in einem Schritt, sondern erst in zwei Schritten über einen Link zu den benötigten Informationen gelangen.

3.6.2 Inhaltliche Anforderungen

Ausgestaltung als reines Informationsangebot
Wegen der oben behandelten berufsrechtlichen und werberechtlichen Verbote bzw. Beschränkungen der Fernbehandlung und deren Bewerbung sollte sich das Angebot bis zu einer Änderung der Rechtslage auf die Vermittlung allgemeiner Informationen zu Gesundheitsthemen beschränken und keine medizinische Diagnose und/oder Therapieempfehlungen zulassen, die der Feststellung oder Behandlung konkreter Krankheiten ohne einen Praxisbesuch dienen. Wird dennoch eine Fernberatung über das Internet angeboten, ist darauf zu achten, dass diese nicht zu einer Anamnese gerät, die sich allein auf die vom Ratsuchenden übermittelten Informationen und/oder eine Inaugenscheinnahme der Patientin bzw. des Patienten mittels einer Live-Video-Übertragung stützt.

Aufklärung über die Zielgruppen des Informationsangebotes
Handelt es sich um ein Informationsangebot, das nur für die Fachkreise (Ärztinnen bzw. Ärzte, Heilpraktikerinnen bzw. -praktiker, Kliniken oder auch die Hersteller von Medizinprodukten) bestimmt ist, so sollte darauf gut sichtbar auf der Startseite hingewiesen werden. Nichts anderes gilt auch für Informationsangebote im Internet, die für medizinische Laien bestimmt sind, die ungleich schutzbedürftiger sind.

Bereithaltung des Informationsangebots in einer für medizinische Laien verständlichen Sprache
Informationsangebote die für medizinische Laien bestimmt sind, sollten so gestaltet sein, dass die vermittelten Informationen mit keinem oder nur geringem medizinischen Vorwissen verstanden werden können. Dass dies auch bei der Befundmitteilung in der Arztpraxis oder Klinik leider nicht immer gewährleistet ist, zeigt schon der Umstand, dass es mittlerweile Dienstleister gibt, die ehrenamtlich „Medizinerlatein" in Patientendeutsch übersetzen. Für den Laien unverständliche Informationen zu Gesundheitsthemen können auch dann zu Fehlinterpretationen führen, wenn sie nicht patientenbezogen erfolgen, also keine individuelle Diagnose oder Therapieempfehlung beinhalten. Dem Gebot der allgemeinen Verständlichkeit kommt daher bei allgemein zugänglichen medizinischen Informationen im Internet besondere Bedeutung zu.

Aufklärung über alternative Diagnose- und Therapieoptionen sowie Risiken und Nebenwirkungen
Werden in zulässiger Weise allgemein gehaltene Sachinformationen über die Diagnose und Therapie von Krankheiten vermittelt, so sollten immer auch deren Risiken und

Nebenwirkungen angegeben sowie alternative Diagnose- und Therapieverfahren beschrieben werden. Besonders wichtig ist auch die Aufklärung der Nutzerin bzw. des Nutzers über die möglichen Folgen einer Nichtbehandlung durch eine Ärztin bzw. einen Arzt.

Aufklärung über die Grenzen des Leistungsangebotes

Auf der Website des Anbieters sollte zudem deutlich hervorgehoben (also nicht im „Kleingedruckten" oder nur unter einem Menüpunkt, unter dem dies nicht zu erwarten ist) darauf hingewiesen werden, dass eine Ferndiagnose bzw. -behandlung nicht erfolgen und auch keine Therapieempfehlung gegeben werden kann. Diese Enthaltung von einer berufsrechtlich verbotenen Fernbehandlung darf dann aber kein bloßes Lippenbekenntnis bleiben, sondern muss von dem Anbieter auch konsequent beachtet werden. Der bloße Hinweis, dass die Nutzung des angebotenen eHealth-Dienstes keinen Arztbesuch ersetze, genügt keinesfalls, um das Angebot rechtskonform zu gestalten.

Benennung der Qualifikation der Anbieter

Bevor Patientinnen und Patienten einen kostenpflichtigen oder auch unentgeltlichen Dienst im Internet nutzen können, müssen sie darüber informiert werden, wer die Fragen beantworten wird und über welche fachliche Qualifikation diese Person verfügt. Allein die Werbung mit „Expertenrat" oder ähnlichen, nicht aussagekräftigen und auch nicht überprüfbaren Angaben, ist nicht ausreichend.

Fortlaufende Aktualisierung der Informationen und Offenlegung der Quellen

Nicht nur bei der Bereithaltung medizinischer Informationsdienste für Ärztinnen und Ärzte und Heilpraktikerinnen und -praktiker, sondern insbesondere auch bei jenen onlinebasierten Angeboten, die sich an medizinische Laien richten, muss sichergestellt werden, dass die den Nutzerinnen und Nutzern zur Verfügung gestellten Informationen stets aktuell gehalten werden und somit dem Stand der Wissenschaft und (Medizin-)Technik entsprechen. Damit die Nutzerinnen und Nutzer erkennen können, ob die ihnen angebotenen Informationen noch aktuell sind, empfiehlt es sich, jeden Beitrag mit dem Datum seiner Erstellung und letzten Aktualisierung zu versehen. Ferner sollten auch die Quellen angegeben werden, um die getroffenen Aussagen einer Überprüfung unterziehen zu können. Dazu gehören auch weiterführende Links, zum Beispiel zu den Ergebnissen klinischer Studien, welche die Wirksamkeit bestimmter Therapien bestätigen.

Einhaltung kurzer Antwortzeiten

Anfragen von Patientinnen und Patienten sollten innerhalb angemessener Frist beantwortet und die Antwortzeit vor Inanspruchnahme eines Angebots mitgeteilt werden. Dies empfiehlt sich schon zur Vermeidung evtl. Haftungsfolgen, wenn der Rat zu spät erteilt wird und deshalb im Ernstfall eine persönliche ärztliche Hilfe vor Ort zu spät kommt.

Hinweis auf Fremdfinanzierung und Vermeidung redaktioneller Werbung

Wer Informationsangebote im Internet bereithält, sollte nicht nur seine gesetzlich vorgeschriebenen Informationspflichten erfüllen, sondern die Besucherinnen und Besucher der Website auch darüber aufklären, wie das Angebot finanziert wird. Geschieht dies, wie regelmäßig, durch Werbeeinnahmen und nicht allein durch die Erhebung von Nutzerbeiträgen und/oder gegen Entgelt angebotene Inhalte bzw. Leistungen, so ist darauf zu achten, dass für die Nutzerin bzw. den Nutzer klar zu erkennen ist, wer das Angebot finanziell unterstützt oder ob andere Fremdfinanzierungen genutzt werden, welche die Unabhängigkeit des Anbieters beeinträchtigen können. Beim Sponsoring ist besonders darauf zu achten, dass nur für den Namen oder das Image des Sponsors geworben werden darf, nicht aber für bestimmte Arzneimittel oder medizinische Behandlungen, die nur auf ärztliche Verordnung erhältlich sind (§ 8 RfStV). Unter den Begriff des Sponsoring fallen dabei in entsprechender Anwendung der Begriffsdefinition des § 2 Nr. 9 RfStV alle Beiträge zur direkten oder indirekten Finanzierung des Angebots, um den Namen, die Marke, das Erscheinungsbild des Anbieters, seine Tätigkeit oder Leistungen zu fördern.

Gemäß § 58 RfStV muss Werbung als solche klar erkennbar und vom übrigen Inhalt der Angebote eindeutig getrennt sein. Werbung oder Werbetreibende dürfen die übrigen Inhalte auf einer Website inhaltlich und redaktionell nicht beeinflussen und Schleichwerbung, Produkt- und Themenplatzierung sowie entsprechende Praktiken sind in entsprechender Anwendung von § 7 Abs. 7 RfStV unzulässig. Als Schleichwerbung definiert der Rundfunkstaatsvertrag (RfStV) die Erwähnung oder Darstellung von Waren, Dienstleistungen, Namen, Marken oder Tätigkeiten eines Herstellers von Waren oder eines Erbringers von Dienstleistungen, wenn diese von den Veranstaltenden absichtlich zu Werbezwecken vorgesehen ist und mangels Kennzeichnung die Allgemeinheit hinsichtlich des eigentlichen Zweckes dieser Erwähnung oder Darstellung irreführen kann. Eine Erwähnung oder Darstellung gilt insbesondere dann als zu Werbezwecken beabsichtigt, wenn sie gegen Entgelt oder eine ähnliche Gegenleistung erfolgt.

Eine Produktplatzierung liegt immer dann vor, wenn Waren, Dienstleistungen, Namen, Marken oder Tätigkeiten eines Herstellers von Waren oder eines Erbringers von Dienstleistungen (insbesondere den Betreibenden der Plattform oder einzelner Ärzte) gegen Entgelt oder eine ähnliche Gegenleistung mit dem Ziel der Absatzförderung erwähnt oder dargestellt werden. Die kostenlose Bereitstellung von Waren oder Dienstleistungen ist eine Produktplatzierung, sofern die betreffende Ware oder Dienstleistung von bedeutendem Wert ist, § 2 Nr. 11 RfStV. Solche Produktplatzierungen *(Product Placements)* sind gemäß § 58 in Verbindung mit 7 Abs. 7 RfStV nur zulässig, wenn

1. die redaktionelle Verantwortung und Unabhängigkeit für den Inhalt des Angebots unbeeinträchtigt bleiben,
2. die Produktplatzierung nicht unmittelbar zu Kauf, oder Miete von Waren oder Dienstleistungen auffordert, insbesondere nicht durch spezielle verkaufsfördernde Hinweise auf diese Waren oder Dienstleistungen, und
3. das Produkt nicht zu stark herausgestellt wird; dies gilt auch für kostenlos zur Verfügung gestellte geringwertige Güter,
4. die Nutzerinnen und Nutzer auf die Produktplatzierung eindeutig hingewiesen werden, was durch eine entsprechende Kennzeichnung der bildlichen oder textlichen Produktdarstellung als Produktplatzierung geschehen kann.

Verzicht auf eine sonstige unlautere Bewerbung des eHealth-Angebotes
Neben dem Verbot der Schleichwerbung und dem Gebot der Trennung von Werbung und redaktionellen Inhalten ist darauf zu achten, dass auch im Übrigen die Regeln des lauteren Wettbewerbs eingehalten werden. Insbesondere dürfen keine geistigen oder körperlichen Gebrechen, das Alter, die geschäftliche Unerfahrenheit, die Leichtgläubigkeit, die Angst oder die Zwangslage von Rat suchenden Verbraucherinnen und Verbrauchern ausgenutzt werden (§ 4a Abs. 1 UWG). Eine unzulässige Angstwerbung wird man zwar noch nicht in der bloßen Darstellung bestimmter Krankheitsbilder sehen können, solange diese nicht unsachlich dramatisiert werden oder gravierende Folgen bestimmter Krankheiten betont werden (BGH GRUR 1999, S. 1007). Es muss jedoch sichergestellt werden, dass keine Aussagen über Krankheiten und/oder Symptome getroffen werden, die bei den Nutzerinnen und Nutzern die Sorge um die eigene Gesundheit verstärken und ihr Urteilsvermögen beeinträchtigen (Köhler und Bornkamm 2016), wenn es darum geht, kostenpflichtige Leistungen des Anbieters in Anspruch zu nehmen.

Gemäß § 11 Abs. 1 HWG darf außerhalb der Fachkreise insbesondere nicht für Arzneimittel, Verfahren, Behandlungen, Gegenstände oder andere Mittel mit Werbeaussagen geworben werden, die sich auf eine Empfehlung von Wissenschaftlerinnen bzw. Wissenschaftlern, von im Gesundheitswesen tätigen Personen, oder anderen Personen, die auf Grund ihrer Bekanntheit zum Arzneimittelverbrauch anregen können, beziehen. Auf die Werbung für die Wirksamkeit eines Arzneimittels mit Aussagen Prominenter sollte daher verzichtet werden. Zurückhaltung ist aber auch bei der Wiedergabe von Äußerungen nicht prominenter Dritter *(Testimonials)* zu empfehlen. Erfolgt diese in missbräuchlicher, abstoßender oder irreführender Weise, so verstößt auch sie gegen das Heilmittelwerbegesetz. Eine solche Irreführung liegt insbesondere dann vor, wenn der Eindruck erweckt wird, das ein Therapieerfolg mit Sicherheit erwartet werden kann oder behauptet wird, dass bei bestimmungsgemäßem oder längerem Gebrauch eines Arzneimittels keine schädlichen Wirkungen eintreten (§ 3 Nr. 2 HWG).

Unzulässig sind ferner Werbeaussagen die nahelegen, dass die Gesundheit durch die Nichtverwendung eines bestimmten Arzneimittels oder Medizinproduktes beeinträchtigt oder durch die Verwendung verbessert werden könnte. Schließlich dürfen andere Angebote von Wettbewerbern oder die Leistungen anderer Ärztinnen bzw. Ärzte nicht verunglimpft oder herabgewürdigt werden (§ 4 Nr. 1 UWG).

3.7 Fazit

Die rechtlichen Anforderungen an eHealth sind grundsätzlich nicht neu. Eine Ausnahme davon ist der Datenschutz, wo verstärkt mit neuen Problemkonstellationen zu rechnen ist. Das Potenzial von eHealth – die Verknüpfung von Daten und die Nutzung einer digitalen Infrastruktur – ist eng mit den Themen Datenschutz und Datensicherheit verbunden. Der Datenumgang (Erhebung, Verarbeitung, Nutzung) ist nur rechtmäßig, wenn eine Einwilligung der Betroffenen gegeben ist oder ein sonstiger Rechtfertigungsgrund anwendbar ist. Dabei sind die Grundsätze der Zweckbindung, der Erforderlichkeit, der Transparenz, der Datenvermeidbarkeit und der Datensparsamkeit zu beachten.

Ziele der Datensicherheit sind die Authentizität des Datenumgangs (Zurechenbarkeit), Nutzungsfestlegungen, Vertraulichkeit, Integrität (Unversehrtheit der Datenverarbeitung), Nachvollziehbarkeit von Datenübermittlungen, Revisionsfähigkeit, Validität (Daten sind korrekt und nicht manipuliert) und die Datenverfügbarkeit.

Der Erfolg von eHealth in Deutschland und Europa wird dementsprechend insbesondere davon abhängen, ob eine ausreichende Datensicherheit gewährleistet und die rechtlichen Rahmenbedingungen erfüllt werden können. Betroffene müssen dem Anbieter und den Anwenderinnen und Anwendern von eHealth-Lösungen vertrauen können.

Literatur

Bamberger HG, Roth H (2013) Beck Online Kommentar zum BGB. Beck Online, München
Bülow P, Ring G, Artz M, Brixius K (2015) Heilmittelwerbegesetz – Kommentar, 4. Aufl. Heymanns, Köln
Bundesärztekammer (2004) Bekanntmachungen: Arzt – Werbung – Öffentlichkeit. Dtsch Ärztebl 101(5):A-292/B-248/C-40
Bundesärztekammer und Kassenärztliche Vereinigungen (2014) Empfehlungen zur ärztlichen Schweigepflicht, Datenschutz und Datenverarbeitung in der Arztpraxis. Dtsch Ärztebl 111(21):A-963/B-819/C-775
Bundesministerium für Gesundheit (2016) Die elektronische Gesundheitskarte. http://www.bmg.bund.de/themen/krankenversicherung/e-health-initiative-und-telemedizin/allgemeine-informationen-egk.html. Zugegriffen: 10. März 2016
Deutscher Bundestag (2014) E-Health braucht Datenschutz. http://www.bundestag.de/presse/hib/2014_11/-/340612. Zugegriffen: 10. März 2016
Discern (2009) Discern – Qualitätskriterien für Patienteninformationen. www.discern.de. Zugegriffen: 10. März 2016
Eberspächer J, Braun G (2006) eHealth: Innovations und Wachstumsmotor für Europa. Springer, Berlin
Gola P, Klug C, Körffer B, Schomerus R (2015) Bundesdatenschutzgesetz, 12. Aufl. Beck, München
Köhler H, Bornkamm J (2016) Gesetz gegen den unlauteren Wetbewerb: UWG mit PAngV, UKlaG, DL-InfoV, 34. Aufl. Beck, München
Konferenz der Datenschutzbeauftragten des Bundes und der Länder (2002) Datenschutz und Telemedizin – Anforderungen an Medizinnetze. https://www.datenschutz.rlp.de/downloads/oh/dsb_oh_telemedizin.pdf. Zugegriffen: 10. März 2016
Palandt (2016) Kommentar zum Bürgerlichen Gesetzbuch, 75. Aufl. Beck, München
Säcker FJ, Rixecker R, Oetker H, Limperg (2016) Münchener Kommentar zum Bürgerlichen Gesetzbuch. Band 2 Schuldrecht – Allgemeiner Teil. 7. Aufl. Beck, München
Schönke A, Schröder H (2014) Kommentar zum Strafgesetzbuch, 29. Aufl. Beck, München
Statistisches Bundesamt (2016) Eckdaten der Krankenhäuser 2013. https://www.destatis.de/DE/ZahlenFakten/GesellschaftStaat/Gesundheit/Krankenhaeuser/Tabellen/KrankenhaeuserJahreVeraenderung.html. Zugegriffen: 10. März 2016

Tinnefeld M-T, Buchner B, Petri T (2012) Einführung in das Datenschutzrecht, 5. Aufl. Oldenbourg, München

Verbraucherzentrale Nordrhein-Westfalen (2015) Was leistet medizinischer Rat im Internet? http://www.vz-nrw.de/medizinischer-rat-im-internet. Zugegriffen: 10. März 2016

Ethische Aspekte von eHealth

Georg Marckmann

Zusammenfassung

Der vorliegende Beitrag erläutert, wie eine ethische Bewertung von eHealth-Anwendungen in einer systematischen Art und Weise durchgeführt werden kann. Als ein spezieller Teilbereich der normativen Ethik muss eine ethische Bewertung von eHealth-Anwendungen zwei Hauptelemente umfassen: 1) Ein Begründungsverfahren zur Gewinnung der normativen Maßstäbe für die Bewertung und 2) ein klar definiertes methodisches Vorgehen, wie die gewonnen Kriterien zur Bewertung der eHealth-Anwendung eingesetzt werden sollen. Vorgeschlagen wird hier eine kohärentistisch begründete ethische Bewertungsmatrix, die normative Kriterien für die ethische Beurteilung von eHealth-Anwendungen enthält. Sodann wird ein methodisches Vorgehen für die ethische Bewertung vorgeschlagen, das sechs Schritte umfasst: 1) Beschreibung der eHealth-Technologie, 2) Spezifizierung der Bewertungskriterien, 3) Einzelbewertung, 4) Übergreifende Bewertung (Synthese), 5) Erarbeitung von Empfehlungen und 6) Monitoring. Das Vorgehen erlaubt eine systematische Erfassung der ethischen Implikationen von eHealth-Anwendungen und soll damit einen Beitrag zu einer ethisch vertretbaren Entwicklung und Anwendung der eHealth-Technologien leisten.

G. Marckmann (✉)
Medizinische Fakultät, Institut für Ethik, Geschichte und Theorie der Medizin, Ludwig-Maximilians-Universität München, Lessingstraße 2, 80336 München, Deutschland
E-Mail: marckmann@lmu.de

4.1 Einleitung

Anwendungen der Informations- und Kommunikationstechnologie (IKT) bieten vielfältige Möglichkeiten, die Qualität und die Effizienz der Patientenversorgung zu verbessern. Gleichzeitig werfen die eHealth-Anwendungen aber auch ethische Fragen auf, die frühzeitig bei der Entwicklung und bei der Anwendung zu berücksichtigen sind. Die medizinische Ethik kann hier einen Beitrag leisten, indem sie die neuen Handlungsoptionen in Diagnostik und Therapie auf ihre erwünschten und unerwünschten Folgen hin untersucht und bewertet sowie Empfehlungen für einen angemessenen Umgang mit den neuen eHealth-Möglichkeiten entwickelt. Wie bei anderen Technologien stellt sich beispielsweise die Frage, wie zuverlässig die jeweilige eHealth-Anwendung funktioniert und inwieweit die angestrebten Ziele in der Versorgung auch tatsächlich erreicht werden. Welchen Nutzen bietet die Technologie für die Patientenversorgung? Wie ist mit dem nicht zu eliminierenden Fehlerrisiko technischer Geräte umzugehen? Wer trägt die Verantwortung für eine mögliche Fehlfunktion? Welche Auswirkungen hat die Nutzung von eHealth auf die Arzt-Patient-Beziehung und die Patienten-Selbstbestimmung? Diese Fragen verdeutlichen exemplarisch den Orientierungsbedarf, der durch die neuen Möglichkeiten medizinischer Technologien allgemein, insbesondere aber auch bei eHealth-Anwendungen, entsteht. Anstatt passiv zukünftigen Innovationen entgegenzusehen, sollten wir versuchen, *aktiv* an der Gestaltung und Anwendung medizinischer Technologien mitzuwirken. Hierbei handelt es sich um eine Aufgabe, an der unter anderem auch die Ethik beteiligt ist: „Ethik in diesem Sinne ist keine bloße Bewältigung von Grenzsituationen, sondern der Versuch einer reflektierten und umfassenden Technikgestaltung" (Hastedt 1991, S. 68).

Der vorliegende Beitrag möchte nun aufzeigen, wie eine ethische Bewertung von eHealth-Anwendungen methodisch ablaufen kann. So weit wie möglich sollte die ethische Bewertung einer klar definierten Methodologie folgen, damit für Dritte nachvollziehbar ist, wie das Ergebnis der Bewertung zustande gekommen ist. Dies dient auch der Qualitätssicherung, da auf der Grundlage einer explizit vorgegebenen Methodologie zumindest die Prozessqualität einer ethischen Bewertung einer eHealth-Anwendung eingeschätzt werden kann. Wie im Folgenden näher ausgeführt wird, handelt es sich bei einer ethischen Bewertung um eine Aufgabe der *normativen* Ethik, die einer ethischen Begründung und damit einer theoretischen Grundlegung bedarf. Neben dieser moralphilosophischen Grundlegung ist darüber hinaus ein explizit definiertes methodisches Vorgehen erforderlich, in dem die normativen Bewertungsmaßstäbe auf die jeweilige Technologie angewendet werden. Diese beiden Bausteine einer ethischen Bewertung medizinischer Technologien – 1) Normative Grundlegung und 2) Praktische Methodologie – werden im Folgenden entwickelt.[1] Zunächst geht der Beitrag aber der Frage nach,

---

[1] Einen analogen methodischen Ansatz haben wir für die ethische Bewertung von Public Health Maßnahmen entwickelt (Marckmann et al. 2015). Die Überlegungen gehen dabei zurück auf eine umfassende ethische Bewertung medizinischer Expertensysteme (Marckmann 2003).

inwiefern medizinische Technologien, wie sie zum Beispiel im Bereich von eHealth entwickelt werden, überhaupt ein Thema für die (medizinische) Ethik sind. Die darauffolgenden beiden Abschnitte entwickeln dann mit dem ethischen Kohärentismus die normativen Grundlagen einer ethischen Bewertung medizinischer Technologien. Abschließend wird das methodische Vorgehen erläutert. Zentraler Bestandteil wird dabei eine normative Bewertungsmatrix für die ethische Beurteilung von eHealth-Anwendungen sein.

4.2 Technologien in der Medizin – ein Thema für die (medizinische) Ethik?

Ist es überhaupt legitim, eine Forschungs- oder Technologie-Entwicklung einer externen Beurteilung bzw. Bewertung zu unterziehen? Kollidiert dieses Anliegen nicht mit dem Recht auf Forschungsfreiheit? Die Forschungsfreiheit genießt zwar grundgesetzlichen Schutz, besitzt aber nicht den Status eines höchsten moralischen Wertes. Die Freiheit der Forschung findet dort ihre Grenzen, wo sie die Würde bzw. die körperliche oder seelische Integrität anderer Menschen bedroht oder verletzt. In dem Maße, wie eine Forschungsentwicklung die Alltagswirklichkeit der Menschen beeinflusst oder gestaltet, ist eine ethische Beurteilung nicht nur legitim, sondern sogar geboten. Insbesondere die neuen Bio- und Informationstechnologien haben das Potenzial zu tief greifenden Veränderungen in verschiedensten Lebensbereichen. Entsprechend sind auch die – tatsächlichen und möglichen – Auswirkungen von eHealth-Anwendungen auf die medizinische Praxis und das Wohlergehen der betroffenen Menschen zu untersuchen und ethisch zu bewerten. Die modernen Wissenschaften und Technologien sind durch die erweiterten Handlungsmöglichkeiten nicht grundsätzlich unmoralischer geworden, aber – wie Höffe (1993) es treffend ausdrückt – „moraloffener, sogar moralanfälliger. In erster Linie zugenommen haben nicht die Verfehlungen, sondern die Möglichkeiten, sich zu verfehlen; signifikant gewachsen ist statt der Gewissenlosigkeit weit mehr die moralische Fehlbarkeit; mit einem Wort: die Moral als Preis der Moderne" (Höffe 1993, S. 12).

Man könnte einwenden, eine Forschungs- und Technologieentwicklung sei per se gut und wünschenswert, da sie die Möglichkeiten und Handlungsspielräume der Menschen erweitert. So können technische Geräte beispielsweise die Versorgung der Patientinnen und Patienten durch eine genauere Diagnostik und damit gezieltere Therapie verbessern. Lediglich durch den Missbrauch einer Technologie entstünden unerwünschte Folgen für die Menschen. Damit würde sich die Beurteilung einer Technologie auf die Frage der richtigen bzw. sachgemäßen Anwendung beschränken. Die ethische Relevanz moderner Forschung und Technologie liegt jedoch charakteristischerweise in der *Ambivalenz* ihrer Wirkungen: Mit den beabsichtigten „guten" Wirkungen einer Technologie sind oft auch unerwünschte (Neben-)Wirkungen verbunden, die in dem Maße ansteigen, wie man die Maximierung der eigentlichen Zwecke der Technologie anstrebt. Dieser Ambivalenz des technologischen Fortschritts muss eine ethische Bewertung Rechnung tragen, indem sie versucht, die erwünschten und unerwünschten Wirkungen abzuschätzen und gegeneinander abzuwägen. Besondere ethische Relevanz bekommen moderne Technologieentwicklungen auch durch die *Zwangsläufigkeit ihrer Anwendung.* Eine ethische Bewertung sollte eine Forschungs- oder Technologieentwicklung deshalb frühzeitig begleiten, bevor diese in ihrer Richtung kaum mehr zu beeinflussen und in ihren Folgen irreversibel geworden ist.

Die endgültige Bewertung einer Technologieentwicklung kann aber nicht das Ergebnis ethischer Expertise allein sein. Vielmehr sollte sich „in einem arbeitsteiligen, unterschiedliche wissenschaftliche Expertisen und gesellschaftliche Gruppen und Repräsentanten umfassenden Diskurs-Prozess das normative Element der Technikfolgenbewertung entwickeln. Die normative Stellungnahme zu technologischen Optionen und technisch-wirtschaftlich-gesellschaftlichen Gesamtszenarien kann sich daher niemals allein auf die philosophische Expertise stützen" (Nida-Rümelin 1999, S. 265). Die Ethik hat vielmehr die Aufgabe, die Probleme zu analysieren, in der Debatte verwendete Begriffe zu klären, theoretische und normative Vorannahmen zu explizieren und schließlich verschiedene Handlungsoptionen auf ihre moralischen Implikationen hin zu untersuchen. Es wäre ein Missverständnis der Rolle eines ethischen Experten, würde man von ihm eine definitive Aussage erwarten, welche Handlungsoptionen in der jeweiligen Situation moralisch richtig oder falsch seien. Es handelt sich bei einer ethischen Bewertung einer medizinischen Technologie folglich um eine wissenschaftliche Untersuchung, die einen Beitrag zu einem breiteren gesellschaftspolitischen Diskurs leisten, aber diesen selbst nicht ersetzen kann. Sie beschränkt sich dabei nicht auf eine empirisch-deskriptive Darstellung möglicher Auswirkungen des Einsatzes medizinischer Technologien. Vielmehr will sie mit den ethisch begründeten Empfehlungen auch zur normativen Orientierung im Umgang mit der jeweiligen Technologie beitragen. Der folgende Abschnitt erläutert deshalb, wie die normative Orientierung ethisch begründet werden kann.

4.3 Ethischer Kohärentismus als normative Grundlage

Eine ethische Analyse sollte sich nicht auf die Identifizierung und Deskription moralischer Phänomene beschränken, die mit dem Einsatz einer medizinischen Technologie verbunden sind, sondern sollte versuchen, zu einer präskriptiven Orientierung im Anwendungsbereich beizutragen. Die resultierenden Empfehlungen bedürfen damit einer ethischen Begründung, das heißt einer Legitimierung durch eine ethische Theorie. Insofern kann sich eine spezielle, bereichsbezogene Ethik dem Begründungsdiskurs einer normativen Ethik nicht entziehen. Dabei trifft sie auf das Problem, dass sich bislang keine ethische Theorie als allgemein verbindliche normative Orientierung durchsetzen konnte. Die Moralphilosophie ist vielmehr geprägt von einer Vielzahl konkurrierender, ihrem Anspruch nach oft exklusiver Theorien, die sich in ihren Begründungsstrategien zum Teil erheblich unterscheiden. Diese moralphilosophischen Begründungskontroversen kann das vorliegende Kapitel nicht umfassend erörtern, geschweige denn lösen.

Zudem stellt sich die Frage, ob die Vorgehensweise traditioneller ethischer Theorien der deskriptiven wie normativen Komplexität konkreter Praxisfelder angemessen ist:

> Wenn ethische Urteilsfähigkeit darauf beruht, zentrale Bestandteile unseres moralischen Überzeugungssystems zu rekonstruieren und zu systematisieren und auf diesem Wege Kriterien zu schaffen, die in solchen Situationen, in denen unser moralisches Urteil nicht eindeutig ist, Orientierung bieten, dann ist das ‚top-down' Vorgehen der traditionellen Methode angewandter Ethik unangemessen (Nida-Rümelin 1997, S. 190).

Die Verengung auf eine bestimmte ethische Perspektive erscheint für die Beurteilung konkreter Praxisfelder wenig angemessen. Zu berücksichtigen sind vielmehr deontologische wie teleologische Argumente, Fragen der Gerechtigkeit wie auch Fragen des guten und gelingenden Lebens. Für die ethische Bewertung medizinischer Technologien erscheint deshalb ein problemorientierter *Kohärentismus* am ehesten angemessen, der sich nicht auf ein einziges, letztgültiges moralisches Grundprinzip beruft, sondern an die in einer bestimmten Gemeinschaft vorgefundenen moralischen Überzeugen anknüpft und versucht, diese in einen kohärenten Argumentationszusammenhang zu bringen (Badura 2011).

Rawls (1975) hat mit seinem Konzept des *Überlegungsgleichgewichts* („reflective equilibrium") die Debatte um den ethischen Kohärentismus wesentlich geprägt. Nach diesem Modell der ethischen Rechtfertigung sind unsere wohl abgewogenen moralischen Urteile mit den relevanten Hintergrundüberzeugungen und ethischen Grundsätzen in ein – dynamisches – Gleichgewicht der Überlegung zu bringen (Rawls 1975). Aus den in einer Gemeinschaft weithin akzeptierten moralischen Normen, Regeln und Überzeugungen werden die „mittleren" Prinzipien rekonstruiert, die den normativen Grundbestand des kohärentistischen Ethikansatzes ausmachen. Die ethische Reflexion beginnt zwar mit den alltäglichen moralischen Überzeugungen, endet aber nicht mit ihnen. Die ethische Theoriebildung hat vielmehr die Aufgabe, 1) den Gehalt dieser moralischen Überzeugungen zu klären und zu interpretieren, 2) verschiedene Überzeugungen in einen kohärenten Zusammenhang zu bringen sowie 3) die gewonnenen Prinzipien (auch in Form von handlungsleitenden Regeln) zu konkretisieren und gegeneinander abzuwägen. Damit wird der Status quo der faktisch verbreiteten moralischen Überzeugungen nicht festgeschrieben, sondern weiterentwickelt: Die wohlüberlegten moralischen Überzeugungen bilden dabei sowohl den Ausgangspunkt als auch Prüfstein und notwendiges Korrektiv. Es besteht somit eine Wechselbeziehung zwischen ethischer Theorie und moralischer Praxis: Die ethische Theorie bietet Orientierung in der Praxis, gleichzeitig muss sich die ethische Theorie in der Praxis bewähren. Das Überlegungsgleichgewicht bleibt ein Ideal, das zwar angestrebt, aber niemals wirklich erreicht wird, mithin eine dauerhafte Aufgabe ethischer Theoriebildung.

Bei den mittleren Prinzipien handelt es sich um *prima-facie* gültige Prinzipien, die nur dann verpflichtend sind, solange sie nicht mit gleichwertigen oder stärkeren Verpflichtungen kollidieren (Ross 1930). Sie bilden allgemeine ethische Orientierungen, die im Einzelfall noch einen erheblichen Beurteilungsspielraum zulassen. Für die

Anwendung müssen die Prinzipien deshalb konkretisiert und gegeneinander abgewogen werden. Die Vorteile des Ansatzes liegen auf der Hand: Trotz ungelöster moralphilosophischer Grundlagenfragen ermöglicht er eine Konsensfindung auf der Ebene mittlerer Prinzipien, da diese auf unseren moralischen Alltagsüberzeugungen aufbauen und mit verschiedenen ethischen Begründungen kompatibel sind. Der folgende Abschnitt erläutert nun, welche normativen Bewertungsmaßstäbe – Prinzipien, Normen und Regeln – für die Anwendung von Informations- und Kommunikationstechnologien in der Medizin mit dem kohärentistischen Begründungsverfahren gewonnen werden können.

4.4 Konkretisierung der normativen Grundlagen für den Bereich eHealth

Eine ethische Bewertung von eHealth-Anwendungen muss auf die normativen Grundlagen mindestens zweier Bereichsethiken zurückgreifen. Da es sich um technische Anwendungen bei der Versorgung von Patientinnen und Patienten handelt, sind die normativen Grundlagen der biomedizinischen Ethik einschlägig, die sich vor allem aus den ethischen Verpflichtungen gegenüber den Patienten ergeben. Darüber hinaus sind die normativen Grundlagen aus dem Bereich der Technikethik zu berücksichtigen. Der aus beiden Bereichen rekonstruierte normative Gehalt ist dann in einer übergreifenden ethischen Bewertungsmatrix zusammenzuführen.

4.4.1 Medizinethische Grundlagen

Mithilfe des kohärentistischen Begründungsverfahrens lassen sich vier ethische Grundprinzipien einer „mittleren" Begründungsebene für den medizinischen Bereich rekonstruieren (Beauchamp und Childress 2013). Über die (*prima facie*) Gültigkeit dieser „mittleren Prinzipien" herrscht weitgehendes Einverständnis. Sie sind zudem mit verschiedenen Begründungsansätzen kompatibel und erlauben den erforderlichen Interpretationsspielraum im Einzelfall. Es handelt sich dabei nicht um letzte moralische Orientierungen mit unbedingter Gültigkeit, sondern eher um diskursive Leitbegriffe, die für die Anwendung im Einzelfall interpretiert und konkretisiert werden müssen. Sie haben den Charakter von Prima-facie-Verpflichtungen, die in Konfliktfällen gegeneinander abzuwägen sind:[2]

1. *Prinzip des Wohltuns* („beneficence"): Nach dem Prinzip des Wohltuns sollen Ärztinnen und Ärzte das Wohlergehen der Patientinnen und Patienten fördern und ihnen nützen. Während sich das Prinzip des Nichtschadens (siehe unten) auf die Unterlassung

---

[2]Eine detaillierte Darstellung der Anwendung der vier Prinzipien ist in Marckmann und Mayer (2009) zu finden.

möglicherweise schädigender Handlungen bezieht, fordert das Prinzip des Wohltuns die Verhinderung oder Beseitigung von gesundheitlichen Schäden sowie die aktive Förderung des Patientenwohls. Dies umfasst die ärztliche Verpflichtung, Krankheiten zu behandeln oder präventiv zu vermeiden, Beschwerden zu lindern und das Wohlergehen der Patientinnen und Patienten zu fördern. Allgemein sind hier positive Auswirkungen auf die Lebenserwartung und die Lebensqualität der Patientinnen und Patienten zu berücksichtigen.

2. *Prinzip des Nichtschadens* („nonmaleficence"): Das Prinzip des Nichtschadens greift den traditionellen ärztlichen Grundsatz des „Primum nil nocere" auf. Die Ärztin bzw. der Arzt soll der Patientin bzw. dem Patienten möglichst keinen Schaden zufügen. Oft können Ärztinnen und Ärzte den Patientinnen und Patienten jedoch nur nützen, das heißt eine effektive Therapie anbieten, wenn sie gleichzeitig ein Schadensrisiko in Form unerwünschter Wirkungen in Kauf nehmen. Dies erfordert im Einzelfall eine sorgfältige Abwägung von Nutzen und Schaden unter Berücksichtigung der individuellen Präferenzen der Patientinnen und Patienten.

3. *Respekt der Autonomie:* Das Autonomie-Prinzip gesteht jeder Person das Recht zu, eigene Ansichten zu haben, eigene Entscheidungen zu fällen und Handlungen zu vollziehen, die den jeweils individuellen Wertvorstellungen entsprechen. Dies beinhaltet nicht nur negative Freiheitsrechte (Freiheit von äußerem Zwang und manipulativer Einflussnahme), sondern auch ein positives Recht auf Förderung der Entscheidungsfähigkeit. Praktische Ausprägung findet das Selbstbestimmungsrecht der Patientinnen und Patienten im Prinzip des „informed consent" (informierte Einwilligung), das als zentrale Elemente die Aufklärung und die Einwilligung umfasst. Eine informierte Einwilligung liegt vor, wenn die Patientin bzw. der Patient ausreichend aufgeklärt worden ist, die Aufklärung verstanden hat, freiwillig ohne unzulässige Einflussnahme entscheidet, dabei entscheidungskompetent ist und schließlich Zustimmung zu einer medizinischen Maßnahme gibt.

4. *Prinzip der Gerechtigkeit:* Das Prinzip der Gerechtigkeit bezieht sich auf die gerechte Verteilung von Nutzen, Risiken und Kosten im Gesundheitswesen. Mehr noch als die drei vorangehenden Prinzipien bedarf das Prinzip der Gerechtigkeit bei der Anwendung einer weiteren Interpretation und Konkretisierung. Trotz eines weitgehenden Konsenses darüber, dass Gerechtigkeitserwägungen vor allem bei der Verteilung medizinischer Ressourcen eine bedeutende Rolle spielen, hängt die Beantwortung der Frage, *wie* eine gerechte Gesundheitsversorgung konkret auszusehen habe, wesentlich von den jeweiligen ethischen Grundüberzeugungen ab.

Die vier Prinzipien lassen sich für die medizinische Praxis weiter konkretisieren und umfassen dann Regeln wie zum Beispiel die *Wahrhaftigkeit,* die *Schweigepflicht* oder die *Wahrung der Privatsphäre* der Patientinnen und Patienten. Diese Regeln beziehen sich vor allem auf die Gestaltung der Arzt-Patient-Beziehung und sind ebenfalls bei der Anwendung medizinischer Technologien zu berücksichtigen.

4.4.2 Technikethische Grundlagen

Da eHealth auf der Anwendung von IKT beruht, ist neben der Medizinethik auch die Technikethik als normative Grundlage relevant. Charakterisiert ist die ethische Technikbewertung dabei 1) durch eine empirische Erforschung technologischer Folgewirkungen, 2) eine Bewertung dieser Folgen anhand bestimmter Wert- und Zielvorstellungen sowie 3) durch ihre Beratungsfunktion (Marckmann 2014). Die ethische Technikbewertung geht damit über eine empirisch-deskriptive Erforschung der Technikfolgen hinaus. Sie ist von ihrer Zielsetzung her auch auf Bewertung, Orientierung und Beratung ausgerichtet, sie erarbeitet Prognosen, Szenarien und Empfehlungen.

Die Technikfolgenabschätzung beruht zunächst auf einer sorgfältigen Analyse des technologischen Entwicklungsstandes, um möglichst viele, auch verdeckte und langfristige Folgen einer Technologieentwicklung abschätzen zu können. Diese *epistemische* Komponente der Technikfolgenabschätzung, die auch als „Technikfolgenforschung" bezeichnet werden kann, steht methodisch vor dem Problem, zukünftige Ereignisse, Szenarien und Entwicklungen zum Gegenstand empirischer Forschung machen zu müssen. Darin liegt – mit Ott (1997) gesprochen – das Paradox einer antizipierenden Technikfolgenforschung. Gemäß dem Postulat der „Frühwarnung" sind potenzielle Technikfolgen zu einem Zeitpunkt abzuschätzen, an dem die Technologieentwicklung noch beeinflussbar ist, das heißt bevor die breite Etablierung der Technik die Entscheidungsspielräume weitgehend eingeengt hat. Nur so kann es gelingen, unerwünschte Folgewirkungen einer Technologie rechtzeitig zu verhindern oder zumindest in ihren Auswirkungen zu mildern. Die Technikfolgenabschätzung entwickelte deshalb verschiedene prognostische Instrumente, wie zum Beispiel die Trendextrapolation, die historische Analogiebildung oder die Delphi-Expertenumfrage.

Aufgrund dieser prognostischen Unsicherheit muss eine Technikfolgenabschätzung immer unvollständig bleiben. Zudem ist es schlichtweg unmöglich, *alle* erdenklichen Auswirkungen einer Technologieentwicklung abzuschätzen. Technikfolgenabschätzungen und die auf ihr aufbauenden Technikbewertungen haben deshalb strukturell bedingt immer einen vorläufigen Charakter. Eine Revision der Ergebnisse kann dabei sowohl im Hinzufügen neuer, bisher nicht erkannter Technikfolgen als auch in der Korrektur der Abschätzung schon berücksichtigter Technikfolgen bestehen.

Die *Bewertung* potenzieller Technikfolgen gilt als integraler Bestandteil jeder Technikfolgenabschätzung. Dabei ist zu klären, an welchen Werten bzw. Zielvorstellungen sich die Technikbewertung orientieren und nach welchen Prozeduren sie durchgeführt werden soll. Obwohl jede technologische Entwicklung von Wertsetzungen geprägt ist, findet man eine weitgehende Übereinstimmung, dass sich eine Technikbewertung an außertechnischen Werten orientieren sollte. Technik ist kein Selbstzweck, sondern immer nur ein Mittel zum Erreichen bestimmter externer Ziele und Zwecke. Gegenstand der Bewertung sind jedoch nicht nur die Zwecke und Ziele einer Technik, sondern auch die für die Realisierung notwendigen Mittel und die Relation zwischen Zweck und Mittel. Schließlich rechtfertigt ein guter Zweck allein nicht jedes Mittel. Eine Technik, die zur Realisierung eines höchst legitimen Zieles entwickelt wurde, kann dennoch als Mittel problematisch und unter ethischer Perspektive kaum akzeptabel sein.

Eine Technikbewertung muss eine Vielzahl zum Teil kategorial unterschiedlicher Kriterien berücksichtigen. Konrad Ott (1997) hat versucht, die verschiedenen Technik bewertenden Urteile in einer *technikethischen Matrix* zu systematisieren. Er unterscheidet dabei zwischen 1) instrumentellen Urteilen, 2) Werturteilen, 3) Rechtsnormen, 4) Moralnormen, 5) technikethischen Praxisnormen und 6) ethischen Prinzipien. Mithilfe dieser Matrix lässt sich der „technikethische Argumentationsraum" strukturieren. Sehr deutlich wird dabei die Heterogenität technikbewertender Urteile, da diese Klugheitsregeln, Werte, Rechtsnormen, moralische Normen und ethische Grundprinzipien umfassen.

4.4.3 Ethische Bewertungsmatrix für eHealth-Anwendungen

Basierend auf den medizin- und technikethischen Grundlagen soll im Folgenden eine ethische Bewertungsmatrix für eHealth-Anwendungen vorgestellt werden. Sie umfasst kategorial unterschiedliche Kriterien, die sowohl instrumentell-technische Urteile als auch Werturteile und moralische Normen jeweils in der bereichsbezogenen Spezifizierung umfassen. Der fehlende systematische Zusammenhang zwischen den einzelnen Kriterien ist dabei nicht nur durch den Gegenstand, sondern auch durch das kohärentistische Begründungsverfahren bedingt (Abschn. 4.3). Die Matrix verdeutlicht zudem die normativen Überschneidungen zwischen den einzelnen Bereichsethiken, hier insbesondere der Medizinethik und der Technikethik. So ist zum Beispiel die Fehleranfälligkeit medizinischer Technologien sowohl in Bezug auf den technikethischen Wert der Sicherheit, als auch auf das medizinethische Prinzip des Nichtschadens relevant. Der Schutz vertraulicher Daten wiederum liegt in der Schnittmenge zwischen Medizin- und Technik- bzw. Computerethik. Tab. 4.1 zeigt die ethische Bewertungsmatrix in der Übersicht: Sie enthält die normativen Bewertungskriterien, auf deren Grundlage eine umfassende ethische Bewertung von eHealth-Anwendungen erfolgen kann (Marckmann 2003).

Die Bestimmung der *Funktionsfähigkeit* setzt eine klare Definition der Ziele voraus, die mit der eHealth-Technologie erreicht werden sollen. Es ist zu prüfen, in welchem Ausmaß sich die angestrebten Ziele auch tatsächlich erreichen lassen. Man könnte hier auch von der „Wirksamkeit" der Technologie sprechen. Schließlich sollte – im Sinne einer technischen Effizienz – die Wirkung mit einem möglichst geringen technischen Aufwand realisiert werden. Für die ethische Bewertung ist es dabei wichtig zu prüfen, welche (auch nicht-technischen!) *Alternativen* es gibt, das angestrebte Ziel zu erreichen – und ob diese Alternativen möglicherweise Vorteile im Hinblick auf die im Folgenden zu prüfenden Kriterien aufweisen.

Eine gute Wirksamkeit reicht aber nicht aus. Nur wenn die erreichten Ziele auch eine positive Auswirkung auf die Morbidität, Mortalität und Lebensqualität der Patientinnen und Patienten haben, bietet die eHealth-Anwendung ein *Nutzenpotenzial* für die

Tab. 4.1 Ethische Kriterien zur Beurteilung von eHealth-Anwendungen

Bewertungskriterium	Ethische Begründung
Funktionsfähigkeit • Zielsetzung der Technologie • Grad der Zielerreichung („Wirksamkeit") • technische Effizienz	Zweck-Mittel-Rationalität; Prinzip des Nichtschadens; Prinzip des Wohltuns
Mögliche Alternativen	Zweck-Mittel-Rationalität
Nutzenpotenzial für die Patientinnen und Patienten • Verbesserung von Mortalität, Morbidität und Lebensqualität • Validität (Evidenzgrad) des Nutzennachweises	Prinzip des Wohltuns
Schadenspotenzial für die Patientinnen und Patienten • Sicherheit, geringe Fehleranfälligkeit • Belastungen & gesundheitliche Risiken • Validität (Evidenzgrad)	Prinzip des Nichtschadens
Wahrung der Integrität der Arzt-Patient-Beziehung	Respekt der Autonomie; Prinzip des Wohltuns
Wahrung bzw. Förderung der Patientenautonomie • Möglichkeit der informierten Einwilligung • Auswirkung auf Entscheidungsfreiheit • Förderung der Gesundheitsmündigkeit	Respekt der Autonomie
Schutz vertraulicher Patientendaten vor unautorisiertem Zugriff (Datenschutz)	Informationelle Selbstbestimmung; Respekt der Autonomie
Sicherheit vor systembedingtem Verlust der Integrität von Patientendaten (Datensicherheit)	Prinzip des Nichtschadens
Effizienz • (inkrementelles) Kosten-Nutzen-Verhältnis • Validität der Effizienzmessung	Verteilungsgerechtigkeit bei knappen Ressourcen; Zweck-Mittel-Rationalität
Wahrung der ärztlichen Entscheidungsautonomie	Prinzip des Wohltuns
Auswirkung auf die ärztliche Entscheidungskompetenz	Prinzip des Nichtschadens; Prinzip des Wohltuns
Zuschreibbarkeit von Verantwortung beim Einsatz der Technologie	Prinzip des Nichtschadens
Gerechtigkeit • Nicht-diskriminierender Zugang zur Technologie • Verteilung der gesundheitlichen Nutzen- und Schadenspotenziale	Prinzip der Gerechtigkeit

Funktionsfähigkeit
- ✓ Zielsetzung: schnell verfügbares, flexibel einsetzbares, realistisches Therapieinstrument — Nicht-schaden
- Wirksamkeit → Studien — Wohltun
- technische Effizienz (Kosten?)

Alternativen
- ✓ in-sensu / in-vivo wie bisher
  - ↳ Nutzenpotenzial für Pat.: Zwischenstufe zwischen o.g. Möglichkeiten, unabhängig von OA / Finanz. Mittel / Zeit / Pandemie einsetzbar — Wohltun
    → Verb. Lebensqualität (Studien)
    → Validität (Evidenz?)

- ✓ ↳ Schadenspotenzial — Nichtschaden
  → Sicherheit, Fehleranfälligkeit
  → Belastungen, pos. Risiken (Kontraindikationen, Übelkeit)
  → Evidenz

- ✓ Auswirkung Therapeut-Patient-Bez? — Wohltun / Autonomie

- ✓ Patientenautonomie — Autonomie
  → Entscheidung / Einwilligung, Grenzen?

- ✓ Effizienz?
  Kosten - Nutzen - Verhältnis — Gerechtigkeit

Schleifdienst REICHEL
Flurstraße 26 · 96242 Sonnefeld
Tel. 0 95 62 / 60 30 · Fax 0 95 62 / 53 25
schleifdienst.reichel@gmx.de

ärztliche Entscheidungsautonomie	Wohltun
Auswirkung auf ärztliche Entsch.-kompetenz	Nichtschaden + Wohltun
Verantwortung	Nichtschaden
Gerechtigkeit (nicht-diskriminierender Zugang zur Technologie)	Gerechtigkeit
Gesundheitl. Nutzen- u. Schadens-potenzial	
✓ [Datenschutz]	Autonomie

Synthese → Beurteilung, Gewichtung, Abwägung
abschließende Bewertung
⇒ keine klare ~~Empfehlung~~ möglich, da von Präferenzen von Patient + Therapeut abhängig

VR in der Psychotherapie

- ersetzt keinen Therapeuten / Therapie
- wirksames Instrument nur mit kompetentem Therapeuten
- zB bei Angststörungen zur Exposition (in situ)
  biogeleitete Entspannung bei Angst-/ Traumafolgestörungen
  Zwangsstörungen (virtuelle Reize)
  ggf. → Fokussierung, Bsam, Konzentration
  als k
  Expositionstraining bei Suchterkrankungen
- Ausschluss: Kinder unter 12
  Epilepsie, Migräne, neurolog. Störungen, Schwindel
  Sehstörungen
  +2 ??!!!
- spart Vorbereitungszeit, Technikverletzungen & Aufwand bei Durchführung Exposition
  (evtl. auch Kosten)
- Motivation, direkte emotionale Aktivierung in der Therapiesitzung, Leichtigkeit
- Positionierung der Praxis / des Therapeuten ...
- Abwechslung & Erfolgserlebnisse in der Therapiesitzung
- bereits auch bei Schlaganfallpatienten in Reha Anwendung

→ Beschlussfassung: Argumenten in der digitalen Beschaffungsversorgung

Patientinnen und Patienten. Zu berücksichtigen ist dabei auch, wie verlässlich das Nutzenpotenzial nachgewiesen ist, das heißt welchen Evidenzgrad die zugrunde liegenden Studien aufweisen. Wie fast alle diagnostischen oder therapeutischen Interventionen, können auch eHealth-Technologien ein *Schadenspotenzial* für die Patientinnen und Patienten (Belastungen und gesundheitliche Risiken) bieten, das bei der ethischen Bewertung dem Nutzenpotenzial gegenüberzustellen ist.

Bei eHealth-Anwendungen sind zudem Auswirkungen auf die *Arzt-Patient-Beziehung* und die *Patientenautonomie* zu berücksichtigen. Da Patientendaten elektronisch verarbeitet werden, kommt dem Schutz vor unautorisiertem Zugriff *(Datenschutz)* und vor systembedingtem Datenverlust *(Datensicherheit)* eine besondere Bedeutung zu. Angemessene Vorkehrungen sind zu treffen, um Datenschutz und Datensicherheit in einem ausreichenden Maße zu gewährleisten. Angesichts begrenzt verfügbarer Ressourcen im Gesundheitsbereich ist auch die *Effizienz* der eHealth-Technologie in die ethische Bewertung einzubeziehen. Dabei sollte das inkrementelle Kosten-Nutzen-Verhältnis bestimmt werden, wobei technische und nicht-technische Alternativen als Vergleich heranzuziehen sind. Im Idealfall führt der Technologie-Einsatz zu Einsparungen bei vergleichbarer oder sogar verbesserter Versorgungsqualität. In allen anderen Fällen sollten die Zusatzkosten in einem angemessenen Verhältnis zum (Netto-)Zusatznutzen stehen.

Auswirkungen auf die *ärztliche Entscheidungsautonomie* und die *ärztliche Entscheidungskompetenz* sind insbesondere dann zu prüfen, wenn eHealth-Anwendungen ärztliche Aufgaben automatisieren (wie z. B. bei der computerbasierten Entscheidungsunterstützung): Wird die Entscheidungsautonomie in einer unangemessenen Art und Weise eingeschränkt? Droht eine Dequalifizierung der Ärztinnen bzw. Ärzte für die Aufgaben, die von den technischen Geräten übernommen werden? In diesem Zusammenhang ist auch abzuklären, wie die *Verantwortungszuschreibung* bei Einsatz der Technologie zu regeln ist. Beim Kriterium der *Gerechtigkeit* geht es schließlich um den gleichen Zugang zu der betreffenden eHealth-Technologie sowie die gleiche Verteilung von Nutzen- und Schadenspotenzialen für die Patientinnen und Patienten.

Zwischen den einzelnen Kriterien bestehen sowohl Instrumental- als auch Konkurrenzbeziehungen. So ist die Funktionsfähigkeit beispielsweise Voraussetzung für ein möglichst großes Nutzenpotenzial und ein möglichst kleines Schadenspotenzial. Auf der anderen Seite können die Kriterien Schadenspotenzial und Effizienz in einem Konkurrenzverhältnis zueinander stehen, da Maßnahmen zur Erhöhung der technischen Sicherheit (wie Evaluationsstudien, technische Vorkehrungen zur Verbesserung der Fehlertoleranz) häufig erhebliche Ressourcen erfordern und damit die Gesamteffizienz der Systeme reduzieren.

Die hier aufgelisteten normativen Kriterien erfüllen dabei zwei Aufgaben im Rahmen der ethischen Analyse: Zum einen dienen sie als „Suchmatrix" für ethische Fragen, die mit dem Einsatz der eHealth-Technologie verbunden sind. Zum anderen liefern sie die ethische Begründung der im Anschluss formulierten Empfehlungen für die Entwicklung und den Einsatz der Technologien. Im folgenden Abschnitt wird ein methodisches Vorgehen vorgestellt, wie die Bewertungskriterien systematisch zur ethischen Bewertung einer eHealth-Technologie angewendet werden können.

4.5 Methodisches Vorgehen bei der ethischen Bewertung von eHealth-Anwendungen

Die Anwendung der kohärentistisch begründeten normativen Kriterien sollte einem klar definierten methodischen Vorgehen folgen, um die Qualität der ethischen Bewertung zu sichern. Vorgeschlagen wird hier ein Vorgehen in sechs Einzelschritten, welche in Tab. 4.2 in der Übersicht dargestellt werden.

4.5.1 Beschreibung

Im ersten Schritt *Beschreibung* gilt es zunächst, die eHealth-Technologie möglichst genau zu erfassen: Welche Zielsetzung verfolgt die Technologie? Mit welcher technischen Funktionsweise sollen die Ziele erreicht werden? In welchem Bereich kommt die Technologie zur Anwendung? Welche (möglicherweise nicht-technischen) Alternativen stehen zur Verfügung? Am Ende dieses ersten Arbeitsschrittes sollte ein möglichst genaues Verständnis der eHealth-Technologie vorliegen.

4.5.2 Spezifizierung

Im zweiten Schritt der *Spezifizierung* ist dann zu prüfen, ob die in Tab. 4.1 allgemein formulierte ethische Bewertungsmatrix für die jeweils zu prüfende eHealth-Anwendung noch zu ergänzen oder zu konkretisieren ist. Aufgrund der Dynamik und Komplexität medizinischer Technologien erscheint es kaum möglich, alle Anwendungsszenarien und damit auch alle ethisch relevanten Bewertungsperspektiven zu antizipieren. Bei einer

Tab. 4.2 Arbeitsschritte einer ethischen Bewertung medizinischer Technologien im eHealth-Bereich (Marckmann et al. 2015)

Arbeitsschritt	Beschreibung des Arbeitsschrittes
1. *Beschreibung*	Möglichst genaue Charakterisierung der zu untersuchenden Technologie: Zielsetzung, Funktionsweise, Anwendungsbereich, (nicht-technische) Alternativen etc.
2. *Spezifizierung*	Spezifizierung der Bewertungskriterien (Tab. 4.1) für die vorliegende medizinische Technologie
3. *Einzelbewertung*	Bewertung der Technologie anhand der einzelnen in Arbeitsschritt 2 spezifizierten Kriterien im Vergleich zu alternativen Optionen
4. *Synthese*	Übergreifende Beurteilung der Technologie durch Synthese, Gewichtung und Abwägung der Einzelbewertungen aus Arbeitsschritt 3
5. *Empfehlung*	Erarbeitung von Empfehlungen für die ethisch vertretbare Entwicklung und Anwendung der medizinischen Technologie
6. *Monitoring*	Beobachtung und Evaluation der ethischen Implikationen in regelmäßigen Abständen, ggf. Revision der erarbeiteten Empfehlungen

wissensbasierten Entscheidungsunterstützung stellen sich zum Beispiel Fragen der Verantwortlichkeit für die Korrektheit der zugrunde liegenden Wissensbasis und des möglichen Qualifikationsverlustes des medizinischen Personals (Marckmann 2003).

4.5.3 Einzelbewertung

Auf der Grundlage der im zweiten Schritt spezifizierten Bewertungsmatrix erfolgt dann im dritten Schritt die *Einzelbewertung:* Jedes einzelne Bewertungskriterium der Matrix wird auf die vorliegende eHealth-Technologie angewendet. Hierbei ist zunächst mit den instrumentellen Urteilen zur Funktionalität zu beginnen, da sich die weitere Bewertung erübrigen kann, wenn sich hier bereits ergibt, dass die angestrebten Ziele mit der Technologie nicht oder nicht in ausreichendem Umfang erreicht werden können. Nutzen- und Schadenspotenziale sollten nach Möglichkeit evidenzbasiert, das heißt auf Grundlage der verfügbaren empirischen Studien beurteilt werden. Wichtig ist bei der Bewertung jeweils auch die Prüfung, wie mögliche Alternativen im Hinblick auf die einzelnen Bewertungskriterien abschneiden. Das schrittweise Prüfen der einzelnen Kriterien kann bislang ungelöste Kontroversen sowie weiteren Forschungsbedarf identifizieren.

4.5.4 Synthese: Übergreifende Bewertung

Im vierten Schritt erfolgt die *Synthese* der Einzelbewertungen zu einer übergreifenden Beurteilung der eHealth-Technologie. Hierbei ist herauszuarbeiten, welches die führenden ethischen Argumente für den Einsatz der Technologie sind (z. B. erheblicher Nutzengewinn gegenüber alternativen Möglichkeiten) und wo ggf. die ethischen Problembereiche liegen (z. B. Risiken durch die Anwendung der Technik oder Auswirkungen auf die Arzt-Patient-Beziehung). So weit möglich, sollte zumindest angedeutet werden, wie die möglicherweise konfligierenden ethischen Einzelbewertungen aus Arbeitsschritt 3 gegeneinander abgewogen werden können. In vielen Fällen ist hier aber keine abschließende Bewertung möglich, wenn diese wesentlich von den Präferenzen (z. B. Einstellung zu Nutzen und Risiken) der von der eHealth-Technologie Betroffenen abhängt. In diesen Fällen ist über angemessene Formen der Partizipation nachzudenken. Auch sozialempirische Studien (Interview- und Fragebogen-Studien), die die Präferenzen von Nutzerinnen und Nutzern und Betroffenen ermitteln, können hier hilfreich sein.

4.5.5 Empfehlungen

Da die übergreifende Bewertung meist nicht in einer uneingeschränkten Befürwortung oder kategorischen Ablehnung der eHealth-Anwendung münden wird, bekommt der fünfte Schritt des methodischen Vorgehens – *Empfehlungen* – eine besondere Bedeutung: Es gilt möglichst konkret herauszuarbeiten, wie die eHealth-Technologie so entwickelt und angewendet werden kann, dass das Potenzial für die Patientinnen und Patienten optimiert und gleichzeitig unerwünschte Auswirkungen minimiert werden. Diese Empfehlungen sind nicht als feststehende normative Handlungsregeln aufzufassen, sondern als Orientierungshilfe für eine ethisch vertretbare Gestaltung und Anwendung der Technologie. Mit der Erstellung dieser ethisch begründeten Empfehlungen kann die Ethik einen Beitrag zu einer ethisch reflektierten und sozial verträglichen Technikgestaltung leisten. Je konkreter die resultierenden Empfehlungen auf die Entwicklung und Anwendung der Technologie zugeschnitten sind, desto effektiver und effizienter wird die ethische Bewertung sein können.

Angesichts der engen Verbindung mit den „sachlichen" Charakteristika der eHealth-Technologien sollte die ethische Bewertung nach Möglichkeit in einem interdisziplinären Forschungssetting (u. a. Ethik, Technik, Medizin) erfolgen. Für eine wissenschaftlich valide Beurteilung der ökonomischen Implikationen wird oft der Einbezug der Wirtschaftswissenschaften erforderlich sein. In vielen Fällen ist es darüber hinaus sinnvoll, die Perspektive der Rechtswissenschaften in die Bewertung einzubeziehen, um bereits bestehende normative Vorgaben des Rechtssystems bei der Einzelbewertung mit berücksichtigen zu können und bei den Empfehlungen prüfen zu können, inwieweit eine zusätzliche rechtliche Regulierung sinnvoll oder gar geboten ist.

4.5.6 Monitoring

Mindestens aus zwei Gründen sollte sich an die ethische Bewertung im engeren Sinne eine Phase der Beobachtung und Re-Evaluierung nach Implementierung der eHealth-Technologie anschließen. Zum einen beruht die ethische Bewertung oft auf einer antizipierenden Folgenabschätzung, die im Verlauf der Anwendung mit den tatsächlichen Folgen abgeglichen werden sollte. Zum anderen – und dies dürfte insbesondere auf den eHealth-Bereich zutreffen – entwickeln sich Technologien oft sehr dynamisch, sodass die ethische Bewertung an die jeweiligen Veränderungen angepasst werden müssen. In regelmäßigen Abständen sollte deshalb überprüft werden, ob die ethische Bewertung zutreffend war, ob neue ethische Fragestellungen aufgeworfen wurden, ob die Empfehlungen berücksichtigt wurden und ob sie effektiv waren, den ethisch vertretbaren Einsatz der eHealth-Technologie zu gewährleisten (Marckmann et al. 2015).

4.6 Ethisch begründete Empfehlungen am Beispiel entscheidungsunterstützender Computersysteme

Wie im vorangehenden Abschnitt ausgeführt, gehört die Entwicklung von ethisch begründeten Empfehlungen zu einer Kernaufgabe der ethischen Bewertung einer eHealth-Anwendung. Um zu veranschaulichen, wie so eine Liste von Empfehlungen aussehen könnte, seien im Folgenden exemplarische Empfehlungen für entscheidungsunterstützende Computersysteme aufgeführt[3]. Die erarbeiteten Empfehlungen beziehen sich dabei sowohl auf die Entwicklung als auch auf die Anwendung der Systeme.

---

[3]Eine ausführlichere Darstellung der Empfehlungen ist in Marckmann (2001) zu finden.

Empfehlungen für die Entwicklung entscheidungsunterstützender Computersysteme

- Klar definierte Zielsetzung der System-Entwicklung
- Nachgewiesener Bedarf für die Entscheidungsunterstützung
- Angemessene Zielsetzung für die Entwicklung des Systems
- Evaluation alternativer Strategien
- Auswahl eines angemessenen Anwendungsbereichs
- Einbezug der späteren Nutzerinnen und Nutzer des Systems
- Klinisch-methodologische Fundierung des Systems
- Klinisch intuitive Benutzer-Schnittstelle
- Flexible Entscheidungsunterstützung
- Ausgabe mehrerer diagnostischer oder therapeutischer Vorschläge
- Qualitätssicherung des repräsentierten Wissens
- Transparentes Design der Wissensbasis und Ableitungseinheit
- Ausgearbeitete Erklärungsfunktion
- Integration in die klinische Umgebung
- Vorkehrungen für die Vermeidung und Erkennung von System- und Bedienfehlern
- Rigorose Testung und Evaluation der Systeme vor Einsatz in der Routine

Empfehlungen für die Anwendung entscheidungsunterstützender Computersysteme

- Anwendung für die designierten Aufgaben
- Kontinuierliche Wartung und Aktualisierung des Systems
- Menschliche Kontrolle der Systemergebnisse vor Umsetzung in Behandlungsentscheidungen
- Ärztliche Diagnosestellung vor Systemkonsultation
- Ausreichend Zeit für Prüfung der Systemergebnisse
- Ausreichend qualifizierte Nutzerinnen und Nutzer
- Schulung der System-Nutzerinnen und -Nutzer
- Finale Verantwortung verbleibt bei der behandelnden Ärztin bzw. dem behandelnden Arzt
- Sicherung von Vertraulichkeit und Sicherheit der Patientendaten
- System für Fehler-Management etabliert
- Integration der Systeme in eine umfassende Informations-Infrastruktur

4.7 Schlussbemerkung

Der hier vorliegende Beitrag stellt ein methodisches Vorgehen für die ethische Bewertung von eHealth-Anwendungen vor. Es wird dabei von der Überlegung ausgegangen, dass jede ethische Bewertung eines konkreten Handlungsfeldes – als Aufgabe einer bereichsbezogenen, speziellen Ethik – mindestens zwei methodische Elemente umfassen muss: 1) Eine Begründungsverfahren zur Gewinnung der normativen Bewertungsmaßstäbe für die Bewertung und 2) ein klar definiertes methodisches Vorgehen, wie die gewonnen Kriterien zur Bewertung der eHealth-Anwendung eingesetzt werden sollen. Dies sichert die Transparenz des Vorgehens, erlaubt eine gezielte Kritik der Ergebnisse und kann so nicht nur die Qualität, sondern zudem auch die Akzeptanz der Bewertung erhöhen. Dies erscheint insofern besonders wichtig, als viele Fragen des Umgangs mit biomedizinischen Technologien letztlich im politischen Raum entschieden werden müssen. Ein klar definiertes, transparentes Vorgehen kann den Transfer der Ergebnisse der ethischen Expertise in den politischen Entscheidungsprozess wesentlich erleichtern. In der konkreten Anwendung wird sich zeigen müssen, ob das hier vorgeschlagene methodische Vorgehen diesen Ansprüchen tatsächlich genügen kann.

Literatur

Badura J (2011) Kohärentismus. In: Düwell M, Hübenthal C, Werner MH (Hrsg) Handbuch Ethik. Metzler, Stuttgart, S 194–205
Beauchamp TL, Childress JF (2013) Principles of biomedical ethics. Oxford University Press, New York
Hastedt H (1991) Aufklärung und Technik. Grundprobleme einer Ethik der Technik. Suhrkamp, Frankfurt a. M.
Höffe O (1993) Moral als Preis der Moderne. Ein Versuch über Wissenschaft, Technik und Umwelt. Suhrkamp, Frankfurt a. M.
Marckmann G (2001) Recommendations for the ethical development and use of medical decision-support systems. Med Gen Med 3(3):5
Marckmann G (2003) Diagnose per Computer? Eine ethische Bewertung medizinischer Expertensysteme. Deutscher Ärzte-Verlag, Köln
Marckmann G (2014) Ethische Bewertung medizinischer Technologien: philosophische Grundlagen und praktische Methodologie. In: Aurenque D, Friedrich O (Hrsg) Medizinphilosophie oder philosophische Medizin? Philosophisch-ethische Beiträge zu Herausforderungen technisierter Medizin. Frommann-Holzboog, Stuttgart-Bad Cannstatt, S 163–195
Marckmann G, Mayer F (2009) Ethische Fallbesprechungen in der Onkologie: Grundlagen einer prinzipienorientierten Falldiskussion. Der Onkologe 15(10):980–988
Marckmann G, Schmidt H, Sofaer N, Strech D (2015) Putting public health ethics into practice: a systematic framework. Front Public Health 3:23
Nida-Rümelin J (1997) Praktische Kohärenz. Zeitschrift für philosophische. Forschung 51(2):175–192
Nida-Rümelin J (1999) Zur Rolle ethischer Expertise in Projekten der Technikfolgenabschätzung. In: Rippe KP (Hrsg) Angewandte Ethik in der pluralistischen Gesellschaft. Universitätsverlag, Freiburg, S 245–266

Ott K (1997) Ipso facto. Zur ethischen Begründung normativer Implikate wissenschaftlicher Praxis. Suhrkamp, Frankfurt a. M.
Rawls J (1975) Eine Theorie der Gerechtigkeit. Suhrkamp, Frankfurt a. M.
Ross WD (1930) The right and the good. Oxford University Press, Oxford

Finanzierung und Evaluation von eHealth-Anwendungen

Florian Leppert und Wolfgang Greiner

Zusammenfassung

Obwohl eHealth großes Potenzial beigemessen wird, bleibt die (flächendeckende) Diffusion hinter den Erwartungen zurück. Als eine der größten Hürden werden fehlende Geschäfts- und Finanzierungsmodelle gesehen. eHealth-Lösungen können grundsätzlich in allen Sektoren, also im stationären wie im ambulanten Bereich, über den gesamten Versorgungsprozess eingesetzt werden, allerdings werden sie jeweils nach unterschiedlichen Systematiken und unterschiedlich schnell erstattet. Da es keine eHealth-spezifische Vergütung gibt, müssen die Lösungen je nach Art und Einsatzort durch die bestehenden Vergütungssystematiken dargestellt werden. Eine weitere Hürde stellt die adäquate (gesundheitsökonomische) Evaluation dar, da eHealth-Lösungen Besonderheiten aufzeigen, die Standardevaluationsmethoden bisher nicht ausreichend berücksichtigen. Daher werden in diesem Beitrag die Möglichkeiten und Anforderungen an die Finanzierung und Evaluation von eHealth-Anwendungen dargestellt.

F. Leppert (✉) · W. Greiner
Fakultät für Gesundheitswissenschaften, AG Gesundheitsökonomie und Gesundheitsmanagement, Universität Bielefeld, Postfach 100 131, 33501 Bielefeld, Deutschland
E-Mail: florian.leppert@uni-bielefeld.de

W. Greiner
E-Mail: wolfgang.greiner@uni-bielefeld.de

© Springer-Verlag Berlin Heidelberg 2016
F. Fischer und A. Krämer (Hrsg.), *eHealth in Deutschland*,
DOI 10.1007/978-3-662-49504-9_5

5.1 Einleitung

Unter anderem durch den demografischen Wandel wird es besonders in ländlichen Gebieten in Deutschland immer herausfordernder, eine bedarfsgerechte (Fach-)Arztbetreuung sicherzustellen, während gleichzeitig der Anteil chronischer und behandlungsintensiver Krankheiten ansteigt (SVR 2012). Dabei wird eHealth-Anwendungen großes Potenzial bei der Überwindung dieser Herausforderungen beigemessen, da sie sowohl zu Effektivitäts- als auch Effizienzsteigerungen führen können. Durch die Überwindung räumlicher und zeitlicher Distanzen mit Hilfe von Informations- und Kommunikationstechnologien (IKT) können medizinische und gesundheitliche Leistungen zu den Patientinnen und Patienten transportiert, ein dichteres Monitoring und erhöhte Arzneimitteltherapiesicherheit ermöglicht, Doppeluntersuchungen vermieden, Hospitalisierungen reduziert und ärztliche Leistungen delegiert werden (Dittmar et al 2009; BMWi 2016). Trotzdem ist bisher die flächendeckende Etablierung telemedizinischer Anwendungen hinter den Erwartungen zurückgeblieben (Beckers 2013).

Die Implementierung von eHealth-Anwendungen erfolgt bisher meist nur in Pilotprojekten. Zurzeit sind auch nur drei eHealth-Anwendungsmöglichkeiten im Regelleistungskatalog der gesetzlichen Krankenversicherung (GKV) verankert (z. B. die akute Schlaganfallhilfe). Gleichzeitig lässt sich eine mangelnde Zahlungsbereitschaft bzgl. der privaten Finanzierung von eHealth-Anwendungen in Deutschland feststellen. Bei vielen Kliniken sind darüber hinaus die Investitionsentscheidungen bzgl. eHealth-Maßnahmen direkt mit der Vergütungsmöglichkeit verbunden (Häckl und Elsner 2009). Die Möglichkeit eHealth-Dienstleistungen und die dafür notwendigen technischen Komponenten durch die GKV finanzieren zu können, spielt daher für die Geschäftsmodelle der Anbieter eine wesentliche Rolle. Darüber hinaus kann eine Vergütung in der kollektiven Versorgung oft elementar für eine flächendeckende und zügige Einführung solcher neuen Technologien sein. Für die beteiligten Leistungserbringerinnen und -erbringer spielen sichere und transparente Finanzierungsvereinbarungen eine große Rolle bei der Entscheidung über den Einsatz von eHealth-Anwendungen (Leppert et al 2014).

Daher soll in diesem Beitrag aufgezeigt werden, wie neue eHealth-Technologien und Dienstleistungen in den Regelleistungskatalog der Sozialversicherungen überführt werden können bzw. wer in diesem Prozess für die Entscheidungen verantwortlich ist. Darüber hinaus soll aufgezeigt werden, welche Anforderungen an die darzustellende Evidenz bzw. Studienlage gestellt werden, da sich eHealth-Anwendungen in ihrer Bewertung von anderen Technologien unterscheiden.

Analog zu der Breite der Einsatzmöglichkeiten von eHealth-Anwendungen ist auch die Möglichkeit der Finanzierung sehr vielfältig und hängt zum einen vom Einsatzgebiet der eHealth-Anwendung innerhalb des Versorgungsprozesses und zum anderen von der konkreten Charakterisierung der Anwendung ab. Grundsätzlich kann eHealth die gesundheitliche Versorgung ambulant, stationär und sektorenübergreifend von der Prävention, über Diagnostik, Therapie/Behandlung bis hin zur Rehabilitation und Pflege unterstützen. Daher sind auch die Kostenträger aller Bereiche (neben GKV auch gesetzliche Rentenversicherung (GRV), gesetzliche Unfallversicherung (GUV) und soziale Pflegeversicherung) potenzielle Kostenträger im ersten Gesundheitsmarkt.

5.2 Zulassung von eHealth-Lösungen

Während Arzneimittel sofort zu Lasten der GKV abgerechnet werden können, sobald sie für den europäischen Markt zugelassen sind, fallen bei eHealth-Anwendungen die Zulassung und die Erstattungsfähigkeit zeitlich und bzgl. der Zuständigkeiten der Entscheidungsträger auseinander. So kommt es, dass Anbieter von eHealth-Anwendungen nach Erhalt der Zulassung der eingeschlossenen Produkte die Erstattungsfähigkeit innerhalb der GKV erst beantragen müssen. Dabei unterscheidet sich der Weg zu einer Erstattung bzgl. des ambulanten und des stationären Sektors maßgeblich.

Werden innerhalb der eHealth-Lösung Medizinprodukte eingesetzt, bedürfen diese zur Inverkehrbringung in den europäischen Markt zunächst einer Zulassung. Unter Medizinprodukten sind dabei Produkte mit medizinischer (diagnostischer oder therapeutischer) Zweckbestimmung, die vom Hersteller für die Anwendung beim Menschen bestimmt sind, zu verstehen (§ 3 MPG). Dabei kann auch eine Software, die innerhalb einer eHealth-Lösung zur Anwendung kommt, als Medizinprodukt zuzulassen sein. Dies kann durch eine Benannte Stelle (z. B. TÜV) erfolgen. Im ersten Schritt müssen die Hersteller das Produkt je nach Gefährdungspotenzial für Patientinnen und Patienten, Anwenderinnen und Anwender sowie Dritte (§ 13 MPG/Anhang IX der Richtlinie 93/42/EWG) in eine von vier Risikoklassen einordnen. Je nach Risikoklasse wird anschließend das Konformitätsverfahren durchlaufen. Dieses ist Voraussetzung für die CE-Kennzeichnung (Conformité Européenne), die wiederum notwendig für die Verkehrsfähigkeit eines Medizinproduktes im gesamten Wirtschaftsraum der Europäischen Union (EU) ist. Medizinische Produkte müssen darüber hinaus die Erfüllung ihres benannten Zweckes (Funktionalität) und die Abwesenheit von unvertretbaren Risiken anhand von klinischen Daten aufzeigen (Kindler und Menke 2011). Im Gegensatz zur Zulassung von Arzneimitteln stellt dieser Weg eine kleinere Hürde dar, bedeutet aber (insbesondere für kleine und mittlere) Unternehmen einen nicht zu vernachlässigenden Aufwand. Die Marktzulassung stellt auch zunächst lediglich ein notwendiges, aber noch kein hinreichendes Kriterium für die erfolgreiche Diffusion einer neuen eHealth-Anwendung dar. Deutlich mehr Bedeutung hat die zweite große und signifikante Hürde, nämlich die Erstattung durch die Kostenträger bzw. die Entwicklung tragfähiger Geschäftsmodelle.

5.3 Formen und Charakterisierung von eHealth-Dienstleistungen

Die Einsatzmöglichkeiten von eHealth-Anwendungen sind von allgemeiner Gesundheitsförderung bis hin zur Therapie sehr vielseitig. Entsprechend sind auch der Charakter, der Innovationsgrad und der Grad der Prozessintegration von Anwendung zu

Anwendung recht unterschiedlich. In Deutschland existieren keine für eHealth-Anwendungen spezifische Zulassungs- und Erstattungsmöglichkeiten. Vielmehr muss von Fall zu Fall geprüft werden, welcher maßgebliche Charakter vorherrscht und in welche bestehenden „konventionellen" Zulassungs- und Erstattungswege eine Einordnung möglich ist. Während die Zulassung noch für den gesamten deutschen Markt einheitlich ist, kann ein und dieselbe Anwendung je nach Sektor nach unterschiedlichen Systematiken vergütet werden. So wird zum Beispiel die telemetrische Messung des Blutdrucks von Patientinnen und Patienten mithilfe eines Bluetooth-Blutdruckmessgerätes im Krankenhaus im Rahmen von diagnosebezogenen Fallpauschalen abgerechnet und bedarf keiner besonderen Erlaubnis zur Abrechnung. Wird bei denselben Personen jedoch nach dem Krankenhausaufenthalt die Messung mit einem gleichen Gerät durchgeführt und die Daten Teil einer ambulanten medizinischen Behandlung, so müsste die ärztliche Leistung mithilfe des Einheitlichen Bewertungsmaßstabes (EBM) abgerechnet werden. Notwendige Geräte müssten Ärztinnen und Ärzte zu Lasten der GKV als Hilfsmittel verordnen. Im ambulanten Bereich dürfen Leistungen allerdings erst abgerechnet werden, wenn dafür die Erlaubnis durch den Gemeinsamen Bundesausschuss (G-BA) besteht.

Dieses einfache Beispiel zeigt, dass es bei ein und derselben Technologie zu unterschiedlichen Erstattungsmöglichkeiten mit unterschiedlichen Anreizen und Innovationsgeschwindigkeiten kommen kann. Darüber hinaus ist aber auch zu klären, welche Rolle die eingesetzte Technologie innerhalb der gesamten eHealth-Lösung spielt und welcher Charakter ihr somit zukommt. Daher ist vor möglichen Erstattungen zu prüfen, ob es sich um eine neue Methode handelt oder ob eine bekannte Methode nur mit neuen Hilfsmitteln angewendet wird. Auf die Abgrenzung dieser beiden Begriffe soll daher im Folgenden eingegangen werden.

5.3.1 eHealth-Produkte als (Untersuchungs- und Behandlungs-) Methode

Die Begriffe der Untersuchungs- bzw. Behandlungsmethode haben eine umfassendere Bedeutung als der Begriff der ärztlichen Leistung. Sie umfassen nicht nur die für die Diagnostik und Therapie benötigten ärztlichen Dienstleistungen, sondern auch die Arzneimittel und Sachleistungen, da es sonst zu einer künstlichen Aufspaltung einheitlicher Behandlungsvorgänge kommen würde. Gemeint ist damit das gesamte medizinische Vorgehen inklusive aller zur Erreichung des Behandlungsziels erforderlichen Einzelschritte. „Der therapeutische Nutzen und die Wirtschaftlichkeit einer Behandlungsweise lassen sich nur aufgrund einer Gesamtbetrachtung unter Einbeziehung aller zugehörigen Leistungen bewerten. Mit dem Begriff der Methode kann deshalb nicht die einzelne Maßnahme oder Verrichtung gemeint sein" (Bundessozialgericht 2000). Entsprechend können bei einer Methode auch nicht nur die abrechenbaren Leistungen der Ärztinnen und Ärzte betrachtet werden. Es müssen auch die veranlassten Sach- und Dienstleistungen berücksichtigt werden, die durch Dritte erbracht werden. Die veranlassten

Leistungen, wie zum Beispiel der Einsatz eines Medikaments oder die Anwendung eines Heilmittels, sind somit integrativer Bestandteil der Behandlung.

Dies gilt insbesondere für hybride medizinische Dienstleistungen, wie die aus Dienst- und Sachleistungen zusammengesetzten Therapien, bei denen die Innovation in der Kombination beider Leistungsarten liegt und sich nicht nur auf die bestehenden Behandlungsarten mit neuen Kommunikationsmethoden beschränkt. Eine medizinische Vorgehensweise kann dann als eigenständige Behandlungsmethode beschrieben werden, „wenn ihr ein eigenes theoretisch-wissenschaftliches Konzept zugrunde liegt, das sie von anderen Therapieverfahren unterscheidet und das ihre systematische Anwendung in der Behandlung bestimmter Krankheiten rechtfertigen soll" (Bundessozialgericht 1998). Vorhandene Untersuchungs- oder Behandlungsmethoden können dann zu einer neuen Methode werden, wenn die Art der Erbringung wesentliche Erweiterungen oder Änderungen erfahren hat (Verfahrensordnung des GBA 2013).

5.3.2 eHealth-Produkte als Hilfsmittel

Trifft diese Definition nicht zu, so könnte der physische Teil der eHealth-Lösung (z. B. ein Bluetooth-Blutdruckmessgerät) ein Hilfsmittel darstellen. Telemedizinische Produkte können nur dann als Hilfsmittel betrachtet werden, wenn sie von der Konzeption her vorwiegend für kranke, behinderte bzw. pflegebedürftige Menschen konzipiert sind. So kann zum Beispiel ein Mobiltelefon, was als Schnittstelle für die telemedizinische Leistung genutzt werden könnte, nicht unter Hilfsmittel subsumiert werden, weil es eher den Charakter eines Gebrauchsgegenstandes besitzt. Je nachdem welche Dimensionen die eHealth-Lösung erfüllt, sind unterschiedliche Erstattungsmöglichkeiten denkbar, die im Folgenden dargestellt werden.

5.4 Erster Gesundheitsmarkt

Innerhalb der Gesundheitswirtschaft wird der größte Teil durch den ersten Gesundheitsmarkt dargestellt. Dieser umfasst alle Bereiche der Gesundheitsversorgung und wird maßgeblich durch die gesetzliche Krankenversicherung, private Krankenversicherung, Pflegeversicherung aber auch zu Teilen durch die gesetzliche Rentenversicherung (im Bereich der Rehabilitation) getragen (BMG 2015). Da eHealth-Lösungen aber auch direkt von privaten Nutzerinnen und Nutzern erworben und genutzt werden können, spielt auch der zweite Gesundheitsmarkt, auf dem die Leistungen durch Privatnutzerinnen und -nutzer finanziert werden, eine nicht unwesentliche Rolle für die Finanzierung von eHealth-Lösungen.

Innerhalb des ersten Gesundheitsmarktes für eHealth-Lösungen liegt das größte Finanzierungspotenzial bei der GKV. Deswegen sollen nun mögliche Erstattungsmöglichkeiten betrachtet werden.

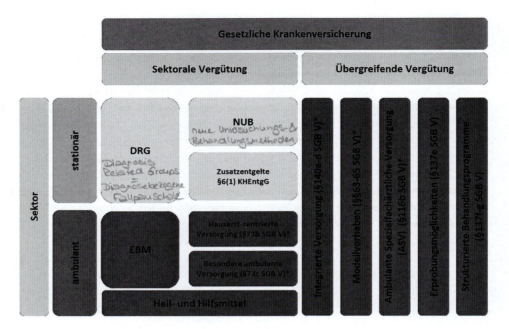

Abb. 5.1 Erstattungsmöglichkeiten innerhalb der GKV (*selektives Kontrahieren möglich)

5.4.1 Vergütung durch die GKV

Wie bereits angedeutet, ist die Vergütung von Leistungen innerhalb der gesetzlichen Krankenversicherung durch zwei Strukturmerkmale gekennzeichnet. Zum einen herrschen zwischen dem ambulanten und dem stationären Sektor unterschiedliche Vergütungssystematiken mit unterschiedlichen Innovationsgeschwindigkeiten vor. Eine sektorenübergreifende Vergütung ist dabei grundsätzlich nicht vorgesehen. Zum anderen kann zwischen Leistungen im Kollektivvertrag, die Versicherten aller Krankenkassen gleich zur Verfügung stehen, und Leistungen in Selektivverträgen unterschieden werden. Bei Letzteren können die Leistungen nur für Versicherte der Krankenkasse abgerechnet werden, die den selektiven Vertrag abgeschlossen haben. Dafür sind sektorenübergreifende und -einheitliche Vergütungen möglich. Eine Übersicht der gängigsten Finanzierungsmöglichkeiten innerhalb der GKV stellt Abb. 5.1 dar.

5.4.1.1 Erstattungen im stationären Sektor

Diagnosebezogene Fallpauschalen (DRG)
Leistungen der stationären Versorgung erfolgen in der Regel über diagnosebezogene Fallpauschalen (Diagnosis Related Groups [DRG]). In diesem System wird jeder Behandlungsfall auf Grundlage der vorgenommenen Operationen und Prozeduren sowie der festgestellten Haupt- und Nebendiagnosen einer DRG-Fallpauschale zugeordnet.

Dabei hat jede DRG einen individuellen Wert. Zurzeit sind im DRG-Katalog (2016) 1220 DRGs und 179 Zusatzentgelte aufgeführt (InEK 2015). Das Institut für das Entgeltsystem im Krankenhaus (InEK) berechnet auf Basis der Istkosten der Kalkulationskrankenhäuser den Wert der einzelnen Behandlungsfälle zueinander. Durch die pauschale Vergütung erhalten Krankenhäuser den Anreiz ihre Leistung möglichst effizient durchzuführen, um die gleiche Vergütung auch bei niedrigerem Mitteleinsatz erhalten zu können. Sobald die Verfahren die Zulassung nach dem Medizinprodukterecht durchlaufen haben, können alle Methoden eingesetzt und abgerechnet werden, bis sie ggf. durch den G-BA verboten werden (Erlaubnis mit Verbotsvorbehalt). Insbesondere kostensenkende Prozessinnovationen können so schnell in der Versorgung eingesetzt und abgerechnet werden. Da die Bewertungsrelationen jedes Jahr auf der Ist-Datenbasis aller Kalkulationskrankenhäuser des Vorjahres angepasst werden, werden Effizienzsteigerungen im Krankenhaus durch eHealth-Dienstleistungen mittels sinkender DRG-Werte langfristig an die Krankenkassen weitergegeben.

Grundsätzlich lassen sich verschiedene Fälle für die Erstattung von neuen eHealth-Produkten klassifizieren:

1. Eine Einordnung der neuen Technologie ist im Rahmen bestehender DRGs möglich und die Fallpauschale reicht aus, um die Kosten der Innovation zu tragen bzw. die Kosten liegen unterhalb der bisherigen Kosten der entsprechenden Behandlung.
2. Eine Einordnung ist möglich, doch die Höhe der Pauschale reicht nicht aus, um die Kosten zu decken.
3. Eine Einordnung zu den bestehenden Fallpauschalen ist nicht möglich.
4. Zwei oder mehrere Krankenhäuser sind gleichzeitig in die Behandlung eingeschlossen (z. B. bei der Telekonsultation).

Im ersten Fall hat das Krankenhaus den Anreiz, die neue Anwendung zu nutzen und abzurechnen, da sie die gleiche Pauschale bei geringerem Ressourcenverbrauch abrechnen kann. Dabei sind für das Krankenhaus die Gesamtkosten der Behandlung ausschlaggebend. Gegebenenfalls auftretende Zusatzkosten durch die neue Technologie könnten beispielsweise durch effizientere Prozesse durch die Innovation oder kürzere Verweildauern kompensiert werden. Für solche meist Prozessinnovationen besteht somit ein relativ leichter Marktzugang (Fall 1).

Allerdings ist den meisten eHealth-Lösungen in der medizinischen Versorgung immanent, dass sie krankenhaus- oder sogar sektorenübergreifend eingesetzt werden. In diesen Fällen ist eine singuläre Abrechnung von nur einem am Prozess beteiligten Akteur über eine DRG-Pauschale in der Regel nicht ausreichend bzw. nicht möglich. Aus gesamtwirtschaftlicher Perspektive bleibt anzumerken, dass das Krankenhaus bei der Einführungsentscheidung nur eigene betriebswirtschaftliche Aspekte berücksichtigt und in der Regel gesamtgesellschaftliche Auswirkungen bzw. Auswirkungen auf andere Akteure vermutlich eher unberücksichtigt lassen wird. Insofern werden Synergieeffekte auch außer Acht gelassen, sofern sie keinen eigenen direkten Nutzen bringen. Die Herausforderung besteht darin, dass entsprechend für jeden Akteur der individuelle Nutzen aufgezeigt werden muss, der dann auch noch höher als die jeweils individuellen Kosten sein muss, damit es zu einer positiven Annahmeentscheidung kommt. Für den Fall, dass der Gesamtnutzen einer eHealth-Anwendung über den Gesamtkosten liegt, aber es bei einem Akteur zu einem negativen Kosten-Nutzen-Verhältnis kommt, müssen ggf. weitere Mechanismen, wie Ausgleichszahlungen, angedacht werden, die in den Kollektivverträgen aber nicht ohne Weiteres vorgesehen sind.

Implementationshürden treten dann auf, wenn die Gesamtkosten aus Sicht des Krankenhauses durch die neue Technologie steigen (Fall 2). Sollen die Krankenhäuser trotzdem die Technologie einsetzen, müssten in diesem Fall die Operationen- und Prozedurenschlüssel (OPS) so angepasst werden, dass solche Fälle höherwertigen DRGs zugeordnet werden können. Ein Beispiel für die Einführung von telemedizinischen Lösungen über diesen Weg ist das Telekonsil im Rahmen der neurologischen Komplexbehandlung des akuten Schlaganfalls (OPS 8-98b). Alternativ können krankenhausindividuelle Zusatzentgelte mit den Kostenträgern vereinbart werden, um die zusätzlichen Kosten zu decken. Langfristig können auch die DRGs selbst angepasst bzw. neue DRGs in den Katalog aufgenommen werden.

Auch in den Fällen, in denen keine sachgemäße Zuordnung zu bestehenden DRGs möglich ist (Fall 3), müsste der DRG-Katalog angepasst werden. In der Regel werden dazu im Vorfeld krankenhausindividuelle Leistungen im Rahmen neuer Untersuchungs- und Behandlungsmethoden vereinbart.

Grundsätzlich kann nur ein Krankenhaus einen Behandlungsfall und damit die DRG abrechnen. Arbeiten zwei oder mehrere Häuser an einem Behandlungsfall (Fall 4) (z. B. wenn das behandelnde Haus durch Expertinnen bzw. Experten eines anderen mit Hilfe einer Telekonsultation unterstützt wird), müssen Verträge über Ausgleichszahlungen vom behandelnden an das beratende Krankenhaus vereinbart werden.

Neue Untersuchungs- und Behandlungsmethoden (NUB)
Da die Anpassung des DRG-Kataloges zeitintensiv ist, können neue Untersuchungs- und Behandlungsmethoden (NUB) oder Zusatzentgelte bis zur Anpassung gesondert abgerechnet werden. NUB werden krankenhausindividuell zwischen den Sozialleistungsträgern und dem Krankenhausträger ausgehandelt. Nach einer erfolgreichen Einführung der Methode kann diese in den DRG-Fallpauschalenkatalog eingeführt und ab dann von allen Krankenhäusern über den oben beschriebenen Ablauf abgerechnet werden. Notwendig dafür ist, dass eine ausreichend große Anzahl an Krankenhäuser diese NUB erbringt, um dem InEK eine ausreichende Kalkulationsgrundlage für die Berechnung der neuen Fallpauschale zu liefern. Eine Abrechnung anerkannter NUB darf allerdings nur durch Krankenhäuser geschehen, die einen eigenen Antrag gestellt haben. Darüber hinaus muss die Höhe der Erstattung krankenhausindividuell erfolgen, was zusätzliche Verhandlungen erfordert. Für Technologien, die mehrere Krankenhäuser miteinander verbinden sollen (wie z. B. die Telekonsultation), stellt dies eine Schwierigkeit dar (Hacker et al. 2009).

5.4.1.2 Erstattungen im ambulanten Sektor

Einheitlicher Bewertungsmaßstab (EBM)

Während eHealth-Innovationen im stationären Sektor relativ schnell eingesetzt werden können, herrscht im ambulanten Bereich das Verbot mit Erlaubnisvorbehalt für neue Untersuchungs- und Behandlungsmethoden vor. Dem folgend dürfen Innovationen erst abgerechnet werden, wenn der G-BA über den diagnostischen bzw. therapeutischen Nutzen und die Wirtschaftlichkeit positiv beschieden hat. Somit sind eHealth-Lösungen, die nicht ausdrücklich anerkannt worden sind, zwar zugelassen aber zunächst von der Erstattung durch die GKV im ambulanten Sektor ausgenommen. In der Regel beauftragt der G-BA zur Vorbereitung seiner Entscheidung das Institut für Qualität und Wirtschaftlichkeit im Gesundheitswesen (IQWiG) mit der wissenschaftlichen Bewertung der neuen Methode.

Ambulante Leistungen werden mit Abrechnungsziffern aus dem EBM abgerechnet. Dieser umfasst alle ambulanten medizinischen Leistungen, die zu Lasten der GKV abgerechnet werden dürfen. Die genaue Ausgestaltung des EBM und der Wert der einzelnen Leistungen werden durch den Bewertungsausschuss erarbeitet (§ 87 SGB V). Diesem gehören Vertreter der Kassenärztlichen Bundesvereinigung (KBV) und Vertreter des Spitzenverbandes der gesetzlichen Krankenkassen (GKV-Spitzenverband) an. Einen Antrag auf Bewertung neuer Methoden und Leistungen kann nur von den im G-BA vertretenden Parteien (Kassenärztliche Vereinigungen, GKV-Spitzenverband und Patientenvertreterinnen bzw. -vertreter) erfolgen. Hersteller von Medizintechnik oder Anbieter von eHealth-Lösungen können somit selbst keine direkten Anträge stellen, sondern müssen einen „Umweg" über eine der oben genannten Parteien gehen.

In der ambulanten Vergütung spiegelt sich auch die Schwierigkeit der Abgrenzung des Charakters der eHealth-Leistungen wider. Handelt es sich um eine neue Methode, so ist der G-BA für die Erstattungsentscheidung zuständig. Wird innerhalb der eHealth-Anwendung allerdings lediglich eine Kombination bekannter und erstattungsfähiger Leistungen mithilfe von IKT vorgenommen, so muss der Bewertungsausschuss über die Erstattungshöhe entscheiden (Schräder und Lehmann 2011).

Exkurs: Prüfauftrag des Bewertungsausschusses

Durch das Versorgungsstrukturgesetz wurde der Bewertungsausschuss vom Gesetzgeber zum 1. Januar 2011 beauftragt, bis zum 31. Oktober 2012 zu prüfen, „in welchem Umfang ambulante telemedizinische Leistungen erbracht werden können". Auf dieser Grundlage sollte er bis spätestens zum 31. März 2013 beschließen, inwieweit der einheitliche Bewertungsmaßstab für ärztliche Leistungen anzupassen sei (§ 87 Abs. 2a SGB V). Der Bewertungsausschuss hat dazu zunächst eine Rahmenvereinbarung erstellt, die Grundsätze für die Prüfung und Mindestkriterien für vergütungsfähige telemedizinische Leistungen beinhaltet, die bei der Aufnahme von telemedizinischen Leistungen in den EBM beachtet werden sollen. Diese liefern somit auch Anbietern neuer eHealth-Lösungen Anhaltspunkte über die mindestens zu erbringende Güte und den darzustellenden Nutzen. So müssen abrechnungsfähige ambulante telemedizinische Lösungen die Berufsordnung einhalten (insbesondere in Bezug auf das dort verankerte Fernbehandlungsverbot), den Regelungen und Vorgaben des Bundesdatenschutzgesetzes entsprechen und einen nachgewiesenen

Nutzen nach den Kriterien der Evidenzbasierten Medizin besitzen (GKV-Spitzenverband 2013). Allerdings konnten sich die Parteien Ende 2015 lediglich auf eine erste telemedizinische Leistung, die in den EBM aufgenommen werden soll, einigen. So wird ab April 2016 die telemedizinische Kontrolle von Patientinnen und Patienten mit einem Kardioverter/Defibrillator oder einem CRT-System (Kardiale Resynchronisationstherapie) über die EBM-Nr. 13554 abrechenbar sein. Für die Abrechnung wird aber weiterhin mindestens ein persönlicher Arzt-Patienten-Kontakt im Jahr zur Überwachung des Implantats vorausgesetzt (KBV 2015).

Das gesamte Verfahren von Beantragung über Begutachtung bis hin zur Aufnahme in den EBM-Katalog durch den Bewertungsausschuss dauert bis zu (nominal) drei Jahre und ist damit zum Teil länger als der Innovationszyklus neuer Technologien. Auch bei der eigenständigen Prüfung bekannter Methoden durch den Bewertungsausschuss wird das Verfahren nicht beschleunigt, wie das obige Beispiel zeigt. Geprüfte Methoden wären somit zum Zeitpunkt ihrer Aufnahme in den EBM ggf. technisch schon wieder veraltet. Innerhalb der Einführungsphase herrscht für die Anbieter von innovativen eHealth-Lösungen ein hohes unternehmerisches Risiko. Dies entsteht durch die Unsicherheit, ob eine Erstattung überhaupt möglich ist und dadurch, dass diese Entscheidung (und damit die Sicherstellung der Refinanzierung der Entwicklungskosten) innerhalb des Innovationsprozesses zu einem relativ späten Zeitpunkt getroffen wird (Schlötelburg et al. 2008).

Eine weitere Schwierigkeit tritt bei Anwendungen auf, an denen mehrere leistungserbringende Instanzen beteiligt sind (z. B. bei Teleradiologie oder Telekonsultation). In diesen Fällen wäre eine getrennte Abrechnung für beide Parteien förderlich, da so der durch die zunehmende Spezialisierung auftretenden stärkeren Arbeitsteilung Rechnung getragen werden könnte (Voigt 2014). Durch die aus Sicht der Anbieter hohen Hürden für die Aufnahme in den EBM und die Herausforderungen beim vom G-BA geforderten Nutzennachweis mit entsprechenden Studien sind bisher fast keine eHealth-Anwendungen über diesen Weg in die Vergütung gekommen.

Hilfsmittel
Im Gegensatz zu Arzneimitteln ist auch bei Hilfsmitteln die Zulassung nicht gleichzeitig mit einer Kostenübernahme durch die GKV verbunden. Die Entscheidung über die Erstattung von Hilfsmitteln wird vielmehr durch den GKV-Spitzenverband getroffen. Dabei kann eine Aufnahme in das Hilfsmittelverzeichnis durch einen Antrag des Herstellers erfolgen. Der Antragsteller muss für jedes Produkt die Funktionstauglichkeit, Sicherheit, Qualität und – soweit erforderlich – den medizinischen oder pflegerischen Nutzen nachweisen. Für Medizinprodukte gilt der Nachweis der Funktionstauglichkeit und der Sicherheit durch die CE-Kennzeichnung bereits als erbracht. Eine Betrachtung der Kosteneffizienz erfolgt dabei nicht.

Auch wenn die eHealth-Anwendung grundsätzlich patentierbar ist und somit nicht nachgeahmt werden darf, so ist keine produktspezifische Erstattung als Hilfsmittel möglich. Die Entscheidung über die Kostenerstattung wird nur für Produktarten von

Hilfsmitteln getroffen, die von gleichwertiger und gleichartiger Funktion sind. Damit können auch Hilfsmittel von Herstellern in die Kostenerstattung aufgenommen werden, die nicht selbst an der Fortschreibung der Produktgruppen beteiligt waren, wenn das Produkt ähnlich genug gestaltet ist. Dieser free-rider-Situation (Trittbrettfahrer) kann lediglich durch eine ausreichend speziell formulierte Produktart entgegnet werden. Dies widerspricht allerdings dem Grundgedanken der Gruppierung.

5.4.1.3 Sektorenübergreifende Vergütungen

Viele eHealth-Anwendungen zeichnen sich dadurch aus, dass sie die oben aufgezeigten Sektorentrennungen überwinden bzw. die Leistungserbringerinnen und -erbringer sowie Patientinnen und Patienten in allen Sektoren und über die gesamte Versorgungskette hinweg verbinden können. Für Konzepte mit diesem integrierten Charakter können aus den sektorenspezifischen Finanzierungsformen nur schwer belastbare Kostenmodelle abgeleitet werden. Eine wichtige Alternative bieten daher die Finanzierungsmöglichkeiten der sektorenübergreifenden Vergütungsformen.

So gibt es für beide Sektoren über die sektorenspezifischen Erstattungsmöglichkeiten weitere Alternativen, in deren Rahmen auch eine Vergütung von eHealth möglich ist. Im Rahmen von Verträgen der *Integrierten Versorgung (IV)* können Leistungserbringerinnen und -erbringer aller Sektoren und Krankenkassen selektive Verträge über die Versorgung der Versicherten abschließen. Diese selektiven Verträge gelten dann im Gegensatz zur kollektiven Vergütung nicht für alle Versicherten der GKV, sondern lediglich für die Versicherten der eingeschlossenen Krankenkassen. Dabei können auch Methoden eingeschlossen werden, die vom G-BA noch nicht positiv beschieden worden sind. Abgelehnte Methoden dürfen jedoch nicht Vertragsbestandteil werden. Medizinproduktehersteller selbst dürfen zwar keine direkten Vertragspartnerinnen bzw. -partner sein, können sich aber über Managementgesellschaften beteiligen. Über die Vergütungsform und -höhe können die Vertragsparteien frei verhandeln und damit auch sektorenübergreifende eHealth-Technologien verursacher- und nutzerinnen- bzw. nutzergerecht vergüten. Dadurch sollen sich mithilfe des Marktmechanismus effiziente Alternativen durchsetzen und die sektorale Fragmentierung überwunden werden. Gerade für eHealth-Anwendungen, die ihren vollen Nutzen erst in der intersektoralen Zusammenarbeit verschiedener Leistungserbringer entwickeln, ist dies ein immanenter Vorteil. Im Gegensatz zu der Erstattung durch den EBM wird in der IV die Dauer bis zur Einführung neuer Innovationen lediglich durch die Dauer der Vertragsverhandlungen und nicht durch Verfahren beim G-BA determiniert. Dies kann den Einführungsprozess um einiges beschleunigen (Schlötelburg et al. 2008), auch wenn dieser Verhandlungsprozess gerade von kleineren eHealth-Anbietern noch als sehr bis zu lang wahrgenommen wird (BMWi 2016). Die frühzeitigere Einführung von eHealth-Innovationen über einen (regional begrenzten) IV-Vertrag kann zudem grundsätzlich genutzt werden, um (gesundheitsökonomische) Evaluationen im Versorgungsalltag durchzuführen. Diese Erkenntnisse können anschließend genutzt werden, um die Aufnahme in den EBM-Katalog zu beantragen. Jedoch wird die

Qualität dieser Evidenz von manchen Akteuren, wie zum Beispiel dem IQWiG, auch kritisch gesehen (BMWi 2016).

Einen ähnlichen Ansatz haben **Modellvorhaben**, bei denen die Krankenkassen selektive Verträge zur Weiterentwicklung der Leistungserbringung mit den Leistungserbringern schließen können. Auch hier können Innovationen vor einem positiven Votum des G-BAs eingesetzt werden.

Alle selektiven Verträge erzeugen einen zusätzlichen Aufwand für die Beteiligten durch Vertragsverhandlung, Verwaltung und Dokumentation, der die Anzahl möglicher Verträge begrenzt und den Anreiz, kleine Projekte zu fördern, einschränkt (Hacker et al. 2009). Diese Versorgungsformen können die sektoral getrennte Finanzierung überwinden und durch die freien Vertragsverhandlungen Kosten und Erträge verursachergerecht verteilen. Darüber hinaus muss kein formales Verfahren beim G-BA und keine entsprechende Bewertung angestrebt werden. Allerdings sind die Verträge meist regional und nur auf die teilnehmenden Kassen und ihre Versicherten beschränkt. Zudem können Hersteller von Medizinprodukten keine direkten Vertragspartner sein. Es ist allerdings zu beobachten, dass Selektivverträge von eHealth-Anbietern abgeschlossen werden, um diese als ersten Schritt in den ersten Gesundheitsmarkt zu nutzen. Für die Krankenkassen stellen die Verträge dabei neben der möglichen besseren Versorgung ihrer Versicherten auch eine Differenzierungsmöglichkeit gegenüber anderen Kassen dar (BMWi 2016).

5.4.1.4 Erprobungsregelung

Innerhalb der Diskussion um die Erstattung innovativer Methoden wird oft auch die Evidenz- bzw. Studienlage kritisiert. Daher hat der Gesetzgeber im Rahmen des 2012 in Kraft getretenen GKV-Versorgungsstrukturgesetzes eine Möglichkeit geschaffen, um eine schnellere Einführung medizinischer Innovationen zu erreichen und um gleichzeitig eine qualifizierte Aussage über den Nutzen dieser Innovationen zu ermöglichen. Dadurch kann die Erprobung von Innovationen mit „Potenzial einer erforderlichen Behandlungsalternative" (§ 137e SGB V) zu Lasten der Krankenkassen finanziert werden. So sollen neue Methoden schneller ihren Nutzen darlegen und in die Regelversorgung überführt werden können. Damit besteht erstmalig die Möglichkeit für den G-BA, die Studienlage aktiv zu verbessern. Durch die Erprobungsregelung können bei vorhandenem Potenzial für neue Untersuchungs- und Behandlungsmethoden klinische Studien durch den G-BA selbst oder auf Antrag eines Medizinprodukteherstellers oder sonstigen Anbietern der Methode initiiert werden. Während dieser Studienzeit tragen die Krankenkassen die Kosten für die Methode. Beruht der technische Teil der neuen Methode maßgeblich auf dem Einsatz eines Medizinproduktes, muss der Hersteller die Kosten für die wissenschaftliche Begleitung und die sonstigen Studienkosten „in angemessenem Umfang" tragen (§ 137e SGB V).

Grundvoraussetzung für einen Antrag ist die Anerkennung der eHealth-Anwendung als neue Behandlungsmethode nach oben beschriebener Definition inklusive einer Abgrenzung zu den Hilfsmitteln. Anschließend muss das hinreichende Potenzial für eine Erprobung aufgezeigt werden (Potenzial 1). Notwendig dafür ist die Zulassung als

Medizinprodukt und vorzugsweise erste vergleichende klinische Studiendaten zur Darlegung der Wirksamkeit und zur Vorbereitung einer eventuellen Nutzenstudie in der Erprobungsphase (Studien mit mittlerer Anzahl an Teilnehmerinnen und Teilnehmern mit und ohne Kontrollgruppen). Des Weiteren muss anschließend das Potenzial als erforderliche Behandlungsalternative aufgezeigt werden (Potenzial 2). Gemäß der Verfahrensordnung des G-BA (2013) kann sich dieses zweite Potenzial als Behandlungsalternative dann ergeben, wenn die neue Anwendung „aufgrund ihres Wirkprinzips und der bisher vorliegenden Erkenntnisse mit der Erwartung verbunden ist, dass andere aufwendigere, für den Patienten invasivere oder [...] nicht erfolgreich einsetzbare Methoden ersetzt werden, [...] weniger Nebenwirkungen, [...] eine Optimierung der Behandlung [...][oder] in sonstiger Weise eine effektivere Behandlung ermöglichen" (§ 14 Abs. 3 VerfO). Insgesamt dauert das Verfahren der Erprobung ohne den Zeitraum der Durchführung der Studie ca. 29 Monate (Pfenning 2013).

Da noch keine Anträge für eHealth-Anwendungen gestellt worden sind, konnten bisher keine Erfahrungen mit dieser Form der Innovationsförderung für eHealth gesammelt werden. Aber das Verfahren greift die Probleme unklarer Finanzierungsstrukturen und die inhaltliche wie finanzielle Darstellung geeigneter Studien auf und ermöglicht es erstmals auch Herstellern von eHealth-Anwendungen selbst Anträge beim G-BA zu stellen.

5.4.2 Vergütung durch die PKV

eHealth-Anbieter können ihre Leistungen neben der gesetzlichen Krankenversicherung auch Versicherten der privaten Krankenversicherung (PKV) offerieren. Aus Sicht von eHealth-Anbietern ist die mögliche Teilnehmerbasis in der PKV mit ca. 9 Mio. Vollversicherten und ca. 18 Mio. Zusatzversicherten in 2014 (PKV Verband 2015) nicht unattraktiv. In der PKV gibt es im Gegensatz zur GKV in der Regel kein direktes Vertragsverhältnis zwischen Kostenträger und Leistungserbringerinnen bzw. -erbringern, da hier überwiegend nicht das Sachleistungsprinzip, sondern das Kostenerstattungsprinzip gilt. Alle Leistungen werden gemäß der Mustervertragsbedingungen PKV und auf Grundlage der Gebührenordnung für Ärzte (GOÄ) vergütet. Zurzeit sieht die GOÄ allerdings keine spezifischen Abrechnungsziffern für eHealth-Anwendungen vor. Daher hat der 118. Deutsche Ärztetag beschlossen, dass Telemedizin ebenfalls angemessen und entwicklungsfähig im Gebührenwerk verankert werden soll (Bundesärztekammer 2015).

Jede private Krankenversicherung kann neben der Auslagenerstattung für eHealth-Leistungen (z. B. im Rahmen einer telemonitorischen Behandlung eines Versicherten durch eine Ärztin bzw. einen Arzt) ihren Versicherten auch direkt eHealth-Leistungen anbieten. Einige private Krankenversicherungen schließen dazu mit entsprechenden Anbietern für eHealth-Lösungen Versorgungsverträge und offerieren die eHealth-Leistungen ihren Versicherten im Rahmen des Versicherungsvertrages. Dabei sind sie in der Vertragsgestaltung im Vergleich zu ähnlichen Angeboten in der GKV wesentlich freier. Beispiele für solche Angebote sind gerade im präventiven Bereich und in der Versorgung chronisch kranker Versicherter zu finden. Insgesamt verfügen die Versicherungsunternehmen allerdings über sehr heterogene eHealth-Angebote in ihren jeweiligen Leistungsspektren. Solche Angebote dienen nicht nur als Abgrenzungsmöglichkeit zur GKV, sondern auch zu anderen Versicherungen der PKV.

Im Vergleich zur GKV ergeben sich im Falle von übergreifenden, also über alle privaten Versicherungsunternehmen angebotenen Leistungen und Lösungen, jedoch kartellrechtliche Restriktionen. Insofern müssen zurzeit eHealth-Anbieter mit jedem Versicherungsunternehmen individuelle Leistungsbeziehungen eingehen. Trotzdem ist der leichtere Marktzugang aus Anbietersicht positiv zu bewerten und kann unter anderem genutzt werden, um erste Evidenz zu generieren.

5.5 Zweiter Gesundheitsmarkt

Neben der Vergütung über die GKV oder PKV steht es den eHealth-Anbietern frei, mit den Nutzerinnen und Nutzern eine individuelle Vergütungsvereinbarung zu treffen. Auf dieser Grundlage zahlen die Kundinnen und Kunden für die in Anspruch genommenen Leistungen selbst (zweiter Gesundheitsmarkt). Diese Geschäftsmodelle sind hierbei je nach eHealth-Leistung recht unterschiedlich und gehen von einmaligen Zahlungen (z. B. für Gerätekosten), über Kombinationsmodelle (z. B. einmalige Gerätekosten und Leistungskosten je nach Inanspruchnahme), bis hin zu integrativen Lösungen, bei denen die eHealth-Lösung Teil einer medizinischen Behandlung ist und die Leistungserbringerinnen und -erbringer direkt mit den Kundinnen und Kunden abrechnen. In letzterem Fall können je nach der betreffenden eHealth-Anwendung und der im Zusammenhang damit erbrachten Leistung für die Vergütung berufsrechtliche Vorgaben, wie zum Beispiel die Gebührenordnung für Ärzte (GOÄ), maßgeblich sein. Dies würde allerdings eine eigene, freie Kalkulation des Honorars einschränken.

Da der Zugang zum ersten Gesundheitsmarkt von Seiten der Anbieter als zu stark reglementiert und zu aufwendig angesehen wird (BMWi 2016), versuchen viele daher als ersten Schritt, ihr Angebot über den zweiten Gesundheitsmarkt zu vertreiben. So wurden alleine im mHealth-Bereich im Jahr 2012 knapp 100.000 Apps in den jeweiligen Stores angeboten (EU-Kommission 2014). Je mehr die eHealth-Anwendung dem Consumer Markt zuzuordnen ist (z. B. bei Fitnessapps oder anderen Anwendungen zur allgemeinen Gesundheitsvorsorge), desto eher wird der Weg über den zweiten Gesundheitsmarkt gewählt.

Allerdings ist hierbei zu beobachten, dass durch den umfassenden Versicherungsschutz über den ersten Gesundheitsmarkt, die Zahlungsbereitschaft der Konsumentinnen und Konsumenten für private Gesundheitsleistungen in Deutschland eher gering ist. Zwar ändert sich das Verhalten der Bevölkerung dahin gehend, dass insgesamt mehr aus privaten Mitteln für Gesundheitsleistungen zugezahlt wird, jedoch bildet dieser Trend für den Ausbau tragfähiger Geschäftsmodelle zurzeit keine ausreichende Basis (BMWi 2016).

5.6 Evaluation von eHealth-Anwendungen

Grundlage für jeden der oben dargestellten Finanzierungswege ist der Nachweis eines zusätzlichen Nutzens durch die eHealth-Innovation. Dies geschieht durch eine Evaluation der Anwendungen und Projekte. Da eHealth-Anwendungen in der Regel komplexere Interventionen darstellen, kommt der Evaluation eine besondere Bedeutung zur Schaffung einer Evidenzbasis und Überführung theoretischer Potenziale in messbare Erfolge zu. Durch die Besonderheiten von eHealth-Anwendungen, die auch von Anwendung zu Anwendung unterschiedlich ausfallen können, entstehen allerdings auch neue Anforderungen an die Evaluationen. Darüber hinaus sind je nach Finanzierungsweg unterschiedliche Akteure die Adressatinnen und Adressaten der Evaluation, die jeweils unterschiedliche Anforderungen oder Schwerpunkte stellen. Unabhängig davon ist die Evaluation und Analyse der Evidenz der Wirksamkeit eine notwendige Voraussetzung, um die Akzeptanz aller Beteiligten zu erhöhen und die Übernahme in die Regelversorgung zu erreichen.

Wie bereits dargestellt, ist der größte Nutzerkreis über den ersten Gesundheitsmarkt zu erreichen. Bzgl. der GKV bewertet der G-BA bei einer neuen Methode zunächst deren Nutzen für die betroffenen Patientinnen und Patienten auf Basis der vorhandenen wissenschaftlichen Veröffentlichungen und der von den Antragstellerinnen und Antragstellern vorgelegten Studien. Zusätzlich wird die medizinische Notwendigkeit geprüft. Diese liegt zum Beispiel bei einer Alternativlosigkeit der Anwendung in der relevanten Indikation vor. Zur Bewertung müssen klinische Wirksamkeitsstudien mit geeigneten Outcome-Parametern *(efficacy)*, Studien unter Alltagsbedingungen, die die Wirksamkeit und die damit verbundenen Risiken therapeutischer Interventionen belegen *(effectiveness)* und ggf. Studien zum Nutzen einer frühen Behandlung im Vergleich zur späteren Behandlung vorgelegt werden (Verfahrensordnung des GBA 2013). Neben der reinen Wirksamkeit rückt für die Bewertung beim G-BA immer mehr auch die Kosteneffizienz in den Vordergrund.

Nach Möglichkeit sollte die Evidenz nicht in experimentellen Studiendesigns, sondern innerhalb des Versorgungsalltags *(effectiveness)* dargestellt werden. Die Evidenzdarstellung soll sich dabei auf die patientenrelevanten Endpunkte Mortalität, Morbidität und Lebensqualität beziehen (§ 13 Abs. 2 VerfO). Für die Erstattungsfähigkeit von eHealth-Anwendungen ergibt sich daraus, dass diese idealerweise in randomisierten kontrollierten Studien (RCTs) einen zusätzlichen Nutzen bzgl. Mortalität, Morbidität und/oder Lebensqualität gegenüber der im Versorgungsalltag gebräuchlichen Routine zeigen. Allerdings sind bisher in Deutschland nur sehr wenige Studien dieser Art durchgeführt worden, da es für Anbieter von eHealth-Anwendungen nicht trivial ist, diese Anforderungen umzusetzen. So unterscheiden sich Studien über (telematische) nicht medikamentöse Methoden von der Bewertung von Arzneimitteln zum Beispiel dadurch, dass sich erstere ständig weiterentwickeln, sich Komplikationen und unerwünschte Nebeneffekte durch einen Lerneffekt bzw. durch wiederholtes Durchführen reduzieren, die Ergebnisse von den Fähigkeiten des Leistungserbringers abhängen und dass meist kein Placebovergleich möglich ist (Bonchek 1997).

5.6.1 Studienlage

Neben der Zulassung ist für die Übernahme von eHealth-Anwendungen in die Regelversorgung der GKV das Aufzeigen einer größeren Effektivität bzw. eine gleich große Effektivität bei geringerem Ressourcenverbrauch (besseres Kosten-Nutzen-Verhältnis) notwendig. Dies sollte idealerweise durch gesundheitsökonomische Evaluationen wie Kosteneffektivitäts- oder Kosten-Nutzwert-Analysen geschehen (Schöffski 2012). Bisher sind allerdings nur sehr wenige gesundheitsökonomische Studien in ausreichender Studienqualität im Kontext von eHealth-Anwendungen durchgeführt worden. Am Beispiel des Telemonitorings bei chronischen Patientinnen und Patienten mit einer Herzinsuffizienz zeigt sich die ungenügende Studienlage für den deutschen Versorgungskontext. Obwohl gerade dem Telemonitoring großes Potenzial beigemessen wird (Dittmar et al. 2009) und es ab 2016 auch teilweise durch die GKV vergütet wird, wurden bis 2012 lediglich fünf RCTs in Deutschland für diese Art der Anwendung durchgeführt. Und nur zwei davon haben die Kosteneffektivität der telemedizinischen Anwendung überprüft (Augustin und Henschke 2012).

Im internationalen Kontext wurden in den letzten zwanzig Jahren zunehmend mehr klinische Studien, gerade für den Einsatz von Telemedizin bei chronischen Krankheiten, publiziert, die zum Teil eine höhere Wirksamkeit der telemedizinischen Behandlung gegenüber der Standardversorgung zeigen konnten. Davon haben nur sehr wenige die Effekte der Behandlung den Kosten im Rahmen von Kosten-Effektivitäts-Studien gegenübergestellt (Ekeland et al. 2010; Wootton 2012). Darüber hinaus sind vorhandene Aussagen bzgl. der Kosteneffektivität uneinheitlich und werden durch die Qualität der klinischen Studien an sich und die begrenzte Qualität der vorliegenden gesundheitsökonomischen Studien limitiert (Black et al. 2011; de la Torre-Diez et al. 2015; Ekeland et al. 2010; Elbert et al. 2014). Allerdings ist die Qualität der durchgeführten Evaluationen in den letzten Jahren gestiegen. Nichtsdestotrotz sind oft noch Mängel zu beobachten, welche die Ergebnisse verzerren könnten (Bergmo 2010). Des Weiteren gehen die meisten Studien nur bedingt auf die Besonderheiten von eHealth-Anwendungen ein (Wootton 2012).

Die internationalen Ergebnisse sind – insbesondere bzgl. der Kosteneffektivität und der prozessualen Effekte – dabei nur sehr begrenzt auf den deutschen Versorgungsalltag übertragbar. Auswirkungen telemedizinischer Anwendungen beziehen sich zumeist auf den gesamten Behandlungsprozess, der eher national geprägt ist. Dies bezieht sich auch auf Aspekte der bereits angesprochenen sektoralen Trennung. Zusätzlich herrschen länderspezifische Kosten- und Finanzierungssysteme vor, die eine Übertragbarkeit der Ergebnisse von Kosteneffektivitäts-Analysen erschweren.

5.6.2 Anforderungen und Herausforderungen an die gesundheitsökonomische Evaluation

Die gesundheitsökonomische Beurteilung von eHealth-Anwendungen wird durch verschiedene Besonderheiten beeinflusst, die zusätzlich zu den Spezifika von allgemeinen Gesundheitsleistungen gegenüber Dienstleistungen des Konsum- und Industriegütermarktes auftreten und in der Evaluation Berücksichtigung finden sollten (Schultz 2006).

Kosten- und Nutzenverteilung
eHealth-Anwendungen können den Behandlungsprozess an unterschiedlichen Stellen unterstützen und/oder ergänzen. Dabei können eHealth-Anwendungen zum Teil ganze Prozessschritte substituieren oder automatisieren. Sie können als reine Prozessinnovationen den Prozess bei gleicher Behandlungsqualität effizienter gestalten oder auch die Qualität erhöhen. Entsprechend unterschiedlich können die daraus resultierenden Outputs sein. Insbesondere bei Anwendungen, die bei mehreren Leistungserbringerinnen und -erbringern eingesetzt werden, können die Kosten- und Nutzeneffekte sehr unterschiedlich verteilt sein. So kann zum Beispiel bei einer Telekonsultation die anfragende Ärztin bzw. der anfragende Arzt profitieren, während die gleiche Technik für die beratende Ärztin bzw. den beratenden Arzt einen Aufwand darstellt. Soll Akzeptanz bei allen Beteiligten erzeugt und eindeutige positive oder negative ökonomische Aussagen über eHealth-Anwendungen getroffen werden, bedarf es einer multiperspektivischen, gesundheitsökonomischen Analyse, die auch für alle relevanten Akteure, je nach spezifischer Perspektive, die Kosten- und Nutzenverteilung berücksichtigt. So müssen im Rahmen einer Evaluation die individuellen Kosten- und Nutzenverteilungen ermittelt werden, um ggf. die Grundlage zu schaffen, Ungleichgewichte durch Seitenzahlungen ausgleichen oder rollenspezifische Abrechnungsziffern gestalten zu können.

Wahl der Perspektive
Analog zur Identifizierung individueller Kosten und Nutzen ist die Wahl der Perspektive der gesundheitsökonomischen Evaluation von Bedeutung. Regelmäßig wird die Perspektive der Versichertengemeinschaft eingenommen, die alle Kosten der GKV und der Versicherten betrachtet. Die Leistungen der Leistungserbringer werden dabei mit den Preisen der jeweiligen Abrechnungsmodalitäten (z. B. DRG oder EBM) berücksichtigt. Einsparungen innerhalb der Prozesse der Leistungserbringerinnen und -erbringer werden nicht einbezogen. Diese haben durch die meist pauschalen Vergütungen den Anreiz die Leistung effizient zu erbringen. Durch die möglicherweise unterschiedlichen Nutzen- und Kostenverteilungen werden aber positive gesamtgesellschaftliche Effekte ausgeblendet und ein volkswirtschaftliches Optimum verfehlt. Daher wäre die Wahl der gesamtgesellschaftlichen Perspektive, die alle Kosteneffekte berücksichtigt, zu präferieren. Allerdings ist die praktische Durchführung solcher Evaluationen sehr aufwendig.

Kostenerfassung

Auch wenn in gesundheitsökonomischen Evaluationen die Herausforderung oft bei der Erfassung und Bewertung der Nutzeneffekte liegt (Schulenburg 1995), treten auch auf der Kostenseite Herausforderungen auf, gerade wenn diese nicht nur unter Laborbedingungen, sondern im klinischen Alltag ihre Potenziale zeigen sollen. Dies gilt zwar nicht für die Bepreisung der notwendigen Hardware, aber doch für die Erfassung der im Dienstleistungsprozess zu erbringenden Arbeitsschritte. Oft werden eHealth-Anwendungen parallel zu regulären Arbeitsschritten erbracht. Darüber hinaus finden die Prozesse der Leistungserstellung in der klinischen Routine nicht so eindeutig bestimmbar statt, wie es oft genutzte Prozessmodelle vermuten lassen würden, da zum Beispiel externe Störungen die modelhaften Prozesse unterbrechen. Die Zeitmessung ist entsprechend mit einem beträchtlichen Aufwand verbunden (Fehrle et al. 2013). Weiterhin herausfordernd ist die Aufschlüsselung von (sprung-)fixen Kosten, wie zum Beispiel Personalkosten, auf die einzelnen Prozessschritte. Gerade wenn bei einer Evaluation nicht nur die Perspektive der Versichertengemeinschaft eingenommen werden soll, sondern die Konsequenzen für alle Beteiligten aufgezeigt werden sollen, ist eine detaillierte Prozessaufnahme und Kostenverteilung notwendig, da nicht auf die pauschalen Abrechnungsgrößen der GKV zurückgegriffen werden kann.

Viele eHealth-Anwendungen bauen auf bestehende Infrastrukturen (z. B. vorhandene Computer, Smartphones, Internetverbindungen) auf und werden in bestehende Systeme integriert. Daher hängt der Erfolg bzw. das Ergebnis der Evaluation auch immer von der Ausstattung des Settings ab, in dem die Evaluation durchgeführt wird (Ohinmaa und Hailey 2002).

Verblindung

Idealerweise werden bei vergleichenden klinischen Studien alle Beteiligten nicht darüber informiert, wer Teil der Interventions- und wer Teil der Kontrollgruppe ist. Diese doppelte Verblindung (also sowohl von Leistungserbringerinnen und -erbringern als auch von Patientinnen und Patienten) ist bei eHealth-Produkten in der Regel allerdings nicht möglich, da zumindest die Leistungserbringerinnen und -erbringer merken werden, von welchen Patientinnen bzw. Patienten Daten vorliegen und von welchen nicht (Drummond et al. 2009).

Netzeffekte

Den meisten eHealth-Anwendungen ist inhärent, dass sie (patientenbezogene) Informationen über Zeit und Raum transportieren. Der Mehrwert der Anwendungen resultiert dabei aus dem schnelleren und auch inhaltsreicheren Vorliegen von Informationen. Wie bei anderen informationsbasierten Produkten (wie bspw. Software) können die genutzten Informationen unendlich oft geteilt werden ohne an Wert zu verlieren. Das Gegenteil ist sogar in vielen Fällen der Fall. Je mehr Nutzerinnen und Nutzer sich innerhalb des Informationen austauschenden Netzwerks befinden, desto höher kann der Nutzen für alle Beteiligten sein. Bei einem Arzneimittelkonto zum Beispiel tragen alle weiteren teilnehmenden Leistungserbringerinnen und -erbringer sowie Apothekerinnen und Apotheker dazu bei, dass die Informationsgrundlage (in diesem Fall die verschriebenen Medikamente der Patientinnen und Patienten) vervollständigt wird. Dadurch profitieren auch bereits im Netzwerk zusammengeschlossene Nutzerinnen und Nutzer von dem Beitritt der neuen Leistungserbringerinnen und -erbringers. Durch diesen diesen Netzwerkeffekt kann es zu positiven Rückkopplungen und dadurch zu steigenden Grenzerträgen kommen.

Diese (positive) Rückkopplung kann durch verschiedene Ursachen ausgelöst und verstärkt werden (Shapiro und Varian 1999):

- Direkte Netzeffekte treten durch die direkte Kompatibilität von verwendeten Produkten auf. Eine doc2doc-Anwendung kann ihren Nutzen umso mehr entfalten, je mehr Ärztinnen und Ärzte das gleiche System nutzen.
- Indirekte Netzeffekte treten durch den Grad der Verbreitung der Anwendung auf. Bei doc2patient-Anwendungen zum Beispiel sinken die Kosten der Anwendung je Patientin bzw. Patient durch Skaleneffekte. Des Weiteren wird durch die Sammlung von Informationen die Entscheidungsbasis der Leistungsanbieterinnen und -anbieter erhöht und die Qualität der Entscheidung verbessert. Je mehr Patientinnen und Patienten im Rahmen einer solchen doc2patient-Anwendung betreut werden, desto besser können die Leistungsanbieterinnen und -anbieter typische Krankheitsverläufe oder Muster erkennen. Darüber hinaus kann bei einer hinreichend großen Informationsbasis die ärztliche Entscheidung durch unterstützende Systeme (wie automatische Algorithmen, die kritische Werte oder Entwicklungen identifizieren) begleitet werden (Schultz 2006).

Durch die zusätzliche Anzahl an Nutzerinnen und Nutzern steigt gleichzeitig die Attraktivität der Anwendung. Das kann sogar dazu führen, dass die Zahlungsbereitschaft – entgegen der klassischen Theorie – bei höherer Nachfrage steigt (Schulenburg 1995). Evaluationen sollten daher bei der Bewertung der Kostenstrukturen den erwarteten Verlauf der Diffusion berücksichtigen und entsprechende Szenarien modellieren.

Lerneffekte
Wie bei vielen Medizinprodukten ist auch bei eHealth-Anwendungen bei der ersten Nutzung ein gewisser Lernaufwand (z. B. Bedienung der Geräte, Gewöhnung an neue Prozessabläufe) zu investieren, der allerdings mit zunehmender Nutzung abnimmt (Lern- oder Erfahrungskurveneffekte). Wird eine neue Technologie mit einer routinierten Methode verglichen, kann es sein, dass die Effekte eher auf die Erfahrungsunterschiede der Nutzerinnen und Nutzer als auf die tatsächlichen Wirkungen der eHealth-Lösung zurückzuführen sind (Drummond et al. 2009). Entsprechend sollten bei gesundheitsökonomischen Evaluationen diese Lerneffekte berücksichtigt werden, da diese die Effektivität der Anwendung über den Zeitverlauf ändern können. Dabei ist auch zu berücksichtigen, dass diese Effekte nicht nur auf Seiten der Leistungserbringerinnen und

-erbringer, sondern auch bei den Patientinnen und Patienten bzw. privaten Nutzerinnen und Nutzern auftreten können. Dies kann, je nach Integration der Patientinnen und Patienten in den Leistungserstellungsprozess, eine wichtige Rolle spielen.

Komplexitätsanstieg im Behandlungsprozess
Bei der Erbringung von Gesundheitsleistungen wird die Entscheidung von Leistungserbringerinnen und -erbringern durch das jeweilige persönliche Wissen und die vorhandene Informationsbasis determiniert. Wird der Prozess der Leistungserbringung durch eHealth-Produkte unterstützt, so werden Teile des Behandlungsprozesses durch diese Assistenzsysteme ergänzt und Teile des entscheidungsrelevanten Wissens können in Datenbanken oder ähnliches ausgelagert werden. Dadurch verändert sich nicht nur das direkte Patienten-Arzt-Verhältnis (Schmidt und Koch 2003), sondern auch die Komplexität der gesamten medizinischen Dienstleistung. Diese neue Komplexität schlägt sich unter anderem in notwendigen organisatorischen Änderungen durch die Integration von eHealth-Anwendungen nieder (Aas 2001). Die organisatorischen Änderungen stellen Rüstkosten dar, die bei der Evaluation der Anwendungen berücksichtigt werden sollten. Da sie in der Regel aber nur einmalige Aufwendungen darstellen, sollten sie anschließend wie andere auftretende Fixkosten auf die Erbringung einzelner Einheiten umgelegt werden.

eHealth-Anwendungen sind, insbesondere in der Versorgung chronischer Krankheiten, meist ein integrierter Bestandteil größerer Gesamtlösungen. Daher werden innerhalb der Evaluation des Versorgungsprozesses mehrere Komponenten gleichzeitig eingeführt und mit der Standardversorgung verglichen. Bei der Evaluation der eHealth-Komponenten muss noch spezifischer evaluiert werden, welchen individuellen Anteil die eHealth-Komponenten am Gesamtergebnis tragen, welches die beste Technik und welcher Techikeinsatz- und Monitoring-Grad optimal ist.

Akzeptanz
Durch die stärkere Integration der Patientinnen und Patienten (bei Doc2Patient-Anwendungen) und zusätzlicher Akteure (bei Doc2Doc-Anwendungen) in den Leistungsprozess kommt der Akzeptanz der eingesetzten Technologie eine besondere Rolle zu. Nur wenn Lösungen von allen Prozessbeteiligten akzeptiert werden, können sie ihren vollen Nutzen entfalten (Göres 2009). Neben den Kosten und der Bedienbarkeit der technischen Komponente (Leppert et al. 2014) stellen unter anderem Bedenken über Datenschutz und -sicherheit Akzeptanzfaktoren bzgl. eHealth-Lösungen dar. Die Einhaltung von datenschutzrechtlichen Mindeststandards und sichere Kommunikationskanäle zwischen den Leistungspartnerinnen und -partnern sind notwendige Bedingungen für eine erfolgreiche eHealth-Anwendung (Brukamp 2011). Auch wenn viele dieser akzeptanzbezogenen Moderatoren innerhalb einer Evaluation nicht genau quantifiziert werden können, so sollten sie trotzdem in den Studien Berücksichtigung finden, um die erfolgreiche Diffusion genauer abschätzen zu können.

5.7 Fazit

Obwohl eHealth-Lösungen großes Potenzial beigemessen wird, bei den zukünftigen Herausforderungen im deutschen Gesundheitswesen eine maßgebliche Rolle zu spielen, bleibt die (flächendeckende) Diffusion von eHealth-Anwendungen hinter den Erwartungen zurück. Als eine der größten Hürden werden dabei fehlende Geschäfts- und Finanzierungsmodelle gesehen. eHealth-Lösungen können grundsätzlich in allen Sektoren über den gesamten Versorgungsprozess eingesetzt werden und die Zusammenarbeit zwischen den Sektoren und Sozialversicherungsbereichen verbessern. Die Ambivalenz der sektoralen Trennung zeigt sich darin, dass die Überwindung derselben ein großes Potenzial darstellt, unterschiedliche Finanzierungssysteme jedoch die Einführung von Technologien zur Überwindung dieser Sektorengrenzen behindern. Daneben bremsen die unterschiedlichen Erstattungsregulierungen (Verbot mit Erlaubnisvorbehalt im ambulanten und Erlaubnis mit Verbotsvorbehalt im stationären Sektor) die Innovationsgeschwindigkeit.

Auch wenn die Idealvorstellung eine Anwendung und Finanzierung über die Sektoren- und jeweiligen Sozialversicherungsgrenzen hinaus ist, sind die meisten Anwendungsmöglichkeiten allerdings im Bereich der GKV anzufinden. Daher macht der Zugang zur Regelversorgung der GKV den wohl wichtigsten Bestandteil der Geschäftsmodelle der Anbieterinnen und Anbieter aus. Zwar gibt es grundsätzlich sowohl im ersten als auch im zweiten Gesundheitsmarkt verschiedene Finanzierungsmöglichkeiten für eHealth-Anwendungen, allerdings werden die Hürden, gerade für kleinere Anbieter, als sehr hoch angesehen, um ein nachhaltiges Geschäftsmodell zu entwickeln. Eine notwendige Grundlage für die Erstattung stellt die erfolgreiche Evaluation der Anwendung dar. In Bezug auf gesundheitsökonomische Studien ist die Evidenzlage in Deutschland noch überschaubar. Oft sind internationale Ergebnisse von eHealth-Studien nur schwer auf den deutschen Versorgungsalltag zu übertragen. Dies gilt allerdings mehr für die prozessualen Effekte als für die medizinischen Wirksamkeiten. Gerade wenn letzteres erwiesen ist, ist fraglich, ob dann für die gesamte Anwendung eine neue randomisiert-kontrollierte Studie notwendig ist. Als eine Alternative schlagen zum Beispiel Beckers und Strotbaum (2015) ein gestuftes Konzept für die Evaluation von telemedizinischen Anwendungen je nach dem ökonomischen Risiko vor. Die Weiterentwicklung von Evaluationsmethoden und -anforderungen kann somit maßgeblich zur Beschleunigung der Verbreitung von eHealth-Anwendungen beitragen. Es ist allerdings davon auszugehen, dass mit der Einführung des E-Health-Gesetzes, des Innovationsfonds und der Aufnahme von weiteren telemedizinischen Anwendungen in den EBM die Diffusion weiter voranschreitet und eine bessere Grundlage und Infrastruktur für weitere Studien geschaffen wird.

Literatur

Aas IH (2001) A qualitative study of the organizational consequences of telemedicine. J Telemed Telecare 7(1):18–26

Augustin U, Henschke C (2012) Bringt das Telemonitoring bei chronisch herzinsuffizienten Patienten Verbesserungen in den Nutzen- und Kosteneffekten? Ein systematischer Review. Gesundheitswesen 74:e114–121

Beckers R (2013) Kosten-Nutzen-Bilanz verbessern. Ersatzkasse-Magazin 93:26–29

Beckers R, Strotbaum V (2015) Vom Projekt zur Regelversorgung. Die richtige Bewertung des Nutzens der Telemedizin hat eine Schlüsselrolle. Bundesgesundheitsbl Gesundheitsforsch Gesundheitsschutz 58:1062–1067

Bergmo TS (2010) Economic evaluation in telemedicine – still room for improvement. J Telemed Telecare 16:229–231

Black AD, Car J, Pagliari C, Anandan C, Cresswell K, Bokun T, Sheikh A (2011) The impact of eHealth on the quality and safety of health care: a systematic overview. PLoS Med 8(1):e1000387

BMG (2015) Gesundheitswirtschaft im Überblick. http://www.bmg.bund.de/themen/gesundheitssystem/gesundheitswirtschaft/gesundheitswirtschaft-im-ueberblick.html. Zugegriffen: 16. März 2016

BMWi (2016) Ökonomische Bestandsaufnahme und Potenzialanalyse der digitalen Gesundheitswirtschaft – Studie im Auftrag des Bundesministerium für Wirtschaft und Energie

Bonchek LI (1997) Randomised trials of new procedures: problems and pitfalls. Heart 78:535–536

Brukamp K (2011) Akzeptanzfaktoren für die ambulante Telemedizin. In: Brukamp K, Laryionava K, Schweikardt C, Groß D (Hrsg) Technisierte Medizin – Dehumanisierte Medizin. Kassel University Press, Kassel, S 71–76

Bundesärztekammer (2015) 118. Deutscher Ärztetag – Beschlussprotokoll. Bundesärztekammer, Berlin

Bundessozialgericht (1998) Urteil vom 23.07.1998. Aktenzeichen B1 KR 19/96 R

Bundessozialgericht (2000) Urteil vom 28.03.2000. Aktenzeichen B1 KR 11/98 R

Dittmar R, Wohlgemuth WA, Nagel E (2009) Potenziale und Barrieren der Telemedizin in der Regelversorgung. GGW 9:16–26

Drummond M, Griffin A, Tarricone R (2009) Economic evaluation for devices and drugs – same or different? Value Health 12(4):402–404

Ekeland AG, Bowes A, Flottorp S (2010) Effectiveness of telemedicine: a systematic review of reviews. Int J Med Inform 79:736–771

Elbert NJ, van Os-Medendorp H, van Renselaar W, Ekeland AG, Hakkaart-van Roijen L, Raat H, Nijsten TE, Pasmans SG (2014) Effectiveness and cost-effectiveness of ehealth interventions in somatic diseases: a systematic review of systematic reviews and meta-analyses. J Med Internet Res 16(4):e110

EU-Kommission (2014) Grünbuch über Mobile-Health-Dienste („mHealth"). http://ec.europa.eu/newsroom/dae/document.cfm?doc_id=5186. Zugegriffen: 16. März 2016

Fehrle MS, Michl D, Alte O, Götz Fleßa S (2013) Zeitmessstudien im Krankenhaus. Gesundheitsökonomie & Qualitätsmanagement 18:23–30

GKV-Spitzenverband (2013) Anlage zur Rahmenvereinbarung zwischen der Kassenärztlichen Bundesvereinigung und dem GKV-Spitzenverband als Trägerorganisationen des Bewertungsausschusses gemäß § 87 Abs. 1 Satz 1 SGB V zur Überprüfung des Einheitlichen Bewertungsmaßstabes gemäß § 87 Abs. 2a Satz 8 SGB V zum Umfang der Unterstützung ambulanter ärztlicher Tätigkeit durch Telemedizin. https://www.gkv-spitzenverband.de/krankenversicherung/aerztliche_versorgung/richtlinien_und_vertraege/richtlinien_und_vetraege.jsp. Zugegriffen: 16. März 2016

Göres U (2009) Nutzerakzeptanz – Herausforderung Telemedizin am Beispiel der elektronischen Gesundheitskarte. In: Jäckel A (Hrsg) Telemedizinführer Deutschland. Minerva, Bad Neuheim, S 272–280

Hacker J, Götz A, Goldhagen K (2009) Methodenpapier Innovationsfinanzierung in Deutschland: VDE-Positionspapier. VDE MedTech Verband der Elektrotechnik Elektronik Informationstechnik e. V., Frankfurt a. M.

Häckl D, Elsner C (2009) Nutzenbewertung von eHealth. In: Achim J (Hrsg) Telemedizinführer Deutschland. Minerva, Bad Nauheim, S 24–28

InEK (2015) G-DRG-Fallpauschalen-Katalog 2015. http://www.g-drg.de/cms/G-DRG-System_2015/Fallpauschalen-Katalog/Fallpauschalen-Katalog_2015. Zugegriffen: 28. Nov. 2015

KBV (2015) Erste telemedizinische Leistungen in EBM aufgenommen. http://www.kbv.de/html/1150_20117.php. Zugegriffen 18.Dez. 2015

Kindler M, Menke W (2011) Vorschriften für Medizinprodukte. In: Kramme R (Hrsg) Medizintechnik: Verfahren – Systeme – Informationsverarbeitung. Springer, Heidelberg, S 33–48

Leppert F, Dockweiler C, Eggers N, Webel K, Hornberg C, Greiner W (2014) Relevanz und Auswirkungen finanzieller Einflussfaktoren auf die Akzeptanz von Telemonitoring-Anwendungen bei Leistungserbringern. In: Duesburg F (Hrsg) e-Health 2014. Medical Future, Solingen

Ohinmaa A, Hailey D (2002) Telemedicine, outcomes and policy decisions. Dis Manage Health Outcomes 10(5):269–276

Pfenning E (2013) Genereller Verfahrensablauf der Erprobung gemäß § 137e SGB V. http://www.g-ba.de/downloads/17-98-3450/3_2013-04-15_Erprobungsregelung_Verfahrensablauf_Pfenning.pdf. Zugegriffen: 30. Okt. 2015

Schlötelburg C, Becks T, Mühlenbacher A (2008) Studie zum Thema: Identifizierung von Innovationshürden in der Medizintechnik. BMF, Berlin

Schmidt S, Koch U (2003) Telemedizin aus medizinpsychologischer Perspektive: Der Einfluss von Telematikanwendungen auf die Arzt-Patientenbeziehung. Z Med Psychol 12:105–117

Schöffski O (2012) Grundformen gesundheitsökonomischer Evaluationen. In: Schöffski O, Graf von der Schulenburg JM (Hrsg) Gesundheitsökonomische Evaluationen. Springer, Heidelberg, S 43–70

Schräder W, Lehmann B (2011) Telemedizin: Barrieren und Möglichkeiten auf dem Weg in die Regelversorgung. In: Günster C, Altenhofen L (Hrsg) Versorgungsreport 2011. Schwerpunkt: Chronische Erkrankungen. Schattauer, Stuttgart, S 239–252

Schulenburg JM (1995) Ökonomische Evaluation telemedizinischer Projekte und Anwendungen. Nomos, Baden-Baden

Schultz C (2006) Management hochwertiger Dienstleistungen: Erfolgreiche Gestaltung von Kundenbeziehungen am Beispiel der Telemedizin. GWV Fachverlage GmbH, Wiesbaden

Shapiro C, Varian HR (1999) Information rules: a strategic guide to the network economy. Harvard Business School Press, Boston

SVR (2012) Wettbewerb an der Schnittstelle zwischen ambulanter und stationärer Gesundheitsversorgung: Sondergutachten des Sachverständigenrates zur Begutachtung der Entwicklung im Gesundheitswesen 2012. Huber, Bern

Torre-Diez I de la, Lopez-Coronado M, Vaca C, Aguado JS, Castro CD (2015) Cost-utility and cost-effectiveness studies of telemedicine, electronic, and mobile health systems in the literature: a systematic review. Telemed J E Health 21(2):81–85

Verband PKV (2015) Zahlenbericht 2014. Verband der Privaten Krankenversicherung e. V., Köln

Verfahrensordnung des Gemeinsamen Bundesausschusses in der Fassung vom 18. Dezember 2008 veröffentlicht im Bundesanzeiger Nr. 84a (10. Juni 2009) zuletzt geändert am 18. April 2013 veröffentlicht im Bundesanzeiger AT 24.07.2013 B4 in Kraft getreten am 25. Juli 2013

Voigt PU (2014) Rechtsgutachten Telemedizin: Rechtliche Problemfelder sowie Lösungsvorschläge. http://entwurf.initiative-gesundheitswirtschaft.org/wp-content/uploads/2014/12/Gutachten-Telemedizin.pdf. Zugegriffen: 16. März 2016

Wootton R (2012) Twenty years of telemedicine in chronic disease management: an evidence synthesis. J Telemed Telecare 18:211–220

Qualität und eHealth

Was nicht messbar ist, kann man nicht steuern

Anke Simon

> **Zusammenfassung**
>
> eHealth-Anwendungen und Gesundheitsleistungen haben vieles gemeinsam. Beide sind sehr heterogen, beinhalten komplexe Konzepte und sollen möglichst umfassend auf die Verbesserung der Patientenversorgung ausgerichtet sein. Der folgende Beitrag richtet seinen Fokus auf die Qualitätsmessung von eHealth-Anwendungen als essenzielle Grundlage für ein professionelles Qualitätsmanagement. In methodischer Hinsicht werden einschlägige und neuere Theorien sowie Modelle der Qualitätsmessung auf den eHealth-Bereich übertragen. Abschließend wird der Versuch unternommen, eine Systematik zu entwickeln, die sowohl wissenschaftlich fundiert als auch handhabbar für Lehre und Praxis ist. Mit Blick auf die hohe Komplexität der Thematik nimmt letztes eine nicht zu unterschätzende Bedeutung ein.

6.1 Hintergrund

Gesundheitsleistungen und eHealth-Anwendungen haben einige bedeutsame Gemeinsamkeiten. Als Gesundheitsleistungen werden eine große Bandbreite von Leistungen des ersten, zweiten und dritten Gesundheitsmarktes subsumiert (von der gesetzlich finanzierten Krankenhausbehandlung, Medikation, Altenpflege bis hin zum Gesundheitshandwerk, Fitnessindustrie, altersgerechten Immobilienangeboten oder dem Gesundheitszeitschriftenmarkt, um nur einige zu nennen). Ähnlich heterogen ist der eHealth-Sektor, der sich aufgrund der hohen technologischen Innovationskraft sehr

A. Simon (✉)
Fakultät Wirtschaft, Angewandte Gesundheitswissenschaften, Duale Hochschule Baden-Württemberg Stuttgart, Tübinger Straße 33, 70178 Stuttgart, Deutschland
E-Mail: anke.simon@dhbw-stuttgart.de

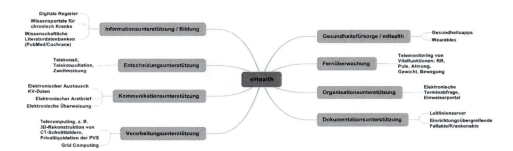

Abb. 6.1 Unterstützungsdimensionen und exemplarische eHealth-Anwendungen aus Sicht von Akteurinnen und Akteuren (In Erweiterung von Haas 2006)

dynamisch gestaltet. Scheinbar täglich kommen neue Anwendungen und Nutzungsmöglichkeiten hinzu (Abb. 6.1). Gesundheitsleistungen werden im Allgemeinen der Güterkategorie der Dienstleistungen zugeordnet, eHealth-Applikationen in der Güterkategorie Software klassifiziert. Beide Leistungsarten zählen zu den immateriellen Gütern und weisen zudem eine ausgeprägte Komplexität auf.

Güthoff (1995) entwickelte einen Kriterienkatalog (ursprünglich für die Einordnung von Dienstleistungen konzipiert), der hier weiterführend auf den Bereich der eHealth-Leistungen Anwendung finden soll (Güthoff 1995; Benkenstein und Güthoff 1996):

- Leistungsmerkmale: Anzahl der Teilleistungen, Multipersonalität (im Sinne unterschiedlicher Professionen bzw. notwendiger Qualifikationen der Mitarbeiterinnen und Mitarbeiter), Heterogenität der Teilleistungen, Länge der Dienstleistungserstellung, Individualität der Dienstleistung
- Persönlichkeitsmerkmale der Kundinnen und Kunden: wahrgenommenes Risiko, Involvement

eHealth-Leistungen lassen sich in diverse Teilleistungen entsprechend der einzelnen Funktionen und Anwenderinteraktionen innerhalb der Applikation unterscheiden. Unterschiedliche Gruppen bzw. Professionen sind für den Leistungserstellungsprozess verantwortlich, unter anderem Systemadministratoren und -administratorinnen, Anwendungsbetreuer und -betreuerinnen, IT-Sicherheitsspezialisten und -spezialistinnen, Netzwerkadministratoren und -administratorinnen, IT-Service-Mitarbeiter und -Mitarbeiterinnen für die Hotline und Vor-Ort Services und nicht zuletzt das klinische Personal des ärztlichen Dienstes sowie des Pflege- und Funktionsdienstes. Ähnlich wie in der Medizin ist der Bedarf an Spezialkompetenz innerhalb der Informatik sehr heterogen (Abb. 6.2). Häufig können eHealth-Anwendungen nicht als Standardapplikation (out of the box) eingesetzt werden, sondern bedürfen eines Customizing bezogen auf die jeweilige Gesundheitseinrichtung bzw. den individuellen Anwendungsbereich. Die Dauer der Leistungserstellung kann bei eHealth-Anwendungen sehr unterschiedlich ausgerichtet

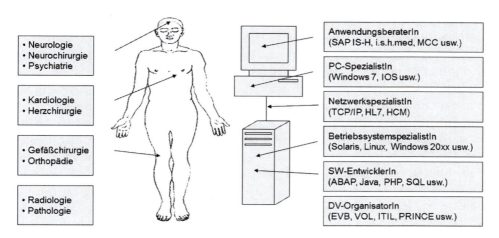

Abb. 6.2 Bedarf an Spezialkompetenz in der Medizin und der Informatik

sein. Gesundheitsapps liefern schnelle Informationen in kurzen abgeschlossenen Zeiträumen, können aber zum Beispiel bezogen auf Vitalwerte auch langandauernd genutzt werden. Telemedizin-Netzwerke sind rund um die Uhr online bzw. on-time und werden regelhaft und fortlaufend genutzt. Bezogen auf die Persönlichkeitsmerkmale der Kundinnen und Kunden, hier der Anwenderinnen und Anwender, besteht – abgesehen von Gesundheitsapps zum Freizeitvergnügen – nicht selten eine hohe Abhängigkeit zur eingesetzten eHealth-Technologie im täglichen Arbeitsprozess. Je höher die Durchdringung von eHealth innerhalb des Versorgungsalltages einer Gesundheitseinrichtung, desto mehr wird ein Systemausfall oder eine Systemstörung als risikobehaftet wahrgenommen. Eng damit verbunden ist die wahrgenommene Wichtigkeit bzw. Bedeutung, im wissenschaftlichen Terminus auch als Involvement bezeichnet, in Bezug auf die genutzten Systeme entsprechend hoch ausgeprägt.

Nach dem Bewertungsschema von Güthoff (1995) können eHealth-Leistungen also als komplexe Dienstleistungen eingestuft werden. Bei Vorliegen von Kombinationen, mit offensichtlich voneinander nicht unabhängigen Merkmalen, ist von einem noch höheren Komplexitätsniveau auszugehen. Trotz dieser generellen Einordnung darf jedoch die Varianz der eHealth-Anwendungen nicht vernachlässigt werden. Gesundheits-Apps zum Freizeitvergnügen oder als Element des gewählten Lebensstils sind gemessen an diesem Kriterienkatalog weit weniger komplex einzustufen als zum Beispiel ein Telekardiologienetzwerk zur on-time Überwachung von Herzpatientinnen und -patienten in der häuslichen Pflege.

Ebenso bestehen im Hinblick auf die Qualitätsanforderungen sowohl bei Gesundheitsleistungen als auch bei eHealth-Anwendungen unterschiedliche Sichtweisen der Akteurinnen und Akteure oder Interessensgruppen im Gesundheitswesen. Erwarten die Anwenderinnen und Anwender, zum Beispiel die beteiligten Ärztinnen und Ärzte eines

Teleradiologienetzes zwischen Krankenhäusern, eine Vereinfachung von Abläufen, eine höhere Qualität der Diagnostik und vor allem eine nutzerfreundliche Softwareergonometrie, liegt der Fokus der IT-Verantwortlichen auf Systemstabilität, IT-Sicherheit, Kompatibilität mit der schon vorhandenen IT-Infrastruktur und auf möglichst niedrigen Investitions- und Wartungsaufwendungen. Für das Krankenhausmanagement liegt der Fokus der Qualitätsanforderungen im Beitrag zur Erfüllung der Unternehmensziele, zum Beispiel in der Hebung von Effizienzreserven, Gewinnung und Bindung von Patientinnen und Patienten sowie Erhöhung und Optimierung der abrechenbaren Leistungen. Die gesetzlichen und privaten Krankenversicherungen (GKV und PKV) haben beim Einsatz von eHealth-Technologien ihren gesamten Versichertenpool im Blick. Als Kostenträger hoffen sie auf langfristige Verbesserungen der Versorgung von Patientinnen und Patienten in epidemiologischer Hinsicht, bei gleichzeitigen ökonomischen Effekten, hier vor allem die Verringerung der Über- und Fehlversorgung und der damit verbundenen Vergeudung von KV-Beiträgen. Die Gesundheitspolitik als übergeordnete Instanz verfolgt mit eHealth, im Sinne einer flächendeckenden Telematikinfrastruktur, Qualitätsziele auf Bundes- und Länderebene. Diese Ziele liegen insbesondere in der Verbesserung der Bevölkerungsgesundheit durch Vernetzung aller Leistungssektoren im Gesundheitswesen sowie in der Eindämmung der Gesundheitsausgabenquote, das heißt der Gesundheitsausgaben im Verhältnis zum Bruttoinlandsprodukt (in den letzten Jahren ca. 11 % vom BIP) (Statistisches Bundesamt 2015). Die langfristige Gesundheitspolitik zielt darauf ab, das im Vergleich mit anderen entwickelten Ländern hohe Niveau des deutschen Gesundheitssystems zu halten und wenn möglich noch auszubauen (OECD 2014; Health Consumer Powerhouse 2015). Die Leistungsanbieter von eHealth-Technologien verfolgen, als weitere Akteure im Gesundheitswesen, naturgemäß unternehmensindividuelle Intentionen, auf die an dieser Stelle aber nicht weiter eingegangen werden soll.

Akteurinnen und Akteure rund um eHealth-Technologien weisen, ähnlich wie die Interessengruppen von Gesundheitsleistungen (u. a. Leistungsempfängerinnen und -empfänger, Leistungserbringerinnen und -erbringer, Krankenversicherungen, Gesundheitspolitik), unterschiedliche Sichtweisen und Perspektiven im Hinblick auf die Qualität von eHealth auf. Zwar überlappen sich diese in wesentlichen Bereichen, aber dennoch gibt es bei gewissen Aspekten deutliche Abweichungen.

Schlussfolgernd kann also mit Blick auf das Qualitätsmanagement festgestellt werden: Bei eHealth-Anwendungen bestehen ähnlich hohe Herausforderungen wie bei anderen Gesundheitsleistungen. Im Unterschied zu eHealth-Technologien verfügen wir jedoch in Bezug auf Gesundheitsleistungen seit Jahren über ein breites Spektrum an Maßnahmen und Instrumenten für ein systematisches Qualitätsmanagement. Diese sind teils gesetzlich vorgeschrieben, teils durch die Fachverbände im Rahmen von Selbstverpflichtungen auferlegt oder in bewährten Managementstrategien verankert. Wird der Krankenhaussektor exemplarisch herausgegriffen, so lassen sich heute kaum noch eine Einrichtung finden, welche nicht die Konzepte des umfassenden Qualitätsmanagements (Total Quality Management [TQM]) eingeführt hat. Evidenzbasierte Medizin (EbM) verbunden mit medizinischen Leitlinien (AWMF 2015) und daraus abgeleiteten klinikspezifischen Behandlungspfaden nehmen an Bedeutung zu. Diverse Instrumente wie die externe Qualitätssicherung (AQUA 2015), der strukturierte Qualitätsbericht nach § 137 Abs. 1 SGB V, Erhebungen zur Patientenzufriedenheit, Auswertung von Patientenbeschwerden, Analyse von sogenannten kritischen Ereignissen (auf der Basis von Critical Incident Reporting Systemen [CIRS]) und vielem anderem mehr werden regelhaft zur Überwachung der Leistungsqualität in Kliniken eingesetzt. In anderen Gesundheitssektoren, wie der stationären und ambulanten Altenpflege, Rehabilitationseinrichtungen oder dem ambulanten Sektor wird ähnlich verfahren, wenngleich der Entwicklungsstand im Vergleich zum akut-stationären Bereich noch nicht ganz so ausgeprägt ist.

Im Vergleich dazu fallen das Qualitätsmanagement und die Qualitätsmessung von eHealth-Leistungen weit weniger entwickelt aus. Für das Qualitätsmanagement von eHealth-Leistungen gelten mittlerweile die Anwendung von Instrumenten und Methoden des professionellen Projektmanagements sowie des Change Managements bei IT-Einführungsprojekten als üblich und einschlägig. Diverse Projekt- und Praxisberichte liegen vor; in den praxisorientierten Zeitschriften KH-IT Journal oder E-Health-COM finden sich regelmäßig entsprechende Artikel. Wenngleich auch hier noch einige Optimierungsbedarfe, insbesondere bezogen auf die Umsetzung in der Praxis, vorliegen, kann von einer ausreichenden methodisch-konzeptionellen Basis vorhandener Instrumente und Maßnahmen ausgegangen werden.

Anders sieht es bei der Frage der Qualitätsmessung von eHealth-Leistungen aus. Mit anderen Worten, wie kann die Qualität von eHealth-Anwendungen gemessen, bewertet bzw. evaluiert werden. Frei nach dem Motto *„Was nicht gemessen werden kann, kann auch nicht gesteuert werden"* ist die Frage nach der Qualitätsbeurteilung essenziell in allen Phasen des Qualitätsmanagements von der Definition der Qualitätsziele bei der Beschaffung einer eHealth-Anwendung, über den Einführungsprozess bis zur Beurteilung der Ergebnisse und der Steuerung des laufenden Betriebs.

Der folgende Beitrag richtet daher seinen Fokus auf die Qualitätsmessung von eHealth. In methodischer Hinsicht werden zunächst Qualitätsindikatoren, die sich als wesentlich für den Erfolg von eHealth-Anwendungen erwiesen haben, auf der Basis eines systematischen Reviews von Überblicksarbeiten und Metaanalysen identifiziert. Im zweiten Schritt wird ein Framework entwickelt, um die große Zahl von Qualitätsmerkmalen zu systematisieren und damit einer Implementierung in der Praxis zuzuführen. Hierzu werden einschlägige und neuere Theorien sowie Modelle der Qualitätsmessung von Gesundheitsleistungen ausgelotet, diskutiert und auf den eHealth-Bereich transferiert. Die intendierte Systematik soll sowohl wissenschaftlich fundiert als auch handhabbar für Lehre und Praxis sein.

6.2 Stand der Forschung

6.2.1 Methodik der Literaturrecherche

In den letzten Jahren wurden zunehmend Arbeiten, welche sich mit der Qualität von eHealth Anwendungen befassen, veröffentlicht. Im Folgenden werden die Ergebnisse von Übersichtsarbeiten (systematische Reviews und Metaanalysen) dargestellt. Die Recherche basiert auf der Datenbank PubMed/Medline sowie Google Scholar und einer Handsuche. Die Suchstrategie mit den Schlüsselwörtern eHealth, Review und Quality erbrachte 48 Treffer:

▶ eHealth[Title/Abstract] AND review[Title/Abstract] AND quality[Title/Abstract]

Die zweite Variante bezogen auf das Schlüsselwort Metaanalyse ergab fünf Treffer, die jedoch eine Teilmenge der ersten Suche darstellen:

▶ eHealth[Title/Abstract] AND meta-analyses[Title/Abstract] AND quality[Title/Abstract]

Entsprechend der Inklusionskriterien 1) systematischer Review oder Metaanalyse, 2) in englischer oder deutscher Sprache verfasst, 3) Studienziel beinhaltet messbare Qualitätsindikatoren als Endpunkte der eHealth Intervention, wurden 25 Publikationen in die Synopse eingeschlossen (Tab. 6.1). Insgesamt hat die Forschungsintensität in den letzten Jahren stark zugenommen. Die betrachteten Stichproben der Überblicksarbeiten umfassen zwischen 8 und 350 Einzelstudien (im Median 23 einbezogene Studien je Review).

6.2.2 Ergebnisse der Literaturrecherche

Obwohl Untersuchungsziele, eingeschlossene Indikationen und Endpunkte der Qualitätsevaluation der betrachteten eHealth-Interventionen stark variieren, können einige klare Tendenzen abgeleitet werden (Tab. 6.1).[1]

Eine eindeutige Evidenz von eHealth lässt sich weiterhin nicht nachweisen. Allerdings zeigen mehrere Reviews signifikante Qualitätseffekte in den Bereichen Selbstmanagement und Patient Empowerment (z. B. Lebensqualität, Symptomverbesserung, Therapietreue, optimale Medikation). Dies gilt insbesondere bei psychiatrischem bzw. psychosomatischem Behandlungskontext. Dagegen bleibt bei eHealth-Anwendungen, welche eher auf die Prozessunterstützung und Prozessoptimierung zielen, die Ergebnisqualität unklar. Endpunkte der Reviews hier beziehen sich beispielsweise auf Indikatoren

---

[1]Eine detaillierte Synopse des systematischen Reviews kann unter folgendem Link abgerufen werden: www.springer.com/978-3-662-49503-2.

Tab. 6.1 Synopse systematischer Reviews zur Qualität von eHealth Interventionen

Referenz	Titel	Methodik
Amadi-Obi et al. (2014)	Telemedicine in pre-hospital care: a review of telemedicine applications in the pre-hospital environment	Design: Systematischer Review Zeitraum: 1970–2014 Anzahl der eingeschlossenen Studien: 39
Archambault et al. (2013)	To explore the depth and breadth of evidence about the effective, safe, and ethical use of wikis and collaborative writing applications in health care	Design: Scoping Review Zeitraum: 2010–2011 Anzahl der eingeschlossenen Studien: 111
Black et al. (2011)	The Impact of eHealth on the Quality and Safety of Health Care: A Systematic Overview	Design: Systematischer Review von Design: Systematischen Reviews Zeitraum: 1995–2010 Anzahl der eingeschlossenen Studien: 53
Bolton und Dorstyn (2015)	Telepsychology for Posttraumatic Stress Disorder: A systematic review	Design: Systematischer Review Zeitraum: 1970–2014 Anzahl der eingeschlossenen Studien: 11
Capurro et al. (2014)	Effectiveness of eHealth Interventions and Information Needs in Palliative Care: A Systematic Literature Review	Design: Systematischer Review Zeitraum: keine zeitliche Einschränkung Anzahl der eingeschlossenen Studien: 17
Charova et al. (2015)	Web-based interventions for comorbid depression and chronic illness: a systematic review	Design: Systematischer Review Zeitraum: 1990–2014 Anzahl der eingeschlossenen Studien: 11
Cresswell et al. (2012)	Computerised decision support systems for healthcare professionals	Design: Interpretativer Review Zeitraum: 1997–2010 Anzahl der eingeschlossenen Studien: 41
Cugelman et al. (2011)	Online Interventions for Social Marketing Health Behavior Change Campaigns: A Meta-Analysis of Psychological Architectures and Adherence Factors	Design: Metaanalyse Zeitraum: 1999–2008 Anzahl der eingeschlossenen Studien: 31

(Fortsetzung)

Tab. 6.1 (Fortsetzung)

Referenz	Titel	Methodik
Davies et al. (2014)	Computer-Delivered and Web-Based Interventions to Improve Depression, Anxiety, and Psychological Well-Being of University Students: A Systematic Review and Meta-Analysis	Design: Systematischer Review und Metaanalyse Zeitraum: keine zeitliche Einschränkung Anzahl der eingeschlossenen Studien: 17
Elbert et al. (2014)	Effectiveness and Cost-Effectiveness of eHealth Interventions in Somatic Diseases: A Systematic Review of Systematic Reviews and Meta-Analyses	Design: Systematischer Review von systematischen Reviews und Metaanalysen Zeitraum: 2009–2012 Anzahl der eingeschlossenen Studien: 31
Ellis und Srigley (2016)	Does standardised structured reporting contribute to quality in diagnostic pathology? The importance of evidence-based datasets	Design: Systematischer Review Zeitraum: unklar Anzahl der eingeschlossenen Studien: 8
Gee et al. (2015)	The eHealth Enhanced Chronic Care Model: A Theory Derivation Approach	Design: Systematischer Review Zeitraum: 2000–2014 Anzahl der eingeschlossenen Studien: 95
Househ (2014)	The role of short messaging service in supporting the delivery of healthcare: An umbrella systematic review.	Design: Systematischer Review von systematischen Reviews Zeitraum: 1990–2013 Anzahl der eingeschlossenen Studien: 13
Knowles und Mikocka-Walus (2014)	Utilization and efficacy of internet-based eHealth technology in gastroenterology: a systematic review	Design: Systematischer Review Zeitraum: keine zeitliche Einschränkung Anzahl der eingeschlossenen Studien: 17
Kuijpers et al. (2013)	A Systematic Review of Web-Based Interventions for Patient Empowerment and Physical Activity in Chronic Diseases: Relevance for Cancer Survivors	Design: Systematischer Review Zeitraum: 1990–2012 Anzahl der eingeschlossenen Studien: 19

(Fortsetzung)

Tab. 6.1 (Fortsetzung)

Referenz	Titel	Methodik
Li et al. (2013)	Health Care Provider Adoption of eHealth: Systematic Literature Review	Design: Systematischer Review Zeitraum: keine zeitlichen Einschränkungen Anzahl der eingeschlossenen Studien: 93
Linn et al. (2011)	Effects of eHealth Interventions on Medication Adherence: A Systematic Review of the Literature	Design: Systematischer Review Zeitraum: keine zeitlichen Einschränkungen Anzahl der eingeschlossenen Studien: 13
Morrison et al. (2014)	Digital Asthma Self-Management Interventions: A Systematic Review	Design: Systematischer Review Zeitraum: 2011–2013 Anzahl der eingeschlossenen Studien: 29
Paré et al. (2007)	Systematic Review of Home Telemonitoring for Chronic Diseases: The Evidence Base	Design: Systematischer Review Zeitraum: 1990–2006 Anzahl der eingeschlossenen Studien: 65
Raaijmakers et al. (2015)	Technology-based interventions in the treatment of overweight and obesity: A systematic review	Design: Systematischer Review Zeitraum: keine zeitlichen Einschränkungen Anzahl der eingeschlossenen Studien: 27
Samoocha et al. (2010)	Effectiveness of Web-based Interventions on Patient Empowerment: A Systematic Review and Meta-analysis	Design: Systematischer Review und Metaanalyse Zeitraum: 1985–2009 Anzahl der eingeschlossenen Studien: 19
Schnall et al. (2014)	eHealth Interventions for HIV Prevention in High-Risk Men Who Have Sex With Men: A Systematic Review	Design: Systematischer Review Zeitraum: 2000–2014 Anzahl der eingeschlossenen Studien: 13
Tang et al. (2014)	Self-Directed Interventions to Promote Weight Loss: A Systematic Review of Reviews	Design: Systematischer Review von Reviews Zeitraum: 2006–2012 Anzahl der eingeschlossenen Studien: 20

(Fortsetzung)

Tab. 6.1 (Fortsetzung)

Referenz	Titel	Methodik
Watkins und Bo Xie (2014)	eHealth Literacy Interventions for Older Adults: A Systematic Review of the Literature	Design: Systematischer Review Zeitraum: 2003–2013 Anzahl der eingeschlossenen Studien: 23
Wildevuur und Simonse (2015)	Information and Communication Technology–Enabled Person-Centered Care for the "Big Five" Chronic Conditions: Scoping Review	Design: Scoping Review Zeitraum: 1989–2013 Anzahl der eingeschlossenen Studien: 350

der Prozessqualität wie Vollständigkeit der Daten/digitalen Dokumente, Rechtzeitigkeit, Genauigkeit, Übereinstimmung mit einschlägigen Standards, konsistente und klare Kommunikation, Unterbrechung des klinischen Workflows oder organisatorische Outcomes wie geringere Patiententransporte, reduzierte Wartezeit, vermiedene Krankenhausaufenthalte, Kosteneffizienz sowie der klinischen Ergebnisqualität wie Reduktion der Mortalität und Früherkennung von Symptomen.

Zwar weisen die Überblicksarbeiten nicht selten auf einzelne Studien mit beeindruckend positiven Ergebnissen hin, gleichzeitig zeigen sie aber auch Untersuchungen ohne jegliche positiven Outcomes bzw. mit negativen (zum Teil was die Kosten betrifft, fatalen) Effekten auf. Der logische Schluss daraus wäre, dass die betrachteten eHealth-Anwendungen zwar über großes Potenzial verfügen, zumindest wird dies durch erfolgreiche einzelne Studien belegt, jedoch können die vielversprechenden Potenziale in der Realität nur selten ihre volle Wirkung entfalten. Neu ist diese Erkenntnis in der Branche keinesfalls, die aktuelle Studienlage unterstreicht jedoch die Problemlage ungemein. Zudem wird von den Autorinnen und Autoren häufig das Fehlen von Kontextinformationen der Struktur- und Prozessqualität beklagt. So bleiben potenzielle Einflussfaktoren oder Variablen, welche moderierend auf die qualitätsbezogenen Endpunkte der eHealth-Intervention wirken, im Dunkeln. Entsprechend gering ist die Aussagekraft für die Praxis, da kaum ein Lerneffekt aus den positiven bzw. negativen Anwendungsbeispielen entsteht, der insbesondere im Hinblick auf die richtige Systemauswahl, -gestaltung und -einführung genutzt werden könnte. Allerdings unterstreichen einige Autorinnen und Autoren die bedeutende Rolle der Anwenderinnen und Anwender und fordern eine frühere Einbeziehung bzw. Mitwirkung derselben (user's pull) sowie bessere Schulungskonzepte ein.

Schlussendlich wird in nahezu allen Studien auf die schlechte Methodenqualität der Untersuchungen hingewiesen. Die Autorinnen und Autoren vergleichen hier in aller Regel den „Goldstandard" von randomisierten, kontrollierten Experimentaldesigns (RCT), typisch in klinischen Studien, mit der Forschungsmethodik die bei eHealth-Anwendungen eingesetzt wird. Realistisch betrachtet können jedoch bei vielen eHealth-Untersuchungsfragen kaum RCTs angewendet werden – eine Herausforderung, die auch in der Versorgungsforschung sowie der Sozialforschung bekannt ist. Es ist schlichtweg unmöglich die große Anzahl von interdependenten Faktoren zu kontrollieren. So stellen Elbert et al. (2014) fest:

> Although many researchers advocate larger, well-designed, controlled studies, attention should be given to the development and evaluation of strategies to implement effective/cost-effective eHealth initiatives in daily practice, rather than to further strengthen current evidence (Elbert et al. 2014).

Der Forschungsstand in der Wissenschaft spiegelt sich in der Praxis wider. Während der Markt für mHealth weltweit boomt (VDI 2015), stagniert die externe Vernetzung der Leistungsakteure, obwohl viele Länder große Anstrengungen im Rahmen nationaler eHealth-Strategien unternehmen (exemplarisch Swiss eHealth Barometer 2015; McConnel 2004; Swindell und Lusignan 2012).

6.3 Qualitätsdimensionen und Modelle zur Qualitätsmessung

Wie bereits ausgeführt, kann eHealth als komplexe Leistung charakterisiert werden, deren Qualitätsanforderungen vielfältig und je nach Akteurin bzw. Akteur unterschiedlich ausgerichtet sind. Die Qualität einer eHealth-Applikation als Ganzes dürfte daher schwerlich messbar sein. Eine Qualitätsbeurteilung muss sich vielmehr in Form von Teilqualitäten bzw. auf einzelne, relevante eHealth-Leistungsmerkmale beziehen. Im Folgenden werden Theorien bzw. konzeptionelle Modelle zur Qualitätsbeurteilung aus der Medizin bzw. der Gesundheitsökonomie auf den eHealth-Bereich übertragen. Dabei werden zwei schon nahezu als klassisch zu bezeichnende Konzepte ausgewählt – das Modell der Qualitätsdimensionen nach Donabedian sowie die Theorie der Gütereigenschaften. Hinzu kommen zwei neuere Ansätze – Porzsolts drei Effekte der Gesundheitsversorgung sowie das Modell der drei Qualitätsbeiträge nach Paschen.

Zur besseren Veranschaulichung und Verständlichkeit werden die theoretisch-konzeptionellen Ausführungen, exemplarisch auf eine als typisch geltende eHealth-Anwendung, das Telemonitoring am Beispiel von Herzinsuffizienzpatienten, übertragen.

> *Telemonitoring* als Teil des Fachgebietes eHealth dient der klinischen Überwachung der Patientinnen und Patienten (vor allem in häuslicher Umgebung auch als Home Monitoring benannt). Dabei werden Untersuchungsbefunde in Echtzeit mit Hilfe von Informations- und Kommunikationstechnologien übertragen.

Paré et al. (2007) „define home telemonitoring as an automated process for the transmission of data on a patient's health status from home to the respective health care setting.

Hence, telemonitoring does not involve the electronic transmission of data by a health care professional at the patient's location. Only patients or their family members, when necessary, are responsible for keying in and transmitting their data without the help of a health care provider such as a nurse or a physician" (Paré et al. 2007, S. 270).

6.3.1 Modell der Qualitätsdimensionen nach Donabedian

Am bekanntesten und in einer Vielzahl von wissenschaftlichen Arbeiten zum Qualitätsmanagement im Gesundheitswesen, aber auch anderer Dienstleistungsbereiche zu Grunde gelegt (Pepels 1996), ist der Ansatz zur Qualitätsbewertung von Donabedian (1980; 1982; 2003). Hierbei werden Struktur-, Prozess- und Ergebnisqualität unterschieden.

Die *Strukturqualität* beschreibt die strukturellen Bedingungen eines Leistungsanbieters, die nach organisationsinternen und organisationsexternen Faktoren unterschieden werden können. Wesentliches Merkmal ist weiterhin eine angenommene Beständigkeit bzw. Statik dieser strukturellen Merkmale (Donabedian 1982). Faktoren der Strukturqualität sind vor allem die Struktur der Mitarbeiterinnen und Mitarbeiter (z. B. Art und Anzahl von Fachpersonal im ärztlichen Dienst, Pflegedienst sowie IT-Mitarbeiterinnen und IT-Mitarbeiter, Qualifikationsniveau bzw. Weiterbildungsstand im Umgang mit dem Telemonitoringsystem, Motivation und Betriebsklima), die Organisationsstruktur sowie die bauliche Struktur des telemedizinischen Überwachungszentrums, die Finanzierung desselben sowie die technische Infrastruktur und deren Wartung. Als organisationsexterne Faktoren werden die gesellschaftlichen Rahmenbedingungen genannt. Bezogen auf das Telemonitoring wären dies die Existenz einer Telematikinfrastruktur sowie die gesetzlichen Rahmenbedingungen zum Thema IT-Sicherheit und Datenschutz. Die Strukturqualität ist, bezogen auf ihren Anteil an der Gesamtqualität, eher von nachrangiger Bedeutung. Die Höhe der Strukturqualität beeinflusst jedoch die Wahrscheinlichkeit einer guten Versorgungsleistung, da sie hierfür die Voraussetzungen schafft.

Die *Prozessqualität*, nach Donabedian (1982) von entscheidender Bedeutung für die Gesamtqualität, bezieht sich auf den umfassenden Wertschöpfungsprozess einer eHealth-Anwendung, das heißt auf die Summe aller Prozesse, welche die Leistungserbringung unter Einbeziehung aller notwendigen Ressourcen zum Ziel hat (Ebner und Köck 1996). Die Teilleistungen des Telemonitoring von Patientinnen und Patienten mit Herzinsuffizienz erstrecken sich dabei von der Gewinnung, Einführung und Schulung der Patientinnen und Patienten, dem laufenden Monitoring, das heißt der Überwachung der Parameter, Kommunikation und Interaktion zwischen Patientin bzw. Patient und Ärztin bzw. Arzt oder Pflegefachperson sowie Eskalationsmechanismen bei Alarm als Teile des patientennahen Kern- bzw. Primärprozesses. Zu den sekundären Prozessen gehören unter anderem begleitende wissenschaftliche Studien, Netzwerkmonitoring und Systemwartung, Überwachung der Übertragungsprotokolle und der regelmäßige Dialog mit den Lieferantinnen und Lieferanten der eHealth-Industrie. Vereinfacht ausgedrückt müssen die richtigen Informationen, in der richtigen Form, zur richtigen Zeit, am richtigen Ort, für die richtigen Anwenderinnen und Anwender verfügbar sein (Haux et al. 2004). Eine hohe Prozessqualität bedeutet, dass „das Richtige rechtzeitig und gut getan wird" (RKI 2006, S. 172).

Die *Ergebnisqualität* bezieht sich auf das Leistungsergebnis und ist umso höher, je größer die tatsächliche Übereinstimmung mit der definierten Leistungserwartung ist. Bezogen auf die Gesamtqualität ist die Ergebnisqualität damit von ausschlaggebender Bedeutung. Auch hierbei gibt es eine Vielzahl von messbaren Faktoren, wie das gewählte Beispiel des Telemonitoring von Patientinnen und Patienten mit Herzinsuffizienz zeigt. Zu diesen Faktoren gehören zum Beispiel die Systemverfügbarkeit und -stabilität, Kompatibilität mit dem Krankenhausinformationssystem und anderen klinischen Informationssystemen (LIS, RIS/PACS, PDMS etc.), Unterstützung einschlägiger Kommunikations- und Dokumentationsstandards und Systemperformance, aber auch übergeordnete patientenbezogene objektive Endpunkte (z. B. frühzeitige Symptomerkennung, verbesserte Medikation, niedrigerer Blutdruck und Mortalität). Hinzu kommen subjektive Komponenten, wie die von den Anwenderinnen und Anwendern wahrgenommene Softwareergonometrie, zum Beispiel im Hinblick auf Erlernbarkeit, Aufgabenkonformität und Erwartungskonformität sowie die Zufriedenheit mit der IT-Hotline oder anderen IT-Service-Leistungen (Simon et al. 2015). Subjektive Indikatoren der Ergebnisqualität des Telemonitorings lassen sich auch auf der übergeordneten Ebene der Versorgungsqualität finden, beispielsweise die Patientenzufriedenheit, die wahrgenommene Lebensqualität oder das individuelle Sicherheitsempfinden (in negativer Hinsicht das Gefühl, ständig kontrolliert zu werden).

6.3.2 Informationsökonomie – Theorie der Gütereigenschaften

Als wichtigste Annahme der Informationsökonomie gilt die asymmetrische Verteilung von Informationen. Dies ist eine Situation, die insbesondere im Gesundheitssystem nicht fremd ist, wobei der Fokus der Informationsökonomie auf dem daraus resultierenden Unsicherheitsproblem des schlechter informierten Transaktionspartners liegt. Die nachfragenden Parteien haben in der Regel das Problem der unzureichenden Verfügbarkeit von Informationen über Produkte, Qualitäten und Preispolitik der Anbieter (Kaas 1995).

Auf den eHealth-Markt übertragen, treten die häufig aus der Praxis bekannten Informationsprobleme im Rahmen der Auswahl und Beschaffung eines geeigneten eHealth-Systems zum Beispiel aus der Sicht von Nachfragerinnen und Nachfragern eines Krankenhauses auf. Aufgrund der asymmetrischen Informationsverteilung im Sinne der Informationsökonomie bestehen Unsicherheiten bei den Nachfragerinnen und Nachfragern in Bezug auf die richtigen Anbieter (Marktunsicherheit) sowie die richtige Qualität des Produkts (Qualitätsunsicherheit). Das Informationsverhalten der Nachfragerinnen und Nachfragers zielt demnach auf die Reduktion von Unsicherheit und kann unterschiedliche Strategien und Aktivitäten der Informationssuche (in der Informationsökonomie als

Screening bezeichnet) beinhalten. Im Vergleich zu anderen Gütermärkten ist die Informationsbeschaffung bei komplexer eHealth-Technologie mit hohen Aufwendungen verbunden. Anbieter von eHealth-Leistungen versuchen die Informationsasymmetrien durch passende Informationsangebote (so genanntes Signaling) einzudämmen. Allerdings muss berücksichtigt werden, dass Signaling-Aktivitäten in der Regel nicht getrennt von den strategischen Absichten der eHealth-Anbieter gesehen werden können. So können Anbieter dazu bewogen werden, leicht erkennbare Botschaften zu platzieren, um ein hohes Qualitätsniveau ohne Bezug zur tatsächlichen Leistungsqualität zu suggerieren, beispielsweise durch eine attraktive Software-Oberfläche oder einen gut designten Internetauftritt. Aus ökonomischer Sicht wäre dies als Fehlallokation einzustufen.

Richtungsweisend in Bezug auf die Forschungen zur Qualitätsunsicherheit ist die von Nelson (1970; 1974) vorgenommene Unterteilung von Gütern in Such- und Erfahrungsgüter. Erweitert wurde diese Einteilung später von Darby und Karni (1973) um eine dritte Kategorie – die Vertrauensgüter. Die drei Güterkategorien werden in Abhängigkeit des Schwierigkeitsgrades ihrer Qualitätsbeurteilung wie folgt charakterisiert (Homburg und Krohmer 2003; Mengen 1993; Weiber und Adler 1995):

- Güter mit *Sucheigenschaften* sind dadurch gekennzeichnet, dass sie von den nachfragenden Parteien durch Inspektion des Angebotes oder im Ergebnis einer entsprechenden Informationssuche bereits vor dem Kauf vollständig beurteilt werden können.
- Güter mit *Erfahrungseigenschaften* können von den nachfragenden Parteien erst nach dem Kauf bzw. während der Leistungsinanspruchnahme beurteilt werden. Daher ist die Bewertung erst nach Ge- bzw. Verbrauch des Gutes möglich.
- Güter mit *Vertrauenseigenschaften* können aufgrund kognitiver, zeitlicher oder materieller Restriktionen der nachfragenden Parteien weder vor noch nach dem Kauf vollständig beurteilt werden.

In den meisten Produkten bzw. Leistungen sind alle drei Eigenschaftskategorien komplementär anzutreffen, wobei häufig eine bestimmte Eigenschaftskategorie als dominant festzustellen ist (Meffert und Bruhn 2006). Bei Gesundheitsleistungen dominieren tendenziell die Erfahrungs- und insbesondere die Vertrauenseigenschaften (Bürger 2003; Simon 2010).

Mit Blick auf unser Beispiel des Telemonitorings von Patientinnen und Patienten mit Herzinsuffizienz sind Sucheigenschaften vorwiegend im Bereich der Strukturqualität sowie bei einigen Aspekten der Prozessqualität zu finden.[2] Prinzipiell kann sich ein

---

[2]Die weiterführenden Erläuterungen beziehen sich prinzipiell auf die Möglichkeit einer Qualitätsbeurteilung durch Nachfragerinnen bzw. Nachfrager aufgrund der Gütereigenschaften von eHealth-Anwendungen. Von der Frage, ob die aufgeführten Qualitätsinformationen tatsächlich bereits durch vorhandene Informationsangebote beziehbar sind sowie ob auf Seite der Nachfragerinnen bzw. Nachfrager zum Beispiel kognitive oder zeitliche Restriktionen vorliegen, wird an dieser Stelle bewusst abstrahiert.

Krankenhaus vor Beschaffung des Systems über alle Softwarefunktionen, Workflow, Benutzerführung und andere Programmfeatures informieren. In aller Regel werden umfängliche Leistungskataloge bzw. Pflichtenhefte als Grundlage für den Auswahl- und Beschaffungsprozess sowie die Vertragsgestaltung herangezogen (nicht selten in zweistelligem Seitenumfang). Weitere Qualitätsmerkmale zur Interoperabilität, zum Datenschutz und zur IT-Sicherheit sind ebenfalls als Sucheigenschaften einzuordnen. Suchinformationen zur Strukturqualität wären beispielsweise die Qualifikation und Kompetenz des IT-Personals des Lieferanten, strategische Partnerschaften bzw. Entwicklungspartnerschaften mit anderen Unternehmen (z. B. KIS-Hersteller) sowie Fachverbänden (z. B. AG Telemonitoring der Deutsche Gesellschaft für Kardiologie – Herz- und Kreislaufforschung e. V.). Ermittelbare Sucheigenschaften zur Prozessqualität sind zum Beispiel Antwortverhalten und Systemgeschwindigkeit oder die Anzahl notwendiger Transaktionen/Dialogschritte zur Durchführung ausgewählter Aufgaben („Anzahl der Klicks").

Erfahrungseigenschaften lassen sich nicht vor dem Kauf bzw. der Inanspruchnahme der Leistung prüfen. Hierunter fallen vor allem Qualitätsmerkmale der Prozessqualität, wie das Customizing und die Einführung des Systems, die Beratung und Unterstützung der krankenhausinternen IT-Mitarbeiterinnen und -Mitarbeiter sowie des Facility Managements bei der Einrichtung des Monitoringcenters, Beratung und Schulung der Anwenderinnen und Anwender in der Kardiologie, das Engagement und die Freundlichkeit der Mitarbeiterinnen und Mitarbeiter des Lieferanten, die Verlässlichkeit vertraglicher Zusagen, die Einhaltung von zeitlichen Vorgaben, die Übergabe nach Ende des Einführungsprojekts an das Serviceteam etc.

Vertrauenseigenschaften lassen sich per Definition nicht einmal im Rahmen gesammelter Erfahrungen von Seiten der Kundinnen und Kunden beurteilen. Begründet ist dies einerseits durch das Wissensgefälle zwischen Nachfragerinnen bzw. Nachfragern und Anbieterinnen bzw. Anbietern, welches auch von besonders kenntnisreichen Anwenderinnen und Anwendern in der Klinik oder kompetenten krankenhausinternen IT-Spezialistinnen bzw. IT-Spezialisten nicht vollständig beseitigt werden kann. Bei der Beschaffung eines Telemonitoringsystems können dies die Produktpolitik, insbesondere die Änderung von Systemplattformen oder der Verkauf von Leistungssparten, sowie die wirtschaftliche Situation des Herstellers sein, von dem das Krankenhaus keine Kenntnis erlangt. Letzteres dürfte aus Gründen des Investitionsschutzes von besonderer Relevanz sein.

Generell kann festgestellt werden, dass in Bezug auf eHealth-Anwendungen der Anteil an Erfahrungs- und Vertrauenseigenschaften überwiegt. Insofern beschränken sich die Ex-ante-Informationsmöglichkeiten für das Krankenhaus als nachfragende Institution in erster Linie auf die Sucheigenschaften des Telemonitoringsystems. Allerdings können als Ausgleich für die nicht Ex-ante-Beurteilbarkeit der Erfahrungs- und Vertrauensmerkmale der Systemqualität Ersatzindikatoren herangezogen werden, die eine antizipierbare Qualitätsbewertung aufgrund erzielter Leistungen in der Vergangenheit ermöglichen (Meffert und Bruhn 2006). Dies sind vor allem objektive und subjektive Indikatoren zur Ergebnisqualität, wie Bewertungsergebnisse durch unabhängige Qualitätsgutachten oder

Fachverbände sowie subjektive Ergebnisse zur Zufriedenheit der Anwenderinnen und Anwender, öffentlich zugängliche Erfahrungsberichte der Vergangenheit, insbesondere auch glaubwürdige Informationsquellen von Bekannten oder Kolleginnen und Kollegen aus dem Netzwerk. Erfahrungs- und Vertrauensinformationen von dritter Seite können damit in Suchinformationen überführt werden (Meffert und Bruhn 2006).

Insgesamt determinieren die Ausprägungen der Gütereigenschaften die Informationslage und den Grad der Unsicherheit sowie das wahrgenommene Kaufrisiko der Nachfragerin bzw. des Nachfragers (Meffert und Bruhn 2006). Je weniger Sucheigenschaften des auszuwählenden Telemonitoringsystems durch das Krankenhaus als nachfragende Institution (IT-, Einkaufs-, FM-, Finanz-Abteilung, ärztlicher Dienst, Pflegedienst) überprüfbar sind, desto schlechter ist dessen Informationslage und desto höher die vorhandene Unsicherheit bzw. das daraus resultierende Sicherheitsbedürfnis.

6.3.3 Modell der drei Effekte der Gesundheitsversorgung nach Porzsolt

Vor dem Hintergrund von identifizierten Kommunikationsproblemen zwischen Vertreterinnen bzw. Vertretern aus Medizin und Ökonomie zu Nutzenbewertungen von Gesundheitsleistungen schlägt Porzsolt (2015) die Unterteilung in die Outcome-Kategorien Wirkung, Wirksamkeit und Nutzen vor. Je nach Kategorie unterscheiden sich die angestrebten Effekte (Outcome) und damit auch die Ergebnisqualität von Gesundheitsleistungen (Porzsolt 2015):

- Wirkung: bezieht sich auf die Gesellschaft, eine Gesundheitsleistung muss unter Idealbedingungen einen Effekt nachweisen ohne Schaden zu verursachen
- Wirksamkeit: bezieht sich auf die Gesellschaft, allerdings unter Alltagsbedingungen, das heißt eine Gesundheitsleistung muss die idealtypische Wirkung auch unter Alltagsbedingungen zumindest teilweise nachweisen
- Nutzen: bezieht sich auf das Individuum, indem ein individuelles Gesundheitsproblem gelöst wird bzw. ein individueller Nutzen entsteht

Am Beispiel eines neuen Arzneimittels zur Blutdrucksenkung seien die Kategorien schnell erklärt. Die Wirkung eines Arzneimittels muss durch klinische Studien (in der Regel RCT über eine durch Ein- und Ausschlusskriterien definierte Studienpopulation) unter Idealbedingungen, also ohne Störvariablen, nachgewiesen werden. Daran wird üblicherweise die Zulassung eines Arzneimittels gebunden. Letztlich entscheidend ist die Wirksamkeit unter Alltagsbedingungen, das heißt ob der Blutdrucksenker auch bei der Gruppe der betroffenen Patientinnen und Patienten auf Akzeptanz stößt und somit entsprechend der Empfehlungen regelmäßig eingenommen wird. Dabei ist auch die Wechselwirkung mit anderen Arzneimitteln zu berücksichtigen sowie ob das Medikament bei unterschiedlichen Ernährungs- und Lebensstilen seine Wirksamkeit entfaltet. Mit Blick auf das betroffene Individuum ist ein Nutzen dann erzielt, wenn nicht nur die Blutdruckwerte nachweislich verbessert werden (die Mehrheit der Hypertoniepatientinnen und -patienten spürt keine Symptome bei erhöhten Werten), sondern sich der eigentliche Nutzen in der präventiven Vorbeugung von Schlaganfall oder Herzinfarkt zeigt.

Porzsolt (2015) generalisiert seine Systematik: „Die Terminologie muss für alle Bereiche des Gesundheitswesens, z. B. für Arzneimittel, medizintechnische Produkte, für alle Strategien, Ziele und Maßnahmen der Gesundheitsversorgung gleichermaßen gelten" (Porzsolt 2015, S. 153), also auch für eHealth-Leistungen. Weiterführend betrachtet er die Versorgungskette differenziert nach Screening, Diagnostik und Therapie.

Bezogen auf die Effekte bzw. die Ergebnisqualität von eHealth-Applikationen müssen alle drei Kategorien erreicht werden. Kommen wir zurück auf unser Beispiel des Telemonitoring. Die Wirkung eines Telemonitoringsystems wird in der Regel durch einen Konzepttest (proof of concept) sowie ein Pilotprojekt gezeigt. Sozusagen unter Idealbedingungen werden unter anderem die Funktionen der Software, die Funktionalität der Endgeräte bei den Patientinnen und Patienten, die Datenübermittlung und Systemstabilität getestet. Eine Wirksamkeit des Telemonitoringsystems für Patientinnen und Patienten mit Herzinsuffizienz wird dann erreicht, wenn auf Gesellschaftsebene unter Alltagsbedingungen eine Verbesserung der Versorgung (risikoadjustiert) erzielt wird. Dies kann in verschiedener Weise erfolgen: Unnötige und schädliche Behandlungen werden reduziert, optimale Behandlungen zu angemessenen Kosten oder angemessene Behandlungen zu optimalen Kosten gefördert (auch ein Korridor zwischen den beiden letztgenannten ist denkbar) (Lauterbach 2009). Für individuelle Nutzerinnen und Nutzer lassen sich zwei Gruppen beim Telemonitoring unterscheiden: Für Patientinnen und Patienten mit Herzinsuffizienz liegt der direkte Nutzen in der höheren Sicherheit durch die professionelle Überwachung, der indirekte Nutzen in der möglichst frühzeitigen Erkennung von Parameterverschlechterungen und der Vorbeugung lebensbedrohlicher Situationen durch rechtzeitige Interventionen. Der individuelle Nutzen der Patientin bzw. des Patienten muss in Relation zum Aufwand und den verbundenen Einschränkungen betrachtet werden. Muss die Patientin bzw. der Patient beispielsweise das Gewicht sehr umständlich selbst bestimmen und die Werte erst manuell in das Endgerät eingeben oder werden regelhaft Fehlalarme ausgelöst, weil das Abwesenheitsregime nicht gut gelöst ist, verringert sich der individuelle Nutzen stark. Ebenso kann die zweite Anwendergruppe, das klinische Personal im Überwachungszentrum des Krankenhauses, betrachtet werden. Ist die Telemonitoringtechnologie wenig in den Klinikalltag integriert oder entsprechen die Softwareergonometrie und die Benutzerführung nicht den Qualifikationsanforderungen, sinkt die Akzeptanz auf Seiten des ärztlichen und pflegerischen Dienstes. Das Telemonitoringsystem wird als zusätzlicher Arbeitsaufwand wahrgenommen, die Ergebnisqualität leidet entsprechend.

Die Nutzung von Schrittzählern oder die Aufzeichnung von Schlafphasen und Herzfrequenz als typische Features vieler Gesundheitsapps scheint zunächst eine Wirkung zu erzielen, indem viele Daten gesammelt und für die Anwenderinnen und Anwender zur Verfügung gestellt werden. Ob diese Gesundheitsapps jedoch eine Wirksamkeit in epidemiologischer Hinsicht (auf Gesellschaftsebene) erzielen, zum Beispiel bei der Vorbeugung von Übergewicht und den damit verbundenen Bevölkerungskrankheiten wie Diabetes Mellitus Typ II, Rückenbeschwerden oder Herz-Kreislauf-Erkrankungen sowie einen Nutzen für die jeweils individuelle Gesundheit der Anwenderinnen und Anwenders schaffen, bleibt noch offen und müsste durch entsprechende Studien nachgewiesen werden. Zumindest sobald Krankenkassen die Kosten der Gesundheitsapps übernehmen sollen. Bleiben die Apps dem privaten Gesundheitsmarkt überlassen, obliegt den individuellen Nutzerinnen und Nutzern die Qualitätseinschätzung und damit die Beurteilung des Outcomes.

6.3.4 Modell der drei Beiträge zur Qualität nach Paschen

Mit dem Ziel der Identifikation von mess- und prüfbaren Qualitätsmerkmalen unterscheidet Paschen (2011) die drei von ihm als „Beiträge" bezeichneten Qualitätsdimensionen Design, Performance und Angemessenheit. Als Gegenentwurf zum Konzept nach Donabedian (1980; 1982; 2003) gedacht, unterstreicht Paschen (2011) den prozessorientierten Charakter der medizinischen Qualität. Der Vorgehensweise wird nun gefolgt, um die drei Beiträge kurz zu erklären. Der *Designbeitrag* bezieht sich auf das Behandlungsverfahren, zum Beispiel ein Medikament oder ein Herzschrittmacher. „Das Verfahren selbst – die Idee – nennen wir seinen ‚Entwurf' oder – englisch – sein ‚Design'" (Paschen 2011, S. 370). Wichtigste Qualitätsmerkmale des Designbeitrages sind Wirksamkeit und Sicherheit in der Therapie sowie Richtigkeit und Präzision in der Diagnostik.

Der *Performancebeitrag* meint hingegen die konkrete Umsetzung des Designs, beispielsweise die Operation zum Einsatz des Herzschrittmachers, deren Erfolg vor allem vom Können des Operateurs bzw. der Operateurin abhängt. Dauer, Kontinuität, Stabilität, Zuverlässigkeit und Reaktionsfähigkeit kennzeichnen die Qualität der Ausführung der Behandlung. Eine fehlerhafte Ausführung gefährdet den Behandlungserfolg. Das Design an sich ist davon unabhängig. Ein Antibiotikum dessen Wirksamkeit (im „Design") nachgewiesen wurden, kann im Performancebeitrag zum Beispiel durch Unterdosierung, zu frühem Abbruch oder andere Faktoren wirkungslos bleiben. In dem Fall ist der Performancebeitrag suboptimal.

Die *Angemessenheit* wird als dritter Beitrag verstanden und bezieht sich auf die Bedarfsgerechtigkeit der Behandlung. Wenn die Behandlung nicht zur individuellen Patientin bzw. zum individuellen Patienten passt oder die Diagnostik nicht richtig oder ungenau gestellt wird, ist die Behandlung nicht angemessen. Wenn die Patientin bzw. der Patient auch ohne die Behandlung gesund geworden wäre, ist jegliche Behandlung unangemessen. Auf Makroebene wird Über-, Unter- oder Fehlversorgung erzeugt. Die Antibiotikagabe bleibt auch bei richtiger Einnahme nutzlos, wenn die Keime resistent sind oder der Patient an Nebenerkrankungen leidet, die mit Schluckstörungen verbunden sind. Weiterführend unterscheidet Paschen (2011) in dem Zusammenhang noch zwischen der patientenindividuellen Angemessenheit sowie der gesellschaftlichen Ebene der

Gesundheitspolitik. Beispielsweise kann die Beurteilung des Zusatznutzens eines neuen Medikaments höchst unterschiedlich ausfallen. Gesundheitspolitisch gesehen reicht in Anbetracht begrenzter KV-Beiträge der ausgewiesene Zusatznutzen ggf. nicht aus, um das neue Medikament in den Leistungskatalog der gesetzlichen Krankenversicherung aufzunehmen. Die individuelle Meinung einer betroffenen Patientin bzw. eines betroffenen Patienten kann hier ganz anders ausfallen. Nach Paschen (2011) darf beides nicht miteinander vermischt werden. Ein besonderes Augenmerk wird dementsprechend der Annehmbarkeit gewidmet. Dieser Aspekt lässt sich sowohl im Design- als auch im Performancebeitrag verorten. Kleine Kinder sind häufig nicht fähig Tabletten zu schlucken. Annehmbar wird das Medikament in Saftform. Behandlungsverfahren, die stark in den Lebensalltag der Patientinnen und Patienten eingreifen, weil sie zum Beispiel sehr aufwendig oder mit hohen Kosten verbunden sind, führen vielfach zu einer geringen Compliance der Patientinnen und Patienten. Design und Ausführung einer Behandlung müssen daher so gestaltet sein, dass eine größtmögliche Annehmbarkeit gewährleistet wird.

Vergleichen wir nun das Modell der Qualitätsbeiträge nach Paschen (2011) mit den drei zuvor dargestellten Konzepten an dem Beispiel des Telemonitorings, lässt sich schnell feststellen, dass sich der Designbeitrag von Paschen (2011) ähnlich wie bei Porzsolt (2015) auf den Nachweis der Wirkung einer Anwendung bezieht. Diese wird typischerweise durch Konzepttests und Pilotprojekte nachgewiesen (Abschn. 6.3.3). Der Performancebeitrag weist Ähnlichkeiten mit der Prozessqualität nach Donabedian (1980; 1982; 2003) auf. Wir haben hier bereits entsprechendes aufgeführt (Abschn. 6.3.1). Der Beitrag der Angemessenheit adressiert vergleichbar wie bei Donabedian (1980; 1982; 2003) die Ergebnisqualität, unterstreicht jedoch, wie auch in Porzsolts (2015) Modell, stärker die Bedarfsorientierung bzw. den Nutzen des Telemonitoring-Systems sowohl für Patientinnen und Patienten als auch für das klinische Personal. Einen zusätzlichen Erkenntnisgewinn bietet Paschen (2011) mit dem Merkmal der Annehmbarkeit. Porzsolt (2015) thematisiert den Aspekt zwar auch im Rahmen seiner Betrachtungen zur Wirksamkeit unter Alltagsbedingungen sowie dem Nutzen für das Individuum, eine explizite Handhabung als Qualitätsmerkmal erscheint jedoch folgerichtiger.

6.4 Framework

Das folgende Kapitel umfasst eine Synthese der diskutierten Qualitätstheorien und Modelle der vorangegangenen Abschnitte unter Einschluss der State-of-the-art Qualitätsreviews aus der aktuellen Literatur. Das Ziel besteht darin, eine Systematik zu schaffen, welche die große (nahezu unübersehbare) Anzahl an potenziellen, erfolgsrelevanten Qualitätsindikatoren und die damit einhergehende Komplexität der Qualitätsmessung von eHealth-Anwendungen transparent, handhabbar und damit für konkrete Praxisprojekte nutzbar macht. Der Ansatz greift aus Gründen der besseren Verständlichkeit wieder auf das bewährte Beispiel des Telemonitorings von Patientinnen und Patienten mit Herzinsuffizienz im häuslichen Umfeld zurück. Neben der Entwicklung einer geeigneten

Ordnungssystematik schafft das Modell ein Framework als Vorlage zur Sammlung wesentlicher Qualitätsindikatoren, welche bei Übertragung auf andere eHealth-Settings leicht adaptiert bzw. ausgetauscht werden können.

Wie in Tab. 6.2 dargestellt, dienen die vorgeschlagenen Qualitätsdimensionen zunächst der systematischen Ordnung aller essenziellen Qualitätsindikatoren und verhindern somit, dass einzelne Qualitätsaspekte nicht beachtet werden oder aus dem Blick geraten. Die Qualitätsdimensionen nach Donabedian (1980; 1982; 2003) erweisen sich hierbei als sehr hilfreich und schaffen eine erste Gliederungsebene, unterteilt nach Struktur-, Prozess- und Ergebnisqualität. Dabei wird die Kategorie der Ergebnisqualität, dem Qualitätsmodell nach Porzsolt (2015) folgend, verfeinert, indem zwischen der Wirkung, der Wirksamkeit und dem Nutzen differenziert wird. Die zweite Ebene des hier vorgestellten Ansatzes umfasst weiterführend die drei Perspektiven: IT-systembezogen, anwenderbezogen und gesundheitsbezogen. Letztere unterteilt in die patientenindividuelle Ebene und in die Ebene der Gesellschaft (epidemiologisch betrachtet) – wie von Porzsolt (2015) und Paschen (2011) vorgeschlagen. Das Modell der Gütereigenschaften wird genutzt, um die Qualitätsmerkmale des Telemonitoring-Systems je nach ihrem Grad an Unsicherheit zu markieren. Viele Qualitätsmerkmale dieses Beispiels können erst während oder nach der Systemnutzung beurteilt werden. Entsprechend hoch ist das Risiko vor der Beschaffung bzw. Implementierung. Einige (wenige) Qualitätsindikatoren sind Vertrauenseigenschaften, können also niemals zweifelsfrei bewertet werden. So können individuelle Patientinnen und Patienten kaum feststellen, ob nicht ein längerer Aufenthalt in der Klinik oder mehr persönliche Arztkontakte für einen besseren Gesundheitszustand gesorgt hätten, als die häusliche Betreuung über das Telemonitoring.

Ein exemplarisches Lesebeispiel führt schnell durch das Framework: So liegt es beispielsweise auf der Hand, an erster Stelle ein geeignetes System mit den gewünschten Funktionalitäten zu identifizieren (als systembezogene Merkmale der Strukturqualität). Häufig scheitert jedoch ein Projekt, wenn die klinischen Anwenderinnen und Anwender nicht von der Wirkung des Telemonitorings im medizinischen Sinne überzeugt sind oder selbst keinen Nutzen im stationären Alltag verspüren bzw. sogar Beeinträchtigungen und zusätzlichen Arbeitsaufwand ohne adäquaten Leistungsausgleich hinnehmen müssen. Die Messung der Zufriedenheit der Anwenderinnen und Anwender – sowohl des medizinischen Personals als auch der Patientinnen und Patienten – auf der Basis valider und aussagekräftiger Erhebungsinstrumente ist daher von großer (nicht selten unterschätzter) Bedeutung (Simon et al. 2015). Mit Blick auf die gesundheitsbezogenen Qualitätsmerkmale gibt es ebenso eine Reihe von Erfolgsfaktoren. In gesellschaftlicher Hinsicht muss das Telemonitoring einen nachweislichen Zusatznutzen im Vergleich zu den bisherigen Behandlungsmaßnahmen für Patientinnen und Patienten mit Herzinsuffizienz erbringen. Aber auch dieser Wirksamkeitsnachweis reicht noch nicht aus. Bezogen auf individuelle Patientinnen und Patienten würde eine inkorrekte Indikationsstellung zu kostenintensiver Fehlversorgung führen. Auch der individuelle Nutzen für die Betroffenen mit Herzschwäche muss, anhand der ausgewiesenen Qualitätsindikatoren in Tab. 6.2, klar nachweisbar sein.

6   Qualität und eHealth

Tab. 6.2 Systematik zur Qualitätsmessung von eHealth-Anwendungen am Beispiel des Telemonitorings von Patientinnen und Patienten mit Herzinsuffizienz

	Systembezogene Qualitätsmerkmale (IT-Abteilung)	Anwenderbezogene Qualitätsmerkmale (kardiologische Klinik)	Gesundheitsbezogene Qualitätsmerkmale (PatientIn / Gesellschaft)
Strukturqualität	– Stabile, performante Telematikinfrastruktur – Hohe Expertise des KH-internen IT-Personals – Hohe Expertise des eHealth Providers / Lieferanten – Katalog der gewünschten Systemfunktionen – Unterstützung einschlägiger System- und Dokumentenstandards – Gewährleistung von Datenschutz und IT-Sicherheit – Erfahrungsberichte bisheriger Anwender – Zertifizierungen / Qualitätssiegel durch Fachgesellschaften / -verbände ■ Systemplattform des Providers (Portabilität) ■ Unternehmenspolitik des Providers	– Hohe eHealth Literacy [a] der Ärzte und Pflegekräfte – Ausreichende Zahl von dezentralen Powerusern / Schlüsselanwendern in der Kardiologie – State-of-the-art des Monitoringcenters	– Korrekte Indikationsstellung (Richtigkeit und Präzision) – Angemessenheit der teleradiologischen Intervention – Hohe eHealth Literacy [a] der Patientinnen und Patienten – Geeignete häusliche Umgebung

(Fortsetzung)

Tab. 6.2 (Fortsetzung)

	Systembezogene Qualitätsmerkmale (IT-Abteilung)	Anwenderbezogene Qualitätsmerkmale (kardiologische Klinik)	Gesundheitsbezogene Qualitätsmerkmale (PatientIn / Gesellschaft)
Prozessqualität	• Vollständigkeit der Daten / digitalen Dokumente, Rechtzeitigkeit, Genauigkeit, Übereinstimmung mit einschlägigen Standards, konsistente und klare Kommunikation • Kompatibilität mit dem Krankenhausinformationssystem und anderen klinischen Informationssystemen (LIS, RIS/PACS, PDMS etc.) • Ausgewogene Kosteneffizienz (investive und laufende Kosten) sowie geringer interner Wartungsaufwand	• Professionelle Projekteinführung: Frühzeitige Einbeziehung der Anwenderinnen und Anwender in der Kardiologie Beratung und Schulung der Anwenderinnen und Anwender Engagement und Freundlichkeit des IT-Personals Verlässlichkeit vertraglicher Zusagen Einhaltung von zeitlichen Vorgaben Übergabe nach Ende des Einführungsprojekts • Geringe Beeinträchtigung / Unterbrechung des stationären Workflows (Annehmbarkeit) • Geeignete Abbildung der Telemonitoring-Leistung im Abrechnungssystem	• Gewinnung der Patientinnen und Patienten • Einführung und Schulung der Patientinnen und Patienten • laufendes Monitoring, das heißt Überwachung der Parameter • Kommunikation und Interaktion zwischen Patientin/Patient und Ärztin/Arzt bzw. Pflegefachperson • Eskalationsmechanismen bei Alarm • Annehmbarkeit: Geringe Beeinträchtigung des Alltags Intelligentes Abwesenheitsregime

(Fortsetzung)

Tab. 6.2 (Fortsetzung)

	Systembezogene Qualitätsmerkmale (IT-Abteilung)	Anwenderbezogene Qualitätsmerkmale (kardiologische Klinik)	Gesundheitsbezogene Qualitätsmerkmale (PatientIn / Gesellschaft)
Ergebnisqualität	• Wirkung: Proof of concept Laufende Funktionalität, Systemverfügbarkeit und -stabilität, Systemperformance	• Objektive Wirkung: Nachweis der Evidenz des Telemonitoringsystems durch RCT / Beobachtungsstudie • Subjektive Wirkung: Hohe Akzeptanz / Annehmbarkeit und regelhafte Systemnutzung Nachweisbare Anwenderzufriedenheit mit der Softwareergonometrie (im Hinblick auf Erlernbarkeit, Aufgabenkonformität und Erwartungskonformität) sowie mit den IT-Service Leistungen (IT-Hotline, Vor-Ort Service, IT-Rufbereitschaft, IT-Schulung)	• Wirksamkeit (auf Gesellschaftsebene unter Alltagsbedingungen / Angemessenheit): Verbesserung der Versorgung (risikoadjustiert) von PatientInnen und Patienten mit Herzinsuffizienz Reduzierung unnötiger und schädlicher Behandlungen Förderung optimaler Behandlungen zu angemessenen Kosten oder angemessene Behandlungen zu optimalen Kosten • Nutzen (patientenindividuell unter Alltagsbedingungen / Angemessenheit): Höheres Sicherheit durch kontinuierliche Überwachung Optimale Medikation frühzeitigen Erkennung von Parameterverschlechterungen Vorbeugung lebendbedrohlicher Situationen durch rechtzeitige Intervention Patientenzufriedenheit, Lebensqualität, Patient Compliance / Annehmbarkeit Schutz der individuellen Patientendaten

[a] „The concept of eHealth literacy is introduced and defined as the ability to seek, find, understand, and appraise health information from electronic sources and apply the knowledge gained to addressing or solving a health problem." (Norman und Skinner 2006)
– Sucheigenschaften ▪ Erfahrungseigenschaften ▪ Vertrauenseigenschaften (tendenzielle Zuordnung)
Die Übersicht erhebt keinen Anspruch auf Vollständigkeit. Vielmehr soll ein Framework mit wesentlichen Qualitätsindikatoren als Ordnungssystematik zur Verfügung gestellt werden

Vor dem Kontext eines umfassenden Qualitätsmanagements ist es ratsam, die Systematik zur Qualitätsmessung schon vor Beginn des Projektstarts festzulegen und alle wesentlichen Qualitätsindikatoren zu identifizieren und zu definieren. Darüber hinaus kann die Systematik dann im weiteren Projektverlauf, im laufenden Betrieb und vor allem bei der Qualitätsevaluation als eindeutiger und objektiver Maßstab von großem Nutzen sein.

6.5 Fazit

Gesundheitsleistungen und eHealth-Anwendungen haben vieles gemeinsam, insbesondere die hohe Komplexität sowie die unterschiedlichen Qualitätsperspektiven der beteiligten Akteurinnen und Akteure. Im Unterschied zu Gesundheitsleistungen, für die über Jahre eine große Zahl an bewährten Konzepten, Methoden und Instrumenten zur Qualitätssicherung entwickelt wurden (auch, wenn diese von manchen Kritikerinnen und Kritikern als noch nicht optimal gesehen werden), existieren für den eHealth-Bereich wenig geeignete Ansätze. Im vorliegenden Beitrag wurde ein umfassendes Framework zur Qualitätsmessung entwickelt. Die vorgeschlagene Systematik basiert auf einem systematischen Review von Überblicksarbeiten und Metaanalysen welche das Ziel verfolgten, die wesentlichen und erfolgsrelevanten Qualitätsindikatoren zu identifizieren. Zur Entwicklung einer geeigneten Ordnungssystematik wurden im Weiteren Qualitätsmodelle und Theorien aus den Gesundheitswissenschaften bzw. der Gesundheitsökonomie im Hinblick auf ihre Eignung analysiert und übertragen. Die Limitationen dieses Ansatzes liegen in der gewählten Methode sowie den naturgemäßen Einschränkungen der exemplarischen eHealth-Applikation – hier des Telemonitorings am Beispiel von Patientinnen und Patienten mit Herzinsuffizienz in der häuslichen Umgebung. Der vorgestellte Ansatz zeigt jedoch erstmals eine umfängliche Systematik, die in allen Phasen des professionellen Qualitätsmanagements von großem Nutzen sein kann. Ebenso sorgt die gewählte transparente Vorgehensweise für eine leichtere Vermittelbarkeit der Herausforderungen rund um das Thema eHealth und Qualitätsmessung in der Lehre und der Weiterbildung.

Literatur

Amadi-Obi A, Gilligan P, Owens N, Donnell C (2014) Telemedicine in pre-hospital care: A review of telemedicine applications in the pre-hospital environment. Int J Emerg Med 7:29

AQUA (2015) Qualitätsreport 2014 – Ergebnisse der gesetzlichen Qualitätssicherung im Krankenhaus. https://www.aqua-institut.de/de/presse/qualitaetsreport-2014.html. Zugegriffen: 06. Okt. 2015

Archambault PM, Belt TH van de, Grajales FJ III, Faber MJ, Kuziemsky CI, Gagnon S, Bilodeau A, Rioux S, Nelen WLDM, Gagnon MP, Turgeon AF, Aubin K, Gold I, Poitras J, Eysenbach G, Kremer JAM, Légaré F (2013) Wikis and collaborative writing applications in health care: A scoping review. J Med Internet Res 15(10):e210

AWMF (2015) Portal der wissenschaftlichen Medizin. http://www.awmf.org/leitlinien/aktuelle-leitlinien.html. Zugegriffen: 06. Okt. 2015

Benkenstein M, Güthoff J (1996) Typologisierung von Dienstleistungen. Zeitschrift für Betriebswirtschaft 66(12):1493–1510

Black AD, Car J, Pagliari C, Anandan C, Cresswell K, Bokun T, McKinstry B, Procter R, Majeed A, Sheikh A (2011) The impact of eHealth on the quality and safety of health care: a systematic overview. PLoS Med 8(1):e1000387

Bolton AJ, Dorstyn DS (2015) Telepsychology for posttraumatic stress disorder: a systematic review. J Telemed Telecare 21(5):254–267

Bürger C (2003) Patientenorientierte Information und Kommunikation im Gesundheitswesen. Gabler, Wiesbaden

Capurro D, Ganzinger M, Perez LJ, Knaup P (2014) Effectiveness of eHealth interventions and information needs in palliative care: a systematic literature review. J Med Internet Res 16(3):e72

Charova E, Dorstyn D, Tully P, Mittag O (2015) Web-based interventions for comorbid depression and chronic illness: a systematic review. J Telemed Telecare 21(4):189–201

Cresswell K, Majeed A, Bates DW, Sheikh A (2012) Computerised decision support systems for healthcare professionals. Inform Prim Care 20(2):115–118

Cugelman B, Thelwall M, Dawes P (2011) Online interventions for social marketing health behavior change campaigns: a meta-analysis of psychological architectures and adherence factors. J Med Internet Res 13(1):e17

Darby M, Karni W (1973) Free competition and the optimal amount of fraud. J Law Econ 14:67–88

Davies EB, Morriss R, Glazebrook C (2014) Computer-delivered and web-based interventions to improve depression, anxiety, and psychological well-Being of University students: a systematic review and meta-analysis. J Med Internet Res 16(5):e130

Donabedian A (1980) The definition of quality and approaches to its assessment. Health Administration Press, Michigan

Donabedian A (1982) An exploration of structure, process and outcome as approaches to quality assessment. In: Selbmann H-K, Überladen K (Hrsg) Quality assessment of medical care. Beiträge zur Gesundheitsökonomie, Gerlingen, S 69–92

Donabedian A (2003) An introduction to quality assurance in health care. Oxford University Press, Oxford

Ebner H, Köck CM (1996) Qualität als Wettbewerbsfaktor für Gesundheitsorganisationen. In: Heimerl-Wagner P (Hrsg) Management in Gesundheitsorganisationen: Strategien, Qualität, Wandel. Ueberreuter, Wien

Elbert NJ, Os-Medendorp H van, Renselaar W van, Ekeland AG, Hakkaart-van Roijen L, Raat H, Nijsten TEC, Pasmans S (2014) Effectiveness and cost-effectiveness of eHealth interventions in somatic diseases: a systematic review of systematic reviews and meta-analyses. J Med Internet Res 16(4):e110

Ellis DW, Srigley J (2016) Does standardised structured reporting contribute to quality in diagnostic pathology? The importance of evidence-based datasets. Virchows Arch 468(1):51–59

Gee PM, Greenwood DA, Paterniti DA, Ward D, Soederberg-Miller LM (2015) The eHealth enhanced chronic care model: A theory derivation approach. J Med Internet Res 17(4):e86

Güthoff J (1995) Qualität komplexer Dienstleistungen. Konzeption und empirische Analyse, Gabler, Wiesbaden

Haas P (2006) Gesundheitstelematik. Grundlagen, Anwendungen, Potentiale. Springer, Berlin

Haux R, Winter A, Ammenwerth E, Brigl B (2004) Strategic information management in hospitals: an introduction to hospital information systems. Springer, New York

Health Consumer Powerhouse (2015) Euro Health Consumer Index 2014. http://www.healthpowerhouse.com/index.php?Itemid=55. Zugegriffen: 06. Okt. 2015
Homburg C, Krohmer H (2003) Marketingmanagement: Strategien, Instrumente, Umsetzung und Unternehmensführung. Gabler, Wiesbaden
Househ M (2014) The role of short messaging service in supporting the delivery of healthcare: An umbrella systematic review. Health Informatics J. doi:10.1177/1460458214540908
Kaas KP (1995) Marketing und Neue Institutionenökonomik. In: Kaas KP (Hrsg) Kontrakte, Geschäftsbeziehungen, Netzwerke: Marketing und Neue Institutionenökonomie. Z Betriebswirtsch Forsch 35: 1–17
Knowles SR, Mikocka-Walus A (2014) Utilization and efficacy of internet-based eHealth technology in gastroenterology: a systematic review. Scand J Gastroenterol 49(4):387–408
Kuijpers W, Groen WG, Aaronson NK, Harten WH van (2013) A systematic review of web-based interventions for patient empowerment and physical activity in chronic diseases: Relevance for cancer survivors. J Med Internet Res 15(2):e37
Lauterbach KW (2009) Gesundheitsökonomie, Qualitätsmanagement und Evidence-based Medicine: eine systematische Einführung. Schattauer, Stuttgart
Li J, Talaei-Khoei A, Seale H, Ray P, MacIntyre CR (2013) Health Care Provider Adoption of eHealth: Systematic Literature Review. Interact J Med Res 2(1):e7
Linn AJ, Vervloet M, Dijk L van, Smit EG, PhD, Weert JCM van (2011) Effects of eHealth interventions on medication adherence: A systematic review of the literature. J Med Internet Res 13(4): e103
McConnel H (2004) International efforts in Implementing national health information infrastructure and electronic health records. World Hosp Health Serv 40(1):33–37
Meffert H, Bruhn M (2006) Dienstleistungsmarketing. Grundlagen, Konzepte, Methoden. Gabler, Wiesbaden
Mengen A (1993) Konzeptgestaltung von Dienstleistungsprodukten. Schäffer-Poeschel, Stuttgart
Morrison D, Wyke S, Agur K, Cameron EJ, Docking RI, MacKenzie AM, McConnachie A, Raghuvir V, Thomson NC, Mair FS (2014) Digital ssthma self-management interventions: A systematic review. J Med Internet Res 16(2):e51
Nelson P (1970) Information and consumer behavior. J Polit Econ 74(2):311–329
Nelson P (1974) Advertising as information. J Polit Econ 82(4):729–754
Norman CD, Skinner HA (2006) eHealth literacy: Essential skills for consumer health in a networked world. J Med Internet Res 8(2):e9
OECD (2014) Health at a glance, country information Germany. http://www.oecd.org/health/health-systems/health-at-a-glance.htm. Zugegriffen: 06. Okt. 2015
Paré G, Jaana M, Sicotte C (2007) Systematic review of home telemonitoring for chronic diseases: The evidence base. J Am Med Inform Assoc 14(3):269–277
Paschen U (2011) Die drei Beiträge zur Qualität der Medizin. Zeitschrift für Gesundheitsökonomie und Qualitätsmanagement 16:369–374
Pepels W (1996) Qualitätscontrolling bei Dienstleistungen. Vahlen, München
Porzsolt F (2015) Ineffizienz durch Kommunikationsproblem zwischen Arzt und Ökonom. Zeitschrift für Gesundheitsökonomie und Qualitätsmanagement 20:152–154
Raaijmakers LCH, Pouwels S, Berghuis KA, Nienhuijs SW (2015) Technology-based interventions in the treatment of overweight and obesity: A systematic review. Appetite 95: 138e151
RKI (2006) Gesundheit in Deutschland. Gesundheitsberichterstattung des Bundes. Robert Koch-Institut, Berlin
Samoocha D, Bruinvels DJ, Elbers NA, Anema JR, Beek AJ van der (2010) Effectiveness of web-based interventions on patient empowerment: A systematic review and meta-analysis. J Med Internet Res 12(2):e23

Schnall R, Travers J, Rojas M, Carballo-Diéguez A (2014) eHealth interventions for HIV prevention in high-risk men who have sex with men: A systematic review. J Med Internet Res 16(5):e134

Simon A (2010) Der Informationsbedarf von Patienten hinsichtlich der Krankenhausqualität. Eine empirische Untersuchung zur Messung des Involvements und der Informationspräferenzen. Gabler, Wiesbaden

Simon A, Ebinger M, Flaiz B, Heeskens K (2015) A multi-centred empirical study to measure and validate user satisfaction with hospital information services in Australia and Germany. Conference Proceedings, International Conference on Health Economics. Milano, 13.-15.07.2015

Statistisches Bundesamt (2015) Gesundheitsausgaben. https://www.destatis.de/DE/ZahlenFakten/GesellschaftStaat/Gesundheit/Gesundheitsausgaben/Gesundheitsausgaben.html. Zugegriffen: 06. Okt. 2015

Swindell M, Lusignan S (2012) Lessons from the english national programme for IT about structure, process and utility. Stud Health Technol Inform 174:17–22

Swiss eHealth Barometer (2015) eHealth ist eine Chance. Krankenhaus-IT 5:68–69

Tang J, Abraham C, Greaves C, Yates T (2014) Self-Directed interventions to promote weight loss: A systematic review of reviews. J Med Internet Res 16(2):e58

VDI (2015) Apps machen aus Smartphone und Tablet medizinische Geräte. http://www.vdi-nachrichten.com/Technik-Wirtschaft/Apps-Smartphone-Tablet-medizinische-Geraete. Zugegriffen: 06. Okt. 2015

Watkins I, Bo Xie M (2014) eHealth literacy interventions for older adults: A systematic review of the literature. J Med Internet Res 16(11):e225

Weiber R, Adler J (1995) Informationsökonomisch begründete Typologisierung von Kaufprozessen. Z Betriebswirtsch Forsch 47(1):43–65

Wildevuur SE, Simonse L (2015) Information and communication technology-enabled person-centered care for the „Big Five" chronic conditions: Scoping review. J Med Internet Res 17(3):e77

Teil II
eHealth-Anwendungen

eGesundheitskarte

Arno Elmer

Zusammenfassung

Nach zahlreichen Erprobungsschwierigkeiten und Verzögerungen wurde die elektronische Gesundheitskarte (eGK) Anfang des Jahres 2015 in Deutschland eingeführt. Allerdings decken ihre aktiven Funktionsbereiche bislang nur ein Minimum der eigentlichen Möglichkeiten ab. Derzeit verhindert eine Vielzahl an Problemfeldern den Gesamterfolg des Projekts eGK. Zu diesen zählen die widersprüchlichen Interessen der Anspruchsgruppen im Gesundheitswesen, eine breite Öffentlichkeit, die dem Thema Datenschutz bzw. -sicherheit im Zeitalter der Digitalisierung kritisch gegenübersteht, sowie ungeklärte Finanzierungsfragen.

7.1 Einleitung

Auf das deutsche Gesundheitssystem kommen nicht nur in naher Zukunft große Herausforderungen hinzu, sondern sind bereits heute existent. Diese resultieren beispielsweise aus der demografischen Entwicklung, dem medizinischen Fortschritt oder der Urbanisierung. Die Digitalisierung von Daten und Prozessen hilft, diesen Herausforderungen zu begegnen. Die elektronische Gesundheitskarte (eGK) und die Vernetzung des Gesundheitswesens mit einer sicheren Telematikinfrastruktur (TI) sind Schritte in die richtige Richtung (Gigerenzer et al. 2016).

Seit Anfang des Jahres 2015 ist die eGK nicht nur endgültig Pflicht, sondern gleichermaßen zu fast 100 % an alle gesetzlich Versicherten in Deutschland ausgegeben worden.

A. Elmer (✉)
IHP – Innovation Health Partners, Unter den Linden 80, 10117 Berlin, Deutschland
E-Mail: arno.elmer@innovationhealthpartners.de

© Springer-Verlag Berlin Heidelberg 2016
F. Fischer und A. Krämer (Hrsg.), *eHealth in Deutschland*,
DOI 10.1007/978-3-662-49504-9_7

Viele Hürden mussten dafür genommen werden, denn eines der größten IT-Projekte Europas mit vielen Teilprojekten gestaltete sich schon von Beginn an als äußerst komplex. Aufgrund der zeitlichen Verzögerungen des Projekts entstand zunehmend Erklärungsbedarf und eine negative öffentliche Grundstimmung. In den letzten Jahren konnte durch eine zielgruppengerechte Kommunikation die Akzeptanz bei den meisten wichtigen Interessengruppen jedoch wieder deutlich gesteigert und die eGK als wichtiger Baustein eines sicher vernetzten Gesundheitswesens erfolgreich eingeführt werden. Verzögerungen bei dem Aufbau der TI sollten schnell überwunden werden, damit eGK und TI als Plattformen für Nutzen bringende Mehrwertanwendungen eingesetzt werden können (Noelle 2005).

In Deutschland existieren jedoch zahlreiche Barrieren, in deren Kontext sich ein weiterer Ausbau der Funktionen, um welche die eGK ergänzt werden kann, schwierig gestaltet. Zu diesen Gründen zählen unter anderem die unterschiedlichen Interessengruppen im Gesundheitswesen, die strikten Anforderungen an den Datenschutz oder die offenen Finanzierungsfragen im Bereich eHealth. Gelingt es in den nächsten Jahren nicht, verbindliche Lösungen für die aufgezeigten Problemfelder zu schaffen, werden eGK und TI ernsthafte Schwierigkeiten bekommen und langfristig auf dem deutschen Gesundheitsmarkt nicht die angestrebten Erwartungen erfüllen können.

Im Ländervergleich zum flächendeckenden Einsatz moderner Informations- und Kommunikationstechnologien (IKT) im Gesundheitswesen bleibt Deutschland schon heute hinter einem Großteil europäischer Länder zurück (Mainz und Stroetmann 2011). Hier ist eine Kehrtwende aber noch möglich. Sektorenübergreifende Partnerschaften, die bewährte, evidenzbasierte Strukturen mit modernen, innovativen Prozessen verbinden, besitzen das Potenzial, eHealth in Deutschland dauerhaft erfolgreich zu etablieren.

7.2 Digitalisierung im deutschen Gesundheitswesen

Insgesamt befindet sich das deutsche Gesundheitswesen auf einem hohen Qualitätsniveau. Dies darf jedoch nicht über bestehende Missstände hinwegtäuschen, die beispielsweise in Form von Über- und Unterversorgung auftreten. So werden vor allem in den Städten, wo sich sehr viele Leistungserbringer in geringer Entfernung zueinander niedergelassen haben, oftmals Leistungen erbracht, die für Patientinnen und Patienten keinen signifikanten zusätzlichen Nutzen generieren. Dagegen reduziert sich die Anzahl der niedergelassenen Ärztinnen und Ärzte und des medizinischen Fachpersonals in den ländlichen Gebieten. Dies hat zum einen zur Folge, dass Leistungen oftmals nicht in dem für Patientinnen und Patienten erforderlichen Maße erbracht werden können. Zum anderen steigt die Anzahl der überlasteten pflegenden Angehörigen. Diese Herausforderungen werden weiterhin zunehmen. Insbesondere der demografische Wandel verdeutlicht diese Entwicklung. Der Anteil alter Menschen innerhalb der Gesellschaft wird kontinuierlich steigen, während die Anzahl junger Menschen, die in die Sozialversicherungssysteme einzahlen, rückläufig ist (Bundesministerium des Innern 2011). Zudem führt die zunehmende Überalterung der Bevölkerung zu einer Zunahme von multimorbiden

Erkrankungen. Für deren Behandlung sind erhöhte räumliche und personellen Kapazitäten sowie finanzielle Mittel erforderlich. Eine weitere Anforderung stellt der medizinische Fortschritt dar. Es können immer mehr Krankheiten qualitativ hochwertig behandelt werden, wodurch sich die Lebenszeit signifikant verlängert.

Vor diesem Hintergrund kann und muss die Frage gestellt werden, wie angesichts dieser vielfältigen Faktoren das Gesundheitssystem dauerhaft stabilisiert werden kann. Eine intelligente, sektorenübergreifende, abgestimmte, nutzen- und nutzerinnen- bzw. nutzerorientierte, datenschutzrechtlich unbedenkliche und modular erweiterbare Telematikplattform kann hier einen zentralen Lösungsansatz bieten. eHealth, mHealth und telemedizinische Anwendungen können die Kernelemente in diesem Lösungsszenario darstellen.

Gesundheit zählt für einen Großteil der Bevölkerung zu den höchsten menschlichen Gütern. Aus diesem Grund verfolgen viele das gemeinsame Ziel eines gesunden und sorgenfreien Lebens. Ein besserer, sicherer und schnellerer Informationsaustausch zwischen allen Beteiligten trägt wesentlich zu dieser Zielerreichung bei. Verknüpft sind Krankenhäuser, Haus-, Fach- und Zahnärzte bzw. -ärztinnen, Reha-Zentren, Apotheker und Apothekerinnen, Beschäftigte in Heilberufen, Patientinnen und Patienten sowie Krankenkassen. Die Digitalisierung stärkt bereits heute das deutsche Gesundheitssystem und wird ihren Einfluss in den nächsten Jahren kontinuierlich ausbauen. Heutzutage kann mit Sicherheit davon ausgegangen werden, dass es sich bei der Digitalisierung um keinen „Hype" handelt, der in einigen Jahren wieder verschwunden sein wird. Stattdessen ist die Digitalisierung fest innerhalb unserer Gesellschaft verankert und aus dieser nicht mehr weg zu denken. Dies gilt für das Gesundheitswesen gleichermaßen (Wittmann et al. 2014).

Derzeit genießt Digitalisierung im deutschen Gesundheitswesen noch nicht den Status wie in vielen anderen Branchen oder Gesundheitssystemen anderer Länder. Das deutsche Gesundheitswesen gehört zu den besten der Welt. Doch während in anderen Ländern moderne Informations- und Kommunikationstechnologien in der Medizin längst flächendeckend integriert sind, befinden wir uns in Deutschland bei der Nutzung solcher Technologien auf einem Entwicklungsniveau, das in anderen Wirtschaftssektoren wie Handel oder der Industrie schon vor Jahrzehnten erreicht wurde.

Die Digitalisierung bietet ein enormes Potenzial, um sowohl die Qualität als auch die Transparenz und Wirtschaftlichkeit der Patientenversorgung in Deutschland deutlich zu optimieren (Beske 2016). Mit der Einführung der eGK hat Deutschland bereits jetzt einen bedeutsamen Schritt auf dem Weg zu einer sicheren Vernetzung des Gesundheitswesens und zur Nutzung der damit verbundenen Potenziale eingeleitet (Elmer 2015).

7.3 Schrittweise Einführung der elektronischen Gesundheitskarte

Das Jahr 2001 gilt als die Geburtsstunde der eGK in Deutschland. Damals war der sogenannte „Lipobay-Skandal" in aller Munde. Es starben weltweit mehr als 50 Menschen an den Wechselwirkungen des cholesterinsenkenden Medikaments in Verbindung mit anderen pharmazeutischen Präparaten (Davidson 2002; Furberg und Pitt 2001). Dies veranlasste die Öffentlichkeit und politischen Akteurinnen und Akteure dazu, darüber nachzudenken, ob dieser Zwischenfall vermeidbar gewesen wäre, wenn elektronische Daten zur Medikation und zu möglichen Wechselwirkungen in einem einheitlichen Medikationsplan existiert hätten. Bis dato lagen solche elektronischen Informationen nicht vor. Deshalb wurde infolge politischer Entscheidungen im Jahr 2003 die Einführung der eGK als gesetzlicher Beschluss realisiert. Die Idee war, eine Chipkarte zu entwickeln und auf den Markt zu bringen, welche die verschriebenen Medikamente speichern kann, um somit mögliche Neben- und Wechselwirkungen zu ermitteln (Bundesministerium für Gesundheit 2016).

Das zu diesem Zweck verabschiedete Gesetz zur Modernisierung der gesetzlichen Krankenversicherung sah eine bundesweite Einführung der eGK bis zum 1. Januar 2006 vor (§ 291a SGB V). Die Aufgabe zur Umsetzung wurde an die Selbstverwaltung des Gesundheitswesens übergeben, die daraufhin im Jahr 2005 die Gesellschaft für Telematikanwendungen der Gesundheitskarte mbH (gematik) gründete. Die gematik setzt sich aus Gesellschaftern aus dem Spitzenverband Bund der Krankenkassen (GKV-SV), der Kassenärztlichen Bundesvereinigung (KBV), der Kassenzahnärztlichen Bundesvereinigung (KZBV), der Bundesärztekammer (BÄK), der Bundeszahnärztekammer (BZÄK), der Deutschen Krankenhausgesellschaft (DKG) und des Deutschen Apothekenverbandes (DAV) zusammen. Somit ist in der gematik sowohl die Seite der Kostenträger als auch der Leistungserbringer vertreten.

2007 und 2008 wurde die eGK in mehreren Testregionen eingesetzt. Die Testergebnisse fielen jedoch größtenteils negativ aus, weshalb die sehr komplexen Funktionsbereiche der eGK auf weniger umfangreiche reduziert wurden. Außerdem war es in der Vergangenheit in der gematik vermehrt zu Kompetenzstreitigkeiten gekommen, die zu einem Mangel an Agilität und Effizienz im Entscheidungsfindungsprozess geführt hatten. Um dies zukünftig zu vermeiden, wurde eine konkrete Verteilung der fachlichen Verantwortung für diverse Anwendungen zwischen Leistungserbringern und Kostenträgern vereinbart (Elmer 2014).

Der ursprüngliche Gedanke hinter der eGK sah vor, dass die Chipkarte von Beginn an über umfangreiche Funktionen verfügen sollte. 2010 distanzierte sich die gematik von dieser Idee und beschloss stattdessen einen Stufenplan. Dabei sollte Schritt für Schritt eine Anwendung nach der anderen realisiert und auf diese Weise der Fortschritt des Gesamtprojekts gewährleistet werden. Der Entschluss zur Stufe 1, die als „Online-Rollout (Stufe 1)" bezeichnet wird, wurde am 5. Dezember 2011 gefasst. Dies bedeutete, als Anwendungen zunächst nur das Versichertenstammdatenmanagement (VSDM) und die qualifizierte elektronische Signatur (QES) als „vorgezogene Lösung" auf Basis der aufzubauenden TI umzusetzen (gematik 2012).

Von besonderer Relevanz in Bezug auf TI und eGK war von Beginn an die Gewährleistung von Datenschutz und Datensicherheit. Es gilt, die Interessen und personenbezogenen Daten der Patientinnen und Patienten zu jeder Zeit sicherzustellen (§ 291b SGB V). Somit basiert die TI auf strengen Vorgaben, deren Befolgung einer ständigen

Kontrolle unterliegt. Dies steht im Gegensatz zum Internet, in dem ein globaler Zugriff auf Personendaten ungeschützt erfolgen kann. Die vorgeschriebenen gesetzlichen Sicherheitsvorgaben bringen zudem große technische Anforderungen an die TI mit sich. Diesen stellte sich die gematik, sodass das Projekt eGK nach einiger Verspätung schlussendlich erfolgreich auf den Weg gebracht werden konnte.

Die bundesweite Einführung der eGK erfolgte am 01. Januar 2015 (Bundesministerium für Gesundheit 2016). Ein Großteil der gesetzlichen Versicherten hat sich bereits an deren Verwendung gewöhnt und auch in Kliniken und Zahnarzt- bzw. Arztpraxen sind die Medizinerinnen und Mediziner sowie das Fachpersonal mit dem Einsatz der eGK-Lesegeräte vertraut. Die bisher üblichen Daten auf der Krankenversicherungskarte wurden auf der eGK um ein Lichtbild und die Angabe jeweiligen Geschlechts der Versicherten ergänzt. Auf diese Weise kann die Anzahl an Verwechslungen von Patientinnen und Patienten reduziert werden. Zudem können Fälle von Über-, Unter- oder Fehlversorgung durch die Verfügbarkeit an Informationen über die Patientinnen und Patienten verringert werden. Darüber hinaus fungiert die eGK als Europäische Krankenversicherungskarte (European Health Insurance Card – EHIC). Dies ist am aufgedruckten Sichtausweis auf der Rückseite der eGK deutlich zu erkennen. So wird eine Behandlung im europäischen Ausland oder in nicht EU-Staaten wie der Schweiz, Norwegen, Island und Liechtenstein beschleunigt. Für diese war früher noch ein manueller Ausdruck der eigenen Krankenkasse notwendig. Dieser höchst bürokratische Aufwand konnte dank der eGK minimiert werden. Weitere Vorteile der eGK liegen in der unbegrenzten Gültigkeit der Krankenversichertennummer sowie der ungekürzten Abbildung langer Adressdaten.

Es ist geplant, die eGK zukünftig um weitere Funktionen zu ergänzen. Allerdings handelt es sich hierbei um eine freiwillige Option, wobei alle Versicherten frei darüber verfügen können, ob und wenn ja, welche der zusätzlichen Gesundheitsdaten elektronisch gespeichert werden sollen. Eine der freiwilligen Angaben bezieht sich auf die Daten zur Prüfung der Arzneimitteltherapiesicherheit (AMTS). Eine weitere Möglichkeit stellt die Hinterlegung des elektronischen Arztbriefes oder von Notfalldaten für eine Notfallbehandlung dar. Ebenfalls kann das elektronische Rezept, die elektronische Patientenquittung, die elektronische Patientenakte oder das elektronische Patientenfach auf der eGK eingerichtet werden (§ 291a SGB V). Oberstes Ziel ist dabei stets, zur selben Zeit sowohl eine Qualitätssteigerung der Versorgungssituation als auch eine Bekräftigung der Patientinnen und Patienten in einer selbstbestimmenden Position zu erwirken.

Im Juni 2015 stellte die deutsche Bundesregierung einen Gesetzentwurf für sichere digitale Kommunikation und Anwendungen im Gesundheitswesen („E-Health-Gesetz") vor. Dieses sichert die Projektplanung der gematik ab und avanciert die Erprobung der TI unter Vorgabe klarer Fristen, Motivatoren und Sanktionen (Bundesministerium für Gesundheit 2015).

Sobald der Test von „Online Rollout (Stufe 1)" zielführend abgeschlossen ist, wird das digitale Gesundheitsnetz im Laufe des Jahres 2016 flächendeckend in allen stationären und ambulanten Einrichtungen des deutschen Gesundheitssystems sowie Apotheken etabliert werden. Das Ergebnis ist ein gigantisches elektronisches Netz, das mehr als 200.000 Ärztinnen und Ärzte sowie Apothekerinnen und Apotheker miteinander verknüpft. Dieses Netzwerk soll dann kontinuierlich um weitere Berufe aus der Gesundheitsbranche erweitert werden. Zu diesen zählen zum Beispiel Heil- und Hilfsmittelerbringer und -erbringerinnen genauso wie Berufe innerhalb des Pflegemarktes.

Insgesamt leistet die eGK bereits heute einen wertvollen Beitrag im Bereich Digitalisierung der Medizin und der Versorgungsprozesse. Dadurch werden die Qualität, Transparenz und Wirtschaftlichkeit der Patientenversorgung erhöht und das deutsche Gesundheitswesen nachhaltig effizienter gestaltet. Teilweise gehen derzeit noch wichtige Informationen an den Schnittstellen zwischen dem stationären und dem ambulanten Sektor verloren. Die eGK bietet somit die Möglichkeit, alle für eine Behandlung erforderlichen Unterlagen und Daten zeitnah und geschützt zur Verfügung zu stellen. Das steigert nicht nur die Lebensqualität der Versicherten, sondern dient gleichermaßen der Vermeidung von Folgeerkrankungen und bietet den gesetzlichen Krankenkassen und dem Gesundheitswesen generell direkte wirtschaftliche Vorteile.

Die Lehre von eHealth lautet, dass Vernetzung und Datensicherheit durchaus miteinander in Einklang gebracht werden können. Dennoch vertreten viele der privaten und gesundheitspolitischen Akteure nach wie vor eine kontroverse Ansicht der Dinge. Gelingt es zeitnah nicht, Hinderungsgründe im Bereich eHealth aus dem Weg zu räumen, muss der Gesamterfolg des Projekts eGK und TI in Frage gestellt werden.

7.4 Hinderungsgründe für die Etablierung von eHealth in Deutschland

Die Gründe, die aktuell noch immer gegen eine Etablierung von eHealth in Deutschland vorgebracht werden, sind unterschiedlichster Natur. Diese allgemein gültigen Hinderungsgründe für eHealth lassen sich vielfach auch direkt auf die Etablierung der eGK übertragen. Auf der einen Seite gehen die Interessen der verschiedenen Anspruchsgruppen und Gesundheitssektoren teilweise weit auseinander, wobei jede Gruppe bevorzugt ihre eigenen Interessen anstatt den Gesamtnutzen verfolgt. Auf der anderen Seite fehlte lange Zeit der politische Wille, im Gebiet eHealth aktiv zu werden. Das E-Health-Gesetz kann als erstes Anzeichen dafür gewertet werden, dass mittlerweile ein Wandel in der Einstellung von einigen politischen Akteurinnen und Akteuren stattfindet. Es ist mit Sicherheit richtig, aufgrund der großen Bedeutung des Themas Digitalisierung im Gesundheitswesen, dieses direkt in ein eigenes Gesetz zu gießen und nicht nur als Unterparagraf eines vorhandenen Gesetzes zu behandeln.

Des Weiteren wirkt sich die hohe technische Komplexität bei der Entwicklung und Einführung von eHealth-Anwendungen, wie der eGK, negativ auf die zeitnahe Umsetzung des Projekts aus. Die notwendige enge Verzahnung von Technik, Sicherheitsaspekten, politischen Reglements und Interessen von Anspruchsgruppen verschärft den Sachverhalt zusätzlich.

Mitunter die am stärksten diskutierten Hinderungsgründe im Zusammenhang mit den Themen eHealth und eGK sind der Datenschutz und die damit verbundene Datensicherheit. Daran werden strenge Anforderungen gestellt, um die in einer noch immer unzureichend informierten Öffentlichkeit verbreitete Angst vor „gläsernen Patientinnen und Patienten" aus dem Weg zu räumen. Durch die Generierung und Möglichkeiten zur Auswertung von elektronisch verfügbaren Individual- und Massendaten entstehen im Hinblick auf Datenschutz und Datensicherheit neue anspruchsvolle Herausforderungen, die es in der analogen „Papierwelt" nicht gab. Die Zurückhaltung sowie die Bedenken sind nicht weiter verwunderlich, wenn man die Sensibilität der Informationen, die im medizinischen Bereich verarbeitet werden müssen, bedenkt. Tatsache ist jedoch, dass durch moderne eHealth-Anwendungen jährlich tausende Menschenleben in Deutschland gerettet werden könnten. Individualisierte Medizin und effiziente Versorgungsforschung werden durch Digitalisierung deutlich verbessert, teilweise überhaupt erst möglich gemacht.

Nicht außer Acht zu lassen sind die divergierenden Interessen von Patientinnen und Patienten bzgl. der Funktionalität der eGK. Allerdings gilt, dass genauso wie es die hoheitliche Pflicht des Staates gibt, für Schutz und Sicherheit in elektronischen Netzen zu sorgen, auch Versicherte ein informationelles Selbstbestimmungsrecht haben. Nach diesem darf jeder selbst entscheiden, was mit den eigenen Daten passiert und ob diese persönlichen Informationen anderen Leistungserbringern, Krankenkassen oder der Wissenschaft zur Verfügung gestellt werden können.

Ebenfalls gestaltet sich eine nationale, flächendeckende Lösung zur Etablierung der eGK als schwierig. Dies liegt zum einen an den föderalen Strukturen, die im deutschen Gesundheitswesen vorherrschen. Zum anderen existieren eine Vielzahl von eHealth-Projekten und Insellösungen, für die keine festgeschriebenen Standards gelten. Im Übrigen ist es fraglich, ob auf den nationalen Raum beschränkte Systeme generell anzustreben sind. Digitalisierung findet nämlich über Ländergrenzen hinweg statt; davon ist auch der Gesundheitsmarkt nicht ausgenommen. Deshalb sollte in Zukunft der Fokus auf die Einführung international geltender und übergreifender Richtlinien gesetzt werden.

Abschließend bleiben die Finanzierungsfragen weitestgehend offen. Werden neue eHealth-Anwendungen entwickelt, ist oftmals unklar, wer für welchen Kostenanteil aufkommt bzw. notwendige Investitionen trägt. Ohne eine Klärung dieser Fragen ist es zum Beispiel für die IT-Industrie kaum möglich, tragfähige Geschäftsmodelle zu entwickeln. Dies beeinflusst das Investitionsklima negativ und hemmt somit auch die allgemeine Innovationsfreudigkeit.

In Anbetracht der Vielzahl an Hinderungsgründen bzgl. eHealth, die es zu entkräften gilt, bleibt abzuwarten, ob der eGK der große Durchbruch im deutschen Gesundheitsmarkt gelingt. Derzeit tun sich allerdings bereits neue Formen der Vernetzung auf, die ein gewichtiges Erfolgspotenzial aufweisen.

7.5 Innovative interdisziplinäre Vernetzung als Erfolgsrezept

Die Digitalisierung im deutschen Gesundheitswesen wird sich in den nächsten Jahren deutlich weiterentwickeln und damit einen wesentlichen Beitrag dazu leisten, zahlreiche Hinderungsgründe aus dem Weg zu räumen und das deutsche Gesundheitssystem zukunftsfähig zu gestalten. Nur durch sektorenübergreifende Partnerschaften zwischen bewährten und neuen Akteuren mit sicheren und innovativen Techniken werden sich die Nutzenpotenziale flächendeckend zeitnah realisieren lassen. Diese liegen in der Verbesserung von Qualität, Transparenz und Wirtschaftlichkeit in der Patientenversorgung.

Die Herausforderung einer dauerhaften und nachhaltigen Etablierung von eHealth in Deutschland liegt in der Vernetzung bewährter, evidenzbasierter Prozesse mit neuen, smarten Ideen. Die interdisziplinäre Zusammenarbeit befähigt Partnerinnen und Partner aus den verschiedensten Disziplinen des Gesundheitswesens dazu, einheitliche Standards zu entwickeln. Um zu vermeiden, dass innovative Ideen auf festgefahrene Abläufe stoßen, dürfen weder infrastrukturelle und technische noch ethische und rechtliche Blickwinkel vernachlässigt werden. Dies gelingt am ehesten dann, wenn unterschiedliche Akteurinnen und Akteure interagieren. Dadurch können sowohl ein sicherer Informationsaustausch stattfinden als auch einheitliche Richtlinien zur Datensicherung entwickelt werden.

Der Satz „Innovationen im Gesundheitswesen brauchen Partner" erfährt uneingeschränkte Gültigkeit und ist für die Zukunftssicherung der Digitalisierung des Gesundheitswesens in Deutschland und europaweit unerlässlich. Das Gestaltungspotenzial von unabhängigen, sektorenübergreifenden Partnerschaften weist vielseitige Formen auf. Möglich sind Kooperationen zwischen den etablierten Industrieunternehmen und innovativen Start-ups, zwischen Patientinnen und Patienten und Medizinerinnen und Medizinern oder Regierungsmitgliedern und internationalen Investoren. Auf diese Weise kann die Verflechtung von kompetenten Partnerinnen bzw. Partnern und Know-how umgesetzt werden.

Das Erfolgsrezept von eHealth der Zukunft liegt demnach in der Verbindung der „safen", sicheren Technik von eGK und TI und der „smarten" technischen mHealth-Lösungen, das heißt in Form von mobilen Geräten und Gesundheitsapps.

Literatur

Beske F (2016) Perspektiven des Gesundheitswesens. Geregelte Gesundheitsversorgung im Rahmen der sozialen Marktwirtschaft. Springer, Berlin
Bundesministerium des Innern (2011) Demografiebericht. Bericht der Bundesregierung zur demografischen Lage und künftigen Entwicklung des Landes. Bundesministerium des Innern, Berlin
Bundesministerium für Gesundheit (2015) Entwurf eines Gesetzes für sichere digitale Kommunikation und Anwendungen im Gesundheitswesen. http://www.bmg.bund.de/fileadmin/dateien/Downloads/E/eHealth/150622_Gesetzentwurf_E-Health.pdf. Zugegriffen: 27. Nov. 2015

Bundesministerium für Gesundheit (2016) Die elektronische Gesundheitskarte. http://www.bmg.bund.de/themen/krankenversicherung/e-health-initiative-und-telemedizin/allgemeine-informationen-egk.html. Zugegriffen: 01. März 2016

Davidson MH (2002) Controversy surrounding the safety of cerivastatin. Expert Opin Drug Saf 1(3):207–212

Elmer A (2014) Großprojekt Elektronische Gesundheitskarte. Der Turnaround ist geschafft. Fachzeitschrift für Innovation, Organisation und Management 3:20–26

Elmer A (2015) Transformation des deutschen Gesundheitswesens – Kommentierung des Referentenentwurfs eines Gesetzes für sichere digitale Kommunikation und Anwendungen im Gesundheitswesen. Gesundheitsbarometer 1:2–3

Furberg CD, Pitt B (2001) Withdrawal of cerivastatin from the world market. Curr Control Trials Cardiovasc Med 2(5):205–207

gematik (2012) Einführung der elektronischen Gesundheitskarte – Informationsbroschüre Erprobung Online-Rollout (Stufe 1). https://www.gematik.de/cms/media/dokumente/ausschreibungen/gematik_infobroschre_onlinerollout_stufe1_v1_0_0.pdf. Zugegriffen: 01. März 2016

Gigerenzer G, Schlegel-Matthies K, Wagner GG (2016) Digitale Welt und Gesundheit. eHealth und mHealth – Chancen und Risiken der Digitalisierung im Gesundheitsbereich. Sachverständigenrat für Verbraucherfragen, Berlin

Mainz A, Stroetmann K (2011) Gesundheitstelematik in Deutschland – Zur Notwendigkeit einer ergebnisoffenen Analyse. E-HEALTH-COM 2:42–45

Noelle G (2005) Die Telematikplattform – Versuch einer Begriffs- und Standortbestimmung. Bundesgesundheitsbl Gesundheitsforsch Gesundheitsschutz 48:646–648

Wittmann G, Stahl E, Torunsky R, Weinfurtner (2014) Digitalisierung der Gesellschaft 2014 – Aktuelle Einschätzungen und Trends. Internet World Messe, Regensburg

Prozessorientierte Krankenhausinformationssysteme

Aktuelle Konzepte und zukünftige Herausforderungen

Thomas Lux

Zusammenfassung

Die effiziente und effektive Unterstützung der klinischen Behandlungspfade von Patientinnen und Patienten steht im Krankenhaus immer mehr im Mittelpunkt. Entsprechend gilt es, tradierte funktionsorientierte Denkweisen durch Prozessorientierung zu ersetzen. Ein wichtiger Erfolgsfaktor dafür sind Potenziale der unterstützenden Informations- und Kommunikationssysteme. Hier gilt es, einerseits entlang des Behandlungspfades zu unterstützen und darüber hinaus möglichst alle Subsysteme zu integrieren. Je höher der Grad der Integration, desto effizienter lassen sich Arbeitsabläufe und Ressourcen organisieren. Auch bieten Informations- und Kommunikationssysteme umfassendere Potenziale, mehr (Kosten-)Transparenz zu schaffen und auch ein geeignetes Reporting bereitzustellen. Voraussetzung ist die systematische Gestaltung im Rahmen des Hospital-Engineering.

8.1 Aktuelle Herausforderungen im Krankenhaus

Die Krankenhauslandschaft in Deutschland hat sich in den letzten Jahren stark verändert und derzeit scheint es, dass sich diese Entwicklung fortsetzt. Im Jahr 1991 gab es 2441 Krankenhäuser; im Jahr 2014 existierten davon nur noch 1980. Dies entspricht einem Rückgang von etwa 18 % (Statistisches Bundesamt 2014). Der aktuelle Krankenhaus Rating Report 2015 des Rheinisch-Westfälischen Instituts für Wirtschaftsforschung (RWI)

T. Lux (✉)
Hochschule Niederrhein, FB Gesundheitswesen, Prozessmanagement im Gesundheitswesen, Reinarzstr. 49, 47805 Krefeld, Deutschland
E-Mail: thomas.lux@hs-niederrhein.de

attestiert dabei 16 % der deutschen Krankenhäuser eine erhöhte Insolvenzgefahr für das Jahr 2013. Prognostiziert wird ein Anstieg ceteris paribus bis 2020 auf 27 % (RWI 2015).

Damit zeigen die permanenten Veränderungen in den gesetzlichen Rahmenbedingungen deutlich ihre Auswirkungen auf die Kliniken (Raphael 2014). Weiterhin ist eine Verschiebung zwischen den Trägerformen deutlich zu beobachten und insbesondere private Krankenhäuser gewinnen zunehmend Marktanteile. Wesentliche Herausforderungen und auch strategische Erfolgsfaktoren im Wettbewerb der Krankenhausbranche finden sich derzeit insbesondere in einem weiter ansteigenden Mangel an Fachkräften im Gesundheitswesen, in der erforderlichen transparenten Darstellung von Behandlungsprozessen und Kosten – sowie der damit verbundenen Kostenkontrolle – und der Vernetzung der Akteure, wie sie unter anderem durch eHealth erfolgen kann. Diese Herausforderungen werden im Folgenden kurz erläutert.

8.1.1 Fachkräftemangel

Mit derzeit 3800 unbesetzten Stellen im ärztlichen Dienst (laut Mitgliederbefragung des Marburger Bundes gibt es sogar 12.000 unbesetzte Stellen) und im Mittel 5,6 Vollkraftstellen, die im Pflegedienst nicht besetzt werden, sehen sich deutsche Krankenhäuser einer bereits aktuellen Bedrohung ausgesetzt (Blum et al. 2011). Eine empirische Studie im Auftrag der Deutschen Krankenhausgesellschaft prognostiziert einen Ärztemangel in Höhe von 37.370 unbesetzten Stellen für das Jahr 2019 und weist somit auf den noch zunehmenden Mangel in der Zukunft hin. Dies macht die Relevanz deutlich, sich bereits heute aktiv mit dem Fachkräftemangel auseinanderzusetzen (Blum und Löffert 2010). Hinzu kommen neue Arbeitszeitregelungen, welche zu erhöhtem Personalbedarf bei gleichbleibenden Erlösen führen. Mehr und mehr rekrutieren Kliniken auf den osteuropäischen Arbeitsmärkten und auch außerhalb von Europa, um ihren Bedarf decken zu können (Lux et al. 2013).

8.1.2 Transparenz des Behandlungsprozesses

Ein Paradigmenwechsel hat sich auch auf der Seite der Patientinnen und Patienten vollzogen. Gestiegenes Qualitätsbewusstsein und die Möglichkeit Gesundheitsleistungen über Einrichtungen hinweg zu vergleichen, führen zu höherem Wettbewerb in Bezug auf die Behandlungs- und Servicequalität (Busse et al. 2009). Im Rahmen dieses Wettbewerbs nimmt Transparenz eine bedeutende Rolle ein, die auch im Behandlungsprozess deutlich werden sollte.

Der Ablauf einer Diagnose, eines Behandlungs- oder auch Pflegeprozesses zeichnet sich durch einen hohen Anteil an individuellem Gestaltungsbedarf aus. Grund dafür sind asymmetrische Informationen und Informationsbrüche zwischen und innerhalb der beteiligten Berufsgruppen sowie Behandlungsprozessen, welche akteurs- und abteilungsübergreifend stattfinden. Entsprechend ist für die an der Leistungserbringung beteiligten Parteien (Ärztinnen und Ärzte sowie Pflegerinnen und Pfleger) nur eine geringe

Transparenz des gesamten Prozesses gegeben. Oftmals sind die Prozessbeteiligten nur mit dem innerhalb ihrer eigenen Kompetenz liegenden Prozessbereich vertraut und die Reflexion von Handlungen auf spätere Prozessschritte ist nicht möglich (Lux und Raphael 2009).

Auf der anderen Seite ist das Management oftmals nur unzureichend in der Lage eine effiziente Steuerung der Ressourcen zu realisieren, da (tages-)aktuelle Informationen fehlen. Eine umfassende Informationsversorgung über die Details der (Behandlungs-) Prozessabläufe und die wesentlichen Prozesskennzahlen fehlt. Auch geeignete Planungswerkzeuge, welche durch intelligente Algorithmen die Abläufe optimieren und bei einer effizienten und effektiven Nutzung der Ressourcen unterstützen, sind kaum im Einsatz (Bartsch et al. 2013).

8.1.3 Verursachungsgerechte Kostenzuordnung, Kostentransparenz und Kostenkontrolle

Mit der Einführung des Diagnosis Related Groups (DRG) Systems ist der Erlös für die Aufnahme und Behandlung von Patientinnen und Patienten jeweils fallpauschal von an die Diagnose geknüpften Behandlungsleistungen im Gesundheitsbereich abhängig und damit in den meisten Fällen ex ante festgelegt. Damit werden die mit der Behandlung von Patientinnen und Patienten einhergehenden Kosten zu einem wesentlichen wirtschaftlichen Erfolgsfaktor (Breyer et al. 2005). Bislang lassen sich Kostengrößen in vielen Bereichen nur pauschal oder anhand von Verrechnungssätzen zuordnen. Beispielsweise liegen oftmals Patientinnen und Patienten verschiedener Disziplinen auf der gleichen Station. Die Erfassung und Zuordnung des Verbrauches medizinischen Materials und von Arzneimitteln erfolgt häufig stationsorientiert und nicht bezogen auf die jeweiligen Patientinnen und Patienten. Entsprechend ist eine verursachungsgerechte Zuordnung des Verbrauches auf Patientinnen bzw. Patienten, auf ein Krankheitsbild oder auf die jeweilige Fachdisziplin nicht möglich. Damit sind Effizienz und Effektivität wesentliche Stellschrauben für den wirtschaftlichen Erfolg. Dementsprechend besteht die Erfordernis zur Einführung einer Deckungsbeitragsrechnung, um den wirtschaftlichen Erfolg zu bestimmen (Lux et al. 2009).

8.1.4 Vernetzung der Akteure durch Informations- und Kommunikationstechnologie

Wesentliches Vehikel für die (technische) Vernetzung von Akteurinnen und Akteuren im Gesundheitswesen ist die im Auf- und Ausbau befindliche Telematikinfrastruktur. Das Internet ist dabei eine wichtige Basis. Mit seinen Diensten und Protokollen als weltweites anwendungsneutrales Netz, welches auch für Telematikanwendungen nutzbar ist, schafft es gute Voraussetzungen für die Gestaltung intra- und extraorganisationaler akteursübergreifender Geschäftsprozesse und deren Unterstützung durch Informations- und Kommunikationstechnologie (IKT). Deutlicher hebt auch die Bundesregierung ihre Ziele und Erwartungen der akteursübergreifenden Vernetzung in dem am 3. Dezember

2015 beschlossenen „Gesetz für sichere digitale Kommunikation und Anwendungen im Gesundheitswesen" (E-Health-Gesetz) hervor. Dabei sind die wesentlichen Ziele unter anderem die Einführung der Telematikinfrastruktur als zentrale Infrastruktur für eine sichere Kommunikation im Gesundheitswesen, die Interoperabilität der Systeme und auch die Förderung telemedizinischer Leistungen. Hier setzt der Gesetzgeber nicht allein auf die intrinsische Motivation der Akteurinnen und Akteure im Gesundheitswesen, sondern schafft konkrete monetäre Anreize, beispielsweise für die elektronische Übermittlung von Arztbriefen. Das Vehikel der Telematikinfrastruktur wird damit zu einem zentralen Erfolgsfaktor für die Vernetzung der Akteurinnen und Akteure (Bundesgesetzblatt 2015).

8.2 Krankenhausinformationssystem (KIS)

Die zuvor beschriebenen (Abschn. 8.1) sowie weitere externe Treiber erzeugen einen starken Veränderungsdruck und dienen somit als Grundlage für den Aufbau von leistungsfähigen Informationssystemen. Krankenhausinformationssysteme (KIS) nehmen immer mehr die Rolle eines kritischen Erfolgsfaktors ein, welches einen wesentlichen Beitrag zur Erreichung von Unternehmenszielen liefert. Diese Systeme müssen den Anforderungen gerecht werden und führen somit oftmals auch zu einem organisatorischen Paradigmenwechsel – weg von den bestehenden funktionsorientierten Systemen und Denkweisen und hin zur ganzheitlichen Prozessunterstützung.

Die Aufnahmeprozeduren in Krankenhäusern sind zentral oder dezentral organisiert. Bei einer zentralen Patientenaufnahme werden die administrativen und auch medizinischen Daten der Patientinnen und Patienten zentral bei der Aufnahme erfasst. Erst nach Erfassung dieser Daten werden die Patientinnen und Patienten auf die entsprechende Station oder den Funktionsbereich weiter verwiesen. Selbstverständlich kann in einem Notfall der Prozess variieren und die Erfassung der Daten erst später erfolgen (Jäschke und Lux 2012). Zentrales System bei der Datenerfassung ist das KIS.

8.2.1 Entwicklung und grundlegende Funktionalitäten eines KIS

Ein KIS fungiert als zentrales Informations- und Kommunikationssystem im Krankenhaus. Es unterstützt möglichst alle Leistungsprozesse innerhalb eines Krankenhauses sowie die (durch Informationstechnik [IT] begleiteten) Beziehungen zu dessen Umwelt. Zur Erfüllung dieser Aufgabe werden im idealtypischen KIS alle Patientendaten wie zum Beispiel Untersuchungsergebnisse, Röntgenaufnahmen, Laborwerte, Operationen verwaltet. Zur Anbindung spezieller Systeme, wie beispielsweise Laborinformationssysteme, verfügt das KIS über geeignete standardisierte Schnittstellen. Ziel des Systemeinsatzes aus medizinischer Sicht ist es, einen schnellen und detaillierten Überblick aller wesentlichen Patientendaten zu gewährleisten. Diese dient als Grundlage für die weitere Behandlung der Patientinnen und Patienten. Für jeden Behandlungsfall, jede Episode einer Patientin bzw. eines Patienten, wird eine Akte angelegt.

8 Prozessorientierte Krankenhausinformationssysteme

Grundsätzlich kann zwischen den folgenden Datentypen unterschieden werden:

- **Administrative Daten,** die für die organisatorische Verwaltung und Abrechnung des Behandlungsfalles benötigt werden.
- **Medizinische Daten,** die für die Diagnostik, Behandlung und Therapie der Patientinnen und Patienten relevant sind. Hier wiederum wird zwischen ärztlicher und pflegerischer Dokumentation unterschieden, die in der sogenannten Patientenakte erfolgen.

Historisch bedingt erfolgt die Dokumentation und das Management der Daten meist zu einem erheblichen Teil in papierbasierter Form, der andere Teil in digitaler Form. Erzeugte Dokumente werden in der Regel in der jeweiligen Abteilung (Funktionsbereiche, Stationen, Kliniken) verwaltet und abgelegt. Dieses System findet sich auch heute noch in vielen Bereichen wieder. Oftmals beginnt die Digitalisierung erst bei der Archivierung der Patientenakten beispielsweise durch ein Dienstleistungsunternehmen, welches die Dokumente scannt, klassifiziert und strukturiert, dem Krankenhaus bereitstellt und auch revisionssicher entsprechend der gesetzlichen Vorschriften archiviert. Da Krankenhäuser aufgrund der seit 2015 gültigen Prüfverfahrensvereinbarung des Medizinischen Dienstes der Krankenversicherung (MDK) (§ 275 SGB V) innerhalb von vier Wochen nach Einleitung eines MDK-Verfahrens sämtliche abrechnungsrelevanten Belege zur Verfügung stellen müssen, ist der schnelle und strukturierte Zugriff auf die Patientenakten damit wirtschaftlich entscheidend. Während vor der gesetzlichen Änderung die Verfahren häufig mehrere Jahre dauerten und Krankenhäuser ihre Ansprüche nicht durchsetzen konnten, zeigen aktuelle Analysen, dass die Bearbeitung der Prüffälle zeitnah erfolgt und aufgrund verbesserter Dokumentationsprozesse der Krankenhäuser häufig zu deren Gunsten beschlossen wird.

Neben der statischen Verwaltung erhobener Daten ist insbesondere im medizinischen Bereich der permanente Datenaustausch zwischen allen Bereichen während der Behandlung erforderlich. Um dies zu gewährleisten, erfolgte bereits in den 1990er Jahren der Einsatz von Kommunikationsservern. Zunächst konnten administrative Daten per definierten HL7-Standard für das Gesundheitswesen zwischen den Abteilungen übermittelt und erstmals Patientendaten zusammengeführt werden. Diese Systeme boten jedoch noch keine durchgängige Unterstützung der Informationsverarbeitung im Krankenhaus. Im Fokus dieser Systeme stand zunächst die verbesserte Unterstützung der Verarbeitung, Speicherung und Distribution der anfallenden Daten. Generell werden von den Abteilungssystemen folgende Aufgaben unterstützt:

- Administration
- Patientendaten
- Überwachung der Therapie und Unterstützung bei der Behandlung der Patientinnen und Patienten
- Evaluation der Behandlung

Den nächsten Entwicklungsschritt und heutigen Status quo stellt die Befundrückübermittlung aus den Funktionsbereichen und -systemen per HL7-Nachrichten dar und damit die bidirektionale Kommunikation. Diese Anwendungen aus allen Funktionsbereichen und der Verwaltung kommunizieren standardmäßig zumindest per HL7-Nachrichten und mittels Kommunikationsserver.

Die umfassende Digitalisierung der Patientendaten erfolgt in der elektronischen Patientenakte (ePA), Ziel ist dabei die Informationstransparenz in den betroffenen Abteilungen und damit eine qualitativ bessere Versorgung der Patientinnen und Patienten. Durch die schnelle Übermittlung der in den unterschiedlichen Abteilungen entstandenen Befunde einschließlich Bildmaterial kann den Ansprüchen der Ärztinnen und Ärzte bzgl. des Zugriffs auf die Anamnese der jeweiligen Patientinnen und Patienten entsprochen werden. Erfolgt die Eingabe der Daten am Ort der Entstehung, erfordert das Führen einer ePA keinen Mehraufwand. Während in der ePA die auf die Patientinnen und Patienten bezogenen medizinischen Daten institutionsübergreifend zur Verfügung stehen, sind diese in der elektronischen Krankenakte (eKA) nur innerhalb eines Informationssystems einer Einzelinstitution (z. B. ein Krankenhaus) verfügbar.

8.2.2 Zukünftige Herausforderungen für den KIS-Einsatz

Neben den dargestellten Funktionalitäten, welche oftmals bereits umgesetzt sind, gilt es, geeignete Unterstützungsmöglichkeiten für die aufgeführten Herausforderungen bereitzustellen. Nachfolgend werden die relevanten Bereiche des Krankenhauses den Möglichkeiten der Informationstechnologie gegenübergestellt. Dabei werden die möglichen Unterstützungsbereiche in drei Gruppen unterteilt:

- Leistungsabrechnung, Controlling und Reporting
- Prozesse und Prozesssimulation
- Entscheidungsunterstützung

Zu diesen Kerngruppen lassen sich die Unterstützungsmöglichkeiten zuordnen.

8.2.2.1 Leistungsabrechnung, Controlling und Reporting

Controlling und Reporting im Krankenhaus ist ohne IT-Unterstützung heutzutage nicht oder nur unzureichend möglich. Nicht ohne Grund war der administrative Bereich einer der wesentlichen Treiber der IT im Krankenhaus. Durch die Umstellung der Leistungsabrechnung auf das DRG-System ergeben sich multiple Anforderungen zur IT-Unterstützung. Die vollständige und richtige Dokumentation der Diagnosen und erbrachten Leistungen (Prozeduren) ist entscheidend für die spätere Abrechnung des jeweiligen Behandlungsfalles.

Es ist daher wünschenswert, dass bei Leistungserbringung, zum Beispiel bei radiologischen Leistungen oder diagnostischen und therapeutischen Untersuchungen, der entsprechende Operationen- und Prozedurenschlüssel (OPS) automatisch generiert wird und nur noch eine Endkontrolle aller Leistungen bis zur Gruppierung des Falles in eine DRG durch die behandelnde Ärztin bzw. den behandelnden Arzt erfolgen muss. Bei der Verabreichung von Medikamenten, die zusätzlich zu der DRG als Zusatzentgelt abgegolten werden, ist diese Dokumentation elementar, damit keine Leistungen verloren gehen. Das erfordert die patientenbezogene Anforderung der Medikation und die Kontrollmöglichkeit der Krankenhaus-Apotheke mit der Möglichkeit zum Abgleich der Codierung. Die dargestellten Beispiele sind auf alle Zusatzentgelte, welche aus dem Einsatz spezieller Ressourcen resultieren, anwendbar. Dies erfordert seitens der IT-Systeme Unterstützung durch einen Workflow.

Weitere IT-Anwendungsgebiete in Verbindung mit den klinischen Behandlungspfaden beziehen sich auf das Pfadcontrolling und hier insbesondere auf die Fragestellungen, ob alle im Pfad festgelegten Leistungen zum vorgesehenen Zeitpunkt erbracht wurden und gleichzeitig, ob Leistungen angeordnet wurden, die im Pfad nicht vorgesehen waren (Pfadabweichungen). Für die Leistungen sind die automatische Generierung von Arbeitslisten und deren Übermittlung auf ein mobiles Endgerät (z. B. Smartphone, Tablet) für die Ärztin bzw. den Arzt sinnvoll. Bearbeitete Aufgaben müssen dabei quittiert sowie Pfadabweichungen begründet und dokumentiert werden. Für unerledigte Aufgaben ist ein Eskalationsprozess zu hinterlegen.

Neben der Leistungsdokumentation kann auch das Monitoring der Verweildauer der Patientinnen und Patienten in ähnlicher Form erfolgen. Da Unterschreitungen der unteren Grenzverweildauer Abschläge in der Leistungsvergütung zur Folge haben, kann ein Pfadcontrolling und Warnhinweise an die behandelnde Ärztin bzw. den behandelnden Arzt bei Abweichen vom Behandlungspfad (z. B. vorzeitige Entlassung) wichtige Unterstützung liefern.

Auch im Hinblick auf die Zusammenarbeit zwischen den Kliniken ist eine adäquate, zeitnahe Controlling-Funktion wesentlich. Grundlage für den Prozess sind die klinischen Pfade. Allerdings muss sichergestellt werden, dass Abweichungen von den klinischen Pfaden zeitnah erkannt und korrigiert werden. Wird die Patientin bzw. der Patient zum Beispiel nicht rechtzeitig in eine Frührehabilitation verlegt, können erhebliche Mehrkosten entstehen. Dementsprechend ist ein entsprechendes Pfadcontrolling mit anschließendem Workflow zu etablieren.

Vor dem Hintergrund der Etablierung neuer medizinischer und medizin-technischer Verfahren ergibt sich die Notwendigkeit, die Prozesse und Kosten neu zu kalkulieren und entsprechende Gegenmaßnahmen einleiten zu können. Nach Etablierung der Innovation ist eine IT-gestützte, automatisierte, regelmäßige Kostenkontrolle durch ein Reporting der laufenden Pfadkosten und Pfadabweichungen notwendig.

Grundsätzlich ist die Nutzung der Werkzeuge und Methoden der Business Intelligence im Rahmen des Controllings im Krankenhaus ein grundlegender Aspekt, welcher umfassende Potenziale für die Analyse und Aufbereitung (Reporting) der Daten bietet. Hieraus ergeben sich Unterstützungsmöglichkeiten für das Management, aber auch für die Fachabteilungen. Allerdings ist ein Data Warehouse, in welchem die zur Analyse relevanten Daten nach fachlichen Kriterien gespeichert werden, ein eigenständiges System. Die Daten aus dem KIS und auch Daten aus anderen (Sub-)Systemen werden in das Data Warehouse geladen, um dann für weitere Analysen im Rahmen der Business Intelligence zur Verfügung zu stehen (Lux 2010).

8.2.2.2 Prozesse, Workflows und Prozesssimulation

Die Etablierung der klinischen Pfade, eine Teilautomatisierung der Pfade mittels Workflow-Management sowie ein entsprechendes Pfadmanagement und Pfadcontrolling sind zentrale Komponenten der heute erforderlichen IT-Unterstützung im Krankenhaus. Diese werden die überwiegend administrativ orientierten Systeme zukünftig ergänzen.

Ein Workflow ist definiert als ein detailliert beschriebener Vorgang mit klar definiertem Anfangs- und Endpunkt, der von einem Workflow-Management-System (WMS oder auch WfMS) gesteuert wird. Dessen Definition stellt somit den Input für ein Workflow-Management-System zur Ablaufsteuerung dar (Lux 2005). Der Schwerpunkt beim Workflow Computing liegt in der Unterstützung arbeitsteiliger Prozesse und daher in deren Koordination (Lux 2005). Zur Leistungserstellung werden Informationsobjekte entsprechend definierter Regeln von einer Bearbeitungsinstanz zur nächsten automatisiert befördert. Dies erfolgt mit dem Ziel, Durchlaufzeiten zu verringern und Medienbrüche zu vermeiden. Entsprechende Anwendungssoftware wird als WfMS bezeichnet, welche die Analyse und Modellierung der Prozesse in der Unternehmung (Prozessmodell) ebenso wie die Prozesssteuerung und -kontrolle und die Protokollierung und Archivierung (Prozessverwaltung) erlaubt. Zur Erledigung der Aufgabe nutzen die Prozessbeteiligten (Anwenderinnen und Anwender) meist Standardbürosoftware oder, je nach Art der zu erledigenden Aufgabe, auch spezielle Software. Entscheidend ist die Standardisierung und Offenheit der Schnittstellen des WfMS (Raphael und Lux 2010).

Die Workflow-Engine ist zentraler technischer Bestandteil des Systems. Sie ermöglicht die Steuerung der Workflows und stellt damit eine zentrale Komponente dar. Die Workflow-Laufzeitumgebung kontrolliert die einzelnen Instanzen der Workflow-Umgebung mit Hilfe der Workflow-Engine.

Prozessabläufe in Form klinischer Pfade und deren IT-Unterstützung bzw. -Unterstützbarkeit in Form eines Workflow-Systems sind oftmals zentrale Punkte für Verbesserungspotenziale, wobei insbesondere im Rahmen des Controlling geeignete Instrumente (z. B. Messpunkte) zu definieren sind, um ökonomische Analysen durchführen zu können. Gleiches gilt auch für Abrechnungsprozesse und die Definition der Zusammenarbeit zwischen den Fachabteilungen.

Einen wesentlichen Beitrag zur Verbesserung der Arbeitsabläufe und Arbeitseffizienz stellt die Entlastung des Personals von Dokumentationstätigkeiten und koordinativen Aufgaben dar. Es sollte möglich sein, mit Eingabe der Aufnahmediagnose den entsprechenden Diagnostik-Workflow mit den damit verbundenen Aufgaben und Zuständigkeiten IT-basiert zu starten und zu koordinieren. Denkbar wäre hier, dass mit Eingabe der Aufnahmediagnose elektronisch geprüft wird, welche Diagnostik bei dieser Verdachtsdiagnose vorgesehen ist. Die Terminvereinbarung in den entsprechenden Bereichen, der optimale Abgleich der Termin bis hin zum Ausdruck eines Behandlungsplans für die Patientinnen und Patienten kann automatisiert erfolgen. Der Einsatz eines geeigneten WfMS ist grundlegende Voraussetzung hierfür.

Befindet sich die Patientin bzw. der Patient nach Erstellung der endgültigen Behandlungsdiagnose auf einem klinischen Pfad, ist für die weitere Diagnostik bis hin zur invasiven Therapie eine Workflow-Unterstützung des gesamten Pfades analog denkbar. Die Ergebnisse können automatisiert in die Dokumentation eingehen und sowohl den entsprechenden gesetzlichen Anforderungen genügen, als auch das Controlling unterstützen. Auch die Behandlungsqualität wird beispielsweise durch Hinweise auf mögliche Behandlungsfehler gesteigert.

Die Umsetzung des dargestellten Konzeptes erfordert die Möglichkeit zur IT-gestützten Modellierung der klinischen Pfade mit den Möglichkeiten zum Pfadcontrolling. Darüber hinaus ist auch die Simulation von Prozessen wünschenswert, um beispielsweise die Veränderungen der Kostenstrukturen aufgrund der Einführung neuer medizinischer Verfahren oder medizintechnischer Entwicklungen abschätzen zu können. Die Auswirkungen auf Durchlaufzeiten, Ressourcenausnutzung und Kosten im Vorhinein abzuschätzen und im Controlling geeignete Anpassungen vorzunehmen verbessert die Unternehmensplanung. Auch bei der Entscheidung, welche Fachabteilung eine spezielle Diagnose behandeln soll, ist eine Simulation der Kosten und Zeiten sinnvoll. Grenzen der Simulation finden sich allerdings bei der Berücksichtigung von Pfadabweichungen oder Pfadänderungen.

8.2.2.3 Expertensysteme und Intelligente Entscheidungsunterstützung

Das Workflow-Management verbessert die Unterstützung überwiegend gut strukturierter Abläufe, um teilautomatisierte Entscheidungen zu treffen. Häufig ist es aber wünschenswert, die Ärztin bzw. den Arzt bei der Entscheidung anhand der Datenlage zu unterstützen und weitere Schritte der Behandlung vorzuschlagen. Die letzte Bestätigung der Ärztin bzw. des Arztes hierzu ist jedoch notwendig. Expertensysteme eignen sich somit, um vorhandenes Wissen auf die jeweiligen Daten anzuwenden und daraus Schlussfolgerungen zu ziehen. Dabei haben Expertensysteme eine gewisse Intelligenz, auch in unklaren Entscheidungssituationen Schlussfolgerungen ableiten zu können und auch ihre eigene Wissensbasis zu erweitern.

Ein gutes Beispiel hierzu sind Verordnungssysteme für Medikamente, die patientenbezogen eine Dosierungs- und Wechselwirkungsprüfung durchführen und der Ärztin bzw. dem Arzt entsprechende Dosierungsvorschläge oder Warnhinweise bei unerwünschten Wechsel- und Nebenwirkungen geben. Hierdurch kann die Anzahl der unerwünschten Arzneimittelereignisse nachweislich reduziert werden. Auch im Bereich der Laboranalysen und der Radiologie ist ebenfalls eine Entscheidungsunterstützung möglich. So ist die Angabe der kritischen Grenzwerte bei Laborergebnissen mit entsprechenden Handlungsempfehlungen möglich. Neben diesen eher klar strukturierten Entscheidungssituationen wäre es auch denkbar, an einzelnen Stellen des Behandlungsprozesses die Ärztin bzw. den Arzt zu unterstützen und Hinweise auf das weitere

Vorgehen oder Behandlungsprozeduren zu geben. Insgesamt sind vielfältige Einsatzbereiche für Expertensysteme zur Entscheidungsunterstützung im Krankenhaus denkbar. Eine strukturierte Datenquelle oder systematische Datenerfassung ist dabei grundlegende Voraussetzung. Da es sich oftmals um spezielle Aufgaben handelt, stellt sich die Frage, inwieweit diese Systeme in ein Krankenhaussystem integriert sein sollten oder über Schnittstellen angebunden werden könnten.

8.3 Prozessorientierung als wichtige Eigenschaft der Krankenhaus-IT

Der Einsatz eines WfMS setzt zunächst auf fachlicher Ebene voraus, dass die Arbeits- bzw. Behandlungsabläufe strukturiert und planbar sind. Entsprechend gilt es, fachübergreifende Behandlungspfade zu definieren, welche die Behandlung der Patientinnen und Patienten von der Aufnahme über Diagnostik, Therapie und Pflege bis hin zur Entlassung beschreiben. Es gilt damit auch etablierte Denkweisen und arbeitsorganisatorische Konzepte zu verändern, um die bislang funktionalen Grenzen mehr zu überwinden und entlang des Prozesses zu denken, zu handeln und besonders auch zu planen (Lux und Raphael 2016).

Ein Prozess ist in eine Folge von Aktivitäten, die in unmittelbarer Beziehung zueinander stehen. Er dient der Erfüllung des Unternehmenszweckes und ist in quantitativer und qualitativer Hinsicht bewertbar. Eine Differenzierung von Prozessen ist zum Beispiel entsprechend des direkten oder indirekten Beitrages zur Wertschöpfung des Unternehmens möglich. Dabei kann zwischen primären Prozessen differenziert werden, die einen direkten Beitrag zu Wertschöpfung leisten, welche auch als Geschäftsprozess bezeichnet werden, und zwischen sekundären und tertiären Prozessen, die letztendlich der Unterstützung primärer Prozesse dienen (Schlüchtermann 2013).

Primärprozesse stellen dabei auf die primäre Leistungserstellung des Unternehmens ab. Im Krankenhaus versteht man hierunter als Oberbegriff die direkt auf die Patientinnen und Patienten bezogenen Tätigkeiten aus den Bereichen der Diagnostik, Therapie und Pflege sowie die auf die Patientinnen und Patienten bezogenen administrativen Prozesse, zum Beispiel die administrative Aufnahme. Die primären Prozesse erfordern den höchsten Personaleinsatz im Krankenhaus. Insbesondere der Pflegedienst sowie der medizin-technische und Funktionsdienst umfassen die meisten Mitarbeiterinnen bzw. Mitarbeiter. Damit steht diese Gruppe auch häufig bei der Betrachtung von Effizienzsteigerungen im Mittelpunkt, da sich hier die größten Potenziale zur Personaleinsparung ergeben und gleichzeitig Prozesse verbessert werden können. Auslagerungen (Outsourcing) oder eine Fremdvergabe von Primärprozessen sind in der Regel nicht möglich.

Sekundärprozesse dienen der Unterstützung der Primärprozesse und beinhalten keinen direkten Patientenkontakt. Beispiele hierfür sind Einkauf, Logistik- oder Laborprozesse. Sekundärprozesse können also patienten- bzw. behandlungsnah (Labortätigkeiten) oder weitestgehend unabhängig vom direkten Behandlungserfolg sein. Dazu gehören auch Prozesse wie die Speisenversorgung und Reinigung, die oftmals dem Outsourcing unterliegen. Daher erfolgt bei der Post Merger-Integration oftmals eine Marktanalyse, ob diese Prozesse entweder am Markt günstiger eingekauft werden können, falls sie noch in Eigenleistung erbracht werden bzw. ob sich der Preis für die outgesourcte Leistung durch Anbieterwechsel reduzieren lässt. Die Geschäftsprozesse in diesen Bereichen erfordern oftmals Fachwissen. Es gibt aber auch Anbieterinnen und Anbieter, die sich auf die Erbringung der Leistung spezialisiert haben (Reinigung, Speisenversorgung), sodass eine interne Verbesserung im Hinblick auf die Kosten-Nutzen-Relation oftmals nicht sinnvoll erscheint.

Tertiärprozesse haben keine direkte unterstützende Wirkung auf die primären und auch sekundären Prozesse, beispielsweise aus dem Personalwesen oder Gebäudemanagement. Bei Fusionen und Übernahmen wird dieser Bereich oftmals zentralisiert, das heißt in bereits bestehende Strukturen integriert und somit verbessert. Weiterhin lassen sich Prozesse auf verschiedenen strukturellen Ebenen betrachten. Haupt- oder Kernprozesse beschreiben die wesentlichen Tätigkeiten auf der übergeordneten Unternehmensebene. Diese drei Prozessarten lassen sich daher in Haupt- und Teilprozesse unterteilen. Dabei beschreiben die Teilprozesse den Hauptprozess auf einer detaillierteren Ebene. In Abb. 8.1 ist das Prozessmodell in drei hierarchische Ebenen unterteilt: Haupt-, Teil- und Detaillierungsprozess. Grundsätzlich ist die Anzahl der erforderlichen Ebenen beliebig und entsprechend des Analysebereiches wählbar.

So handelt es sich beispielsweise bei der Versorgung mit Medikalprodukten um einen Hauptprozess. Dieser kann in weitere Teilprozesse untergliedert werden, wie Bedarfsermittlung, Bedarfsmeldung, Lieferungsüberprüfung und Lieferungsverräumung. Hinter diesen

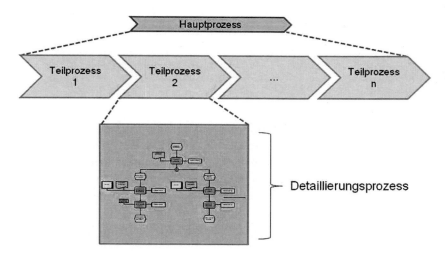

Abb. 8.1 Hierarchieebenen eines Prozessmodells

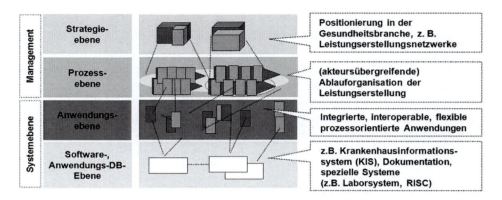

Abb. 8.2 Hospital Engineering

Teilprozessen sind dann jeweils die konkreten Prozessabläufe hinterlegt, welche die notwendigen Tätigkeiten (Funktionen) und erforderlichen Ressourcen (personelle, technische, Dokumente usw.) beschreiben.

8.4 Hospital Engineering

Zur Umsetzung der dargestellten Anforderungen an die Prozessorientierung der Krankenhaus-IT sind geeignete Konzepte und Methoden erforderlich, um das Krankenhaus insgesamt als technisch-organisatorisches System und insbesondere seine Prozesse und deren IT-Unterstützung zu analysieren, zu planen und zu steuern. Das Hospital Engineering bietet sich hier als ein geeignetes Management-Konzept an (Lux 2011).

Hospital Engineering bezeichnet die systematische Gestaltung der Unternehmung „Krankenhaus" aus Management- und aus IT-Sicht. Dabei erfolgt eine differenzierte Betrachtung der der vier Architekturebenen *Strategie, Prozess, Anwendung, Software und Datenbanken* (Abb. 8.2). Die Strategieebene umfasst überwiegend Managementaufgaben, während die Ebenen drei und vier die Architektur des IT-Systems beschreiben. Ziel des Hospital Engineering ist die Transformation und Realisation der strategischen Entscheidung auf die darunter liegende Prozessebene, unterstützt durch IKT. Damit liegt der Fokus auf der Prozessebene, welche auch die Wertschöpfung umfasst. Der IT kommt eine Schlüsselrolle zu, indem sie zu neuen Prozessorganisationen befähigt.

Auf der Strategieebene erfolgen die Festlegung des Leistungsangebotes und die Positionierung im Wettbewerb. Die Detaillierung dieser Entscheidungen als realisierbare Handlungsanweisungen erfolgt auf der Prozessebene durch Analyse, Modellierung und Implementierung der Ablauforganisation. Dabei gilt es, Diagnose, Therapie- und Pflegeprozesse zu beschreiben, zum Beispiel in Form klinischer Pfade, und deren Umsetzung sicherzustellen. Die Unterstützung der Prozessebene durch IT erfolgt auf der Anwendungsebene. Sie ist Bindeglied zwischen den im Krankenhaus vorhandenen

Software- und Datenbanksysteme (4. Ebene), wie zum Beispiel dem zentralen KIS aber auch speziellen Systemen (Röntgeninformationssysteme, Laborsysteme, Medikationssysteme, Planungssysteme usw.). Dabei integriert die Anwendungsebene die vorhandenen Systeme innerhalb einer einheitlichen Sicht, um letztendlich den klinischen Behandlungsprozess – den Leistungserstellungsprozess – als zentralen Ausgangspunkt der Betrachtung zu wählen. Derzeit im Krankenhaus eingesetzte Informations- und Kommunikationssystemarchitekturen entsprechen kaum diesen Anforderungen. Die Systemlandschaft ist meist heterogen und schlecht integriert. Schnittstellen zwischen den verschiedenen Systemen sind oftmals nur unidirektional und Prozesse werden unzureichend unterstützt. Ein wichtiges Ziel des Hospital Engineering ist es, die fachlichen Prozesse und damit auch die unterstützende IT zu integrieren.

8.5 Integration von Prozessen und IT-Systemen

Bei der Integration von Prozessen ist zwischen der horizontalen und der vertikalen Integration zu differenzieren. Die horizontale Integration ist durch die Integration entlang der Wertschöpfungskette gekennzeichnet. Im Krankenhaus ist eine solche Integration entlang der Wertschöpfungskette beispielsweise die Verknüpfung vom Aufnahmeprozess über den gesamten Behandlungsprozess bis zum Entlassungsprozess. Die vertikale Integration hingegen ist durch die Verknüpfung verschiedener Hierarchieebenen gekennzeichnet. Damit erfolgt die Integration vertikal ablaufender Prozesse zwischen hierarchisch über- und untergeordneten Abteilungen bzw. Bereichen.

Abb. 8.3 visualisiert die vertikale und horizontale Integration am Beispiel eines Krankenhauses. Auf der administrativen und dispositiven Ebene finden die primären wertschöpfenden Tätigkeiten statt. Hier sind verschiedene Fachabteilungen, Funktionsbereiche sowie die pflegerischen, medizinischen und ambulanten Leistungen angesiedelt. Letztendlich bildet die Diagnose und Therapie einen bereichsübergreifenden Prozess, der – in Form eines klinischen Behandlungspfades – netzwerkartig und akteursübergreifend innerhalb der verschiedenen Bereiche stattfindet. Die unterstützenden Tätigkeiten, wie die Termin- und Ressourcenplanung, Material- oder Medikalwirtschaft, unterstützen sämtliche Bereiche gleichermaßen und haben daher eine Querschnittsfunktionalität (Lux und Raphael 2016).

Krankenhäuser bilden ein komplexes Gebilde aus vielen verschiedenen Informationssystemen. Auch das KIS besteht häufig modular aus vielen Teilsystemen. Neben dem Patientenverwaltungssystem sowie den medizinischen und administrativen Systemen lassen sich weitere Systeme identifizieren, die von Fach- und Führungskräften, insbesondere der Geschäftsführung, zur betriebswirtschaftlichen Entscheidungsfindung genutzt werden können. Auf Basis der oben dargestellten Abbildung erfolgt die Zusammenfassung aller in einem Krankenhaus genutzten Informations- und Kommunikationssysteme.

Der Großteil aller Informationssysteme im Krankenhaus ist Teil des KIS. In Anlehnung an Abb. 8.3 lassen sich eine ganze Reihe der administrativen und organisatorischen sowie alle medizinischen Informationssysteme den mengenorientierten operativen

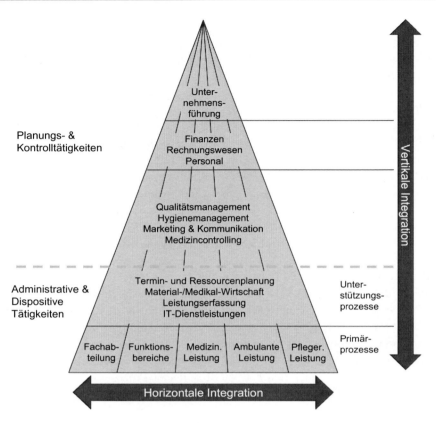

Abb. 8.3 Horizontale und vertikale Integration (Gabriel et al. 2014)

Systemen zuordnen. Alle genutzten Abrechnungs- und Buchungssysteme finden sich auf der Ebene der wertorientierten Abrechnungssysteme wieder. Sollten Analyse- und Planungssysteme zum Einsatz kommen, bilden sie die Spitze der Informationspyramide. Abb. 8.4 zeigt eine Gesamtübersicht aller Systeme bzw. Systemkategorien, die im Krankenhaus zum Einsatz kommen, basierend auf der vorgestellten Struktur.

Dabei stellen die unterschiedlichen Abstufungen der mengenorientierten Systeme keinerlei Hierarchieabstufung oder Abhängigkeiten zueinander dar, sondern dienen der Übersichtlichkeit. Alle mengenorientierten operativen Systeme stehen auf der gleichen Ebene, was auch anhand der gestrichelten Linie zur Informationsverdichtung in Abb. 8.4 verdeutlicht werden soll. Die Informationsverdichtung im Rahmen der Gesamtbetrachtung beginnt erst beim Übergang von mengenorientierten operativen Systemen zu den wertorientierten Abrechnungssystemen und setzt sich zur Spitze der Pyramide hin weiter fort.

Die Zuordnung der am Leistungserstellungsprozess beteiligten Systeme erfolgt zu den mengenorientierten operativen Systemen. Dies entspricht hier sowohl allen medizinischen Informationssystemen als auch allen technischen, organisatorischen und

8 Prozessorientierte Krankenhausinformationssysteme

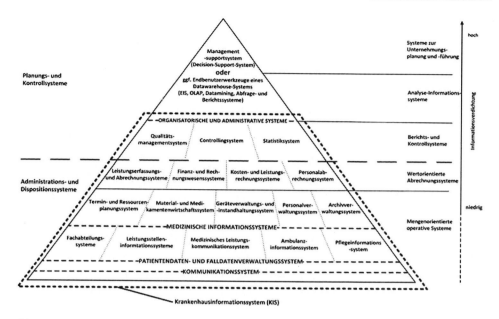

Abb. 8.4 IT-Systeme im Krankenhaus aus Integrationssicht (Lux und Raphael 2016)

administrativen Systemen, die direkt den Leistungserstellungsprozess unterstützen. Anhand eines kurzen Beispiels lässt sich die Zuordnung zum Leistungserstellungsprozess verdeutlichen.

> **Beispiel**
>
> So nutzt ein Arzt der Inneren Medizin beispielsweise sein Fachabteilungssystem, um über das medizinische Leistungskommunikationssystem die Analyse einer Patientenblutprobe im angeschlossenen Leistungsinformationssystem, hier dem Laborinformationssystem (LIS), anzufordern. Nachdem die Probe vom LIS analysiert und der Arzt durch das Kommunikationssystem des KIS per E-Mail darüber informiert worden ist, hat er durch das Fachabteilungssystem Zugriff auf die elektronische Krankenakte und damit auch auf die Ergebnisdokumentation der Laboruntersuchung. Jetzt ist es dem Arzt möglich, eine genaue Diagnose zu stellen und gegebenenfalls weitere Maßnahmen zu planen. Sollte aufgrund der Diagnose eine Operation des Patienten nötig sein, kann der Operationstermin sowie der entsprechende Personal- und Materialbedarf durch das Termin- und Ressourcenplanungssystem festgelegt werden. Über das Kommunikationssystem können jetzt die an der Operation beteiligten Personen informiert werden und darüber hinaus kann eine automatisierte Anforderung an das Material- und Medikamentenwirtschaftssystem gesendet werden, sodass die zur Operation benötigten Materialien und Medikamente zum terminierten Zeitpunkt bereitliegen.

Auf der Ebene der wertorientierten Abrechnungssysteme finden sich Buchungs- und Abrechnungssysteme, die auf die Leistungsdaten der untergeordneten operativen Systeme zurückgreifen. Dazu gehören die Leistungserfassung und Abrechnung, die Kosten- und Leistungsrechnung sowie das Finanz- und Rechnungswesen und die Personalabrechnung.

Auf der untersten Ebene der Planungs- und Kontrollsysteme kommen weitere administrative und organisatorische Systeme zum Einsatz. Zu den datenorientierten Berichts- und Kontrollsystemen zählen hier das Controlling-System, ein Qualitätsmanagementsystem und gegebenenfalls weitere Statistiksysteme. Zum oberen Teil der Planungs- und Kontrollsysteme gehören alle analytischen Informationssysteme und die Systeme zur Unternehmungsplanung und -führung.

Darüber hinaus finden verschiedene Managementunterstützungssysteme Einsatz, die die Krankenhausgeschäftsführung in unstrukturierten Entscheidungssituationen unterstützen. Dazu stellen die Systeme den Führungskräften unternehmensinterne und -externe Informationen zur Planungs- und Entscheidungsunterstützung sowie zur Unternehmensführung bereit, um zum Beispiel die Führungskräfte bei der Analyse der Informationen durch Business Intelligence Systeme zu unterstützen (Gluchowski et al. 2008).

8.6 Trends vom KIS zur offenen KIS-Plattform

Es zeichnet sich ab, dass sich in den kommenden Jahren zunehmend eine Integrationslösung bestehender Systeme als offene Plattform durchsetzen wird. Ein „System aus einer Hand" – und das haben die Anbieterinnen und Anbieter längst erkannt – wird sich langfristig nicht am Markt halten. Auch Schnittstellenlösungen sind mit hohen Kosten, insbesondere in Wartung und Pflege, verbunden. Somit ist zu erwarten, dass sich langfristig auch hier offene Datenaustauschstandards etablieren, welche die einfache Anbindung weiterer Anwendungen ermöglichen, beispielsweise über einen KIS-Integrationsbus. Es ist eine klare Trennung zwischen den operativen Systemen, dem organisatorischen Modell (Rollenmodell) und dem Prozessmodell sowie der Benutzungsoberfläche zu erwarten. Dies ermöglicht ein hohes Maß an Effizienz, Flexibilität und damit auch Anbieterunabhängigkeit. Weiterhin ist die aktive Unterstützung eines Systems am Diagnose- und Therapieprozess zu erwarten, womit ärztliches und pflegerisches Personal in ihrer Arbeit optimal unterstützt und mit Informationen versorgt werden kann und den informierten und interessierten Patientinnen und Patienten mehr Transparenz gegeben wird.

Überträgt man diese Überlegungen sowie das Ebenen-Denken des Hospital Engineering auf ein für die IT-Architektur geeignetes Modell, so lassen sich insbesondere die unteren beiden Ebenen (Systemebenen) und deren Integration abbilden. Die Prozessebene, welche die Geschäftslogik abbildet, ist innerhalb der Anwendungsebene umzusetzen. Der KIS-Integrationsbus schafft die Verbindung zur Software- und Datenbankebene. Im Mittelpunkt steht ein WfMS, welches die richtigen Informationen an der richtigen Stelle den Benutzerinnen und Benutzern (Verwaltung, Ärztinnen und Arzt oder Pflegerinnen und Pfleger) über eine einheitliche Benutzungsoberfläche zur Verfügung stellt.

Literatur

Bartsch P, Lux T, Gabriel R, Wagner A (2013) Business intelligence and information systems in hospitals – Distribution and usage of BI and HIS in german hospitals. In: Mantas J, Hasman A (Hrsg) Informatics, management and technology in healthcare. IOS Press, Amsterdam, S 191–193

Blum K, Löffert S (2010) Ärztemangel im Krankenhaus – Ausmaß, Ursachen, Gegenmaßnahmen. Deutsche Krankenhausgesellschaft, Düsseldorf

Blum K, Löffert S, Offermanns M, Steffen P (2011) Krankenhaus Barometer. Umfrage 2011. Deutsches Krankenhaus Institut e. V., Düsseldorf

Breyer F, Zweifel P, Kifmann M (2005) Gesundheitsökonomik. Springer, Berlin

Bundesgesetzblatt (2015) Gesetz für sichere digitale Kommunikation und Anwendungen im Gesundheitswesen sowie zur Änderung weiterer Gesetze vom 21. Dez. 2015

Busse R, Tiemann O, Wörz M (2009) Veränderungen des Krankenhausmanagements im Kontext des Wandels internationaler Gesundheitssysteme. In: Behrendt I, König HJ, Krystek U (Hrsg) Zukunftsorientierter Wandel im Krankenhausmanagement. Springer, Berlin, S 15–36

Gabriel R, Weber P, Lux T, Schroer N (2014) Basiswissen Wirtschaftsinformatik. W3L, Herdecke

Gluchowski P, Gabriel R, Dittmar C (2008) Management support systeme und business intelligence. Springer, Berlin

Jäschke T, Lux T (2012) Einsatz von Informationstechnologien im Gesundheitswesen. In: Thielscher C (Hrsg) Medizinökonomie, Bd 1., Das System der medizinischen Versorgung. Springer Gabler, Wiesbaden, S 393–418

Lux T (2005) Intranet Engineering – Einsatzpotenziale und phasenorientierte Gestaltung eines sicheren Intranet in der Unternehmung. Gabler, Wiesbaden

Lux T (2010) Mehr Durchblick im Abrechnungsdschungel. BI Spektrum 5:20

Lux T (2011) Hospital engineering. In: Szomszor M, Kostkova P (Hrsg) E-Health 2010. Institute for Computer Sciences, Social Informatics and Telecommunications Engineering, Gent, S 229–234

Lux T, Raphael H (2009) Prozessorientierte Krankenhausinformationssysteme. HMD – Praxis der Wirtschaftinformatik 269:70–79

Lux T, Raphael H (2016) Vorgehensweise bei der Post Merger Prozessintegration. In: Timmreck C (Hrsg) Mergers & Acquisitions im Krankenhaussektor. Kohlhammer, Stuttgart (im Druck)

Lux T, Raphael H, Martin V (2009) State-of-the-Art prozessorientierter Krankenhausinformationssysteme. In: Hansen HR, Karagiannis D, Fill HG (Hrsg) Business Services: Konzepte, Technologien, Anwendungen. 9. Internationale Tagung Wirtschaftsinformatik, Wien, S 689–698

Lux T, Schufft K, Lorenz A (2013) Evaluating the potential of social networking services for hospital recruitment. In: Proceedings of the 21st European conference on information systems (ECIS), Utrecht

Raphael H (2014) Business Intelligence im Krankenhausmanagement. Springer, Wiesbaden

Raphael H, Lux T (2010) State of the Art prozessorientierter Krankenhausinformationssysteme Teil I. Competence Center eHealth Ruhr, Bochum

RWI (2015) Krankenhaus Rating Report 2015: Kurzfristig höhere Erträge, langfristig große Herausforderungen. http://www.rwi-essen.de/presse/mitteilung/198/. Zugegriffen: 6. Jan. 2016

Schlüchtermann J (2013) Betriebswirtschaft und Management im Krankenhaus – Grundlagen und Praxis. Medizinisch Wissenschaftliche Verlagsgesellschaft, Berlin

Statistisches Bundesamt (2014) Zahlen & Fakten; Gesellschaft & Staat; Gesundheit; Krankenhäuser, Zahlen & Fakten; Gesamtwirtschaft & Umwelt; Einrichtungen, Betten und Patientenbewegungen. https://www.destatis.de/DE/ZahlenFakten/GesellschaftStaat/Gesundheit/Krankenhaeuser/Tabellen/KrankenhaeuserJahreOhne100000.html. Zugegriffen: 10. März 2016

Einrichtungsübergreifende Elektronische Patientenakten

9

Peter Haas

Zusammenfassung

Zur Verbesserung von Patientensicherheit, Qualität, Rechtzeitigkeit von Interventionen, Effektivität und Versorgungsgerechtigkeit muss die Sektorierung des Gesundheitswesens überwunden und eine patientinnen- und patientenzentrierte Versorgung implementiert werden. Ein wesentliches Instrument hierfür sind einrichtungsübergreifende Elektronische Patientenakten (eEPA), in denen die verteilt erhobenen und gespeicherten Behandlungsinformationen zusammengeführt und sachgerecht den beteiligten Akteurinnen und Akteuren auf Basis eines differenzierten Rechtemanagements zur Verfügung gestellt werden. Struktur und Semantik solcher Aktensysteme müssen in hinreichender Weise die Gegebenheiten der medizinischen Domäne berücksichtigen. Die Funktionalität muss über die reine Verwaltung von Informationen hinausgehen und zum Beispiel das Behandlungsprozess- und Case-Management oder die Entscheidungsfindung unterstützen. Letztendlich sollte eine eEPA auch integriert die Arzt-Patient-Kooperation unterstützen und als Basis für Zweitmeinungseinholungen zur Verfügung stehen.

9.1 Hintergrund

Die Herausforderungen für die Gesundheitssysteme in allen Industrienationen sind durch die demografische Entwicklung mit zunehmender Lebenserwartung und einem damit

---

P. Haas (✉)
Fachhochschule Dortmund, FB Informatik, Medizinische Informatik, Emil-Figge-Str. 42,
44227 Dortmund, Deutschland
E-Mail: haas@fh-dortmund.de

© Springer-Verlag Berlin Heidelberg 2016
F. Fischer und A. Krämer (Hrsg.), *eHealth in Deutschland*,
DOI 10.1007/978-3-662-49504-9_9

erhöhten Anteil multimorbider älterer Menschen gekennzeichnet. Auch der Anteil der Langzeiterkrankten ist in allen Versorgungsbereichen von hoher Bedeutung (Knieps und Pfaff 2015).

Dabei bringt die differenzierte Spezialisierung in der Medizin mit sich, dass viele Behandlungen nicht mehr nur durch einen Arzt bzw. eine Ärztin oder eine Versorgungseinrichtung erfolgen, sondern viele Spezialistinnen und Spezialisten in verschiedensten ambulanten, stationären und pflegerischen Einrichtungen beteiligt sind. Die derzeitige Ausgangssituation in Deutschland ist daher gekennzeichnet durch eine sektorierte und durch Einzelsichten der vielen behandelnden Personen geprägten Teilsichten auf die Patientinnen und Patienten und ihre jeweilige Situation. Die gegenseitige Information erfolgt zumeist per Briefe bzw. Papierbefunden und dies nur situationsspezifisch. Dies lässt eine gesamtheitlich abgestimmte Versorgung mit einem teamorientierten Ansatz nicht zu.

Schon in der weltweit viel beachteten Studie des Institute of Medicine (2001) „Crossing the quality chasmn: A new health system for the 21st century" wird eine Verbesserung der Patientensicherheit, Qualität, Rechtzeitigkeit von Interventionen, Effektivität und der Versorgungsgerechtigkeit angemahnt und die bestehenden Probleme auf die Fragmentierung des Versorgungssystems, die fehlende individuelle und globale Bedarfsorientierung und die Vorherrschaft rechtlicher bzw. ökonomischer Anreize ohne Verprobung dieser mit dem Outcome zurückgeführt.

Es zeigt sich deutlich, dass die Versorgung unkoordiniert erfolgt, obwohl Evidenz dahin gehend besteht, dass Strategien zur Qualitätsverbesserung auch die Leistungsfähigkeit und Effektivität verbessern können (Bates 2015).

> A highly fragmented delivery system that largely lacks even rudimentary clinical information capabilities results in poorly designed care processes characterized by unnecessary duplication of services and long waiting times and delays. And there is substantial evidence documenting overuse of many services – services for which the potential risk of harm outweighs the potential benefits (Institute of Medicine 2001).

Als Konsequenz erleben auch Patientinnen und Patienten dieses System als Ansammlung von Institutionen, die mit beschränktem Blick isoliert Teilaspekte ihres bzw. seines Integritätsverlustes behandeln. Wie deutlich wird, ist der voran zitierte Befund immer noch aktuell – auch in Deutschland. Ein Hauptproblem ist und bleibt derzeit die Fragmentierung des Versorgungssystems. Folgende Aspekte kennzeichnen heute die Versorgung (Haas 2011):

- Medizinische Behandlungen, die über Bagatellerkrankungen hinausgehen, erfolgen in der Regel in arbeitsteiligen Prozessen über mehrere Gesundheitsversorgungseinrichtungen hinweg und multiprofessionell.
- Eine Patientin bzw. ein Patient kann parallel bei mehreren Einrichtungen, so zum Beispiel Facharztpraxen in Behandlung sein, die sich um zumeist je ein spezifisches Gesundheitsproblem kümmern. Keine dieser einzelnen Behandlungseinrichtungen hat in der Regel einen Gesamtüberblick über die Situation der jeweiligen Patientinnen und Patienten.

- Der „Informationsübermittler" bezüglich des medizinischen Kontextes ist heute teilweise allein die Patientin bzw. der Patient selbst. Im Rahmen der Erst- oder Zwischenanamnese, die jede Institution durchführt, müssen Patientinnen und Patienten entsprechend Auskunft über diesen Kontext geben.
- Eine gesamtheitliche Koordination über alle verschiedenen Parallelbehandlungen hinweg erfolgt in der Regel nicht. Es obliegt den Patientinnen und Patienten (ob sie dies nun können oder nicht), diese herzustellen.

Vor diesem Hintergrund erhofft man sich weltweit eine Effektivierung und Verbesserungen durch den Einsatz von einrichtungsübergreifenden Elektronischen Patientenakten (eEPA) bzw. von eEPA-Systemen, welche dann die Basis für multiprofessionelle koordinierte einrichtungsübergreifende Behandlungen sind und auch im Kontext telemedizinischer Verfahren unabdingbar werden. Unabhängig von der technischen Art und Weise der Implementierung und physischen Verteilung besteht das logische Konzept der eEPA darin, dass alle Behandlerinnen und Behandler von Patientinnen und Patienten ihre Behandlungsinformationen in die eEPA der jeweiligen Patientinnen und Patienten einstellen bzw. ihr Vorhandensein bekannt machen.

Dies darf aber nicht durch zusätzliche manuelle Aufwände geschehen, sondern durch eine aufgabenangemessene Integration der Übermittlungsmechanismen in den Primärsystemen der einzelnen Einrichtungen, in denen heute in der Regel schon die Behandlungsinformationen elektronisch bzw. digital geführt werden. Insgesamt soll so durch die Zusammenführung der bereits verteilt vorhandenen Informationen eine patientenzentrierte Versorgung („patient-centered care") ermöglicht werden. In vielen Ländern war die Veröffentlichung des Institutes of Medicine (2001) der Anstoß, den Paradigmenwechsel zur konsequenten Patientenzentrierung einzuleiten. Ein flächendeckender nationaler Einsatz von eEPA-Systemen ist aber auch heute nur in wenigen Ländern implementiert. Als Barrieren werden vor allem ungeklärte Finanzierung, fehlende nationale Governance, fehlende Standardisierung und Interoperabilität und fehlende Kommunikation zwischen eHealth-Projekten und zwischen den Akteurinnen und Akteuren selbst angegeben (Healthcare Information and Management Systems Society 2010).

Mit Blick auf die eingangs geschilderten Entwicklungen wird jedoch ein gezielter Einsatz von Ressourcen und eine bestmöglich koordinierte patientenzentrierte Versorgung zum entscheidenden Faktor moderner Gesundheitssysteme, um effizient eine hohe Qualität und Kontinuität der individuellen Behandlung und Versorgung von Patientinnen und Patienten über alle Beteiligten hinweg zu gewährleisten und die Patientensicherheit sicherzustellen. Methodische Ansätze hierzu sind die integrierte Versorgung und das Case Management. Beim Case Management werden auf Basis der Festlegung von Behandlungszielen nicht nur die Vergangenheit und die Ist-Situation in den Blick genommen, sondern auch vorausschauend die weiteren Behandlungsschritte und Versorgungsnotwendigkeiten geplant und überwacht. Dies kann problemorientiert zum Beispiel auf Basis von klinischen Pfaden oder klinischen Algorithmen geschehen. Insgesamt zeigt sich also, dass ohne eine eEPA die zukünftigen Herausforderungen nicht gemeistert werden können.

9.2 Ziele und Nutzen

Seit Anbeginn der Medizin als Wissenschaft sind patientenbezogene Aufzeichnungen zu Behandlungen ein wichtiger Aspekt. Hippokrates (460 – ca. 370 v. Chr.) hat bereits darauf hingewiesen, dass nur durch ordentliche Aufzeichnungen des Arztes – die ihm einerseits zur Gedankenstütze dienen, aber andererseits auch Basis für den Vergleich verschiedener Fälle und Erkenntnisgewinn sind – eine gute und systematische Medizin möglich wird. Hippokrates beschrieb dies mit Blick auf die persönliche Dokumentation des Arztes. In der heutigen Zeit einer hoch spezialisierten Medizin gelten seine Ausführungen jedoch auch für interdisziplinäre multiprofessionelle Behandlungen und die daran beteiligten Heilberufe. Damit steht eine entsprechende gemeinsame einrichtungsübergreifende Dokumentation in logischer Konsequenz zu den Grundprinzipien von Hippokrates. Aber auch die Realisierung moderner Versorgungsansätze wie eine integrierte Versorgung oder eine konsequent patientenzentrierte Versorgung (Gerteis et al. 2002; Demiris und Kneale 2015), sind ohne eine einrichtungsübergreifende Dokumentation mit ergänzenden unterstützenden Funktionalitäten nicht möglich.

Ziel des Einsatzes von einrichtungsübergreifenden Akten bzw. Aktensystemen ist im Kern eine kontinuierliche individuelle Gesundheitsversorgung auf hohem Niveau zu erreichen. Dies soll dadurch geschehen, dass alle Behandlerinnen und Behandler – zumindest spätestens zum Zeitpunkt ihres Tätigwerdens – informiert sind bzw. sich informieren können über

- den aktuellen Stand der gesundheitlichen Situation der Patientin bzw. des Patienten
- die aktuellen Diagnosen und Symptome
- die aktuellen Befunde und Medikationen
- die Vorgeschichte – ggf. differenziert nach einzelnen Erkrankungen
- wichtigste frühere therapeutische Maßnahmen wie Operationen, Bestrahlungen etc.

Vom GEHR-Projekt wurde folgende Prämisse zugrunde gelegt:

> The priorities of the GEHR project have reflected the belief that the clinical record is most necessary, and should be most available, when a clinician is offering care in a consultation or at the bedside. Thus efforts should always be directed towards offering quickly accessible, accurate and complete information to an authorised carer when attending a patient (GEHR 1995, S. 7).

Dabei ist nur ein Aspekt, dass die Behandlerinnen und Behandler in den verschiedenen Einrichtungen unterstützt werden. Der andere Aspekt besteht zunehmend darin, dass auch die Patientinnen und Patienten selbst in ihrem persönlichen Krankheitsmanagement unterstützt werden und auch die Patienten-Arzt-Kooperation verbessert wird. Letzteres ist zum Beispiel dadurch möglich, dass auch die Patientin bzw. der Patient Zugriff auf ihre bzw. seine eEPA hat und für Behandlungen wichtige eigene Aufzeichnungen in diese einstellen kann. Beispiele hierfür sind die Dokumentation von Vitalparametern, Blutzuckerwerten, ein Schmerztagebuch, Fotodokumentation von Wunden oder Hautveränderungen. Auch Televisiten werden durch den gemeinsamen Blick in die Akte und wichtige Aspekte und Trends effektiver und gehaltvoller.

> Der Einsatz von eEPA-Systemen ist unter anderem mit folgenden Nutzenaspekten verbunden:
>
> - Verbesserung der Transparenz der aktuellen Patientensituation und -behandlung bei Patientinnen und Patienten mit mehreren Behandlerinnen bzw. Behandlern, dadurch bessere Diagnose- und Therapieentscheidungen sowie Therapiekontrolle – sowohl in der Routineversorgung als auch bei Notfällen
> - Verbesserung der Patientensicherheit zum Beispiel durch Verordnungsüberprüfungen im Rahmen der Arzneimitteltherapiesicherheit (AMTS) und explizite Markierung bzw. Dokumentation von Gefährdungs- und Risikofaktoren
> - Integrierte multiprofessionelle Versorgung orientiert an der Situation und den Bedürfnissen der Patientinnen und Patienten, bessere Koordination der Versorgung
> - Implementierbarkeit eines patientenzentrierten Case Managements und dadurch Unterstützung eines teamorientierten Behandlungsmanagements mittels einer teamorientierten und abgestimmten Planung der aktuellen und zukünftigen Behandlung mit Durchführungssteuerung und -controlling
> - Verbesserte Patientenbeteiligung, Compliance und Patient Empowerment
> - Verbesserung der Zusammenarbeit zwischen Patientinnen bzw. Patienten und Behandlerinnen bzw. Behandlern
> - Verbesserung der Lebensqualität chronisch Kranker
> - Unterstützung der kontinuierlichen Versorgung bei Umzug, Reisen etc.
> - Verbesserte Möglichkeiten der Zweitmeinungseinholung
> - Erhöhung der Effektivität und Kosteneinsparungen, Vermeidung von Doppeluntersuchungen und Folgekosten

Eine ausführliche Darstellung der Nutzenaspekte findet sich zum Beispiel auf dem Health-IT-Portal des U.S. Department of Health & Human Services (ONC 2015).

9.3 Begriffe und Konzepte

„Elektronische Patientenakte" – wohl kein Begriff ist in den letzten Jahren und vor allem auch in der aktuellen Diskussion um die nationale Gesundheitstelematik in Deutschland derart bemüht worden, ohne dass eine konsentierte Definition oder gar konkretisierte Vorstellung Basis dieser Diskussionen ist. So werden unter diesem Begriff sehr verschiedene Konzepte subsumiert. Vor diesem Hintergrund hat ein bundesweiter Arbeitskreis, in dem alle wesentlichen Akteurinnen und Akteure des deutschen Gesundheitswesens vertreten waren, im Jahr 2011 unter der Moderation des Nordrhein-Westfälischen Gesundheitsministeriums eine Informationsbroschüre zum Thema elektronische Patientenakten erarbeitet (ZTG 2011), in der auch die verschiedenen Aktentypen gegeneinander abgegrenzt werden. Unterschieden werden folgende Aktentypen mit ihren internationalen begrifflichen Entsprechungen:

- einrichtungsinterne Fall-/Patientenakte (Electronic Medical Record [EMR]/Electronic Patient Record [EPR])
- einrichtungsübergreifende Fall-/Patientenakte (Electronic Health Record [EHR]/Electronic Patient Record [EPR])
- die persönliche Akte des Patienten (Personal Electronic Health Record [PHR]/Personally Controlled Health Record [PCHR])
- elektronische Gesundheitsakte
- Basisdokumentationsakte (Patient Summary Record [PSR]/Minimum Basic Data Set [MBDS])
- Registerakte (Medical Registry Record)

Dies zeigt, dass elektronische Patientenakten in verschiedensten Kontexten und Settings zum Einsatz kommen.

Das in Deutschland von vielen Akteurinnen und Akteuren favorisierte Konzept einer Fallakte (Abschn. 9.7.3), bei der es sich um eine einrichtungsübergreifende Akte handelt, die ausschließlich Informationen zu einem bestimmten medizinischen Behandlungsfall enthält, findet dabei keine Entsprechung in anderen Ländern.

Schon 1994 wurde im Rahmen des „EU Telematics Research and Technology Development Programme" das AIM-Projekt „The Good European Healthcare Record (GEHR)" unter anderem mit dem Ziel der Entwicklung einer umfassenden und breit einsetzbaren gemeinsamen Datenstruktur zur Nutzung und Verbreitung von elektronischen Patientenakten innerhalb Europas durchgeführt (GEHR 1995).

In den Jahren danach gab es viele Initiativen und Projekte, die sich des Themas annahmen und eine unüberschaubare Anzahl von Definitionen. Die Gesellschaft für Versicherungswissenschaft und -gestaltung (GVG) definierte 2004 treffend:

> Die elektronische Patientenakte wird hier als eine IT-gestützte, strukturierte Dokumentation verstanden, in der die zeitlich und räumlich verteilt erhobenen Gesundheitsdaten eines Menschen zusammengefasst werden. Dies beinhaltet grundsätzlich sämtliche den Patienten wie die Leistungserbringer betreffenden medizinischen und administrativen Behandlungsangaben einschließlich der Prävention. Die Daten werden nach einheitlichen Ordnungskriterien elektronisch erfasst und gespeichert. Diese einrichtungsübergreifende elektronische Patientenakte ermöglicht erstmals die problemorientierte Transparenz der Krankengeschichte mit dem Ziel bestmöglicher Versorgung und der Minimierung unerwünschter Belastungen, Verzögerungen und Doppelleistungen (GVG 2004, S. 9).

9 Einrichtungsübergreifende Elektronische Patientenakten

Aktuell heißt es auf den Webseiten des amerikanischen Office of the National Coordinator for Health Information Technology (ONC 2015):

> Electronic health records (EHRs) are built to go beyond standard clinical data collected in a provider's office and are inclusive of a broader view of a patient's care. EHRs contain information from all the clinicians involved in a patient's care and all authorized clinicians involved in a patient's care can access the information to provide care to that patient. ... One of the key features of an EHR is that health information can be created and managed by authorized providers in a digital format capable of being shared with other providers across more than one health care organization. EHRs are built to share information with other health care providers and organizations – such as laboratories, specialists, medical imaging facilities, pharmacies, emergency facilities, and school and workplace clinics – so they contain information from all clinicians involved in a patient's care (ONC 2015).

Wie deutlich wird, ist es nicht das Ziel von eEPA-Systemen, dass alle Behandlerinnen und Behandler quasi mittels dieses Systems zentral dokumentieren und kein eigenes Dokumentationssystem mehr haben. Stattdessen sollen, wie in Abb. 9.1 dargestellt, Dokumente oder Einzelinformationen aus den lokalen Systemen der Versorgungsinstitutionen in diese eingestellt und abgerufen werden können. Damit kommt der semantischen Interoperabilität zwischen eEPA-Systemen und Primärsystemen eine besondere

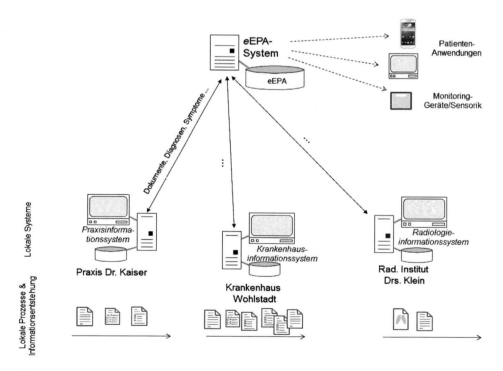

Abb. 9.1 Zusammenspiel lokaler Systeme und eEPA

Bedeutung zu. Aber auch die Interoperabilität mit patienteneigenen Anwendungen, Apps oder Monitoringgeräten und Sensoren wird zunehmend zu einem Thema.

9.4 Wesentliche Akteninhalte

Elektronische Patientenakten sollten die wesentlichen Aspekte von medizinischen Behandlungen abbilden können. Insofern stellen sie eine digitale Version der Patientenakte dar. Der Vorteil liegt in der schnellen und sicheren Zugänglichkeit der Daten für autorisierte Nutzerinnen und Nutzer. Während in der institutionellen EPA die (medizinischen) Informationen über Patientinnen und Patienten enthalten sind, ermöglichen die einrichtungsübergreifenden Systeme an sich einen noch breiteren Blick auf die Versorgung. Dies wird unter anderem durch die Zugriffsmöglichkeiten auf evidenzbasierte Tools für die Entscheidungsfindung ermöglicht (ONC 2015).

> EHRs are built to share information with other health care providers and organizations – such as laboratories, specialists, medical imaging facilities, pharmacies, emergency facilities, and school and workplace clinics – so they contain information from all clinicians involved in a patient's care (ONC 2015).

Mit Blick auf die Behandlungsprozesse und die zu dokumentierenden Sachverhalte sowie die gängigen Definitionen zu elektronischen Patientenakten ergeben sich die nachfolgend gezeigten prinzipiellen Informationsobjekte, die in einer eEPA verwaltet werden können sollten.

Wesentliche Akteninhalte

- einzelne klinische „Phänomene", vor allem
  - administrative und vor allem medizinische Maßnahmen (diagnostischer/therapeutischer/rehabilitativer/palliativer Art)
  - Symptome
  - Diagnosen
  - Medikationen
  - Behandlungsziele
  - klinische Notizen (klassifiziert nach Vorfällen, Verlaufsnotizen etc.)
  - (herausgehobene) Einzelergebnisse von klinischen Maßnahmen
- spezielle Aggregatdokumentationen
  - Laborwertdokumentation als spezielle Aggregation aller labormedizinischen Maßnahmen
  - Medikationsdokumentation als spezielle Aggregation aller medikationsbezogenen Maßnahmen und Aktionen (Verordnung, Ausgabe, Verabreichung/Einnahmen)
  - Behandlungspläne in Form patientenindividueller Behandlungspfade

- ergänzende „Spezialdokumentationen", vor allem
  - sonstige fachspezifische weitergehende strukturierte Dokumentationen und Spezialisierungen der oben angegebenen Phänomene
  - spezielle Pässe
- klinische Dokumente beliebiger Art bzw. beliebigen Formates (Briefe, Röntgenbilder, EKG-Kurven etc.)

Darüber hinaus sollte es für das Arbeiten mit der Akte aber auch aus Datenschutzgründen sogenannte „virtuelle Sichten" auf die Akteninhalte bzw. Aggregationen geben. Wesentliche Sichten sind zum Beispiel die Notfalldaten oder der klinische Basisdatensatz bzw. der Patient Summary Record, die einen schnellen Überblick zu den wichtigsten Informationen erlauben, aber auch fachgruppenspezifische Sichten (z. B. virtuelle Röntgenakte, Diabetesakte etc.) sind wichtig.

9.5 Prinzipielle Lösungsparadigmen

9.5.1 Dokumentbasierte Lösungen

Bei dokumentenbasierten eEPA-Systemen wird strukturell-architektonisch das einzelne Dokument in den Mittelpunkt gestellt und quasi eine medizinische Dokumentenverwaltung realisiert. Die vereinbarten Metainformationen zu den Dokumenten sind zumeist rudimentär oder frei konfigurierbar. Dies ist aber problematisch bezüglich der semantischen Interoperabilität mit anderen Systemen, da die freie Konfigurierbarkeit zur Beliebigkeit dieser Metadaten führt. Die Präsentations- und Interaktionskomponente orientiert sich an den aus den Betriebssystemen bekannten hierarchischen Ordner- und Unterordnerstrukturen, die in der Regel von den Anwenderinnen und Anwendern frei definiert werden können. Die Interoperabilitätsmöglichkeiten bestehen im Wesentlichen im Einfügen, Historisieren, ggf. Löschen und Abrufen von klinischen Dokumenten beliebigen Formats. Weitere Funktionalitäten sind nicht möglich. Prominenteste Vertreter eines solchen Ansatzes sind Lösungen, die auf dem IHE/XDS-Profil aufbauen, das eine verteilte Umgebung für die Verwaltung von Dokumenten („Cross Document Sharing") spezifiziert (siehe auch Abschn. 9.7.1).

9.5.2 Phänomenbasierte Lösungen

Phänomenbasierte Lösungen stellen strukturell die klinischen Phänomene – also Diagnosen, Maßnahmen und Maßnahmenergebnisse, Symptome, Medikationen, Vorfälle und vieles andere mehr – sowie alle dazugehörigen Informationsobjekte wie Befunde, Röntgenbilder, Videos etc. in den Mittelpunkt und ermöglichen es so, die Phänomene als einzelne Informationsobjekte zu handhaben. Ein wesentlicher Aspekt ist hierbei, dass auch damit der Behandlungsprozess mit allen medizinischen Maßnahmen und den diesen zugeordneten Dokumenten sowie zugehörigen Diagnosen und Ereignissen geplant, gesteuert, dokumentiert und dargestellt werden kann. Sowohl die ursprünglichen Architekturansätze des Projektes GEHR (1995) als auch der Standard ISO 13606 und openEHR (Abschn. 9.7.2) basieren auf diesem Paradigma feingranularer Informationsobjekte. Eine Übersicht zu den wesentlichen Informationsobjekttypen und Aktentransaktionen findet sich bei ZTG (2011).

9.6 Spezielle Lösungsaspekte

9.6.1 Wesentliche Fragestellungen

Soll ein eEPA-System auf lokaler, regionaler oder sogar nationaler Ebene implementiert oder eingeführt werden, ergeben sich eine Reihe von Fragestellungen, für die Festlegungen bzw. Vereinbarungen getroffen werden müssen. In Teilen legen die Standardisierungsansätze (Abschn. 9.7) dazu Spezifikationen fest. Abb. 9.2 gibt einen Überblick zu den wesentlichen Aspekten in Anlehnung an Haas (2006).

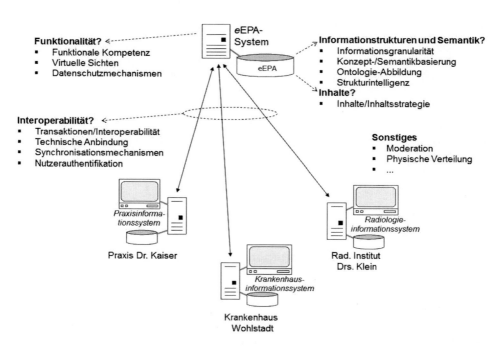

Abb. 9.2 Wesentliche Fragestellungen zu eEPA-Systemen (Haas 2006)

9.6.2 Informationsstrukturen und Semantik

Wie bereits im vorangehenden Kapitel zu den Lösungsparadigmen angesprochen, ist die Frage der Granularität der Akteninhalte (Informationsobjekte) ein entscheidendes Merkmal für entsprechende Lösungsansätze. Letztendlich determiniert diese Granularität auch die Interoperabilität sowie die möglichen spezifischen Sichten, Navigationsmöglichkeiten und die weiteren Nutzungsmöglichkeiten sowie den realisierbaren Nutzen.

Schon früh wurde in der Literatur auf die Bedeutung der sogenannten „Konzeptbasierung" von medizinischen Aktensystemen und den Einsatz kontrollierter Vokabulare für die Dokumentation von Diagnosen, Maßnahmen, Symptomen etc. hingewiesen (Hammond 1997; Cimino 1998). Die Informationsobjekte sollen die Konzepte der Domäne gut und granular abbilden können. Gemeint sind die in Abschn. 9.4 aufgelisteten Phänomene, für die eine adäquate Informationsstruktur und Semantik vereinbart werden müssen. Festzulegen ist zuerst, was die charakterisierenden Attribute einer Diagnose, einer Maßnahme usw. sind. Hier ist der Rückgriff auf internationale Standards geboten. So wird zum Beispiel in HL7 V3 auf Basis des Reference Information Models (RIM) für die meisten Phänomene schon eine weitgehende Festlegung getroffen. Diese kann zum Beispiel auch für die Verwendung innerhalb von strukturierten Dokumenten nach dem CDA-Standard genutzt werden können. Details zum Beispiel für Diagnosen finden sich im Diagnoseleitfaden von HL7 Deutschland (HL7-Benutzergruppe in Deutschland e. V. 2011).

Je nach intendiertem Ziel sind dann weitere Spezialisierungen der Phänomene und weitere klinische Informationsobjekttypen festzulegen. Eine umfangreiche Analyse zum Informationsbedarf bei der Diabetesversorgung zeigte zum Beispiel, dass 446 medizinische Items von Interesse sind (Duftschmid et al. 2013). Auch die Europäische Union hat für Patient Summary Records feingranulare Inhaltsstrukturen definiert (European Union 2012).

Neben der Struktur ist aber auch die zu verwendende Semantik für ausgewählte Attribute von Bedeutung, um einerseits die semantische Integrität der Inhalte, aber auch die Lesbarkeit für die Benutzerinnen bzw. Benutzer und die semantische Interoperabilität zwischen Systemen sicherzustellen; so zum Beispiel für die Klassifikationsangabe zu einer Diagnose, den Diagnosesicherheitsgrad, den Schweregrad usw. Auch hierzu gibt es entsprechende Festlegungen in nationalen und internationalen Standards.

Auf Basis der festgelegten Informationsstrukturen und der Semantik für eEPA-Implementierungen auf lokaler oder nationaler Ebene können dann die Interoperabilitätsfestlegungen getroffen werden. Für Diagnosen also zum Beispiel die Transaktionen „Füge Diagnose ein", „Füge Verlaufsnotiz zu Diagnose ein", „Rufe Diagnoseliste ab" usw. Analog gilt das für alle anderen Informationsobjekte.

9.6.3 Inhalte

Während mit den Informationsstrukturen festgelegt wird, welche Informationen wie strukturell und semantisch verwaltet werden können, braucht es ergänzend eine

Inhaltsstrategie bezüglich der zu den Patientinnen und Patienten einzustellenden Informationen. Diese muss sich einerseits an der aktuellen und lebenslangen Bedeutung dieser Information orientieren und andererseits am intendierten Zweck des Einsatzes des eAktensystems selbst.

> One of the most difficult questions when establishing an EHR system will be therefore to decide which categories of medical data should be collected in an EHR and stored for which period of time (European Commission 2007, S. 18).

Heute haben viele Ärztinnen und Ärzte Bedenken, einrichtungsübergreifende Akten mit sehr viel Inhalt zu benutzen, da schnell die Situation eintritt, dass nicht mehr alles durchgesehen werden kann und damit eventuell haftungsrechtliche Probleme entstehen. Dabei gibt es konkurrierende Anforderungen, denn es sollen einerseits für aktuelle Behandlungen alle Informationen zeitnah verfügbar sein, aber mit Blick auf Wertung und Bedeutung sind davon in der Regel nur ein kleinerer Teil auch für die zukünftige Versorgung wichtig. Daher sollten andererseits bezüglich der Krankheitsvorgeschichte nur die wichtigsten Daten enthalten sein. Man kann hier also von der „Halbwertszeit" einer medizinischen Information sprechen. Wird für eine aktuelle Behandlung die eEPA genutzt, muss klar sein, welche historischen Informationen derzeit (noch) relevant sind. Ein wichtiger Lösungsansatz hierzu ist, dass bereits beim Eintragen von Informationen diese bezüglich ihrer längerfristigen Relevanz markiert werden (Abschn. 9.8).

9.6.4 Funktionalität

Elektronische Patientenaktensysteme sollten – auch mit Blick auf den intendierten Wertebeitrag für die Versorgung bzw. den möglichen Nutzen (Abschn. 9.2) – nicht nur zur Verwaltung von Informationen genutzt werden, auch wenn der Begriff „Akte" dies zuerst einmal suggeriert. Stattdessen sollte sich die funktionale Kompetenz über die reine Informationsverwaltung („Aktenfunktionalität") hinaus erstrecken. Beispielhaft genannt seien einige Funktionen für Terminmanagement/-erinnerungen, (Soll-)Wertüberwachung, Arzneimitteltherapiesicherheitsprüfung, Eintragsbenachrichtigung, zyklisches Status-Reporting, Case Management oder Risikoermittlung. So hat HL7 einen umfangreichen Katalog von EHR-Funktionalitäten herausgegeben (HL7 2014), in dem hierarchisch nach Funktionsblöcken gegliedert über 2600 funktionale Anforderungen spezifiziert werden.

Ein funktional sehr wichtiger Aspekt ist, dass ein eEPA-System Sichten auf die Fülle der Inhalte zu einem Patienten ermöglicht, damit schnell und effektiv je nach Fragestellung die entsprechenden Informationen vom Arzt bzw. der Ärztin oder anderen berechtigen Heilberuflern und -beruflerinnen zugegriffen werden können. Als Beispiel seien hier unter anderem alle Maßnahmen genannt die bisher zu einer bestimmten Erkrankung durchgeführt wurden (erkrankungsspezifische Sicht), Notfallinformationen, alle radiologischen Untersuchungen.

Letztendlich sind auch differenzierte Datenschutzmechanismen dem Themenkomplex „Funktionalität" zuzuordnen, und hier vor allem auch die Zugriffskontrollmechanismen. Nicht jede Benutzerin bzw. jeder Benutzer soll zwangsläufig alle Informationen einsehen können. Dieser Aspekt kann sowohl berufsgruppenspezifisch betrachtet werden als auch hinsichtlich gewisser Fachausrichtungen. So ist zum Beispiel denkbar, dass Personen aus der Radiologie nur Zugriff auf die radiologischen Voruntersuchungen haben („virtuelle Röntgenakte"); evtl. mit zusätzlichem Zugriff auf die Diagnoseliste, aber eben nicht auf die vielfältigen anderen Informationen. Analogien gelten entsprechend für die Pflege und andere Fächer. In diesem Sinne kann auch die Informationsvielfalt für einzelne Benutzerinnen und Benutzer sinnvoll begrenzt werden. Dies darf aber nicht zu Lasten der Behandlungsqualität gehen.

9.6.5 Interoperabilität

Semantische Interoperabilität eines Systems ist die Fähigkeit, durch entsprechende Schnittstellen mit anderen Systemen zu kommunizieren bzw. so zusammenzuarbeiten, dass empfangene Daten auch sinnvoll genutzt und weiterverarbeitet werden können. Wie in Abb. 9.1 deutlich wird, ist Interoperabilität evident für ein eEPA-System. Unabhängig von der technischen Implementierung muss es also einen Satz von fachlogischen Transaktionen geben, mittels derer die mit dem eEPA-System zusammenarbeitenden Systeme – das sind zum Beispiel die verschiedenen Krankenhaus- und Praxisinformationssysteme aber auch Apps der Patientinnen und Patienten oder medizintechnische Monitoringgeräte – Informationen einfügen und abrufen, aber auch Funktionen anstoßen können. Diese möglichen Transaktionen werden determiniert durch die Informationsgranularität des eEPA-Systems (Abschn. 9.6.2). Was strukturell nicht vorgesehen ist, kann auch nicht eingefügt oder abgerufen werden.

Neben diesen fachlogischen Festlegungen ist sodann die technische Grundlage für die Interoperabilität zu bestimmen. Hier sind verschiedene Ansätze alternativ möglich: So können identische fachlogische Transaktionen per Webservices, Remote Procedure Call oder per eMail durchgeführt werden, wenn das eEPA-System diese Techniken entsprechend alternativ anbietet.

Ein wichtiger Aspekt ist bei zusammenarbeitenden Systemen sodann auch, mit welchen starken Verfahren sich Systeme bzw. deren Nutzerinnen und Nutzer vor einem Zugriff oder anderen Transaktionen untereinander authentifizieren, um missbräuchliche Nutzung auszuschließen. Aufgrund des sehr hohen Vertraulichkeitsgrades der eEPA-Informationen müssen kryptografische Verfahren zum Einsatz kommen, bei denen die Identität der zugreifenden Person vom eEPA-System überprüft werden kann. Dies ist eine große Hürde für den Realeinsatz, da eine durchgehende Public Key Infrastructure für das Gesundheitswesen in Deutschland derzeit nicht existiert. Dementsprechend behilft man sich in lokalen Projekten mit entsprechenden Ersatzverfahren.

Für einen reibungslosen Betrieb ist es letztendlich auch wichtig, wie wenig aufwendig es für die Benutzerinnen und Benutzer der Primärsysteme – also die Ärzteschaft, Pflegepersonal etc. – ist, einen Informationsabruf oder auch die Einstellung neuer Informationen in die eEPA zu tätigen. Hier ist zum Beispiel denkbar, dass berechtigte Primärsysteme von Ärztinnen und Ärzten und Einrichtungen, die an der Behandlung beteiligt sind, automatisch regelmäßig die neuesten Informationen abrufen. Auch beim Einstellen neuer Informationen sollte zum Beispiel vorkonfigurierbar sein, welche davon automatisch übermittelt werden sollen. So kann die Ärztin bzw. der Arzt in der Praxis oder im Krankenhaus nur durch einen Click diese Übermittlung veranlassen.

9.7 Ausgewählte Standardisierungsinitiativen

9.7.1 IHE-Profil XDS

Integrating the Health Care Enterprise (IHE) ist eine weltweit operierende Organisation, die sich zum Ziel gesetzt hat, die Kommunikation und Kooperation auf Basis der Spezifikation von sogenannten Integrationsprofilen – die selbst auf existierenden Standards basieren – zu verbessern. Als Teil einer globalen IT-Infrastruktur für alle fachlichen Domänen wurde hierbei auch das Profil XDS – Cross Document Sharing – spezifiziert (IHE 2015). Hierin werden Festlegungen getroffen, wie fachlogisch klinische Dokumente zwischen verschiedenen Einrichtungen zur Verfügung gestellt werden können. Dabei wird keine physische Verteilungsform festgeschrieben oder präferiert, sondern es werden die verwaltbaren Informationsstrukturen und die Transaktionen zwischen den beteiligten Systemen festgelegt. Hierfür werden verschiedene Akteure definiert (Abb. 9.3).

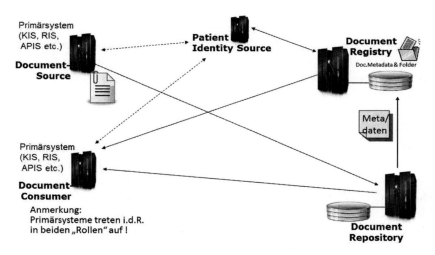

Abb. 9.3 IHE/XDS-Akteure

Die Idee: Jede an einer XDS-Infrastruktur („Affinity-Domain") teilnehmende Versorgungsinstitution stellt über diese Infrastruktur anderen Einrichtungen – sofern diese über die Sicherheitsinfrastruktur berechtigt sind – die klinischen Dokumente zu einer Patientin bzw. einem Patienten elektronisch abrufbar zur Verfügung. Hierzu „meldet" das System dieser Institution ein Dokument im Inhaltsverzeichnis *(Registry)* durch Übermittlung einiger festgelegter Metadaten zum Dokument als prinzipiell verfügbar an. Nun können die teilnehmenden Versorgungsinstitutionen mittels ihrer Informationssysteme in der Registry abfragen, welche Dokumente zu einer Patientin bzw. einem Patienten verfügbar sind und wahlweise die Übermittlung einer digitalen Kopie anfordern. Das Profil IHE/XDS ist Grundlage für eine Reihe von nationalen Lösungsansätzen, so für die landesweite Elektronische Gesundheitsakte ELGA in Österreich (https://www.elga.gv.at/, zuletzt zugegriffen 07.12.2015) und für das Patientendossier in der Schweiz (http://www.e-health-suisse.ch/, zuletzt zugegriffen 07.12.2015). Auch in Deutschland setzen Anwender und Industrie auf eine EFA-Aktenlösung auf Basis von IHE/XDS (Abschn. 9.7.3). Vorteil des Ansatzes ist es, dass diese Lösung relativ einfach und auf bereits vorhandene elektronische Dokumente jeglicher Art anwendbar ist. Auch wenn ein Großteil des allseits publizierten Nutzens von eEPA-Systemen mit diesem dokumentenbasierten Lösungsansatz nicht realisiert werden kann, ist dies doch ein erster Schritt zu mehr einrichtungsübergreifender Transparenz und Zusammenarbeit.

9.7.2 OpenEHR

OpenEHR ist eine weltweite offene Community zur Spezifikation und Weiterentwicklung des gleichnamigen Architektur- bzw. Plattformkonzeptes für Elektronische Patientenakten (http://www.openehr.org/, zuletzt zugegriffen 07.12.2015). Die Grundidee besteht in einem Lösungsansatz, der quasi einen Rahmen vorgibt, welcher dann um sogenannte Archetypes – das sind definierte Modelle klinischer Konzepte – erweitert werden kann. Ein solches Konzept kann eine Diagnose, eine Maßnahme, aber auch ein Blutdruck, eine Familienanamnese usw. sein, also ein granularer Informationsobjekttyp. Hierzu ist eine Sprache definiert, mit welcher solche klinischen Modelle ausgedrückt werden können. Der Lösungsansatz besteht nun darin, dass Teilnehmerinnen und Teilnehmer der weltweiten Community spezielle Archetypes definieren und allen anderen zur Verfügung stellen. Hierzu hat OpenEHR ein elektronisches Repository zur Verfügung gestellt, in dem bereits einige Archetypes enthalten sind.

Die Grundstruktur für eine Patientenakte besteht aus einem generischen Modell, das einen Electronic Health Record als Ansammlung granularer Informationsobjekte („entries") beschreibt, die in eine übergeordnete Struktur („composition") eingeordnet bzw. zusammengefasst werden können. Care Entries sind zum Beispiel die in Abschn. 9.4 genannten Behandlungsphänomene. Die Compositions können sehr verschiedener Art sein, so zum Beispiel alle zu einem Behandlungsbesuch gehörenden Einträge bzw. Notizen („Entries") oder alle Medikationen über alle Besuche hinweg oder eine Problemliste bestehend aus bestimmten Symptomen und Diagnosen. Eine besondere Rolle spielen dabei Event Compositions und Persistent Compositions. Während Event Compositions die Informationen zu bestimmten Begebenheiten aggregieren (z. B. alle Informationen inklusive Kontext zu einer Operation, zu einem CT, zu einem Behandlungsbesuch), bilden die Persistent Compositions quasi persistierende klinische Dokumente ab wie Entlassbriefe, OP-Berichte etc., die im Grunde auch als Aggregationen verschiedener granularer Informationen angesehen werden können.

Entries und Compositions können auch durchgehend versioniert werden. Dies stellt einen wichtigen Aspekt zum Beispiel für die Fortschreibung einer Diagnose, die auf Basis von Differenzialdiagnostik immer feiner formuliert werden kann, dar.

Zur Laufzeit können nun Systeme den vorgenannten generischen Rahmen und die ausmodellierten Archetypes nutzen, um entsprechende Eingabemasken und Verwaltungsoberflächen für die Patientenakte mit feingranularen Inhalten zu generieren.

9.7.3 Elektronische Fallakte

Auf Basis einer Initiative von Anwenderinnen und Anwendern – und hier von allem von Krankenhäusern und Krankenhausketten – wurde 2006 mit der Spezifikation der elektronischen Fallakte begonnen. Vor dem Hintergrund datenschutzrechtlicher Bedenken vieler Akteurinnen und Akteure gegenüber Elektronischen Patientenakten und der damit verbundenen „Vorratsdatenspeicherung" wurde der Fallakte die Idee zugrunde gelegt, eine Spezifikation für eine Akte zu entwickeln, die nur eine Dokumentensammlung zu einem konkreten medizinischen Behandlungsfall, das heißt zu einer Hauptindikation, darstellt. Damit soll der Austausch von Dokumenten in definierten Behandlungsszenarien über einen definierten Zeitraum von wenigen Wochen bis einigen Monaten unterstützt werden.

In der Folge wurde der Verein FallAkte e. V. gegründet, der eine Interessengemeinschaft von 31 Mitgliedern aus renommierten privaten Klinikketten, Universitätsklinika, kommunalen Krankenhäusern, Ärztenetzen sowie den wesentlichen Verbänden des stationären und niedergelassenen Sektors ist (www.fallakte.de, zuletzt zugegriffen 20.11.2015).

Das moderne EFA-Konzept (ab EFA 2.0) setzt auf das XDS-Profil von IHE (Abschn. 9.7.1) auf, mit einigen spezifischen Erweiterungen. Dazu gehört vor allem die Erweiterung um eine eigene Sicherheitsinfrastruktur. Inzwischen wurden eine Reihe von indikationsspezifischen Projekten zur Nutzung der Fallakte in definierten Versorgungsszenarien durchgeführt und die Lösungen in den Regelbetrieb gebracht.

9.8 Implementierungsbeispiel: ophEPA

Im Rahmen von Forschung und Entwicklung wurde an der Fachhochschule Dortmund mit ophEPA eine webbasierte interoperable einrichtungsübergreifende Elektronische Patientenakte mit klinischer Dokumentenverwaltung, feingranularen Inhalten, voller

CDA-Kompatibilität und semantischer Basierung auf Vokabularen entwickelt. Hierzu wurde auf Basis des HL7-Reference Information Models und den Erfahrungen aus Vorprojekten ein so weitgehend wie möglich generisches aber dennoch konkretisiert für die Abbildung der klinischen Phänomene von Patientenbehandlungen geeignetes Datenmodell für eine Elektronische Patientenakte entworfen. Dieses wurde in einer relationalen Datenbank implementiert und mittels des WebFrameworks ZKOSS (http://www.zkoss.org/, zuletzt zugegriffen 05.12.2015) die Oberflächenfunktionalitäten entwickelt. Dabei kann die „Phänomen-Dokumentation" auf Basis von kontrollierten Vokabularen bzw. einer hinterlegten medizinischen Ontologie erfolgen.

Funktionalitäten der ophEPA sind:

- Administrationsmodul zur Verwaltung der Systemstammdaten und Bezugsobjekten
- Patientenstammdatenverwaltung, inkl. Ansprechpartner und Behandlungsteam-Institutionen
- Falldatenverwaltung für administrative Fälle
- zeitorientierte Ansicht des gesamten Behandlungsverlaufes, über alle Phänomene hinweg zeitlich ab-/aufsteigend, beliebig filterbar, phänomenorientierte Sichten wie zum Beispiel Diagnoseübersicht, Symptomübersicht etc.
- Erfassung und Verwaltung aller in Abschn. 9.4 aufgelisteten klinischen Phänomenen und zugeordneten Dokumenten sowie klinischen Notizen
- integrierte Pflegedokumentation
- Summary Record View auf die entsprechend markierten Akteinhalte für einen schnellen Überblick
- Import von Informationen über eine CDA-Importschnittstelle oder Webservices
- diverse Zusatzmodule

Die nachfolgende Abbildung zeigt einen Ausschnitt aus dem klinischen Verlauf eines fiktiven Patienten, der sich einen komplizierten Bruch des rechten Fußgelenkes zugezogen hat (Abb. 9.4).

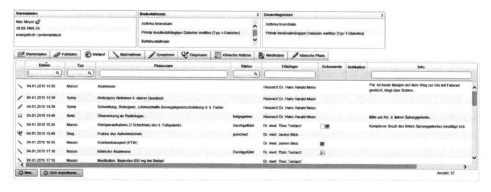

Abb. 9.4 Beispiel Verlaufsansicht aus dem Aktensystems ophEPA

Granulare Informationen aller Behandlungsphänomene aller an der Versorgung beteiligten Instanzen sind hier zusammengeführt und auch die chronischen Erkrankungen sowie die entsprechenden Behandlungsmaßnahmen sind enthalten. Befunde, Röntgenbilder etc. können integriert durch Click auf die Dokument-Icons der klinischen Maßnahmen aufgerufen werden. So hatten das Krankenhaus und dort zum Beispiel die Anästhesiologie vor der Operation alle wichtigen Informationen sofort zur Hand. Jeder granulare Phänomeneintrag kann mit einem Häkchen markiert werden, um anzuzeigen, ob dieser in der Notfalldatenübersicht bzw. dem zugehörigen Datenextrakt und/oder dem Patient Summary Record erscheinen soll. Über Webservices oder CDA-Übermittlung können andere Systeme Informationen an die ophEPA übermitteln.

9.9 Zusammenfassung und Ausblick

Eine integrative gesamtheitliche Versorgung von Patientinnen und Patienten über mehrere Einrichtungen hinweg ist heute mit den papierbasierten oder elektronischen Befundübermittlungen nicht umsetzbar. Eine solche Versorgung ist aber mit Blick auf den demografischen Wandel sowie die Zunahme von Multimorbidität und Langzeitpatientinnen und -patienten ein kritischer Erfolgsfaktor für die Zukunft der Gesundheitssysteme, um höchste Versorgungsqualität bei bezahlbaren Kosten ermöglichen zu können. Basis für eine solche patientinnen- und patientenzentrierte Versorgung muss eine über alle Einrichtungen hinweg nutzbare Patientenakte sein, die sich nur elektronisch realisieren lässt. eEPA- bzw. Patientenaktensysteme werden daher zukünftig zu einem regelhaften Instrument der Gesundheitsversorgung werden. Die Entwicklung und der Betrieb solcher Lösungen werfen jedoch Fragestellungen auf, für die implementierungstechnische Umsetzungen geschaffen werden müssen. Die Verbreitung solcher Lösungen in Deutschland lässt aber – bis auf einige Einsätze der elektronischen Fallakte in bestimmten Regionen für definierte Indikationen – noch auf sich warten, da eine Reihe von notwendigen Rahmenbedingungen nicht gegeben sind: So fehlt eine grundlegende nationale Infrastruktur, auf deren Basis die Informationssysteme der Gesundheitsversorgungseinrichtungen technisch sicher vernetzt sein können. Darüber hinaus fehlen die ökonomischen Rahmenbedingungen und auch die nationalen Standardisierungsvereinbarungen, damit eine semantische Interoperabilität der Systeme ohne viel Mehraufwand für die Ärztinnen und Ärzte und die anderen Heilberufe möglich ist. Im neuen E-Health-Gesetz werden über die in der Umsetzung befindliche nationalen Telematikinfrastruktur für das Gesundheitswesen hinaus aber die ersten Schritte hin zum Einsatz von eEPA-Systemen gelegt, sodass zu erwarten ist, dass solche Systeme in fünf bis sieben Jahren auch in Deutschland gewinnbringend in der Regelversorgung zum Einsatz kommen werden, wie es bereits in einigen anderen europäischen Ländern der Fall ist.

Literatur

Bates DW (2015) Health information technology and care coordination: the next big opportunity for informatics? IMIA yearbook of medical informatics. Schattauer, Stuttgart, S 11–14

Cimino JJ (1998) Desiderata for controlled medical vocabularies in the twenty-first century. Methods Inf Med 37(4–5):394–403

Demiris G, Kneale L (2015) Informatics systems and tools to facilitate patient-centered care coordination. IMIA Yearbook of medical informatics. Schattauer, Stuttgart, S 15–21

Duftschmid G, Rinner C, Kohler M, Huebner-Bloder G, Saboor S, Ammenwerth E (2013) The EHR-ARCHE project: satisfying clinical information needs in a shared electronic health record system based on IHE XDS and archetypes. Int J Med Inform 82(12): 1195–1207

European Commission (2007) Working Document on the processing of personal data relating to health in electronic health records. European Commission, Brussels

European Union (2012) Guidelines on minimum/non-exhaustive patient summary dataset for electronic exchange in accordance with the Cross-Border Directive 2011/24/EU. European Union, Brussels

GEHR (1995) Good European Health Record – Aim Project 2014. Deliverable 19 – GEHR Architecture version 1.0. Centre for Health Informatics and Multiprofessional Education, London

Gerteis M, Edgman-Levitan S, Daley J, Delbanco TL (2002) Through the patient's eyes: understanding and promoting patient-centered care. Jossey-Bass, San Francisco

GVG (2004) Managementpapier „Elektronische Patientenakte". Gesellschaft für Versicherungswissenschaft und -gestaltung, Köln

Haas P (2006) Gesundheitstelematik – Grundlagen, Anwendungen, Potenziale. Springer, Heidelberg

Haas P (2011) Elektronische Akten und Aktensysteme im Gesundheitswesen. In: Kellermann-Mühlhoff P (Hrsg) eGesundheit – Nutzen und Akzeptanz. Barmer GEK, Schwäbisch Gmünd, S 50–87

Hammond E (1997) Call for a Standard Clinical Vocabulary. J Am Med Inform Assoc 4(3):254–255

Healthcare Information and Management Systems Society (2010) Electronic health records: a global perspective. second edition, Part I. http://www.himss.org/ResourceLibrary/ResourceDetail.aspx?ItemNumber=7392. Zugegriffen: 07. März 2016

HL7-Benutzergruppe in Deutschland e. V. (2011) Darstellung von Diagnosen auf Basis der HL7 Clinical Document Architecture Rel. 2 für das deutsche Gesundheitswesen – Implementierungsleitfaden. http://wiki.hl7.de/index.php/IG:Diagnoseleitfaden. Zugegriffen: 07. März 2016

HL7 (2014) HL7 EHR-System Functional Model, Release 2. http://www.hl7.org/implement/standards/product_brief.cfm?product_id=269. Zugegriffen: 07. März 2016

IHE (2015) IHE IT Infrastructure (ITI) Technical Framework. http://www.ihe.net/uploadedFiles/Documents/ITI/IHE_ITI_TF_Vol1.pdf. Zugegriffen: 07. März 2016

Institute of Medicine (2001) Crossing the quality chasm: a new health system for the 21st century. National Academy of Sciences, Washington

Knieps F, Pfaff H (2015) Langzeiterkrankungen. Reihe BKK Gesundheitsreport. Medizinisch Wissenschaftliche Verlagsgesellschaft, Berlin

ONC (2015) Benefits of Electronic Health Records (EHRs). https://www.healthit.gov/providers-professionals/benefits-electronic-health-records-ehrs. Zugegriffen: 07. März 2016

ZTG (2011) Elektronische Akten im Gesundheitswesen – Ergebnisse des bundesweiten Arbeitskreises EPA/EFA. Zentrum für Telematik im Gesundheitswesen, Bochum

Ambient Assisted Living

Andreas Braun, Florian Kirchbuchner und Reiner Wichert

Zusammenfassung

Das Anwendungsfeld Ambient Assisted Living (AAL) beschreibt technische Systeme zur Unterstützung hilfsbedürftiger Personen im Alltag. In den vergangenen Jahren wurde in Deutschland und Europa viel in die Entwicklung und Erprobung von Technologien zur Unterstützung in der häuslichen Umgebung investiert, jedoch häufig ohne nachhaltige Effekte am Markt. Ein fehlender Aspekt war häufig die mangelnde Involvierung aller notwendigen Parteien. In diesem Kapitel werden die Potenziale assistiver Technologien beleuchtet, eine Studie zur Akzeptanz derartiger Technologien bei Senioren vorgestellt sowie ein Ausblick auf zukünftige Entwicklungen in diesem Bereich präsentiert.

A. Braun (✉)
Fraunhofer-Institut für Graphische Datenverarbeitung, Smart Living & Biometric Technologies, Fraunhoferstr. 5, 64283 Darmstadt, Deutschland
E-Mail: andreas.braun@igd.fraunhofer.de

F. Kirchbuchner
Fraunhofer-Institut für Graphische Datenverarbeitung, Embedded Sensing and Perception, Fraunhoferstr. 5, 64283 Darmstadt, Deutschland
E-Mail: florian.kirchbuchner@igd.fraunhofer.de

R. Wichert
AHS Assisted Home Solutions GmbH, Freiherr-vom-Stein-Straße 10, 64331 Weiterstadt, Deutschland
E-Mail: r.wichert@assistedhome.de

10.1 Einführung

Das Anwendungsfeld Ambient Assisted Living (AAL) – zu Deutsch „umgebungsunterstütztes Leben" – beschreibt Methoden, Dienstleistungen, Konzepte und technische Systeme, welche hilfsbedürftige Menschen im Alltag unterstützen sollen. Insbesondere die Entwicklung spezifischer Informations- und Kommunikationstechnologien (IKT) gilt als Schlüssel für dieses Anwendungsfeld. Ziel ist die Förderung eines selbstbestimmten Lebens bis ins hohe Alter sowie die Verbesserungen in der Qualität von Dienstleistungen, die helfen und unterstützen. Der Fokus liegt auf nutzerinnen- und nutzerzentrierten Techniken, welche situationsabhängig und individuell auf die Wünsche der Nutzerinnen und Nutzer reagieren und unauffällig in die Umgebung integriert werden können.

Entstanden ist dieses Anwendungsfeld als Reaktion auf den demografischen Wandel. Eine sinkende Geburtenrate bei ständig steigender Lebenserwartung führt zu einem wachsenden Anteil älterer Personen. Dies zeigt sich derzeit sehr deutlich in vielen Ländern Europas und insbesondere in Deutschland. Waren im Jahr 1990 etwa 15 % aller Deutschen 65 Jahre oder älter, soll dieser Anteil bis 2030 auf 28 % steigen (Statistisches Bundesamt 2009). Sekundäre Effekte sind eine Verdopplung der Zahl pflegebedürftiger Personen bis 2050 und ein Anstieg von Ein-Personen-Haushalten, insbesondere bei Personen über 70 Jahren (Statistische Ämter des Bundes und der Länder 2010). In der Medienlandschaft wird bereits heute von einer Pflegekrise gesprochen, da zeitgleich zu dem Anstieg der Anzahl der pflegebedürftigen Personen die Anzahl der Fachkräfte im Pflegesystem absinkt. Ziel muss daher nicht nur die direkte Unterstützung hilfsbedürftiger Menschen, sondern auch eine Verbesserung und Hilfestellung der mit Pflege beauftragten Personen sein.

Der Begriff AAL entstand 2004 im Rahmen europäischer Forschungsrahmenprogramme – Deutschland war hier von Beginn an beteiligt. Ziel dieser Initiativen ist die Förderung gezielter Forschungsmaßnahmen und insbesondere der Transfer vielversprechender Ergebnisse in die Wirtschaft. Die Landschaft der an AAL beteiligten Universitäten, Forschungseinrichtungen und Unternehmen ist dabei im Vergleich zu anderen Forschungsprogrammen breit. Der Verband der Elektrotechnik, Elektronik und Informationstechnik (VDE) veranstaltet seit 2008 einen jährlichen Kongress zu diesem Schwerpunkt.[1]

In vielen AAL-Systemen finden sich Konzepte aus eHealth-Anwendungen. Die automatisierte Sammlung medizinischer und/oder pflegerelevanter Daten und deren Bereitstellung an entsprechende Fachkräfte sind wichtige Aspekte der AAL-Systeme. So existieren verschiedene Projekte, die beispielsweise Blutdruck und Gewicht semiautonom registrieren. Zudem ist eine vereinfachte Kommunikation mit Pflegepersonal und Ärztinnen bzw. Ärzten von Bedeutung. Eine zunehmende Vernetzung von Daten

---

[1] Für weitere Informationen zu diesem Kongress: http://www.aal-kongress.de.

ermöglicht innovative Dienste und Systeme, die personalisiert und gezielt Unterstützung leisten können.

Im Folgenden soll ein Einblick in den Bereich AAL gegeben werden. Hierzu werden zunächst Potenziale dieser Technologien aufgezeigt und dargestellt wie diese in vergangenen forschungspolitischen Initiativen berücksichtigt wurden. Die Akzeptanz solcher Systeme bei älteren und hilfsbedürftigen Personen ist ein Aspekt, der vor allem in den Anfangsjahren vernachlässigt wurde. Aus diesem Grund werden auch Ergebnisse einer aktuellen Studie präsentiert. Der erhoffte Marktdurchbruch von AAL ist bislang nur ansatzweise gelungen. Es wird kurz ausgeführt, welche Technologien, Systeme und Dienstleistungen bereits verfügbar sind, um abschließend einen Ausblick auf die zukünftigen wirtschaftlichen, gesellschaftlichen und wissenschaftlichen Perspektiven zu geben.

10.2 Potenziale assistiver Technologien

Assistive Technologien bieten sowohl Nutzerinnen und Nutzern als auch Anbieterinnen und Anbietern große Chancen und Potenziale. Getrieben durch den demografischen Wandel wächst die Zahl der Anwenderinnen und Anwender und damit das Marktvolumen sehr stark. In den Vereinigten Staaten wächst der Markt jedes Jahr deutlich (Casey 2012). Unternehmen investieren hier sehr stark in Forschung und Entwicklung. Für Nutzerinnen und Nutzer entstehen zahlreiche Innovationen, welche den Alltag vereinfachen und die soziale Integration sowie die allgemeine Lebensqualität verbessern können. In diesem Abschnitt werden einige Beispiele aus der Forschung vorgestellt sowie ein kurzer Überblick über Förderprogramme im In- und Ausland gegeben, mit welchen die Politik in den vergangenen Jahren versucht hat, Innovationen in diesem Bereich voranzutreiben.

10.2.1 Beispiele für Forschungsprojekte

Ein Beispiel eines Hightech-Assistenzsystems ist *CapFloor* (Braun et al. 2012). Dies ist ein kombiniertes Sturzerkennungs- und Bodenlokalisierungssystem, welches unsichtbar unter verschiedensten Fußböden angebracht werden kann. Unter dem Boden werden Drahtgitter verlegt. Diese werden an Sensoren angeschlossen, welche beispielsweise unter Randleisten verlegt werden können. Jeder Mensch hat ein gewisses elektrisches Potenzial, was dazu führt, dass elektrische Felder in der Umgebung beeinflusst werden. Die Elektroden des CapFloor sind in der Lage diese Änderungen zu registrieren. Werden die Daten vieler Sensoren kombiniert, kann die Position eines oder mehrerer Menschen erkannt werden.

SmartSenior[2] war das bislang größte europäische Forschungsprojekt für intelligente Assistenzsysteme in Deutschland. Zwischen 2009 und 2012 wurden insgesamt knapp 25 Mio. EUR an Fördergeldern investiert. Ziel des Projekts war die Entwicklung eines breiten Portfolios von intelligenten Diensten und Dienstleistungen für Seniorinnen und Senioren. Hierzu zählten der Aufbau einer altersgerechten Kommunikationsinfrastruktur, die Entwicklung von sicheren Notfallerkennungs- und Assistenzsystemen, die Integration bestehender und neuer Dienstleistungen in den Bereichen Rehabilitation, Prävention und Behandlung, die Erarbeitung von Lösungen zur erhöhten Sicherheit sowohl zu Hause als auch unterwegs sowie die Durchführung verschiedener Feldstudien zu Akzeptanz, Nutzen, Kosten und Nachhaltigkeit. Einige Beispiele sind integrierte Systeme zur Vitaldatenmessung oder auch ein Nothalteassistent für Fahrzeuge (SmartSenior 2012).

VictoryaHome[3] ist ein von 2014–2016 laufendes Forschungsprojekt des AAL Joint Programmes. Ziel des Projekts ist die Entwicklung eines robotischen Assistenzsystems, welches Seniorinnen und Senioren bei täglich anfallenden Aufgaben unterstützt. Ein wichtiger Faktor hierbei ist die Telepräsenz. So ist es möglich, Videokommunikation mit Bewegungen eines Roboters zu kombinieren. Dieser kann zum Beispiel von Angehörigen, oder auch von medizinischem Personal, gesteuert werden. Kombiniert wird dieses System mit verschiedenen intelligenten Assistenten, wie einem Sturzerkennungssystem am Gürtel, einem Medikamentenausgabesystem und verschiedenen mobilen Apps, welche über gemeinsame Cloud-Dienste koordiniert werden. Das System nutzt den Giraff-Telepräsenz-Roboter[4], welcher in Schweden entwickelt wurde.

Ein letztes Projektbeispiel ist *make it ReAAL*[5]. Das Hauptziel ist die Validierung von offenen Plattformen für AAL. Offene Plattformen sollen die kostengünstige Entwicklung von Produkten, die Menschen zu Gute kommen, fördern, sie zukunftsfähig, adaptierbar und zugänglich machen. ReAAL untersucht diese Zielsetzung anhand von Pilotstudien, mit insgesamt mehr als 5000 Nutzerinnen und Nutzern. Von diesen Tests sollen Anbieterinnen und Anbieter von Anwendungen und Technologien, sowie Personen und Institutionen aus den Bereichen der Servicedienstleistung, Behörden, Politik und Sponsoring profitieren.

Ein wichtiges Testziel innerhalb des Projekts ist die Validierung von Interoperabilität einer sehr großen Anzahl von Geräten. Mit Hilfe eines multidimensional angelegten Evaluationsframeworks sollen die zusammenhängenden sozioökonomischen Auswirkungen untersucht werden. Dabei werden ethische und rechtliche Folgen, die wirtschaftliche Situation, Lebensqualität sowie die Erfahrung der Nutzerinnen und Nutzer untersucht. Die Ergebnisse und Empfehlungen werden als Referenz für zukünftige Markteinführungen in einem Wissensportal bereitgestellt.

---

[2]Weitere Informationen unter: http://www.smart-senior.de/.
[3]Weitere Informationen unter: http://www.victoryahome.eu/.
[4]Weitere Informationen zum Giraff-Telepräsenz-Roboter unter: http://www.giraff.org/.
[5]Weitere Informationen unter: http://www.cip-reaal.eu/.

10.2.2 Forschungslandschaft im In- und Ausland

All diese Projekte zeigen die große Bandbreite der nationalen und internationalen Forschung in den vergangenen Jahren. In Deutschland wurden viele dieser Maßnahmen unter der Hightech-Strategie zusammengefasst. Seit 2006 fördert die Bundesregierung verschiedene Zukunftsfelder, die als zentral für die deutsche Industrie angesehen werden. In der neuen Hightech-Strategie bis 2020 sind diese Zukunftsfelder Digitale Wirtschaft und Gesellschaft, Nachhaltiges Wirtschaften und Energie, Innovative Arbeitswelt, Gesundes Leben, Intelligente Mobilität und Zivile Sicherheit. Der Forschungsbereich AAL findet sich im Rahmen des Gesunden Lebens. Es existieren zwei strategische Initiativen – die *Demografische Chance*[6] und die *Mensch-Technik-Interaktion im demografischen Wandel*[7]. In den kommenden Jahren werden hier zahlreiche Forschungsaktivitäten koordiniert, welche dem Menschen ein gesundes Altern sowie eine individuelle und zielgerichtete Unterstützung im eigenen Zuhause bieten sollen.

Auch in Europa ist der demografische Wandel von hoher strategischer Relevanz. Einen besonderen Stellenwert hat hier das AAL Joint Programme[8], eine gemeinsame Forschungsinitiative europäischer Länder mit dem Ziel sowohl die Lebensqualität von Seniorinnen und Senioren als auch die Marktchancen der beteiligten Unternehmen zu verbessern. Seit 2008 wurden hier über 150 internationale Forschungsprojekte gefördert. Das gesamte Programm hat bis 2020 einen Umfang von knapp 700 Mio. EUR. Aktuell beteiligen sich 13 Länder an diesem Programm, Deutschland ist jedoch nicht dabei. Auch im Rahmen des Horizon 2020 Forschungsrahmenprogramms werden in den kommenden Jahren viele Projekte gefördert, insbesondere im Rahmen der personalisierten Medizin und von IKT-Systemen zur Verbesserung der Pflege.

10.3 Ein kritischer Blick auf AAL in der Praxis

Das Thema AAL wird bereits seit mehr als 10 Jahren betrachtet. Als einer der Schwerpunkte der Forschungsprojekte wurde die Sicherheit hauptsächlich älterer Menschen adressiert. Hierbei standen meist Sicherheitsaspekte wie eine Sturzerkennung im Vordergrund, da oft die Hilfe in vielen Fällen erst sehr spät kam und Betroffene dann meist erst nach vielen Stunden gefunden wurden. Daraus resultierten dann Folgeschäden, die in manchen Fällen zum Tode führten. Aber auch Erinnerungsfunktionen wie die Abschaltung des Herdes beim Verlassen der Wohnung oder zur Medikamenteneinnahme wurden erforscht. Für Bettlägerige gab es viele Prototypen, um vom Bett aus Geräte zu steuern, das Licht einzuschalten oder die Haustür über ein Tablet zu öffnen. Weiterhin gab

---

[6]Weitere Informationen unter: http://www.demografische-chance.de/.
[7]Weitere Informationen unter: http://www.mtidw.de/.
[8]Weitere Informationen unter: http://www.aal-europe.eu/.

es Lösungen für die Unterstützung der sozialen Kommunikation und die Wiedereinbindung in die Gesellschaft, falls ein Partner stirbt und Menschen nur noch schwer Kontakt mit anderen mit ähnlichen Interessen finden können. Einige Beispiele wurden in Abschn. 10.2 aufgezeigt. Über eine Einbindung von Diensten wie „Essen auf Rädern" können die Betroffenen Mahlzeiten bestellen, falls sie diese nicht mehr selbst zubereiten können oder einen Wäsche-Service einbinden. Durch die technische Vernetzung über eine Nachbarschaftshilfe kann schnell angefragt werden, ob jemand in der Nachbarschaft Unterstützung bei den Aktivitäten im Haushalt (u. a. Kochen, Geschirrspülen, Putzen, Staubsaugen oder Einkaufen) geben kann, falls der Haushalt altersbedingt oder aus gesundheitlichen Gründen nicht mehr bewältigt werden kann.

So entstand eine Vielzahl an vielversprechenden Prototypen, bei denen ein hohes Potenzial gesehen wurde. Doch bei Betrachtung des Marktes fällt auf, dass es nur vereinzelt Lösungen gibt, die als Produkte den Weg in die Wohnungen geschafft haben. Woran liegt es, dass trotz des großen (zukünftigen) Marktpotenzials für die Industrie die AAL-Branche immer noch nicht vor dem Durchbruch steht? Warum schaffen es viele Unternehmen nicht, ihre Ergebnisse in den Markt zu transferieren, und dies, obwohl der Machtkampf der Großunternehmen wie Deutsche Telekom, Bosch oder RWE bereits in vollem Gang ist?

10.3.1 Zielbereich

Als Ursachen können viele Gründe angesehen werden. Zum einen steckt der AAL-Markt schon seit ein paar Jahren in einem Teufelskreis, aus dem er bis heute noch nicht herausgefunden hat. Erste Unternehmen haben versucht, aus den Prototypen marktreife Produkte zu machen. Meist konnte dies zwar erreicht werden, doch der Absatz blieb bei kleinen Stückzahlen, da die Zielklientel gewohnt ist, dass Gesundheit betreffende Produkte von den Krankenkassen bezahlt werden. Warum sollte plötzlich solch ein Produkt aus eigener Tasche bezahlt werden? Deshalb blieb es durch die geringen Absatzzahlen bedingt bei hohen Produktkosten, die aber wiederum niemand bezahlen wollte. Unternehmen, die mit einem eigenen Produkt in den Markt einsteigen wollten, fanden somit viele gescheiterte Versuche der Markteinführung vor und nahmen Distanz. Betrachtet man zusätzlich das hier angesprochene Marktsegment, fällt schnell auf, dass die Produkte für eine Altersstruktur gedacht sind, welcher der Nutzen von AAL-Produkten nur schwer ersichtlich ist. Hierzu präsentieren wir eine Akzeptanzstudie in Abschn. 10.4. Werden ältere Menschen gefragt, bezeichnen sie sich selbst nie als alt. Und wenn sich mal jemand als alt einstuft, ist sein Argument „jetzt bin ich 90 Jahre ohne diese Technologie ausgekommen, da schaffe ich die verbleibenden ein bis zwei Jahre auch noch ohne AAL-Produkte". Welcher Markt wird denn dann adressiert?

10.3.2 AAL-Technologie für jedes Alter

Richtig muss es also sein, Jüngere für AAL-Technologien zu begeistern. Dies hätte auch den Vorteil, dass durch die Synergieeffekte und Wiederverwendung von Lösungen für andere Bereiche Kosten eingespart werden können. So können einfache Lösungen wie zum Beispiel eine Anwendung mit Bewegungsmeldern im Bereich der Pflege zum Erkennen des Aufstehens bei Demenzkranken gekauft werden. Diese Anwendungen können aber auch im Bereich von Gesundheitsanwendungen zum Erkennen von Inaktivität eingesetzt werden. Es können auch ganz andere Bereiche adressiert werden, wie die Energieeinsparung durch Abschalten der Heizung von ungenutzten Räumen oder zur Verbesserung des Komforts durch eine automatische Lichtsteuerung. Die Lösung kann genauso zur Einbruchserkennung als auch zur Fitness, durch das Messen der Tagesaktivität, Verwendung finden. Selbst der Bereich Wellness kann durch Messen der Erholungsphasen am Tag einbezogen werden. Die Infrastruktur bringt somit auch schon in früherem Lebensalter etwas und kann dann durch eine kostengünstige Software-Erweiterung zusätzlich auch im Alter eingesetzt werden.

10.3.3 Offene Software-Plattformen und gemeinsame Geschäftsmodelle

Hierzu werden offene, domänen-übergreifende Software-Plattformen benötigt, die durch den erneuten IoT (Internet of Things) Boom ins Zentrum der Betrachtung geraten. Genau dies haben auch die IT-Giganten wie Google durch die Übernahme von Nest oder Samsung erkannt. Durch die Übernahme von SmartThings positionieren sich diese Anbieter für diesen Markt. Diese Plattformen erlauben dann eine anbieterunabhängige Integration neuer Anwendungen in bestehende Lösungen und unterstützen somit die einfache Erweiterbarkeit. Systeme werden hingegen heute immer noch nicht als modulare Systeme erstellt, eine Wiederverwendbarkeit von Teilen einer Gesamtlösung wird oft nicht durchdacht, eine strikte Trennung von Hardware von der Software oder eine Unabhängigkeit von anderen Anbietern steht meist nicht im Fokus und der Vorteil einer Interoperabilität auf semantischer Ebene wird oft unterschätzt. Eine weitere Lösung wäre es, über gemeinsame Geschäftsmodelle der Stakeholder nachzudenken. Wenn Kundinnen und Kunden ein Produkt für sich oder Angehörige kaufen, warum sollten dann die Kosten allein getragen werden? Auch andere Partnerinnen und Partner am Markt erhalten dadurch einen Mehrwert. So können Krankenkassen Kosten einsparen, Investorinnen und Investoren erhalten eine Mehrwertsteigerung der Immobilie, wenn Mieterinnen und Mieter diese Installation durchführen, Baugenossenschaften erreichen dadurch kürzere Leerzeiten bis Wohnungen vermietet werden können, Dienstleister wie das Deutsche Rote Kreuz (DRK), der Malteser Hilfsdienst, die Johanniter Unfallhilfe (JUH) oder der Arbeiter-Samariter-Bund (ASB) können die Dienste an ihr Notfallzentrum anbinden und erwirtschaften dadurch ebenfalls einen Gewinn. Dadurch wäre es auch fair, die Kosten entsprechend des Mehrwerts für die einzelnen Parteien zu teilen.

10.3.4 Privatsphäre wird unterschätzt

Ein letzter wichtiger Punkt wird häufig von großen Anbietern unterschätzt – die Privatsphäre. Es ist möglich auch ohne ein Versenden aller erfassten Daten einer Wohnung an einen Server in der Cloud ein breites Spektrum von AAL-Anwendungen genießen zu können. Hierzu müssen lediglich die Daten schon in der Wohnung ausgewertet werden und das Ergebnis anonymisiert an einen entsprechenden Dienste-Anbieter versandt werden. In diesem Modell ist den Anforderungen des Datenschutzes Rechnung zu tragen. So muss ein Energieunternehmen nicht wissen, wann genau ein Nachttischlicht eingeschaltet wurde oder wann jemand ins Bett gegangen ist. Die Kenntnis über den aktuellen Bedarf an Energie genügt, um interne Prozesse zu optimieren und entsprechende Preismodelle bereitstellen zu können. Kundinnen und Kunden müssen die Hoheit darüber haben, wem welche Daten bereitgestellt werden sollen. Es muss der entsprechende Gegenwert vorhanden sein. Jeder kann eine dazugehörige Kosten-Nutzen-Rechnung durchführen. Viele Kunden sind bereit Teile ihres Einkaufsverhaltens oder Surfverhaltens preiszugeben, um verschiedene Rabatte oder kostenlose Dienstleistungen zu erhalten. Wie wichtig die Entscheidungshoheit ist, lässt sich an den Reaktionen zu Pressemitteilungen ermitteln, in welchen ein Elektronikhersteller vor den eigenen sprachgesteuerten Fernsehern warnt oder eine sprachgesteuerte Puppe eines Spielzeugherstellers von der Presse als „Wanze im Spielzimmer" bezeichnet wird. Diese Probleme betreffen im Besonderen auch den AAL-Markt. Genau hier verbirgt sich eine Chance für neue, innovative Unternehmen.

10.3.5 Chance für spezialisierte Unternehmen

Werden alle dargestellten Facetten beachtet, ergeben sich neue Chancen auf einem Feld, in welchem aktuell noch nicht viele Konkurrenten agieren. Wichtig ist, dass ein Umdenken stattfindet und der Nutzen der Kundinnen und Kunden, die vielfach auch Patientinnen oder Patienten sind, stärker im Vordergrund steht. Die Technik darf dabei nicht vorrangig sein; nur wenige benötigen Apps, mit denen sie per Smartphone die Wohnung von außen steuern können. Dies ist auch ein Problem im Smart Home-Bereich. Warum sollte jemand sein Smartphone suchen, eine PIN eingeben, die passende App aufrufen, an die richtige Stelle navigieren, nur um das Licht anzuschalten? Da ist ein Lichtschalter viel schneller. Idealerweise erkennt die Wohnung, wo sie assistieren kann. Es werden reaktive Umgebungen benötigt, die programmiert werden müssen. Hier hilft es wenig, wenn es Unternehmen gibt, die Sensoren und Aktuatoren zusammenstellen, diese in einem Paket an die Kundinnen und Kunden senden, ohne bei der Installation oder Programmierung der Anwendungen zu unterstützen. Genau hier werden Unternehmen gesucht, die in diesem neuen Markt ihre Chance sehen. Diese Unternehmen müssen die Installation für den Durchschnittsverbraucher vornehmen, die Technik an die Bedürfnisse der Kundinnen und Kunden anpassen, die Gesamtlösung in Betrieb nehmen und eine Garantie für deren Funktionsfähigkeit geben.

Zur Umsetzung von AAL und zum langfristigen Markterfolg muss ein Verständnis sowohl von der Technik als auch von den jeweiligen Bedürfnissen und Bedarfen der Kundinnen und Kunden vorhanden sein. Häufig sind Lösungen entstanden, die zu viele Falschmeldungen und Fehlreaktionen verursachen und in Folge wieder deaktiviert werden. Es gibt einige Unternehmen, die mit nur einem Bewegungsmelder und einem Türkontaktsensor erkennen wollen, wie es pflegebedürftigen Personen geht. Andere Unternehmen versuchen es mit zwei Steckdosen, um das Einschalten der Kaffeemaschine zu überprüfen. Warum sollte die Gesundheit eines Menschen nur davon abhängen? Das Auslösen eines Alarms wäre in solchen Zusammenhängen übertrieben. Da viele Anbieter dasselbe versprechen, kaufen Kundinnen und Kunden verständlicherweise das günstigste Produkt. Hierbei können sie schnell enttäuscht werden und vermeiden in Folge zukünftig AAL-Produkte. Dies ist ein Risiko für den AAL-Markt. Um Kundinnen und Kunden vor solchen Tiefschlägen zu bewahren, sollte eine neutrale Organisation die Produkte testen. Wird dies in nächster Zeit umgesetzt hat der AAL-Markt eine Chance.

10.4 Akzeptanz von AAL bei Seniorinnen und Senioren

Wie bereits in Abschn. 10.1 gezeigt wurde, nimmt der Anteil an Seniorinnen und Senioren in der deutschen Bevölkerung immer mehr zu und bietet gleichzeitig ein großes Potenzial für assistive Technologien. Solche Technologien könnten beispielsweise genutzt werden, um den Wohnkomfort zu erhöhen oder auf Notsituationen zu reagieren. Die meisten Seniorinnen und Senioren sind auch der Ansicht, dass AAL helfen kann, die Lebensqualität zu erhöhen (Larizza et al. 2014). Im Besonderen werden Funktionen wie Sturzerkennung, Einbruchserkennung oder die Sicherheitsabschaltung von elektrischen Geräten als nützlich wahrgenommen (Chernbumroong et al. 2010; Demiris et al. 2008). Wie in diesen Arbeiten gezeigt wird, stehen ältere Menschen neuen Technologien durchaus aufgeschlossen gegenüber. Allerdings werden manche Systeme auch abgelehnt. In Bezug auf den Schutz der Privatsphäre führt insbesondere die Verwendung von Kameras häufig zu Bedenken der Nutzerinnen und Nutzer. Auch tragbare Systeme wurden bisher oft abgelehnt, da die Nutzerinnen und Nutzer befürchten als gebrechlich und hilfsbedürftig stigmatisiert zu werden (Demiris et al. 2004). Selbst wenn die Systeme für andere nicht sichtbar sind, werden diese von den potenziellen Nutzerinnen und Nutzern häufig abgelehnt, da die Akzeptanz des Alters und dessen Folgen vielfach nicht vorhanden ist (Adam 1999; Coughlin et al. 2007; Chernbumroong et al. 2010; Larizza et al. 2014).

10.4.1 Zielsetzung und Methode

Die hier vorgestellte Studie hat zum Ziel, die Erwartungen und Ängste bzgl. assistiver Technologien aus Sicht der Nutzerinnen und Nutzer zu erfassen. Einige Ergebnisse der Studie wurden erstmalig auf der European Conference on Ambient Intelligence 2015 vorgestellt (Kirchbuchner et al. 2015). Im Besonderen soll mit der Studie aufgezeigt werden, welche Funktionen oder Technologien als nützlich und sinnvoll erachtet werden und welchen Preis – in Form von Daten oder Verhaltensänderungen – Nutzerinnen und Nutzer in Deutschland bereit sind, für diese Funktionen zu zahlen. Diese Erkenntnisse sollen helfen, die Bedürfnisse der Seniorinnen und Senioren besser zu verstehen und geeignetere Systeme für das Anwendungsfeld des AAL zu entwickeln.

10.4.1.1 Fallbeispiele

Vorangegangene Studien haben bereits gezeigt, dass Features wie Sturzerkennung oder Einbruchserkennung als durchaus nützlich erachtet werden (Chernbumroong et al. 2010; Demiris et al. 2008). Zusätzlich zu diesen Funktionalitäten haben wir weitere Dienste – in Form von Fallbeispielen – vorgeschlagen, welche in smarte Umgebungen integriert werden können, um somit in Erfahrung zu bringen, welche Funktionalitäten von den potenziellen Nutzerinnen und Nutzern gewünscht und als sinnvoll erachtet werden. Zusammenfassend wurden folgenden Funktionalitäten vorgestellt:

- Erkennung von lebensbedrohlichen Situationen wie Unfällen oder Stürzen
- Sturzprävention durch beispielsweise eine proaktive Haussteuerung
- Erkennung von Verhaltensänderungen, welche auf Erkrankungen wie Demenz hinweisen könnten
- Funktionen zur Energieeinsparung (Heizungssteuerung, Stromabschaltung)
- Einbruchserkennung
- Erhöhung des Wohnkomforts

Alle Funktionen wurden unabhängig von ihrer technischen Realisierung beschrieben. Es wurde einzig betont, dass die Verarbeitung der Daten rein lokal erfolgt und nur Alarmnachrichten o. ä. nach außen gesendet werden können. Um einen Einfluss der technischen Umsetzung auf die Akzeptanz von Systemen des AAL zu erfassen, haben wir den Befragten exemplarisch vier Systeme vorgestellt:

- Das erste System ist Token-basiert. Es wurde ähnlich dem (den meisten Studienteilnehmerinnen und -teilnehmern bekannten) Notrufarmband beschrieben. Das System soll am Handgelenk oder an einer Kette um den Hals getragen werden. Dabei erkennt es automatisch Stürze. Ebenso kann über einen Knopf auch durch die Nutzerinnen und Nutzer intendiert ein Alarmruf ausgelöst werden.
- Als zweite Technologie wurde ein Video-System beschrieben. Die angebrachten Video-Kameras erfassen die Position im Raum und die Körperhaltung der Person. Dabei erkennt das System Stürze und auffälliges Verhalten. Das Kamerabild wird nur lokal innerhalb der Wohnung ausgewertet und nicht nach außen gesendet. Nur im Bedarfsfall erfolgt eine automatisierte Alarmierung.
- Als nächstes wurde ein intelligentes Boden-System vorgestellt. Dabei sind Sensoren unterhalb des Bodenbelages angebracht. Die Sensoren erkennen, wo sich eine Person befindet und ob sie steht, geht oder auf dem Boden liegt. Auch hier erfolgt die Analyse lokal und in Notsituationen wird ein Alarmsignal gesendet.

- Als Kontrast wurde abschließend ein kombiniertes System aus Token-Armband und Bodensensoren beschrieben. Diese im Sinne des Datenschutzes dystopische Version sollte sich dadurch auszeichnen, dass es besonders viele Daten erfasst, also durchgängig zusätzlich Vitalparameter (z. B. Herzfrequenz, Körpertemperatur) aufzeichnet, um damit Notsituationen, Krankheiten und Verhaltensänderungen zu erkennen. Es wurden bewusst keine Kameras erwähnt, da somit ein eventuelles Delta zum Video-basierten System erfasst werden sollte. Wie durch Adam (1999) gezeigt wurde, besteht oft eine Diskrepanz zwischen wahrgenommener und tatsächlicher Bedrohungen der Privatsphäre. Vorangegangene Studien haben ebenfalls gezeigt, dass viele Seniorinnen und Senioren die technischen Konzepte und die daraus resultierenden Risiken für die Privatsphäre nicht verstehen (Adam 1999; Beckwith 2003).

10.4.1.2 Stichprobe

An der Studie nahmen 60 Personen teil (70 % Frauen; Altersdurchschnitt 67,7 Jahre [SD = 8,3; Min = 48 Jahre; Max = 84 Jahre]). Die Teilnehmerinnen und Teilnehmer wurden im September 2014 auf zwei speziell für ältere Personen ausgerichteten Veranstaltungen akquiriert. Dies waren die Darmstädter Seniorentage – eine Informationsmesse speziell für Seniorinnen und Senioren – und eine Vortragsveranstaltung zur Patientenverfügung. Die Teilnehmerinnen und Teilnehmer bekamen einen Fragebogen ausgehändigt, welcher vor Ort oder anschließend zu Hause ausgefüllt werden konnte. 79 % der Befragten füllten den Fragebogen direkt aus. Zur Unterstützung wurde ihnen bei Bedarf der Fragebogen auch vorgelesen und für sie ausgefüllt. Als Anreiz zur Teilnahme wurden unter allen Teilnehmerinnen und Teilnehmern drei Einkaufsgutscheine im Wert von je 30,00 EUR verlost.

10.4.1.3 Fragebogendesign

Der Fragebogen hatte einen Umfang von 19 Seiten und begann mit einem kurzen Abschnitt, in welchem die Teilnehmerinnen und Teilnehmer über den Zweck der Studie und die Methoden zur Einhaltung des Datenschutzes informiert wurden. Zudem wurden kurze allgemeine Definitionen zu AAL und Technischen Assistenzsystemen gegeben.

Im einleitenden Frageteil wurde die allgemeine Technikaffinität erfasst. Dazu wurden die 19 Items des TA-EG von Karrer et al. (2009) präsentiert. Anschließend wurde die allgemeine Einstellung gegenüber technischen Innovationen des AAL gemessen. Die vorangegangene Erfahrung wurde mittels einer einfachen dichotomen Skala (0 = „ja", 1 = „nein") überprüft. Fragen zur Bewertung bestimmter Funktionen (sieben Items), zu akzeptierten Einschränkungen (vier Items) und Ängsten bzgl. der Verwendung assistiver Systeme (acht Items) wurden unter Verwendung einer fünfstufigen Likert-Skala erfasst (Endpunkte 0 = „stimme gar nicht zu", 4 = „stimme voll zu").

Für den Vergleich der sechs Features wurde jeweils ein Feature beschrieben und anschließend anhand einer fünfstufigen Likert-Skala die Bewertung gemessen (Endpunkte 0 = „stimme gar nicht zu", 4 = „stimme voll zu"). Zu jedem Feature wurden jeweils dieselben Items präsentiert. Drei Items erfassten die generelle Einstellung bzgl. der Funktionalität, zehn Items die Akzeptanz der Aufzeichnung und der Übertragung der gewonnenen Informationen. Um einen möglichen Einfluss durch die verwendete Technik zu reduzieren, wurden die Items immer in derselben Weise beschrieben und angegeben, dass es sich um ein geschlossenes System innerhalb der Wohnung handelt und keine Rohdaten nach außen gegeben werden.

Zum Vergleich der verwendeten Technologien wurden die zuvor dargestellten sechs Systemfunktionen vorgestellt. Für jede Systemfunktion konnten die Befragten angeben, wie besorgt sie über diese Funktionen sind (vier Items). Darüber hinaus wurden Fragen zum Ort der Datenerfassung (zwei Items) und der generellen Zustimmung zu diesem System (zwei Items) gestellt. Die Bewertung erfolgte wiederum anhand einer fünfstufigen Likert-Skala (Endpunkte 0 = „stimme gar nicht zu", 4 = „stimme voll zu").

Im letzten Teil wurden abschließend die sozio-demografischen Daten wie beispielsweise Alter, Geschlecht und Wohnsituation erfasst.

10.4.2 Ergebnisse

Es ist zu beobachten, dass die befragten Seniorinnen und Senioren generell eine positive Einstellung gegenüber den Technologien des AALs haben. So wurden alle präsentierten Features als positiv bewertet. Wie Tab. 10.1 zeigt, werden alle Funktionen im Mittel als nützlich bewertet. Zudem wären die Testpersonen auch bereit, diese Systeme zu nutzen. Im Vergleich zwischen den Anwendungsfällen zeigt sich, dass besonders die Sicherheitsfunktionalitäten höher bewertet werden als die Komfortfunktionalitäten. Auffällig ist die tendenziell geringe Bereitschaft für diese Funktionen Geld auszugeben. Allerdings ist auch hier die Bereitschaft zu zahlen bei der Einbruchserkennung am höchsten, wohingegen sie für Komfortfunktionen am geringsten ist. Bzgl. der aufgezeichneten Daten gibt es zwischen den Funktionen fast keine signifikanten Unterschiede. Allerdings unterscheiden die Studienteilnehmerinnen und -teilnehmer deutlich zwischen den Empfängern der Informationen. In allen folgenden Tabellen gilt, dass die Endpunkte 0 = „Ich stimme gar nicht zu" und 4 = „Ich stimme voll zu" (n = 60) sind. Angegebene Werte sind Durchschnittswerte, Standardabweichungen (SD) sind in Klammern angegeben. Signifikante Unterschiede in der Bewertung zwischen den Systemen bzw. Funktionen (zweiseitiger t-Test, $p < 0{,}05$) sind entsprechend markiert.

Wie Tab. 10.2 zeigt, legen die Befragten im Allgemeinen besonders Wert darauf, dass das System, besonders in Notsituationen, einfach zu bedienen ist. Dies ist insbesondere für Frauen von Bedeutung und sogar wichtiger als die Sicherheit der Daten. Ein günstiger Anschaffungspreis, niedrige Unterhaltskosten und ein geringer Energieverbrauch sind ebenfalls wichtig. Sichtbarkeit der Funktion oder ein hoher Funktionsumfang sind zwar wünschenswert, aber nicht zwingend gefordert.

Generell akzeptieren die Befragten nicht, dass sie ihre Gewohnheiten an das System anpassen müssen. Ebenso wollen sie eher nicht, dass das System die Personen identifiziert. Eine Bestätigung der Annahme, dass sich die Nutzerinnen und Nutzer stigmatisiert fühlen, konnte in dieser Studie nicht gezeigt werden (Tab. 10.3).

10 Ambient Assisted Living

Tab. 10.1 Vergleich der Systemfunktionen (Kirchbuchner et al. 2015)

Ich finde es in Ordnung, wenn…	Notfall-erkennung	Sturz-prävention	Krankheits-erkennung	Energie-einsparung	Einbruchs-erkennung	Wohn-komfort
…das System Informationen aufnimmt, während ich mich im Wohnzimmer oder in der Küche befinde	2,90* (1,01)	2,60 (1,21)	2,48 (1,24)	2,40 (1,38)	2,58 (1,35)	2,33* (1,15)
…das System Informationen aufnimmt, wenn ich mich im Schlafzimmer befinde	2,58 (1,32)	2,47 (1,31)	2,43 (1,31)	2,17 (1,48)	2,66 (1,31)	2,15 (1,31)
…das System Informationen aufnimmt, wenn ich mich im Badezimmer befinde	2,54 (1,34)	2,48 (1,35)	2,31 (1,37)	2,15 (1,43)	2,63 (1,31)	2,12 (1,26)
…das System persönliche Informationen wie Gewicht oder Temperatur aufnimmt	1,98* (1,37)	1,53* (1,44)	1,75 (1,40)	1,58 (1,55)	1,60 (1,42)	1,64 (1,33)
…das System Informationen zu meinem Bewegungsablauf aufnimmt	2,12 (1,38)	1,90 (1,49)	2,12 (1,46)	1,85 (1,46)	1,96 (1,47)	1,90 (1,29)
…das System Informationen zu meinen Schlafgewohnheiten aufnimmt	2,06 (1,34)	1,70 (1,48)	1,91 (1,48)	1,81 (1,54)	2,02 (1,50)	1,70 (1,31)
…die Daten an meine vorrangige Pflegekraft weitergegeben werden	2,89* (1,09)	2,55* (1,23)	2,58* (1,29)	1,83* (1,41)	1,94* (1,43)	1,92* (1,31)
…die Daten an meine Familie weitergegeben werden	2,57* (1,32)	2,36* (1,36)	2,21* (1,46)	1,83* (1,45)	2,11* (1,40)	1,77* (1,37)
…die Daten an einen Arzt oder die Polizei weitergegeben werden	2,47* (1,31)	2,36* (1,35)	2,25* (1,43)	1,64* (1,47)	2,77* (1,14)	1,72* (1,32)
…die Daten an kommerzielle Dienstleister (z. B. Energieversorger, Versicherungen) weitergegeben werden	0,57 (1,01)	0,57 (0,93)	0,57 (1,07)	0,87 (1,16)	0,75 (1,11)	0,66 (1,02)
Der Einsatz eines solchen Systems ist für mich sinnvoll	3,13* (0,94)	2,74 (1,16)	2,40* (1,28)	2,60 (1,28)	3,08* (1,02)	2,43* (1,15)
Ein solches System würde ich gerne nutzen	2,43 (1,22)	2,28 (1,20)	2,23 (1,25)	2,26 (1,33)	2,51 (1,20)	2,00* (1,24)
Für diese Funktion bin ich bereit, zusätzliche Kosten zu tragen	1,98 (1,33)	1,78 (1,33)	1,75* (1,37)	2,00 (1,34)	2,25 (1,32)	1,69* (1,24)

Mittelwerte, in Klammern sind Standardabweichungen angegeben
*p < 0,05 (zweiseitiger t-Test)

Tab. 10.2 Bedeutung von Systemfunktionen (Kirchbuchner et al. 2015)

Es ist für mich wichtig, dass das System…	Gesamt (n = 60)	Geschlecht		Vorerfahrung	
		Männlich (n = 18)	Weiblich (n = 42)	Ja (n = 7)	Nein (n = 51)
…im Notfall einfach zu bedienen ist	3,48 (0,85)	3,06 (0,87)	3,67 (0,79)	3,29 (0,76)	3,63 (0,63)
…die Daten innerhalb meiner Wohnung verarbeitet und nur im Notfall Informationen nach außen gelangen	3,31 (1,05)	3,56 (0,70)	3,20 (1,17)	3,67 (0,82)	3,33 (0,99)
…günstig im Unterhalt ist	3,19 (0,86)	2,94 (0,75)	3,29 (0,89)	3,00 (0,82)	3,27 (0,76)
…energiesparend ist	3,17 (0,85)	3,11 (0,68)	3,20 (0,93)	3,33 (0,82)	3,22 (0,76)
…günstig in der Anschaffung ist	3,05 (0,94)	2,94 (0,73)	3,10 (1,02)	3,00 (0,89)	2,31 (1,05)
…für mich immer sichtbar ist	2,24 (1,07)	1,94 (0,94)	2,37 (1,11)	2,17 (0,98)	2,31 (1,05)
…viele Funktionen bietet	2,10 (1,20)	2,00 (1,19)	2,15 (1,22)	2,33 (0,52)	2,10 (1,24)

Mittelwerte, in Klammern sind Standardabweichungen angegeben
*p < 0,05 (zweiseitiger t-Test)

Tab. 10.3 Akzeptierte Einschränkungen (Kirchbuchner et al. 2015)

Es ist in Ordnung, wenn…	Gesamt (n = 60)	Geschlecht		Vorerfahrung	
		Männlich (n = 18)	Weiblich (n = 42)	Ja (n = 7)	Nein (n = 51)
…andere sehen können, dass ich von Assistenzsystemen unterstützt werde	2,24 (1,30)	2,00 (1,19)	2,34 (1,35)	2,67 (1,03)	2,25 (1,31)
…das System erkennt, wie viele Personen bei mir in der Wohnung anwesend sind	1,83 (1,28)	1,39 (1,20)	2,02 (1,27)	2,00 (1,41)	1,86 (1,27)
…das System erkennt, welche Personen bei mir in der Wohnung anwesend sind	1,57 (1,27)	1,22 (1,11)	1,71 (1,31)	1,00 (0,82)	1,69 (1,30)
…ich meine Gewohnheiten im Alltag dem System anpassen muss	1,15 (1,11)	0,94 (1,00)	1,24 (1,16)	1,17 (0,75)	1,18 (1,16)

Mittelwerte, in Klammern sind Standardabweichungen angegeben
*$p < 0,05$ (zweiseitiger t-Test)

Die angegebenen Ängste in Bezug auf den Technikeinsatz bewegen sich im Schnitt auf einem eher moderaten Level. Am ehesten wird ein Datenmissbrauch durch Kriminelle befürchtet, gefolgt von der Angst, dass das System nicht zuverlässig funktioniert. In fast allen Punkten haben die Teilnehmerinnen und Teilnehmer mit Vorerfahrung signifikant geringere Ängste als Teilnehmerinnen und Teilnehmer ohne Vorerfahrung. Einzig die Angst mit der Technik überfordert zu werden ist bei den erfahrenen Teilnehmerinnen und Teilnehmern höher; dieser Unterschied ist allerdings nicht signifikant (Tab. 10.4).

Im Vergleich zwischen den Systemen wurden zum mobilen System die wenigsten Bedenken geäußert. Die Teilnehmerinnen und Teilnehmer finden das System sehr sinnvoll und können sich sehr gut vorstellen, dieses zu nutzen. An zweiter Stelle kam in den meisten Dimensionen das Boden-System. Das kombinierte System und das kamerabasierte System wurden eher abgelehnt. In einigen Punkten wurde das kamerabasierte System sogar am schlechtesten bewertet (Tab. 10.5).

10.4.3 Bewertung und Einschränkungen

Es ist bemerkenswert, dass das Kamera-System im Vergleich schlecht bewertet wurde, obwohl es einfach zu bedienen ist und zuvor festgestellt wurde, dass eine einfache Bedienung wichtiger wahrgenommen wird als Aspekte des Datenschutzes. Ebenfalls unerwartet war, dass eine Angst vor elektromagnetischer Strahlung oder Ähnliches auch beim sensorbasierten Boden-System nicht zu beobachten war.

Die beobachtete Offenheit und positive Bewertung der Teilnehmer deckt sich sowohl mit unseren Erwartungen als auch mit anderen Studien (Marcellini et al. 2000; Melenhorst et al. 2006). Die Seniorinnen und Senioren wollen Systeme des AAL nutzen, lehnen dabei Kameras als Sensoren allerdings deutlich ab. Es scheint, dass hier zwischen einem abstrakten Datenschutzgedanken und Schamgefühl unterschieden wird. Dies bietet Raum für weitere Untersuchungen.

Die Akzeptanz von technischen Systemen korreliert, wie durch McCreadie und Tinker (2005) gezeigt wurde, mit der Erfahrung der Probandinnen und Probanden. Dies konnte mit der vorliegenden Studie für assistive Systeme bestätigt werden. Jedoch hat sich gezeigt, dass sich die Nutzerinnen und Nutzer mit Vorerfahrung durchaus überfordert fühlen. Dies zeigt, dass die aktuellen Systeme in der Bedienung noch verbessert werden können. Dass die Angst vor Stigmatisierung so gering ist, überrascht.

Die geringe Bereitschaft zur Kostenübernahme für solche Systeme ist auffällig und scheint von einer gewissen Sparsamkeit zu zeugen, wobei dies auch noch weiter zu untersuchen ist. Eventuell ist dieses Phänomen auch speziell für Deutschland und die Nachkriegsgeneration. Vielleicht wird auch erwartet, dass Leistungen und Systeme, welche die Gesundheit betreffen, durch Krankenkassen und Versicherungen bezahlt werden.

Durch die Methode der Rekrutierung ist die Studie nur bedingt repräsentativ. Alle Teilnehmerinnen und Teilnehmer sind aktiv, interessiert und stammen aus demselben Kulturkreis. Daher bietet es sich an, die Studie mit einem weiter gestreuten

Tab. 10.4 Ängste und Befürchtungen (Kirchbuchner et al. 2015)

Ich befürchte, dass…	Gesamt (n = 60)	Geschlecht Männlich (n = 18)	Weiblich (n = 42)	Vorerfahrung Ja (n = 7)	Nein (n = 51)
…Kriminelle die Daten missbrauchen könnten	2,32 (1,25)	2,44 (1,25)	2,27 (1,27)	2,50 (1,38)	2,33 (1,23)
…das System nicht zuverlässig funktioniert	2,22 (1,10)	2,33 (0,97)	2,17 (1,16)	1,29* (0,95)	2,38* (1,03)
…das System fehlerhafte oder falsche Meldungen weitergibt	2,15 (1,20)	2,28 (1,07)	2,10 (1,26)	0,67* (0,52)	2,35* (1,11)
…ich ständig überwacht werde	2,03 (1,16)	2,28 (1,18)	1,93 (1,16)	1,29* (0,76)	2,16* (1,16)
…mein Sozialverhalten durch das System überwacht wird	2,12 (1,26)	2,39 (1,29)	2,00 (1,24)	1,17* (0,41)	2,25* (1,26)
…das System die Informationen an die falschen Empfänger übermittelt	2,02 (1,31)	2,06 (1,39)	2,00 (1,29)	1,43 (1,13)	2,12 (1,31)
…ich durch die Technik überfordert werde	1,73 (1,27)	1,83 (1,29)	1,69 (1,28)	2,00 (1,29)	1,71 (1,27)
…ich durch die Nutzung an Selbstständigkeit verliere	1,41 (1,19)	1,83 (1,42)	1,22 (1,04)	1,17 (0,98)	1,43 (1,20)
Durchschnittliches Angstlevel	2,00 (0,93)	2,18 (1,08)	1,92 (0,86)	1,45* (0,35)	2,09* (0,92)

Mittelwerte, in Klammern sind Standardabweichungen angegeben
*p < 0,05 (zweiseitiger t-Test)

Tab. 10.5 Vergleich der Systeme (Kirchbuchner et al. 2015)

	Mobiles Notrufsystem	Video-System	Boden-System	Kombiniertes System
Mittlerer Angstwert	1,20* (0,86)	1,72* (0,88)	1,44* (0,94)	1,58* (1,03)
Ich habe das Gefühl überwacht zu werden	1,31* (1,18)	2,49* (1,22)	1,73* (1,27)	1,75* (1,38)
Ich habe Angst, dass meine Gesundheit, z. B. durch die elektromagnetische Strahlung des Systems, negativ beeinflusst wird	0,89 (0,99)	0,89 (1,05)	1,04 (1,09)	1,18 (1,22)
Ich habe Angst, dass persönliche Daten wie z. B. Passwörter, Bankdaten etc. ausgespäht werden	1,40* (1,26)	2,04* (1,39)	1,47* (1,20)	1,65 (1,32)
Ich habe Angst, dass die Bedienung in Notsituationen zu umständlich ist	1,18* (1,09)	1,47 (1,23)	1,51 (1,20)	1,73* (1,24)
Es ist in Ordnung, wenn das System Informationen aufnimmt, wenn ich mich im Schlafzimmer befinde	2,85* (1,19)	1,39* (1,42)	2,56* (1,21)	2,06* (1,37)
Es ist in Ordnung, wenn das System Informationen aufnimmt, wenn ich mich im Badezimmer befinde	2,91* (1,19)	1,27* (1,35)	2,62* (1,25)	1,95* (1,28)
Ich finde das System sinnvoll	3,46* (0,73)	1,91* (1,37)	2,67* (1,23)	2,21* (1,36)
Ich kann mir vorstellen, das System zu nutzen	3,34* (0,79)	1,73* (1,36)	2,54* (1,13)	1,93* (1,28)

Mittelwerte, in Klammern sind Standardabweichungen angegeben
*p < 0,05 (zweiseitiger t-Test)

Teilnehmerfeld zu wiederholen. Allerdings entsprechen die aktiven Seniorinnen und Senioren auch eher einem potenziellen Kundenkreis. Aus diesem Grund repräsentieren sie durchaus die Gruppe der Entscheiderinnen und Entscheider im Endkundenmarkt.

10.5 Zukünftige Perspektiven

Ambient Assisted Living als Begriff befindet sich in Deutschland mittlerweile auf dem Rückzug. Die Forschungsprogramme des Bundesministeriums für Bildung und Forschung (BMBF), werden unter den ganzheitlicheren Begriffen des demografischen Wandels und der Mensch-Technik-Interaktion geführt. Ein weiterer Begriff der sich zunehmend etabliert ist „Zukunft der Lebensräume". Hier werden auch Konzepte des Smart Home einbezogen. Die Gründe hierfür sind vielfältig. Ein wichtiger Punkt ist der assoziierte, starke Technologiefokus des Begriffs AAL. Die neuen Programme zielen zum einen auf eine Optimierung von Prozessen der Dienstleistungen und zum anderen auf eine stärkere Einbeziehung der Baubranche.

Ein Trend im Bereich der Sensorausstattung von Gebäuden, insbesondere in Deutschland, ist deren zunehmende Unauffälligkeit. Um die Privatsphäre zu schützen, werden weniger Systeme wie Kameras und Mikrofone eingesetzt. Ein Beispiel aus der Forschung ist das vorgestellte CapFloor, ein Lokalisierungs- und Sturzerkennungssystem, welches unter verschiedenen Böden installiert werden kann. Verschiedene Sicherheits- und Komfortfunktionen können so realisiert werden, ohne dass die Bewohnerinnen und Bewohner gestört werden. Ein besonders wirksames, aber häufig belächeltes System für Demenzkranke und Alzheimerpatientinnen und -patienten ist der soziale Roboter oder auch das Roboterhaustier. Die Akzeptanz ist bei den Nutzerinnen und Nutzern sehr hoch und der Alltag wird fühlbar interessanter. Auch wenn diese Roboter den menschlichen Kontakt nicht ersetzen können, stellen sie doch eine hilfreiche Ergänzung dar.

Ambient Assisted Living und unterstützende Systeme im Alltag haben ihre Berechtigung und werden langfristig an Bedeutung gewinnen. Die Kohorten der heute noch unter 50-Jährigen werden solche Systeme zukünftig eher in Anspruch nehmen wollen, nicht zuletzt durch eine höhere Bereitschaft Komfortfunktionen zu nutzen. Allerdings wird dieser Trend primär auf Seiten der Hersteller und Dienstleister durch Insellösungen und fehlende verifizierte Gesamtkonzepte gehemmt. Eine enge Kooperation von Forschung, Industrie und Politik muss hier in Zukunft dafür sorgen, dass ein Umfeld entsteht in dem innovative Produkte am Markt Erfolg haben können und diese die Lebensqualität der Seniorinnen und Senioren entscheidend verbessern.

Literatur

Adam A (1999) Users' perception of privacy in multimedia communication. Extended Abstracts on Human Factors in Computing Systems. ACM, New York, S 53–53

Beckwith R (2003) Designing for ubiquity: the perception of privacy. Pervasive computing 2(2):40–46

Braun A, Heggen H, Wichert R (2012) CapFloor – A flexible capacitive indoor localization system. Proceedings evaluating AAL systems through competitive benchmarking. Indoor Localization and Tracking, S 26–35

Casey C (2012) Market for assistive technologies growing rapidly in the U.S. http://www.ucdenver.edu/about/newsroom/newsreleases/Pages/Assistive-technologies-market-growing-at-rapid-rate.aspx. Zugegriffen: 29. Nov. 2015

Chernbumroong S, Atkins A, Yu H (2010) Perception of smart home technologies to assist elderly people. The fourth international conference on software, knowledge, information management and applications (SKIMA 2010). Staffordshire University, Paro, S 90–97

Coughlin J, D'Ambrosio L, Reimer B, Pratt M (2007) Older adult perceptions of smart home technologies: Implications for research, policy & market innovations in healthcare. Engineering in medicine and biology society. 29th Annual International Conference of the IEEE. IEEE, Lyon, S 1810–1815

Demiris G, Rantz MJ, Aud MA, Marek KD, Tyrer HW, Skubic M, Hussam AA (2004) Older adults' attitudes towards and perceptions of „smart home" technologies: a pilot study. Inform Health Soc Care 29(2):87–94

Demiris G, Hensel BK, Skubic M, Rantz M (2008) Senior residents' perceived need of and preferences for „smart home" sensor technologies. Int J Technol Assess Health Care 24(1):120–124

Karrer K, Glaser C, Clemens C, Bruder C (2009) Technikaffinität erfassen – der Fragebogen TA-EG. Der Mensch im Mittelpunkt technischer Systeme 8:196–201

Kirchbuchner F, Grosse-Puppendahl T, Hastall MR, Distler M, Kuijper A (2015) Ambient intelligence from senior citizens' perspectives: Understanding privacy concerns, technology acceptance, and expectations. Ambient intelligence: 12th European conference. Springer, Athen, S 48–59

Larizza MF, Zukerman I, Bohnert F, Busija L, Bentley SA, Russell RA, Rees G (2014) In-home monitoring of older adults with vision impairment: exploring patients', caregivers' and professionals' views. J Am Med Inf Assoc 21(1):56–63

Marcellini F, Mollenkopf H, Spazzafumo L, Ruoppila I (2000) Acceptance and use of technological solutions by the elderly in the outdoor environment: findings from a European survey. Z Gerontol Geriatr 33(3):169–177

McCreadie C, Tinker A (2005) The acceptability of assistive technology to older people. Ageing Soc 25(1):91–110

Melenhorst AS, Rogers WA, Bouwhuis DG (2006) Older adults' motivated choice for technological innovation: evidence for benefit-driven selectivity. Psychol aging 21(1):190–195

SmartSenior (2012) SmartSenior: Intelligente Dienste und Dienstleistungen für Senioren. http://www.izm.fraunhofer.de/content/dam/izm/de/documents/News-Events/News/2012/SmartSenior%20Projektreport_2012-09-07_final.pdf. Zugegriffen: 01. März 2016

Statistische Ämter des Bundes und der Länder (2010) Demografischer Wandel in Deutschland. Auswirkungen auf Krankenhausbehandlungen und Pflegebedürftige im Bund und in den Ländern. Statistisches Bundesamt, Wiesbaden

Statistisches Bundesamt (2009) Bevölkerung Deutschlands bis 2060 – 12. koordinierte Bevölkerungsvorausberechnung. Statistisches Bundesamt, Wiesbaden

eLearning in der medizinischen Aus-, Weiter- und Fortbildung

11

Daniel Tolks

Zusammenfassung

Nicht nur das Gesundheitswesen muss auf die veränderten Rahmenbedingungen und Herausforderungen der Digitalisierung reagieren, sondern auch die medizinische Ausbildung. Es gibt eine Vielzahl von Möglichkeiten im Bereich eLearning, welche die medizinische Ausbildung unterstützen können. Dabei entstehen neue, (medien-)didaktische Handlungsspielräume auf den Ebenen der Kompetenz- und Wissensvermittlung. Hier stehen Lehrende, Lernende und Institutionen vor der Aufgabe, dem Umgang mit neuen Medien und dem dadurch veränderten Lernverhalten gezielt zu begegnen. Beginnend mit reinen eLearning-Angeboten wie Learning Management Systeme, Massive Open Online Courses (MOOCs), Podcasts, Screencasts, Simulationen und Virtuellen Patienten, hin zu innovativeren Ansätzen wie das Inverted Classroom Model, Serious Games und Gamification wird ein Überblick über das Themenfeld gegeben. Dabei werden die innovativeren Konzepte genauer beschrieben.

11.1 Einleitung

Die Digitalisierung hat einen weitreichenden Einfluss auf den Alltag und einen Wandel in nahezu allen Bereichen der Gesellschaft hervorgerufen. Wie im Zwischenbericht des Hochschulforums Digitalisierung formuliert, sind auch die Hochschulen von diesem Wandel und den damit einhergehenden Herausforderungen betroffen (Hochschulforum Digitalisierung 2015). Die Autoren des Berichts konstatieren, dass die Digitalisierung

---

D. Tolks (✉)
Klinikum der Universität München, Institut für Didaktik und Ausbildungsforschung in der Medizin, Ziemsenstr. 1, 80336 München, Deutschland
E-Mail: daniel.tolks@med.uni-muenchen.de

© Springer-Verlag Berlin Heidelberg 2016
F. Fischer und A. Krämer (Hrsg.), *eHealth in Deutschland*,
DOI 10.1007/978-3-662-49504-9_11

einen Wandlungsprozess umfasst, der bestehende Konzepte der Wissensvermittlung und des Kompetenzerwerbs sowie Rollenverständnisse und Strukturen der Organisation verändert. Dabei verändern sich auch Strukturen der Lehr- und Lernorganisation grundlegend. Es entstehen neue, didaktische Möglichkeiten und Handlungsspielräume auf der Ebene der Kompetenz- und Wissensvermittlung (Hochschulforum Digitalisierung 2015).

Diese Erwartungen an den Einsatz mediengestützter Lehr-/Lernarrangements sind groß und nicht ganz neu. So unterliegen seit dem Ende der 1980er Jahre die Erwartungen an den Einsatz multimedialer Angebote für die Aus-, Weiter- und Fortbildung im Allgemeinen wiederkehrenden Phasen des Enthusiasmus, um später wieder abzufallen. Die unterschiedlichen digitalen Lernformen durchschreiten dabei einen „Hype Cycle for Technology" (Gartner 2015).

In der medizinischen Ausbildung finden immer mehr neue digitale Szenarien, Konzepte und Methoden Einzug in die Lehre. Im Gesundheitswesen wird der Ausbildung und dem Erwerb von sowohl professionsspezifischen als auch interprofessionellen Kompetenzen eine zunehmende Bedeutsamkeit zugesprochen, für die spezifische Lehrformate erprobt und etabliert werden müssen (Fabry und Fischer 2014).

Hier setzt der vorliegende Beitrag an, in welchem der Versuch unternommen wird, einen breit gefächerten Überblick zum Thema eLearning in der medizinischen Ausbildung zu geben und dabei aufzuzeigen, welche Strategien und Methoden eingesetzt werden können, um den oben beschriebenen Herausforderungen zu begegnen. Dabei soll ein Überblick von den gängigen Methoden und Konzepte hin zu neuen und innovativeren Methoden und Konzepten in der medizinischen Ausbildung gegeben werden. Die gängigen Aspekte werden dabei nur kurz skizziert, die neueren Methoden werden hingegen ausführlicher beschrieben.

11.2 eLearning und Blended Learning

Die allgemeingültigste Lehr-/Lernform stellt das eLearning (englisch „electronic learning" = elektronisch unterstütztes Lernen) dar, das sich auf Aspekte des computerbasierten Lernens, auf interaktive Technologien und auf das computergestützte Lernen auf Distanz bezieht (Hodson et al. 2001). eLearning ist zunächst also ein sehr breit gefasster Begriff (Kerres 2012). Laut Boeker und Klar (2006) wird ein mediengestütztes Lehr-/Lernarrangement als eLearning bezeichnet, wenn es unter Verwendung elektronischer Mittel gegenüber einer konventionellen Lernform einen adaptiven und interaktiven Mehrwert für die Lernenden darstellt. Arnold et al. (2004) fassen die Definition noch enger und differenzieren den didaktischen Mehrwert weitergehender als: „… neues multimediales Lehr- und Lernarrangement […], in dem Lernen, Kompetenzentwicklung und Bildung von Individuen einzeln oder in Gruppen stattfinden kann und – so der Anspruch – besser als in den traditionellen Lehr- und Lernarrangements" (Arnold et al. 2004, S. 18). In der medizinischen Ausbildung werden eLearning-Angebote häufig als freiwillige Zusatzangebote implementiert. Diese Angebote werden sowohl auf

Hochschul-Ebene als auch als Verbundprojekte (z. B. Virtuelle Hochschulen der einzelnen Bundesländer) arrangiert.

Der Begriff *Blended Learning* bezeichnet im Allgemeinen die Verbindung von Präsenz- und Onlinelernsituationen (Arnold et al. 2004; Süss et al. 2010). Durch die Kombination von mediengestützten Lernangeboten und konventionellen Unterrichtsformen lassen sich einige Vorteile erzielen, wie zum Beispiel eine flexiblere Lernphase oder positive Effekte bzgl. des Lernerfolgs im Vergleich zu reinen eLearning-Settings (Rovai und Jordan 2004) oder traditionellen Lernszenarien (Graves und Twigg 2006).

An dieser Stelle sei darauf hingewiesen, dass das Label *Blended Learning* in der Praxis oftmals irreführend verwendet wird. Laut Kerres (2012) werden zwar häufig Dateien, wie die Präsentationsfolien einer Präsenzveranstaltung zum Download bereitgestellt, jedoch ohne darüber hinaus einen didaktischen Mehrwert zu bieten. Dies stellt jedoch kein Blended Learning im eigentlichen Sinne dar. Der Einsatz von Blended Learning-Szenarien in der medizinischen Aus-, Weiter- und Fortbildung ist sehr unterschiedlich ausgeprägt.

11.3 Gestaltung von eLearning- und Blended Learning-Szenarien

11.3.1 Learning Management Systeme

Ein Learning Management System (LMS) oder eine Lernplattform bildet in der Regel den technischen Kern einer komplexen webbasierten eLearning-Infrastruktur. In der Ausbildung in den Gesundheitsberufen wird eLearning oftmals als Bezeichnung für den Einsatz von LMS verwendet. Da es sich dabei jedoch um eine auf einem Webserver installierte Software handelt, die das Bereitstellen und die Nutzung von Lerninhalten bzw. -materialien unterstützt, sowie Instrumente für das kooperative Arbeiten und eine Nutzerverwaltung bereitstellt, ist die Verwendung des Begriffs eLearning hier falsch.

Üblicherweise werden Software-Systeme als LMS bezeichnet, die über folgende Funktionen verfügen:

- Benutzerinnen- bzw. Benutzer-, Kurs- und Dateiverwaltung
- Rollen- und Rechtevergabe mit differenzierten Rechten
- Kommunikationsmethoden (Chat, Foren)
- Werkzeuge für das Lernen (Whiteboard, Notizbuch, Annotationen, Kalender etc.)

An vielen medizinischen Fakultäten wird die Open-Source-Plattform Moodle als LMS verwendet. Daneben besteht eine Vielzahl von anderen Systemen wie beispielsweise Ilias, Prometheus, OLAT oder der ChariteBlog. Neben den „klassischen" LMS gibt es eine Reihe von eigenständig programmierten Webseiten zur internetbasierten Ausbildung in der Medizin aber auch in allen anderen Gesundheitsberufen mit speziell zugeschnittenen Funktionen, die denen der LMS ähneln können (Schäfer 2012). Die Verwendung eines LMS bedeutet allerdings noch nicht, dass auch tatsächlich eLearning oder Blended Learning angeboten wird.

11.3.2 (Online-)Lernvideos und Screencasts

Unter Lernvideos werden alle Arten von Videos zusammengefasst, die lernrelevante Inhalte vermitteln. Bei den meisten Lernvideos, die in der medizinischen Aus- und Weiterbildung zum Einsatz kommen, handelt es sich um Aufzeichnungen von Lehrveranstaltungen – so genannte Pod- und Videocasts – die den Lernenden durch die Lehrenden zur Verfügung gestellt werden. Des Weiteren werden Tutorial- oder Übungsvideos zur Vermittlung von praktischen Fähigkeiten eingesetzt, wie zum Beispiel für das Knüpfen chirurgischer Knoten, die korrekte Händedesinfektion oder die Durchführung einer intramuskulären Injektion. Aber auch für die Analyse von Arzt-Patient-Gesprächen oder zur Schulung von Teamkommunikation werden Lernvideos verwendet. Generell werden (Online-)Videos weit verbreitet als Ressource zum Lernen genutzt (Guo et al. 2014). Obwohl die empirische Fundierung noch Defizite aufweist, gibt es einige Studien, die positive Effekte der Nutzung von Lernvideos über den reinen Wissenserwerb der Lernenden hinaus nachweisen konnten (Bhatti et al. 2011; Clauson und Vidal 2008; Maag 2006; Pilarski et al. 2008; Turner-McGrievy et al. 2009; Vogt et al. 2010; Guo et al. 2014).

Ein neueres Format von Lernvideos wurde durch die Khan-Academy[1] geprägt. Bei den neueren Formaten der Lernvideos geht der Fokus weg von den in der Medizin üblichen aufwendigen professionellen Studioproduktionen. Dabei werden die Lehrenden selbst oftmals nicht mehr eingeblendet, sondern Vorlesungsaufzeichnungen (Ton und Bild), PowerPoint-Folien, Aufnahmen von Tafelbildern, Whiteboards und Ähnliches zur Vermittlung der Inhalte genutzt. Studien zeigen, dass diese Videos teilweise einen besseren Einfluss auf den Lerneffekt haben als die aufwendigeren professionellen Studioaufnahmen (Guo et al. 2014). Eine weit verbreitete Methode sind dabei die so genannten Screencasts. Hier werden durch ein Softwareprogramm die Inhalte des Monitors und die Äußerungen der Lehrenden in Echtzeit aufgezeichnet. Durch die einfache Art der Aufzeichnung können zum Beispiel neue wissenschaftliche Erkenntnisse berücksichtigt werden, ohne dafür kostenintensive Maßnahmen ergreifen zu müssen. Der Einsatz von Screencasts ist in der Ausbildung in den Gesundheitsberufen noch nicht sehr verbreitet, jedoch ist ein Anstieg in der Erstellung und Nutzung von Screencasts zu beobachten.

---

[1]Die Khan-Academy wurde von Salman Khan gegründet. Sie bietet kostenlose Unterrichtsvideos im Internet an. Die Videos sind kurze, teilweise lustige und wenig aufwendige Aufnahmen (mit Tablet oder Whiteboard), die Themen aus unterschiedlichen Wissensgebieten behandeln. Zusätzlich bietet die Khan-Academy online Übungen an.

11.3.3 Massive Open Online Course

Ein Massive Open Online Course (MOOC) ist eine rein online stattfindende mehrwöchige Veranstaltung zu einem Themengebiet, an der prinzipiell jeder – in der Regel auch kostenlos – teilnehmen kann. Meist sind mehrere Veranstaltende und/oder Moderierende an einem MOOC, der typischerweise über eine gemeinsame Webseite oder ein LMS koordiniert wird, beteiligt. Die konkreten Inhalte der jeweiligen Veranstaltung sind zum Teil vorgegeben (so genannte xMOOCS), können aber auch von den Lernenden mitbestimmt bzw. durch eigene Beiträge mitgestaltet werden (so genannte cMOOCs). Das Angebot an MOOCs steigt stetig und die Nutzung ist mittlerweile auch im europäischen Raum sehr verbreitet. MOOCs sind eng mit der Open Educational Resources (OER) Bewegung verknüpft, die dazu aufruft, bereits erstellte Lernmaterialien frei zur Verfügung zu stellen (Downes 2007). Die meisten MOOCs basieren daher auf der Vermittlung von Wissen durch frei verfügbare Lernclips, Screencasts und Vorlesungsaufzeichnungen. Laut Guo et al. (2014) kann dabei zwischen vier Arten von Videos unterschieden werden:

1. Vorlesungsaufzeichnungen
2. „Talking Heads" (Aufnahme einer Dozentin bzw. eines Dozenten an einem Schreibtisch)
3. Digitale Zeichnungen auf Tablets (z. B. Videos im Stil der Khan-Adacemy)
4. PowerPoint-Folien (Guo et al. 2014)

Liyanagunawardena und Williams (2014) haben in einer Übersichtarbeit insgesamt 98 MOOCs mit einer hohen Bandbreite an Themen aus dem Bereich „Health and Medicine" untersucht, die im Jahr 2013 angeboten wurden. Im Rahmen der medizinischen Ausbildung im deutschsprachigen Raum werden MOOCs noch nicht regelmäßig eingesetzt. Dies mag auch in der Problematik hinsichtlich der Anrechenbarkeit begründet liegen könnte. Häufiger kommen MOOCs im Rahmen von zum Beispiel freiwilligen Fortbildungen in den Gesundheitsberufen zum Einsatz, wobei hier im deutschsprachigen Raum private Anbieterinnen und Anbieter zu dominieren scheinen.

11.3.4 Virtuelle Patienten und digitalisierte Simulationen

Bei einer Simulation handelt es sich um den Versuch zur Abbildung von Realität. Simulationen basieren auf dem explorativen Konzept sowie dem konstruktivistischen Lernparadigma und stellen die komplexeste Form der Lernprogramme dar (Kerres 2012). In verschiedenen Studien konnte gezeigt werden, dass Simulationen es den Lernenden ermöglichen, spezifische Problemstellungen besser zu erfassen und zu verstehen (Jaffer et al. 2013; Zillmann und Vorderer 2009; Harrigan und Wardrip-Fruin 2007). Mittlerweile existieren Simulationen wie zum Beispiel „Virtual Frog", bei dem es um das Training zur Sezierung eines Frosches geht oder „Labview", ein Programm zur Planung von

Experimenten. Hochkomplexe Simulationen werden bspw. eingesetzt, um laparoskopische Operationen und/oder endoskopische diagnostische Verfahren zu trainieren (Parikh et al. 2009).

Häufiger als Simulationen kommen in der medizinischen Ausbildung Virtuelle Patienten zum Einsatz. Virtuelle Patienten sind „interactive computer simulations of real-life clinical scenarios for the purpose of medical training, education, or assessment" (Ellaway et al. 2006). Virtuelle Patienten umfassen eine Vielzahl unterschiedlicher Formen, wie künstliche Patienten (typische computerbasierte Simulationen von Human- und Tierphysiologie), echte Patientendaten in elektronischen Aufzeichnungen, physikalische Simulatoren (Modelle), simulierte Patientinnen bzw. Patienten (Schauspielerinnen bzw. Schauspieler und Rollenspiele) sowie elektronische Fallstudien und Szenarios (Ellaway und Masters 2008).

In der medizinischen Ausbildung wird häufig auf die Form der elektronischen Fallstudien und Szenarien zurückgegriffen (Cook und Triola 2009; Huwendiek et al. 2009). Dabei sollen die Lernenden die richtige Diagnose und die adäquaten Behandlungsmaßnahmen anhand der zur Verfügung stehenden Daten erkennen (Kononowicz und Hege 2010). Virtuelle Patienten ermöglichen Trainingsszenarien in einer risikofreien Lernumgebung. Durch den Einsatz von Virtuellen Patienten wird zudem die Darstellung von sehr seltenen Erkrankungen ermöglicht. Bei der Fallbearbeitung können die Lernenden unterschiedliche Rollen übernehmen und in unterschiedlicher Form zusammenarbeiten. So können Lernende selbst Fälle entwickeln, bestehende Fälle allein, kollaborativ oder kooperativ bearbeiten oder bestehende Fehler in Fällen aufdecken (Lernen aus Fehlern) (Oser et al. 1999). Studien konnten aufzeigen, dass Studierende der Medizin durch den Einsatz von Virtuellen Patienten ihre klinische Entscheidungskompetenz steigern können (Lyon et al. 1992). Weitere Studien beleuchteten, dass Virtuelle Patienten immer curricular eingebunden werden sollten, da die strategische Einbindung direkten Einfluss auf das Engagement der Lernenden hat (Edelbring 2012; Hege et al. 2007).

Die meisten medizinischen Fakultäten verfügen bereits über ein System für den Einsatz Virtueller Patienten. Virtuelle Patienten werden sowohl national als auch international vielseitig eingesetzt. Bekannte Autorensysteme sind Web-SP (Zary et al. 2006), CASUS (Hege et al. 2007), Inmedia (Horstmann et al. 2012) und OpenLabyrinth (Poulton et al. 2009). Auf EU-Ebene gab es das eVip-Projekt (Ellaway et al. 2008). Das Projekt ICON zwischen der Harvard Medical School und der Universität Witten hat interaktive Echtzeit-Fälle eingesetzt (Tolks et al. 2010). Einige Beispiele zum spielerischen Umgang mit Virtuellen Patienten gibt es an der Charité in Berlin (Sostmann et al. 2010). Ein weiteres Beispiel hierfür ist CliniSpace™ – A Virtual Patient Game (Dev und Heinrichs 2011) und das NetWoRM-Projekt der Arbeits- und Umweltmedizin der Ludwig-Maximilians-Universität München (Networm 2016).

11.4 Innovative Beispiele für die medizinische Ausbildung

11.4.1 Inverted Classroom Model

Bei dem Inverted Classroom Model (ICM) handelt es sich um kein ganz neues Konzept, gleichwohl wird ihm in letzter Zeit eine größere Aufmerksamkeit zuteil. So wird zum Beispiel im Horizon Report 2014 und 2015 (Johnson et al. 2014; Johnson et al. 2015) die Flipped-Classroom-Methode als eine der wichtigsten lehr- und lerntechnologischen Entwicklungen im Hochschulbereich eingestuft (Johnson et al. 2015).

Der Einsatz von ICM wurde bereits 2000 von Lage et al.(2000) im Rahmen der Veranstaltung „Einführung in die Ökonomie" erprobt. Die Idee wurde 2008 als Flipped Classroom an Schulen eingesetzt (Bergmann und Sams 2014).

Bei der ICM (Flip teaching, flipped learning, backwards classroom, reverse teaching, inverted teaching) handelt es sich um eine Blended-Learning-Methode, bei der eine Selbstlernphase (individuelle Phase) vor die Präsenzphase gesetzt ist (Tolks et al. 2016). In der Online-Phase wird Faktenwissen vermittelt, das als Grundlage für die Präsenzphase dienen soll. Die Präsenzphase soll anschließend dafür genutzt werden, das erlernte Wissen zu vertiefen und anzuwenden (Bergmann und Sams 2014).

Das Ziel der Inverted-Classroom-Methode ist die Verschiebung des passiven Lernens hin zum aktivierenden Lernen in der Präsenzphase, um den Erwerb von kognitiv anspruchsvolleren Fähigkeiten wie Analyse, Synthese und Evaluation zu forcieren (Tolks et al. 2016). Bezogen auf die überarbeitete Taxonomie von Bloom bedeutet dies, dass sich die Studierenden, die auf den niedrigen Level verorteten kognitiven Prozesse (Erwerb von Wissen und Verständnis) selbstständig im Vorfeld der Präsenzphase aneignen, um anschließend die höheren kognitiven Lernprozesse (Anwendung von Wissen, Analyse, Synthese und Evaluation) in der Präsenzphase durchzuführen, in welcher sie durch Peers und Dozierende direkt unterstützt werden können (Anderson und Krathwohl 2001). Das Konzept steht dem traditionellen Kurskonzept der Vorlesung bzw. des Präsenzunterrichts gegenüber, in welchem im Unterricht das Faktenwissen vermittelt wird und die Teilnehmer zu Hause das Wissen vertiefen und ggf. anwenden müssen (Tolks et al. 2016). Die ICM ist ebenfalls eng mit der OER-Bewegung verknüpft, die dazu aufruft, bereits erstellte Lernmaterialien frei zur Verfügung zu stellen.

ICM wird bereits in einigen Projekten in der Ausbildung in den Gesundheitsberufen erprobt (Van Der Vleuten und Driessen 2014; Morgan et al. 2015; Persky und Dupuis 2014; Pierce und Fox 2014). In der School of Pharmacy, University of North Carolina, wurde das traditionelle Lehrkonzept auf die Inverted-Classroom-Methode umgestellt. Für die Online-Phase wurden Vorlesungsaufzeichnungen von durchschnittlich 34 min Länge erstellt, welche die wichtigsten Inhalte in komprimierter Form vermitteln sollten, dazu kommt ergänzende Literatur. In der Präsenzphase wurden studierendenzentrierte Lernaktivitäten wie Feedback und Fragerunden, „Microlectures", Clicker-Systeme (Audience-Response), die „Pair and Share"-Methode, Präsentationen, Diskussionen und Quizze eingesetzt, um das in der Selbstlernphase angeeignete Wissen der Studierenden zu vertiefen, das kritische Denken zu fördern und Diskussionen zu stimulieren. Die Studierenden zeigten signifikant bessere Klausurergebnisse im Vergleich zu dem vorherigen Semester mit traditioneller Lehrform. Zudem wurden eine erhöhte Anwesenheit sowie eine sehr hohe Zufriedenheit mit dem Kurskonzept beobachtet (McLaughlin et al. 2014). Prober und Heath (2012) haben die Inverted-Classroom-Methode in einem Biochemie-Curriculum eingesetzt und kamen ebenfalls zu signifikant besseren Lernergebnissen, einer gestiegenen Zufriedenheit und einer höheren Anwesenheitsrate im Vergleich zu dem vorherigen Semester. Morgan et al. (2015) kamen bei dem Einsatz der Inverted-Classroom-Methode in der gynäkologischen Onkologie zu guten Ergebnissen bzgl. der studentischen Akzeptanz und konnten eine Reduzierung der Dauer der Wissensvermittlung feststellen. In der Northwestern University, Feinberg School of Medicine, Chicago, wurde die Inverted-Classroom-Methode dazu genutzt, mündliche Fallpräsentation zu trainieren. Die Studierenden hatten erheblich bessere Prüfungsergebnisse als die Studierenden im vorherigen Semester (Heiman et al. 2012).

In Deutschland wurde die Inverted-Classroom-Methode an der Münchner Ludwig-Maximilians-Universität im Rahmen der Hochschullehrerqualifizierung angewandt und konnte gute Ergebnisse hinsichtlich der Akzeptanz verzeichnen. Wenn auch nur an wenigen Teilnehmerinnen und Teilnehmern untersucht, zeigte sich, dass die Inverted-Classroom-Methode auch für dieses Segment der Aus- und Weiterbildung geeignet ist (Tolks et al. 2014). Des Weiteren wird in der Allgemeinmedizin der Ludwig-Maximilians-Universität auf die ICM umgestellt.

11.4.2 Serious Games

Der Begriff *Serious Games* wurde erstmals bereits 1970 von C.C. Abt verwendet (Abt 1970). Ben Sawyer, Gründer des „Games for Health Center", hat eine Taxonomie des Begriffes Serious Games erstellt. Dementsprechend schlägt er folgende Definition vor:

> Any computerized game whose chief mission is not entertainment and all entertainment games which can be reapplied to a different mission other than entertainment (Sawyer 2008).

Bei den Serious Games handelt es sich um Computerprogramme mit Spielanteilen und Simulationen mit einem didaktischen Anteil (Sostmann et al. 2010). Serious Games oder Digital Game Based Learning sind innovative Konzepte, denen zunehmend mehr Beachtung in der Wissenschaft zuteil wird (Ritterfeld 2009; Lampert 2007; Johnson et al. 2014). Im englischsprachigen Raum wird überwiegend der Ausdruck *Game-Based-Learning* verwendet, um den Prozess des Lernens im Kontext digitaler Spiele zu verdeutlichen. Eine Differenzierung zwischen Game-Based-Learning und Serious Games ist sehr diffizil. Das zentrale Abgrenzungsmerkmal gegenüber Spielen mit ausschließlichem Unterhaltungscharakter ist dabei ein explizit formuliertes Bildungsziel (Tolks und Lampert 2015). Durch die Implementierung von Lernszenarien in Spiele sollen ein

Wissenszuwachs, die Vertiefung von Kompetenzen oder eine intendierte Verhaltensänderung bei Lernenden erreicht werden (Sostmann et al. 2010).

Nach Ritterfeld et al. (2009) werden ca. 8 % aller entwickelten Serious Games im Bereich Gesundheit entwickelt, deren Wirksamkeit bereits in einigen Studien nachgewiesen wurde (Baranowski et al. 2008; Kato et al. 2008). Diese Unterkategorie von Spielen wird Serious Games for Health genannt (Lampert und Tolks 2015). Hier unterscheidet man zwischen

- Computerspielen, die gesundheitsrelevante Informationen und Ansichten im Bereich Prävention und Gesundheitsförderung vermitteln sollen,
- Computerspielen, die zu therapeutischen Zwecken bei psychischen und physischen Erkrankungen eingesetzt werden und
- Serious Games, die in der medizinischen Aus-, Weiter- und Fortbildung angewendet werden (Lampert und Tolks 2015; Sostmann et al. 2010).

Im Bereich der Humanmedizin und der damit verbundenen Disziplinen wurden einige Spiele entwickelt. Im praktischen Arbeitsumfeld werden diese für das Einüben und Trainieren von praktischen und theoretischen Fertigkeiten genutzt, wie bspw. beim Notfallmanagement (Prensky 2001). Die wohl bekannteste Studie über den Einfluss von Computerspielen auf medizinische Fertigkeiten stellt die Untersuchung von Rosser et al. (2007) dar. Die Forschenden beschreiben in ihrer Studie, dass Videospielende im Vergleich zu ihren Kolleginnen und Kollegen ohne Videospielerfahrung bessere Fähigkeiten im Einsatz von laparoskopischen Instrumenten hatten. Allerdings ist anzumerken, dass in dieser Studie nur eine kleine Stichprobe (n = 33) untersucht wurde. Zudem handelt es sich bei diesem Beispiel nicht um ein Serious Game. Es wurden lediglich die Effekte von Computerspielen auf Fertigkeiten für die medizinische Ausbildung beschrieben (Rosser et al. 2007).

Ob überhaupt und in welchem Ausmaß Serious Games in der medizinischen Ausbildung eingesetzt werden sollten und welche Spiele geeignet sind, um in bestehende medizinische Curricula integriert zu werden, ist bislang umstritten (Akl et al. 2010; Blakely et al. 2009; Bhoopathi und Sheoran 2006). Im Rahmen einer Übersichtsarbeit wurden die bekanntesten Serious Games darauf hin geprüft, inwieweit diese in das Medizinstudium implementiert werden könnten (Tolks und Fischer 2013). Dabei wurden drei Simulationen, zwei Adventure- und ein Strategiespiel als geeignet identifiziert. Von den Spielen sind nur drei frei verfügbar. Uro Island (Boeker et al. 2009) und Pulse!! (Health Games Research 2015) stellen momentan die einzigen Serious Games dar, die direkt relevante Themen in der medizinischen Ausbildung adressieren.

11.4.3 Gamification

Gamification umschreibt die Idee, Spielelemente in spielfremden Kontexten zu verwenden, um die Motivation der Lernenden zu erhöhen (Werbach und Hunter 2012). Eine Definition dieses Konzepts lautet wie folgt:

The use of game-elements and game-design techniques in non-game contexts (Werbach und Hunter 2012, S. 26).

Mit Hilfe dieses Ansatzes lassen sich mehrere spielerische Elemente mit einem Thema verknüpfen, so dass sie an ein Spiel erinnern, wie bspw. Missionen, Fortschrittsbalken, Erfahrungspunkte, Ranglisten, virtuelle Güter oder Auszeichnungen (Deterding et al. 2011). Durch die Integration der Spielelemente sollen die Lernenden motiviert werden, sich mehr oder länger mit einem Thema zu beschäftigen. Im Horizon Report 2015 wurde der Gamification-Ansatz als zukunftsweisender Trend für das Bildungsmanagement identifiziert (Johnson et al. 2015). Gartner (2012) geht davon aus, dass ca. die Hälfte aller Unternehmen, die sich mit Innovationen beschäftigen, Gamification einsetzen werden.

Ein für die medizinische Ausbildung interessanter Aspekt ist der Einsatz von Online-Badges. Badges (engl. für Abzeichen) bieten die Möglichkeit einer unkomplizierten und automatisierten Auszeichnung bestimmter Aktivitäten in Online-Lernumgebungen. Online-Badges wurden durch die bestehenden Badges-Auszeichnungen bei Online-Spielen und Spieldistributionsplattformen wie *Steam* inspiriert. In den Spielen erhalten Spielende bestimmte Online-Auszeichnungen, wenn sie bestimmte Aufgaben in den jeweiligen Spielen erfüllen. Diese Spielmechaniken wurden aus der Spielbranche in eine „Nicht-Spielumgebung" transferiert. Der Einsatz von Online-Badges im Bildungssektor bietet Lernenden die Möglichkeit Zusatzqualifikationen und Kompetenzbereiche abzubilden. Im Kontext von Online-Kursen steigt die Nutzung von Online-Badges langsam (Bremer und Thillosen 2013). In diesem Kontext können zum Beispiel Online-Badges vergeben werden, wenn Lernende mindestens zehn Foreneinträge gepostet, besonders oft und lange Lernvideos angeschaut oder eigene Inhalte erstellt haben. Das Anreizsystem zielt dabei auf die Motivation der Lernenden ab, die eigene Lernleistung auch nach außen abzubilden (Bremer und Thillosen 2013).

11.5 Diskussion und Ausblick

eLearning wird in unterschiedlichem Ausmaß in der Aus-, Weiter- und Fortbildung bei Gesundheitsberufen angewendet und ist vielerorts bereits etabliert. Alle vorgestellten Innovationen sollten in didaktischer, curricularer und organisatorisch-struktureller Hinsicht einen konkreten Mehrwert liefern, sofern sie didaktisch sinnvoll aufbereitet und organisatorisch gut in das bestehende Curriculum integriert werden. Hochschulen sollten dabei, wie vom Hochschulforum Digitalisierung (2015) gefordert, didaktische, organisatorische, strukturelle und curriculare Entwicklungen forcieren. Die Erweiterung der traditionellen Lehr- und Lernformen durch den gezielten Einsatz neuer Medien ermöglicht neue Lernprozesse und neue Möglichkeiten des kooperativen und kollaborativen Lernens.

Bei der Analyse der Zielgruppe sollte der Fokus auf das durch die neuen Medien veränderte Lernverhalten gelegt werden (Erpenbeck und Sauter 2007). Nicht zu vernachlässigen ist zudem die Integration der Lehrenden in die Entwicklungsprozesse, da diese Gruppe sich häufig von der Zielgruppe, also den Lernenden besonders im Umgang mit Online-Angeboten, unterscheidet.

Bei allen oben skizzierten Einsatzmöglichkeiten von eLearning bestehen bestimmte Herausforderungen, um die jeweiligen Vorteile bestmöglich nutzen zu können:

▶ **LMS** Dass die LMS durch viele integrierte Funktionen den Lernprozess der Lernenden unterstützen und fördern können, ist den Lehrenden meist nicht bewusst. Hier bedarf es Schulungen, um den Lehrenden diese Potenziale zu vermitteln und so zumindest eine Grundlage für Innovationen schaffen zu können.

▶ **MOOCs** Der Hype um MOOCs scheint mittlerweile wieder abzunehmen. Die kritische Auseinandersetzung mit den MOOCs wird differenzierter (Schulmeister 2013). Statt großer virtueller, über den Globus verteilter Lerngruppen, werden vermehrt kleinere Lerngruppen vor Ort etabliert. Der Trend geht wieder mehr zu eLearning- bzw. Blended-Learning-Konzepten (Anders 2015).

▶ **Lernvideos** Zur Vermittlung von medizinischen Fertigkeiten und Vorlesungsaufzeichnungen sind Lernvideos sinnvoll. Die wenig aufwendige Erstellung von Screencast und die neuesten Forschungsergebnisse in diesem Bereich eröffnen ein großes Potenzial für die medizinische Ausbildung. Die Erstellung und das Zurückgreifen auf bereits bestehende Ressourcen sowie der Austausch untereinander können einen großen Einfluss auf die Qualität der Lehre in der medizinischen Ausbildung haben.

▶ **Virtuelle Patienten** Oftmals fungieren die Virtuellen Patienten nur als Träger von Informationen oder Krankheiten. Es gibt so gut wie keine Präsenz der Patientin bzw. des Patienten als Person, kaum direkte Rede, keine Darstellung von Emotionen und des sozialen und kulturellen Kontextes (Kenny und Beagan 2004) sowie kaum Interaktion mit der Patientin bzw. dem Patienten. Des Weiteren bestehen erhebliche Qualitätsunterschiede bei den Fällen. Eine breitere didaktische Schulung für die Autorinnen und Autoren und einheitliche Qualitätskriterien könnten dazu beitragen, dass das Lernpotenzial bei dem Einsatz von Virtuellen Patienten ausgeschöpft wird. Studien zeigen zudem, dass Virtuelle Patienten immer curricular eingebunden werden sollten, da die strategische Einbindung direkten Einfluss auf das studentische Engagement hat (Edelbring et al. 2012; Hege et al. 2007).

▶ **Inverted Classroom** Der derzeitige und zukünftige Erfolg der ICM liegt darin begründet, dass diese Methode, im Gegensatz zu den herkömmlichen Blended-Learning-Konzepten, ein didaktisches Konzept „mitliefert". Dadurch wird verhindert, dass nur die neuen Technologien genutzt werden ohne auf einen didaktischen Mehrwert zu achten. Des Weiteren berücksichtigt diese Methode das veränderte Lernverhalten und bietet den Lehrenden mehr Freiheit in der Präsenzphase an, um ihren Unterricht zu gestalten. Ein weiterer Vorteil aus Sicht der Lehrenden ist, dass in den Seminaren und Vorlesungen nicht sämtliche Fakten wiederholt werden müssen. Der größte Vorteil der Methode ist, dass das aktivierende Lernen ermöglicht und gefördert wird und die eingehende Bearbeitung und Vertiefung von komplexen Themen ermöglicht wird.

▶ **Serious Games** Serious Games haben ein großes Potenzial, um nicht nur die Motivation, sondern auch den Lernerfolg über die kognitiven Lernziele hinaus, auch auf affektiver und psychomotorischer Ebene zu steigern (Anderson und Krathwohl 2001). Dabei ist aber zu beachten, dass es sich nicht um reine Lernspiele handelt, sondern dass die zu vermittelnden Inhalte der eigentlichen Spieldynamik untergeordnet werden. Die relevanten Inhalte müssen nach dem Entertainment-Education-Konzept unterschwellig in das Spiel integriert werden (Lampert 2007). Nur so werden die Vorteile des Lernens aus Spielen (Digital Game Based Learning) wirklich voll ausgeschöpft. Der Erfolg von Spielen in der medizinischen Ausbildung ist abhängig vom Kontext, vom Inhalt, der Implementierung in das Kurskonzept und der pädagogischen Kompetenz der Dozierenden (Ke 2009; Giessen 2015).

▶ **Gamification** Die Gamification-Idee ist schon länger im kommerziellen Spielesektor erprobt. Der interessante Aspekt bei dem Gamification-Konzept ist, dass die theoretische Grundlage noch nicht klar ist, das Konzept selbst aber sehr gute Ergebnisse im Bereich der Hochschulbildung aufweisen kann. Oftmals werden dort allerdings der didaktischen Einbindung und den Erkenntnissen verhaltenstheoretischer Modelle keine Beachtung geschenkt (Peterson 2012). Gartner (2012) befürchtet in diesem Zusammenhang, dass 80 % der begonnenen Projekte scheitern werden.

Die Übersicht in Abb. 11.1 stellt die Einschätzung des derzeitigen Entwicklungsstands der beschriebenen Formate und Methoden und deren Entwicklungspotenzial dar.

Der vorliegende Beitrag möchte mit dieser Übersicht den Akteurinnen und Akteuren in der Aus-, Weiter- und Fortbildung in den Gesundheitsberufen aufzeigen, dass das Potenzial von neuen und bereits etablierten digitalen Lehr-/Lernsettings noch lange nicht ausgeschöpft ist und einem stetigen Wandel unterliegt. Somit sollen alle Akteurinnen und Akteure in der medizinischen Ausbildung dazu ermutigt werden, die neuen Lehr- und

Online Methode / Format / System	Didaktischer Mehrwert allgemein	Didaktischer Mehrwert in Gesundheitsberufen	Bereits erfolgte Implementierung in den Gesundheitsberufen	Zukünftiges Potenzial für Gesundheitsberufe
Learning Management System	sehr gut / bekannt	wenig genutzt / wenig bekannt	sehr gut / bekannt	gut / teilw. bekannt
Open Educational Ressources	sehr gut / bekannt	wenig genutzt / wenig bekannt	kaum genutzt / nicht bekannt	gut / teilw. bekannt
Lernvideo	sehr gut / bekannt	gut / teilw. bekannt	sehr gut / bekannt	gut / teilw. bekannt
Screencast / Khan-Style Videos	sehr gut / bekannt	gut / teilw. bekannt	wenig genutzt / wenig bekannt	sehr gut / bekannt
Massive Open Online Course	sehr gut / bekannt	kaum genutzt / nicht bekannt	kaum genutzt / nicht bekannt	gut / teilw. bekannt
Simulationen	gut / teilw. bekannt	sehr gut / bekannt	gut / teilw. bekannt	sehr gut / bekannt
Virtuelle Patienten	sehr gut / bekannt	gut / teilw. bekannt	gut / teilw. bekannt	sehr gut / bekannt
Inverted Classroom Modell	sehr gut / bekannt	gut / teilw. bekannt	kaum genutzt / nicht bekannt	sehr gut / bekannt
E-Portfolio	gut / teilw. bekannt	gut / teilw. bekannt	kaum genutzt / nicht bekannt	sehr gut / bekannt
Serious Games	gut / teilw. bekannt	sehr gut / bekannt	kaum genutzt / nicht bekannt	sehr gut / bekannt
Gamification	gut / teilw. bekannt	wenig genutzt / wenig bekannt	kaum genutzt / nicht bekannt	gut / teilw. bekannt

Abb. 11.1 Entwicklungsstand und Potenziale der Formate, Methoden und Konzepte in der Aus-, Weiter- und Fortbildung in den Gesundheitsberufen in Deutschland

Lernformen auszuprobieren und als „Bildungspioniere" mit den neuen Technologien neue Wege zu beschreiten. Wichtig ist dabei jedoch, dass die neuen Lehr- und Lernformen didaktisch und curricular eingebunden werden.

Literatur

Abt CC (1970) Serious games. Viking, New York
Akl EA, Pretorius RW, Sackett K, Erdley WS, Bhoopathi PS, Alfarah Z, Schünemann HJ (2010) The effect of educational games on medical students' learning outcomes: a systematic review. Med Teach 32(1):16–27
Anders G (2015) Stanford's John Hennessy says online learning has some way to go. MIT Technology Review. http://www.technologyreview.com/news/539146/the-skeptic-stanfords-john-hennessy/. Zugegriffen: 08. März 2016
Anderson LW, Krathwohl DR (2001) A taxonomy for learning, teaching, and assessing: A revision of Bloom's taxonomy of educational objectives. Longman, White Plains
Arnold P, Kilian L, Thillosen A, Zimmer G (2004) E-Learning – Handbuch für Hochschulen und Bildungszentren: Didaktik, Organisation, Qualität. BW Bildung und Wissen Verlag und Software, Nürnberg
Baranowski T, Buday R, Thompson DI, Baranowski J (2008) Playing for real: video games and stories for health-related behavior change. Am J Prev Med 34(1):74–82

Bergmann J, Sams A (2014) Flipped learning: gateway to student engagement. International Society for Technology in Education, Eugene

Bhatti I, Jones K, Richardson L, Foreman D, Lund J, Tierney G (2011) E-learning vs lecture: which is the best approach to surgical teaching? Colorectal Dis 13(4):459–462

Bhoopathi PS, Sheoran R (2006) Educational games for mental health professionals. Cochrane Database Syst Rev 2:CD001471

Blakely G, Skirton H, Cooper S, Allum P, Nelmes P (2009) Educational gaming in the health sciences: systematic review. J Adv Nurs 65(2):259–269

Boeker M, Klar R (2006) E-Learning in der ärztlichen Aus- und Weiterbildung. Bundesgesundheitsbl Gesundheitsforsch Gesundheitsschutz 49(5):405–411

Boeker M, Andel P, Seidl M, Streicher A, Schneevoigt T, Dern P, Frankenschmidt A (2009) Uro Island I – Game-based E-Learning in der Urologie. GMS Med Inform Biom Epidemiol 5(1):Doc03

Bremer C, Thillosen A (2013) Der deutschsprachige Open Online Course OPCO12. In: Bremer C, Krömker D (Hrsg) E-Learning zwischen Vision und Alltag. Waxmann, Münster, S 15–27

Clauson KA, Vidal DM (2008) Overview of biomedical journal podcasts. Am J Health Syst Pharm 65(22):2155–2158

Cook DA, Triola MM (2009) Virtual patients: a critical literature review and proposed next steps. Med Educ 43(4):303–311

Deterding S, Dixon D, Khaled R, Nacke L (2011) From game design elements to gamefulness: Defining gamification. In: Academic MindTrek Conference: Envisioning Future Media Environments

Dev P, Heinrichs WL (2011) CliniSpace: A multiperson 3D online immersive training environment accessible through a browser. Stud Health Technol Inform 163:173–179

Digitalisierung Hochschulforum (2015) 20 Thesen zur Digitalisierung der Hochschulbildung. Hochschulforum Digitalisierung, Berlin

Downes S (2007) Models for sustainable open educational resources. Interdisc J Knowl Learn Obj 3:29–44

Edelbring S, Broström O, Henriksson P, Vassiliou D, Spaak J, Dahlgren LO, Fors U, Zary N (2012) Integrating virtual patients into courses: follow-up seminars and perceived benefit. Med Educ 46(4):417–425

Ellaway R, Candler C, Greene P, Smothers V (2006) An Architectural Model for MedBiquitous Virtual Patients. http://groups.medbiq.org/medbiq/display/VPWG/MedBiquitous+Virtual+Patient+Architecture. Zugegriffen: 08. März 2016

Ellaway R, Masters K (2008) AMEE Guide 32: e-Learning in medical education Part 1: Learning, teaching and assessment. Med Teach 30(5):455–473

Ellaway R, Poulton T, Fors U, McGee JB, Albright S (2008) Building a virtual patient commons. Med Teach 30(2):170–174

Erpenbeck J, Sauter W (2007) Kompetenzentwicklung im Netz. New Blended Learning mit Web 2.0. Kluwer, Köln

Fabry G, Fischer MR (2014) Das Medizinstudium in Deutschland – Work in Progress. GMS Z Med Ausbild 31(3):Doc36

Gartner (2012) Gamification: Engagement Strategies for Business and IT. Report No.: G00245563

Gartner (2015) Hype Cycle for Education. https://www.gartner.com/doc/3090218/hype-cycle-education. Zugegriffen: 08. März 2016

Giessen HW (2015) Serious Games Effects: An Overview. Procedia – Social and Behavioral Sciences 174:2240–2244

Graves W, Twigg C (2006) The future of course redesign and the national center for academic transformation. Innovate 2(3):1

Guo PJ, Kim J, Rubin R (2014) How video production affects student engagement: An empirical study of MOOC videos. Proceedings of the first ACM conference on Learning@ scale conference, S 41–50

Harrigan P, Wardrip-Fruin N (2007) Second person: roleplaying and story in playable media. MIT University Press, Cambridge

Health Games Research (2015) Pulse!! The Virtual Clinical Learning Lab. http://www.healthgamesresearch.org/games/pulse-the-virtual-clinical-learning-lab. Zugegriffen: 08. März 2016

Hege I, Kopp V, Adler M, Radon K, Mäsch G, Lyon H, Fischer MR (2007) Experiences with different integration strategies of case-based e-Learning. Med Teach 29(8):791–797

Heiman HL, Uchida T, Adams C, Butter J, Cohen E, Persell SD, Pribaz P, McGaghie WC, Martin GJ (2012) E-Learning and deliberate practice for oral case presentation skills: A randomized trial. Med Teach 34(12):e820–826

Hodson P, Connolly M, Saunders D (2001) Can computer-based learning support adult learners? J High Educ 25(3):325–335

Horstmann M, Horstmann C, Renninger M (2012) Case creation and e-Learning in a Web-based virtual department of urology using the INMEDEA Simulator. Nephrourol Mon 4:356–360

Huwendiek S, De Leng BA, Zary N, Fischer MR, Ruiz JG, Ellaway R (2009) Towards a typology of virtual patients. Med Teach 31(8):743–748

Jaffer U, John NW, Standfield N (2013) Surgical trainee opinions in the United Kingdom regarding a three-dimensional virtual mentoring environment (MentorSL) in Second Life: Pilot study. JMIR Serious Games 1(1):e2

Johnson L, Adams Becker S, Estrada V, Freeman A (2014) NMC horizon report: 2014 higher education edition. The New Media Consortium, Austin

Johnson L, Adams Becker S, Estrada V, Freeman A (2015) NMC horizon report: 2015 higher education edition. The New Media Consortium, Austin

Kato PM, Cole SW, Bradlyn AS, Pollock BH (2008) A video game improves behavioral outcomes in adolescents and young adults with cancer: a randomized trial. Pediatrics 122:305–317

Ke F (2009) A qualitative meta-analysis of computer games as learning tools. In: Ferdig R (Hrsg) Handbook of Research on Effective Electronic Gaming in Education. IGI Global, Hershey, S 1–32

Kenny NP, Beagan BL (2004) The patient as text: a challenge for problem-based learning. Med Educ 38(10):1071–1079

Kerres M (2012) Mediendidaktik: Konzeption und Entwicklung mediengestützter Lernangebote. Oldenbourg Wissenschaftsverlag, München

Kononowicz AA, Hege I (2010) Virtual patients as a practical realization of the e-learning idea in medicine. In: Soomro S (Hrsg) E-learning, experience and future. In-Tech, Vukovar, S 345–370

Lage MJ, Platt GJ, Treglia M (2000) Inverting the Classroom: A gateway to creating an inclusive learning environment. J Econ Educ 31(1):30–43

Lampert C (2007) Gesundheitsförderung im Unterhaltungsformat. Nomos, Baden-Baden

Lampert C, Tolks D (2015) Grundtypologie von digitalen Spieleanwendungen im Bereich Gesundheit. In: Dadaczynski K, Schiemann S, Paulus P (Hrsg) Gesundheit spielend fördern – Potenziale und Herausforderungen von digitalen Spieleanwendungen für die Gesundheitsförderung und Prävention. Beltz Juventa, Weinheim, S 218–233

Lampert C, Schwinge C, Tolks D (2009) Der gespielte Ernst des Lebens: Bestandsaufnahme und Potenziale von Serious Games (for Health). MedienPädagogik-Zeitschrift für Theorie und Praxis der Medienbildung, 15/16

Liyanagunawardena TR, Williams SA (2014) Massive open online courses on health and medicine: review. J Med Internet Res 16(8):191

Lyon HC, Healy JC, Bell JR, O'Donnell JF, Shultz EK, Moore-West M, Wigton RS, Hirai F, Beck JR (1992) PlanAlyzer, an interactive computer-assisted program to teach clinical problem solving in diagnosing anemia and coronary artery disease. Acad Med 67(12):821–828

Maag M (2006) Podcasting: An emerging technology in nursing education. Stud Health Technol Inform 122:835–836

McLaughlin JE, Roth MT, Glatt DM, Gharkholonarehe N, Davidson CA, Griffin LM, Essermann DA, Mumper RJ (2014) The flipped classroom: a course redesign to foster learning and engagement in a health professions school. Acad Med 89(2):236–243

Morgan H, McLean K, Chapman C, Fitzgerald J, Yousuf A, Hammoud M (2015) The flipped classroom for medical students. Clin Teach 12(3):155–160

Networm (2016) Home I VP@Work. http://www.networm-online.eu/. Zugegriffen: 08. März 2016

Oser F, Hascher T, Spychiger M (1999) Lernen aus Fehlern. Zur Psychologie des „negativen" Wissens. In: Althof W (Hrsg) Fehlerwelten: vom Fehlermachen und Lernen aus Fehlern. Beiträge und Nachträge zu einem interdisziplinären Symposium aus Anlaß des 60. Geburtstags von Fritz Oser. Leske & Budrich, Opladen, S 11–42

Parikh SS, Chan S, Agrawal SK, Hwang PH, Salisbury CM, Rafii BY, Varma G, Salisbury KJ, Blevins NH (2009) Integration of patient-specific paranasal sinus computed tomographic data into a virtual surgical environment. Am J Rhinol Allergy 23(4):442–447

Persky AM, Dupuis RE (2014) An eight-year retrospective study in „Flipped" pharmacokinetics courses. Am J Pharm Educ 78(10):190

Peterson S (2012) Gamification market to reach $2.8 billion in 2016. http://www.gamesindustry.biz/articles/2012-05-21-gamification-market-to-reach-USD2-8-billion-in-2016. Zugegriffen: 08. März 2016

Pierce R, Fox J (2012) Vodcasts and active-learning exercises in a „Flipped Classroom" model of a renal pharmacotherapy module. Am J Pharm Educ 76(10):196

Pilarski PP, Johnstone DA, Pettepher CC, Osheroff N (2008) From music to macromolecules: Using rich media/podcast lecture recordings to enhance the preclinical educational experience. Med Teach 30(6):630–632

Poulton T, Conradi E, Kavia S, Round J, Hilton S (2009) The replacement of ,paper' cases by interactive online virtual patients in problem-based learning. Med Teach 31(8):752–758

Prensky M (2001) Digital game based learning. McGraw-Hill, New York

Prober CG, Heath C (2012) Lecture halls without lectures – a proposal for medical education. N Engl J Med 366(18):1657–1659

Ritterfeld U (2009) Identity formation and emotion regulation in digital gaming. In: Ritterfeld U, Cody M, Vorderer P (Hrsg) Serious games: mechanisms and effects. Routledge, New York, S. 204–217

Ritterfeld U, Shen C, Wang H, Nocera L, Wong WL (2009) Multimodality and interactivity: connecting properties of serious games with educational outcomes. Cyberpsychol Behav 12(6):691–697

Rosser JC, Lynch PJ, Cuddihy L, Gentile DA, Klonsky J, Merrell R (2007) The impact of video games on training surgeons in the 21st century. Arch Surg 142(2):181–186

Rovai AP, Jordan H (2004) Blended learning and sense of community: a comparative analysis with traditional and fully online graduate courses. International Review of Research in Open and Distance Learning 5(2)

Sawyer B, Smith P (2008) Serious Games Taxonomy. http://www.seriousgames.org/presentations/serious-games-taxonomy-2008_web.pdf. Zugegriffen: 08. März 2016

Schäfer C (2012) Modelle einer erfolgreichen Implementierung elektronischer und anderer Lernmaterialien in die Lehre. In: Krukemeyer M, Bartram C (Hrsg) Aus- und Weiterbildung in der klinischen Medizin Didaktik und Ausbildungskonzepte. Schattauer, Stuttgart, S 65–80

Schulmeister R (2013) MOOCs – Massive Open Online Courses: offene Bildung oder Geschäftsmodell? Waxmann, Münster

Sostmann K, Tolks D, Fischer M, Buron S (2010) Serious Games for Health: Spielend lernen und heilen mit Computerspielen? GMS Med Inform Biom Epidemiol 6(2):Doc12

Süss D, Lampert C, Wijnen CW (2010) Medienpädagogik: Ein Studienbuch zur Einführung. VS Verlag, Wiesbaden

Tolks D, Fischer MR (2013) Serious Games for Health – ernstzunehmende didaktische Konzepte in der medizinischen Ausbildung? GMS Med Inform Biom Epidemiol 9(1):Doc03

Tolks D, Lampert C (2015) Abgrenzung von Serious Games zu anderen Lehr- und Lernkonzepten. In: Dadaczynski K, Schiemann S, Paulus P (Hrsg) Gesundheit spielend fördern – Potenziale und Herausforderungen von digitalen Spieleanwendungen für die Gesundheitsförderung und Prävention. Beltz Juventa, Weinheim, S 218–233

Tolks D, Quattrochi J, Hofmann M, Fischer MR (2010) Internationales kooperatives Lernen mit der fallbasierten Online-Lernplattform ICON. GMS Med Inform Biom Epidemiol 6(2):Doc08

Tolks D, Pelczar I, Bauer D, Brendel T, Görlitz A, Küfner J, Simonsohn A, He I (2014) Implementation of a blended-learning course as part of faculty development. Creative Educ 5(11):948–953

Tolks D, Schäfer C, Raupach T, Kruse L, Sarikas A, Gerhardt-Szép S, Klauer G, Lemos M, Fischer MR, Eichner B, Sostmann K, Hege I (2016) Eine Einführung in die Inverted/Flipped-Classroom-Methode in der Aus- und Weiterbildung in der Medizin und den Gesundheitsberufen. GMS J Med Educ 33(3):Doc46

Turner-McGrievy GM, Campbell MK, Tate DF, Truesdale KP, Bowling JM, Crosby L (2009) Pounds Off Digitally study: a randomized podcasting weight-loss intervention. Am J Prev Med 37(4):263–269

Van der Vleuten CPM, Driessen EW (2014) What would happen to education if we take education evidence seriously? Perspect Med Educ 3(3):222–232

Vogt M, Schaffner B, Ribar A, Chavez R (2010) The impact of podcasting on the learning and satisfaction of undergraduate nursing students. Nurse Educ Pract 10(1):38–42

Werbach K, Hunter D (2012) For the win: how game thinking can revolutionize your business. Wharton, Philadelphia

Zary N, Johnson G, Boberg J, Fors UG (2006) Development, implementation and pilot evaluation of a Web-based Virtual Patient Case Simulation environment–Web-SP. BMC Med Educ 6(1):10

Zillmann D, Vorderer P (2009) Media Entertainment – The psychology of its appeal. Taylor & Francis, Mahwah

Internationale Perspektiven von eHealth

Roland Trill und Anna-Lena Pohl

12

Zusammenfassung

Vor allem die skandinavischen Staaten sind Deutschland oftmals weit voraus, wenn es um die nachhaltige Implementierung von eHealth-Anwendungen geht. Dies zeigt sich anhand eingängiger Beispiele und Zahlen aus aktuellen Umfragen. Für Deutschland wird ein Rückstand von 10 Jahren prognostiziert, sollten die relevanten Akteure nicht zügig eine umfassende eHealth-Strategie entwickeln. In diesem Beitrag wird das Thema eHealth aus einem internationalen Blickwinkel betrachtet. Sowohl aus Sicht der Forschung als auch anhand praktischer Beispiele wird der Status quo in Deutschland mit anderen Ländern verglichen, Best-Practice-Beispiele erläutert und deren Nutzen für Deutschland dargestellt. Die Internationalisierung wird als Chance dargestellt und grenzübergreifende Kooperation und Zusammenarbeit als notwendig erachtet. Es werden die hierfür notwendigen Rahmenbedingungen diskutiert und die Situation in Deutschland mit der in europäischen Nachbarstaaten verglichen.

12.1 Blick über die Grenzen

eHealth ist schon lange Zeit ein Thema von internationaler Bedeutung. In der Anwendung von eHealth-Technologien wird eine Möglichkeit gesehen, um auf die mit der demografischen Entwicklung verbundenen Herausforderungen reagieren zu können. Die

---

R. Trill (✉) · A.-L. Pohl
Hochschule Flensburg, Institut für eHealth und Management im Gesundheitswesen,
Kanzleistraße 91-93, 24943 Flensburg, Deutschland
E-Mail: roland.trill@hs-flensburg.de

A.-L. Pohl
E-Mail: anna-lena.pohl@hs-flensburg.de

von der Europäischen Union (EU) verabschiedete Digitale Agenda 2020 ist Ausdruck dieser Erwartung.

> Die Digitale Agenda hat insgesamt das Ziel, aus einem digitalen Binnenmarkt, der auf einem schnellen bis extrem schnellen Internet und interoperablen Anwendungen beruht, einen nachhaltigen wirtschaftlichen und sozialen Nutzen zu ziehen (Europäische Kommission 2015, S. 3).

Für einen verstärkten Einsatz der Informations- und Kommunikationstechnologien (IKT) spricht ihre positive Wirkung auf das Angebot und die Nachfrage nach Gesundheitsleistungen. Wer sich mit der Implementierung dieser Anwendungen befasst, tut gut daran, Entwicklungen in anderen Ländern vergleichend im Auge zu behalten. Daher wird im Folgenden der Status quo in Deutschland mit den in dieser Hinsicht am weitesten entwickelten Gesundheitswesen in Europa verglichen.

12.2 eHealth als (Forschungs-)Gegenstand in der EU

12.2.1 Entwicklung von eHealth im europäischen Kontext

Auf europäischer Ebene hat die EU-Kommission in den letzten Jahren einige Dokumente mit Bezug auf den Einsatz moderner IKT im Gesundheitswesen veröffentlicht. Auch wenn die Bezeichnung der Dokumente dies zunächst nicht immer vermuten lässt, so wird eHealth doch in vielerlei Hinsicht und in unterschiedlichen Zusammenhängen adressiert.

So hat die Europäische Kommission im Jahr 2007 ein Papier vorgelegt, welches sich strategisch mit der Entwicklung der Gesundheitspolitik beschäftigt. Bereits hier wurde auf neue Technologien und ihren Nutzen für die Gesundheitssysteme hingewiesen (European Commission 2007).

Die von der Europäischen Kommission (2015) vorgelegte Digitale Agenda stellt eine der sieben Säulen der Europa 2020-Strategie dar, die Ziele für das Wachstum der Europäischen Union bis 2020 festlegt. Diese Digitale Agenda schlägt eine bessere Nutzung der IKT vor, um Innovation, Wirtschaftswachstum und Fortschritt zu fördern. Das vorrangige Ziel ist es, einen digitalen Binnenmarkt zu entwickeln, der intelligentes und nachhaltiges Wachstum in Europa fördern soll. Als Hindernisse erkennt die Kommission unter anderem die folgenden Aspekte:

- Fragmentierung der digitalen Märkte
- Mangelnde Interoperabilität
- Mangelndes Vertrauen in die Netze
- Mangelnde Investition in die Netze
- Unzureichende Forschung und Innovation
- Mangelnde digitale Kompetenzen und Qualifikationen

Bei Betrachtung der Digitalen Agenda im Hinblick auf die Nutzung moderner Kommunikationsmittel im Gesundheitswesen lassen sich viele Ziele mit direktem oder indirektem Einfluss auf eine breite Implementierung von eHealth-Services in den Gesundheitssystemen Europas finden:

- Verbesserte Interoperabilität von Geräten, Anwendungen, Datensammlungen, Diensten und Netzen
- Stärkung des Vertrauens und der Online-Sicherheit
- Förderung eines schnellen und ultraschnellen Internetzugangs
- Intelligente Nutzung der Technologie für die Gesellschaft, zum Beispiel in Bezug auf die Alterung der Gesellschaft durch Online-Gesundheitsfürsorge und telemedizinische Systeme und Dienste

In dem eHealth Action Plan 2012–2020, den die Europäischen Kommission 2012 vorgelegt hat, wurde festgestellt, dass die EU in der Implementierung von modernen IKT im Gesundheitswesen 10 Jahre im Vergleich zu anderen Branchen hinterherhinkt (European Commission 2012). In dem ersten eHealth Action Plan von 2004 wurde dargelegt, dass IKT die Gesundheitssysteme effektiver gestalten und dazu beitragen können, die Lebensqualität der Bürgerinnen und Bürger zu erhöhen (European Commission 2004). Dennoch ist in den Jahren bis zum zweiten Aktionsplan wenig passiert. Obwohl die Gründe dafür meist bekannt sind, fehlt es an Maßnahmen, um diese Barrieren zu überwinden und die formulierten Ziele umzusetzen.

Zu Beginn des Jahres 2013 hat die Europäische Kommission ein Arbeitspapier vorgelegt, welches im Zuge der neuen Arbeitsperiode des Europäischen Sozialfonds 2014–2020 veröffentlich wurde (European Commission 2013). Die Kommission beschreibt darin Innovationen die zum Abbau sozialer Ungleichheiten in Bezug auf Gesundheit beitragen sollen. eHealth-Services werden darin explizit genannt als

> (…) tools that can be used to assist and enhance prevention, diagnosis, treatment, monitoring and management concerning health and lifestyle (European Commission 2013, S. 8).

Es werden noch weitere Vorteile einer breiten Implementierung von eHealth-Services aufgeführt, die vor allem auch den Bürgerinnen und Bürgern sowie Patientinnen und Patienten nutzen sollen.

Aber auch mobile Gesundheitsdienste (mHealth) sind ein Thema auf europäischer Ebene. So hat die Kommission 2014 ein Papier veröffentlicht, welches mHealth-Dienste als unterstützende Angebote für das Management und Bereitstellung der Gesundheits- bzw. Krankheitsversorgung beschreibt (European Commission 2014).

Die hier genannten Beispiele sind sicher nicht erschöpfend, zeigen aber dennoch, dass der vielfältige Nutzen und die Vorteile einer breiteren Implementierung von digitalen Gesundheitsdienstleistungen im Bewusstsein politischer Akteurinnen und Akteure angekommen sind. Auch auf nationaler Ebene wird bereits in vielen Staaten mit eHealth-Strategien gearbeitet. Offen bleibt die Frage, warum sich die Akteurinnen und Akteure trotz der guten Analyse von Nutzen und Effektivität von eHealth so schwer tun, eine nachhaltige Einführung voranzutreiben. Hierfür sind die vielen guten Projekte hilfreich, auch wenn diese aufgrund der begrenzten Laufzeit und Finanzierung nur in ihren eigenen Teilbereichen Wirkung erzielen können. Inzwischen lassen sich einige erfolgreiche Beispiele finden (ICT for Health – Information, Communication, Technology sowie PrimCareIT – Connecting and supporting health care professionals via ICT), sind doch die Förderprogramme für Innovationen im Gesundheitswesen finanziell gut ausgestattet. Doch die Konkurrenz ist in diesem Bereich enorm hoch. Dies spiegelt sich auch durch die vielfältigen Aktivitäten in diesem Bereich wider.

12.2.2 Europäische Förderprogramme

Die europäischen Förderprogramme bieten vor allem für kooperative internationale Aktivitäten eine Vielzahl an Ausschreibungen. Diese gliedern sich thematisch, sind allerdings meist recht breit formuliert. Am 1. Januar 2014 ist der Startschuss für das neue Rahmenprogramm für Forschung und Innovation *Horizon 2020* der Europäischen Kommission mit einer Laufzeit von sieben Jahren gefallen (2014–2020). Allein für die beiden Jahre 2016/2017 investiert die Kommission hierüber 16 Mrd. Euro für Forschung und Innovation (European Commission 2015). *Horizon 2020* ist ein sehr forschungsorientiertes Programm und aufgrund der finanziellen Mittel stark umkämpft. Darüber hinaus gibt es aber auch unterschiedliche Struktur- und Investitionsfonds, die finanziell deutlich schwächer sind, aber dennoch eine gute Alternative bieten können. Auf nationaler Ebene bietet das Bundesministerium für Bildung und Forschung (BMBF) ein thematisch breit gefächertes Angebot an Ausschreibungen für Projektanträge.

Ein Beispiel für ein erfolgreiches Projekt ist epSOS (European Patients – Smart open Services)[1], welches von 2008 bis 2014 mit Partnern aus insgesamt 25 europäischen Ländern durchgeführt wurde. Das Ziel dieses Projektes bestand in der Implementierung einer grenzüberschreitend funktionierenden Struktur für die Integration aller nationalen elektronischen Gesundheitsakten. Dadurch sollte die Qualität und Effektivität grenzüberschreitender Gesundheitsversorgung verbessert werden. Es wurden in unterschiedlichen Entwicklungsstufen Softwaresysteme im Hinblick auf zum Beispiel Erreichbarkeit und Bedienbarkeit getestet, sowohl von Bürgerinnen und Bürgern als auch von Gesundheitsdienstleisterinnen und -dienstleistern. Die Ergebnisse waren vielversprechend und die im Projekt entwickelte IT-Infrastruktur wurde bereits in Folgeprojekten eingesetzt und weiterentwickelt.

---

[1] Weitere Informationen unter: http://www.epsos.eu/home/about-epsos.html.

12 Internationale Perspektiven von eHealth

Europäische Förderprogramme bieten für Antragssteller eine Bandbreite an passenden Ausschreibungen sowohl für Forschungs- und Entwicklungsprogramme im Bereich eHealth als auch in sogenannten *policy support actions*. Förderlinien zu Innovation sind meist die finanziell am lukrativsten, allerdings auch stark umkämpft. Insbesondere im Bereich „Gesundes Altern" haben Projekte, die technische Entwicklungen fördern, testen und evaluieren wollen, gute Chancen auf eine Förderung. Für Projekte mit sozialwissenschaftlichen Forschungsansätzen im Bereich eHealth sieht es nicht ganz so erfolgsversprechend aus. Allerdings bietet nun das neue Arbeitsprogramm in dem forschungsstarken und prestigeträchtigen *Horizon 2020*-Förderprogramm zwei Ausschreibungen, die sich direkt auf Projekte mit Fokus auf zum Beispiel die digitale Gesundheitskompetenz *(eHealth Literacy)* von Bürgerinnen und Bürgern und Gesundheitsfachkräften beziehen.

Die Zahl wissenschaftlicher Veröffentlichungen, Konferenzen und Workshops über das Thema eHealth steigt stetig an. Hier dominieren vor allem noch Ansätze mit einem gesundheitsökonomischen oder IT-technischen Hintergrund. eHealth auch als soziale Innovation wahrzunehmen braucht wohl noch ein wenig länger. Aber insbesondere in diesem Bereich ist gute Forschung notwendig, um die heutigen Gesundheitssysteme trotz des immensen Kostendrucks sozial nachhaltig zu gestalten. Die eHealth Literacy-Forschung kann hierzu einen großen Beitrag leisten, steckt aber – vor allem auch in Deutschland – noch in den Kinderschuhen.

12.3 eHealth: Deutschland im europäischen Vergleich

12.3.1 European Health Consumer Index (EHCI)

Im European Health Consumer Index (EHCI) werden technologisch unterstützte Prozesse gelistet, die unter der Überschrift *Patient Rights and Information* zu finden sind (Health Consumer Powerhouse 2015).

> **Technologisch unterstützte Prozesse im European Health Consumer Index (EHCI)**
>
> 1.4 Recht auf eine Zweitmeinung
> 1.5 Zugriff auf die eigene Elektronische Patientenakte (EPA)
> 1.7 Internet- oder Telefon-Information über gesundheitliche Themen 24/7
> 1.9 Katalog der Anbieter mit Qualitätsranking
> 1.10 EPA (EPR)-Durchdringung
> 1.11 Online-Buchung von Terminen
> 1.12 eRezept

Insbesondere bei den Prozessen *1.5 Zugriff auf die eigene Elektronische Patientenakte (EPA), 1.7 Internet- oder Telefon-Information über gesundheitliche Themen 24/7, 1.11*

Online-Buchung von Terminen und *1.12 eRezept* werden Defizite in Deutschland deutlich (Health Consumer Powerhouse 2015).

In der Auflistung im EHCI wird das eRezept als vorhanden bzw. teilweise vorhanden gekennzeichnet. Das ist allerdings nicht der Fall. Eine Differenzierung in *Electronic Patient Record* (EPR) und *Electronic Health Record* (EHR) wird im EHCI nicht vorgenommen. In der deutschen Sprache steht EPA, als Akronym für die Elektronische Patientenakte, sowohl für die EPA in den Unternehmen (Krankenhäuser, niedergelassene Ärztinnen und Ärzte etc.) als auch für unternehmensübergreifende Patientenakten. Daher kommt es häufig zu Missverständnissen. Im englischen Sprachgebrauch ist es eindeutiger. EPR steht für die Akte im Unternehmen, während EHR für die gemeinsame Nutzung der Patientendaten in Netzwerken/Volkswirtschaften steht. In Bezug auf die Darstellung im EHCI ist klarzustellen, dass der EHR nach wie vor in Deutschland im Routinebetrieb nicht existiert. Die Elektronische Fallakte (EFA) kann aufgrund der begrenzten Reichweite nicht als Ersatz angesehen werden. Der Begriff *Personal Health Record* beschreibt die Datenbank, die Patientinnen und Patienten eigenverantwortlich führen. In Deutschland wird dafür noch immer häufig der Begriff *Elektronische Gesundheitsakte* verwendet. Dieser ist nach Auffassung der Autoren dieses Beitrags jedoch missverständlich, da der Begriff vielfach mit der elektronische Gesundheitskarte verwechselt wird.

12.3.2 eHealth-Ranking der EU

Ausgangspunkt der folgenden Überlegungen ist eine Studie der EU zur Verbreitung von eHealth-Technologien in europäischen Krankenhäusern (European Union 2014). Dieser Ansatz ist nachvollziehbar, da in den Krankenhäusern die Keimzelle vieler eHealth-Anwendungen vermutet werden darf. Dort sind in der Regel die umfassenderen technologischen Kompetenzen mit einhergehenden ökonomischen Ressourcen gebündelt. Die folgenden Kriterien stellen eine Auswahl jener Aspekte dar, die bei der Bewertung berücksichtigt wurden:

- Externe Verbindung
- Breitband > 50 Mbps
- eRezept (ePresciption)
- eÜberweisung (eReferral)
- Telemonitoring
- EPA (intern – EPR)
- Austausch von Notfalldaten extern
- Austausch Labordaten extern
- Austausch Radiologie-Reports extern

In dieser Studie schnitten die deutschen Krankenhäuser im Jahr 2012 auf dem 19. Rang ab, wobei im Vergleich zu 2010 keine nennenswerten Fortschritte zu verzeichnen waren. Tab. 12.1 zeigt eine verkürzte Darstellung der Ergebnisse (European Union 2014).

Tab. 12.1 eHealth in den Krankenhäusern der EU (Ausschnitt) im Jahr 2012 (European Union 2014)

Rang	Land	Erreichte Bewertung (max.1,0)
1	Estland	0,678
2	Finnland	0,613
3	Schweden	0,590
4	Dänemark	0,529
19	Deutschland	0,273
Durchschnitt EU		0,295

Es fällt auf, dass die Vorreiter im Ostseeraum beheimatet sind. Daher wird sich diese Ausarbeitung an den sehr gut bewerteten Ländern orientieren, wiewohl nicht verkannt wird, dass in einzelnen Regionen, zum Beispiel in Spanien oder Italien, nennenswerte Lösungen umgesetzt sind.

Deutsche Krankenhäuser erreichen nur beim Austausch radiologischer Befunde bessere Werte als der EU-Durchschnitt. Dieses Resultat unterstreicht die Handlungsnotwendigkeit im deutschen Gesundheitswesen. Ebenso stimmt es bedenklich, dass die Untersuchung 2012 nur geringe Fortschritte im Vergleich zu der aus dem Jahr 2010 für deutsche Krankenhäuser aufweist. Dies mag ein Hinweis darauf sein, dass in Deutschland das Augenmerk überwiegend auf die krankenhausinterne IT gelegt wird. Damit wird aber der Trend zu einer Vernetzung unterschätzt. Diese Vermutung soll im folgenden Kapitel durch eine eigene Untersuchung in den Krankenhäusern Schleswig-Holsteins (Abschn. 12.4.1) überprüft werden.

12.4 eHealth in der Ostseeregion: Aktuelle Studienergebnisse

12.4.1 eHealth in Krankenhäusern in Schleswig-Holstein

Das Ziel der Untersuchung war es, die Ergebnisse der EU-Studie (European Union 2014) mit einer aktuellen Untersuchung in deutschen Krankenhäusern zu vergleichen. In Zusammenarbeit mit der Krankenhausgesellschaft Schleswig-Holstein (KGSH) wurden alle Schleswig-Holsteinischen Krankenhäuser zum Jahreswechsel 2014/2015 befragt. Mit einer Rücklaufquote von 36 % konnte eine Größenordnung erreicht werden, die aussagekräftige Ergebnisse erwarten lässt. Die wichtigsten Ergebnisse dieser Befragungen werden im Folgenden kurz benannt.[2]

Nur 40 % der an der Befragung teilnehmenden Krankenhäuser in Schleswig-Holstein haben eine Leitung zur Verfügung, die schneller als 50 Mbit/s ist. Sobald es um Video

---

[2]Die Studienergebnisse sind zum Zeitpunkt der Abfassung des Beitrags noch nicht veröffentlicht.

oder Sprache in hoher Qualität geht (z. B. bei der Betreuung von Patientinnen und Patienten mit Morbus Parkinson), sollte eine Glasfaserverbindung bestehen.

Bei den Modulen der Krankenhausinformationssysteme (KIS) existiert noch Entwicklungsbedarf. Nur bei der Kommunikation von Laborergebnissen melden mehr als die Hälfte der Krankenhäuser eine vollständige Abdeckung (67 %). Bei den Subsystemen Radiologie-Informationssystem (RIS), Labor-Informationssystem (LIS), OP-Planung und digitales Archiv überwiegen IT-basierte Lösungen.

Das Ergebnis zu den einrichtungsübergreifenden Anwendungen (eHealth im engeren Sinne) bestätigt die Erkenntnisse der zuvor angeführten EU-Studie. In ca. 90 % der befragten Krankenhäuser werden weder Termine von extern elektronisch gebucht, noch werden Daten von Patientinnen und Patienten auf diesem Wege ausgetauscht. Auch bei der Kommunikation mit den Einweiserinnen und Einweisern spielen IKT-basierte Lösungen nur eine untergeordnete Rolle. Telemonitoring sowie Telecoaching von Mitarbeiterinnen und Mitarbeitern finden sich fast nie. Etwas besser stellt sich die Situation bei den institutionsübergreifenden Telekonsilen dar. Hier nutzen immerhin 23 % der Krankenhäuser moderne Technologien (Tab. 12.2).

Insgesamt kann festgestellt werden, dass großer Handlungsbedarf bei der Verknüpfung mit anderen Partnern im Gesundheitswesen besteht, zumal insbesondere an diesen Schnittstellen Potenzial für Prozessverbesserungen (Qualität und Effizienz) besteht. Es darf allerdings nicht verkannt werden, dass korrespondierende Systeme bei den Partnern oft nicht zur Verfügung stehen oder aber nicht kompatibel sind. Es muss im Interesse der Krankenhäuser sein, diese Schnittstellenprobleme zu beseitigen, um eigene unternehmensinterne Prozesse zu optimieren.

Umso erfreulicher ist es, dass 83 % der Krankenhäuser eine IT-Strategie entwickelt haben und diese überwiegend jährlich fortschreiben. Dass eHealth als Investitionsfeld erkannt wurde, zeigt die Tatsache, dass in 53 % der Krankenhäuser eHealth-Anwendungen Teil dieser IT-Strategie sind und 36 % aller Krankenhäuser

Tab. 12.2 eHealth-Anwendungen in den Krankenhäusern Schleswig-Holsteins, 2014/2015

eAnwendung	In mehr als 50 % aller Fälle (in %)	Keine Anwendung vorhanden (in %)
eTerminierung	8,3	75
eBefund	5,6	75
Webservices für Patienten	27,8	44,4
Telemonitoring (Tele-Homecare)	2,8	77,8
Telecoaching	0	77,8
Teleradiologie	5,6	52,8
Telekonsil	23	63,9
Einweiserportal	2,8	97,2

Tab. 12.3 eHealth-Durchdringung in der Baltic Sea Region, 2015

Anwendung	< 20 %	20–50 %	50–75 %	> 75 %	Keine
eRezept				DK; E; F; N; S	D; Le
EHR	D			DK; E; F; S	Le
PHR	D		DK		N
Teleconsulting	S; D; E; F; Le	DK	N		
Teleradiologie	F; Le	D; S	E; N	DK	
Telekonferenz	S; N; D; E; F; Le			DK	
Telemonitoring COPD	S; N; D; E	DK; F			Le
Telemonitoring Diabetes	S; N; D; E; DK	F			Le
Telemonitoring Herz	S; N; D; E; Le	F		DK	
Entlassungsbrief	D; F; Le; S	S	E	DK; N	
Anmeldung	D; E; N	DK, S			F; Le
AAL at home	D, E; N	DK; S			F; Le
AAL in Heimen	D; E; N	DK; S			F; Le

Legende: D: Deutschland; DK: Dänemark; E: Estland; F: Finnland; Le: Lettland; N: Norwegen; S: Schweden

konkrete eHealth-Projekte geplant haben. Ein begrenzender Faktor bezüglich der Umsetzung der Strategie wird in den Einrichtungen durch die vergleichsweise dünne Personaldecke bestehen. 60 % der teilnehmenden Krankenhäuser gaben an, bis zu fünf Mitarbeiter in der IT (zukünftig besser IKT, da die Kommunikationstechnologie eine zunehmende Bedeutung erlangen wird) zu beschäftigen.

12.4.2 eHealth in der Baltic Sea Region (BSR)

Im Oktober 2015 wurde im eHealth for Regions Network (das führende internationale eHealth Netzwerk in der Ostseeregion, siehe auch www.ehealthforregions.net) durch die Autoren dieses Beitrags eine Befragung hinsichtlich des Umsetzungsstands von eHealth-Applikationen in der Baltic Sea Region (BSR) durchgeführt. Aussagen zur Durchdringung mit eHealth aus Litauen und Polen lagen nicht vor. Die Ergebnisse dieser Umfrage werden nachfolgend beschrieben (Tab. 12.3).[3]

---

[3]Die Studienergebnisse sind zum Zeitpunkt der Abfassung des Beitrags noch nicht veröffentlicht.

Mit Ausnahme von Polen und Deutschland haben alle genannten Länder eine eHealth-Strategie, teilweise schon in der zweiten oder dritten Revision. Die Autoren ordnen Deutschland in der genannten Weise ein, da der Aufbau der Telematikinfrastruktur allein keine eHealth-Strategie ausmacht. Wie schon aufgrund der aufgeführten Untersuchungen zu vermuten, bestätigen sich die Spitzenplätze der skandinavischen Länder und Estland.

Maßgebend für den Erfolg der Vernetzung in einem Gesundheitswesen ist erneut der EHR. Es ist offensichtlich, dass eine koordinierte und effiziente Versorgung in einem Gesundheitswesen nur dort möglich ist, wo die Leistungsanbieter einen umfassenden Überblick über die relevanten Daten der Patientinnen und Patienten (in Form eines EHR) erhalten. Bei der Versorgung von Schlaganfallpatientinnen und -patienten ist es extrem positiv, wenn zwei oder mehrere Ärztinnen bzw. Ärzte einen gemeinsamen Blick auf die Bilder und Befunde haben (Tele-Stroke als Telekonsultation). Entsteht eine ähnliche Gefährdungssituation zu einem späteren Zeitpunkt an einem anderen Ort, sind die Befunde der vorherigen Intervention aber nicht verfügbar. Sofern die Patientin bzw. der Patient nicht ansprechbar ist, ist den behandelnden Ärztinnen und Ärzten nicht einmal bekannt, dass es relevante Vorbefunde gibt. Doppeluntersuchungen sind daher die eine Folge eines fehlenden EHR.

In Dänemark, Estland und Schweden haben die Patientinnen und Patienten einen umfassenden Zugriff auf die über sie gespeicherten Daten. Alle Zugriffe werden protokolliert (Log-file) und können dort von den Patientinnen und Patienten eingesehen werden. Diese Regelung wird am längsten in Dänemark angewandt und hat dort zu keinerlei Problemen geführt, auch nicht hinsichtlich des Datenschutzes. Insbesondere in diesen Ländern wird nun an der Förderung der eHealth Literacy gearbeitet, da sie eine Voraussetzung seitens der Bürgerinnen und Bürgers ist, um diese Daten im eigenen Sinne nutzen zu können.

Die Unterschiede hinsichtlich der Anwendungen von telemedizinischen Services sind nicht so deutlich wie beim EHR. So ist es verständlich, dass Norwegen in diesem Zusammenhang als Vorreiter in Erscheinung tritt, da häufig große Entfernungen überbrückt werden müssen. Dabei sind doc2doc-Anwendungen in der Mehrzahl implementiert. So wird zum Beispiel ein kleines Krankenhaus auf Spitzbergen von der Universitätsklinik in Tromsø telemedizinisch betreut. Hierbei ist zu bedenken, dass Spitzbergen nicht nur mehrere Flugstunden entfernt ist, sondern auch, dass diese Insel aufgrund von extremen Wetterbedingungen teilweise nicht erreicht werden kann. Eine ähnliche Situation ist in Grönland gegeben (zu Dänemark gehörend). Ohne telemedizinische Verfahren (insbesondere Teleradiologie) wären Diagnosen in entlegenen Gebieten oft gar nicht zu stellen.

Beim Telemonitoring (doc2patient) fällt ein großes und sehr erfolgreiches Projekt von COPD-Patienten in Norddänemark auf *(TeleCare North)*. Aufgrund der überzeugenden Ergebnisse soll dieses Projekt nun auf ganz Dänemark übertragen werden.

Bei Anwendungen aus dem Bereich des Ambient Assisted Living (AAL) scheinen alle an der Umfrage beteiligten Länder noch am Anfang der Entwicklung zu stehen. Die technischen Services sind überall vorhanden, ihre Anwendung scheitert bisher an den hohen Kosten und der Frage, wer für diese herangezogen werden kann bzw. soll. Es ist aber davon auszugehen, dass auch in diesem Anwendungsfeld Länder wie Dänemark oder Schweden die ersten sein werden, die ihren älteren Mitbürgerinnen und -bürgern diese Services anbieten.

Mobile health (mHealth) ist in allen Ländern vertreten, allerdings gab es hinsichtlich der Nutzung von Health-Apps kaum Unterschiede. Nur für Norwegen wurde ein Nutzungsgrad von mehr als 50 % dokumentiert. In allen anderen Ländern nutzen zwischen 20 % bis 50 % der Bürgerinnen und Bürger bzw. Patientinnen und Patienten Apps; allerdings wird ein weiterer Anstieg erwartet. Einheitlich ist auch das Verhalten der Bürgerinnen und Bürger bzgl. der Bereitschaft zur Zahlung für Health Apps. Die Zahlungsbereitschaft ist überall nur gering ausgeprägt. Sollte es gelingen, die Health und eHealth Literacy zu verbessern, kann vermutet werden, dass sich diese Einstellung verändern wird.

eRezept in Estland

Beispielhaft soll an dieser Stelle das eRezept als eine eHealth-Applikation näher betrachtet werden. Parv et al. (2016) beschreiben die Einführung und die Evaluation des eRezepts in Estland. In diesem Zusammenhang muss daran erinnert werden, dass das eRezept im Rahmen des eGK-Projekts in Deutschland von Anfang an projektiert war und erste Piloten erarbeitet wurden, ohne dass es bis heute zu einer Umsetzung kam.

Zum 1. Januar 2010 wurde das eRezept in Estland eingeführt. Ziele der Einführung des eRezepts waren:
- Zeitersparnis
- Kostenreduktion
- Verbesserung der Versorgungsqualität

Im Jahre 2001 begann der estnische Krankenversicherungsfonds (Estonian Insurance Fund [EHIF]) die Zentralisierung von Informationssystemen einzurichten (u. a. für Kostenerstattungsansprüche und Rezeptdaten). Dieses Rechnungssystem war eine wesentliche Voraussetzung für den Service des eRezepts. Ab Oktober 2002 wurden alle Apotheken verpflichtet, Daten zur Kostenerstattung an den EHIF elektronisch zu übermitteln. Das hierfür verwendete System namens *TORU* beinhaltete lediglich erstattungsfähige Rezepte. Ein Jahr später nutzte der EHIF eine internetbasierende Plattform zum sicheren Datenaustausch. Zur Verfügung gestellt wurde diese Plattform von der estnischen Regierung. Sie bildete das Rückgrat für alle öffentlichen eServices und den Austausch von Daten zwischen Gesundheitsversorgern und Apotheken. Zur Authentifizierung wurde eine ID-Card (inkl. einem Code) verwendet, deren Gebrauch seit 2006 verpflichtend für alle Bürger ist.

Der Service des eRezepts wurde erst am 01. Januar 2010 freigeschaltet. Apotheken wurden verpflichtet, eRezepte über das PRC zu bearbeiten und nicht mehr über

TORU. Bis zu diesem Zeitpunkt wurden Rezepte in Papierform ausgestellt. Das eRezept ist ein Onlineservice, der gleichzeitig für Ärztinnen und Ärzte, Apotheken sowie den Patientinnen und Patienten zur Verfügung steht. Ärztinnen und Ärzte können zum Beispiel überprüfen, ob ein Rezept eingelöst wurde. Zudem bietet es einen Überblick der verschriebenen Medikamente. Patientinnen und Patienten haben ebenfalls Zugriff auf die persönlichen Daten über ein Webportal. Aus Datenschutzgründen haben Apothekerinnen und Apotheker nur einen eingeschränkten Zugriff auf die personenbezogenen Daten. Dieser Service bietet somit Transparenz und Kontrollen für alle beteiligten Instanzen.

Im Jahr 2013 waren 96,9 % aller Rezepte digitalisiert. Die Zufriedenheit der befragten Ärztinnen und Ärzte (93 %) sowie Apothekerinnen und Apotheker (94 %) war sehr hoch; die Patientenzufriedenheit betrug sogar 98 % (Parv et al. 2016).

12.5 Chancen der Internationalisierung

Es wurde aufgezeigt, dass Deutschland beim Einsatz von eHealth noch erheblichen Nachholbedarf aufweist. Durch diese Technologien lassen sich neue Versorgungsprozesse entwickeln, die Chancen sowohl für Patientinnen und Patienten als auch Leistungserbringerinnen und -erbringer beinhalten. Die Anwendung mobiler Angebote ermöglicht es unter anderem Krankenhäusern, unter Hinzuziehung von Medizinischen Versorgungszentren, neue Geschäftsmodelle zu entwickeln. Einige Krankenkassen haben ebenfalls die Möglichkeiten der Technologien erkannt und nutzen sie zur Abgrenzung. Wenn vermehrt junge Versicherte diese Services zu schätzen wissen, so werden damit zukünftig auch ältere Zielgruppen erschlossen werden können.

eHealth-Lösungen eröffnen Chancen im internationalen Kontext. Services, die sprachunabhängig sind, lassen sich international vermarkten. Weltweit wird beispielsweise erwartet, dass die Zahl der Telemedizin-Patientinnen und -Patienten von 0,35 Mio. (2013) auf 7 Mio. (2018) steigen wird (Statista 2015). Damit würde sich der Umsatz mit Telemedizin im gleichen Zeitraum verzehnfachen.

Für deutsche Technologie-Unternehmen stellt die gegenwärtige Situation einen Wettbewerbsnachteil dar. Ihre Lösungen kommen nicht oder nur in (Pilot-)Projekten zum Einsatz. Nur wenige von diesen werden aufgrund der in Deutschland noch immer herrschenden Rahmenbedingungen kurzfristig den Sprung in den ersten Gesundheitsmarkt schaffen.

Internetlösungen zur Information der Bürgerinnen und Bürgern sowie Patientinnen und Patienten sind nicht mehr wegzudenken. Sie haben eine hohe Bedeutung im Rahmen der Verbesserung der Health Literacy und des Empowerment. Ein wichtiges Anwendungsfeld für eHealth ist bereits jetzt der Präventionsbereich. Er wird sich erweitern und seine Geschäftsmodelle werden mittelfristig Eingang in den ersten Gesundheitsmarkt finden.

12.6 Schlussfolgerungen

Vergleicht man die geschilderten Einsatzszenarien von eHealth mit der Leistungsfähigkeit des jeweiligen Gesundheitswesens, so fällt auf, dass insbesondere die skandinavischen Länder in beiden Ranglisten auf den vorderen Plätzen auftauchen. Es darf also vermutet werden, dass der Einsatz der eHealth-Technologien zur Effizienz und Effektivität der Gesundheitswesen einen hohen Beitrag leistet.

Auch in Deutschland werden sich eHealth-Anwendungen durchsetzen (müssen). In einer Studie des Bundesverbands Informationswirtschaft, Telekommunikation und neue Medien e. V. (BITKOM) wurden Entscheidungsträgerinnen und -träger aus der Pharmaindustrie zu ihren Einschätzungen für das Jahr 2025 befragt. Auf Basis dieser Befragung wurden die Annahmen formuliert, dass der telemedizinische Austausch innerhalb der Ärzteschaft Realität sein wird. Auch die OP-Unterstützung durch Spezialistinnen und Spezialisten aus der Ferne (98 %) und eine telemedizinische Überwachung (97 %) wird nach Ansicht der meisten Befragten bis zum Jahr 2025 ein Standard sein. So vermuten auch 70 %, dass die Online-Sprechstunde zwischen Ärztinnen/Ärzten und Patientinnen/Patienten zum medizinischen Alltag gehören werden (BITKOM 2015).

Unabhängig davon, wie man zu diesen Annahmen und Einschätzungen stehen mag, muss bemängelt werden, dass diese Erwartungen für das Jahr 2025 in anderen Ländern bereits heute Realität sind. Folgt man den Schätzungen, akzeptiert man einen Rückstand von 10 Jahren im Vergleich zu zum Beispiel skandinavischen Ländern. Das E-Health-Gesetz ist ein Anfang, muss jedoch eingebunden werden in eine umfassende eHealth-Strategie. Diese Strategie muss den Leistungserbringerinnen und -erbringern deutlich machen, dass es der Gesetzgeber tatsächlich ernst meint.

Folgt man dem Primat *Structure follows Strategy,* müssen viele der in Deutschland hemmenden Rahmenbedingungen für die Nutzung umfangreicher eServices auf den Prüfstand gestellt und den Erfordernissen angepasst werden. Der Staat und auch die Kostenträger sollten ein großes Eigeninteresse daran haben, diesen Bereich schwungvoll weiterzuentwickeln. Aufgrund des Rückstands in Deutschland, der in dieser Abhandlung deutlich belegt wurde, sollten Lösungen aus den Ländern des Ostseeraums bezüglich einer Übertragbarkeit ernsthaft geprüft werden. Nur durch eine Öffnung für diese Innovationen wird sich das deutsche Gesundheitswesen den erkennbaren Herausforderungen gegenüber als stabil erweisen können.

Literatur

BITKOM (2015) Telemedizin wird in 10 Jahren selbstverständlich sein. https://www.bitkom.org/Presse/Presseinformation/Telemedizin-wird-in-zehn-Jahren-selbstverstaendlich-sein.html. Zugegriffen: 18. Febr. 2016

Europäische Kommission (2015) Eine Digitale Agenda für Europa. Europäische Kommission, Brüssel

European Commission (2004) e-Health – making healthcare better for European citizens: an action plan for a European e-Health area. European Commission, Brussels

European Commission (2007) White paper: together for health: a strategic approach for the EU 2008–2013. European Commission, Brussels

European Commission (2012) eHealth action plan 2012–2020 – innovative healthcare for the 21st century. European Commission, Brussels

European Commission (2013) Towards social investment for growth and cohesion – including implementing the European social fund 2014–2020. European Commission, Brussels

European Commission (2014) Green paper on mobile health („mHealth"). European Commission, Brussels

European Commission (2015) Horizon 2020: new Work Programme supports Europe's growth, jobs and competitiveness. http://europa.eu/rapid/press-release_MEMO-15-5832_en.htm. Zugegriffen: 18. Febr. 2016

European Union (2014) European hospital survey: benchmarking deployment of eHealth services (2012–2013). European Union, Luxembourg

Health Consumer Powerhouse (2015) European Health Consumer Index 2014. http://www.healthpowerhouse.com/files/EHCI_2014/EHCI_2014_report.pdf. Zugegriffen: 18. Febr. 2016

Parv L, Kruus P, Mõtte K, Ross P (2016) An evaluation of e-prescribing at a national level. Inform Health Soc Care 41(1):78–95

Statista (2015) Digital health – Statista Dossier. Statista GmbH, Hamburg

Teil III
Anwendungen und Anforderungen der Telemedizin

Akzeptanz der Telemedizin

Christoph Dockweiler

13

Zusammenfassung

Informations- und Kommunikationstechnologien gewinnen im Gesundheitswesen zunehmend an Bedeutung. Insbesondere telemedizinische Leistungen zeigen im Rahmen randomisierter klinischer Studien erste Evidenz mit Blick auf die Steigerung der Versorgungsqualität, die Verringerung stationärer Aufenthalte und die Reduzierung von Behandlungskosten. Für die Erschließung der angedeuteten Potenziale und die langfristige Implementation in die Versorgungspraxis ist eine nutzerinnen- und nutzerorientierte Technikentwicklung unter Berücksichtigung häufig komplexer Strukturen der Technikakzeptanz erforderlich. Der Beitrag beleuchtet die Nutzerinnen- und Nutzerakzeptanz als Gegenstand der sozialwissenschaftlich-orientierten Technikforschung und expliziert vor diesem Hintergrund die Haltungen und Einstellungen gegenüber der Telemedizin aus den Perspektiven des medizinischen und pflegerischen Personals als auch der Patientinnen und Patienten. Auf dieser Grundlage werden Implikationen für Forschung und Praxis erarbeitet.

13.1 Einleitung

Die aktuellen und künftigen Herausforderungen, denen Gesundheitssysteme in entwickelten Ländern gegenüberstehen, sind hinlänglich bekannt: der demografische Wandel, gekennzeichnet durch eine Alterung der Gesellschaft, und der epidemiologische Wandel mit einem Anstieg chronischer Erkrankungen sowie eine durch beide Faktoren

---

C. Dockweiler (✉)
Fakultät für Gesundheitswissenschaften, AG Umwelt und Gesundheit, Universität Bielefeld,
Postfach 100 131, 33501 Bielefeld, Deutschland
E-Mail: christoph.dockweiler@uni-bielefeld.de

© Springer-Verlag Berlin Heidelberg 2016
F. Fischer und A. Krämer (Hrsg.), *eHealth in Deutschland*,
DOI 10.1007/978-3-662-49504-9_13

bedingte häufig eingeschränkte Mobilität im höheren Lebensalter führen zu einem erhöhten Bedarf an gesundheitlicher und pflegerischer Versorgung (Rechel et al. 2013). Eine besondere Herausforderung ist vor diesem Hintergrund die Versorgung im ländlichen Raum – hierzu zählen (trotz zunehmender Urbanisierung der Zentren) fast 90 % der Flächen Deutschlands (Brokmann et al. 2014). Zudem sinkt der Anteil der erwerbstätigen Personen. Dies hat wiederum ökonomische Implikationen für die Finanzierung gesundheitlicher Versorgung und die Einnahmen der Sozialversicherungskassen (Kleinert und Horton 2013).

eHealth und insbesondere der Bereich der Telemedizin erleben in den vergangenen Jahren eine bemerkenswerte Dynamik. eHealth umfasst alle Leistungen der Informations- und Kommunikationstechnologie (IKT) im Gesundheitswesen, wodurch gesundheitsbezogene Informationen unabhängig von Zeit und Ort digital übertragen und gespeichert werden können (Dockweiler und Razum 2016). Telemedizin, als Anwendungsbereich von eHeath, rekurriert im Besonderen auf die Erbringung von Gesundheitsleistungen zur Diagnose, Therapie und Prävention im Gesundheitswesen unter Überwindung von räumlicher Entfernung (WHO 1997). Die Interaktion in der telemedizinischen Versorgung kann dabei zwischen Leistungserbringerinnen und -erbringern (z. B. Medizin, Pflege, Physiotherapie, Logopädie, Rettungsdienst) stattfinden und/oder direkt zwischen Leistungserbringerinnen bzw. -erbringern und Patientinnen sowie Patienten. In Europa hat zu dieser dynamischen Entwicklung insbesondere die strategische Förderung der Europäischen Union (EU) im Rahmen des „eHealth Action Plan 2012-2020" in nationalen und regionalen Kontexten beigetragen. Der Einsatz von IKT erfuhr und erfährt so gesellschaftliche, aber vor allem gesundheitspolitische Beachtung. Bis 2020 sollen telemedizinische Dienstleistungen flächendeckend verfügbar sein (European Commission 2014). Gleiches zeichnet sich auch für die bundesdeutsche Entwicklung ab. Hier schafft die Bundesregierung beginnend mit dem Gesundheitsmodernisierungsgesetz im Jahr 2003 und dem Gesetz für sichere digitale Kommunikation und Anwendungen im Gesundheitswesen (das sogenannte „E-Health-Gesetz") sukzessive die Rahmenbedingungen für eine technische Infrastruktur zur Anwendung neuer Technologien in der medizinischen und/oder pflegerischen Versorgung.

Eine sich hieraus ergebende Herausforderung ist die praktische Diffusion der neuen Versorgungsmaßnahmen und -strukturen sowie die hier inhärente Frage der Akzeptanz. Diese sind, unter der Annahme einer evidenten Steigerung der Qualität und Kosten-Effektivität von Versorgung, durchaus grundsätzlicher Natur. Denn werden Prozesse der Entwicklung und Implementierung nicht unter den Gesichtspunkten der Nutzerinnen- und Nutzerakzeptanz begleitet und findet darauf aufbauend keine Ableitung von Akzeptanz fördernden Maßnahmen statt, verbleibt das Potenzial der Technologien ungenutzt. Mehr noch liegt das Potenzial einer akzeptanzorientierten Betrachtung neuer Technologien wie der Telemedizin darin, deutlich stärker den Blick auf die Nutzerinnen und Nutzer zu richten und mit Blick auf die hier vorliegenden subjektiven Bedarfe und Bedürfnisse die Technik in Medizin, Pflege und Prävention fortzuentwickeln. Dieser Logik folgend kann angenommen werden, dass für den Prozess der gesellschaftlichen

Diffusion der Telemedizin (bzw. der Diffusion im Interventionsfeld der medizinischen Versorgung) nicht nur die Veränderung von Rahmenbedingungen der Nutzung (z. B. durch gesundheitspolitische Maßnahmen) entscheidend ist, sondern vielmehr eine individuumsbezogene Betrachtung erforderlich ist. Diese sollte nicht nur die leistungsbezogenen Einstellungen und Erwartungshaltungen aus Sicht der Nutzerinnen und Nutzer untersuchen, sondern auch die individuellen Wahrnehmungen eben dieser Rahmenbedingungen und den Einfluss aus dem sozialen Umfeld sowie soziodemografische und psychografische Determinanten der Einstellungsbildung im Sinne sozialwissenschaftlicher Ansätze der Akzeptanzforschung in die Betrachtung mit aufnehmen.

Der vorliegende Beitrag soll vor diesem Hintergrund in die zugrunde liegenden Theorie der Technikakzeptanz einführen, theoretische Determinanten der Akzeptanz von technischen Innovationen explizieren und hierauf aufbauend eine nutzerinnen- und nutzerbezogene Betrachtung der Akzeptanz der Telemedizin unter Hinzunahme potenzieller Strategien zur Akzeptanzförderung ermöglichen.

13.2 Akzeptanz als Gegenstand der Technikforschung

Der Akzeptanzbegriff ist gesellschaftlich allgegenwärtig. Häufig wird der Begriff als Ausdruck einer Haltung eines Individuums oder einer sozialen Gruppe gegenüber einem bestimmten Sachverhalt verstanden und dabei als ein Synonym für eine befürwortende Einstellung verwendet. Sei es in der Betrachtung von politischen Prozessen, von Produktinnovationen in einem bestimmten Wirtschaftsbereich oder von Maßnahmen im Bereich regenerativer Energien. In der Wissenschaft ist der Akzeptanzbegriff gerade auch in Bezug auf die Übernahme und Nutzung von Informationstechnologien und -systemen ein weit verbreitetes und häufig verwendetes Konstrukt, dem jedoch ebenso zahlreiche sowie teils differierende Bedeutungsdefinitionen zukommen. Das verbindende Element dieser Ansätze und Definitionen ist das Verständnis der Akzeptanz als Prozess.

So lassen sich mit Blick auf eine technische Innovation die Phasen vor der Nutzung *(Einstellungsakzeptanz)*, von dem Prozess der Übernahmeentscheidung *(Handlungsakzeptanz)* und der tatsächlichen (mittel- und/oder langfristigen) Nutzung *(Nutzungsakzeptanz)* differenzieren (Kollmann 1998). Ist die Phase der Einstellungsakzeptanz noch geprägt durch ein erstes Bewusstsein und Interesse sowie die subjektive Herausbildung von Erwartungen und Haltungen gegenüber einer neuen Technik, spielen mit fortschreitender Entwicklung des Akzeptanzprozesses zunehmend konkrete Erfahrungswerte (z. B. die Usability eine Produktes, tatsächliche Leistungen) und Rahmenbedingungen der Nutzung (z. B. Einsatzbestimmung, Kosten) eine Rolle innerhalb des sowohl kognitiv als auch affektiv geprägten Akzeptanzprozesses. Dies bedeutet auch, dass im Zuge einer Nutzungserfahrung die Erwartungen und Bewertungen an die Innovation erneuert werden (Leppert et al. 2015).

Grundlegend ist innerhalb der Akzeptanzbildung zwischen der Adoption und der Adaption einer Technologie zu unterscheiden. Beide Begriffe fokussieren auf den

Prozess der Technikaneignung bis zur Übernahmeentscheidung. Die Adoption beschreibt dabei den Einstellungs- und Aneignungsprozess, der ohne wesentliche Konflikte mit den eigenen Wertvorstellungen einhergeht. Entgegengesetzt steht dazu die Adaption: Wenn Merkmale einer Technologie nicht in das vorhandene Wertesystem passen, ist die Akzeptanz eingeschränkt und eine entsprechende Anpassung an die Technik (Adaption) notwendig (Kollmann 1998).

Akzeptanz beschreibt demnach eine höchst subjektive, positive Einstellungsbildung eines Individuums gegenüber einer (technischen) Innovation sowie deren (potenziellen) Nutzung und spiegelt die dynamischen, psycho–sozialen Prozesse in Bezug auf die Innovationsübernahme und -nutzung wider, welche sowohl kognitive Überzeugungen als auch affektive Ausdrücke umfassen und in einer handlungsorientierten Motivation enden (Niklas 2015).

13.3 Determinanten der theoretischen Technikakzeptanz

Ansätze zur Erklärung und Prognostizierung von Akzeptanz liegen bisher primär für eine individual bezogenen Perspektive vor. In diesem Rahmen kann die Nutzung einer technischen Innovation als Zielvariable eines kausalen Zusammenhangs gesehen werden, mit dem Zweck die Einflussbeziehungen dieser Zielvariablen im Verhältnis zu unterschiedlichen Moderatoren zu verstehen (Venkatesh et al. 2003). Aktuelle Konzepte, wie die *Unified Theory of Acceptance and Use of Technology* (UTAUT), definieren im Kern vier übergeordnete Einflussvariablen. Zu diesen gehören 1) die erwartete Leistung bzw. der Nutzwert (z. B. individuelle Gesundheitsgewinne), 2) der erwartete Aufwand der Nutzung (z. B. Bedienbarkeit), 3) der soziale Einfluss auf die Einstellungsbildung (z. B. Stellenwert von Haltungen und Meinungen im sozialen Umfeld) und 4) die unterstützenden Rahmenbedingungen der Nutzung (z. B. technischer Support des Herstellers, rechtliche oder finanzielle Bedingungen). Ferner werden verschiedene Moderatorvariablen definiert (Erfahrung, Freiwilligkeit, Alter und Geschlecht), welche in einem kausalen Zusammenhang zur Verhaltensintention sowie dem Nutzungsverhalten stehen (Abb. 13.1).

Die Determinanten sind im Sinne relevanter Nutzungsmotive zu interpretieren und wurden unter anderem im Kontext der Erklärung von Nutzenentscheidungen im Bereich der privaten Anwendung digitaler Technologien auf weitere Determinanten der Einstellungsbildung ausgedehnt (UTAUT 2) (Venkatesh et al. 2012). Dabei wurde der Aspekt der *Habitualisierung* im Sinne von bereits vorherrschenden Handlungs- bzw. Nutzungsgewohnheiten in das Modell integriert. Als Einflussgrößen, welche insbesondere vor dem Hintergrund des privaten Nutzungskontexts von Relevanz sind, wurden des Weiteren Aspekte *hedonistischer Nutzungsmotivationen* sowie das wahrgenommene *Preis-Leistungs-Verhältnis* in das Modell aufgenommen (Venkatesh et al. 2012).

Eine derartige Betrachtung erscheint für die medizinische Anwendung von IKT in der Telemedizin weniger relevant, könnte jedoch dann eine Rolle spielen, wenn die

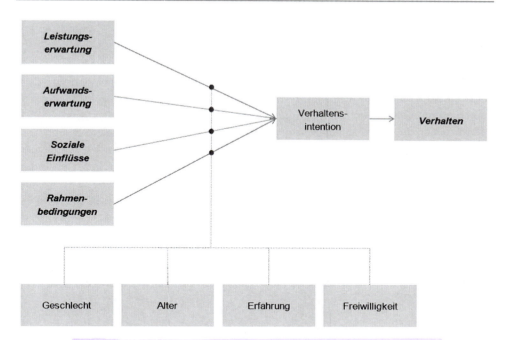

Abb. 13.1 Unified theory of acceptance and use of technology (Venkatesh et al. 2003)

Technologieaneignung und Nutzung auf der Ebene von Applikationen im Consumer-Health-Market analysiert und beschrieben wird. Dabei ist es nicht nur entscheidend, welche Technikeinstellungen sich über sozialisierte Erfahrungen mit Technik individuell verfestigt haben, sondern auch wie erfahrbar die zu akzeptierende Technologie im unmittelbaren Nutzungsumfeld ist. So haben Erfahrungswerte, wie sie sowohl bei einer erstmaligen als auch bei einer nachhaltigen Nutzung auftreten, einen Einfluss auf die Determinanten der individuellen Verhaltensintention (Premkumar und Bhattacherjee 2008). Hierbei basieren die Erwartungen vor einer erstmaligen Nutzung auf grundlegenden individuellen Erfahrungen mit technologischen Systemen oder mobilen Applikationen im Allgemeinen. Gewinnt ein Individuum sodann direkte Nutzungserfahrungen mit einem konkreten System, so werden die Erwartungen an diese tatsächlich gemachten Erfahrungen angepasst (Vankatesh und Bala 2008).

Theorien wie UTAUT oder verwandte Ansätze (z. B. Technology Acceptance Model [TAM] in seinen unterschiedlichen Entwicklungsstufen) (Venkatesh und Bala 2008) betrachten zwar auch externe bzw. soziale Faktoren der Einstellungsbildung. Trotzdem stehen die Wahrnehmung und die Handlung des Individuums im Kern des Interesses. Zu unterscheiden sind die skizzierten Theorien von Ansätzen der Diffusion (technischer) Innovationen innerhalb relevanter Aufnahmesystemen (z. B. spezifische Berufsgruppen als Zielgruppe von Innovation, aber auch Gesamtgesellschaften). Die Diffusionsforschung untersucht die räumliche und zeitliche Ausbreitung von

Innovationen in Bevölkerungsgruppen (Rogers 2003). Eine essenzielle Funktion innerhalb des gesellschaftsbezogenen Diffusionsprozesses stellt die Kommunikation dar (nicht nur zwischen Menschen, sondern insbesondere auf Ebene der Massenmedien). Der Diffusionseffekt wird durch den (in der Regel kumulativ zunehmenden) Druck auf die Mitglieder der Aufnahmesysteme zur Adoption/Adaption oder Zurückweisung einer (technischen) Innovation deutlich (Rogers 2003). Der Diffusionsprozess ist dabei genauso wie in der Akzeptanzforschung gekoppelt an die Merkmale von Innovationen. Hierzu zählen Rogers und Shoemaker (1971) die *relativen Vorteile* der Innovation im Vergleich zum bisherigen Produkt, die *Kompatibilität* bzw. Konsistenz der Innovation mit existierenden Werten und bisherigen Erfahrungen, die *Komplexität* als Grad der Schwierigkeit der Nutzung, die Möglichkeit des *Testens* auf begrenzter Basis und die *Offensichtlichkeit* (oder Kommunizierbarkeit) als Grad der Sichtbarkeit der Innovation für andere.

13.4 Akzeptanz der Telemedizin aus Sicht der Nutzerinnen und Nutzer

Das komplexe Zusammenspiel der verschiedenen Determinanten ist im Kontext von versorgungsbezogenen eHealth-Leistungen in vornehmlich internationalen, theoriegeleiteten Forschungsarbeiten untersucht worden. Beim Einsatz von Medizintechnik zeigen sich die stärksten Einflusswerte im Bereich der Leistungserwartung (Orruño et al. 2011; Holden und Karsh 2010; Djamasbi et al. 2009). Als moderierende Faktoren deuten sich Determinanten wie das biologische („sex") und das soziale Geschlecht („gender") (Zhang et al. 2014; Ziefle und Schaar 2011; Wilkowska et al. 2010) Alter (Deng et al. 2014; Maarop et al. 2014; Kerai et al. 2014) und der kulturelle Hintergrund (Alajlani und Clarke 2013) an. Auch individuelle Erfahrungen und technikbezogene Kompetenzprofile (Salomo 2008) zeigen sich in der empirischen Betrachtung als potenziell (je nach Ausprägung positiv oder negativ) adoptionsbeeinflussend.

Vergleichsweise wenig Ergebnisse liegen in der Übersicht der Studien für Deutschland vor. Dabei ist anzunehmen, dass aufgrund der international sehr unterschiedlichen Entwicklungsstände und Rahmenbedingungen der Telemedizin (z. B. hinsichtlich der Vergütung, der berufsrechtlichen Bedingungen, der technischen Infrastruktur, des individuellen Wissens- und Erfahrungsstandes der Akteure im Gesundheitswesen aber auch mit Blick auf den Einsatz von Informations- und Kommunikationstechnologien im Alltag der Menschen) die Wahrnehmungen, Bewertungen und Haltungen gegenüber der Technik als Grundlage von Akzeptanzprozessen bei Nutzerinnen und Nutzer unterschiedlich ausgeprägt sind. Deshalb sind internationale Erfahrungen der Akzeptanzforschung in Bezug auf die allgemeine Theorie- und Methodenentwicklung elementar. Sie können wichtige Hinweise für die Technikfortentwicklung innerhalb nationaler Kontexte liefern, müssen jedoch immer unter der Prämisse der Übertragbarkeit in die unterschiedlichen, länderspezifischen Anwendungsbereiche betrachtet werden. Dazu müssen die vorliegenden Kontextfaktoren wie der technische Entwicklungsstand, die rechtlichen Rahmenbedingungen oder die Anforderungen der Nutzerinnen und Nutzer berücksichtigt werden. Damit erscheint es zwingend notwendig für die Entwicklung und Implementation telemedizinischer Systeme, den Blick auf nationale Primärdaten zu richten, wie dies im Folgenden aus den unterschiedlichen Nutzerinnen- und Nutzerperspektiven getan wird.

13.4.1 Sicht der Ärztinnen und Ärzte

Der Einsatz von IKT ist im Alltag der Ärztinnen und Ärzte in Deutschland grundsätzlich keine Innovation (Bundesärztekammer 2010): Durchschnittlich verfügen die niedergelassenen Ärztinnen und Ärzte in ihrer Praxis über 6,5 Computerarbeitsplätze. Auch in den Krankenhäusern gehört die Nutzung zum beruflichen Alltag. Für fast jeden Zweiten steht ein eigener Arbeitsplatz mit Computer zur Verfügung. Die verschiedenen Einsatzmöglichkeiten und Anwendungen der vorhandenen Ausstattung mit IKT werden von jüngeren niedergelassenen Ärztinnen und Ärzten intensiver und breiter genutzt als von älteren Ärztinnen und Ärzten. Dies gilt beispielsweise für die Dokumentation von Therapiemaßnahmen. Dabei ist die große Mehrheit der Ärztinnen und Ärzte überzeugt, dass die elektronische Vernetzung der Akteure im Gesundheitswesen in Zukunft eine große Rolle einnehmen wird. So rechnen 87 % damit, dass der Einsatz der Telemedizin im Gesundheitswesen in den nächsten Jahren an Bedeutung gewinnen wird. Dabei äußern sich die niedergelassenen Ärztinnen und Ärzte insgesamt zurückhaltender als ihre stationär tätigen Kolleginnen und Kollegen (Bundesärztekammer 2010). Dies ist durch die unterschiedliche Altersstruktur, den höheren Technisierungsgrad in der stationären Versorgung und die finanzielle Eigenverantwortung von Ärztinnen und Ärzten im ambulanten Praxisalltag zu erklären.

Die verschiedenen Einsatzmöglichkeiten der Telemedizin werden überwiegend positiv beurteilt. Die Herausbildung einer positiven Einstellung ist dabei eng verknüpft mit der wahrgenommenen Wertigkeit der Technik für die Versorgung der Patientinnen und Patienten im Sinne einer Nutzwertorientierung. Dies zeigt sich am deutlichsten im Bereich der Steigerung der Versorgungsqualität durch eine schnelle, ortsunabhängige Kommunikation und der Ermöglichung einer sektorenübergreifenden Versorgung (Dockweiler und Hornberg 2015). Telemedizin kann aus Sicht der Ärztinnen und Ärzte dazu beitragen, schneller innerhalb der Versorgung auf gesundheitsrelevante Veränderungen zu reagieren (z. B. durch den Einsatz von Telemonitoring), eine bessere Betreuung zu gewährleisten und die Compliance der Patientinnen und Patienten zu erhöhen (Schultz 2005). Eine ähnliche, mit Blick auf den Behandlungserfolg zweckrationale Haltung gegenüber dem Einsatz der Telemedizin, zeigt sich bei angehenden Medizinerinnen und Medizinern (Dockweiler und Hornberg 2014).

Hinsichtlich der Bewertung spezifischer Anwendungsfelder der Telemedizin zeigen sich die Teleradiologie, die Telekonsultation und das Telemonitoring als Bereiche mit hohen Zukunftspotenzialen: 80 % der Ärztinnen und Ärzte versprechen sich von der Teleradiologie einen hohen Nutzen, 43 % sogar einen sehr großen Nutzen. Rund zwei Drittel sind von den Vorteilen einer Telekonsultation überzeugt, mehr als jede/r Zweite von den Vorteilen des Telemonitorings zur außerstationären Kontrolle von besonders gefährdeten Patientinnen und Patienten (Bundesärztekammer 2010). Nur Minderheiten äußern ausdrücklich Zweifel, ob die jeweiligen Verfahren zu einer Verbesserung bei der Behandlung und Versorgung von Patientinnen und Patienten beitragen können – obwohl etwa jede/r Zweite die mangelnde Evidenz der Telemedizin hinsichtlich gesundheitlicher und ökonomischer Endpunkte problematisiert (Dockweiler und Hornberg 2015). Herausforderungen werden vielmehr hinsichtlich des Datenschutzes, einer fehlenden Interoperabilität der technischen Lösungen, den als hoch bewerteten finanziellen Kosten für Ärztinnen und Ärzten (als Rahmenbedingungen der Akzeptanz) und einem hohen Schulungsbedarf (als Aufwandserwartung der Akzeptanz) gesehen (Leppert et al. 2015). Auch eine negative Beeinflussung der Beziehung zwischen Ärztin/Arzt und Patientin/Patient wird vermutet (Bundesärztekammer 2010). Eine ablehnende Haltung des Technikeinsatzes durch die Patientinnen und Patienten wird hingegen nicht erwartet (Schultz und Kock 2005).

Dabei kann die Herausbildung von Haltungen und Einstellungen im Akzeptanzprozess vor dem Hintergrund des aktuellen Entwicklungs- und Diffusionsstands der Telemedizin in der Versorgungspraxis als ein Prozess interpretiert werden, der im höchsten Maße unsicherheitsbehaftet ist. Dies zeigt insbesondere die wahrgenommene Informiertheit der Ärztinnen und Ärzte in Deutschland zu den relativen Vorteilen und den potenziellen Problemen des Technikeinsatzes (im Vergleich zu Versorgungsansätzen ohne Einbezug telemedizinischer Leistungen). Lediglich jede/r Zweite fühlt sich ausreichend informiert über den Einsatz der Telemedizin. In der differenzierten Betrachtung zeigen sich jedoch Unterschiede. Beispielsweise wird der Grad der Informiertheit hinsichtlich der Vorteile der Technik deutlich besser eingeschätzt als mit Blick auf die möglichen Probleme. So berichten über 60 % der Ärztinnen und Ärzte in Deutschland, dass sie sich kaum oder überhaupt nicht über potenzielle Probleme der Telemedizin in der praktischen Anwendung aufgeklärt fühlen (Dockweiler und Hornberg 2015). Hinsichtlich der Herausbildung einer positiven Nutzenentscheidung innerhalb eines maßgeblich rational geprägten Wahrnehmungsprozesses, kommt der Informiertheit und der praktischen Erfahrbarkeit der Telemedizin (z. B. mit Blick auf die evidenten gesundheitlichen und ökonomischen Effekte, der Anwendung, Integration und Interoperabilität der Technik im Praxisalltag) eine besondere Bedeutung für die Akzeptanz zu (Dockweiler und Hornberg 2015; Schultz und Kock 2005).

13.4.2 Sicht der Patientinnen und Patienten

Im Vergleich zu anderen Nutzerinnen- und Nutzergruppen liegen umfassende Daten aus Sicht der Patientinnen und Patienten bisher nur vereinzelt vor. Der Einsatz telemedizinischer Systeme, an denen Patientinnen und Patienten innerhalb der Versorgung direkt beteiligt sind (z. B. Telemonitoring) wird mit unterschiedlichen Leistungserwartungen an die innovativen Versorgungsformen assoziiert. Hierzu gehört etwa die zunehmende Sensibilität für die eigene Gesundheit, das Gefühl besser über die Erkrankung informiert zu sein und die Sicherheit der Versorgung (Karg et al. 2012).

Die wahrgenommene Qualitätssteigerung steht aus Sicht der Patientinnen und Patienten in der Anwendung von technikgestützten Monitoringleistungen in Verbindung mit der schnellen Hilfe bei spezifischen gesundheitsbezogenen Problemen, der Bewältigung von Ängsten, der durch den Technikeinsatz subjektiv bewerteten erhöhten Lebensqualität und der Steigerung der Eigenverantwortung (Zugck et al. 2005). Ergebnisse aus dem Bereich der technikgestützten Intervention im Rahmen psychotherapeutischer Versorgungsansätze verdeutlichen ein ebenso nutzwertorientiertes Bild: Sinkende Hemmschwellen im Kontakt mit dem Versorgungssystem, größere Flexibilität mit Blick auf Zeit und Ort sowie einfache Integration in die Tagesabläufe durch die Möglichkeit der Versorgung in der häuslichen Umgebung (Gieselmann et al. 2015).

Das Zusammenspiel rational-kognitiver (z. B. Überbrückung von räumlichen Barrieren zur Versorgung) und affektiver Einflussfaktoren (z. B. Gefühl von Sicherheit) scheint auch aus Sicht der Patientinnen und Patienten die bedeutendste Rolle innerhalb der Einstellungsbildung und der Herausbildung der Nutzungsakzeptanz zu spielen (Dockweiler et al. 2015; Salomo 2008). So zeigen sich innerhalb quantitativer Modellierungen der Einstellungsbildung insbesondere die Faktoren der wahrgenommenen relativen Vorteile der Technik, der Komplexität und Kompatibilität sowie der wahrgenommenen Risiken (als Komponenten der Leistungs- und Aufwandserwartung) als signifikante Einflussfaktoren (Salomo 2008). Innerhalb qualitativer Verfahren erschließt sich das Geflecht an unterschiedlichen Haltungen und Einstellungen innerhalb der Einstellungsbildung (basierend auf den theoretischen Haupteinflusskomponenten „Leistungserwartung", „Aufwandserwartung", „soziale Einflüsse" und „handlungserleichternde Rahmenbedingungen") noch tief gehender. Deutlich wird hier, unabhängig von soziodemografischen Aspekten, dass eine klare Nutzwertorientierung (z. B. hinsichtlich des Transfers medizinischer Expertise, der Ermöglichung von Versorgung in der häuslichen Umgebung oder Steigerung des Sicherheitsgefühls) prioritäre Wirkung auf die Handlungsintention hat. Dies gilt auch dann, wenn latente Ängste (z. B. hinsichtlich des Datenschutzes oder eines zu unpersönlichen Kontaktes zu den Ärztinnen und Ärzten) vorliegen (Dockweiler et al. 2015). Innerhalb dieses Abwägungsprozesses nehmen die empfundene Prozess- und Anwendungstransparenz und das individuelle Wissen eine besondere Bedeutung ein.

Ebenso kommt der Erprobbarkeit (als Handlungswissen) und dem Vorhandensein von Hilfesystemen (z. B. im sozialen Umfeld der Patientinnen und Patienten) bei der Anwendung eine entscheidende Rolle in der Nutzenentscheidung zu. Die Einstellungsbildung ist dabei nicht nur auf Implikationen für die eigene Person beschränkt (Individualperspektive). Patientinnen und Patienten zeigen viel mehr auch eine empathische Sensibilität für das direkte soziale Umfeld, aber auch für die Ärztinnen und Ärzte, die in das telemedizinische Versorgungskonzept integriert sind sowie für das Solidarsystem im Allgemeinen (Kollektivperspektive). Soziale Bezugspersonen, im Sinne von Ratgeberinnen bzw.

Ratgebern in der Entscheidungsfindung, sind Familienangehörige und behandelnde Ärztinnen und Ärzte. Die Einführung von tragfähigen und sozial gerechten Finanzierungslösungen erscheint aus Sicht der Patientinnen und Patienten obligat. Die Leistung von Zuzahlungen innerhalb der medizinischen (Dockweiler et al. 2015) und der pflegerischen Versorgung (Kramer et al. 2013) wird dabei akzeptiert. Voraussetzung ist die Darlegung der Evidenz der Technik – sowohl auf der individuellen Ebene, als auch für das Gesundheitswesen (z. B. hinsichtlich der Kosteneinsparungen).

Im Sinne einer negativ ausgeprägten Leistungserwartung zeigt sich Unsicherheit unter Patientinnen und Patienten in Bezug auf Fragen des Datenschutzes. Die betrifft sowohl Nicht-Nutzerinnen und Nicht-Nutzer (Dockweiler et al. 2015) als auch Patientinnen und Patienten, die bereits Telemedizin aktiv anwenden (Karg et al. 2012). Ebenso wird die Wahl des technischen Mediums als kritisch hinsichtlich des möglicherweise Ausbleibens von nonverbalen Signalen der Kommunikation zwischen Ärztin/Arzt und Patientin/Patient interpretiert. Gleiches zeigt sich (momentan noch) für die aus Sicht der Patientinnen und Patienten mangelnde Transparenz der Professionalität der Anbieter technischer Versorgungsleistungen wie der Telemedizin (Gieselmann et al. 2015).

13.4.3 Sicht der Pflegerinnen und Pfleger

Im Bereich der Telecare-Leistungen zeigen sich die Digitalisierung der Dokumentation und Pflegeplanung sowie telemetrische Anwendungen als die dominierenden Anwendungsfelder (Hilscher 2014). Übergeordnet liegt im Bereich der Pflege eine vergleichbare Einstellungsbildung vor, wie sie auch bei Ärztinnen und Ärzten deutlich wird (Cohen-Mansfield und Biddison 2007). Dabei ist die Herausbildung von Handlungsmotivationen determiniert durch den wahrgenommenen Nutzwert der Technologien für die Pflegearbeit, zum Beispiel beim Bewegen von bettlägerigen Patientinnen und Patienten oder aber bei der Pflegedokumentation (Claßen et al. 2010). Ablehnende Haltungen zeigten sich hingegen sehr deutlich gegenüber einer Videokontrolle der Bewohnerinnen und Bewohner von Pflegeeinrichtungen wie auch gegen den Einsatz von Pflegerobotern und Robotertieren. Ortungssysteme (z. B. für Demenzkranke) wurden hingegen indifferent wahrgenommen. Risiken der Telemedizin sehen Pflegerinnen und Pfleger insbesondere in einem Qualitätsverlust der sozialen Interaktion, in der Vereinsamung der Pflegebedürftigen und in einer zunehmenden technisch induzierten Kontrolle der Pflegebedürftigen. Der Einsatz von (insbesondere automatisierten) Monitoring-Technologien wird nur bedingt als im Interesse der Pflegenden liegend interpretiert und eher als ein Vehikel zur Kosten- und Personalreduzierung wahrgenommen (Claßen et al. 2010). Die definierten Haltungen erscheinen als Ausdruck einer ethischen Grundhaltung innerhalb der Pflege. Ablehnende Einstellungsmuster sind demnach besonders ausgeprägt, wenn die Pflegeinteraktion als Kern der Pflege negativ berührt wahrgenommen wird (Sävenstedt et al. 2006).

Die (vor allem angloamerikanische) Debatte zur Wahrnehmung und Nutzung von Telecare-Leistungen ist ebenso geprägt durch die Frage der Technikkompetenz von Pflegerinnen und Pflegern. Technikkompetenz zeigt sich dabei als eine wesentliche Determinante der Akzeptanz von Technik in der Pflege. Diese geht einher mit der Ausschöpfung der Technikpotenziale in der Versorgung mit Blick auf die Verbesserung administrativer Prozesse und der Qualität der Betreuung von Bewohnerinnen und Bewohnern in Pflegeeinrichtungen (Alexander und Wakefield 2009). Die hier betrachtete Diskussionsbreite und -tiefe verdeutlicht jedoch ein umfassenderes Verständnis von Technikkompetenz, welches deutlich über die alleinige Kompetenz zur Nutzung und Aneignung hinausgeht. Der Begriff der „technological competency" (Barnard und Locsin 2007) rekurriert dabei vielmehr darauf, als entsprechend geschulte Pflegekraft zwischen den technischen Möglichkeiten, den inhärenten Risiken der Technisierung (z. B. in der Wahrnehmung der Patientinnen und Patienten durch eine Reduzierung auf medizinische Daten) und der Betrachtung des zu pflegenden Menschen (sowie des sozialen Umfelds) mit den individuellen Bedürfnissen zu vermitteln.

Ein letztes Spezifikum in der Betrachtung von Technikakzeptanz in der Pflege zeigt sich hinsichtlich der berufspolitischen Debatte und der Stellung der Pflege im Vergleich zu anderen Gesundheitsberufen als Teil der Versorgung. Vor allem die Berufsverbände streben damit eine Aufwertung der Pflegeberufe hin zu einer Gleichrangigkeit mit dem ärztlichen Personal an (HIMSS 2012).

13.5 Implikationen

Die Einstellungsbildung gegenüber der Telemedizin kennzeichnet sich bei allen betrachteten Nutzerinnen- und Nutzergruppen als ein Prozess der Informationsverarbeitung unter Unsicherheit. Aspekte der Informiertheit, des Wissens (sowohl in Bezug auf die in der Praxis anzuwendenden Leistungen als auch hinsichtlich der Bedeutung für das Gesundheitswesen), der Erfahr- und Erprobbarkeit oder der Partizipation wirken dem Effekt der Unsicherheit bei der Einführung neuer Medizintechnologien entgegen, werden von den Nutzerinnen und Nutzern in der Praxis jedoch als gering ausgeprägt wahrgenommen. Das Wissen über die evidenten Wirkmechanismen technischer Innovationen in der Medizin ist ein entscheidender Katalysator der Akzeptanz.

Vor dem Hintergrund der deutlich werdenden Nutzwertorientierung in Bezug auf die wahrgenommene Leistungserwartung, des beobachteten Informationsdefizits und des wahrgenommenen Mangels hinsichtlich der unklaren Vorteile in den Bereichen der evidenten Steigerung der Versorgungsqualität und der Kosteneinsparungen, kommt zukünftig der evidenzbasierten Entwicklung der Telemedizin besondere Bedeutung zu. Bei der bisher noch fragmentierten Implementierung von telemedizinischen Projekten erscheint die Identifizierung und Entwicklung valider und standardisierter Instrumente zur Erfassung von Akzeptanz ein vordergründiges Forschungsziel. Dabei ist der Rückgriff auf bereits erprobte Modelle der Technikakzeptanz – wie hier gezeigt wurde – ein erster Schritt zur Erfassung der komplexen Haltungsmuster und Einstellungsprozesse bei Nutzerinnen und Nutzern innovativer, technikunterstützter Versorgungsleistungen. Eine integrale Betrachtung der Akzeptanz auf Ebene der Techniknutzerinnen und -nutzer muss dabei differenziert affektive (z. B. die individuelle Wertigkeit von Vertrauen, das Vorhandensein und die Wahrnehmung von Ängsten gegenüber der Technik) und kognitive Einflüsse (z. B. rationale Bewertungen, Wissen) berücksichtigen. Im Zusammenspiel dieser Komponenten untereinander und mit weiteren potenziellen Determinanten der Akzeptanz (z. B. Alter, Geschlecht, generelle Technikorientierung, Wertehaltungen, finanzielle Rahmenbedingungen, Informationsverhalten) kann so ein umfassendes Bild der Akzeptanz generiert werden.

Bei der Betrachtung von Implikationen aus der Perspektive politik- und praxisgestaltender Akteure steht mit Blick auf die Ergebnisse der Akzeptanzforschung eine Frage im Mittelpunkt: Wie lässt sich die Akzeptanz der Nutzerinnen und Nutzer fördern? Die Frage muss zugleich relativiert werden, denn der Verlauf von Adoptionsprozessen und die Herausbildung von Verhaltens- und Nutzungsakzeptanz sind im höchsten Maße subjektiv geprägt. Ein Erfolgskriterium für Akzeptanz liegt jedoch in dem Selbstverständnis der Nutzerinnen- und Nutzerorientierung selbst. Je besser eine Intervention an die Bedarfe und Bedürfnisse einer Zielgruppe ausgerichtet ist, je umfangreicher und transparenter handlungserleichternde Rahmenbedingungen geschaffen und potenzielle Belastungen reduziert werden, je deutlicher der Nutzen einer Intervention dargestellt und kommuniziert wird, je eher innerhalb der Planung telemedizinischer Maßnahmen die spezifischen Vorbehalte und Ängste einer Zielgruppe erfasst werden und je konsequenter diesen innerhalb von Kommunikations- und Partizipationsprozessen begegnet wird, desto wahrscheinlich gestaltet sich ein erfolgreicher Akzeptanzprozess. Ebenen der Beeinflussung liegen im Akzeptanzobjekt selbst, dem Akzeptanzsubjekt und dem Akzeptanzkontext.

Maßnahmen, die direkt beim *Akzeptanzobjekt* zu verorten sind, sollten primär auf eine nutzerinnen- und nutzergerechte Gestaltung der Bedienung von Technik abzielen (vor allem in Bezug auf die vorliegende Indikation, mögliche kognitive oder motorische Einschränkungen). Negative Aufwandserwartungen (z. B. in Form von Kompatibilitätsproblemen oder komplexer Bedienung) sind bereits im Entwicklungsprozess durch die Erfassung der Anwenderinnen- und Anwenderbedarfe im Rahmen eines zielgruppensegmentierten Ansatzes (z. B. über die Methode des Usability-Testings[1]) zu reduzieren.

Maßnahmen, die direkt auf die Ebene des *Akzeptanzsubjekts* abzielen, sollten darauf ausgerichtet sein, eine möglichst unabhängige, umfassend informierte Meinungs- bzw. Einstellungsbildung zu fördern, Komplexitätsreduktion zu begünstigen und

---

[1]Das Usability-Testing fokussiert auf die Erfassung von Gestaltungs- und Operationsgesichtspunkten von Software und Hardware vor dem Hintergrund der Handlungs- und Deutungsmuster der Nutzerinnen und Nutzer (Wandke 2004).

Handlungskompetenz zu vermitteln, die die Anwendung der jeweiligen Technik ermöglichen und unterstützen. Hierzu gehört die Vermittlung von Informationen über die Funktionsweise und Anwendungsmöglichkeiten der Technik, zu erwartende positive und negative Effekte des Technikeinsatzes innerhalb der individuellen Anwendungssettings, zur Gestaltung von Einführungsprozessen – etwa im Hinblick auf Beteiligungsmöglichkeiten, zu Fragen der Finanzierung und Datensicherheit oder zu den unterstützenden Rahmenbedingungen der Nutzung (z. B. Ansprechpartner bei technischen Problemen).

Die Gestaltung der Bedingungen des *Akzeptanzumfeldes oder -kontextes* sollte auf dessen Anpassung im Sinne der Herstellung der sozialen, kulturellen, physischen, ökonomischen und rechtlichen Passfähigkeit mit dem Lebens- und Arbeitsumfeld zielen, in das die neue Technik eingeführt bzw. innerhalb dessen sie angewandt werden soll. Ziel ist es, „Reibungsverluste" im Sinne von Beeinträchtigungen in anderen Dimensionen des Lebens- und Arbeitsumfeldes des Akzeptanzsubjektes zu vermeiden, zu vermindern oder zu beseitigen und idealerweise positive Synergien mit den sonstigen Anforderungen und Bedingungen des Arbeits- und Lebensumfeldes zu ermöglichen. Hierfür bedarf es der konsequenten Analyse der Bedingungen innerhalb derer Telemedizin angewendet wird (z. B. gesetzliche und technische Rahmenbedingungen) und der Wahrnehmungen eben dieser Bedingungen durch die unterschiedlichen Nutzerinnen- und Nutzergruppen.

Literatur

Alajlani M, Clarke M (2013) Effect of culture on ac-ceptance of telemedicine in middle eastern countries: case study of Jordan and Syria. Telemed e-Health 19(4):305–311

Alexander GL, Wakefield DS (2009) IT sophistication in nursing homes. J Am Med Direct's Assoc 10(6):398–407

Barnard A, Locsin R (2007) Technology and nursing. practice, concepts and issues. Houndsmills, New York

Brokmann JC, Czaplik M, Bergrath S, Valentin B, Hirsch F, Rossaint R, Beckers SK (2014) Telemedizin – Perspektiven für die ländliche Notfallversorgung. Notfall Rettungsmed 17:209–216

Bundesärztekammer (2010) Der Einsatz von Telematik und Telemedizin im Gesundheitswesen. Ergebnisse einer Repräsentativbefragung von niedergelassenen und Krankenhausärzten im April/Mai 2010. Institut für Demoskopie Allensbach, Allensbach

Claßen K, Oswald F, Wahl H-W, Heusel C, Antfang P, Becker C (2010) Bewertung neuerer Technologien durch Bewohner und Pflegemitarbeiter im institutionellen Kontext. Ergebnisse des Projekts BETAGT. Zeitschrift für Gerontologie und Geriatrie 4:210–218

Cohen-Mansfield J, Biddison J (2007) The scope and future trends of gerontology: consumers' opinions and literature survey. J Technol Health Serv 25(3):1–19

Deng Z, Xiuting M, Liu S (2014) Comparison of the middle-aged and older users' adoption of mobile health services in China. Int J Med Inf 83(3):210–224

Djamasbi S, Fruhling A, Loiacono ET (2009) The influence of affect, attitude and usefulness in the acceptance of telemedicine systems. J Inf Technol Theor Appl 1(10):41–58

Dockweiler C, Hornberg C (2014) Knowledge and attitudes as influencing factors for adopting health care technology among medical students in germany. J Int Soc Telemed eHealth 2(1):64–70

Dockweiler C, Hornberg C (2015) Die Rolle psychologischer und technikbezogener Persönlichkeitsmerkmale sowie individueller Wissensbestände von Ärztinnen und Ärzten für die Adoption des Telemonitorings in der medizinischen Versorgung. Gesundheitswesen. doi:10.1055/s-0035-1564266

Dockweiler C, Razum O (2016) Digitalisierte Gesundheit: neue Herausforderungen für Public Health. Gesundheitswesen 78(1):5–7

Dockweiler C, Filius J, Dockweiler U, Hornberg C (2015) Adoption telemedizinischer Leistungen in der poststationären Schlaganfallversorgung: Eine qualitative Analyse der Adoptionsfaktoren aus Sicht von Patientinnen und Patienten. Akt Neurol 42(2):197–204

European Commission (2014) Putting patients in the driving seat: A digital future for healthcare. European Commission, Brussels

Gieselmann A, Böckermann M, Pietrowsky R (2015) Internetbasierte Gesundheitsinterventionen. Evaluation aus der Perspektive von Patienten vor und während ambulanter Psychotherapie. Psychotherapeut 60:433–440

Hilscher V (2014) Technikeinsatz und Arbeit in der Altenpflege. Iso-Report Nr. 1 – Berichte aus Forschung und Praxis. Iso, Saabrücken

HIMSS Nursing Informatics Community (2012) Nursing informatics 101. http://www.himss.org/ResourceLibrary/genResourceDetailWebinar.aspx?ItemNumber=29862. Zugegriffen: 21. März 2016

Holden RJ, Karsh BT (2010) The technology acceptance model: its past and its future in health care. J Biomed Inf 43(1):159–172

Karg O, Weber M, Bubulj C, Esche C, Weber N, Geiseler J, Bachl C, Sichellhorn H (2012) Akzeptanz einer telemedizinischen Intervention bei Patienten mit chronisch-obstruktiver Lungenerkrankung. Dtsch Med Wochenschr 137:574–579

Kerai P, Wood P, Martin M (2014) A pilot study on the views of elderly regional Australians of personally controlled electronic health records. Int J Med Inform 83(3):201–209

Kleinert S, Horton R (2013) Health in Europe – successes, failures, and new challenges. Lancet 9872(381):1073–1074

Kollmann K (1998) Akzeptanz innovativer Nutzungsgüter und -systeme. Springer, Wiesbaden

Kramer B, Wahl H-W, Plischke H (2013) Die Akzeptanz neuer Technologien bei pflegenden Angehörigen von Menschen mit Demenz. Tagungsband 6. Deutscher AAL-Kongress Lebensqualität im Wandel von Demografie und Technik, Berlin

Leppert F, Dockweiler C, Eggers N, Webel K, Hornberg C, Greiner W (2015) Financial conditions as influencing factors for telemonitoring acceptance by healthcare professionals in Germany. J Int Soc Telemed eHealth 3:e13

Maarop N, Win KT, Singh SSH (2014) Understanding demographics influence on teleconsultation acceptance in hospitals: a mixed-method study. J Adv Manage Sci 2(2):117–122

Niklas S (2015) Akzeptanz und Nutzung mobiler Applikationen. Springer, Heidelberg

Orruño E, Gagnon MP, Asua J, Abdeljelil AB (2011) Evaluation of teledermatology adoption by health-care professionals using a modified technology acceptance model. J Telemed Telecare 17(6):303–307

Premkumar G, Bhattacherjee A (2008) Explaining information technology usage: a test of competing models. Omega 36(1):64-75

Rechel B, Grundy E, Robine JM, Cylus J, Mackenbach JP, Knai C, McKee M (2013) Ageing in the European Union. Lancet 9874(381):1312–1322

Rogers EM (2003) Diffusion of innovations. Free Press, New York

Rogers EM, Shoemaker FF (1971) Communication of innovations: a cross cultural approach. Free Press, New York

Salomo K (2008) Akzeptanz von Dienstleistungsinnovationen. Eine empirische Untersuchung am Beispiel der Telemedizin. Harland, Lichtenberg

Sävenstedt S, Sandmann P-O, Zingmark K (2006) The duality in using information and communication technology in elder care. J Adv Nurs 56(1):17–25

Schultz C (2005) Management von Kunden der Doc2Patient Telemedizin. In: Schultz C, Gemünden HG, Salomo S (Hrsg) Akzeptanz der Telemedizin. Minerva, Darmstadt, S 137–209

Schultz C, Kock A (2005) Telemedizinakzeptant im Doc2Doc Bereich. In: Schultz C, Gemünden HG, Salomo S (Hrsg) Akzeptanz der Telemedizin. Minerva, Darmstadt, S 277–303

Venkatesh V, Bala H (2008) Technology acceptance model 3 and a research agenda on interventions. Decis Sci 39(2):273–315

Venkatesh V, Morris MG, Davis GB, Davis FD (2003) User acceptance of information technology: toward a unified view. MIS Q 27:425–478

Venkatesh V, Thong JYL, Xu X (2012) Consumer acceptance and use of information technology: extending the unified theory of acceptance and use of technology. MIS Q 36(1):157–178

Wandke H (2004) Usability-testing. In: Mangold R, Vorderer P, Bente G (Hrsg) Lehrbuch der Medienpsychologie. Hogrefe, Göttingen, S 325–354

WHO (1997) Health telematics policy: report of the WHO group – consultation on health telematics. World Health Organization, Geneva

Wilkowska W, Gaul S, Ziefle M (2010) A small but significant difference – the role of gender on acceptance of medical assistive technologies. In: Leitner G, Hitz M, Holzinger A (Hrsg) HCI in work and learning. 6th symposium of the workshop human-computer interaction and usability engineering. Springer, Berlin, S 82–100

Zhang X, Guo X, Lai KH, Guo F, Li C (2014) Understanding gender differences in m-health adoption: a modified theory of reasoned action model. Telemed J eHealth 20(1):39–46

Ziefle M, Schaar AK (2011) Gender differences in acceptance and attitudes towards an invasive medical stend. J Health Inform 6(2):1–17

Zugck C, Nelles M, Frankenstein L, Schultz C, Helms T, Korb H, Katus HA, Remppis A (2005) Telemedizinisches Monitoring bei herzinsuffizienten Patienten. Herzschr Elektrophys 16:176–182

Telemedizin in Nordrhein-Westfalen – ZTG Zentrum für Telematik und Telemedizin und die Landesinitiative eGesundheit.nrw

Wie das Land Nordrhein-Westfalen die Versorgungsstrukturen durch eHealth stärkt

Eric Wichterich, Veronika Strotbaum und Rainer Beckers

Zusammenfassung

eHealth bietet die Aussicht, die Gesundheitsversorgung durch telematische und telemedizinische Lösungen zu sichern und Prozesse zu optimieren. Die öffentliche Hand, insbesondere auf Landesebene, hat einen wichtigen Einfluss darauf, eine breite Diffusion von eHealth in ein komplexes System wie das deutsche Gesundheitswesen zu erreichen. Vor diesem Hintergrund zeigt der Beitrag am Beispiel des Landes Nordrhein-Westfalen, wie das Zentrum für Telematik und Telemedizin (ZTG) dazu beiträgt, die Strukturen für eHealth weiterzuentwickeln. Im Auftrag des Landes fördert ZTG als neutrale Einrichtung an der Schnittstelle zwischen Industrie, Leistungserbringerinnen und -erbringern, Patientinnen und Patienten, Politik und Selbstverwaltung innovative und eHealth-gestützte Versorgungsformen. Seit Bestehen hat ZTG bereits vielfältige Projekte initiiert und durchgeführt und hierbei die Akteurinnen und Akteure im Gesundheitswesen bei der Einführung und Umsetzung von eHealth unterstützt.

E. Wichterich (✉) · V. Strotbaum · R. Beckers
ZTG Zentrum für Telematik und Telemedizin GmbH,
Universitätsstraße 142, 44799 Bochum, Deutschland
E-Mail: e.wichterich@ztg-nrw.de

V. Strotbaum
E-Mail: v.strotbaum@ztg-nrw.de

R. Beckers
E-Mail: r.beckers@ztg-nrw.de

© Springer-Verlag Berlin Heidelberg 2016
F. Fischer und A. Krämer (Hrsg.), *eHealth in Deutschland*,
DOI 10.1007/978-3-662-49504-9_14

14.1 Politischer Auftrag aus Sicht von eHealth

14.1.1 Hintergrund

Die elektronische Vernetzung im Gesundheitswesen bewegt sich aus Sicht von eHealth in einem überaus komplexen Geflecht heterogener Akteurinnen und Akteure mit oft unterschiedlichen und teilweise entgegengesetzten Interessen, etwa:

▶ Sektoral zergliederte Leistungserbringung

- Stationärer Sektor
- Ambulanter Sektor
- Pflegerischer und rehabilitativer Sektor

▶ Unterschiedliche Interessensvertretungen

- Ärztekammern
- Kassenärztliche Vereinigungen
- Apothekerkammern
- Sonstige Vertretungen von Gesundheitsberufen

▶ Kostenträger

- Gesetzliche Kostenträger
- Private Kostenträger

▶ Politik

- Gesundheitsministerien (Bund, Länder)
- Selbstverwaltung (u. a. Gemeinsamer Bundesausschuss, Bewertungsausschuss)

▶ Hersteller, Industrie

▶ Patientinnen und Patienten sowie deren Interessensvertretungen

Um die elektronische Vernetzung sowohl in den einzelnen Sektoren auszubauen als auch zwischen den Interessen der unterschiedlichen Akteurinnen und Akteure zu vermitteln, regte die Landesgesundheitskonferenz Nordrhein-Westfalen (NRW) im Jahr 1999 an, das ZTG Zentrum für Telematik und Telemedizin (bis 2012: ZTG Zentrum für Telematik im Gesundheitswesen) als neutrale und vermittelnde Einrichtung zu gründen (Landesgesundheitskonferenz NRW 1999). Die Herausforderungen durch den Einsatz von Informationstechnologien im Gesundheitswesen und die unterschiedlichen Bedingungen der relevanten Akteurinnen und Akteure sind vielfältig:

- **Herstellung von Interoperabilität:** Datenaustausch und Kommunikation über Einrichtungs- und Sektorengrenzen hinweg
- **Sicherstellung von Datenschutz:** Vertraulicher Datenaustausch und Kommunikation; Schutz des Persönlichkeitsrechts der Betroffenen
- **Sicherstellung von IT-Sicherheit:** Vertrauenswürdige und verlässliche technische Infrastrukturen
- **Kosten- und Ressourcenoptimierung** bei vergleichbarer oder verbesserter Behandlungsqualität
- **Nutzerinnen- und Nutzerorientierung:** Technologische Entwicklungen müssen sich in Bedienbarkeit und Beschaffenheit an ihren Anwenderinnen und Anwendern orientieren
- **Technologische Beurteilung und Förderung** von neuen Verfahren zur Gesundheitsversorgung
- **Evaluation** von eHealth-Lösungen und Führung methodischer Diskussionen
- **Identifikation und Bewertung** versorgungsrelevanter Themenbereiche und Entwicklungen
- **Wissensvermittlung und Öffentlichkeitsarbeit:** Bereitstellung von frei zugänglichen Informationen und Organisation sowie Durchführung branchen- und zielgruppenspezifischer Veranstaltungen

ZTG hat seit Gründung 1999 die Form einer Public-Private-Partnership (PPP)[1] mit dem Bestreben, telematische und telemedizinische Lösungen in NRW zu implementieren und dadurch Gesundheitseinrichtungen miteinander zu vernetzen. Die Gründung als PPP erfolgte mit dem Ziel, in einem interessengeleiteten Gebiet wie dem Gesundheitswesen Projekte auf neutraler, vermittelnder Ebene zu koordinieren und fachliche Diskurse, Wissens- und Konsensbildung unter den Akteurinnen und Akteuren zu fördern. Seither unterstützt ZTG eHealth-Anwendungen für alle beteiligten Akteurinnen und Akteure als versorgungsstärkende Methode für die Regelversorgung und fördert hierzu sowohl durch passende Rahmenbedingungen als auch durch gezielte Projekte und Modellvorhaben eine telematische und telemedizinische Versorgungskultur. Durch passgenaue Lösungen soll die Versorgungsqualität in NRW bei gleichbleibenden oder sogar geringeren Kosten verbessert werden. ZTG gestaltet somit das Zusammenspiel von Technologien, Prozessen, Finanzierung und der Kooperation der richtigen Partnerinnen und Partner. Technologische Potenziale, medizinische Anforderungen, Finanzierungsgrundlagen und Abrechnungsregelungen sowie rechtliche Bestimmungen bilden dabei den Rahmen der Tätigkeiten.

---

[1] Unter einer Public-Private-Partnership sind Kooperationen zwischen öffentlichen Institutionen, privater Wirtschaft oder privaten Investoren zu verstehen, welche komplementäre Ziele und die Realisierung von Synergie-Potenzialen bei der Steuerung und Erfüllung öffentlicher Aufgaben verfolgen. PPPs sind in vielen Bereichen möglich, so auch im Bereich des Gesundheitswesens.

14.1.2 Telemedizin als Landesaufgabe

Moderne Informations- und Kommunikationstechnologien können einen wertvollen Beitrag zur Unterstützung der medizinischen und pflegerischen Versorgung leisten. Dies gilt sowohl für urban geprägte Räume wie das Ruhrgebiet als auch für ländliche Regionen wie die Eifel oder Ostwestfalen-Lippe. Jede Region hat aufgrund ihrer Strukturen und Gegebenheiten unterschiedliche Bedarfe und Herausforderungen zu meistern und kann daher auch jeweils unterschiedlich von telematischen und telemedizinischen Lösungen profitieren. Die bisherigen hierfür benötigten Infrastrukturprojekte im Gesundheitswesen entstanden regelmäßig aus konkreten Versorgungsbedürfnissen heraus und wurden dementsprechend zunächst für regional individuelle Rahmenbedingungen ausgearbeitet und durchgeführt. Die Landesregierungen können hierbei nahe am Versorgungsgeschehen passgenaue Förderimpulse geben, praxisrelevante Innovationen anstoßen, erproben und weiterentwickeln.

Das Förderprojekt „TIM – Telematik in der Intensivmedizin" des Universitätsklinikums Aachen kann als eines der Best-Practice-Projekte den Erfolg von Landesförderungen veranschaulichen. ZTG unterstützt das Universitätsklinikum Aachen bei dem Aufbau einer innovativen telemedizinischen Plattform, um die universitäre Intensivmedizin in die Fläche zu bringen und den demografisch sowie epidemiologisch bedingten Aufgaben der Zukunft zu begegnen. Bereits 2014 konnten in TIM über 1100 Patientinnen und Patienten in mehr als 2400 intensivmedizinischen Televisiten betreut werden. Dieses Projekt wird inzwischen mit Unterstützung der Krankenkassen in Nordrhein-Westfalen über das Projektende im Juni 2015 hinaus fortgesetzt. ZTG strebt gemeinsam mit den Projektverantwortlichen an, dass tele-intensivmedizinische Maßnahmen dauerhaft in der Regelversorgung etabliert werden und das Netzwerk kontinuierlich um weitere geeignete Kliniken erweitert wird (Uniklinik RWTH Aachen 2015a; Uniklinik RWTH Aachen 2015b). Das Universitätsklinikum Aachen steuerte die eigene intensivmedizinische Expertise in das Projekt bei und ist federführend bei der praktischen Implementierung. ZTG flankierte das Projekt seit Beginn durch Maßnahmen zur Verstetigung, durch Vernetzung mit relevanten Akteursgruppen wie Krankenkassen sowie Politik, durch fachliche Beratung und begleitende Öffentlichkeitsarbeit. Dazu gehörten beispielsweise regelmäßige Präsentationen des Projektes bei Treffen und Veranstaltungen vor Vertreterinnen und Vertretern der Landesregierung und der interessierten Fachöffentlichkeit, um den Nutzen für das Land NRW herauszustellen und fachliche Diskurse zu fördern.

Das Beispiel zeigt, dass Modellprojekte auf regionaler Ebene ein Schlüssel für eine weitere Ausweitung von eHealth-freundlichen Strukturen sein können. Die jeweils am regionalen Bedarf orientierten telemedizinischen und telematischen Lösungen können so effektiv ineinandergreifen und hierdurch generiertes Wissen und ausgearbeitete Komponenten nachfolgenden Projekten und Vorhaben zur Verfügung stellen. Ein nachhaltiges Wissensmanagement und der zugehörige Wissenstransfer sind daher grundlegende Elemente bisheriger und zukünftiger Aktivitäten.

Auch andere Bundesländer investieren erheblich in den Ausbau der Telemedizin. Bayern hat beispielsweise in den letzten Jahren rund 50 Projekte mit ca. zwölf Mio. Euro gefördert (Bayerisches Staatsministerium für Gesundheit und Pflege 2016), darunter die Bayerische TelemedAllianz (BTA), das Zentrum für Telemedizin (ZTM) in Bad Kissingen und das Zentrum für Telematik e. V. (ZfT) in Würzburg. Die BTA hat im Dezember 2015 zudem den Lehrgang „Gesundheitstelematik" eingerichtet, um auch interessierten Laien auf diesem Gebiet einen Überblick über das Themenspektrum zu geben. Nach erfolgreichem Abschluss des Kurses erhalten die Teilnehmerinnen und Teilnehmer ein Zertifikat.[2] Weiterhin hat Bayern mit dem telemedizinischen Schlaganfallversorgungskonzept TEMPiS Telemedizinisches Projekt zur integrierten Schlaganfallversorgung in der Region Süd-Ost-Bayern einen Durchbruch zur flächendeckenden Versorgung erzielen können, da diese stationäre Leistung abrechnungsfähig wurde. Sachsen wiederum hat daran anknüpfend mit drei Zentren und 27 Kooperationskliniken die Schlaganfallversorgung flächendeckend telemedizinisch aufgestellt. Im Jahr 2009 hat Mecklenburg-Vorpommern an der Universität Greifswald einen integrierten Funktionsbereich Telemedizin als Kompetenzzentrum eingerichtet. In Baden-Württemberg wiederum betätigt sich die Initiative „Baden-Württemberg: Connected e. V."[3] seit längerem mit eHealth und seit 2014 wird darüber hinaus eine neue Koordinierungsstelle für Telemedizin gefördert.

Um Telematik- und Telemedizinanwendungen fest als Bestandteil der Regelversorgung in Deutschland zu verankern, genügen die Erfolge der genannten Projekte zwar noch nicht. Sie erweisen sich jedoch als Voraussetzung, die sachliche Auseinandersetzung um eine Einführung in die Regelversorgung auf einer soliden Basis durch belastbare Projekterfahrungen und Evaluationen führen zu können. Denn erst, wenn Telematik- und Telemedizinanwendungen Teil der Regelversorgung sind und als solche vergütet werden können, stehen diese flächendeckend der Gesundheitsversorgung in Deutschland zur Verfügung. ZTG initiiert daher im Auftrag des Landes Nordrhein-Westfalen nicht nur entsprechende Modellprojekte, sondern auch Wissenstransfer und konstruktiven Dialog zu entsprechenden Organen auf Bundesebene wie Politik, Kostenträger, Ärzteschaft und weiteren Akteurinnen und Akteuren.

14.1.3 Telematikanforderungen für Förderprojekte

Die Erfahrung von ZTG zeigt, dass komplexe IT-Infrastrukturen im Gesundheitswesen oftmals aus konkreten Bedürfnissen heraus angestoßen und als regional eng umgrenztes Projekt umgesetzt wurden. Diese Bedürfnisse jedoch erwiesen sich als nicht regional begrenzt, sondern traten in unterschiedlichen Regionen in mitunter unterschiedlichen Ausprägungen erneut auf. Anfänglich entwickelte sich daher eine Tendenz, Projekte trotz ähnlicher Ziele parallel und unabhängig voneinander durchzuführen. Im Ergebnis

---

[2]Weitere Informationen unter: http://www.telemedallianz.de/akademie_lehrangebote_bta_onlinekurse.html.

[3]Weitere Informationen unter: http://www.bwcon.de.

erreichten die Projekte jedoch regelmäßig keine adäquate Verstetigung im Realbetrieb. Die Gründe hierfür sind vielfältig. Fehlende Vergütungsmöglichkeiten erwiesen sich ebenso verantwortlich wie eine zu eng gefasste Vernetzung, durch die eine kritische Masse für die wirtschaftliche Tragfähigkeit nicht erreicht werden konnte. Ebenso trug ein oftmals zu geringer Nutzwert von telematischen und telemedizinischen Systemen durch eine nicht ausreichende Durchdringung des Versorgungsgeschehens aufgrund einer lückenhaften Umsetzung dazu bei. Weiterhin verhinderten ungenügende Mittel der einzelnen Projekte, die Anwendungen im ausreichenden Funktionsumfang und mit erforderlicher Nutzerinnen- und Nutzerorientierung umzusetzen. Statt dass die Mittel für ausgereifte gemeinsam nutzbare Komponenten (z. B. Spezifikation technischer Standards und Schnittstellen zum Datenaustausch, Verschlüsselungs- und Authentifizierungslösungen, Rollenkonzepte) konsolidiert wurden, verteilten sie sich auf mehrere Projekte, die vielfach vergleichbare Komponenten parallel erarbeiteten, diese jedoch ohne ausreichenden Funktionsumfang oder Berücksichtigung der Bedürfnisse von Anwenderinnen und Anwender. Dementsprechend sollte zukünftig eine verbesserte Koordination stattfinden, um die einzelnen Komponenten effizient nutzen zu können. Die nicht ausreichende Beachtung rechtlicher Gegebenheiten bei der technischen und organisatorischen Gestaltung der Systeme erwies sich beständig als weiterer Mangel. Resultat der gesammelten Erfahrungen war, dass der Großteil der Projekte den Nutzen von eHealth-Lösungen nicht angemessen freisetzen und Versorgungsziele nicht im entscheidenden Umfang erreichen konnte.

Um die im Rahmen von Telemedizin- und eHealth-Anwendungen bisher üblichen „Insellösungen" mit ungewisser Nachhaltigkeit und nicht ausgeschöpften Potenzialen einzudämmen und Projektförderungen stattdessen langfristig versorgungsfördernd zu gestalten, vereinbart das Land NRW mit geförderten Projekten innerhalb der Landesinitiative eGesundheit.nrw die sogenannten Telematikanforderungen. Die Zuwendungsempfängerinnen und -empfänger verpflichten sich hierbei, im Rahmen der Projektdurchführung diese Anforderungen zu beachten.

Die Telematikanforderungen der Landesinitiative eGesundheit.nrw

- *Nutzen- und Nutzerorientierung*
    - *Gebrauchstauglichkeit* von Hardware- und Softwarekomponenten durch die Einbindung von Nutzerinnen und Nutzern.
    - *Sicherstellung des Nutzens:* Nutzenbasierte Spezifikation von Lösungsbausteinen und Evaluation des Nutzens der Projektergebnisse.
    - *Datenschutz und IT-Sicherheit:* Einhaltung der gesetzlichen Datenschutzbestimmungen (Persönlichkeitsrecht und informationelle Selbstbestimmung der Betroffenen) und Sicherstellung der Wahrung der ärztlichen Schweigepflicht. Darstellung in einem Datenschutzkonzept und Informationssicherheitskonzept. Weiterhin die Berücksichtigung und Nutzung verfügbarer Authentifikationsmittel wie die elektronische Gesundheitskarte und die elektronischen Heilberufs- und Berufsausweise.

- **Wiederverwendbarkeit und Nachhaltigkeit**
  - *Infrastruktur und Datenübermittlung:* Berücksichtigung und Nutzung verfügbarer und projektspezifisch sinnvoll nutzbarer Infrastrukturkomponenten und Dienste aus dem Projekt zum Aufbau einer nationalen Telematikinfrastruktur für das Gesundheitswesen und der im Land Nordrhein-Westfalen vorhandenen Infrastrukturkomponenten bzw. Infrastruktur. Sicherer technischer Austausch von Daten und elektronischen Dokumenten auf Basis anerkannter Standards und Lösungen wie die elektronische Fallakte, KV-Connect oder KV-SafeNet.
  - *Nationale Anwendungen:* Berücksichtigung und Nutzung von im Rahmen des Aufbaus der nationalen Telematikinfrastruktur erarbeiteten fachlogischen Lastenhefte, Spezifikationen, Datenmodelle, Verfahrensbeschreibungen, z. B. Bundesmedikationsplan, Notfalldatensatz.
  - *Weiternutzung von Ergebnissen anderer Projekte:* Berücksichtigung der Ergebnisse aus themennahen Projekten der Landesinitiative eGesundheit. nrw.
  - *Interoperabilität und Interoperabilitätsspezifikationen:* Spezifikationen müssen transparent, diskriminierungsfrei und an internationalen Standards orientiert in Form von Leitfäden erstellt werden. Für Behandlungsdokumente sind diese auf CDA aufzubauen und als CDA-Leitfäden zur Verfügung zu stellen.
- **Transparenz und Synergie**
  - *Projektrepository:* Das Projekt sowie der Projektfortschritt sind im eGesundheit.nrw-Projektrepository (Wiki) entsprechend dem dort vorgegebenen Raster einzupflegen und regelmäßig (mindestens alle 3 Monate) fortzuschreiben.
  - *SDIS Standards-Dokumentations- und Informationssystem:* Die im Rahmen der Projektarbeit identifizierten und nicht in SDIS enthaltenen Standards sind dort einzupflegen und die Nutzung von Standards im Projekt entsprechend zu dokumentieren. Dies trifft ebenso auf die im Projekt auf Basis bestehender Standards angepassten oder neu entwickelten Interoperabilitätsspezifikationen zu.
  - *Semantik:* Berücksichtigung und Nutzung von im Terminologieserver enthaltenen Semantikfestlegungen oder international vorhandener Ordnungssysteme. Die im Rahmen der Projektarbeit gefundenen und nicht im Terminologieserver enthaltenen oder angepassten/neu definierten Semantikfestlegungen sind dort einzupflegen.

Mit den oben genannten Anforderungen forciert die Landesinitiative eGesundheit.nrw, dass Projekte und Modellvorhaben sich an den tatsächlichen Bedarfen und Bedürfnissen der Nutzerinnen und Nutzer sowie Anwenderinnen und Anwender orientieren. Dem Datenschutz und der IT-Sicherheit wird dabei eine besondere Bedeutung beigemessen. Neue Projekte werden auf diese Weise nachhaltig und wirtschaftlich durch Berücksichtigung bereits vorhandener Lösungen umgesetzt. Als Resultat erhalten Projektergebnisse hierdurch eine realistischere Chance, sich dauerhaft im System der Gesundheitsversorgung zu etablieren – auch nach Auslaufen der Projektförderung.

14.2 Landesinitiative eGesundheit.nrw

Die Bundesländer investieren seit vielen Jahren in den Auf- und Ausbau von eHealth-Lösungen. eHealth-Anwendungen und hierbei speziell telemedizinische Verfahren sind dennoch bislang kaum in der Regelversorgung im Gesundheitswesen etabliert. Für das Land NRW haben sowohl das Ministerium für Gesundheit, Emanzipation, Pflege und Alter als auch ZTG die Chancen, die sich durch eHealth-Technologien ergeben, als festen Bestandteil in ihre Planungen mit einbezogen. Die laufenden Maßnahmen und Projekte aus den Bereichen Telematik und Telemedizin werden unter dem Dachprojekt „Landesinitiative eGesundheit.nrw" gebündelt und durch ZTG kontinuierlich in Etappen durch neue Förderprogramme fortgeführt. eGesundheit.nrw stellt eine Plattform für die Entwicklung moderner Informations- und Kommunikationstechnologien für das Gesundheitswesen dar und bietet die Möglichkeit, innovative Projekte bzw. Vorhaben zu erproben. 2015 wurden über 30 nutzerinnen- und nutzerorientierte Projekte mit einer Fördersumme von insgesamt 25 Mio. Euro unterstützt, 2016 ist eine Förderung weiterer Projekte in Höhe von 20 Mio. Euro vorgesehen (ZTG Zentrum für Telematik und Telemedizin 2015a).

Für die Landesinitiative ist ein Ansatz, der nur auf Bearbeitung einzelner Aspekte von einzelnen Akteursgruppen abzielt, nach bisherigen Erfahrungen wenig erfolgsversprechend. ZTG unterstützt daher alle Beteiligten, sich fachlich, technologisch und wertschöpferisch aufeinander zuzubewegen, um eine gemeinsame Infrastruktur aufzubauen. Mit ihr sollen die medizinische Verfahren sollen die medizinische Versorgung und die damit verbundene Organisation und Koordination zwischen Leistungserbringern, Kostenträgern sowie Patientinnen und Patienten effizienter gestaltet werden können. Dementsprechend ganzheitlich stellen sich für ZTG die Handlungsorientierung und die ausgerichteten Tätigkeiten in Telematik und Telemedizin dar:

1. **Abbau von Versorgungsdefiziten** mit Hilfe telemedizinischer Anwendungen
2. **Weiterentwicklung** von Telemedizin fördernden Rahmenbedingungen wie Finanzierung (z. B. Vergütung), Recht (z. B. Datenschutz), Technologie (z. B. Standardisierung, Nutzerinnen- und Nutzerorientierung)
3. **Beratung und Unterstützung** von Akteurinnen und Akteuren bei der Entwicklung und Umsetzung von Telemedizin und Ausbau sowie Erprobung von telemedizinischen Anwendungen
4. **Kooperation** mit Interessensvertretungen der Telemedizin wie die DGTelemed e. V. und als Vertreter der Bund-Länder-Arbeitsgruppe (BLAG) in der eHealth-Initiative des Bundes

5. **Steigerung der Akzeptanz** der Telemedizin durch Aufklärung (Kongresse, Öffentlichkeitsarbeit, Informationsmaterialien), Pilotprojekte, Evaluationen
6. Festlegung des **Fort- und Weiterbildungsbedarfs** bei Gesundheitsfachkräften und Konzeption berufsqualifizierender Fort- und Weiterbildungsangebote
7. **Erprobung, Evaluation und Diskussion** neuer Technologien für telemedizinische Anwendungen
8. **Betriebswirtschaftliche Untersuchungen** zum Einsatz der Telemedizin als medizinisches Leistungsangebot und Ableitung tragfähiger Geschäftsmodelle
9. **Förderung der Interoperabilität** telemedizinischer Systeme, auch in Hinblick auf eine Migration oder einen Anschluss an die Telematikinfrastruktur

Für nachhaltige und belastbare Strukturen des vernetzten Gesundheitswesens in NRW sind Partnerinstitutionen aus den unterschiedlichen Bereichen des Gesundheitswesens notwendig. Die Partnerinnen und Partner von eGesundheit.nrw decken daher verschiedene Organisationen des Gesundheitswesens ab, darunter die Ärztekammern und Kassenärztliche Vereinigungen, Apothekerkammern und -verbände, Verbände und Kammern von Krankenhäusern, Psychotherapeuten und Zahnärzten, gesetzliche und private Krankenversicherungen, IT-Unternehmen sowie wissenschaftliche Einrichtungen. Sie alle bringt die Landesinitiative in nachfolgend beschriebenen Projektbereichen zusammen (Abb. 14.1) (ZTG Zentrum für Telematik und Telemedizin 2016b).

Abb. 14.1 Projektbereiche der Landesinitiative eGesundheit.nrw

14.2.1 Telemedizin

Telemedizinische Kommunikation, sowohl unter Ärztinnen und Ärzten als auch zwischen Ärztinnen und Ärzten und Patientinnen und Patienten, bietet die Möglichkeit, über räumliche und zeitliche Grenzen hinweg eine qualitativ hochwertige und kontinuierliche Patientenversorgung sicherstellen zu können. Sie unterstützen die Behandelnden vor Ort – etwa in Form von Telemonitoring, Teletherapien oder Telekonsilen. Besonders strukturschwache Regionen können bei geeigneten Indikationen hiervon profitieren. Ziele der telemedizinischen Projekte der Landesinitiative sind der Aufbau telemedizinfreundlicher Strukturen in NRW, die Schaffung geeigneter Rahmenbedingungen auf Bundesebene und die Steigerung der Akzeptanz telemedizinischer Angebote. Erfolgreiche Projekte und Vorhaben sollen als Leitprojekte identifiziert und möglichst in eine flächendeckende Regelversorgung überführt werden, um allen Patientinnen und Patienten in NRW geeignete telemedizinische Dienstleistungen anbieten zu können.

In operativer Hinsicht stellt sich in dem Projektbereich Telemedizin vor allem die bisher unzureichende Vergütung telematischer Leistungen als ein großes Hemmnis dar. Um Grundlagen für eine Vergütung zu schaffen, ist der Nutzen telematischer und telemedizinischer Anwendungen nachzuweisen. Hierzu fordern Teile der Selbstverwaltung, aber auch Teile der Wissenschaft, einen Nutzennachweis oftmals ausschließlich in Form von (mehreren) randomisiert kontrollierten Studien (RCT – randomized controlled trial). RCTs gelten prinzipiell als Goldstandard, um die Effektivität eines medizinischen Arzneimittels, Produktes oder einer Therapiemaßnahme nachzuweisen.

Bei telemedizinischen Szenarien ergeben sich bei Anwendung des RCT-Designs jedoch methodische, ethische und finanzielle Schwierigkeiten. So ist es für Interventionsgruppen, welche eine telemedizinisch gestützte Intervention erhalten, sehr schwierig, eine geeignete Kontrollgruppe zu bilden. Beispielsweise ist die Konstruktion eines Placebos zu einer telemedizinischen Intervention komplex, wenn nicht gar unmöglich. Es mehren sich daher unter Expertinnen und Experten sowie Entscheidungsträgerinnen und -trägern die Stimmen, für telemedizinische Anwendungen auch hochwertige Studien in alternativen Evaluationsformen zur Bewertung des medizinischen und ökonomischen Nutzens zuzulassen. Die Entwicklung einer zielführenden Evaluationsmethodik mit festgelegten Zielkriterien zum Nachweis des Nutzens wird längerfristig eine Schwerpunktaufgabe bleiben. So führt ZTG etwa Evaluationen klinischer und gesundheitsökonomischer Parameter von Projekten im eHealth-Bereich durch (Beckers und Strotbaum 2015).

Einen relativ neuen Bereich innerhalb von eHealth und Telemedizin eröffnen mobile Kommunikationsgeräte wie Smartphones und Tablets. Sie begünstigen die zunehmende Bedeutung von *mobile health* (mHealth) und die wachsende Verbreitung von Medizin- und Gesundheitsapps. Patientinnen und Patienten erhalten auf diese Weise eine größere Mitwirkung in der Gesundheitsversorgung. Der stärkeren Einbeziehung von Patientinnen und Patienten im Sinne der Nutzerinnen- und Nutzerorientierung fällt daher künftig eine entscheidende Rolle zu. Im Fokus dieser Apps stehen Zielgruppen mit besonderen

Bedarfen, beispielsweise Kinder und Jugendliche, Menschen mit Behinderungen wie etwa Sinnesbeeinträchtigungen sowie chronisch kranke Personen. ZTG vermittelt dieses Thema auf patientinnen- und patientenorientierten Veranstaltungen, bietet zielgerichtete Informationen und plant die Einrichtung eines Patientenbeirates zum Thema Medizin- und Gesundheitsapps, um dadurch verstärkt Rückmeldungen von Anwenderinnen und Anwendern aus der Praxis generieren zu können. Auch patientinnen- und patientenorientierte Broschüren mit der klaren Benennung von konkreten Anwendungsszenarien und Fallbeispielen können ein wichtiges Instrument darstellen. ZTG führt hierzu fachliche und kritische Auseinandersetzungen unter anderem mit Herstellern und Entscheiderinnen und Entscheidern im Gesundheitswesen, etwa zur nutzerinnen- und nutzerorientierten Entwicklung von Apps, zu deren Prüfung auf technische und rechtliche Eignung, zur Nutzen bringenden Integration in die Gesundheitsversorgung und zur Einbindung der Anwenderinnen und Anwender. Ein Beispiel hierfür ist eine Studie mit Unterstützung durch ZTG zur Akzeptanz von Apps im Gesundheitswesen durch angehende Ärztinnen und Ärzte (Eggers et al. 2015). Bei diesen Apps kommen dem Datenschutz und der IT-Sicherheit eine wesentliche Bedeutung zu, um bei den patientinnen- und patientennahen Technologien das Vertrauensverhältnis zwischen Patientinnen und Patienten zu ihren Ärztinnen und Ärzten sicherzustellen oder sogar noch zu verbessern. Die Befürchtung vieler Patientinnen und Patienten, von Apps auf ihren persönlichen Geräten zu sehr überwacht zu werden, ist daher ein wesentlicher zu berücksichtigender Aspekt. Durch Aufklärung und Aufzeigen von Möglichkeiten zum Schutz der eigenen Daten begegnet ZTG Ängsten und sensibilisiert zugleich für den zusätzlichen Nutzen solcher Apps, aber auch für ihre Grenzen und technischen Kriterien, die sie erfüllen müssen.

14.2.2 Anwenderzentrum

Das Anwenderzentrum eGesundheit.nrw ist integraler Bestandteil des Arbeitsschwerpunkts Telemedizin im Rahmen der Landesinitiative. Es steht in den Räumlichkeiten von ZTG in Bochum allen Interessierten offen und präsentiert konkrete Anwendungsszenarien aus den Bereichen der elektronischen Akten, der standardbasierten Kommunikation, des mobile health bzw. der Medizin- und Gesundheitsapps sowie der Telemedizin. Es unterstützt herstellerneutral den Erfahrungsaustausch zwischen Anwenderinnen und Anwendern (z. B. Ärztinnen und Ärzte sowie Patientinnen und Patienten), Selbstverwaltung und Industrie. Weitere geeignete und nutzerinnen- und nutzerorientierte Anwendungen kommen kontinuierlich hinzu (Abb. 14.2).

ZTG informiert im Anwenderzentrum die interessierte Öffentlichkeit kostenfrei. Es wird von unterschiedlichen Akteurinnen und Akteuren besucht: Vertreterinnen und Vertreter von Verbänden oder Beratungsstellen, Patientenvertretungen, Hersteller, Forschungseinrichtungen, kommunale Einrichtungen, Selbstverwaltungen, Ärztinnen und Ärzte sowie nicht approbierte Gesundheitsfachkräfte aus dem ambulanten und

Abb. 14.2 Themen des Anwenderzentrums eGesundheit.nrw

stationären Bereich. Auch Studierende verschiedener Hochschulen der Region informieren sich regelmäßig im Anwenderzentrum. Sie können die ausgestellten Telematik- und Telemedizinsysteme persönlich begutachten und sich ihre eigene Meinung bilden. Hierdurch gelingt es ZTG, ohne Beeinflussungen durch Herstellerinteressen die Bedürfnisse von Nutzerinnen und Nutzern aus der Praxis sowie mögliche Bedenken und Praxiserfahrung zu ermitteln und schließlich einen neutralen Wissensdialog zwischen Anwenderinnen und Anwendern sowie Herstellern und sonstigen relevanten Akteurinnen und Akteuren im Gesundheitswesen herzustellen.

14.2.3 Elektronische Akten

Einrichtungsübergreifende elektronische Aktensysteme können einen Beitrag zu einer effizienten Kooperation, Koordination und Kommunikation über Einrichtungs- und Sektorengrenzen hinweg leisten. Sie bieten die Möglichkeit einer zeitnahen, umfassenden und stets zur Verfügung stehenden Dokumentation und dienen als Informationsbasis und Entscheidungsunterstützung für die Therapieplanung. Voraussetzung für einen zielorientierten Einsatz ist die Orientierung an den Bedürfnissen der Anwenderinnen und Anwender (Haas 2005).

Ziel dieses Projektbereiches innerhalb der Landesinitiative sind daher Spezifikationen und Vereinbarungen für interoperable einrichtungsübergreifende elektronische Akten. Der Schwerpunkt liegt auf einer wettbewerbsneutralen Lösung, die für eine plattformunabhängige und einrichtungsübergreifende Dokumentation, Kommunikation und Organisation mittels elektronischer Akten genutzt werden kann und für alle Beteiligten in der jeweiligen Therapie zur Verfügung steht. ZTG berät projektübergreifend zu Themen, die essenziell für alle Akten-Vorhaben sind und koordiniert hierzu Projekte. Datenschutz, IT-Sicherheit und Standardisierung sind bei elektronischen Akten ein unabdingbarer Bestandteil. Die Tätigkeiten sollen erreichen, dass wesentliche eAkten-Bausteine in übertragbaren Versorgungsszenarien möglichst flächendeckend genutzt werden können.

14.2.4 Elektronische Gesundheitskarte

Die elektronische Gesundheitskarte (eGK) stellt ein grundlegendes Element bei der Vernetzung der Einrichtungen des deutschen Gesundheitswesens dar. Mit der Einführung der eGK und dem Aufbau einer Telematikinfrastruktur werden die Kommunikations- und Organisationsstrukturen im Gesundheitswesen erneuert. Seit dem 01. Januar 2015 gilt die eGK als einziger und verpflichtender Versicherungsnachweis für alle Versicherten der gesetzlichen Krankenkassen. In zwei Testregionen (NordWest mit Nordrhein-Westfalen als integraler Region sowie SüdOst) wird die eGK auf ihre Nutzerfreundlichkeit sowie Sicherheit getestet. In NRW ist die Erprobung der eGK eingebettet in die Landesinitiative, wobei sie sich für die Umsetzung nach den Vorgaben der Gesellschaft für Telematikanwendungen der Gesundheitskarte (gematik) richtet. Hierfür ist in NRW eine Arbeitsgemeinschaft aus 23 Organisationen des Gesundheitswesens („ARGE eGK/HBA-NRW") verantwortlich.

14.2.5 Elektronische Heilberufs- und Berufsausweise

Das Gesundheitswesen arbeitet mit sensiblen medizinischen Informationen und damit besonders schützenswerten Daten. Daher sind hohe Anforderungen an Datenschutz und IT-Sicherheit zu stellen. Die Instrumente hierzu sind neben der eGK die elektronischen Heilberufs- und Berufsausweise (eHBA und eBA). Sie authentifizieren die Ausweisinhaberinnen und -inhaber und prüfen die Autorisierung der Personen. Zudem ermöglichen sie eine qualifizierte und somit rechtssichere elektronische Signatur und sind für die vertrauliche Kommunikation mittels Verschlüsselung notwendig. Wegweisend bei dem Projekt ist die Ausstattung nicht verkammerter Berufe im Gesundheitswesen (z. B. Physiotherapeutinnen und -therapeuten) mit Heilberufsausweisen, da sie ebenso wie ihre ärztlichen Kolleginnen und Kollegen aktiv an der Patientenversorgung beteiligt sind und einen Bedarf an aktuellen Patienteninformationen und -dokumentation haben (Krüger-Brand 2013).

Um die Ausgabe von eHBA und eBA an die Angehörigen der Gesundheitsfachberufe und Gesundheitshandwerke (beispielsweise orthopädische Schuhmacherinnen und Schumacher) zu koordinieren, wurde das länderübergreifende elektronische

Gesundheitsberuferegister (eGBR) initiiert. Sitz des eGBR ist nach Beschluss der Gesundheitsministerkonferenz der Standort Bochum. ZTG unterstützt und berät das Land NRW beim Aufbau des eGBR. Zu den wichtigsten Aufgaben des eGBR zählt dabei einerseits die zuverlässige Identifizierung der Antragstellerinnen und Antragsteller für einen eHBA oder eBA und andererseits die Überprüfung der Berufserlaubnis oder der Berufsurkunde in Kooperation mit den zuständigen Berufsbehörden der Bundesländer. Weiterhin wird das eGBR einen elektronischen Verzeichnisdienst betreiben, das eine Online-Überprüfung der Gültigkeit der Ausweise ermöglicht (ZTG Zentrum für Telematik und Telemedizin 2016a).

14.2.6 AMTS – Arzneimitteltherapiesicherheit

Arzneimittel sind ein wesentlicher Bestandteil der Gesundheitsversorgung. Bedingt durch den demografisch-epidemiologischen Wandel wächst die Anzahl derjenigen, welche aufgrund chronischer und altersassoziierter Erkrankungen teils eine beträchtliche Anzahl an Medikamenten zu sich nehmen müssen. So weisen in der Altersgruppe ab 65 Jahren 56 % der Frauen und 45 % der Männer Gesundheitsprobleme in drei oder mehr Krankheitsbereichen auf. Die zunehmende Anzahl multimorbider Patientinnen und Patienten stellt damit erhöhte Anforderungen an die Medikamentenversorgung seitens der Ärztinnen und Ärzte verschiedener Fachrichtungen sowie seitens der Apothekerinnen und Apotheker (Scheidt-Nave et al. 2010). Eine ausreichende Informationsbasis über die Gesamtzahl der verschriebenen Medikamente bei den einzelnen Erkrankten liegt oftmals nicht bei allen Behandelnden vor, sodass das Risiko für Wechselwirkungen, unerwünschte Arzneimittelwirkungen, Unverträglichkeiten, Kontraindikationen sowie Doppelverordnungen steigt. Nach Schätzungen sind 10 % aller Krankenhausaufenthalte auf unerwünschte Arzneimittelwirkungen zurückzuführen, wovon ein durchaus beträchtlicher Teil durch geeignete Maßnahmen vermeidbar wäre (Bundesministerium für Gesundheit 2013). IT-Lösungen können hierbei einen wichtigen Beitrag leisten und als zusätzliches Sicherheitsnetz dienen (Ammenwerth et al. 2014). Der Projektbereich zur Arzneimitteltherapiesicherheit (AMTS) stellt eine intensive Kooperation und Kommunikation zwischen den Projekten her. So werden in der Landesinitiative mehrere Modellprojekte zur Entwicklung von AMTS-Lösungen gefördert (ZTG Zentrum für Telematik und Telemedizin 2014).

14.2.7 SDIS – Standards Dokumentations- und Informationssystem

Aktuelle Telematik- und Telemedizinsysteme sind trotz ihrer erwiesenen Leistungsfähigkeit in verschiedenen Disziplinen der Medizin nach wie vor weitestgehend Insellösungen. Bis heute existiert in Deutschland kein durchgehend einheitlicher, elektronischer

Austausch von medizinischen Dokumenten und Nachrichten, der alle Bereiche des Gesundheitswesens abdeckt. Dies stellt ein erhebliches Hindernis für einen breiten Routineeinsatz dar, da der reibungslose und bruchfreie Austausch von Daten und Informationen zwischen unterschiedlichen Systemen wesentlich für eine Optimierung der medizinischen und pflegerischen Versorgung ist. Die Interoperabilität der Systeme – sowohl auf technischer und semantischer als auch auf Prozessebene – ist eine grundlegende Voraussetzung für diesen Austausch.

Interoperable Strukturen lassen sich unter Berücksichtigung verschiedener Plattformen, Systeme, Infrastrukturlösungen und Schnittstellen, Terminologien, Datenmodelle und Schemata und häufig auch einer unterschiedlichen Verarbeitungslogik nur durch die Verwendung einheitlicher Standards zielorientiert und erfolgsversprechend schaffen.

Das Kernproblem ist die häufig nicht vorhandene Transparenz existierender Standards und Spezifikationen. Es fehlen qualifizierte Informationen für einen Überblick über jeweils verwendete Standards, Erfahrungen, Lizenzbedingungen und weitere Aspekte. Durch das Projekt SDIS (Standards Dokumentations- und Informationssystem) baut ZTG dieses Informationsdefizit ab und fördert hierdurch die Spezifikation und Verwendung von Standards.

14.2.8 Öffentlichkeits-, Netzwerkarbeit und Politikberatung

Die Netzwerkarbeit und Kooperationspflege hat in der Landesinitiative eGesundheit.nrw einen hohen Stellenwert, da telematische und telemedizinische Projekte mitunter einrichtungsübergreifende und interdisziplinäre Vorhaben sind, für deren Gelingen alle betroffenen Stakeholder einzubeziehen sind. Im Rahmen der Landesinitiative führt ZTG daher regelmäßig Veranstaltungen wie den Fachkongress eHealth.NRW durch (ZTG Zentrum für Telematik und Telemedizin 2015b). Darüber hinaus präsentiert ZTG die Aktivitäten der Landesinitiative auf relevanten Messen und Kongressen wie der conhIT in Berlin oder der MEDICA in Düsseldorf.

Für eine erfolgreiche Diffusion von eHealth-Anwendungen ist die Politik unerlässlich, weil sie durch Fördermaßnahmen gezielte Impulse und notwendige Rahmenbedingungen schafft. Aufgrund der Komplexität und der Vielfalt der Themen ist es eine Kernaufgabe von ZTG, durch die Landesinitiative den Wissenstransfer und Trilog von Wissenschaft und Praxis mit der Politik zu gewährleisten. ZTG hat den Auftrag, der Landesregierung den Nutzen von eHealth-Lösungen sowie die dafür notwendigen Rahmenbedingungen interessenneutral unter Berücksichtigung etwaiger Grenzen zu vermitteln. Für die weitere Verbreitung vernetzter Lösungen über die Landesgrenzen hinaus, engagiert sich das Land zusätzlich in der bundesländübergreifenden eHealth-Initiative des Bundesgesundheitsministeriums. Ziel der 2010 gegründeten Initiative ist es, Barrieren für die Nutzung von telemedizinischen Anwendungen zu identifizieren und geeignete Maßnahmenbündel zur Überwindung dieser Hürden zu erarbeiten. Mitglieder sind dabei Organisationen der Selbstverwaltung, relevanter Unternehmensverbände und wissenschaftliche Organisationen (Bundesministerium für Gesundheit 2015). Konkret übernehmen Bundesländer gemeinsam – und hier wiederum ZTG für das Land NRW – durch die Arbeit der Gesundheitsministerkonferenz (GMK) ihre Verantwortung beim Aufbau einer sektorenübergreifenden Telematik. 2013 gaben die Gesundheitsministerinnen und -minister sowie Senatorinnen und Senatoren der Länder ein klares Bekenntnis zur Telemedizin ab: Die 86. GMK fasste den richtungsweisenden Beschluss zur stärkeren Förderung von Telemedizin und ihre schnellere Einführung in die Regelversorgung. Entscheidungsgrundlage war ein Bericht der „Bund-Länder-Arbeitsgruppe Telematik im Gesundheitswesen" (BLAG) zur Einführung nutzerinnen- und nutzerorientierter Telematikanwendungen einschließlich Handlungsempfehlungen, der ebenfalls mit Hilfe von ZTG ausgearbeitet wurde (Bund-Länder-Arbeitsgruppe Telematik im Gesundheitswesen 2013). Der Bericht stellt für den ländlichen Raum eine große Notwendigkeit für die Einführung insbesondere telemedizinischer Anwendungen parallel zum Aufbau der Telematikinfrastruktur fest. Vor diesem Hintergrund sehen die Länder ausdrücklich den Gemeinsamen Bundesausschuss (G-BA) und den Bewertungsausschuss in der Verantwortung, zeitnahe Entscheidungen zu treffen. Der Beschluss der GMK verdeutlicht somit die Bedeutung des regionalen Handelns für die Telemedizin (GMK-Geschäftsstelle 2013).

Das Gesetz für sichere digitale Kommunikation und Anwendungen im Gesundheitswesen (E-Health-Gesetz) berücksichtigt die wesentlichen Forderungen der 86. GMK und übernimmt somit die Empfehlungen der Länder. Dies gilt insbesondere für die Schaffung von Rahmenbedingungen zur Einführung nutzerinnen- und nutzerorientierter Anwendungen, wie dem elektronischen Entlassbrief, dem sicheren elektronischen Versand von Arztbriefen, dem Notfalldatensatz sowie der Einführung weiterer elektronischer Anwendungen im Gesundheitswesen (Bundesgesetzblatt 2015).

Die Vertreterinnen und Vertreter der Länder bestätigten auf der 88. GMK ihre Forderung, die BLAG mit der Erstellung einer Strategie zum weiteren Aufbau der Telematikinfrastruktur zu beauftragen. Sie stimmten überein, dass das E-Health-Gesetz bereits einen entscheidenden Beitrag zum Aufbau der Telematikinfrastruktur leiste, jedoch weitere Maßnahmen erbracht werden müssen. Die BLAG soll es allen Ländern ermöglichen, an dem Prozess teilzuhaben und eine Strategie zum weiteren Vorgehen zu entwickeln (GMK-Geschäftsstelle 2015).

Neben der Politikberatung pflegt ZTG auch Netzwerke zum landesübergreifenden Erfahrungsaustausch. Zukünftige Förderprojekte können von internationalen Erfahrungen lernen, zum Beispiel hinsichtlich nutzerinnen- und nutzerfreundlicher Technologie oder in Bezug auf die Skalierung von zunächst kleinräumlichen Projekten. Zur Internationalisierung gehören länderübergreifende Projekterfahrungen und Studienergebnisse. Diese können hinsichtlich der klinischen Parameter oftmals einen guten Überblick über die Vorteile von eHealth-Lösungen bieten und sollten daher nicht vorschnell mit dem pauschalen Hinweis auf eine mangelnde Übertragbarkeit auf das deutsche Gesundheitswesen abgelehnt werden, wenngleich besonders bei den ökonomischen Aspekten

Anpassungen sicherlich notwendig sein können. ZTG beteiligte sich zu diesem Zweck am internationalen Erfahrungsaustausch im EU-Projekt MOMENTUM[4].

Neben dem Erfahrungsaustausch können telemedizinische Lösungen helfen, die steigende Anzahl von Menschen mit Migrationshintergrund durch gegebenenfalls länderübergreifende Telemedizinanwendungen gesundheitlich optimal zu versorgen. So bieten sich Videokonferenzsysteme oder auch Medizin- und Gesundheitsapps dazu an, sprachliche Barrieren zu überwinden, indem medizinische Übersetzungsmodule bereits integraler Bestandteil der Technologie sind oder indem kultursensible Dolmetscherinnen oder Dolmetscher telekonsiliarisch hinzugezogen werden.

14.2.9 Wissenstransfer – Fort- und Weiterbildungen

Die aktive Einbeziehung aller relevanten Akteurinnen und Akteure ist weiterhin notwendig, besonders von niedergelassenen Haus- und Fachärztinnen und -ärzten, da diese als Multiplikatorinnen und Multiplikatoren wichtige Zielgruppen für den Einsatz von Telemedizin im medizinischen Alltag sind.

Viele Studierende der Humanmedizin fühlen sich nur unzureichend über telemedizinische Lösungen informiert, wie eine Umfrage der Universität Bielefeld unter 524 angehenden Ärztinnen und Ärzten zeigte. Vier Fünftel der Befragten gaben an, sich im Rahmen des Studiums gar nicht oder nur sehr wenig über Telemedizin informiert zu fühlen (Dockweiler und Hornberg 2013). Die Bundesärztekammer positionierte sich schon 2011 zu dem Thema und regte an, das Thema als entsprechende Fortbildungsmaßnahmen zu entwickeln (Krüger-Brand 2011).

ZTG baut dieses Defizit weiterhin ab und setzt Schulungen bei den Anwenderinnen und Anwendern von Telematik und Telemedizin fort – sowohl im Bildungssektor als auch im beruflichen Umfeld. So veranstaltet ZTG Schulungen und Seminare mit dem Schwerpunkt Telemedizin für die interessierte Fachöffentlichkeit sowie für Medizinische Fachangestellte (MFA) im Auftrag der Akademien für ärztliche Fortbildung in Nordrhein und Westfalen-Lippe. Das zugrunde liegende Fortbildungscurriculum „Elektronische Praxiskommunikation und Telematik" erarbeitete ZTG gemeinsam mit der Ärztekammer und der Kassenärztlichen Vereinigung Westfalen-Lippe, der Bundesärztekammer und unter Beteiligung des Verbandes medizinischer Fachberufe. Das Curriculum wird vom Vorstand der Bundesärztekammer den Landesärztekammern zur einheitlichen Verwendung empfohlen (Bundesärztekammer 2010).

Darüber hinaus hält ZTG regelmäßig vor Studierenden von Universitäten und Hochschulen Vorlesungen zu Gesundheitstelematik und Telemedizin, bietet Studierenden beruflichen Einblick durch Praktika und betreut Studien- und Abschlussarbeiten.

---

[4]Weitere Informationen unter: http://telemedicine-momentum.eu.

14.3 Fazit

In über 15 Jahren Tätigkeit und der damit einhergehenden Koordination der Landesinitiative eGesundheit.nrw konnte ZTG zahlreiche Projekte entwickeln, durchführen und evaluieren. Ebenso konnten Rahmenbedingungen zugunsten von Telematik- und Telemedizinprojekten auf dem Weg in die Regelversorgung verbessert werden. Durch kontinuierliche Arbeit an der Schnittstelle aller relevanter Akteurinnen und Akteure entstand sowohl ein großer Fundus an Expertise als auch an kooperierenden Netzwerken. Diesen steht ZTG für Telematik- und Telemedizinprojekte als Ressource zur Verfügung. Interne Auswertungen zeigen, dass unter anderem folgende Beratungsanlässe und Themen besonders häufig Inhalt von Anfragen an ZTG seitens der Leistungserbringer (Ärztinnen und Ärzte, Krankenhäuser, Ärztenetze, andere Gesundheitsfachberufe), der Industrie, der Selbstverwaltung (Kranken- und Pflegekassen, Kassenärztliche Vereinigungen, Ärztekammern, Gemeinsamer Bundesausschuss) sowie der Verbände, der Patientenvertreterinnen und -vertretern und der weiteren Akteurinnen und Akteure des Gesundheitswesens waren:

- Beratung, Konzeption und Mediation zu technischen Voraussetzungen, Standards und Interoperabilität
- Erstellung und Begutachtung von Datenschutz- und IT-Sicherheitskonzepten
- Kooperationsanbahnungen zwischen Leistungserbringerinnen und -erbringern, Industrie, Selbstverwaltung und Politik, etwa dem Gesundheitsministerium Nordrhein-Westfalens
- Bewertung der Gebrauchstauglichkeit von telematischen und telemedizinischen Produkten einschließlich Analysen des Marktes und der Marktvoraussetzungen
- Gesundheitsökonomische Evaluationen von eHealth-Lösungen
- Beratung zur Geschäftsmodellentwicklung und -modifikation
- Projektentwicklung, -koordination und -management telematischer und telemedizinischer Programme
- Entwicklung, Leitung und Durchführung von Ausbildungs- und Fort- und Weiterbildungsangeboten zu allen relevanten Aspekten der Gesundheitstelematik und Telemedizin
- Erstellung von Evidenzberichten für telemedizinische Anwendungen in ausgewählten medizinischen Fachgebieten (z. B. Kardiologie und Diabetes)
- Begutachtung und Entwicklung von gesundheitstelematischen Projekten und Förderstrategien im Auftrag der Landesregierung Nordrhein-Westfalens
- Praxisnahe Präsentationen und Wissensvermittlung von innovativen Vernetzungslösungen anhand von Live-Systemen im Anwenderzentrum NRW

Die Häufigkeit der Anfragen und der fachliche Detaillierungsgrad belegen deutlich die Notwendigkeit einer solchen Einrichtung innerhalb des komplexen Gesundheitssystems. Als essenziell erwiesen sich regelmäßig die interdisziplinäre und gleichzeitig interessenneutrale Ausrichtung sowie die vermittelnde Vernetzung mit allen wichtigen Akteurinnen und Akteuren und Entscheidungsträgerinnen und -trägern.

Die Landesinitiative eGesundheit.nrw konnte bereits viele Akteurinnen und Akteure aus unterschiedlichen Bereichen erfolgreich miteinander vernetzen und auf zahlreichen Veranstaltungen die interessierte (Fach-)Öffentlichkeit über die Chancen telematischer und telemedizinischer Lösungen informieren. Die durchgeführten Projekte ermöglichen vielfältige Erfahrungen hinsichtlich der Themenfelder Nutzerorientierung, Finanzierung, Datenschutz und IT-Sicherheit, Evaluation und Standardisierung, welche die Basis für die weitere Arbeit von ZTG für kommende Projekte und Vorhaben bilden.

Das Ziel einer durchgängigen digitalen Infrastruktur, welche die Gesundheitsversorgung aus eHealth-Sicht bestmöglich unterstützt, ist auf absehbare Zeit noch nicht erreicht. Es gibt jedoch gute Gründe, an diesem Ziel festzuhalten. Hierzu zählen Veränderungen in der Gesellschaft und Gesetzgebung sowie dem wissenschaftlichen Erkenntniszuwachs in Medizin und Technologie. Gesellschaftlich ist beispielsweise der demografisch-epidemiologische Wandel (Alterung der Bevölkerung, Zunahme von Multimorbidität und Chronifizierung von Erkrankungen) zu nennen (Statistisches Bundesamt 2009; Böhm et al. 2009; RKI 2011), welcher sowohl in einigen ländlichen Regionen als auch in urbanen Gebieten, wie dem Ruhrgebiet, zu spüren sein wird. Gleichzeitig wird der Anteil von Menschen mit Migrationshintergrund voraussichtlich weiter steigen, was ebenso Auswirkungen auf die Gestaltung und das Angebot von Gesundheitsleistungen haben wird (Naegele und Reichert 2005).

Zusammenfassend bietet die von ZTG koordinierte Landesinitiative eGesundheit.nrw inzwischen sowohl in der Breite als auch in der Tiefe genügend Empirie, um die nach gegenwärtigem Wissensstand bestmöglichen Lösungen identifizieren und sie den Versorgungssituationen anpassen zu können. Die schrittweise Diffusion von einzelnen, gegebenenfalls zunächst räumlich begrenzten Projekten in großräumige Versorgungsgebiete scheint ein Erfolg versprechender Weg zu sein, um telematische und telemedizinische Ansätze in der Regelversorgung zu etablieren (Beckers 2015). Nicht jedes Projekt hat an jedem Ort in Deutschland den gleichen Nutzen. Daher können landesgeförderte Telemedizinprojekte ihre Stärke in regional individuellen Versorgungssituationen ausspielen. Dadurch, dass für geförderte Telemedizinlösungen dabei grundsätzlich der Einsatz von etablierten technischen Standards vorausgesetzt wird (vgl. Abschn. 14.1.3), ist langfristig die Übertragbarkeit sowohl auf andere medizinisch-pflegerische Indikationen als auch die Ausweitung auf größere Gebiete gegeben.

Literatur

Ammenwerth E, Neubert A, Criegee-Rieck M (2014) Arzneimitteltherapiesicherheit und IT: Der Weg zu neuen Ufern. Dtsch Arztebl 111(26):A-1195/B-1034/C-976

Bayerisches Staatsministerium für Gesundheit und Pflege (2016) Telemedizin Projekte in Bayern. http://www.stmgp.bayern.de/krankenhaus/telemedizin/projekte.htm. Zugegriffen: 02. Febr. 2016

Beckers R (2015) Regionale Entwicklung und flächendeckende Telemedizin – ein Widerspruch? Bundesgesundheitsbl Gesundheitsforsch Gesundheitsschutz 58(10):1074–1078

Beckers R, Strotbaum V (2015) Vom Projekt zur Regelversorgung – Die richtige Bewertung des Nutzens hat eine Schlüsselrolle. Bundesgesundheitsbl Gesundheitsforsch Gesundheitsschutz 58(10):1062–1067

Böhm K, Tesch-Römer C, Ziese T (2009) Gesundheit und Krankheit im Alter. Robert Koch-Institut, Berlin

Bundesärztekammer (2010) Fortbildungscurriculum für Medizinische Fachangestellte und Arzthelfer/innen „Elektronische Praxiskommunikation und Telematik". http://www.bundesaerztekammer.de/fileadmin/user_upload/downloads/CurrElPraxiskommunikationTelematik.pdf. Zugegriffen: 02. Febr. 2016

Bundesgesetzblatt (2015) Gesetz für sichere digitale Kommunikation und Anwendungen im Gesundheitswesen sowie zur Änderung weiterer Gesetze vom 21. Dezember 2015

Bundesministerium für Gesundheit (2013) Aktionsplan 2013 – 2015 des Bundesministeriums für Gesundheit zur Verbesserung der Arzneimitteltherapiesicherheit in Deutschland. http://www.akdae.de/AMTS/Aktionsplan/Aktionsplan-AMTS-2013-2015.pdf. Zugegriffen: 02. Febr. 2016

Bundesministerium für Gesundheit (2015) E-Health-Initiative zur Förderung von Anwendungen in der Telemedizin. http://www.bmg.bund.de/themen/krankenversicherung/e-health-initiative-und-telemedizin/e-health-initiative.html. Zugegriffen: 02. Febr. 2016

Bund-Länder-Arbeitsgruppe Telematik im Gesundheitswesen (2013) Bericht für die 86. Gesundheitsministerkonferenz 2013 zur Einführung nutzerorientierter Telematikanwendungen in Deutschland. http://egesundheit.nrw.de/wp-content/uploads/2013/11/BLAG-BerichtNutzerorientierteTelematikanw_GMK86.pdf. Zugegriffen: 02. Febr. 2016

Dockweiler C, Hornberg C (2013) Einstellungen und Wissensbestände von Studierenden der Humanmedizin zur Telemedizin in Deutschland. eHealth 2014. Verlag Medical Future, Solingen, S 250–253

Eggers N, Reiss B, Strotbaum V (2015) Gute Chancen. Complex Medical Apps. E-HEALTH-COM 1:26–30

GMK-Geschäftsstelle - Ministerium für Umwelt, Gesundheit und Verbraucherschutz des Landes Brandenburg (2013) Beschluss der 86. Gesundheitsministerkonferenz der Länder vom 27.6.2013, TOP 10.2: Bericht zur Einführung nutzerorientierter Telematikanwendungen in Deutschland. https://www.gmkonline.de/Beschluesse.html?id=25&jahr=2013. Zugegriffen: 02. Febr. 2016

GMK-Geschäftsstelle - Ministerium für Umwelt, Gesundheit und Verbraucherschutz des Landes Brandenburg (2015) Beschluss der 88. Gesundheitsministerkonferenz der Länder am 24. und 25. Juni 2015, TOP 5.1 Beteiligung der Länder am Aufbau einer Telematikinfrastruktur im Rahmen der Digitalisierung des Gesundheitswesens. https://www.gmkonline.de/Beschluesse.html?id=291&jahr=2015. Zugegriffen: 02. Febr. 2016

Haas P (2005) Medizinische Informationssysteme und Elektronische Krankenakten. Springer, Berlin

Krüger-Brand HE (2011) Telemedizin: In der Ausbildung verankern. Dtsch Arztebl 108(47):A-2526/B-2119/C-2091

Krüger-Brand HE (2013) Elektronischer Heilberufsausweis – Pilotprojekt mit 1000 Physiotherapeuten. http://www.aerzteblatt.de/nachrichten/54651/Elektronischer-Heilberufsausweis-Pilotprojekt-mit-1-000-Physiotherapeuten. Zugegriffen: 02. Febr. 2016

Landesgesundheitskonferenz NRW (1999) Entschließung der 8. Landesgesundheitskonferenz NRW am 16. Juni 1999. http://www.mgepa.nrw.de/mediapool/pdf/gesundheit/landesgesundheitskonferenz16_06_1999-_2_.pdf. Zugegriffen: 02. Febr. 2016

Naegele G, Reichert A (2005) Demografischer Wandel und demografisches Altern im Ruhrgebiet: Probleme. Chancen und Perspektiven. Arbeit 14(4):335–347

RKI (2011) Daten und Fakten: Ergebnisse der Studie „Gesundheit in Deutschland aktuell 2009". Robert Koch-Institut, Berlin

Scheidt-Nave C, Richter S, Fuchs J, Kuhlmey A (2010) Herausforderungen an die Gesundheitsforschung für eine alternde Gesellschaft am Beispiel „Multimorbidität". Bundesgesundheitsbl Gesundheitsforsch Gesundheitsschutz 53:441–450

Statistisches Bundesamt (2009) Bevölkerung Deutschlands bis 2060. https://www.destatis.de/DE/Publikationen/Thematisch/Bevoelkerung/VorausberechnungBevoelkerung/BevoelkerungDeutschland2060Presse5124204099004.pdf?__blob=publicationFile. Zugegriffen: 02. Febr. 2016

Uniklinik RWTH Aachen (2015a) Telematik in der Intensivmedizin. http://www.ukaachen.de/kliniken-institute/telemedizinzentrum-aachen/projekte-und-kompetenzzentren/telematik-in-der-intensivmedizin-tim.html. Zugegriffen: 02. Febr. 2016

Uniklinik RWTH Aachen (2015b) NRW-Gesundheitsministerin Barbara Steffens besichtigt Telemedizinzentrum „Telemed.AC" der Uniklinik RWTH Aachen. http://www.ukaachen.de/fileadmin/files/global/Pressemitteilungen_2015/20150217_Gesundheitsministerin_Steffens_besucht_Telemedizinzentrum.pdf. Zugegriffen: 02. Febr. 2016

ZTG Zentrum für Telematik und Telemedizin (2014) Arzneimitteltherapiesicherheit, 3. Aufl. 2014. http://egesundheit.nrw.de/wp-content/uploads/2013/09/ZTG-AMTS-3.-Auflage-RZ-12092014-beschnkl.pdf. Zugegriffen: 02. Febr. 2016

ZTG Zentrum für Telematik und Telemedizin (2015a) Für die Zukunft gewappnet: NRW präsentiert sich am ZTG-eGesundheit.nrw-Gemeinschaftsstand als Wegbereiter für eHealth. http://www.ztg-nrw.de/2015/11/medica-2015-fuer-die-zukunft-gewappnet-nrw-praesentiert-sich-am-ztg-egesundheit-nrw-gemeinschaftsstand-als-wegbereiter-fuer-ehealth. Zugegriffen: 02. Febr. 2016

ZTG Zentrum für Telematik und Telemedizin (2015b) Neues ZTG-Veranstaltungsformat zeigt digitales Gesundheitswesen. http://www.ztg-nrw.de/2015/09/ehealth-nrw-neues-ztg-veranstaltungsformat-zeigt-das-digitale-gesundheitswesen-in-nordrhein-westfalen. Zugegriffen: 02. Febr. 2016

ZTG Zentrum für Telematik und Telemedizin (2016a) Aufgaben des eGBR. http://www.egbr.de/aufgaben. Zugegriffen: 02. Febr. 2016

ZTG Zentrum für Telematik und Telemedizin (2016b) Landesinitiative eGesundheit.nrw. http://egesundheit.nrw.de/landesinitiative. Zugegriffen: 02. Febr. 2016

Teleradiologie in Deutschland

Torsten B. Möller

Zusammenfassung

Einer der wesentlichen Gründe für den Erfolg der Teleradiologie liegt in der Arbeitsmethodik des Fachgebiets der Radiologie. So besteht eine der zentralen Tätigkeiten von Radiologen vorwiegend in der Interpretation von medizinischen Bildern, die von medizinisch technischen Assistenten angefertigt, über PACS-Systeme und Router auf digitalem Weg übertragen sowie an einem geeigneten Monitor betrachtet und ausgewertet werden. Angesichts dieses Arbeitsszenarios ist offensichtlich, dass es bei diesem Teil des radiologischen Tätigkeitsbereiches keine Rolle spielt, ob sich der Betrachtungsmonitor im Nachbarraum oder viele Kilometer entfernt befindet. Die Bilder sind in jedem Fall identisch. Damit ist die Radiologie ideal für die Telemedizin geeignet. Sie hat ihren Weg als leistungsfähiger, integraler Bestandteil der Krankenhausversorgung und wichtige Ergänzung der etablierten Radiologieabteilungen gefunden und sich in der tagtäglichen Praxis durch seriöse Leistung und Mehrwertbildung bewiesen.

15.1 Teleradiologie – die Paradedisziplin der Telemedizin

Vor mehr als 20 Jahren prognostizierte einer der Pioniere der deutschen Teleradiologie, Emil Reif, auf seinen Fachvorträgen, dass ohne die Teleradiologie in Deutschland eine flächendeckende radiologische Versorgung bald nicht mehr möglich sein werde. Damals

---

T.B. Möller (✉)
reif & möller Netzwerk für Teleradiologie, Werkstraße 3,
66763 Dillingen/Saar, Deutschland
E-Mail: moeller@reif-moeller.de

haben viele der Zuhörer die Teleradiologie noch für eine vorübergehende medizinische „Mode" gehalten und über die Aussage verwundert gelächelt. Heute ist die belächelte Prognose Realität und die Teleradiologie aus dem Alltag der Mehrheit der Krankenhäuser nicht mehr wegzudenken (Möller 2015b). Faktoren welche das System der Teleradiologie so schnell an die Spitze der telemedizinischen Anwendungen geführt haben, sind die personelle Ressourcenknappheit vor allem im Arzt- und Facharztbereich (Blum und Löffert 2010), die Forderung einen hohen medizinischen Standard flächendeckend – also auch in ländlichen Regionen – rund um die Uhr sicherzustellen, die europäische Arbeitszeitgesetzgebung und die geänderten Anforderungen der Beschäftigten an ihre Arbeitsumwelt und die Arbeitsbelastung. Darüber hinaus hat auch der wachsende Kostendruck der Krankenhäuser zur Entwicklung der Teleradiologie beigetragen (Engelmann et al. 2007). Heute ist die Teleradiologie die Paradedisziplin der Telemedizin. Weit über 100 Krankenhäuser wenden sie jeden Tag in Deutschland an (Möller 2012).

Radiologie – ideal für Telemedizin
Einer der wesentlichen Gründe für den Erfolg der Teleradiologie liegt in der Arbeitsmethodik des Fachgebiets der Radiologie. So besteht ein wesentlicher Teil der Tätigkeit von Radiologinnen und Radiologen vorwiegend in der Interpretation von medizinischen Bildern, die von medizinisch technischen Assistentinnen und Assistenten angefertigt und von den Gerätschaften, seien es konventionelle Röntgenapparate, Computer- oder Kernspintomografen, auf digitalem Weg übertragen werden, um dann an einem geeigneten Monitor betrachtet und ausgewertet zu werden. Angesichts dieses Arbeitsszenarios ist offensichtlich, dass es dabei keine qualitative Bedeutung haben kann, ob sich der Betrachtungsmonitor im Nachbarraum oder viele Kilometer entfernt befindet. Die Bilder sind in jedem Fall identisch. Damit ist die Radiologie ideal für die Telemedizin geeignet.

Voraussetzung für eine gute Bildinterpretation ist jedoch, dass die Radiologin bzw. der Radiologe auf jeden Fall die Informationen über die Beschwerden, die Vorerkrankungen, die Laborergebnisse und die körperlichen Untersuchungsergebnisse der Patientinnen und Patienten von den klinischen Kolleginnen und Kollegen, zum Beispiel aus den Bereichen der Inneren Medizin, Chirurgie oder Neurologie erhält. Dies kann auch schriftlich oder telefonisch erfolgen. Eine Anwesenheit der Radiologin oder des Radiologen vor Ort ist hierbei nicht erforderlich, zumal die anderen medizinischen Berufsgruppen deutlich besser ausgebildet sind, um Patientinnen und Patienten zu untersuchen, Laborwerte zu interpretieren und daraus differenzialdiagnostische Fragestellungen abzuleiten. Radiologinnen und Radiologen hingegen sind besser ausgebildet, um die Bilder entsprechend der Fragestellungen der klinischen Kolleginnen und Kollegen zu interpretieren und deren Fragen zu beantworten. Aus diesem Grunde ist der Satz *„Move the data, not the patient"* (Häcker et al. 2008) fast vorbehaltlos und ohne relevante Qualitätsabstriche anwendbar. Dieser Satz sollte für die Radiologie noch komplettiert werden: *„Move the data, not the patient – nor the doctor!"* (Möller 2016). Nur ganz wenige radiologische Verfahren, wie die interventionelle Radiologie, konventionelle Röntgendurchleuchtungen oder die Sonografie, erfordern zwingend die Vor-Ort-Präsenz von Radiologinnen und Radiologen.

15.2 RöV regelt deutsche Teleradiologie

Die erste telemedizinische Anwendung entstand im Jahr 1959 in Montreal. Der Kanadier Jutras (1959) verband zwei Krankenhäuser über eine Entfernung von 5 Meilen mit Hilfe eines Koaxialkabels, um Röntgenbilder zu übertragen. Ihren eigentlichen Siegeszug nahm die Teleradiologie im Rahmen der zunehmenden Digitalisierung der radiologischen Gerätschaften. Die Schaffung eines einheitlichen Dateistandards bzw. einheitlicher Regeln für die Speicherung der digitalen Daten (der sogenannte DICOM-Standard), tat ein Übriges, um die Verbreitung der Teleradiologie zu beschleunigen. Die Relevanz der Teleradiologie innerhalb der Medizin wird dadurch deutlich, dass sich mehr als jede zweite (50,3 %) Veröffentlichung zum Thema „telemedizinische Anwendung" mit Teleradiologie befasst (Pelleter 2012). Ihrer Bedeutung folgend hat die Teleradiologie zum ersten Mal 2003 in der Deutschen Röntgenverordnung behördlichen Niederschlag gefunden (RöV 2003). In diesem Regelwerk wird festgelegt, wie und unter welchen Voraussetzungen eine Teleradiologie in Deutschland durchgeführt werden darf. Die Verordnung unterscheidet zwischen der Ärztin bzw. dem Arzt am Ort der Untersuchung und der Teleradiologin bzw. dem Teleradiologen, die nicht vor Ort sind.

Der Arzt bzw. die Ärztin am Ort der technischen Durchführung (§ 3 Abs. 4 Nr. 3) muss soweit strahlenschutzfachkundig sein, dass er oder sie dem Teleradiologen bzw. der Teleradiologin die erforderlichen Angaben über den Patienten bzw. die Patientin machen kann, die zur Feststellung der rechtfertigenden Indikation erforderlich sind. Dazu muss das ärztliche Personal am Ort der technischen Durchführung neben den erforderlichen Kenntnissen im Strahlenschutz auch Kenntnisse über die Funktionsweise der Teleradiologie nachweisen (Teleradiologie-Kenntnis). Der Arzt oder die Ärztin sollte vor der Stellung der klinischen Indikation zur Untersuchung wissen, welchen Limitationen und welchen gesetzlichen Bestimmungen die Teleradiologie unterliegt, welche zusätzlichen Aufgaben auf ihn/sie zukommen und welche Verantwortung er/sie in diesem Zusammenhang hat. Diese Kenntnisse werden bereits strahlenschutzfachkundigen Ärztinnen und Ärzten im Rahmen einer Teleradiologieunterweisung vermittelt. Ärztinnen und Ärzte, die am Ort der technischen Durchführung eingesetzt werden sollen und noch nicht im Besitz der Strahlenschutz-Fachkunde sind, müssen eine zweiwöchige praktische Erfahrung auf dem Gebiet der Radiologie nachweisen und einen Kenntniskurs Teleradiologie gemäß RöV 7.2 absolvieren (Richtlinie Fachkunde und Kenntnisse im Strahlenschutz 2005, BMU-RS II 4 – 11.603/01). Beide vorgenannten Ärztegruppen müssen die „Kenntnis Teleradiologie" bei ihrer zuständigen Landesärztekammer mit den entsprechenden Nachweisen beantragen und bescheinigen lassen. Trotz der bislang erreichten Vereinheitlichung in der Antragstellung (Mustervorgabe des BMU) gibt es hierbei weiterhin noch länderspezifische Unterschiede.

Teleradiologinnen und Teleradiologen wiederum müssen die erforderliche Fachkunde auf dem Gesamtgebiet der Röntgenuntersuchungen vorweisen können, um die rechtfertigende Indikation zur Durchführung der radiologischen Untersuchung stellen zu können. Nur wenn von ihnen die Untersuchung genehmigt wurde, dürfen die Strahlung exponierenden Aufnahmen an den Patientinnen und Patienten durchgeführt werden. Die Untersuchung selbstständig ohne Anwesenheit einer berechtigten Ärztin bzw. eines berechtigten Arztes – in der Regel aus dem Bereich der Radiologie – durchführen darf wiederum nur eine/ein medizinisch technische Radiologie-Assistentin/Assistent (MTRA) (Möller 2015a). Daneben schreibt die Röntgenverordnung vor, dass die Teleradiologin bzw. der Teleradiologe, in begründeten Fällen auch eine andere Radiologin oder ein anderer Radiologe, innerhalb eines für die Versorgung erforderlichen Zeitraumes am Ort der Untersuchung eintreffen können muss. Nach einem Rechtsstreit wurde geklärt, dass der Tatbestand eines begründeten Falles für den Einsatz einer anderen Radiologin bzw. eines anderen Radiologen auch schon für den Fall gilt, dass die Teleradiologin bzw. der Teleradiologe örtlich zu weit entfernt ist. Damit ist gerichtlich geklärt, dass jeder Vollradiologe/jede Vollradiologin für die Erfüllung der Vor-Ort-Präsenz herangezogen werden kann. Auf diese Art und Weise ist sowohl das sogenannte „Regionalprinzip" gewährleistet, als auch die Bundesländer übergreifende teleradiologische Versorgung. Fachgesellschaften, wie zum Beispiel die Deutsche Gesellschaft für Teleradiologie e. V., haben die Klarstellung der Röntgenverordnung begrüßt. Dadurch werde nach ihrer Meinung die Verbreitung der Teleradiologie zunehmen (Ärzte Zeitung 2013).

15.3 Vorteile und Grenzen der Teleradiologie

15.3.1 Teleradiologie löst Probleme

Innerhalb der Telemedizin bietet insbesondere die Teleradiologie eine Vielzahl an Optionen und Vorteilen. Am augenfälligsten wird einer der Vorteile der Teleradiologie in der Versorgung von Krankenhäusern in strukturschwachen Gebieten (Schwing 2008). Dünn besiedelte Räume weisen schon jetzt insgesamt eine Unterversorgung von Ärztinnen und Ärzten auf (Bundesanstalt für Landwirtschaft und Ernährung 2014). Hier leiden die Krankenhäuser umso mehr darunter, dass sie schon für den Tagdienst kaum gut ausgebildete Fachärztinnen und -ärzte bekommen. Im Bereich des Nacht- und Wochenenddienstes müssen diese Ärztinnen und Ärzte dann auch noch zusätzlich zur Verfügung stehen, obwohl der Bedarf an radiologischer Diagnostik zwar vorhanden, die Auslastung aber gering ist. Ohne Teleradiologie wären gerade die schwächeren Regionen gezwungen, ihre ohnehin geringen Ressourcen auch noch zu „vergeuden". Auf die hoch technisierten und spezialisierten Untersuchungen zu verzichten, ist angesichts des hohen medizinischen Standards und der diesbezüglich berechtigten Erwartung der Patientinnen und Patienten nicht möglich. Die Furcht vieler Politikerinnen und Politiker steigt, dass nach Ausbildung einer Zweiklassenmedizin durch Etablierung der kassenärztlichen und privatärztlichen Versorgung eine noch wesentlich größere Stufenbildung durch Unterscheidung in schlecht versorgte ländliche und überversorgte städtische Regionen droht (Möller 2014). Dass Telemedizin einen Beitrag zur Versorgungsgerechtigkeit in unterversorgten Gebieten leisten kann, betont deshalb die

Bundesärztekammer (Krüger-Brand 2014). Sowohl in der Politik als auch der Verwaltung ist in den letzten Jahren ein Sinneswandel eingetreten, da erkannt wurde, dass die Teleradiologie für das Fach Radiologie diesbezüglich einen probaten Lösungsansatz darstellt. Dies gilt insbesondere vor dem Hintergrund, dass die Zahl der radiologischen Untersuchungen in Deutschland jährlich um ca. 10 % wächst, jedoch nur 2–3 % neu ausgebildete Radiologinnen und Radiologen nachrücken (Witzmann 2015). „Die Herausforderung für die Zukunft wird sein, wie wir mit weniger Geld, weniger Ressourcen und Personal einen Mehrbedarf im Gesundheits- und Pflegewesen abdecken können", erklärte 2014 die nordrhein-westfälische Gesundheitsministerin Barbara Steffens (Deutsches Ärzteblatt 2014). Nicht zuletzt deshalb wurde auch schon im Koalitionsvertrag der aktuellen Bundesregierung die „Förderung telemedizinischer Leistungen und deren angemessene Vergütung" explizit aufgeführt (Koalitionsvertrag zwischen CDU, CSU und SPD 2013).

15.3.2 Teleradiologie schafft Standortvorteile

Beispielhaft für die Vorteile, die vor allem die Krankenhäuser durch eine teleradiologische Versorgung haben, sind insbesondere die Entlastungen im Nacht- und Wochenenddienst. Die Radiologinnen und Radiologen, die nicht mehr nach ihrem Dienst „zwangspausieren" müssen, stehen wieder für den Tagdienst und damit für die Regelversorgung der stationären Patientinnen und Patienten zur Verfügung. Hier kann die Arbeitskraft wesentlich effektiver eingesetzt werden als bei der gelegentlichen Arbeit in der Nacht und am Wochenende.

Aber auch für die Radiologinnen und Radiologen in der Klinik und für die Attraktivität ihrer Arbeitsplätze ist die Teleradiologie ein Gewinn. Die Bedürfnisse der Menschen nach Freizeit, Familienleben und Freundeskreis stehen in direkter Konkurrenz zur ärztlichen Arbeitswelt mit seinen vielen lebens- und beziehungsfeindlichen beruflichen Anforderungen, wobei sich der Stress besonders kritisch auf Partnerschaften von Ärztinnen und Ärzten auswirkt, da der berufsbedingte Zeitmangel sowie der anhaltende Arbeitsstress zu einer Vernachlässigung von Familie und Leben führen (Lippert 2008). Dadurch, dass sich der Bereitschaftsdienst auf viele Schultern verteilt, reduziert sich die ständige Inanspruchnahme, der anhaltende Arbeitsstress wird geringer. Das Resultat ist eine Steigerung der Attraktivität der Arbeitsstelle in der Krankenhausradiologie (Möller 2013b; Schwing 2007).

Hiervon profitiert wiederum nicht nur der Radiologe bzw. die Radiologin im Krankenhaus selbst, sondern auch das Krankenhaus, weil es möglichen Stellenbewerberinnen und -bewerbern Arbeitszufriedenheit bieten kann. Damit können Überstunden für das Kernteam in der Radiologieabteilung des Krankenhauses reduziert oder komplett vermieden werden (Möller 2015a; Möller 2015b). Diesbezüglich lässt sich der teleradiologische Bereitschaftsdienst als eine Maßnahme zur Personalentwicklung verstehen (Witzmann 2015). Dies stellt einen klaren Wettbewerbs- und Standortvorteil für das entsprechende Krankenhaus dar. So ist es nicht verwunderlich, wenn sich auch große Krankenhäuser bei der Versorgung im Nacht- und Wochenenddienst zunehmend der Teleradiologie bedienen. Hier war teilweise die Belastung der Radiologinnen und Radiologen im Bereitschaftsdienst sehr hoch. Insbesondere für Notfalluntersuchungen hat sich die Teleradiologie als sehr gute Lösung und als ideale Ergänzung zum laufenden Betrieb der Radiologie entwickelt. Es beruhigt Ärztinnen und Ärzte – aber auch die Radiologinnen und Radiologen – zu jeder Zeit auf „einen Experten bzw. eine Expertin in Reserve" zurückgreifen zu können. Mit den „Profis im Hinterkopf" können alle anfallenden Computertomografien (CT) binnen kurzer Zeit bearbeitet und die Patientinnen und Patienten schnell und optimal versorgt werden.

15.3.3 Teleradiologie kennt viele Gewinner

Von einer teleradiologischen Versorgung profitieren aber auch Patientinnen und Patienten. Diese erhalten eine orts- und zeitnahe ebenso wie eine qualitativ hochwertige Diagnostik auf dem aktuellen Stand der medizinischen Wissenschaft. Meist kann der Teleradiologe bzw. die Teleradiologin sogar schneller sein als die radiologische Kollegschaft in Rufbereitschaft. Während diese von ihrer jeweiligen Wohnung in die Klinik fährt, sind die Bilder schon längst übertragen und der schriftliche Befund liegt meistens schon vor. Zudem nehmen am Dienst nur Fachradiologinnen und -radiologen teil, die besondere Erfahrung in dem entsprechenden Untersuchungsverfahren, also zumeist CT, haben. Das steigert die Qualität (Möller 2013a; Möller 2013c). Dies ist unter anderem einer der Gründe, warum sich die Deutsche Gesellschaft für Teleradiologie anders als die Deutsche Röntgengesellschaft so eindeutig gegen eine mögliche Aufweichung der Röntgenverordnung ausspricht und für die Teleradiologie die Aufrechterhaltung des radiologischen Facharztstatus fordert (Grätzel von Grätz 2015; Deutsches Ärzteblatt 2015).

Das Krankenhaus gehört noch in einem weiteren Punkt zu den Gewinnern: die Teleradiologie hilft Kosten zu sparen. So konnte bei unterschiedlichsten Szenarien der radiologischen Versorgung von Krankenhäusern (mit oder ohne radiologischer Hauptfachabteilung, mit oder ohne radiologischem Bereitschaftsdienst) stets eine nicht unerhebliche, immer fünfstellige Kosteneinsparung aufgezeigt werden (Witzmann 2015). Eine Gemeinschaftsstudie mehrerer namhafter Institute hat gezeigt, dass ein Krankenhaus bei einer Auslastung von zum Beispiel jährlich nur 400 Computertomografien im Nacht- und Wochenenddienst pro Jahr ca. 40.000 € durch Anwendung der Teleradiologie einsparen kann (ZVEI und Spectaris 2007). Die effizientere Verteilung der Arbeit in der Nacht macht dies möglich. Teleradiologinnen und -radiologe betreuen gleichzeitig mehrere Kliniken und können damit auch pro Nacht- und Wochenenddienst mehr leisten. Dadurch rechnet sich der Dienst und das Personal kann eine angemessene finanzielle Entschädigung erwarten. Daher gehören auch Teleradiologinnen und -radiologen zu den Gewinnern. Die Teleradiologie ist somit eine der innovativen Anwendungen im Medizinbereich, die eine klassische „Win-Win-Situation" in fast allen Bereichen darstellt.

Darüber hinaus sollte der gesellschaftspolitische Gesichtspunkt durch die Erhaltung einer qualitativ hochwertigen flächendeckenden medizinischen Versorgung, insbesondere strukturschwacher Regionen, nicht unterschätzt werden.

15.3.4 Teleradiologie hat Grenzen

Die Teleradiologie ist jedoch kein Allheilmittel. So wie Telemedizin insgesamt, kennt auch die Teleradiologie Grenzen. So will und kann die Teleradiologie zum Beispiel den fachkundigen Radiologen bzw. die fachkundige Radiologin vor Ort nicht ersetzen. Unverändert ist die persönliche Betreuung für fast alle Krankenhäuser zur Aufrechterhaltung der Qualität unverzichtbar. Die Aufgaben eines Radiologen bzw. einer Radiologin vor Ort sind wesentlich vielfältiger als nur eine reine Befundung. Sie müssen beraten und beratschlagen, Befunde interpretieren und mit den Kolleginnen und Kollegen vor Ort kommunizieren und diskutieren, um letztlich ein für die Patientinnen und Patienten bestes Ergebnis zu erreichen. Zwar lässt sich ein Teil dieser Beratungen via Telefon- oder Videokonferenz abhandeln, die deutlich bessere Alternative ist jedoch immer noch der persönliche Kontakt vor Ort. Leider lässt die Zukunft eine ausreichend zur Verfügung stehende Zahl von Radiologinnen und Radiologen nicht erwarten. Dieser Konstellation verdankt die Teleradiologie in der Zukunft auch ihre jetzt schon absehbare immer größer werdende Bedeutung.

15.4 Anforderungen an Teleradiologie

15.4.1 Dauerhafter Erfolg nur durch Qualität

Damit die Teleradiologie aber die hohen in sie gestellten Erwartungen sowohl bereits heute als auch in der Zukunft erfüllen kann, müssen bestimmte Qualitätskriterien eingehalten und vorgewiesen werden. In erster Linie betrifft dies selbstverständlich den radiologischen Befund, der zuerst richtig, präzise und verständlich sein soll. Wünschenswert wäre hier selbstverständlich eine Zweitbefundung. Diese würde, ähnlich dem Mammographiescreening, zu einer Qualitätsverbesserung auch in der Teleradiologie führen. Diese sogar im Notfall durchzuführen wäre lediglich ein logistisches und somit lösbares Problem. Aufgrund der Kostensituation in Deutschland ist derzeit jedoch eine Doppelbefundung nicht möglich, da sich die Krankenhäuser die erhöhten Kosten nicht leisten können.

Daneben können aber bereits heute Mechanismen zur Qualitätssteigerung implementiert werden, wie zum Beispiel regelmäßige Treffen mit Schulungen, stichprobenartige Befundungskontrollen, Internetrubriken „aus eigenen Fehlern lernen" mit „Teachingfällen", eigene Publikationen mit Weiterbildungsmaßnahmen, aber auch Beteiligungen an Studien und Forschungsprojekten (Möller 2014).

15.4.2 Serviceleistung als Qualitätskriterium

Neben der Qualität der Befundung zählt für das Krankenhaus auch die Servicequalität. So verstehen sich Teleradiologieanbieter in der Regel als Dienstleister, die einen hohen Servicebeitrag für ihre betreuten Krankenhäuser leisten. Dieser Servicebeitrag reicht vom administrativen Bereich (weitgehende Hilfestellung bei den Genehmigungsverfahren bis hin zur Sichtung der geforderten Nachweise, der Ausformulierung von Anträgen, das Zusammenstellen und Ausfüllen der richtigen Formblätter) bis hin zum Abhalten der geforderten Strahlenschutzkurse und Teleradiologie-Kenntniskurse für das Krankenhauspersonal. Unverändert ist der Antrag auf eine Teleradiologiegenehmigung nach wie vor ein bürokratischer Kraftakt. Insbesondere an dieser Stelle macht sich eine Zertifizierung nach DIN ISO 9001 positiv bemerkbar, da durch die strikte Strukturierung der QM-Richtlinien eine vereinheitlichte Form der Antragstellung möglich wird, die insgesamt somit zu einer Beschleunigung des Antragsverfahrens führen kann. Auch hierdurch wird ein Mehrwert für das Krankenhaus, aber auch für die Genehmigungsbehörden geschaffen.

15.4.3 IT immer wichtiger

Eine immer größer werdende Bedeutung bekommt der IT-Bereich. Dies wird insbesondere bei jeder Neuanbindung eines teleradiologischen Standortes deutlich. Das Zusammenwirken von Datenerzeuger – in der Regel ein Computertomograf oder das hauseigene PACS –, dem Router zur regulierten Weiterleitung der Daten, dem Server zum Empfang und Verteilen der Bilder bis hin zur Anbindung des Teleradiologen bzw. der Teleradiologin ist alles andere als trivial. Die fehlerfreie Vernetzung der unterschiedlichsten IT-Modalitäten benötigt besondere Expertise, welche durch die korrekte und möglichst automatisierte Rückübermittlung des fertigen Befundes noch mehr gefordert wird. Dabei gibt es die unterschiedlichsten Verfahren, wie zum Beispiel Push- oder Pull-Modelle. Dies hat wiederum Auswirkungen auf die Topologie der Netzwerke (Engelmann et al. 2008).

Das Ganze wird noch komplexer durch die Forderungen des Datenschutzes, die in der Regel durch VPN-Tunnelbildung der Datenleitungsstrecken, durch Austausch von Einwahlzertifikaten und durch Verschlüsselung der Daten selbst erfüllt werden können. Neben der Sicherheit der Daten gilt es auch die Sicherheit des Netzwerksystems selbst zu schützen. Firewalls sind derzeit ein probates Mittel, wobei die Abschottung gegen mögliche Fremdeinwirkung so gelingen muss, dass die gewünschten Dateien und Daten in entsprechender Schnelligkeit zuverlässig diesen Wall passieren können.

Eine weitere Aufgabenstellung ist die zuverlässige Langzeitarchivierung dieser Daten, wobei zur Vermeidung von Datenverlusten gespiegelte Raid-Systeme an mindestens zwei physikalisch getrennten Orten eingesetzt werden sollten. Zu den Serviceleistungen gehören im IT-Bereich auch die Erfüllung nachvollziehbarer Forderungen der Krankenhäuser, die sich zum Beispiel wünschen, die Befunde digital zu erhalten, um sie später ohne mühsame Umschreibung einfach in die digitale Patientenakte oder den Arztbefund einbinden zu können. So kommt der Leistungsfähigkeit und Flexibilität der Software für die Teleradiologie eine Schlüsselrolle zu.

Doch nicht nur zu Beginn einer teleradiologischen Versorgung hat der IT-Bereich eine bedeutende Bedeutung. Die IT-Abteilung ist auch gefragt, um im späteren Routineablauf im Rahmen eines 24-h-Service die Funktionsfähigkeit der IT-Infrastruktur sicherzustellen und das MTRA-Personal im Krankenhaus zu unterstützen.

Neben der Software spielt auch die Schnelligkeit und Stabilität der Datenleitung eine wichtige Rolle für das ordnungsgemäße Funktionieren der Datenfernübertragung. Die entsprechenden Richtlinien schreiben in Deutschland die verlustfreie Übertragung eines konstanten Höchstbilddatensatzes innerhalb von 15 min vor (DIN 6868). In der Regel sind die Leitungsgeschwindigkeiten deutlich schneller. Es gibt aber immer noch Regionen in Deutschland, in denen das Einhalten dieser Richtlinie wegen fehlenden Leitungsausbaus eine Herausforderung darstellt. Unglücklicherweise gilt das insbesondere für die strukturschwachen Regionen, welche die teleradiologische Versorgung am nötigsten haben. Da – wenn auch sehr selten – gelegentlich Leitungsstörungen auftreten können, trägt das gleichzeitige Vorhalten von zwei unterschiedlichen und voneinander getrennten Carriern zur Stabilität des Gesamtsystems bei. Die durch die Richtlinie vorgegebene garantierte Systemstabilität von 98 % sollte in jedem Fall unterster Rahmen sein und immer eingehalten werden.

Daneben ist es sinnvoll, sich eines Providers zu versichern, der sich unabhängig vom 24-h-IT-Service rund um die Uhr um die Stabilität der Datenleitung sorgt und sich bei Störungen – egal um welche Uhrzeit – um deren Behebung kümmert oder das Krankenhaus hierüber informieren kann.

15.5 Fazit: Anhaltender Erfolg nur durch Qualität

Anfänglich war der Start der Teleradiologie in Deutschland noch holprig. Die Ängste eines „menschenleeren Krankenhauses", das quasi ferngesteuert werde, aber auch die Sorgen, dass man in der Teleradiologie „minderwertige Billigdiagnosen" aus Indien zu erwarten hätte, haben sich als unbegründet erwiesen. Trotz dieser anfänglich in Deutschland vor allem bei radiologischen Verbänden sowie in der Verwaltung und Politik weitverbreiten Skepsis und trotz vieler uneinheitlicher behördlicher Hürden, die es zu überwinden galt, kann man bereits heute die Teleradiologie in Deutschland als eine Erfolgsgeschichte bezeichnen. Sie hat ihren Weg als leistungsfähiger, integraler Bestandteil der Krankenhausversorgung und wichtige Ergänzung der etablierten Radiologieabteilungen gefunden und sich in der tagtäglichen Praxis durch seriöse Leistung und Mehrwertbildung bewiesen. Damit sie jedoch nicht Opfer ihres Erfolges wird, ist es wichtig, die Limitationen der Teleradiologie zu kennen aber auch ihre Stärken auszuspielen. Die qualitätsbewusste Teleradiologie hat sich durchgesetzt und wird sich auch weiter durchsetzen. Sie ist ein seriöser Arbeitsbereich in der Radiologie geworden und muss als solcher auch geführt und behandelt werden. Aus unserer modernen medizinischen Versorgung ist sie nicht mehr wegzudenken.

Literatur

Ärzte Zeitung (2013) Startet die Teleradiologie jetzt durch? http://www.aerztezeitung.de/praxis_wirtschaft/e-health/telemedizin/article/840062/freie-fahrt-startet-teleradiologie-jetzt-durch.html. Zugegriffen: 18. Febr. 2016

Blum K, Löffert S (2010) Ärztemangel im Krankenhaus – Ausmaß, Ursachen, Gegenmaßnahmen. Deutsches Krankenhausinstitut e.V, Düsseldorf

Bundesanstalt für Landwirtschaft und Ernährung (2014) Nutzungschancen des Breitbandinternets für ländliche Räume. Bundesanstalt für Landwirtschaft und Ernährung, Bonn

Deutsches Ärzteblatt (2014) Telemedizin in NRW: Chance für mehr Effizienz und Qualität. http://aerzteblatt.de/nachrichten/59029/Telemedizin-in-NRW. Zugegriffen: 18. Febr. 2016

Deutsches Ärzteblatt (2015) Novellierung der Röntgenverordnung: Keine Abstriche bei Qualität. http://www.aerzteblatt.de/nachrichten/63983. Zugegriffen: 18. Febr. 2016

Engelmann U, Münch H, Schröter A, Meinzer HP (2007) Teleradiologie – Historie, Stand und künftige Entwicklungen. In: Schmücker P, Ellsässer KH (Hrsg) 12. Fachtagung Praxis der Informationsverarbeitung in Krankenhäusern und Versorgungsnetzen (KIS). GIT, Darmstadt, S 93–99

Engelmann U, Münch H, Schröter A, Meinzer HP (2008) „Teleradiologie-Konzepte der letzten 10 Jahre am Beispiel von CHILI". In: Jäckel A (Hrsg) Telemedizinführer Deutschland. Bad Nauheim, S 242–248

Grätzel von Grätz P (2015) Teleradiologie: „Nacharbeiten allenthalben". Ärzte Zeitung, Neu-Isenburg, S 89–168D

Häcker J, Reichwein B, Turad N (2008) Telemedizin. Markt Strategien Unternehmensbewertung. Oldenbourg, München

Jutras A (1959) Teleroentgen diagnosis by means of videotape recording. Am J Roentgenol 82:1099–1102

Koalitionsvertrag zwischen CDU, CSU und SPD (2013) 18. Legislaturperiode: Deutschlands Zukunft gestalten. www.bundesregierung.de/Content/DE/StatischeSeiten/Breg/koalitionsvertrag-inhaltsverzeichnis.html. Zugegriffen: 18. Febr. 2016

Krüger-Brand HE (2014) Telemedizin: Bald ein Routinewerkzeug. Dtsch Arztebl 111(3):A-66/B-60/C-56

Lippert S (2008) Lebensqualität von substanzabhängigen Ärztinnen und Ärzten. Dissertation, Universität Gießen

Möller T (2012) Teleradiologie: Prozessmanagement Made in Germany. http://www.management-krankenhaus.de/topstories/it-kommunikation/teleradiologie-prozessmanagement-made-germany. Zugegriffen: 18. Febr. 2016

Möller T (2013a) Teleradiologie – schnell und unkompliziert Vor- und Zweitbefunde einholen. Das Krankenhaus 11:1198–1199

Möller T (2013b) Teleradiologie: Große Chance für kleine Krankenhäuser. Management & Krankenhaus 5:22–23

Möller T (2013c) Befund aus der Ferne. Mit Teleradiologie Versorgungslücken schließen. Arzt und Krankenhaus 7:203–205

Möller T (2014) Versorgungssicherheit durch Teleradiologie. DZKF 8:6–8

Möller T (2015a) Durch die Teleradiologie wird die Berufsgruppe der MTRA weiter aufgewertet. MTA Dialog 8(16):63

Möller T (2015b) Warum die Teleradiologie kleine Krankenhäuser stärkt. Health & Care Management 6:48–49

Möller T (2016) Radiologie UP-DATE. Ebner Verlag GmbH & Co KG, Ulm

Pelleter J (2012) Organisatorische und institutionelle Herausforderungen bei der Implementierung von Integrierten Versorgungskonzepten am Beispiel der Telemedizin. Schriften zur Gesundheitsökonomie. Health Economics Research Zentrum, Herz

Richtlinie Fachkunde und Kenntnisse im Strahlenschutz (2005) zuletzt geändert durch Rundschreiben vom 27.06.2012, Anlage 7.2 Kenntnisse Teleradiologie

RöV (2003) Röntgenverordnung in der Fassung der Bekanntmachung vom 30. April 2003 (BGBl. I S. 604), die durch Artikel 2 der Verordnung vom 4. Oktober 2011 (BGBl. I S. 2000) geändert worden ist

Schwing C (2007) Teleradiologie verteilt Nachtdienst auf viele Schultern. http://www.dgftr.de/Data/pdf/Newsletter_Deutsche_Gesellschaft_fuer_Teleradiologie_vom_01.02.2009.pdf. Zugegriffen: 18. Febr. 2016

Schwing C (2008) Tele-CT rund um die Uhr. Mit Teleradiologie die Landbevölkerung besser versorgen. Krankenh Umsch 2:2–3

Witzmann D (2015) Analyse der Outsourcingpotentiale des radiologischen Nacht- und Wochenenddienstes bei Krankenhäusern. Master-Thesis, Hochschule für Technik und Wirtschaft des Saarlandes

ZVEI, Spectaris (2007) Das Einsparpotential innovativer Medizintechnik im Gesundheitswesen. Fachverband Elektromedizinische Technik im ZVEI e. V., Berlin

Telemonitoring am Beispiel der Kardiologie

Martin Schultz, Christine Carius und Joanna Gilis-Januszewski

> **Zusammenfassung**
>
> Beeinflusst von demografischen Entwicklungen, dem technologischen Fortschritt und dem erweiterten wissenschaftlichen Erkenntnisstand ergeben sich insbesondere für die medizinische Versorgung neue Möglichkeiten der Diagnostik und Therapie. Das Fachgebiet der Kardiologie ist mit seinen Krankheitsbildern und der spezifischen Patientenklientel im Besonderen für die Telemedizin prädestiniert: In der Behandlung kardialer Erkrankungen zeigt die Fernüberwachung relevanter Leistungsparameter und die Fernbetreuung ihren besonderen Wert sowohl aus diagnostischer als auch therapeutischer Sicht. In Kombination des Telemonitorings mit neuen pharmakologischen Therapiekonzepten, der Nutzung von implantierten Diagnostik- und Therapiesystemen sowie einer veränderten, auf Eigeninitiative basierenden Patientenrolle werden heute der Telemedizin in der Kardiologie, trotz offener und zum Teil kontrovers diskutierter Studienlage, positive Potenziale zuerkannt.

M. Schultz (✉) · C. Carius · J. Gilis-Januszewski
Herz- und Diabeteszentrum Nordrhein-Westfalen, Institut für angewandte Telemedizin,
Georgstraße 11, 32545 Bad Oeynhausen, Deutschland
E-Mail: mschultz@hdz-nrw.de

C. Carius
E-Mail: ccarius@hdz-nrw.de

J. Gilis-Januszewski
E-Mail: jjanuszewski@hdz-nrw.de

© Springer-Verlag Berlin Heidelberg 2016
F. Fischer und A. Krämer (Hrsg.), *eHealth in Deutschland*,
DOI 10.1007/978-3-662-49504-9_16

16.1 Einleitung

Im Gesundheitswesen hat sich, wie in vielen anderen Bereichen unserer Gesellschaft, in den letzten Jahrzehnten ein deutlicher Wandel vollzogen. Beeinflusst von demografischen Entwicklungen, dem technologischen Fortschritt und dem erweiterten wissenschaftlichen Erkenntnisstand ergaben sich insbesondere für die medizinische Versorgung neue Möglichkeiten der Diagnostik und Therapie. Die Telemedizin erlangt hierbei zunehmende Aufmerksamkeit. Die Nutzung der Telemedizin wird nicht zuletzt aufgrund der Zunahme der Anzahl älterer und multimorbider Patientinnen und Patienten, dem zahlenmäßigen Missverhältnis zwischen Patientinnen/Patienten und Hausärztinnen/Hausärzten sowie den gestiegenen Gesundheitsausgaben an Bedeutung gewinnen. So wurden im Jahr 2013 in Deutschland 314,9 Mrd. € für Gesundheit ausgeben. Dies stellt einen Anstieg von 4 % gegenüber dem Vorjahr dar (Mannschreck 2015). Hierbei nehmen die Erkrankungen des Herzkreislaufsystems in der Betrachtung der diagnosebezogenen Krankheitskosten den größten Stellenwert ein (14,5 % im Jahr 2008) (Statistisches Bundesamt 2010).

Das Fachgebiet der Kardiologie ist mit seinen Krankheitsbildern und der spezifischen Patientenklientel im Besonderen für die Telemedizin prädestiniert: In der Behandlung kardialer Erkrankungen zeigt die Fernüberwachung relevanter Leistungsparameter und die Fernbetreuung ihren besonderen Wert sowohl aus diagnostischer als auch therapeutischer Sicht. In Kombination des Telemonitorings mit neuen pharmakologischen Therapiekonzepten, der Nutzung von implantierten Diagnostik- und Therapiesystemen sowie einer veränderten, auf Eigeninitiative basierenden Patientenrolle werden heute der Telemedizin in der Kardiologie, trotz offener und zum Teil kontrovers diskutierter Studienlage, positive Potenziale zuerkannt (Inglis et al. 2015a).

Indes ist die Studienlage eher heterogen: In mehreren Studien und Metaanalysen wurden positive Effekte für die Telemedizin in der Kardiologie bei der Primär- und Sekundärprävention kardiovaskulärer Erkrankungen, dem akuten Koronarsyndrom, der kardiologischen Rehabilitation und der Betreuung von Patientinnen und Patienten mit Herzinsuffizienz sowie der antiarrhythmischen und Elektro-Device-Therapie beschrieben (Inglis et al. 2010, 2015a; Brunetti et al. 2015; Kotb et al. 2015). In anderen Studien wurde gezeigt, dass durch Telemonitoring weder positive Effekte auf die Mortalität noch auf die Hospitalisierung auftraten (Blum und Gottlieb 2014; Vuorinen et al. 2014) oder die Effekte nur für bestimmte Subgruppen von Patientinnen und Patienten nachweisbar sind (Koehler et al. 2012).

16.2 Kernelemente der telemedizinischen Betreuung

Für die Behandlung und Betreuung von Patientinnen und Patienten mit chronischen Erkrankungen, und im Besonderen bei Erkrankungen kardiovaskulärer Genese, ist ein Konzept erforderlich, welches auf Kontinuität und eine effizienten Einflussnahme setzt. Damit sollen langfristige Entwicklungen (wie beispielsweise erhöhte Sensibilität für

Veränderungen des eigenen Gesundheitszustands und angepasste Lebensweise) sowie die Compliance der Patientinnen und Patienten gefördert werden. Ziel ist es, das Fortschreiten der Erkrankung zu verzögern sowie Lebensqualität und Patientenzufriedenheit zu steigern.

Durch Telemonitoring und regelmäßige Gespräche mit den Patientinnen und Patienten wird die Informationslage für die therapeutische Einflussnahme verbessert. Zusätzlich kann eine Kompetenzsteigerung bei den Patientinnen und Patienten hinsichtlich ihrer chronischen Erkrankungen erreicht werden. Ein abgestimmtes Handeln aller am Versorgungsprozess Beteiligten erhöht hier die Effizienz der Betreuung von Patientinnen und Patienten (Bui und Fonarow 2012).

16.2.1 Telemonitoring

Eine wesentliche Komponente von telemedizinischen Betreuungs- und Behandlungskonzepten stellt das Telemonitoring von Vitaldaten dar. Es ermöglicht dem telemedizinisch betreuenden Personal frühzeitig Veränderungen des Gesundheitszustandes festzustellen und angemessen zu reagieren. So dient das regelmäßige und systematische Telemonitoring von krankheitsrelevanten medizinischen Parametern bei Patientinnen und Patienten mit chronischen Erkrankungen der Beurteilung des Krankheitsverlaufs sowie der Überprüfung und Anpassung der Therapie. Dem Erkennen von akuten Verschlechterungen können unmittelbare therapeutische Maßnahmen folgen. Die Auswahl der relevanten Parameter sollte dabei mit möglichst hoher Sensitivität und/oder Spezifität für das jeweilige Krankheitsbild bzw. für die Prädiktion von Krankheitsverschlechterungen vorgenommen werden (Dickstein et al. 2008; Zhang et al. 2009).

Die zur Erhebung der Parameter eingesetzte medizintechnische Lösung muss zudem die Anforderungen aus Anwendersicht (Patientinnen und Patienten sowie medizinisches Personal) erfüllen. Obgleich die spezifische Patientenklientel in der Regel durch ein höheres Lebensalter, fehlendes technisches Umfeld und gering ausgeprägtes technisches Wissen charakterisiert wird, ist auch im höheren Lebensalter die Technikakzeptanz für die telemedizinische Betreuung gegeben (Clark et al. 2007).

Dies ist insbesondere für die zum Teil manuellen Mess- und Übertragungssysteme, die derzeit noch zum Einsatz kommen, von Relevanz. Darüber hinaus lassen einige Anwendungen die Möglichkeit des Feedbacks durch Patientinnen und Patienten, der Bestätigung von Messungen und Messdaten und die Ergänzung von Parametern und Informationen zu. Je nach Behandlungssituation und -organisation und vertraglicher Regelung des telemedizinischen Betreuungsprogrammes werden hier Datenschutzanforderungen im Sinne der informellen Selbstbestimmung im Rahmen einer Datenfreigabe umgesetzt. Für die Auswertung der bezüglich der Messparameter erhobenen Daten und ergänzender Informationen kommen (teil-)automatische, multivariate Korrelationen und Analyseverfahren zur Anwendung. Sie dienen unter anderem zur Überwachung, Kontrolle und Validierung der Messwerte (Tab. 16.1).

Tab. 16.1 Dimensionen zur Kategorisierung des Telemonitoring

Messverfahren	**Nicht-invasiv** Beispiel: Telemedizinische Waage		**Invasiv** Beispiel: Implantierter Schrittmacher
Datenerfassung	**Manuell** Beispiel: Die Patientin erfasst aktiv ihre Werte; sie stellt sich auf die Waage und liest den Gewichtswert ab		**Automatisiert** Beispiel: Der implantierte Herzschrittmacher erfasst ohne Zutun des Patienten dessen Werte sowie Werte zur eigenen Funktionalität (z. B. Batterieladestand)
Datenübertragung	**Manuell** Beispiel: Der Patient ruft in seinem betreuenden Telemedizinzentrum an und übermittelt die Werte telefonisch	**Teil-automatisiert** Beispiel: Die Patientin stellt durch „Knopfdruck" die Verbindung zum Telemedizinzentrum her und initiiert damit die Datenübertragung	**Automatisiert** Beispiel: Die Waage sendet via Bluetooth an ein Übertragungsmodul, von diesem werden die Werte automatisiert an eine entsprechende Plattform des Telemedizinzentrums gesandt
Datenauswertung	**Manuell** Beispiel: Die Betreuerin telefoniert mit der Patientin und wertet die Daten der Patientin in Zusammenschau aller vorliegenden Informationen aus		**Automatisiert** Beispiel: Ein bestimmtes Werte-Intervall wird individuell für einen Patienten festgelegt. Weichen Werte vom Intervall ab, werden die Betreuer und/oder Patient informiert
Reaktionszeit	**Unmittelbar** Beispiel: Ein Schrittmacher sendet die Information über sein „Auslösen" unmittelbar nach dem Ereignis, eine Mitarbeiterin im Telemedizinzentrum reagiert sofort	**Kurzfristig** Beispiel: Die Mitarbeiterin eines Telemedizinzentrums prüft täglich die eingegangenen Gewichtswerte des Patienten und meldet sich bei Bedarf noch am gleichen Tag bei ihm	**Langfristig** Beispiel: Ein Arzt im Telemedizinzentrum erstellt halbjährlich Trendanalysen auf Basis der täglichen Monitoringwerte und übermittelt diese im Bericht an den Hausarzt

(Fortsetzung)

Tab. 16.1 (Fortsetzung)

	Manuell	Automatisiert
Rückmeldung an Patienten	Beispiel: Die Betreuerin telefoniert mit der Patientin und wertet die Daten der Patientin in Zusammenschau aller vorliegenden Informationen aus und gibt der Patientin direkt Feedback zur Medikationsänderung	Beispiel: Die Patientin misst ihren INR-Wert. Das Messgerät zeigt bereits nach der Messung an: „Ihr Wert liegt außerhalb Ihres Wertekorridors. Bitte nehmen Sie Kontakt mit dem Telemedizinzentrum auf"

Es werden drei verschiedene Formen des Telemonitoring unterschieden: Remote-Monitoring, Retro-Monitoring und Self-Monitoring (VDE 2009; Müller et al. 2009). Das Remote-Monitoring erlaubt es dem Patienten oder der Patientin aktiv eine Verbindung zum Telemedizinzentrum aufzubauen und Daten zu übertragen. Die Daten können im Telemedizinzentrum von einer Betreuerin bzw. einem Betreuer oder ärztlichem Personal eingesehen werden. Das Self-Monitoring umfasst die Übertragung von Daten der Patientinnen und Patienten zu einer Plattform, in welcher die Daten automatisiert vor-ausgewertet werden. Patientinnen und Patienten erhalten hierüber eine Rückmeldung. Beim Retro-Monitoring speichert ein Gerät die Werte über einen längeren Zeitraum. Der Arzt bzw. die Ärztin oder die betreuende Person lesen den Datenträger aus und bewerten retrospektiv die Daten (Heidbüchel et al. 2008; Schwab et al. 2008).

16.2.2 Coaching und Empowerment

Unter Empowerment wird der Prozess des Kommunikations-, Wissens- und Wertetransfers zwischen Patientinnen bzw. Patienten und der medizinischen Betreuungsperson verstanden. Durch diesen Transfer entwickeln Patientinnen und Patienten zunehmend die Fähigkeit, ihren Gesundheitszustand bzw. krankheitsbezogenen Alltag besser zu beeinflussen und zu gestalten (Aujoulat et al. 2007). Coaching im Sinne der Befähigung und Wissensvermittlung stellt einen zentralen Aspekt des Empowerments dar und erfolgt in telemedizinischen Versorgungsprogrammen im Rahmen regelmäßiger Betreuungstelefonate und über die eingeübte Routine selbstständiger, täglicher Vitaldatenmessungen. Diese Kombination aus zielgerichteter und systematischer Kommunikation und Telemonitoring sensibilisiert die Patientinnen und Patienten für die Zusammenhänge zwischen wahrgenommenen Symptomen und Messwerten und versetzt sie in die Lage, die Krankheit besser einzuschätzen und Handlungsoptionen zu erkennen. Die Patientinnen und Patienten gewinnen Zutrauen in ihre eigenen Fähigkeiten mit der Erkrankung umzugehen (Riley et al. 2013). Entscheidend ist das Vertrauensverhältnis zwischen telemedizinischen Betreuerinnen und Betreuern und den Patientinnen und Patienten. Nur wenn dieses gegeben ist, handeln die Patientinnen und Patienten entsprechend den Hinweisen und Ratschlägen der Betreuerinnen und Betreuer (Purc-Stephenson und Trasher 2012).

Es kann zwischen aktivem und reaktivem Coaching per Telefon unterschieden werden. Beim aktiven Coaching werden regelmäßig Telefonate zwischen den betreuenden Personen und den Patientinnen bzw. Patienten vereinbart. Das reaktive Coaching sieht vor, dass sich die telemedizinischen Betreuenden in Folge von Auffälligkeiten in den übermittelten Daten bei den Patientinnen und Patienten melden. Ferner kann das Coaching in Form eines vorstrukturierten Gesprächs durchgeführt werden oder einem patientenzentrierten Ansatz folgen (Dennis et al. 2013).

16.3 Studienlage

Studienlage zu Telemonitoring und Coaching

In einzelnen Studien konnten positive Effekte für das Telemonitoring und das Coaching nachgewiesen werden. Durch telefonbasiertes Coaching können die Anzahl der Krankenhauseinweisungen gesenkt sowie die Dauer des Krankenhausaufenthalts langfristig reduziert werden (Ferrante et al. 2010). In Kombination mit einem Telemonitoring kann sich die Mortalität der Patientinnen und Patienten reduzieren, dies gilt auch für ein älteres Patientenkollektiv (über 70 Jahre) (Inglis et al. 2015b). Auch zeigen das telefonbasierte Coaching und das Telemonitoring positive Effekte auf die Lebensqualität der Patientinnen und Patienten (Inglis et al. 2011).

Die Patientinnen und Patienten fühlen sich durch eine telemedizinische Betreuung und die täglichen Messungen der Vitaldaten häufig sicherer im Umgang mit ihrer Erkrankung als vor der telemedizinischen Intervention (Prescher et al. 2013; Fairbrother et al. 2014). Zudem wiesen Patientinnen und Patienten in Studien eine anhaltend hohe Therapietreue auf, wenn sie individuell im Umgang mit ihrer Erkrankung geschult wurden und das von ihnen zu bedienende Telemonitoring-System einfach zu bedienen war (Prescher et al. 2014).

Für telemonitoring-gestützte Zusammenarbeit zwischen Hausärztinnen bzw. Hausärzten und spezialisierten Herzkliniken (kardiologische Kliniken) wurde von Dendale et al. (2012) eine Reduktion der Krankenhausaufenthalte und der Mortalität der Patientinnen und Patienten nachgewiesen.

Studienlage zu Telemonitoring bei Herzinsuffizienz

Aktuell ist die telemedizinische Betreuung von Patientinnen und Patienten mit einer Herzinsuffizienz die am intensivsten wissenschaftlich untersuchte und am Gesundheitsmarkt am häufigsten in Programmen angebotene Form des Telemonitorings.

Die Herzinsuffizienz wird in der entsprechenden ESC-Leitlinie klinisch definiert als:

> ...ein Syndrom, bei dem die Patienten typische Symptome (z. B. Luftnot, Knöchel-Ödeme und Müdigkeit) und Zeichen (z. B. erhöhter Jugularvenenpuls, Rasselgeräusche über die Lunge, Verlagerung des Herzspitzenstoßes) haben, die aus einer Störung der kardialen Struktur oder Funktion resultieren (McMurray et al. 2012).

Folgt man der ESC-Leitlinie für die Herzinsuffizienz, werden die Therapiemöglichkeiten unter der Zielstellung, der Vermeidung von Hospitalisierungen und Verbesserung der Überlebensrate und der Lebensqualität, vor allem bei der systolischen Herzinsuffizienz (HF-REF) nach Schweregrad (NYHA-Stadium II bis IV), der Herzleistung (LVEF $\leq$ 35 %) und dem Herzrhythmus sowie der Frequenz differenziert. Die derzeitigen Therapieoptionen sehen zunächst eine pharmakologische Behandlung mit Diuretika, ACE-Hemmer und Beta-Blocker vor und reichen schlussendlich über die Versorgung mit Implantaten (ICD, CRT-P/CRT-D), über operative Revaskularisierung (Bypass) sowie Herzunterstützungssysteme (VAD) bis hin zur Herztransplantation.

Die Zielsetzung einer telemedizinischen Herzinsuffizienz-Betreuung ist es, durch eine engmaschige Betreuung und Schulung der Patientinnen und Patienten:

- frühzeitig Dekompensationen zu verhindern und dadurch stationäre Aufenthalte zu vermeiden,
- das Fortschreiten von chronischen Erkrankungen zu verlangsamen sowie
- die Lebensqualität der Patientinnen und Patienten zu verbessern und das Sicherheitsgefühl der Patientinnen und Patienten zu stärken.

Die telemedizinische Betreuung von Herzinsuffizienzpatientinnen und -patienten umfasst in der Regel drei Elemente:

- Schulung der Patientinnen und Patienten entsprechend den Inhalten der Leitlinie für chronische Herzinsuffizienz im Umgang mit ihrer Erkrankung und im Umgang mit telemedizinischen Geräten
- Telemonitoring von Vitalparametern
- Coaching- und Empowerment-Telefonate, die auch zur Vertiefung oder Wiederholung von Schulungsinhalten genutzt werden können

Der Einsatz der Telemedizin kann innerhalb der unterschiedlichen Schweregrade einer chronischen Herzinsuffizienz erwogen werden. Gerade in der Therapieüberwachung von Patientinnen und Patienten mit instabilem Krankheitszustand kann die telemedizinische Betreuung einen Mehrwert erzielen. Die Intensität und Frequenz des telemedizinischen Monitorings und der Betreuungstelefonate werden zumeist adaptiert an den aktuellen Status (Stabilität) und den Schweregrad der Erkrankung der Patientinnen und Patienten (McMurray et al. 2012). Hierzu werden die Kriterien der New York Heart Association (NYHA) herangezogen (Tab. 16.2).

Tab. 16.2 Kritierien der New York Heart Association (NYHA) basierend auf der Symptomatik und der körperlichen Aktivität der Patientinnen und Patienten (NYHA 1964; Hoppe et al. 2005)

NYHA-Klassen	Kriterien
Klasse I	Keine Einschränkung der körperlichen Aktivität Normale körperliche Aktivität führt nicht zu Luftnot, Müdigkeit oder Palpitationen
Klasse II	Leichte Einschränkung der körperlichen Aktivität Beschwerdefreiheit unter Ruhebedingungen; aber bei normaler körperlicher Aktivität kommt es zu Luftnot, Müdigkeit oder Palpitationen
Klasse III	Deutliche Einschränkung der körperlichen Aktivität Beschwerdefreiheit unter Ruhebedingungen; aber bereits bei geringer körperlicher Aktivität Auftreten von Luftnot, Müdigkeit oder Palpitationen
Klasse IV	Unfähigkeit, körperliche Aktivität ohne Beschwerden auszuüben Symptome unter Ruhebedingungen können vorhanden sein. Jegliche körperliche Aktivität führt zur Zunahme der Beschwerden

16.4 Fazit und Ausblick

In einer Vielzahl von durchgeführten Studien zur telemedizinischen Betreuung und zum Einsatz des Telemonitorings bei Herzinsuffizienz konnten in den letzten zehn Jahren positive Effekte auf die primären Outcomes der Vermeidung von Hospitalisierungen und Verringerung der Mortalität sowie der Verbesserung der Lebensqualität nachgewiesen werden. Eine Einbettung in Disease-Management-Programme und die Fokussierung auf bestimmte Subpopulationen von Patientinnen und Patienten werden, so die Hoffnung, in zukünftigen Untersuchungen zum Beleg der erwarteten gesundheitsökonomischen Effekte führen.

Literatur

Aujoulat I, d'Hoore W, Deccache A (2007) Patient empowerment in theory and practice: polysemy or cacophony? Patient Educ Couns 66(1):13–20

Blum K, Gottlieb SS (2014) The effect of a randomized trial of home telemonitoring on medical costs, 30-day readmissions, mortality, and health-related quality of life in a cohort of community-dwelling heart failure patients. J Card Fail 20(7):513–521

Brunetti ND, Scalvini S, Acquistapace F, Parati G, Volterrani M, Fedele F, Molinari G (2015) Telemedicine for cardiovascular disease continuum: a position paper from the Italian Society of Cardiology Working Group on telecardiology and informatics. Int J Cardiol 184:452–458

Bui AL, Fonarow GC (2012) Home monitoring for heart failure management. J Am Coll Cardiol 59(2):97–104

Clark RA, Yallop JJ, Piteman L, Croucher J, Tonkin A, Stewart S, Krum H, CHAT Study Team (2007) Adherence, adaptation and acceptance of elderly chronic heart failure patients to receiving healthcare via telephone-monitoring. Eur J Heart Fail 9(11):1104–1111

Dendale P, De Keulenaer G, Troisfontaines P, Weytjens C, Mullens W, Elegeert I, Ector B, Houbrecht M, Willekens K, Hansen D (2012) Effect of a telemonitoring-facilitated collaboration between general practitioner and heart failure clinic on mortality and rehospitalization rates in severe heart failure: the TEMA-HF 1 (Telemonitoring in the management of heart failure) study. Eur J Heart Fail 14(3):333–340

Dennis SM, Harris M, Lloyd J, Powell Davies G, Farugi N, Zwar N (2013) Do people with existing chronic conditions benefit from telephone coaching? A rapid review. Aust Health Rev 37(3):381–388

Dickstein K, Cohen-Solal A, Filippatos G, McMurray JJ, Ponikowski P, Poole-Wilson PA, Strömberg A, Veldhuisen DJ van, Atar D, Hoes AW, Keren A, Mebazaa A, Nieminen M, Priori SG, Swedberg K, ESC Committee for Practice Guidelines (CPB) (2008) ESC guidelines for the diagnosis and treatment of acute and chronic heart failure 2008: the task force for the diagnosis and treatment of acute and chronic heart failure 2008 of the European Society of Cardiology. Developed in collaboration with the Heart Failure Association of the ESC (HFA) and endorsed by the European Society of Intensive Care Medicine (ESICM). Eur J Heart Fail 29(19):933–989

Fairbrother P, Ure J, Hanley J, McCloughan L, Denvir M, Sheikh A, McKinstry B, Telescot Programme Team (2014) Telemonitoring for chronic heart failure: the views of patients and healthcare professionals – a qualitative study. J Clin Nurs 23(1–2):132–144

Ferrante D, Varini S, Macchia A, Soifer S, Badra R, Nul D, Grancelli H, Doval H, GESICA Investigators (2010) Long-term results after a telephone intervention in chronic heart failure DIAL (randomized trial of phone intervention in chronic heart failure) follow-up. J Am Coll Cardiol 56(5):372–378

Heidbüchel H, Lioen P, Foulon S, Huybrechts W, Ector J, Willems R, Ector H (2008) Potential role of remote monitoring for scheduled and unscheduled evaluations of patients with an implantable defibrillator. Europace 10(3):351–357

Hoppe UC, Böhm M, Dietz R, Hanrath P, Kroemer HK, Osterspey A, Schmaltz AA, Erdmann E (2005) Leitlinien zur Therapie der chronischen Herzinsuffizienz. Z Kardiol 94(8):488–509

Inglis SC, Clark RA, McAlister FA, Ball J, Lewinter C, Cullington D, Stewart S, Cleland JG (2010) Structured telephone support or telemonitoring programmes for patients with chronic heart failure. Cochrane Database Syst Rev 4(8):CD007228

Inglis SC, Clark RA, McAlister FA, Stewart S, Cleland JG (2011) Which components of heart failure programmes are effective? A systematic review and meta-analysis of the outcomes of structured telephone support or telemonitoring as the primary component of chronic heart failure management in 8323 patients: abridged cochrane review. Eur J Heart Fail 13(9):1028–1040

Inglis SC, Clark RA, Dierckx R, Prieto-Merino D, Cleland JG (2015a) Structured telephone support or non-invasive telemonitoring for patients with heart failure. Cochrane Database Syst Rev 10:CD007228

Inglis SC, Conway A, Cleland JG, Clark RA (2015b) Is age a factor in the success or failure of remote monitoring in heart failure? Telemonitoring and structured telephone support in elderly heart failure patients. Eur J Cardiovasc Nurs 14(3):248–255

Koehler F, Winkler S, Schieber M, Sechtem U, Stangl K, Böhm M, de Brouwer S, Perrin E, Baumann G, Gelbrich G, Boll H, Honold M, Koehler K, Kirwan BA, Anker SD (2012) Telemedicine in heart failure: pre-specified and exploratory subgroup analyses from the TIM-HF trial. Int J Cardiol 161(3):143–150

Kotb A, Cameron C, Hsieh S, Wells G (2015) Comparative effectiveness of different forms of telemedicine for individuals with heart failure (HF): a systematic review and network meta-analysis. PLoS One 10(2):e0118681

Mannschreck M (2015) Gesundheitsausgaben im Jahr 2013 bei 314,9 Milliarden Euro. Pressemitteilung des Statistischen Bundesamtes vom 14.04.2015. https://www.destatis.de/DE/PresseService/Presse/Pressemitteilungen/2015/04/PD15_132_23611.html. Zugegriffen: 22. Febr. 2016

McMurray JJ et al (2012) ESC guidelines for the diagnosis and treatment of acute and chronic heart failure 2012: the task force for the diagnosis and treatment of acute and chronic heart failure 2012 of the European Society of Cardiology. Developed in collaboration with the Heart Failure Association (HFA) of the ESC. Eur J Heart Fail 14(8):803–869

Müller A, Helms TM, Schweizer J, Korb H (2009) Schrittmacher und interne Defibrillatoren mit kardiotelemedizinischer Unterstützung. Bundesgesundheitsbl Gesundheitsforsch Gesundheitsschutz 52(3):306–315

NYHA (1964) Diseases of the heart and blood vessels: nomenclature and criteria for diagnosis. New York Heart Association

Prescher S, Deckwart O, Winkler S, Koehler K, Honold M, Koehler F (2013) Telemedical care: feasibility and perception of the patients and physicians: a survey-based acceptance analysis of the telemedical interventional monitoring in heart failure (TIM-HF) trial. Eur J Prev Cardiol 20(Suppl. 2):18–24

Prescher S, Deckwart O, Koehler K, Lücke S, Schieber M, Wellge B, Winkler S, Baumann G, Koehler F (2014) Wird Telemonitoring von Patienten mit chronischer Herzinsuffizienz angenommen? Analyse der Adhärenz in der TIM-HF-Studie. Dtsch Med Wochenschr 139(16):829–834

Purc-Stephenson RJ, Thrasher C (2012) Patient compliance with telephone triage recommendations: a meta-analytic review. Patient Educ Couns 87(2):135–142

Riley JP, Gabe JP, Thrasher C (2013) Does telemonitoring in heart failure empower patients for self-care? A qualitative study. J Clin Nurs 22(17–18):2444–2455

Schwab JO, MüllerA Oeff M, Neuzner J, Sack S, Pfeiffer D, Zugck C, Nucleus der Arbeitsgruppe Telemonitoring der Deutschen Gesellschaft für Kardiologie, Herz- und Kreislaufforschung (2008) Telemedizin in der Kardiologie – Relevanz für die Praxis?! Herz 33(6):420–430

Statistisches Bundesamt (2010) Gesundheit Krankheitskosten 2002, 2004, 2006 und 2008. Statistisches Bundesamt, Wiesbaden

VDE (2009) VDE/DGK-Thesenpapier. TeleMonitoring-Systeme in der Kardiologie: Mikrosysteme in der Medizin – Erfordernisse, Realisierungen, Perspektiven. Verband der Elektrotechnik, Elektronik und Informationstechnik e. V., Frankfurt a. M.

Vuorinen AL, Leppänen J, Kaijanranta H, Kulju M, Heliö T, van Gils M, Lähteenmäki J (2014) Use of home telemonitoring to support multidisciplinary care of heart failure patients in Finland: randomized controlled trial. J Med Internet Res 16(12):e282

Zhang J, Goode KM, Cuddihy PE, Cleland JG (2009) Predicting hospitalization due to worsening heart failure using daily weight measurement analysis of the Trans-European Network-Home-Care Management System (TEN-HMS) study. Eur J Heart Fail 11(4):420–427

Telemedizin in der Notfallmedizin

Michael Czaplik und Sebastian Bergrath

Zusammenfassung

Die notärztliche Versorgung steht bereits heute vor großen Herausforderungen. In vielen Regionen Deutschlands wird es zunehmend schwierig, die steigenden Einsatzzahlen im Rettungsdienst zu bewältigen. Aufgrund zunehmender Komorbiditäten der immer älter werdenden Patientinnen und Patienten nimmt auch die Komplexität der Notarzteinsätze zu. Dadurch ist die Aufrechterhaltung einer adäquaten Behandlungsqualität erschwert, insbesondere in dünn besiedelten Regionen, in denen oft auch ein Ärztemangel vorherrscht. Mit Hilfe des sogenannten Telenotarztes steht ein neues Strukturelement zur Verfügung, mit dem der relative oder absolute Notarztmangel teilkompensiert, das sogenannte therapiefreie Intervall verkürzt sowie die Behandlungsqualität verbessert und überwacht werden kann. Es erlaubt einen ökonomischen und zielgerichteten Notarzteinsatz. Nach erfolgreicher Einführung in die Regelversorgung werden heute in Aachen bereits ein Viertel aller notärztlichen Einsätze durch den Telenotarzt betreut anstelle durch den konventionellen Notarzt.

M. Czaplik (✉) · S. Bergrath
Klinik für Anästhesiologie, Uniklinik der RWTH Aachen, Pauwelsstr. 30, 52074 Aachen, Deutschland
E-Mail: mczaplik@ukaachen.de

S. Bergrath
E-Mail: sbergrath@ukaachen.de

© Springer-Verlag Berlin Heidelberg 2016
F. Fischer und A. Krämer (Hrsg.), *eHealth in Deutschland*,
DOI 10.1007/978-3-662-49504-9_17

17.1 Einleitung

Der medizinische Fortschritt mit der konsekutiv gestiegenen Lebenserwartung einerseits und der Rückgang der Geburtenrate andererseits führten und führen aktuell zu einem demografischen Wandel. Viele medizinische Zwischenfälle und Notfälle, die vor einigen Jahren noch ausschließlich im innerklinischen Bereich vorzufinden waren, finden heutzutage auch präklinisch statt. Vor diesem Hintergrund überrascht die bundesweit stetig steigende Anzahl an Rettungsdienst- und Notarzteinsätzen nicht (Maier und Dirks 2003; Gries et al. 2003). Aufgrund des gleichzeitig steigenden Ärztemangels (Kopetsch 2006; Martin 2008) und des zunehmenden Kostendrucks im Gesundheitswesen kann der Bedarf an Notärztinnen und Notärzten nicht überall und jederzeit gedeckt werden (Gries et al. 2003). Aus diesen Gründen ist mit großen organisatorischen Herausforderungen, zunehmenden Qualitätseinbußen und schlussendlich messbaren Defiziten zu rechnen (Stratmann et al. 2004; Schlechtriemen et al. 2003). Ein wichtiges und relativ einfach zu ermittelndes Indiz hierauf ist die verlängerte Eintreffzeit des Notarztes bzw. der Notärztin am Einsatzort, die mit einem potenziell verlängerten therapiefreien Intervall einhergeht und bei sogenannten Tracer-Diagnosen von hoher Relevanz sein kann. Als Tracer-Diagnosen gelten insbesondere der Herzinfarkt, das Polytrauma und der Schlaganfall, da sich diese durch eine besondere Zeitkritikalität auszeichnen. Ein weiteres Problem ist die zunehmende Zahl nicht kontinuierlich besetzter Notarztstandorte insbesondere in ländlichen Regionen mit geringer Ärztedichte (Schlechtriemen et al. 2003; Reimann et al. 2004). Eine Reduktion der Qualitätsanforderungen an den Notarzt bzw. die Notärztin darf jedoch nicht die „Lösung" auf den sich entwickelnden Personalmangel sein (Schlechtriemen et al. 2003). Vielmehr müssen alternative multimodale Konzepte entwickelt werden, zum Beispiel durch eine verstärkte Einbeziehung niedergelassener Ärztinnen und Ärzte, einer optimierten Zusammenarbeit mit dem kassenärztlichen Notdienst, einer Steigerung der Verantwortung nicht-ärztlicher Rettungsdienstmitarbeiterinnen und -mitarbeiter sowie dem Einsatz von Telemedizin.

Rettungsdienst in Deutschland
In Deutschland unterliegt der Rettungsdienst dem Föderalismus und wird daher durch die Landesrettungsdienstgesetze geregelt. Im engeren Sinne umfasst der Rettungsdienst dabei die Notfallrettung sowie den ggf. ärztlich begleiteten Patiententransport. Träger des Rettungsdienstes sind die Kommunen oder Landkreise, teilweise wurden auch Zweckverbände eingerichtet. Wahrgenommen wird der Rettungsdienst durch die Feuerwehr und die Hilfsorganisationen sowie durch kommunale (private) Rettungsdienstunternehmen.

Ein sogenannter Rettungswagen (RTW) stellt das übliche Transportmittel für die Notfallrettung und für ärztlich begleitete Patiententransporte dar. Personell besetzt wird dieser in den meisten Bundesländern mit einem Rettungssanitäter bzw. einer Rettungssanitäterin (RS, 3 Monate Ausbildung) und einem Rettungsassistenten bzw. einer Rettungsassistentin (RA, 2 Jahre Ausbildung). Diese müssen aufgrund eines seit dem 01.01.2014 in Kraft getretenen Gesetzes (NotSanG 2013) sukzessive durch dreijährig ausgebildete Notfallsanitäter bzw. Notfallsanitäterinnen (NFS) ersetzt werden. Das sogenannte Notarzteinsatzfahrzeug (NEF) wird mit einem Notarzt bzw. einer Notärztin (NA) und einem RA/NFS besetzt. Zur Qualifikation als NA bedarf es lediglich dem „Fachkundenachweis Rettungsdienst" oder in einigen Bundesländern auch der „Zusatzbezeichnung Notfallmedizin" einer Ärztekammer. Hierbei handelt es sich aus unserer Sicht um Basisqualifikationen, die dem tatsächlichen Anspruch allerdings nicht gerecht werden.

Nach Eingang eines Notrufes werden durch die Rettungsleitstelle entsprechend geeignete Rettungsmittel alarmiert – dies kann je nach Meldung ein RTW oder auch ein RTW plus NEF sein. Für spezielle Meldebilder oder auch für den Fall, dass kein anderes arztbesetztes Rettungsmittel verfügbar ist, kommen zunehmend auch Rettungshubschrauber (RTH) zum Einsatz. Ermittelt wird das „geeignete Rettungsmittel" anhand einer in der Regel softwaremäßig hinterlegten Schlagwortliste (Beispiel: „Atemnot" führt zur Alarmierung von RTW plus NEF). Dispositionen und Dispositionskatalog differieren von Land zu Land und von Kommune zu Kommune, entsprechende allgemeine Empfehlungen zur Notarztindikation wurden von der Bundesärztekammer (2013) erstellt und veröffentlicht. Sie geben aufgrund des allgemeinen Charakters nur einen gewissen Rahmen vor.

Das in der Regel praktizierte System ist das sogenannte *Rendez-vous-System*. Das bedeutet, dass RTW und NEF parallel für den gleichen Einsatz alarmiert werden und sich dann an der Einsatzstelle (oder unterwegs) treffen. Die sogenannte Hilfsfrist legt fest, wie lange es maximal dauern darf, bis das erste „geeignete Fahrzeug" an der Einsatzstelle eintrifft. Sie schwankt, je nach Land und Region, zwischen 8 und 17 min. Aufgrund der wesentlich höheren RTW-Anzahl und örtlichen Diversifikation trifft der RTW in der Regel als erstes Fahrzeug ein. Nach Kontaktaufnahme mit der Patientin bzw. dem Patienten beginnen die Erhebung des Erstbefundes und eine erste Einschätzung der Lage. Hieraus können folgenden Situationen entstehen:

1. Ein Notarzt bzw. eine Notärztin wird tatsächlich benötigt und ist bereits unterwegs (wurde parallel mitalarmiert). Vor seinem bzw. ihrem Eintreffen können zwar bestimmte Maßnahmen ergriffen werden; weitere, potenziell lebensrettende, Maßnahmen müssen solange – aus fachlichen oder rechtlichen Gründen – unterbleiben. Je nach Region und Einsatzsituation muss hier eine Wartezeit > 20 min in Kauf genommen werden. Das sogenannte therapiefreie Intervall verlängert sich und kann bei einigen medizinischen Diagnosen schwerwiegende Folgen haben.
2. Ein Notarzt bzw. eine Notärztin wird tatsächlich benötigt und wurde bisher nicht alarmiert. Hier gilt (1) analog, jedoch mit dem Unterschied, dass die Wartezeit und somit das therapiefreie Intervall deutlich verlängert ist und mitunter über 30 min betragen kann.
3. Ein Notarzt bzw. eine Notärztin wird nicht benötigt und das bereits alarmierte NEF kann abbestellt werden.

Insbesondere in strukturschwachen Regionen können die Situationen (1) und (2) zu gravierenden medizinischen Nachteilen für betroffene Patientinnen und Patienten führen.

Die Verlängerung eines therapiefreien Intervalls bei Tracer-Diagnosen, wie dem Herzinfarkt oder dem Schlaganfall, gefährdet vitales Gewebe. Auch eine verzögerte Schmerztherapie ist für alle Beteiligten unangenehm und kann zu (langfristigen) medizinischen Komplikationen führen. Aus verschiedenen wissenschaftlichen Untersuchungen ist bekannt, dass in vielen medizinischen Notfällen nicht die manuellen Fertigkeiten des Notarztes bzw. der Notärztin von Nöten sind, sondern vielmehr seine bzw. ihre fachliche Kompetenz, die schlussendlich zu einer rechtlich belastbaren medizinischen Therapieentscheidung führt.

Einsatz von Telemedizin im Rettungsdienst
Der Einsatz von Telemedizin im Rettungsdienst adressiert genau diesen Fall. Zur Überbrückung eines sonst deutlich verlängerten therapiefreien Intervalls wird ein besonders qualifizierter „Telenotarzt" (TNA) eingesetzt, mit dem die geforderte fachliche Kompetenz unverzüglich „per Knopfdruck" an die Einsatzstelle gebracht wird. Zur korrekten Einschätzung der Situation, Durchführung einer adäquaten Diagnostik und rechtlich sicheren Delegation ärztlicher Maßnahmen muss sich der TNA auf verschiedene Aspekte verlassen können: gut geschultes Personal vor Ort (in Bezug auf allgemeine notfallmedizinische Situationen gemäß Aus- und Fortbildung sowie auf die telemedizinischen Zusatzkomponenten), standardisierte und leitlinienkonforme Konzepte bzw. Verfahrensanweisungen sowie eine zuverlässige, robuste und geeignete Kommunikations- und Informationstechnik inklusive adäquater Medizintechnik.

Telemedizinische Systeme können als integrativer Teil der klassischen Rettungskette vernetzende und ergänzende Aufgaben wahrnehmen sowie als übergeordnete Einheiten qualitätssichernde bzw. unterstützende Funktionen (Abb. 17.1). Aus einer Analyse der typischen Tätigkeiten von Notärztinnen und Notärzten wird deutlich, dass deren manuelle Fertigkeiten nur in einem untergeordneten Anteil an Einsätzen benötigt werden (Gries et al. 2003). In einer wesentlich größeren Einsatzzahl sind medizinisches Wissen und die Verantwortung des Notarztes bzw. der Notärztin gefragt. Die daraus folgenden Tätigkeiten werden ohnehin schon regelhaft delegiert.

Vor diesem Hintergrund scheint Telemedizin das Potenzial zu besitzen, mehrere Kettenglieder der sogenannten „Rettungskette" zu unterstützen bzw. zu stabilisieren. Dem Eingang des Notrufes und der Einsatzeröffnung durch die Rettungsleitstelle folgt die Alarmierung der benötigten Rettungsmittel. Nach Ankunft des in der Regel ersteintreffenden RTW kann der TNA unverzüglich, bereits vor Eintreffen des gerufenen Notarztes bzw. der gerufenen Notärztin, konsultiert werden (sofern nicht ohnehin ohne Notarzt bzw. Notärztin disponiert wurde). Das therapiefreie Intervall kann somit in vielen Fällen minimiert werden. Neben der Unterstützung des gesamten Teams bei der leitlinienkonformen Therapie der Patientinnen und Patienten und ggf. Konsultation weiterer Fachleute (Hausarzt bzw. Hausärztin, Giftnotrufzentrale, KV-Dienst etc.) kann der TNA nun auch das nächste Kettenglied unterstützen: Nach Auswahl des geeigneten Krankenhauses

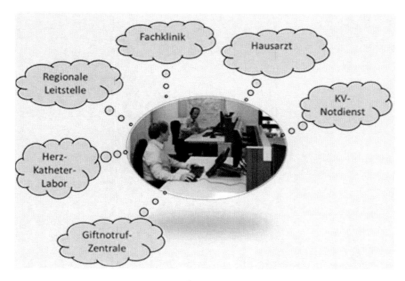

Abb. 17.1 Telenotarzt-Zentrale in der Mitte eines Kommunikationsnetzwerkes

können Patientinnen und Patienten kompetent vorangemeldet und damit die folgenden innerklinischen Prozesse optimiert werden.

Für einige Tracer-Diagnosen konnten Studien bereits das Potenzial der Telemedizin zeigen. So führte der Einsatz der Telemedizin bei der Diagnose Schlaganfall bzw. dem Akuten Koronarsyndrom zu einer verbesserten Versorgung und schlussendlich zu einem verbesserten Outcome der Patientinnen und Patienten (Meyer et al. 2008; Ziegler et al. 2008; Sanchez-Ross et al. 2011; Carstensen et al. 2007).

17.2 Historie

Bereits in 2007 startete ein vom Bundesministerium für Wirtschaft und Technologie gefördertes Forschungsprojekt mit dem Namen *Med-on-@ix*. In diesem gelang erstmalig die Entwicklung eines multifunktionalen Telemedizinsystems für den Rettungsdienst. Hierbei wurden verschiedene methodische Ansätze verfolgt (Abb. 17.2).

In diversen Workshops mit regionalen Anwenderinnen und Anwendern als auch mit Stakeholdern von Rettungsdienstbetreibern, Kostenträgern, wissenschaftlichen Einrichtungen und Fachgesellschaften wurden Bedarfe analysiert und Anforderungen erhoben, welche in die anschließende iterative Entwicklung des Systems und organisatorischen Konzeptes einflossen und getestet wurden (Skorning et al. 2009). Die telemedizinische Unterstützung von Notarztwagenteams stellte sich in der Full-scale Simulation als vorteilhaft gegenüber nicht unterstützten Teams dar. Medizinische Leitlinien wurden besser

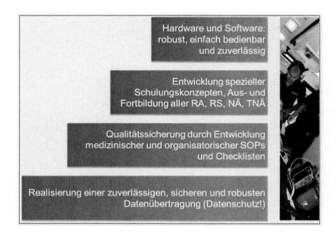

Abb. 17.2 Methodische Ansätze zur Realisierung eines telemedizinischen Rettungsassistenzsystems

eingehalten, potenziell lebensbedrohliche Komplikationen und Fehlbehandlungen konnten durch die Unterstützung eines TNA abgewendet werden (Skorning et al. 2012). Im zweiten Projektjahr kam eine Simulationsstudie zu dem Ergebnis, dass durch einen TNA unterstützte Rettungsassistentinnen und -assistenten eine mindestens gleichwertige Versorgungsqualität im Vergleich zu Notarztteams zeigten (Rörtgen et al. 2013).

Aus Sicherheitsgründen und um das Rettungsdienstpersonal nicht zu überfordern, wurde entschieden, dass System bewusst mit Notarztteams (1 NA, 2 RA) zur Anwendung am realen Patienten zu bringen. Ein TNA kommunizierte mit dem Team vor Ort und unterstützte medizinisch und organisatorisch. In einer ersten Anwendungsphase im rettungsdienstlichen Realbetrieb lag der wissenschaftliche Fokus auf der technisch-organisatorischen Evaluation. Die Verfahrensweise konnte als machbar bewertet werden. Die technische Zuverlässigkeit war zufriedenstellend für den damaligen Entwicklungsstand, jedoch waren Anpassungen und Optimierungen vor einem Routinebetrieb erforderlich. Zwischenfälle durch den Einsatz des Systems wurden nicht beobachtet (Bergrath et al. 2011). Einige technische Weiterentwicklungen konnten bereits während der Evaluationsphase umgesetzt und ein spezielles medizinisch-organisatorisches Konzept für den akuten Schlaganfall entwickelt werden. Eine telemedizinisch unterstützte, leitlinienbasierte strukturierte Anamnese und klinische Untersuchung wurde in der rettungsdienstlichen Praxis angewendet. Erstmalig erfolgte die neurologische Mitbeurteilung durch mobile Videoübertragung an räumlich entferntes ärztliches Personal. Die präklinische Schlaganfallversorgung sollte so optimiert und besser mit der akuten innerklinischen Phase vernetzt werden. Dieses Konzept war machbar und umsetzbar, ohne dass es durch die zusätzlichen Arbeitsschritte zu Verzögerungen oder negativen Effekten kam. Die anvisierten Beschleunigungen innerklinischer Prozesse erreichten zwar keine statistische Signifikanz im Vergleich zum Regelrettungssystem, der Datenfluss und somit die Menge an relevanten, schlaganfallspezifischen Informationen war jedoch in der Telemedizingruppe signifikant erhöht (Bergrath et al. 2012). Bei weiterer Schulung und umfassenderer

Implementierung war damit die Grundlage für einen Verbesserungsprozess geschaffen, der über die Systemgrenze Rettungsdienst hinausgeht.

Im Anschluss an Med-on-@ix folgte bis Ende 2013 das Projekt „TemRas – Telemedizinisches Rettungsassistenzsystem". Als eines von sieben Teilprojekten des Aachener Medizin-Technik-Clusters „in.nrw" wurde TemRas vom Ministerium für Innovation, Wissenschaft und Forschung des Landes Nordrhein-Westfalen sowie der EU über den EFRE-Fonds gefördert. Es wurden konkrete telenotfallmedizinische Konzepte und *Standard Operating Procedures (SOP)* ausgearbeitet, ein wesentlich anwenderfreundlicherer Prototyp zur Etablierung einer telemedizinischen Kontaktaufnahme entwickelt und in einer Evaluationsphase schlussendlich TNA-zu-RA-Konsultationen durchgeführt und wissenschaftlich bewertet. Innerhalb des Forschungsprojektes konnten in fünf Rettungsdienstbereichen sechs Rettungswagen ausgestattet und knapp 200 Personen auf dieses System geschult werden (Bergrath et al. 2013). Dem TNA wurden mittels Mobilfunktechnologie Vitalparameter sowie Bild- und Videomaterial von der Einsatzstelle und aus dem Rettungswagen live übermittelt, so dass dieser insbesondere dann ärztlich unterstützen kann, wenn kein Notarzt bzw. keine Notärztin vor Ort verfügbar war (Czaplik et al. 2014).

Neben der konsequenten Weiterentwicklung der Informations- und Kommunikationstechnik und einer Steigerung von Robustheit und Zuverlässigkeit des Gesamtsystems konnte insbesondere auch die Anwendungsfreundlichkeit (u. a. durch Reduktion von Volumen und Gewicht der portablen, mitzuführenden Einsatzstellen-Technik um gut 90 %) erheblich verbessert werden.

Während einer einjährigen Evaluationsphase im Zeitraum von August 2012 bis Juli 2013 wurden im Regelrettungsdienst verschiedener Wachen in den Städten bzw. Landkreisen Aachen, Köln, Heinsberg, Euskirchen und Düren unterschiedliche Zielparameter, auftretende Komplikationen sowie Unterschiede zwischen städtischen und ländlichen Einsätzen untersucht. Im Studienzeitraum wurden 425 Telekonsultationen erfolgreich durchgeführt, davon 401 Primär- und 24 Sekundäreinsätze. Bei einem Primäreinsatz handelt es sich um einen Notfalleinsatz, von einem Sekundäreinsatz spricht man, wenn es sich um einen Verlegungstransport zwischen zwei Kliniken handelt. Bei keinem Einsatz traten medizinische Komplikationen bedingt durch die Telekonsultation auf. Die durchschnittliche Konsultationsdauer des TNA war im städtischen Bereich signifikant kürzer als im ländlichen. In 63,2 % der Einsätze wurden Medikamente appliziert, der Schweregrad der Erkrankungen entsprach einem NACA-Score von III-VI und wich somit nicht wesentlich vom üblichen Notarzt-Patientenkollektiv ab.

Im Anschluss an die Forschungsprojekte wurde das gesamte System nochmals grundlegend überarbeitet, verschiedenen Systemkomponenten vollständig ausgetauscht und dann in den Regelrettungsdienst der Stadt Aachen überführt.

17.3 Technische Herausforderungen

17.3.1 Systemarchitektur

Eine Telekonsultation muss sowohl im RTW als auch zuverlässig direkt an der Einsatzstelle durchgeführt werden können. Hierfür muss eine zuverlässige und hochverfügbare Kommunikationstechnik vorgehalten werden. Für jeden Einsatz gilt, dass eine stabile Audioverbindung zwischen TNA und RA/NFS stets höchste Priorität haben und sehr einfach aufzubauen sein muss.

Im Aachener Telenotarzt-System wurden zur Realisierung einer freihändigen Kommunikation Bluetooth-Headsets so konfiguriert, dass eine Ein-Knopf-Bedienung ermöglicht wurde. Fahrer und Transportführer wurden mit entsprechenden Headsets ausgestattet. Die Verbindung der mittels Bluetooth an die Kommunikationseinheit gepaarten Headsets erfolgte über GSM mit dem Telefon-Frontend der TNA-Software. Während der TNA von allen beteiligten RA am Einsatzort (bzw. im Rettungswagen) zu hören ist, hat stets nur einer der RA die (wechselbare) „Sprecherrolle".

Abhängig von der jeweiligen Situation werden weitere Features zur Realisierung einer adäquaten Telekonsultation benötigt (Abb. 17.3). Vitalparameter und Kurven aus dem angeschlossenen Patientenmonitor werden kontinuierlich quasi in Echtzeit übertragen werden (Herz- und Atemfrequenz, Sauerstoffsättigung, EKG-, SpO_2- und Blutdruckkurve, Kapnografie). Fotos können von überall mit Hilfe der Fotofunktion eines datenschutzentsprechend modifizierten Smartphones (HTC Desire, High Tech Computer Corporation, Taoyuan, Taiwan) aufgenommen und automatisch an den TNA übertragen werden, eine Videoübertragung ist aus dem RTW mit Hilfe einer IP-Kamera (SNC-RZ 50P, Sony Electronics Inc., San Jose, CA, USA) möglich. Über einen im RTW verbauten

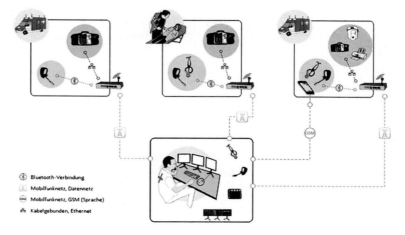

Abb. 17.3 Verschiedene Anwendungsszenarien fordern das telemedizinische System auf unterschiedliche Weise

und über Ethernet-Kabel an den In-Car-PC angeschlossenen Drucker (Brother Pocket Jet PJ-623, Brother Industries Ltd, Nagoya, Japan) können Dokumente, insbesondere das Protokoll der Telekonsultation, von der TNA-Zentrale aus gedruckt werden.

Bei Systemen, die für den Rettungsdienst entwickelt und dort eingesetzt werden sollen, müssen große Herausforderungen auch in Hinblick auf die *Usability* berücksichtigt werden:

- Anforderungen unterschiedlicher Akteure mit verschiedenem Ausbildungsstand müssen berücksichtigt werden
- das System ist teilweise extremer Witterung ausgesetzt
- die Bedienung muss selbsterklärend sein; eine detaillierte Einweisung ist nicht immer zu gewährleisten
- das System muss an sieben Tagen in der Woche und 24 h am Tag verfügbar sein
- es darf kein signifikanter Mehraufwand für die im Rettungsdienst Beteiligten entstehen

17.3.2 Kommunikationstechnik

Die mobile, autark arbeitende Kommunikationseinheit konnte aufgrund ihrer relativ geringen Größe und Gewichtes (ca. 1,8 kg) in die (umgebaute) Gerätetasche des Patientenmonitors integriert und über ein Ethernet-Kabel verbunden werden (Abb. 17.4). Die Kernfunktionalität der sogenannten peeqBOX (P3 telehealthcare GmbH, Aachen) ist die Bereitstellung einer möglichst optimalen Anbindung zur TNA-Zentrale (via Internet/VPN). Hierfür können bis zu drei Mobilfunkanbieter simultan verwendet werden. Innerhalb des Rettungswagens wechselt die Datenverbindung automatisch auf den In-Car-PC (P3 telehealthcare GmbH, Aachen), sodass nun die verbauten Dachantennen sowie bis zu fünf Mobilfunkprovider genutzt werden können.

Die peeqBOX wird nicht nur zur Bündelung und Kompression der Daten eingesetzt, sondern auch zur Ver- und Entschlüsselung. Auch wenn für eine komfortable Datenübertragung zumindest ein Netzwerk der dritten Generation (UMTS, HSDPA) vorteilhaft ist,

Abb. 17.4 Die mobile Kommunikationseinheit (peeqBOX) findet in der Tasche des Patientenmonitors Platz

sind durch die innovativen technischen Konzepte der peeqBOX auch bei 2G-Netzen die meisten Funktionalitäten zuverlässig verwendbar.

Eine weitere Herausforderung neben einer robusten und sicheren Datenübertragung über Mobilfunk stellt das Energiemanagement dar. Ein manuelles Hochfahren der peeqBOX wurde seitens der Anwenderinnen und Anwender aus praktischen Gründen ausgeschlossen. Vielmehr ist das automatisierte Hoch- und Herunterfahren der Kommunikationseinheit beim Einsatzbeginn und -ende erforderlich. Über die beim Starten des RTW-Motors entstehenden Vibrationen wird die Übertragungsbox gebootet. Heruntergefahren wird sie dann, wenn sich die peeqBOX länger als 10 min an einem, in einer internen Datenbank registrierten, Krankenhaus oder Rettungswache befindet. Hierfür wird der interne GPS-Sensor der peeqBOX verwendet.

17.3.3 Medizintechnik

Eine wesentliche Anforderung aus Anwendersicht und ebenso aus Sicht der erstellten Rechtsgutachten ist die Verfügbarkeit einer Datenschnittstelle zur im Rettungsdienst verwendeten Patientenmonitor-Defibrillator-Einheit. Schnittstellen, Protokolle und Software in der Kommunikationseinheit sowie in der TNA-Zentrale setzen auf moderne offene Standards und arbeiten daher herstellerunabhängig mit beliebigen Medizingeräten zusammen, die über Bluetooth, LAN, WLAN, serielle Schnittstelle oder USB angebunden werden können. Im Rahmen der Forschungsprojekte erfolgte die Kooperation mit den Medizintechnikunternehmen PHILIPS Healthcare und 3M Healthcare. Im anschließenden „Roll-out" wurden die im Aachener Rettungsdienst eingesetzten Patientenmonitore (Corpuls C3, GS Elektromedizinische Geräte G. Stemple GmbH, Kaufering) als Medizingerät integriert.

Zur Einhaltung der Bestimmungen des Medizinproduktegesetzes wurden darüber hinaus die von PHILIPS Healthcare bzw. G.S. Stemple entwickelten und zertifizierten Softwarelösungen eingesetzt (HeartStart Telemedicine System bzw. Corpuls.web). Sie ermöglichen die Übertragung aller Signalverläufe (EKG, SpO_2, Kapnografie) und Messwerte in Echtzeit sowie die Übertragung eines diagnostischen EKG-Streifens.

17.3.4 Telenotarztzentrale

Die Zentrale des Aachener Telenotarztes befindet sich aktuell in der städteregionalen Rettungsleitstelle Aachen. Der TNA-Arbeitsplatz besteht aus einem über zwei Internet-Leitungen redundant angebundenen PC mit 4 Monitoren. Der Telenotarzt behält auf den fest vorkonfigurierten Displays stets einen Gesamtüberblick über die wichtigsten Systemkomponenten:

- Die selbst entwickelte Software „Telemedical Dokumentation" (P3 telehealthcare GmbH, Aachen) integriert verschiedene zentrale Komponenten: Einsatzmanagement,

Anrufmanagement bzw. Kommunikationstools, ärztliche Dokumentation der Untersuchungsbefunde und der angeordneten Maßnahmen, Systemdiagnose, verschiedene Datenbank-Oberflächen (z. B. Medikamentenliste jedes Rettungsmittels, Telefonbuch etc.), SOP, Checklisten, „Inbox"-Ordner, indem beispielsweise an der Einsatzstelle geschossene Fotos automatisch abgelegt werden etc.
- Die Software „Corpuls.web" (GS Elektromedizinische Geräte G. Stemple GmbH, Kaufering) stellt dem TNA eine grafische Benutzerschnittstelle des im Einsatz befindlichen Patientenmonitors CORPULS C3 – quasi gespiegelt – zur Verfügung. Hier werden unter anderem auch 12-Kanal-EKGs angezeigt.
- Über das Web-Frontend der RTW-Decken-Kamera werden ein Full-HD-Videostream sowie verschiedene Funktionalitäten zur Ansteuerung der Kamera zur Verfügung gestellt, wie Zoomen, Schwenken, Neigen. Der TNA kann sich also selbstständig einen Überblick über die Situation im RTW und/oder ein genaues Bild des Patienten bzw. der Patientin verschaffen.

17.4 Organisatorische Herausforderungen

17.4.1 Standard Operating Procedures (SOP)

Für die meisten notfallmedizinischen Krankheitsbilder bzw. Verletzungsmuster liegen teils sehr detaillierte Leitlinien der verschiedenen Fachgesellschaften vor. Da dem regulären Notarzt bzw. der Notärztin in der Regel im Einsatz keine Wissensdatenbanken zur Verfügung stehen und diese im konkreten Fall nicht erst durchsucht werden können, sind diese jedoch zunächst auf das eigene Fachwissen angewiesen. Bei zum Teil im Jahres-Rhythmus erfolgenden Änderungen vieler Leitlinien ist eine konsequente Umsetzung dieser Empfehlungen für den Einzelnen als auch den Betreiber des Rettungsdienstes kaum möglich. Auch wenn viele Rettungsdienste bereits engagierte Schulungs- und Fortbildungskonzepte für ihre Mitarbeiterinnen und Mitarbeiter entwickelt haben und umsetzen, so können sich diese immer nur auf einige Kernthemen (z. B. Reanimation, Herzinfarktversorgung) beschränken. In regelmäßigen Literaturrecherchen werden notfallmedizinisch relevante medizinische Leitlinien identifiziert und wesentliche Inhalte exzerpiert. Für die häufigsten Notfallbilder, die im Rahmen einer Telekonsultation zu erwarten waren, wurden SOP und teilweise zusätzlich Checklisten entwickelt und ständig aktualisiert, die grafisch in die Oberfläche des Bildschirmarbeitsplatzes in der Telenotarztzentrale integriert wurden, sodass der TNA diese jederzeit aufrufen konnte. Aus dem Forschungsprojekt *„Safe Surgery Saves Lives"* ist bekannt, dass die Implementierung einer einfachen Checkliste häufige Fehler im Operationssaal vermeidet und so die Krankenhaussterblichkeit signifikant senkt (Haynes et al. 2009). Dieses Konzept wurde daher softwarebasiert in die Telenotarztzentrale überführt, um eine höchstmögliche Patientensicherheit und leitliniengerechte Therapie zu erreichen.

17.4.2 Schulungskonzepte

In interdisziplinären Workshops mit allen Konsortialpartnern wurde ein vollständiges Schulungskonzept entwickelt. An dieser Stelle wird noch einmal betont, dass die technische Bedienung des Systems so einfach ist, dass die technische Einweisung zeitlich nur einen geringen Anteil ausmachte. Vielmehr wurden neben rechtlichen Grundlagen zum Einsatz der Telemedizin im Rettungsdienst, medizinisch-organisatorische Inhalte vermittelt.

Neben dem Schulungskonzept für die Rettungsdienstmitarbeiterinnen und -mitarbeiter wurde ein Schulungskonzept für angehende Telenotärzte entwickelt. Dieses wurde zunächst innerhalb des Konsortiums in mehreren Testläufen trainiert, evaluiert und angepasst. Bewusst wurde dieses Programm zeitlich auf das generelle Schulungsprogramm des Rettungsdienstpersonals angepasst, sodass das Training der Szenarien auch zwischen Rettungsdienstmitarbeiterinnen und -mitarbeitern und angehenden Telenotärzten erfolgen konnte.

17.4.3 Rechtsgutachten

Bereits vor dem Beginn der ersten Evaluationsphase „im Feld" wurde innerhalb des Projektes Med-on-@ix ein umfangreiches Rechtsgutachten in Auftrag gegeben, um verschiedene Fragen zur Haftung der beteiligten Notärztinnen und Notärzte, Telenotärzte und Rettungsassistentinnen und -assistenten, der Notwendigkeit der Aufklärung der Patientinnen und Patienten sowie der Beurteilung des Fernbehandlungsverbot in diesem Zusammenhang zu erörtern. In einem Ergänzungsgutachten wurden die Folgen der MPG-Novellierung im März 2010 für unser System analysiert.

Aus den vorliegenden Rechtsgutachten wird deutlich, dass eine Delegation ärztlicher Maßnahmen vom TNA an Rettungsassistentinnen und -assistenten grundsätzlich möglich ist (Katzenmeier und Schrag-Slavu 2010). Während der Rettungsassistent bzw. die Rettungsassistentin die Durchführungsverantwortung trägt, muss der TNA die Delegation verantworten. Zudem trägt der TNA die medizinische Gesamtverantwortung. Wenn möglich, müssen Notfallpatientinnen und -patienten über die Einschaltung des TNA aufgeklärt werden und dieser zustimmen – in lebensbedrohlichen Situationen und bei Bewusstseinstrübung kann vom mutmaßlichen Willen ausgegangen werden.

17.5 Nutzen als ergänzendes Strukturelement im Rettungsdienst

Die telenotfallmedizinische Versorgung von Patientinnen und Patienten ist technisch realisierbar, sicher und ermöglicht in vielen medizinischen Notfällen eine unverzügliche adäquate ärztliche Therapie (Brokmann et al. 2015). Regelmäßig durchgeführte

Qualitätsanalysen belegen, dass die Versorgungsqualität mit telemedizinischer Unterstützung nicht nur effektiv und effizient, sondern auch qualitativ hochwertig ist und zumeist aufgrund der algorithmenbasierten Diagnose und Therapie über der Versorgungsqualität durch konventionellen Notärztinnen und Notärzte (auch der eigenen) liegt. Im Vergleich zu allen publizierten Vergleichsdaten aus Deutschland ist die Versorgungsqualität mit einem TNA als überdurchschnittlich gut zu bewerten. Beispielsweise wurde bei 18 % aller TNA-Patientinnen und -Patienten aufgrund starker Schmerzen (häufigste Indikation für einen TNA-Einsatz) eine medikamentöse Schmerztherapie (inkl. Opioid-Applikation) durchgeführt. Bei keinem dieser Patientinnen bzw. Patienten kam es zu einer Atemdepression. Alle Patientinnen und Patienten erfuhren eine leitliniengerechte, signifikante Schmerzreduktion. Die mittlere Schmerzintensität wurde von 7,1 auf 2,9 (von max. 10 Punkten auf der Schmerzskala) reduziert. Hierfür kam es zur ärztlichen Anordnung von Morphin, Ketamin, Metamizol und Midazolam. Wartezeiten auf einen konventionellen Notarzt bzw. eine konventionelle Notärztin – wie im Regelrettungsdienst üblich – entstehen für diese Patientinnen und Patienten aufgrund des Telenotarztsystems nicht. Ebenso ist die festgestellte Leitlinienadhärenz bei den besonders relevanten Tracer-Diagnosen „Akuter Schlaganfall" sowie „Akutes Koronarsyndrom" als insgesamt deutlich überdurchschnittlich zu bewerten.

Auch die Effizienz des TNA ist deutlich höher als die konventioneller Notärztinnen und Notärzte. Während die mittlere Einsatzdauer eines Notarztes bzw. einer Notärztin in Aachen fast 55 min beträgt (ohne Nachbereitung), bzw. ca. 65 min mit Nachbereitung und Dokumentation, beträgt die kumulative Gesprächsdauer des TNA gerade einmal 11,5 min, bzw. die gesamte Brutto-Konsultationsdauer 30,5 min (inkl. Einsatznachbereitung).

Das holistisch konzipierte Aachener Telenotarztsystem als ergänzendes Strukturelement des aktuellen Rettungssystems ist sicher, effektiv und qualitätsoptimierend. Es erlaubt bei höherer Versorgungsqualität die konventionellen primären Notarzteinsätze nach eigenen Prognosen auf 10–15 % zu reduzieren und ermöglicht gleichzeitig in 50–70 % der Fälle eine telenotärztlich überwachte sekundäre Verlegung. Aktuell werden bereits ein Viertel aller notärztlichen Primäreinsätze durch den TNA betreut, in Bezug auf arztbegleitete Verlegungstransporte sind es sogar ein Drittel aller Einsätze.

Bei einer 24/7-Besetzung können mit konventionellen Notärztinnen und Notärzten ca. 4000 Einsätze, mit einem Telenotarzt jedoch schätzungsweise 12.000 bis 15.000 Einsätze, erbracht werden. Das Potenzial des Aachener TNA ist daher zum aktuellen Zeitpunkt bei weitem noch nicht ausgeschöpft. Vielmehr sollten überregionale Strukturen geschaffen und TNA-Zentralen untereinander vernetzt werden. Nur so können synergistische Effekte optimal genutzt und lokale temporäre Bedarfsspitzen kompensiert werden.

Das Potenzial geht über eine direkte Unterstützung aus der Ferne hinaus. Der Aspekt der Supervision des vor Ort tätigen Teams (insbesondere auch bei neu einzuarbeitenden Notärztinnen und Notärzten) ist hierbei von enormer Bedeutung. Dies ist eine Möglichkeit, die es in dieser Form in der Notfallmedizin bisher nicht gibt. Die mögliche Steigerung der Patientensicherheit unter Berücksichtigung der Möglichkeiten einer checklistenbasierten Versorgung ist enorm. So könnten beispielsweise die Anzahl der unentdeckten Fehlintubationen reduziert werden oder aber vom Diagnose- oder Behandlungsalgorithmus unbegründet stark abweichende Vorgehensweisen vermieden werden. Das *European Resuscitation Council* hat in den am 15.10.2015 veröffentlichten neuen Guidelines zur Reanimation hervorgehoben, dass der Leitstellendisponent bzw. die Leitstellendisponentin in Zukunft eine noch größere Rolle zuteilwird (Perkins et al. 2015). In diesem Zusammenhang ist denkbar, dass der TNA Leitstellendisponenten und -disponentinnen unterstützen oder gar die medizinische Anleitung des Anrufenden bis zum Eintreffen des ersten Rettungsmittels übernehmen kann.

Literatur

Bergrath S, Rörtgen D, Rossaint R, Beckers SK, Fischermann H, Brokmann JC, Czaplik M, Felzen M, Schneiders MT, Skorning M (2011) Technical and organisational feasibility of a multifunctional telemedicine system in an emergency medical service – an observational study. J Telemed Telecare 17(7):371–377

Bergrath S, Reich A, Rossaint R, Rörtgen D, Gerber J, Fischermann H, Beckers SK, Brokmann JC, Schulz JB, Leber C, Fitzner C, Skorning M (2012) Feasibility of prehospital teleconsultation in acute stroke – a pilot study in clinical routine. PloS One 7(5):e36796

Bergrath S, Czaplik M, Rossaint R, Hirsch F, Beckers SK, Valentin B, Wielpütz D, Schneiders MT, Brokmann JC (2013) Implementation phase of a multicentre prehospital telemedicine system to support paramedics: feasibility and possible limitations. Scand J Trauma Resusc Emerg Med 21:54

Brokmann JC, Rossaint R, Bergrath S, Valentin B, Beckers SK, Hirsch F, Jeschke S, Czaplik M (2015) Potenzial und Wirksamkeit eines telemedizinischen Rettungsassistenzsystems. Prospektive observationelle Studie zum Einsatz in der Notfallmedizin. Anaesthesist 64(4):438–445

Bundesärztekammer (2013) Indikationskatalog für den Notarzteinsatz. Dtsch Arztebl 110(11):A521

Carstensen S, Nelson GC, Hansen PS, Macken L, Irons S, Flynn M, Kovoor P, Soo Hoo SY, Ward MR, Rasmussen HH (2007) Field triage to primary angioplasty combined with emergency department bypass reduces treatment delays and is associated with improved outcome. Eur Heart J 28(19):2313–2319

Czaplik M, Bergrath S, Rossaint R, Thelen S, Brodziak T, Valentin B, Hirsch F, Beckers SK, Brokmann JC (2014) Employment of telemedicine in emergency medicine. clinical requirement analysis, system development and first test results. Methods Inf Med 53(2):99–107

Gries A, Helm M, Martin E (2003) Zukunft der präklinischen Notfallmedizin in Deutschland. Anaesthesist 52(8):718–724

Haynes AB, Weiser TG, Berry WR, Lipsitz SR, Breizat AH, Dellinger EP, Herbosa T, Joseph S, Kibatala PL, Lapitan MC, Merry AF, Moorthy K, Reznick RK, Taylor B, Gawande AA, Safe Surgery Saves Lives Study Group (2009) A surgical safety checklist to reduce morbidity and mortality in a global population. N Engl J Med 360(5):491–499

Katzenmeier C, Schrag-Slavu S (2010) Rechtsfragen des Einsatzes der Telemedizin im Rettungsdienst. Springer, Heidelberg

Kopetsch T (2006) Bundesärztekammer-Statistik: Ärztemangel trotz Zuwachsraten. Dtsch Arztebl 103(10):588–590

Maier DBC, Dirks B (2003) Zukunft des Notarztes – Zukunft des Rettungsdienstes. Notfall Rettungsmed 6:429–434

Martin W (2008) Arbeitsmarkt für Ärztinnen und Ärzte: Der Ärztemangel nimmt weiter zu. Dtsch Ärztebl 105(16):853–854

Meyer BC, Raman R, Hemmen T, Obler R, Zivin JA, Rao R, Thomas RG, Lyden PD (2008) Efficacy of site-independent telemedicine in the STRokE DOC trial: a randomised, blinded, prospective study. Lancet Neurol 7(9):787–795

NotSanG (2013) Gesetz über den Beruf der Notfallsanitäterinnen und des Notfallsanitäters in der Fassung vom 22. Mai 2013 (BGBl. I S. 1348)

Perkins GD, Handley AJ, Koster RW, Castrén M, Smyth MA, Olasveengen T, Monsieurs KG, Raffay V, Gräsner JT, Wenzel V, Ristagno G, Soar J (2015) European resuscitation council guidelines for resuscitation 2015: section 2. adult basic life support and automated external defibrillation. Resuscitation 95:81–99

Reimann B, Maier BC, Lott R, Konrad F (2004) Gefährdung der Notarztversorgung im ländlichen Gebiet. Notfall Rettungsmed 7:200–204

Rörtgen D, Bergrath S, Rossaint R, Beckers SK, Fischermann H, Na IS, Peters D, Fitzner C, Skorning M (2013) Comparison of physician staffed emergency teams with paramedic teams assisted by telemedicine – a randomized, controlled simulation study. Resuscitation 84(1):85–92

Sanchez-Ross M, Oghlakian G, Maher J, Patel B, Mazza V, Horn D, Dhruva V, Langley D, Palmaro J, Ahmed S, Kaluski E, Klapholz M (2011) The STAT-MI (ST-Segment Analysis Using Wireless Technology in Acute Myocardial Infarction) trial improves outcomes. JACC Cardiovasc Interv 4(2):222–227

Schlechtriemen DT, Lackner C-K, Moecke H, Stratmann D, Altemeyer KH (2003) Sicherung der flächendeckenden Notfallversorgung: notwendige Strukturverbesserungen. Notfall Rettungsmedizin 6:419–428

Skorning M, Bergrath S, Rörtgen D, Brokmann JC, Beckers SK, Protogerakis M, Brodziak T, Rossaint R (2009) „E-Health" in der Notfallmedizin – Das Forschungsprojekt Med-on-@ix. Anaesthesist 58(3):285–292

Skorning M, Bergrath S, Rörtgen D, Beckers SK, Brokmann JC, Gillmann B, Herding J, Protogerakis M, Fitzner C, Rossaint R, Med-on-@ix-Working Group (2012) Teleconsultation in prehospital emergency medical services: real-time telemedical support in a prospective controlled simulation study. Resuscitation 83(5):626–632

Stratmann D, Sefrin P, Wirtz S (2004) Stellungnahme zu aktuellen Problemen des Notarztdienstes. Notarzt 20:90–93

Ziegler V, Rashid A, Müller-Gorchs M, Kippnich U, Hiermann E, Kögerl C, Holtmann C, Siebler M, Griewing B (2008) Einsatz mobiler Computing-Systeme in der präklinischen Schlaganfallversorgung. Ergebnisse aus der Stroke-Angel-Initiative im Rahmen des BMBF-Projekts PerCoMed. Anaesthesist 57(7):677–685

Telemedizin in der Schlaganfallbehandlung

18

Nicolas Völkel, Frank Kraus, Roman L. Haberl und Gordian J. Hubert

> **Zusammenfassung**
> Aufgrund der zunehmenden Zahl an zu erwartenden Schlaganfällen und dem Mangel an Expertinnen und Experten (besonders in den ländlichen Regionen) müssen innovative Wege gegangen werden, um eine flächendeckende Versorgung zu gewährleisten. Daher haben sich verschiedene Modelle von Tele-Stroke-Netzwerken in den vergangenen Jahren entwickelt. Einige Ansätze richten ihren Fokus ausschließlich auf die Thrombolyse, andere hingegen auf die Standardisierung der Therapie und effizientere Dienstgestaltung durch einen Zusammenschluss bereits etablierter Stroke Units. Darüber hinaus gibt es Modelle, welche das gesamte Spektrum der Schlaganfalltherapie in ländlichen Krankenhäusern aufbauen, die sogenannten Tele-Stroke Unit-Netzwerke. Solche Netzwerkstrukturen müssen an die geografischen Gegebenheiten und das jeweilige Gesundheitssystem angepasst werden. Am Beispiel des Telemedizinischen Projekts zur integrierten Schlaganfallversorgung (TEMPiS) in Süd-Ost-Bayern wird ein Tele-Stroke Unit-Netzwerk vorgestellt.

N. Völkel · F. Kraus · R.L. Haberl · G.J. Hubert (✉)
Klinikum München-Herlaching, Abteilung für Neurologie und Neurologische Intensivmedizin, Sanatoriumsplatz 2, 81545 München, Deutschland
E-Mail: gordian.hubert@klinikum-muenchen.de

N. Völkel
E-Mail: nicolas.voelkel@klinikum-muenchen.de

F. Kraus
E-Mail: frank.kraus@klinikum-muenchen.de

R.L. Haberl
E-Mail: roman.haberl@klinikum-muenchen.de

© Springer-Verlag Berlin Heidelberg 2016
F. Fischer und A. Krämer (Hrsg.), *eHealth in Deutschland*,
DOI 10.1007/978-3-662-49504-9_18

18.1 Einleitung

Trotz aller Anstrengungen und Erfolge der letzten Jahrzehnte ist der Schlaganfall immer noch eine Erkrankung, die eine große Herausforderung sowohl für die betroffenen Personen auf individueller Ebene als auch für die gesamte Gesellschaft darstellt. In Deutschland ereignen sich ca. 270.000 Schlaganfälle pro Jahr (Heuschmann et al. 2010). Mit jährlich ca. 60.000 Todesfällen steht der Schlaganfall an zweiter Stelle der Todesursachen in Deutschland. Ein Schlaganfall ist die Ursache für 6,6 % aller Todesfälle (7,5 % bei Frauen und 5,4 % bei Männern) (RKI 2015). Hinsichtlich der Anzahl von Patientinnen und Patienten mit bleibenden Behinderungen steht er sogar an erster Stelle: ungefähr eine Million Menschen leben in Deutschland mit den Folgen eines Schlaganfalls (Heuschmann et al. 2010).

Aufgrund des demografischen Wandels ist anzunehmen, dass diese Zahlen zukünftig noch weiter steigen werden. Aus diesem Grund wird es eine zunehmende Herausforderung, eine ausreichende Versorgungsqualität für Schlaganfallpatientinnen und -patienten zu gewährleisten. Besonders in ländlichen Regionen ist das spezialisierte Personal – insbesondere die vaskulären Neurologinnen und Neurologen – nicht ausreichend vorhanden. Es gilt also ein Konzept zu entwickeln, das Versorgungsstrukturen derart aufbaut, dass alle Patientinnen und Patienten mit einem Schlaganfall in Deutschland eine optimale Therapie erhalten können.

Die optimale akute Therapie beruht derzeit auf fünf evidenzbasierten Behandlungsmethoden:

1. Die Behandlung auf einer spezialisierten Schlaganfall-Station, einer sogenannten *Stroke Unit* (Stroke Unit Trialists 2013). Ziele der Stroke-Unit-Behandlung sind eine optimale Überwachung der Vitalparameter, eine frühzeitige Schluckdiagnostik, frühzeitiger Beginn von Ergo- und Physiotherapie, frühzeitige Erkennung von Komplikationen oder Schlaganfallprogression sowie die rasche Einleitung von Diagnostik und medikamentösen Therapien.
2. Die frühzeitige Therapie mit Acetylsalicylsäure (ASS) zur Thrombozytenaggregationshemmung und somit Verhinderung weiterer Schlaganfälle (International Stroke Trial Collaborative Group 1997; CAST 1997).
3. Die Durchführung einer systemischen Thrombolysetherapie mittels „recombinant tissue plasminogen activator" (rtPA) in den ersten 4,5 h nach Auftreten eines Schlaganfalles mit dem Ziel der Auflösung des gefäßverschließenden Blutgerinnsels (Lees et al. 2010; Emberson et al. 2014).
4. Die Durchführung einer Hemikraniektomie (teilweise und vorübergehende Schädelknochen-Entfernung zur Druckentlastung des gesunden Gehirngewebes) bei großen raumfordernden Infarkten (Vahedi et al. 2007).
5. Die mechanische Rekanalisation (Thrombektomie), das heißt die Entfernung von großen Blutgerinnseln in Hirnarterien mittels eines Katheters (Berkhemer et al. 2015; Campbell et al. 2015; Jovin et al. 2015; Goyal et al. 2015; Saver et al. 2015).

Insbesondere die kausalen Therapien (Thrombolyse und Thrombektomie) sind hochgradig zeitkritisch. Es gilt das Motto „Time is brain": in jeder unbehandelten Minute nach Einsetzen der Durchblutungsstörung sterben durchschnittlich 1,9 Mio. Nervenzellen ab (Saver 2006). Jede Minute, die später behandelt wird, kostet einen weiteren Tag ohne Behinderung (Meretoja et al. 2014). Nicht nur die Strukturen zur Umsetzung der evidenzbasierten Therapien müssen daher geschaffen werden, die Patientinnen und Patienten müssen diese Strukturen auch schnell erreichen können. Die Telemedizin bietet eine Möglichkeit, um die Behandlung wohnortnah aufzubauen und dem Mangel an vaskulären Neurologinnen und Neurologen in ländlichen Gebieten entgegenzutreten.

Hierzu wurde von Levine und Gorman (1999) in einer Zukunftsvision beschrieben, wie solch eine dezentrale telemedizinische Schlaganfall-Versorgung aussehen könnte. Gemäß diesem Konzept sollten Schlaganfallpatientinnen und -patienten per Videokamera und mit ärztlicher Unterstützung vor Ort durch eine Neurologin bzw. einen Neurologen mit vaskulärer Spezialisierung untersucht werden. Ferner sollten die, in der aufnehmenden Klinik angefertigten, Computertomographie-Aufnahmen des Gehirns digital zur Verfügung gestellt werden. In Zusammenschau der telemedizinischen Untersuchung und der Bildbeurteilung sollte den behandelnden Ärztinnen und Ärzten vor Ort die Empfehlungen zur weiteren Diagnostik und Therapie gegeben werden können.

Dieser Vision folgten bald konkrete Projekte. So entstanden über die letzten 16 Jahre weltweit viele Tele-Stroke-Netzwerke. Diese können grundsätzlich in drei verschiedene Modelle eingeteilt werden (Müller-Barna et al. 2012).

18.2 Entwicklung verschiedener Modelle

Allen entstandenen Modellen gemeinsam ist der Aufbau eines Telemedizinsystems mit bidirektionaler Videokonferenz und Übertragung der Daten von Gehirnschnittbildern. In diesen Netzwerken ist keine ärztliche Schlaganfallexpertise vor Ort verfügbar. Expertise wird mittels Telemedizin eingeholt. Das eine Modell konzentriert sich sehr auf die Thrombolysetherapie, ein anderes ist entstanden, um den Dienst mehrerer kleiner Kliniken effizienter zu gestalten und einen Hintergrunddienst übergreifend zu organisieren. Und ein weiteres Modell fördert das gesamte stationäre Spektrum der Schlaganfalltherapie und -diagnostik, indem es in den kleinen Krankenhäusern auch Stroke Units aufbaut.

Alle Modelle bringen mittels Telemedizin die Schlaganfallexpertise zu den Patientinnen und Patienten. Diese Netzwerke können unterstützend bei der Akutversorgung aber auch bei der weiteren stationären Behandlung wirken.

18.2.1 Telethrombolyse-Netzwerk

Diese Netzwerke wurden mit dem Ziel gegründet, möglichst viele Patientinnen und Patienten einer Thrombolysetherapie zuführen zu können. Kennzeichnend für diese Netzwerke ist, dass die beratenden Zentrumskliniken regelmäßige Schulungen in den Notaufnahmen teilnehmender Netzwerk-Krankenhäuser durchführen. Hierbei wird ein Fokus auf die Thrombolysetherapie gelegt, das heißt die Schulungen thematisieren vor allem die Identifikation von Patientinnen und Patienten, die für eine Thrombolysetherapie in Frage kommen („Thrombolyse-Kandidaten"), die Ein- und Ausschlusskriterien sowie die Abläufe bzw. die Durchführung dieser Therapie. Die Telekonsile erfolgen explizit nur bei Anfragen zu einer Thrombolysetherapie. Sofern dann die Indikation zur Thrombolyse gestellt ist, wird die Patientin bzw. der Patient in aller Regel unter laufender Thrombolyseinfusion in das Zentrum zur Behandlung auf eine Stroke Unit verlegt (sogenanntes „drip-and-ship Modell"). Alle Patientinnen und Patienten die keine Thrombolysetherapie erhalten verbleiben im lokalen Krankenhaus ohne weitere, spezifische Therapie.

Der Großteil dieser Netzwerke ist in den Vereinigten Staaten von Amerika und in Kanada zu finden. Beispielhaft lassen sich das „Partners Telestroke Center" in Boston, Massachusetts oder das „California Pacific Medical Center Telestroke Programm", San Francisco, California nennen. Ähnlich aufgebaut ist auch das „Northern Alberta Telestroke Program" in Kanada (Silva et al. 2012; Khan et al. 2010).

18.2.2 Rotations-Netzwerk (das britische Modell)

Bei diesem Modell schließen sich mehrere Stroke Units mit anerkannten Standards zusammen und teilen sich den Hintergrunddienst für „ihre" Stroke Units. Reihum übernehmen die Schlaganfallexpertinnen und -experten telekonsiliarischen Hintergrunddienst für die im Netzwerk zusammengeschlossenen Häuser und entscheiden hierbei nach gemeinsamen Standards. Tagsüber findet dann wieder eine Betreuung der Patientinnen und Patienten durch die Fachärztinnen und -ärzte vor Ort statt. Somit besteht der Telekonsildienst vorwiegend als Nacht- und Wochenend-Dienst und dient dem Erstellen gemeinsamer Standards sowie einer effizienteren Dienstgestaltung. Gemeinsame Fallbesprechungen zur Angleichung der Therapieentscheidungen sind in diesen Netzwerken oft fest integriert.

Charakteristischerweise haben diese Tele-Stroke-Netzwerke daher auch keine festen „Zentrums-Kliniken" und „Satellitenkliniken", sondern eine flache Hierarchie. Die Qualitätssicherung und Koordination ist dennoch meist in einer Klinik angesiedelt. Die Voraussetzung für dieses Modell ist, dass bereits in allen beteiligten Krankenhäusern eine Stroke Unit etabliert ist. Dieses Modell findet sich derzeit typischerweise im Vereinigten Königreich von Großbritannien und in Irland. Ein Beispiel dafür ist das „East of England Stroke Network" (Agarwal et al. 2014).

18.2.3 Tele-Stroke Unit-Netzwerk

In diesem Modell ist der Kernpunkt des Konzeptes der Aufbau von Tele-Stroke Units. Es wird, neben dem Aufbau von Schlaganfallstationen inklusive Monitor-Einheiten, regelmäßig das multidisziplinäre Team in allen therapeutischen und diagnostischen Bereichen des Schlaganfalls geschult. Zusätzlich steht ein Telekonsildienst für die Akutversorgung der Patientinnen und Patienten rund um die Uhr zur Verfügung. Diese Netzwerke behandeln alle Schlaganfallpatientinnen und -patienten und sind nicht nur auf die Thrombolysetherapie ausgerichtet.

Die Patientinnen und Patienten verbleiben zum großen Teil in ihren Netzwerkkliniken. Diese Art der Netzwerkstruktur wurde überwiegend in Deutschland implementiert. Beispiele hierfür sind das TEMPiS-Netzwerk (Telemedizinisches Projekt zur integrierten Schlaganfallversorgung in der Region Süd-Ost-Bayern) (Audebert et al. 2005), STENO (Schlaganfallnetzwerk mit Telemedizin in Nordbayern) (Handschu et al. 2008) oder SOS-NET (Schlaganfall Ost Sachsen Netzwerk) (Bodechtel und Puetz 2013).

Über den Aufbau und die detaillierte Struktur eines Tele-Stroke Unit-Netzwerkes wird, am Beispiel des TEMPiS-Netzwerkes, im Folgenden berichtet.

18.3 Telemedizinisches Projekt zur integrierten Schlaganfallversorgung in der Region Süd-Ost-Bayern (TEMPiS) – ein Vertreter der Tele-Stroke Unit-Netzwerke

18.3.1 Ziel

Das TEMPiS-Netzwerk wurde 2003 mit dem Ziel gegründet, die Schlaganfallversorgung in den ländlichen Regionen Süd-Ost-Bayerns zu verbessern. Insbesondere sollten mehr Schlaganfallpatientinnen und -patienten die evidenzbasierten Akuttherapien erhalten können: die Behandlung auf einer Stroke Unit und die systemische Thrombolysetherapie.

18.3.2 Hintergrund und Entstehung des Netzwerkes

Das Gebiet Süd-Ost-Bayerns umfasst ca. 5 Mio. Einwohnerinnen und Einwohner auf einer Fläche von 25.000 km². Dennoch gab es in diesem großen Areal bis zum Jahr 2002 lediglich in München, Regensburg und Passau Stroke Units (120 bzw. 200 km voneinander entfernt). Die Thrombolysetherapie wurde außerhalb dieser Stroke Units bei Schlaganfallpatientinnen und -patienten im Jahr 2002 nur 10-mal durchgeführt.

Im Jahre 2003 wurde daher ein telemedizinisches Netzwerk aufgebaut, welches die Expertise der beiden Zentren, Klinikum Harlaching und Universitätsklinik Regensburg, den regionalen Kliniken verfügbar machen sollte. Es wurde eine Telemedizinverbindung zu zwölf regionalen Kliniken aufgebaut, sodass eine vaskuläre Neurologin bzw. ein vaskulärer Neurologe über Videokonferenz die Patientinnen und Patienten in der regionalen

Klinik untersuchen und das Team vor Ort beraten konnte. Zudem konnten die Daten der Computertomographie bzw. Kernspintomographie an das Zentrum weitergeleitet werden. Dieser sogenannte Telekonsildienst war von Anfang an rund um die Uhr verfügbar (Abb. 18.1).

Zudem wurde in allen beteiligten Kliniken eine Stroke Unit aufgebaut und das dort eingesetzte ärztliche, pflegerische und therapeutische Team durch umfangreiche Schulungsmaßnahmen eingearbeitet und fortgebildet. Diese Schulungsmaßnahmen werden auch heute noch weiterhin regelmäßig durch in der TEMPiS-Zentrale angestellte Ärztinnen und Ärzte, Pflegekräfte sowie Therapeutinnen und Therapeuten durchgeführt. Es wurden standardisierte Protokolle (Standardisierte optimierte Prozeduren [SOP]) zur Behandlung des Schlaganfalls erstellt und strenge Qualitätskontrollen durchgeführt (durch Visiten vor Ort, Auswertung von Registern etc.).

Im Verlauf der folgenden Jahre kamen weitere sieben Kliniken dazu, sodass bis zum Jahr 2015 insgesamt 19 Kliniken an das TEMPiS-Netzwerk angeschlossen wurden und Süd-Ost-Bayern (fast) flächendeckend versorgt ist (Abb. 18.2, Abb. 18.3).

Die erste Phase des Netzwerkaufbaus wurde von einer Beobachtungsstudie begleitet. Schlaganfallpatientinnen und -patienten in TEMPiS-Kliniken wurden mit denen in Krankenhäusern ohne Netzwerkanbindung verglichen. Die Patientinnen und Patienten der TEMPiS-Kliniken hatten nach drei und 30 Monaten signifikant häufiger einen guten klinischen Zustand als die Vergleichsgruppe (Audebert et al. 2006). Sie erhielten zudem in der Akutphase deutlich häufiger die hocheffiziente Thrombolysetherapie.

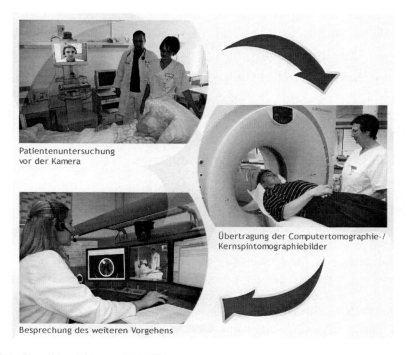

Abb. 18.1 Konsildurchführung TEMPiS

18 Telemedizin in der Schlaganfallbehandlung

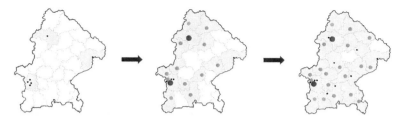

Abb. 18.2 Entstehung des TEMPiS Netzwerkes: 2002, 2003 und 2015

Abb. 18.3 Landkarte des TEMPiS-Netzwerks 2015

Abb. 18.4 Übersicht über Schlaganfälle und Telekonsile im zeitlichen Verlauf, 2003–2014

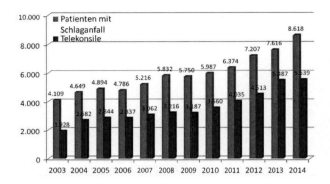

Abb. 18.5 Thrombolyseraten im zeitlichen Verlauf, 2002–2014

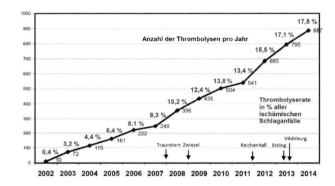

18.3.3 Verlauf des Netzwerkes

Die Anzahl der Schlaganfälle sowie der Telekonsile (Abb. 18.4) und der Thrombolysen (Abb. 18.5) stieg stetig.

Die TEMPiS-Kliniken erreichen in den deutschlandweit gültigen Schlaganfall-Qualitätsindikatoren (der Arbeitsgemeinschaft Deutsches Schlaganfallregister) durchweg hohe Werte (Müller-Barna et al. 2015).

Auch bezüglich der Geschwindigkeit der Gabe von Thrombolyse kann ein solch dezentrales Telemedizin-Netzwerk hohen Standard erreichen. Die Zeit von Aufnahme in der Klinik bis Gabe der Thrombolyse wird als "Door-to-Needle"-Zeit bezeichnet. In TEMPiS konnte die "Door-to-Needle"-Zeit über die Jahre von 80 auf 40 Minuten reduziert werden (Müller-Barna et al. 2014). Ein stabil geführtes und regionales Telemedizin-Netzwerk hat das Potenzial sich konstant zu verbessern (Müller-Barna et al. 2014) und somit wesentlich zu einem flächendeckenden hohen Niveau in der Schlaganfallbehandlung beizutragen.

18.3.4 Finanzierung

Seit 2006 ist TEMPiS Teil der Regelversorgung der Bayerischen Krankenkassen. Anfänglich über einen Sonderzuschlag finanziert, konnte 2012 die Finanzierung in das DRG-System integriert werden. Die Kooperationskliniken können ihre Kosten weitgehend durch eine „telemedizinisch unterstützte" Schlaganfallprozedur (OPS 8-98b.01 bzw. 8-98b.11, sogenannte „andere neurologische Komplexbehandlung des akuten Schlaganfalles mit Anwendung eines Telekonsildienstes") decken. Die Kosten der Zentren (Telekonsildienste, ärztliche, pflegerische, therapeutische Koordination, Qualitätssicherung etc.) werden weiterhin über einen Sonderzuschlag finanziert.

18.4 Zusammenfassung und Ausblick

Aufgrund der zunehmenden Zahl an zu erwartenden Schlaganfällen, dem Mangel an Expertinnen und Experten (besonders in den ländlichen Regionen) und des rasanten medizinischen Fortschritts, müssen innovative Wege gegangen werden, um einer Unterversorgung vorzubeugen. Die Telemedizin kann hierbei unterstützend wirken.

Verschiedene Modelle von Tele-Stroke-Netzwerken haben sich seit der ersten Vision von Levine und Gorman (1999) entwickelt. Es gibt solche, die ausschließlich eine Verbesserung der Thrombolysetherapie zum Ziel haben, andere sind ein Zusammenschluss bereits etablierter Stroke Units und haben sich die Standardisierung der Therapie und die effizientere Dienstgestaltung zum Ziel gesetzt. Zuletzt gibt es jene, die das gesamte Spektrum der Schlaganfalltherapie in ländlichen Krankenhäusern aufbauen, die sogenannten Tele-Stroke Unit-Netzwerke. Interessanterweise scheinen sich die jeweiligen Modelle besonders innerhalb eines Landes zu verbreiten. So sind in den Vereinigten Staaten von Amerika vorwiegend die Telethrombolyse-Netzwerke zu finden, im Vereinigten Königreich und Irland die Rotations-Netzwerke und in Deutschland die Tele-Stroke Unit-Netzwerke. Die Modelle scheinen sich an die spezifischen Gegebenheiten der jeweiligen Länder bei der Entwicklung angepasst zu haben.

Letztlich lässt sich in Anbetracht dieser Entwicklungen zeigen, dass es nicht eine alleingültige Telemedizinlösung für Schlaganfallpatientinnen und -patienten gibt, sondern dass die Netzwerkstrukturen immer an die geografischen, ökonomischen und politischen Gegebenheiten sowie an das jeweilige Gesundheitssystem und die Ausbildung in den Gesundheitsberufen angepasst werden müssen. Das Tele-Stroke Unit-Konzept ist sicher das umfassendste Konzept, da es allen Schlaganfallpatientinnen und -patienten zugutekommt.

Zur langfristigen Umsetzung eines Tele-Stroke-Netzwerkes ist eine stabile Finanzierung unerlässlich. Die Schlaganfallprozedur OPS 8-98b hat zumindest für Deutschland bereits eine sehr gute Grundlage zum weiteren Ausbau von Tele-Stroke-Netzwerken gelegt. Allerdings bleibt die Finanzierung des Zentrums noch im Bereich von Insellösungen. Es bleibt zu hoffen, dass auch hierfür eine einheitliche Lösung gefunden werden kann, da die Qualitätssicherung und Koordination für die Nachhaltigkeit eines Netzwerkes von enormer Bedeutung sind.

Eine weitere Herausforderung ist die seit Anfang 2015 vorliegende wissenschaftliche Evidenz, in welcher aufgezeigt wird, dass die mechanische Thrombektomie bei schwer betroffenen Schlaganfallpatientinnen und -patienten eine hochwirksame Akuttherapie darstellt (Berkhemer et al. 2015; Campbell et al. 2015; Jovin et al. 2015; Goyal et al. 2015; Saver et al. 2015). Diese hoch spezialisierte Therapie steht in Deutschland bisher nur an großen Schlaganfall-Zentren mit neuroradiologischer Expertise zur Verfügung. Vor dem Hintergrund der Anforderungen an eine bedarfsgerechte Versorgung und zur Förderung der Versorgungsgerechtigkeit, können telemedizinische Anwendungen in diesem Kontext Potenziale bieten. Die Aufgabe der Telemedizin in der Schlaganfallbehandlung wird es in Zukunft auch sein müssen, Wege zu finden, um das neue Behandlungskonzept der Thrombektomie in ländlichen Gebieten über frühzeitiges Identifizieren der geeigneten Patientinnen und Patienten sowie dem Bereitstellen dieser Therapie zu ermöglichen.

Aber nicht nur im stationären Bereich kann die Telemedizin Schlaganfallpatientinnen und -patienten helfen. Auch in der prähospitalen Phase, also bevor Patientinnen und Patienten das Krankenhaus erreichen, kann sie (z. B. mittels Videokonferenz im Rettungswagen) eingesetzt werden. Ebenso könnte in der post-stationären Phase die Expertise für eine spezifische Nachsorge telemedizinisch eingeholt werden. Beide Bereiche sind in Deutschland noch nicht etabliert und bieten eine Chance für eine weitere Verbesserung der Behandlungsmöglichkeiten.

Das Ziel zur Gewährleistung einer flächendeckenden Schlaganfallversorgung in Deutschland, kann mittels Telemedizin unterstützt und vorangebracht werden. Dabei sollte das Konzept möglichst umfassend sein und sich an den regionalen Gegebenheiten orientieren.

Literatur

Agarwal S, Day DJ, Sibson L, Barry PJ, Collas D, Metcalf K, Cotter PE, Guyler P, O'Brien EW, O'Brien A, O'Kane D, Owusu-Agyei P, Phillips P, Shekhar R, Warburton EA (2014) Thrombolysis delivery by a regional telestroke network – experience from the U.K. national health service (The east of England telestroke project). J Am Heart Assoc 3(1):e000408

Audebert HJ, Kukla C, Clarmann von Clauranau S, Kühn J, Vatankhah B, Schenkel J, Ickenstein GW, Haberl RL, Horn M, TEMPiS Group (2005) Telemedicine for safe and extended use of thrombolysis in stroke: the Telemedic Pilot Project for Integrative Stroke Care (TEMPiS) in Bavaria. Stroke 36(2):287–291

Audebert HJ, Schenkel J, Heuschmann PU, Bogdahn U, Haberl RL, Telemedic Pilot Project for Integrative Stroke Care Group (2006) Effects of the implementation of a telemedical stroke network: the telemedic pilot project for integrative stroke care (TEMPiS) in bavaria. Germany. Lancet Neurol 5(9):742–748

Berkhemer OA, Fransen PS, Beumer D, can den Berg LA, Lingsam HF, Yoo AJ, Schonewille WJ, Vos JA, Nederkoom PJ, Wermer MJ, van Walderveen MA, Staals J, Hofmeijer J, van Oostaven JA, Lycklama à Nijeholt GJ, Boiten J, Brouwer PA, Emmer BJ, de Bruijn SF, van Dijk LC, Kappelle LJ, Lo RH, van Dijk EJ, de Vries J, de Kort PL, van Rooij WJ, van den Berg JS, van Hasselt BA, Aerden LA, Dallinga RJ, Visser MC, Bot JC, Vroomen PC, Eshghi O, Schreuder TH, Heijboer RJ, Keizer K, Tielbeek AV, den Hertog HM, Gerrits DG, van den Berg-Vos RM, Karas GB, Steyerberg EW, Flach HZ, Marquering HA, Sprengers ME, Jenniskens SF, Beenen LF, van den Berg R, Koudstaal PJ, van Zwam WH, Roos YB, van der Lugt A, van Oostenbrugge RJ, Majoie CB, Dippel DW, MR CLEAN Investigators (2015) A randomized trial of intraarterial treatment for acute Ischemic stroke. N Engl J Med 372(1):11–20

Bodechtel U, Puetz V (2013) Why telestroke networks? Rationale, implementation and results of the Stroke Eastern Saxony Network. J Neural Transm 120(Suppl. 1):43–47

Campbell BC, Mitchell PJ, EXTEND-IA Investigators (2015) Endovascular therapy for ischemic stroke with perfusion-imaging selection. N Engl J Med 372(24):1009–1018

CAST Collaborative Group (1997) CAST: randomised placebo-controlled trial of early aspirin use in 20,000 patients with acute ischaemic stroke. Lancet 349(9066):1641–1649

Emberson J, Lees KR, Lyden P, Blackwell L, Albers G, Bluhmki E, Brott T, Cohen G, Davis S, Donna G, Grotta J, Howard G, Kaste M, Koga M, von Kummer R, Lansberg M, Lindley RI, Murray G, Olivot JM, Parsons M, Tilley B, Toni D, Toyoda K, Wahlgren N, Wardlaw J, Whiteley W, del Zoppo GJ, Baigent C, Sandercook P, Hacke W, Stroke Thrombolysis Trialists Collaborative Group (2014) Effect of treatment delay, age, and stroke severity on the effects of intravenous thrombolysis with alteplase for acute ischaemic stroke: a meta-analysis of individual patient data from randomised trials. Lancet 384(9958):1929–1935

Goyal M, Demchuk AM, Menon BK, Eesa M, Rempel JL, Thornton J, Roy D, Jovin TG, Willinsky RA, Sapkota BL, Dowlatshahi D, Frei DF, Kamal NR, Montanera WJ, Poppe AY, Ryckborst KJ, Silver FL, Shuaib A, Tampieri D, Williams D, Bang OY, Baxter BW, Burns PA, Choe H, Heo JH, Holmstedt CA, Jankowitz B, Kelly M, Lineras G, Mandzia JL, Shankar J, Sohn SI, Swartz RH, Barber PA, Coutts SB, Smith EE, Morrish WF, Weill A, Subramaniam S, Mitha AP, Wong JH, Lowerison MW, Sajobi TT, Hill MD, ESCAPE Trial Investigators (2015) Randomized assessment of rapid endovascular treatment of ischemic stroke. N Engl J Med 372(11):1019–1030

Handschu R, Scibor M, Willaczek B, Nückel M, Heckmann JG, Asshoff D, Belohlavek D, Erbguth F, Schwab S, STENO Project (2008) Telemedicine in acute stroke: remote video-examination compared to simple telephone consultation. J Neurol 255(11):1792–1797

Heuschmann PU, Busse O, Wagner M, Endres M, Villringer A, Röther J, Kolominsky-Rabas PL, Berger K (2010) Schlaganfallhäufigkeit und Versorgung von Schlaganfallpatienten in Deutschland. Akt Neurol 37:333–340

International Stroke Trial Collaborative Group (1997) The International Stroke Trial (IST): a randomised trial of aspirin, subcutaneous heparin, both, or neither among 19435 patients with acute ischaemic stroke. Lancet 349(9065):1569–1581

Jovin TG, Chamorro A, Cobo E, de Miguel MA, Molina CA, Rovira A, San Román L, Serena J, Abilleira S, Ribó M, Millán M, Urra X, Cardona P, López-Cancio E, Tomasello A, Castana-REVASCAT Trial Investigators (2015) Thrombectomy within 8 hours after symptom onset in ischemic stroke. N Engl J Med 372(24):2296–2306

Khan K, Shuaib A, Whittaker T, Saggur M, Jeerakathil T, Butcher K, Crumley P (2010) Telestroke in Northern Alberta: a two year experience with remote hospitals. Can J Neurol Sci 37(6):808–813

Lees KR, Bluhmki E, von Kummer R, Brott TG, Toni D, Grotta JC, Albers GW, Kaste M, Marler JR, Hamilton SA, Tilley BC, Davis SM, Donnan GA, Hacke W, ECASS, ATLANTIS, NINDS and EPITHET rt-PA Study Group, Allen K, Mau J, Meier D, del Zoppo G, De Silva DA, Butcher KS, Parsons MW, Barber PA, Levi C, Bladin C, Byrnes G (2010) Time to treatment with intravenous alteplase and outcome in stroke: an updated pooled analysis of ECASS, ATLANTIS, NINDS and EPITHET trials. Lancet 375(9727):1695–1703

Levine SR, Gorman M (1999) „Telestroke": the application of telemedicine for stroke. Stroke 30(2):464–469

Meretoja A, Keshtkaran M, Saver JL, Tatlisumak T, Parsons MW, Kaste M, Davis SM, Donnan GA, Churilov L (2014) Stroke thrombolysis: save a minute, save a day. Stroke 45(4):1053–1058

Müller-Barna P, Schwamm LH, Haberl RL (2012) Telestroke increases use of acute stroke therapy. Curr Opin Neurol 25(1):5–10

Müller-Barna P, Hubert GJ, Boy S, Bogdahn U, Wiedmann S, Heuschmann PU, Audebert HJ (2014) TeleStroke Units Serving as a Model of Care in Rural Areas. 10-Year Experience of the TeleMedical Project for Integrative Stroke Care. Stroke 45(9):2739–2744

Müller-Barna P, Boy S, Hubert G, Haberl RL (2015) Convincing quality of acute stroke care in TeleStroke Units. Eur Res Telemed 4:53-61

RKI (2015) Gesundheit in Deutschland. Robert Koch-Institut, Berlin

Saver J (2006) Time is Brain – Quantified. Stroke 37(1):263–266

Saver J, Goyal M, Bonafe A, Diener HC, Levy EI, Pereira VM, Albers GW, Cognard C, Cohen DJ, Hacke W, Jansen O, Jovin TG, Mattle HP, Nogueira RG, Siddiqui AH, Yavagal DR, Baxter BW, Devlin TG, Lopes DK, Reddy VK, Reddy VK, du Mesnil de Rochemont R, Singer OC, Jahan R, SWIFT PRIME Investigators (2015) Stent-retriever thrombectomy after intravenous 56t-PA vs. t-PA alone in stroke. N Engl J Med 372(24):2285–2295

Silva GS, Farrell S, Shandra E, Viswanathan A, Schwamm LH (2012) The status of telestroke in the United States: a survey of currently active stroke telemedicine programs. Stroke 43(8):2078–2085

Stroke Unit Trialists' Collaboration (2013) Organised inpatient (stroke unit) care for stroke. Cochrane Database Syst Rev 11(9):CD000197

Vahedi K, Hofmeijer J, Juettler E, Vicaut E, George B, Algra A, Amelink GJ, Schmiedeck P, Schwab S, Rothwell PM, Bousser MG, van der Worp HB, Hacke W (2007) Early decompressive surgery in malignant infarction of the middle cerebral artery: a pooled analysis of three randomized controlled trials. Lancet Neurol 6(3):215–222

Tele-Intensivmedizin

Gemeinsam handeln, gemeinsam besser behandeln

Robert Deisz, Daniel Dahms und Gernot Marx

19

Zusammenfassung

Telemedizin ist eine mögliche Option, um auf die soziodemografischen Herausforderungen des 21. Jahrhunderts zu reagieren und eine Qualitätssicherung und -verbesserung zu erreichen. Der demografische Wandel geht mit einer Zunahme von Komorbiditäten sowie sinkenden Zahlen medizinischer Leistungserbringer einher. Vor diesem Hintergrund ist ein Ungleichgewicht zwischen der Nachfrage nach medizinischen Leistungen und der Verfügbarkeit von medizinischem Personal absehbar. Dieses Ungleichgewicht wird bereits jetzt im ländlichen Bereich spürbar. Die allseitige Verfügbarkeit leistungsfähiger, mobiler und vernetzter Hardware sowie vernetzbarer Medizingeräte für den häuslichen Bereich schaffen nicht nur Bedürfnisse, sondern ermöglichen oft auch telemedizinische Lösungen. Der weiter voranschreitende Breitbandausbau begünstigt diese Entwicklung. Anhand eines Best-Practice-Projekts aus der Intensivmedizin der Uniklinik RWTH Aachen werden die Anforderungen und Potenziale der Tele-Intensivmedizin aufgezeigt.

R. Deisz · D. Dahms · G. Marx (✉)
Klinik für Operative Intensivmedizin und Intermediate Care, Uniklinik der RWTH Aachen,
Pauwelsstr. 30, 52074 Aachen, Deutschland
E-Mail: gmarx@ukaachen.de

R. Deisz
E-Mail: rdeisz@ukaachen.de

D. Dahms
E-Mail: ddahms@ukaachen.de

© Springer-Verlag Berlin Heidelberg 2016
F. Fischer und A. Krämer (Hrsg.), *eHealth in Deutschland*,
DOI 10.1007/978-3-662-49504-9_19

19.1 Einleitung

Im Zeichen des demografischen Wandels, mit einer alternden Bevölkerung und einer alternden Arbeitnehmerschaft im Gesundheitsbereich, entsteht eine Diskrepanz zwischen dem Bedarf an medizinischen und intensivmedizinischen Versorgungsleistungen und den tatsächlich verfügbaren Ressourcen. Diese Diskrepanz wird außerdem noch durch zunehmend komplexere Begleiterkrankungen verstärkt. Diese Sachlage macht die Notwendigkeit von innovativen Versorgungsstrukturen im Gesundheitswesen deutlich. Ein möglicher, wirkungsvoller Lösungsansatz ist in der Telemedizin zu finden. Durch die Telemedizin werden medizinische Dienstleistungen, unabhängig von Zeit und Raum, unter der Einbeziehung von Telekommunikationsmitteln, erbracht (Field und Grigsby 2002). Dies ist, besonders unter Berücksichtigung der sinkenden Anzahl von Ärztinnen und Ärzten und dem drohenden Fachkräftemangel, entscheidend für die Versorgungssituation, insbesondere in strukturschwachen Regionen. Durch telemedizinische Zusatzdienstleistungen kann die medizinische Expertise aus der Maximal- und Schwerpunktversorgung in die Fläche gebracht werden und so eine qualitativ hochklassige, medizinische Versorgung in Wohnortnähe gewährleisten. Krankenhäuser mit weniger als 500 Betten können sich also mit Maximalversorgern oder Universitätskliniken zu einem virtuellen Hochvolumenzentrum zusammenschließen und von dem gemeinsamen Erfahrungsaustausch profitieren.

Dabei liegen die Vorteile nicht nur in der strukturellen Unabhängigkeit der medizinischen Unterstützung, sondern auch in direkten Verbesserungen der klinischen Behandlungsergebnisse. Somit wird durch die Tele-Intensivmedizin ein direkter Patientennutzen geschaffen. Einige groß angelegte Studien haben bereits die positiven Auswirkungen der Telemedizin auf die Behandlungsergebnisse untersucht (Lilly et al. 2014a; Lilly und Thomas 2010; Sadaka et al. 2013). Zusammengefasst liegen die positiven Effekte der Telemedizin in der:

- Senkung der Mortalität
- Senkung der Morbidität
- Senkung der Liegezeiten
- Senkung der Anzahl an Wiederaufnahmen
- Verbesserung der Diagnose und Therapie durch interdisziplinären Austausch
- Steigerung der Lebensqualität
- Sicherung intensivmedizinischer Expertise in der Fläche
- Kostensenkung

Im Rahmen des erfolgreich abgeschlossenen Pilotprojekts „Telematik in der Intensivmedizin" (TIM), das vom Ministerium für Gesundheit, Emanzipation, Pflege und Alter des Landes Nordrhein-Westfalen gefördert wurde, konnten ebenfalls positive Effekte der telemedizinisch unterstützten Intensivmedizin aufgezeigt werden. In diesem Projekt, das deutschlandweit das erste komplexe telemedizinische Projekt in der Intensivmedizin ist, wurden Patientinnen und Patienten von drei Intensivstationen, zusätzlich zu den normalen, lokalen Visiten, in täglichen intensivmedizinischen Televisiten mitversorgt. Im gemeinsamen Dialog konnten sich Intensivmedizinerinnen und -mediziner der Partnerkrankenhäuser mit den Spezialistinnen und Spezialisten aus dem Telemedizinzentrum der Uniklinik RWTH Aachen über aktuelle Fälle in täglichen Audio- und Video-Visiten über ein sicheres Datenaustauschportal austauschen und beraten. Dabei wurde besonderes Augenmerk auf die Leitlinienadhärenz bezüglich des Infektionsscreenings und der Behandlung detektierter Infektionen gelegt, mit dem Ziel diese zu optimieren. TIM hat als erstes Tele-Intensivmedizinprojekt in Deutschland gezeigt, dass eine telemedizinische Zusatzversorgung auch in Deutschland realisierbar ist (Marx et al. 2015).

Tele-Intensivmedizinprojekte bieten ein enormes Potenzial, um die wohnortnahe Versorgung in strukturschwachen Regionen, bei gleichzeitiger Verbesserung der Behandlungsergebnisse, zu sichern. Um die möglichen Potenziale auszuschöpfen, müssen bestimmte Anforderungen an die Tele-Intensivmedizin erfüllt werden. Im Folgenden werden die nötigen Anforderungen an innovative Versorgungsstrukturen und anschließend deren Potenziale aufgeführt.

19.2 Anforderungen an die Tele-Intensivmedizin

Nicht nur der demografische Wandel, sondern auch die kontinuierlichen Bemühungen zur Verbesserung der Behandlungsergebnisse in der Medizin, erfordern innovative, kosten- und personaleffiziente Versorgungsformen, um die intensivmedizinische Versorgung auf einem hohen Qualitätsniveau sicherzustellen. Dies gilt auch in Deutschland zunehmend für die dezentrale, wohnortnahe Versorgung in der Fläche. Durch diese sich auch global ändernden Rahmenbedingungen hat sich die tele-intensivmedizinische Zusatzversorgung, über formalisierte Tele-ICU-Programme, in den letzten Jahren deutlich weiterentwickelt. Um erfolgreiche Projekte in der Praxis umzusetzen und darüber hinaus zu verstetigen, müssen bereits während der Projektplanung, aber auch bei der Durchführung des Projekts gewisse Anforderungen, wie zum Beispiel Datenschutz, Nutzerakzeptanz und Gebrauchstauglichkeit, berücksichtigt und erfüllt werden.

19.2.1 Strukturempfehlungen der Deutschen Gesellschaft für Anästhesiologie und Intensivmedizin (DGAI)

Die Deutsche Gesellschaft für Anästhesiologie und Intensivmedizin (DGAI) hat Strukturempfehlungen entwickelt, die zur Qualitätssicherung der Intensivmedizin beitragen (Marx und Koch 2015). Diese Strukturempfehlungen sind auch für die Tele-Intensivmedizin relevant und können durch die telemedizinische Unterstützung nachhaltig beeinflusst werden.

Zusätzlich zu dem hohen Bedarf an apparativer Ausstattung und investitionsintensiver Infrastruktur sind Zeit und Personal die wichtigsten Elemente, die zu einer erfolgreichen Behandlung der Betroffenen beitragen. Die rasche Verfügbarkeit einer qualifizierten intensivmedizinischen Revision des Behandlungsfalles und der Therapie ist ein wesentlicher Erfolgsfaktor in der Intensivmedizin, der auch für die Umsetzung in der Tele-Intensivmedizin relevant ist (Lilly et al. 2014a). Die DGAI hat das Potenzial der Telemedizin für die Anästhesiologie und Intensivmedizin erkannt und bereits konkrete Strukturempfehlungen publiziert (Marx und Koch 2015).

Die permanente Erreichbarkeit und Verfügbarkeit einer/eines hoch qualifizierten, intensivmedizinischen Spezialistin/Spezialisten ist eine Grundvoraussetzung für erfolgreiche Intensivmedizin (Braun et al. 2010; Vincent 2000). Diese Spezialistin oder dieser Spezialist muss eine langjährige praktische Erfahrung besitzen und außerdem durch eine Zusatzqualifikation für die Intensivmedizin ausgewiesen sein. Darüber hinaus ist die zeitgerechte Therapie unerlässlich für den Behandlungserfolg. Dieser Zeitfaktor kann nur gewährleistet werden, wenn jederzeit ausreichend Personal zur Verfügung steht. Dies ist besonders für kleinere Krankenhäuser kritisch und schwierig umsetzbar, da die kontinuierliche Bereitstellung der notwendigen Ressourcen durch die derzeitige Personalsituation erschwert wird. Diese Situation könnte durch den zukünftig drohenden Fachkräftemangel weiter verschärft werden. Die Ausstattungsstandards, die im modularen Zertifikat *Intensivmedizin* der DGAI definiert sind, werden als Grundvoraussetzung für die Versorgung verstanden (Marx 2014). Gemeinsame Fortbildungen und regelmäßige Audits sind unabdingbare Voraussetzungen für die partnerschaftliche, telemedizinische Versorgung von Patientinnen und Patienten. Eine tele-intensivmedizinische Kooperation gliedert sich damit in bestehende und bewährte Qualitätsmanagement-Konzepte, wie die Teilnahme an externer Qualitätssicherung, und ist darüber hinaus Voraussetzung für die Teilnahme an einem tele-intensivmedizinischen Netzwerk. Das Ziel der gemeinsamen Arbeit besteht darin, die wohnortnahe, exzellente, intensivmedizinische Versorgung und das Erfüllen der gesetzlichen Auflagen in Krankenhäusern aller Versorgungsstufen zu sichern.

19.2.2 Technische Infrastruktur

Eine weitere Anforderung an tele-intensivmedizinische Interventionen bezieht sich auf die technische Realisierung der Tele-Intensivmedizin, die an verschiedene strukturelle Bedingungen geknüpft ist. Je besser dabei die Struktur der Intensivstationen ist, desto besser können die Potenziale der Tele-Intensivmedizin ausgeschöpft werden. Eine empfehlenswerte strukturelle Ausganglage für den täglichen Visitenbetrieb bietet die sogenannte „hub and spoke"-Struktur. Hierbei liegt der Schwerpunkt der Kommunikation zwischen einem Tele-Intensivmedizin-Zentrum („hub") und lokalen Intensivstationen („spokes") (Abb. 19.1).

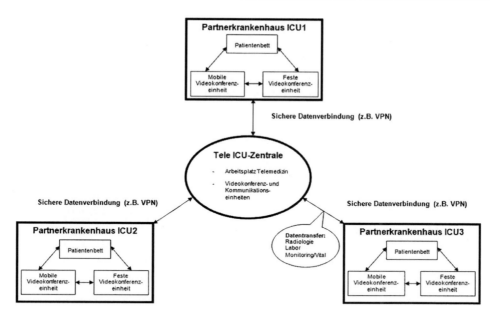

Abb. 19.1 „hub and spoke"-Struktur

Dabei ist der Grad der Intervention zwischen der Tele-Intensivmedizinzentrale und den lokalen Intensivstationen variabel. Die Ausprägung der Zusammenarbeit kann von einer gelegentlichen Konsil-Tätigkeit, über regelmäßige, tägliche Visiten, bis hin zu einer kontinuierlichen Anbindung und elektronischer Überwachung der Vitalparameter reichen. Weitere Anforderungen an die technische Infrastruktur liegen in der Datenleitung, den technischen Geräten und der verwendeten Kommunikationsplattform zur Datenerhebung.

Technische Restriktionen, wie zum Beispiel eine mangelnde Übertragungsbandbreite, die jedoch für eine störungsfreie Übertragung unbedingt erforderlich ist, werden durch den zunehmenden Ausbau der Breitbandversorgung in Deutschland immer weniger problematisch. Dies gilt insbesondere für stationäre Anwendungen, die auf eine permanente Datenleitung zurückgreifen können. Für mobile Anwendungen muss die technische Infrastruktur teils mit hohem Aufwand bereitgestellt werden. Erfahrungen aus der klinischen Praxis haben gezeigt, dass die beteiligten Krankenhäuser mindestens über bidirektionale 2 MBit/s Leitungen verfügen müssen, um eine hochauflösende, störungsfreie Verbindung aufbauen zu können.

Des Weiteren sind die technischen Gerätschaften von besonderer Bedeutung und sollten den aktuellen Standards, besonders in Bezug auf den Datenschutz und die Verschlüsselung, Rechnung tragen. Da das Ziel der Televisiten eine gemeinsame Einschätzung und Kommunikation über den klinischen Zustand ist, sind qualitativ hochwertige Audio-Videoverbindungen zwingend erforderlich. Eine hochauflösende Kamera ist besonders im Bereich der Intensivmedizin, in der beispielsweise die Pupillenreaktion oder das Hautkolorit beurteilt werden müssen, eine wichtige Anforderung. Außerdem sollten die verwendeten Videoeinheiten die Daten Punkt-zu-Punkt verschlüsselt oder eben über eine VPN (Virtual Private Network)-Verbindung übertragen können, um den Schutz der sensiblen Patientendaten zu sichern. Für den Austausch von Labor- und Vitaldaten zwischen den beteiligten Intensivmedizinerinnen und -medizinern sollte eine datenschutzkonforme Lösung zur Datenübermittlung gewählt werden. Eine mögliche Option sind zum Beispiel elektronische Fallakten, die einen datenschutzgerechten Austausch von medizinischen Informationen ermöglichen. Unabhängig von der gewählten technischen Lösung sollte die sichere Speicherung und Kommunikation der Daten im Vordergrund stehen.

Um eine möglichst hohe Akzeptanz bei den Beteiligten zu schaffen, ist es besonders entscheidend, dass die gewählte technische Lösung bereits zu Beginn des Betriebes möglichst fehlerfrei funktioniert und eine intuitive Bedienung, ohne zeitintensive Einarbeitung, gegeben ist. Gerade im klinischen Alltag der Intensivmedizin ist Zeit eine entscheidende Ressource. Aus diesem Grund müssen Innovationen im Bereich der Intensivmedizin funktionieren und einen Mehrwert für die Anwenderinnen und Anwender generieren.

19.2.3 Datenschutzaspekte

Der Datenschutz ist ein weiteres wesentliches Element und eine zwingende Anforderung an die technische Infrastruktur in der Telemedizin, da sich die Kommunikation auf sensible Gesundheitsdaten bezieht. Die Sensibilität der Daten, die gesundheitsbezogene, persönliche und patientenbezogene Inhalte umfassen, verlangt, dass der technische Datenschutz den Anforderungen der Vertraulichkeit und der Datensicherheit genügt. Daher muss insbesondere der Transfer der Daten gesichert sein und ein ausreichender Schutz der Informationen, vor dem Zugriff unbefugter Dritter, gewährleistet werden. Dies kann durch Ende-zu-Ende-Verschlüsselung erreicht werden. Ein weiteres effektives Mittel gegen unbefugtes Zugreifen auf die übermittelten Daten ist die Nutzung von geschlossenen Netzen (z. B. über eine VPN-Verbindung).

Die TÜV-zertifizierten Datenaustauschplattformen, wie die „Fallakte plus", verhindern durch einen geschlossenen Nutzerkreis zudem den unbeabsichtigten Versand der Daten an Dritte und sichern so die Kommunikation zwischen den beteiligten Medizinerinnen und Medizinern. Durch die Zuordnung von differenzierten Rollen und Nutzerinnen bzw. Nutzern, die einen geschlossenen Nutzerkreis bilden, kann die Datensicherheit während des gesamten Prozesses der Tele-Intensivmedizin garantiert werden. Da die Tele-Intensivmedizin und der gemeinsame Dialog als Konsilleistung zu verstehen ist, ist ein Informationsaustausch angemessen und vertretbar. Nichtsdestotrotz sollte eine Einwilligung des Patienten oder der Patientin oder deren bevollmächtigter Vertreter eingeholt werden.

Je nach lokaler Situation, wie zum Beispiel der Rolle und Institution des Betreibers einer Fallakten-Lösung oder des Serverstandorts, kann der Tatbestand der Auftragsdatenverarbeitung erfüllt sein, der uneingeschränkt zustimmungspflichtig ist. Grundsätzlich kann festgehalten werden, dass es weder bei der Auswahl eines konkreten technischen Systems, noch prozedural eine Standardlösung für den zentralen Aspekt des Datenschutzes gibt. Aus diesem Grund ist es wichtig, bereits bei der Planung und auch während einer telemedizinischen Anwendung, in Abstimmung mit den zuständigen Datenschutzbeauftragten, die jeweiligen Einzelfälle sorgfältig zu prüfen und somit die Umsetzung einer rechtssicheren Lösung zu ermöglichen. Darüber hinaus muss eine konsequente Kontrolle und Weiterführung des Datenschutzes gewährleistet werden, sowohl bei bestehenden Datensätzen, als auch bei neuen Fallakten. Neuentwicklungen im Bereich des Datenschutzes wie beispielsweise rechtliche Änderungen müssen regelmäßig aufgenommen werden.

19.2.4 Akzeptanz der Beteiligten

Die Akzeptanz aller involvierter Akteure, der Intensivmedizinerinnen und Intensivmedizinern sowie des Pflegepersonals ist eine „conditio sine qua non", also eine notwendige Voraussetzung für ein erfolgreiches tele-intensivmedizinisches Projekt und den alltäglichen Routinebetrieb. Initial ist häufig eine Skepsis gegenüber der Telemedizin anzutreffen. Eine Akzeptanz kann nicht nur durch eine funktionsfähige und störungsfreie technische Lösung erreicht werden (Young et al. 2011), sondern erfordert auch weichere Kriterien, die vor allem die Anwenderinnen und Anwender betreffen. Hier ist besonders die kollegiale Kommunikation hervorzuheben. Durch den konstruktiven Dialog aller Beteiligten, kann ein direkter Nutzen für Patienten und Patientinnen generiert und die Behandlungsergebnisse, durch die Umsetzung leitliniengerechter Therapie, verbessert werden (Lilly et al. 2014b; Rincon et al. 2011). Ein entscheidender Punkt der Tele-Intensivmedizin ist, dass dieser innovative Ansatz nicht arztersetzend wirken, sondern den drohenden Fachkräftemangel auffangen soll (Ostwald 2010). Einige Studien haben zudem gezeigt, dass selbst auf Intensivstationen mit ausreichend Personal die Akzeptanz beim ärztlichen und pflegerischen Personal, gegenüber einer zusätzlichen tele-intensivmedizinischen Intervention, hoch ist (Young et al. 2011; Romig et al. 2012).

Außerdem wird durch das sogenannte „Fernbehandlungsverbot" in Deutschland die Tele-Intensivmedizin nicht berührt, da zum Beispiel eines der qualifizierenden Merkmale der Fernbehandlung, die Ausschließlichkeit der Behandlung, beim gemeinsamen Dialog nicht erfüllt ist und wie bei Konsilen üblich, die Verantwortung und Therapiehoheit bei dem behandelnden Arzt bzw. der behandelnden Ärztin vor Ort liegt. Die klare Verantwortlichkeit ist ebenfalls ein wichtiger Aspekt, der die Akzeptanz bei teilnehmenden Ärztinnen und Ärzten erhöhen kann. Durch eine zusätzliche, telemedizinische Unterstützung und den interkollegialen Austausch erfahrener Spezialistinnen und Spezialisten über weitere Behandlungsschritte und Strategien, profitieren die behandelten

Patientinnen und Patienten. Aus Sicht von Ärztinnen und Ärzten in der Weiterbildung wird die dauernde Verfügbarkeit einer Beratungsmöglichkeit als vorteilhaft empfunden (Young et al. 2011; Mora et al. 2007). Die gewonnene Erfahrung und der Wissensaustausch mit Kolleginnen und Kollegen kann die Akzeptanz der Innovation Telemedizin erhöhen. Des Weiteren gilt festzuhalten, dass die Expertise aller teilnehmenden Intensivmedizinerinnen und Intensivmediziner durch die gemeinsame Konsultation wächst und alle, besonders Patientinnen und Patienten, von diesem Austausch profitieren. Der Blickwinkel kann dabei, durch eine gute Kommunikation, erweitert und neue Behandlungsansätze generiert werden.

Besonders förderlich ist bei der Implementierung dieser tele-intensivmedizinischen Innovationen die Offenheit der Anwenderinnen und Anwender gegenüber der Neuerung. Diese Offenheit muss, gemessen an unseren Erfahrungen, nicht von vorneherein gegeben sein, sondern kann sich auch im Laufe des Projektbetriebes und der täglichen Routine einstellen. Dabei ist die Präsenz eines „Leaders", der mit Leidenschaft und Begeisterung die Mitarbeiterinnen und Mitarbeiter von der Innovation überzeugt, wichtig für die erfolgreiche Einführung (Bangert und Doktor 2000; Doarn und Merrell 2014).

Ein weiterer Punkt, der die Akzeptanz der Beteiligten erhöhen kann, ist die frühzeitige Einbindung aller Partner, die in den verschiedenen Bereichen mit Tele-Intensivmedizin in Berührung kommen. Das schließt die zuständigen Datenschutzbeauftragten, die IT-Abteilungen und die Kostenträger mit ein. Politischen Entscheidungsträgern kommt eine entscheidende Rolle zu, da sie den ordnungspolitischen Rahmen für die Verstetigung von Projektvorhaben in die tägliche Routine und den Regelbetrieb definieren. Durch die frühzeitige Integration aller Interessensvertreter wird der Dialog gefördert und eine gemeinsame Basis für Entscheidungen geschaffen. Dadurch kann Problemen bei der Implementierung vorgebeugt werden.

19.3 Potenziale der Tele-Intensivmedizin

Die Tele-Intensivmedizin hat das Potenzial den dringenden Herausforderungen des 21. Jahrhunderts, bedingt durch demografischen und epidemiologischen Wandel, im Bereich des Gesundheitswesens zu begegnen und die intensivmedizinische Versorgung auch in der Zukunft auf einem qualitativ hochwertigen Niveau zu sichern. Die Umsetzung der zuvor beschriebenen Anforderungen führt dazu, dass die Potenziale der Tele-Intensivmedizin umfassend ausgeschöpft werden können.

19.3.1 Versorgungssicherung

Telemedizin hat das Potenzial eine gleichbleibende Versorgungsqualität der Gesundheitsversorgung in strukturschwachen Regionen sicherzustellen. Dies gewährleistet eine qualitativ hochwertige und wohnortnahe Versorgung der Patientinnen und Patienten. Der bereits erwähnte Fachkräftemangel wird sich besonders in diesen strukturschwachen

Regionen negativ auf die Versorgungsleistung auswirken. Engpässe in der Verfügbarkeit von hoch qualifiziertem Fachpersonal können ein gleichbleibend hohes Versorgungsniveau erschweren, wodurch die Behandlung der intensivmedizinischen Patientinnen und Patienten in Mitleidenschaft gezogen werden könnte. Diesem Sachverhalt treten telemedizinische Interventionen entgegen, indem sie zu einer Kompensation der beeinträchtigten Versorgungssituation führen. Tele-Intensivmedizin bietet hier eine zusätzliche Konsultationsmöglichkeit für behandelnde Ärztinnen und Ärzte, ohne die Autonomie lokal einzuschränken, wodurch die Individualität der lokalen Intensivstationen nicht beeinträchtigt wird (Lilly et al. 2014b). Dabei können kleinere Intensiveinheiten besonders von dem Zusammenschluss mit Zentren, die eine höhere Falldichte haben, profitieren, da sie sich zu einem virtuellen Hochvolumenzentrum verbinden können. Diese Struktur bietet das Potenzial qualitativ hochklassige Intensivmedizin in die Fläche zu bringen, indem ein fachlicher Austausch ermöglicht wird. Darüber hinaus können sich kleinere Krankenhäuser, mit Hilfe telemedizinischer Techniken, ebenfalls untereinander zu größeren, virtuellen Einheiten verbinden und somit die Fallzahl erhöhen und mehr Erfahrungen generieren. Dies gilt nicht nur für seltene Krankheitsbilder, sondern auch für häufiger auftretende Erkrankungen. Besonders in der Intensivmedizin kann man festhalten, dass der Behandlungserfolg abhängig von der Fallzahl steigt. Das heißt, je mehr Patientinnen und Patienten mit demselben Krankheitsbild behandelt werden, desto erfolgreicher verlaufen diese Behandlungen (Kanhere et al. 2012; Peelen et al. 2007).

Außerdem können die Patientinnen und Patienten durch Tele-Intensivmedizin wohnortnah behandelt und somit weitere Transporte vermieden werden. Die Reduktion der Patiententransporte und Transfers führt einerseits zu besseren Behandlungsergebnissen, da kritisch kranke, aber instabile Patienten durch die Tele-Intensivmedizin trotzdem adäquat von Spezialistinnen und Spezialisten mitbetreut werden können. Andererseits führt es bei den Patientinnen und Patienten und ihren Angehörigen zu einer höheren Zufriedenheit, da unnötige Fahrten erspart bleiben. Ein weiterer positiver Effekt ist in der Reduktion der Transportkosten zu sehen, die durch telemedizinische Anwendungen erreicht werden kann (Faine et al. 2015; Zawada et al. 2009).

Tele-Intensivmedizin kann zudem dazu beitragen, dass die Faktoren Zeit und Ort keinen Einfluss mehr auf die Versorgungsqualität haben. Wenn entsprechende strukturelle Gegebenheiten vorhanden sind, wie zum Beispiel ein Telemedizinzentrum, in dem rund um die Uhr Spezialistinnen und Spezialisten anwesend sind und beratend zu einer Visite hinzugezogen werden können, kann der Behandlungserfolg gesteigert werden (Lilly et al. 2014b). Dies konnte bereits in mehreren großen Studien, die im weiteren Verlauf als Referenzen dienen, belegt werden.

Um die Versorgung jedoch tatsächlich zu sichern und auf einem gleichbleibend hohen Niveau zu halten, müssen die Projektvorhaben, welche die aktuelle Telemedizinlandschaft prägen, auch verstetigt werden. Wesentliches Hemmnis ist dabei eine fehlende formale Vergütungsregelung, denn die Sicherstellung der Vergütung und damit Gegenfinanzierung der telemedizinischen Zusatzleistungen ist unabdingbare Voraussetzung für den erfolgreichen Übergang in die Regelversorgung.

19.3.2 Verbesserung der klinischen Behandlungsergebnisse

Das Potenzial der Tele-Intensivmedizin die klinischen Behandlungsergebnisse zu verbessern, konnte in großen Studien belegt werden. Entscheidende Behandlungsschritte wurden häufiger bzw. früher umgesetzt, wodurch Komplikationen minimiert werden konnten (Lilly et al. 2011). Darunter fielen die Reduktion der apparativen Beatmung und die Verringerung von Patiententransporten, Folgeerkrankungen und kritischen Situationen (Lilly et al. 2014a). Dies wird unter anderem durch eine frühere Detektion kritischer Situationen und einer früheren, konsequenteren, leitliniengerechten Therapie ermöglicht. Darüber hinaus wird durch die zusätzliche, tägliche Tele-Intensivvisite präventiv gearbeitet und mögliche Komplikationen eher erkannt. Durch diese Maßnahmen kann beispielsweise die Sterblichkeitsrate um bis zu 50 % gesenkt werden (Sadaka et al. 2014; Zawada et al. 2009). Dieser Effekt kann allerdings nur durch eine enge und gute Zusammenarbeit mit den verantwortlichen Ärztinnen und Ärzten vor Ort erzielt werden. Die Tele-Intensivmedizin soll jedoch nicht arztersetzend, sondern als zusätzliche Behandlungsoption entlastend wirken. Dies ist ein absolut entscheidender Punkt, um den Erfolg der Tele-Intensivmedizin zu gewährleisten. Die verantwortlichen Intensivmedizinerinnen und -mediziner haben mit der Tele-Intensivmedizin die Möglichkeit ein zusätzliches Sicherheitsnetz zu generieren, durch das evidenzbasierte Leitlinien oder Behandlungsempfehlungen engmaschiger und genauer überprüft und umgesetzt werden können.

Die Verbesserung der klinischen Behandlungsergebnisse ist das beste Argument für eine großflächige Einführung der Tele-Intensivmedizin und zeigt das Potenzial dieser Innovationen. Durch die vorhandenen Studien konnte bereits Evidenz generiert werden, die zeigt, dass es einen positiven Einfluss auf das Behandlungsergebnis gibt (Lilly et al. 2014a). Durch tele-intensivmedizinische Interventionen wurde nicht nur eine signifikant niedrigere Krankenhaus- und Intensivsterblichkeit erreicht, sondern auch eine verkürzte Verweildauer auf der Intensivstation und im Krankenhaus (Lilly et al. 2011; Lilly et al. 2014a; McCambridge et al. 2010; Fortis et al. 2014). Dieser Effekt war unabhängig von der Größe des Krankenhauses, der Intensivstationen und akademischem Status zu beobachten. Das heißt, dass nicht nur Patientinnen und Patienten auf kleineren Intensivstationen, sondern auch auf Intensivstationen mit deutlich mehr als zehn Betten und in großen Einheiten (z. B. in akademischen Lehrkrankenhäusern) von einem besseren Behandlungsergebnis profitierten. Außerdem konnten diese Ergebnisse nicht nur in Pilotprojekten, sondern auch im regulären, alltäglichen Betrieb erzielt werden, wodurch das Potenzial der Tele-Intensivmedizin nochmals unterstrichen wird (Lilly et al. 2011).

Ein ebenfalls positiver Einfluss der Tele-Intensivmedizin und der verbesserten klinischen Behandlungsergebnisse ist in der Kostenreduktion zu finden. Durch die Verringerung der Komplikationen und beispielsweise der apparativen Beatmung können erhebliche Kosten eingespart werden (Breslow et al. 2004).

19.3.2.1 Reduktion der Sterblichkeit durch Tele-Intensivmedizin

Die Reduktion der Mortalität durch tele-intensivmedizinische Interventionen wurde in mehreren Studien unabhängig voneinander festgestellt und stellt somit ein weiteres

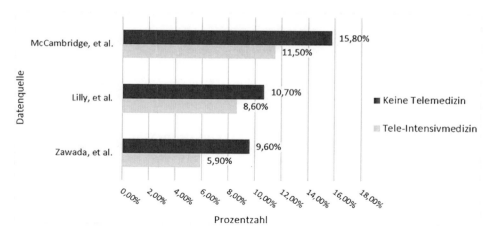

Abb. 19.2 Reduktion der Sterblichkeit durch Tele-Intensivmedizin (McCambridge et al. 2010; Lilly et al. 2011; Zawada et al. 2009)

Potenzial der Tele-Intensivmedizin dar (Abb. 19.2). In einer Studie von McCambridge et al. (2010) verringerte sich die Letalität auf Intensivstationen durch den Einsatz einer tele-intensivmedizinischen Intervention von 15,8 % auf 11,5 %. Eine Reduktion der Sterblichkeit auf Intensivstationen von 10,7 % auf 8,6 % konnte ebenfalls in der Studie von Lilly et al. (2011) gezeigt werden. Zawada et al. (2009) haben eine Verringerung von 9,6 % auf 5,9 % nachgewiesen. Weitere Studien von Leong et al. (2005), Willmitch et al. (2012) und Sadaka et al. (2013) zeigten ebenfalls, dass Tele-Intensivmedizin einen positiven Effekt auf die Reduktion der Sterblichkeit auf Intensivstationen hat.

19.3.2.2 Reduktion der Morbidität durch Tele-Intensivmedizin

Tele-Intensivmedizin hat nicht nur das Potenzial die Sterblichkeit, sondern auch die Morbidität der Patienten und Patientinnen signifikant zu reduzieren. Durch die frühere Behandlung von Komplikationen und eine leitliniengerechte Therapie konnte beispielsweise das Auftreten von Pneumonien signifikant reduziert werden. Dabei führte die zusätzliche tele-intensivmedizinische Beobachtung zu einer Reduktion der Ventilator-assoziierten Pneumonien von 13 % auf 1,6 % (Lilly et al. 2011). Diese Verringerung der Fälle, die während des Krankenhausaufenthalts eine Pneumonie entwickeln, weist auf das Potenzial in der Tele-Intensivmedizin hin. Darüber hinaus lässt sich auch ein großer sozioökonomischer Einfluss bei einer regelgerechten Umsetzung, auch präventiver Best-Practice-Verfahren, erkennen. Die Tele-Intensivmedizin ist ebenfalls für die Reduktion des Auftretens von Blutvergiftungen (Sepsis) verantwortlich (Abb. 19.3). In der Studie von Lilly et al. (2011) konnte das Auftreten einer Sepsis von 1,0 % auf 0,6 % verringert werden. Dieser vermeintlich geringe Wert hat erhebliche Auswirkungen auf den Behandlungserfolg, da jeder Patient oder jede Patientin, die eine Sepsis entwickeln, mit einer Wahrscheinlichkeit von 10–20 % an den Folgen verstirbt. Dies ist besonders relevant für den septischen Schock, der in über 40 % der Fälle zum Tod führt (Martin 2012).

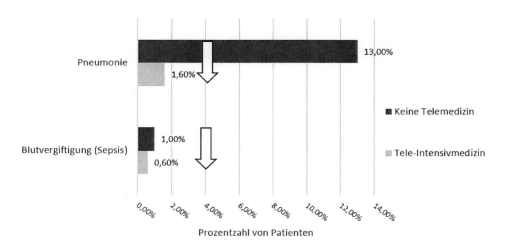

Abb. 19.3 Reduktion der Morbidität durch Tele-Intensivmedizin (Lilly et al. 2011)

Des Weiteren haben Lilly et al. (2011) in einem Prä-Post-Vergleich festgestellt, dass der Anteil der beatmungspflichtigen Patientinnen und Patienten gesunken ist (37 % vs. 31 %) und die Dauer der klinischen Beatmung ebenfalls signifikant verkürzt werden konnte (8,4 Tage vs. 5,7 Tage). Die Gründe für die Verbesserung sind in der permanenten Anwesenheit eines qualifizierten Intensivmediziners bzw. einer qualifizierten Intensivmedizinerin zu finden, die durch die tele-intensivmedizinische Intervention gewährleistet ist (Lilly et al. 2011).

19.3.2.3 Verkürzung der Verweildauer durch Tele-Intensivmedizin

Ein weiterer signifikanter, positiver Effekt – und somit ein Potenzial der Tele-Intensivmedizin – ist ebenfalls in der Verkürzung der Verweildauer zu sehen. Patientengruppen ohne tele-intensivmedizinische Intervention wurden durchschnittlich 6,4 Tage auf der Intensivstation behandelt, wohingegen bei Patienten und Patientinnen, die telemedizinisch mitversorgt werden, nur eine Behandlungsdauer von 4,5 Tagen notwendig war. Dieser Effekt der Telemedizin wirkt sich ebenfalls positiv auf die Dauer des Krankenhausaufenthaltes aus. Die Krankenhausverweildauer konnte mit Hilfe der Tele-Intensivmedizin von durchschnittlich 13,3 Tagen auf 9,8 Tage reduziert werden (Lilly et al. 2011).

Aber nicht nur die Verweildauer, sondern auch die Anzahl der Patientinnen und Patienten die in eine Langzeitpflegeeinrichtung überwiesen werden, kann durch Tele-Intensivmedizin verringert werden. Wie Lilly et al. (2011) zeigten, konnte die Anzahl an Patientinnen und Patienten, die keine Langzeitpflege benötigten, sondern stattdessen nach Hause entlassen werden konnten, durch die tele-intensivmedizinische Zusatzversorgung von 45,9 % auf 53,4 % gesteigert werden (Abb. 19.4) (Lilly et al. 2011). Des Weiteren konnte gezeigt werden, dass die Anzahl der Patientinnen und Patienten, die in eine Rehabilitationseinrichtung überwiesen werden mussten, durch eine

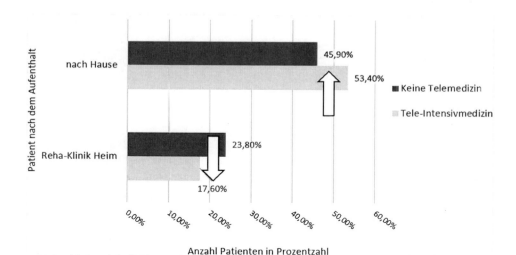

Abb. 19.4 Langzeitnutzen von Tele-Intensivmedizin (Lilly et al. 2011)

tele-intensivmedizinische Zusatzversorgung von 23,8 % auf 17,6 % reduziert werden konnte (Abb. 19.4) (Lilly et al. 2011). Die Betroffenen konnten, ohne einen Aufenthalt in Pflegeheimen oder in einer Langzeitpflegeeinrichtung in Anspruch zu nehmen, nach Hause entlassen werden. Das ist besonders für Patientinnen und Patienten ein enorm positiver Effekt, da dadurch ein direkter Einfluss auf die Lebensqualität ausgeübt wird.

19.3.3 Ökonomisches Potenzial der Tele-Intensivmedizin

Die ökonomischen Auswirkungen der Tele-Intensivmedizin sind derzeit in Europa sowie in Deutschland noch nicht mit belastbaren Zahlen nachzuweisen. Allerdings kann angenommen werden, dass durch die Verbesserung der Behandlungsergebnisse ein positiver Effekt auf die Kostenentwicklung entstehen wird. Beispielsweise könnten durch die Reduktion der Verweildauer auf Intensivstation pro Tag ca. 1000 € eingespart werden. Dies gilt ebenfalls für die Verringerung der Beatmungstage und die erfolgreiche Prävention von Komplikationen. Die Intensiv-Behandlungskosten der Ventilator-assoziierten Pneumonie verursachen in Deutschland beispielsweise Mehrkosten in Höhe von ca. 900 Mio. € pro Jahr (Kranabetter 2006). Diese Ausgaben könnten mit Hilfe der Tele-Intensivmedizin deutlich reduziert werden.

Durch die Kostenstruktur und den hohen Ressourcenbedarf auf Intensivstationen bleibt weiterhin anzunehmen, dass die großflächige Einführung von tele-intensivmedizinischen Interventionen positive ökonomische Effekte haben wird. Dadurch könnten das Krankenhauswesen und auch das gesamte Gesundheitssystem entlastet werden. Die Steigerungen der Lebensqualität der Patientinnen und Patienten sowie der Expertise und des kollegialen Austausches unter Kolleginnen und Kollegen sind dabei allerdings schwer in monetären Größen auszudrücken. Dies gilt ebenso für den direkten Patientennutzen, der durch die besseren Behandlungsergebnisse und die gesteigerte Lebensqualität entsteht, die durch weniger Krankheitstage und Rückfälle hervorgerufen werden (EU 2008).

19.4 Fazit und Ausblick

Die aktuelle Bevölkerungsentwicklung verlangt nach innovativen Versorgungsformen, durch die eine gleichbleibend gute Versorgung auf Intensivstationen gewährleistet werden kann. Die Tele-Intensivmedizin bietet das Potenzial, die Erhaltung der qualitativ hochwertigen intensivmedizinischen Versorgung, unabhängig von Ort und Größe des Krankenhauses, zu sichern. Um dieses Potenzial allerdings ausschöpfen zu können, müssen die hier aufgeführten Anforderungen zwingend erfüllt werden. Wenn während des Projektzeitraums kollegial gearbeitet und das gemeinsame Ziel der Versorgungssicherung und Verstetigung in die Regelversorgung verfolgt wird, kann ein enorm positiver Effekt durch die Tele-Intensivmedizin erzeugt werden. Dieser Effekt ist sicherlich abhängig von der Erkrankungsschwere (Nassar et al. 2014), kann aber größeren und kleineren Häusern und vor allen Dingen den Patientinnen und Patienten gleichermaßen nutzen (McCambridge et al. 2010). Insbesondere kleinere Häuser mit kleineren Intensivstationen sind sehr wichtig für eine wohnortnahe Versorgung, die gleichbedeutend mit hoher medizinischer Qualität und Lebensqualität ist.

Durch diese zusätzliche tele-intensivmedizinische Intervention wird ein zweites Sicherheitsnetz geschaffen, welches eine leitliniengerechte Behandlung ermöglicht und somit die Behandlungsergebnisse verbessern kann.

Die konkrete Kooperationsform eines Tele-Intensivmedizin-Netzwerks kann frei gewählt werden. Bislang ist unklar, welche Art der telemedizinischen Kooperation – eine gleichberechtigte Netzwerkstruktur oder Zusammenschlüsse mit einer zentralen Instanz – mehr Vorteile bietet. Ebenso ist unklar, ob diskontinuierliche, mehrmals am Tag durchgeführte Visiten oder kontinuierliche, algorithmenbasierte Überwachung mit multiparametrischen Alarmen effektiver sind.

Allerdings haben die Erfahrungen aus dem erfolgreichen Projekt TIM der Uniklinik RWTH Aachen gezeigt, dass ein Netzwerk, das ein Telemedizinzentrum einer Universitätsklinik einschließt, eine erfolgreiche Umsetzung und Verstetigung möglich macht. In jedem Fall müssen die Strukturempfehlungen der DGAI eingehalten und die Arzt-Patient-Beziehung respektiert werden. Tele-Intensivmedizin ist kein Instrument für den Ersatz lokaler ärztlicher Kompetenz, sondern dient der Sicherung und Verbesserung der Versorgung, insbesondere in ländlichen Regionen. Durch die gemeinsame Expertise von den behandelnden Intensivmedizinerinnen und Intensivmedizinern und dem Telemedizinzentrum wird ein Mehrwert für Patientinnen und Patienten generiert.

Literatur

Bangert D, Doktor R (2000) Implementing store-and-forward telemedicine: organizational issues. Telemed J E Health 6(3):355–360

Braun JP, Mende H, Bause H, Bloos F, Geldner G, Kastrup M, Kuhlen R, Markewitz A, Martin J, Quintel M, Steinmeier-Bauer K, Waydhas C, Spies C, NeQuI (2010) Quality indicators in intensive care medicine: why? Use or burden for the intensivist. Ger Med Sci. doi:10.3205/000111

Breslow MJ, Rosenfeld BA, Doerfler M, Burke G, Yates G, Stone DJ, Tomaszewicz P, Hochman R, Plocher DW (2004) Effect of a multiple-site intensive care unit telemedicine program on clinical and economic outcomes: an alternative paradigm for intensivist staffing. Crit Care Med 32(1):31–38

Doarn CR, Merrell RC (2014) The business side of telemedicine. Telemed J E Health 20(11):981–983

EU (2008) Communication from the commission to the European parliament, the council, the European economic and social committee and the committee of the regions on telemedicine for the benefit of patients, healthcare systems and society. European Union, Brussels

Faine BA, Noack JM, Wong T, Messerly JT, Ahmed A, Fuller BM, Mohr NM (2015) Interhospital transfer delays appropriate treatment for patients with severe sepsis and septic shock: a retrospective cohort study. Crit Care Med 43(12):2589–2596

Field MJ, Grigsby J (2002) Telemedicine and remote patient monitoring. JAMA 288(4):423–425

Fortis S, Weinert C, Bushinski R, Koehler AG, Beilman G (2014) A health system-based critical care program with a novel tele-ICU: implementation, cost, and structure details. J Am Coll Surg 219(4):676–683

Kanhere MH, Kanhere HA, Cameron A, Maddern GJ (2012) Does patient volume affect clinical outcomes in adult intensive care units? Intensive Care Med 38(5):741–751

Kranabetter R (2006) Hygiene bei beatmungsassoziierten nosokomialen Pneumonien (VAP). http://www.management-krankenhaus.de/topstories/hygiene/hygiene-bei-beatmungsassoziierten-nosokomialen-pneumonien-vap. Zugegriffen: 17. Febr. 2016

Leong JR, Sirio CA, Rotondi AJ (2005) eICU program favorably affects clinical and economic outcomes. Crit Care 9(5):E22

Lilly CM, Thomas EJ (2010) Tele-ICU: experience to date. J Intensive Care Med 25(1):16–22

Lilly CM, Cody S, Zhao H, Landry K, Baker SP, McIlwaine J, Chandler MW, Irwin RS, University of Massachusetts Memorial Critical Care Operations G (2011) Hospital mortality, length of stay, and preventable complications among critically ill patients before and after tele-ICU reengineering of critical care processes. JAMA 305(21):2175–2183

Lilly CM, McLaughlin JM, Zhao H, Baker SP, Cody S, Irwin RS, Group UMMCCO (2014a) A multicenter study of ICU telemedicine reengineering of adult critical care. Chest 145(3):500–507

Lilly CM, Zubrow MT, Kempner KM, Reynolds HN, Subramanian S, Eriksson EA, Jenkins CL, Rincon TA, Kohl BA, Groves RH Jr, Cowboy ER, Mbekeani KE, McDonald MJ, Rascona DA, Ries MH, Rogove HJ, Badr AE, Kopec IC (2014b) Critical care telemedicine: evolution and state of the art. Critical Care Med 42(11):2429–2436

Martin GS (2012) Sepsis, severe sepsis and septic shock: changes in incidence, pathogens and outcomes. Expert Rev Anti Infect Ther 10(6):701–706

Marx G (2014) Modulares Zertifikat Intensivmedizin der DGAI. Anästh Intensivmed 55:316–329

Marx G, Koch T (2015) Telemedizin in der Intensivmedizin: Strukturempfehlungen der DGAI. Anästh Intensivmed 56:257–261

Marx G, Beckers R, Brokmann JC, Deisz R, Pape H-C (2015) Telekooperation für die innovative Versorgung am Beispiel des Universitätsklinikums Aachen. Bundesgesundheitsbl Gesundheitsforsch Gesundheitsschutz 58(10):1056–1061

McCambridge M, Jones K, Paxton H, Baker K, Sussman EJ, Etchason J (2010) Association of health information technology and teleintensivist coverage with decreased mortality and ventilator use in critically ill patients. Arch Intern Med 170(7):648–653

Mora A, Faiz SA, Kelly T, Castriotta RJ, Patel B (2007) Resident perception of the educational and patient care value from remote telemonitoring in a medical intensive care unit. Chest 132(4):443a

Nassar BS, Vaughan-Sarrazin MS, Jiang L, Reisinger HS, Bonello R, Cram P (2014) Impact of an intensive care unit telemedicine program on patient outcomes in an integrated health care system. JAMA Intern Med 174(7):1160–1167

Ostwald DA, Ehrhard, T, Bruntsch F, Schmidt H, Friedl C (2010) Fachkräftemangel – Stationärer und ambulanter Bereich bis zum Jahr 2030. PricewaterhouseCoopers AG, Frankfurt a. M.

Peelen L, de Keizer NF, Peek N, Scheffer GJ, van der Voort PH, de Jonge E (2007) The influence of volume and intensive care unit organization on hospital mortality in patients admitted with severe sepsis: a retrospective multicentre cohort study. Crit Care 11(2):R40

Rincon TA, Bourke G, Seiver A (2011) Standardizing sepsis screening and management via a tele-ICU program improves patient care. Telemed J E Health 17(7):560–564

Romig MC, Latif A, Gill RS, Pronovost PJ, Sapirstein A (2012) Perceived benefit of a telemedicine consultative service in a highly staffed intensive care unit. J Crit Care 27(4):426

Sadaka F, Palagiri A, Trottier S, Deibert W, Gudmestad D, Sommer SE, Veremakis C (2013) Telemedicine intervention improves ICU outcomes. Crit Care Res Pract 2013:456389

Vincent JL (2000) Need for intensivists in intensive-care units. Lancet 356(9231):695–696

Willmitch B, Golembeski S, Kim SS, Nelson LD, Gidel L (2012) Clinical outcomes after telemedicine intensive care unit implementation. Crit Care Med 40(2):450–454

Young LB, Chan PS, Cram P (2011) Staff acceptance of tele-ICU coverage: a systematic review. Chest 139(2):279–288

Zawada ET Jr, Herr P, Larson D, Fromm R, Kapaska D, Erickson D (2009) Impact of an intensive care unit telemedicine program on a rural health care system. Postgrad Med 121(3):160–170

Internet- und mobilbasierte Interventionen zur Prävention und Behandlung psychischer Störungen

20

David Daniel Ebert, Anna-Carlotta Zarski, Matthias Berking und Harald Baumeister

Zusammenfassung

Internet- und mobilbasierte Interventionen (IMIs) bieten die Möglichkeit, das Versorgungsspektrum für psychische Erkrankungen zu ergänzen. Sie können als evidenzbasierte niedrigschwellige Angebote sowohl Betroffene erreichen, die klassische psychotherapeutische Maßnahmen vor Ort trotz Bedarf nicht in Anspruch nehmen, als auch in diese integriert werden, um die Wirksamkeit und Qualität von Psychotherapie weiter zu steigern. Der folgende Beitrag beschreibt den konzeptionellen Ansatz internet- und mobilbasierter Interventionen sowie deren Einsatz und Wirksamkeit in unterschiedlichen Phasen der psychosozialen Versorgung. Darüber hinaus wird ein Überblick über den Stand der Implementierung von IMIs im deutschen Versorgungssystem mit einhergehenden Chancen und Risiken gegeben.

D.D. Ebert (✉) · A.-C. Zarski · M. Berking
Lehrstuhl für Klinische Psychologie und Psychotherapie, Friedrich-Alexander-Universität Erlangen-Nürnberg, Nägelsbachstr. 25a, 91052 Erlangen, Deutschland
E-Mail: david.ebert@fau.de

A.-C. Zarski
E-Mail: anna-carlotta.zarski@fau.de

M. Berking
E-Mail: matthias.berking@fau.de

H. Baumeister
Institut für Psychologie und Pädagogik, Universität Ulm, Albert-Einstein-Allee 39, 89081 Ulm, Deutschland
E-Mail: harald.baumeister@uni-ulm.de

20.1 Einführung

Eine bedarfsgerechte psychotherapeutische Versorgung schließt neben der Behandlung psychischer Störungen auch die Förderung von psychischer Gesundheit und Gesundheitsverhalten, die Prävention psychischer Störungen sowie Rückfallprävention ein. Dieser umfassende gestufte Versorgungsansatz kann, trotz einer im internationalen Vergleich guten Versorgung psychischer Störungen in Deutschland, mit traditionellen psychotherapeutischen Angeboten nicht ausreichend realisiert werden. Je nach Störungsbild bleiben 28–63 % der Betroffenen mit einer psychischen Störung unbehandelt (Mack et al. 2014). Als Gründe hierfür können sowohl strukturelle Versorgungsengpässe, wie lange Wartezeiten von durchschnittlich 6–12 Monaten (Schulz et al. 2008) oder eine mangelnde Verfügbarkeit von ortsnahen Angeboten in ländlichen Gebieten, als auch einstellungsbedingte Faktoren, wie beispielsweise die Sorge vor Stigmatisierung, angeführt werden (Andrade et al. 2014).

Internet- und mobilbasierte psychotherapeutische Interventionen (IMIs) können eine Möglichkeit bieten, zeitnah evidenzbasierte psychologische Interventionen zur Verfügung zu stellen und die Schnittstellen der traditionellen psychotherapeutischen Versorgung von der Prävention bis zur Nachsorge zu überbrücken. Ziel solcher Ansätze ist es nicht nur mit Hilfe von IMIs den Betroffenen Informationen zu möglichen Ursachen, Symptomen und Verläufen psychischer Störungen bereitzustellen, sondern auch Teile oder den kompletten psychotherapeutischen Prozess internet- und mobilbasiert umzusetzen. Evidenzbasierte psychotherapeutische Interventionen können so den Betroffenen durch die Nutzung neuer Medien unabhängig von Zeit und Ort bereitgestellt werden und auch diejenigen ansprechen, die bisherige traditionelle Angebote nicht in Anspruch nehmen können oder wollen. IMIs können hierbei als eine sinnvolle Ergänzung des Behandlungsspektrums verstanden werden, die neben einer alleinstehenden Behandlungsmöglichkeit auch zur Vor- oder Nachbereitung intensiverer Maßnahmen wie beispielsweise eines stationären Aufenthalts oder als Baustein einer ambulanten Psychotherapie genutzt werden können. Dadurch kann insbesondere die Generalisierung erlernter Strategien in den Alltag gefördert und Zeit in der Psychotherapie vor Ort für gezielte Prozessarbeit aufgewandt werden (Ebert und Erbe 2012). Zum jetzigen Zeitpunkt ist die Implementierung von IMIs in Deutschland jedoch noch durch datenschutzrechtliche und ethische Bedenken sowie berufsrechtliche Auflagen eingeschränkt.

20.2 Konzeptioneller Ansatz internet- und mobilbasierter Interventionen

20.2.1 Technische Umsetzung und Darbietung

Es gibt vielfältige Möglichkeiten, psychologische evidenzbasierte Strategien und Interventionen im virtuellen Raum unter Verwendung aktueller Informations- und Kommunikationstechnologien umzusetzen und anzubieten. Häufige Darbietungsformen sind: 1) interaktive Selbsthilfe-Lektionen, 2) E-Mail-, Chat- oder videobasierte Therapien (Kessler et al. 2009), 3) virtuelle Umgebungen (*Virtual Reality*), zum Beispiel für Expositionsbehandlungen (Garcia-Palacios et al. 2002), 4) Serious Games, die psychotherapeutische Strategien im Rahmen eines Computerspiels trainieren (Merry et al. 2012), 5) Erinnerungs-, Feedback- und Verstärkungsautomatismen, zum Beispiel via App, E-Mail oder SMS (kurz: Prompts) zur Integration von Therapieinhalten in den Alltag sowie 6) interaktive Monitoring-Elemente wie zum Beispiel Apps für Aktivitätsabfragen und Stimmungsratings (Lin et al. 2013; Ebert und Baumeister 2016). Die Nutzung mobiler Endgeräte in der Darbietung von IMIs ermöglicht, Verhaltensänderungen und das Training erlernter Bewältigungsstrategien besser in den Alltag zu integrieren, zum Beispiel in Form von smartphonebasierten Verhaltenstagebüchern oder smartphonebasierter Unterstützung bei Expositionsübungen. Im Rahmen von IMIs können die verschiedenen Darbietungsformen mit ihren jeweiligen Funktionen kombiniert (z. B. interaktive Selbsthilfe-Lektionen mit Erinnerungs-E-Mails und Monitoring) und somit gezielt unterschiedliche Phasen im psychotherapeutischen Behandlungsprozess unterstützt werden (Ebert und Baumeister 2016).

20.2.2 Theoretische Grundlagen

Die theoretische Grundlage von IMIs bei psychischen Störungen bilden vornehmlich evidenzbasierte Therapiemanuale. Insbesondere kognitiv-verhaltenstherapeutische Manuale eignen sich aufgrund ihrer ausgeprägten Strukturiertheit, Standardisierung und ihres Fokus auf das Üben von Strategien und konkreten Verhaltensweisen für eine internetbasierte Umsetzung (Ebert und Erbe 2012). Darüber hinaus finden sich aber auch IMIs, die psychodynamische, interpersonelle, achtsamkeitsbasierte Ansätze oder Akzeptanz- und Commitment-therapeutische Ansätze als theoretische Basis nutzen (Andersson et al. 2012a; Donker et al. 2013; Johansson und Andersson 2012; Lin et al. 2015; Mak et al. 2015).

20.2.3 Ausmaß der therapeutischen Unterstützung

Unterschiedliche Betreuungsformate
IMIs werden in der Regel als Selbsthilfe-Formate konzipiert, sodass Betroffene sie vorwiegend selbstständig durchführen und derart ihre Selbstmanagementkompetenz fördern können. Zur Unterstützung des Behandlungsverlaufs und der selbst gesteuerten Bewältigung von Beschwerden werden häufig Online-Coaches eingesetzt, bei denen es sich in den meisten Fällen um klinische Psychologinnen/Psychologen und psychologische Psychotherapeutinnen/Psychotherapeuten handelt. Diese sogenannte „geleitete Selbsthilfe" *(guided self-help)* ist die derzeit weltweit meistverbreitete Vorgehensweise im Rahmen von IMIs. Unterscheiden kann man hierbei zwischen 1) inhaltfokussierter psychotherapeutischer Betreuung, bei der Teilnehmende regelmäßige Rückmeldung auf bearbeitete Übungen und

Modulen erhalten, 2) adhärenzfokussierter Betreuung, bei welcher die Einhaltung gesetzter Therapieziele, die Klärung von Verständnisfragen und Motivierung des Teilnehmenden im Vordergrund stehen (Zarski et al. 2016; Ebert et al. 2014c) und 3) administrativer Betreuung, bei der generell nur Unterstützung bei technischen Problemen und Fragen zur Nutzung gegeben wird (Zarski et al. 2016). Die Betreuungsformate variieren in dem Ausmaß an Zeit, die Online-Coaches für die Unterstützung im Programmverlauf aufwenden (i. d. R. zwischen 1–3 h pro Patientin bzw. Patient und Intervention).

Der Kontakt mit dem Online-Coach kann zeitlich synchron (z. B. per Chat, Video oder persönlich vor Ort) sowie asynchron (z. B. per E-Mail) erfolgen. Die in IMIs weitaus häufiger eingesetzte orts- und zeitunabhängige asynchrone Kommunikation weist die Vorteile größerer Flexibilität und Autonomie sowohl für die Patientinnen und Patienten als auch für die begleitenden Online-Coaches auf.

Ein zusätzliches Betreuungsformat im Rahmen von IMIs kann auch eine psychotherapeutische Betreuung vor Ort darstellen, wenn IMIs als zusätzliches Behandlungselement oder integraler Teil von traditionellen Psychotherapie-Angeboten vor Ort genutzt werden (Blended). IMIs können hierbei zu einer verbesserten Ressourcennutzung beitragen, wenn mehr Therapiezeit für gezielte psychotherapeutische Prozessarbeit aufgewandt werden kann (Ebert und Erbe 2012). Außerdem kann die psychotherapeutische Wirksamkeit gesteigert werden, indem die Therapieintensität durch weitere Therapiebausteine im Rahmen von IMIs erhöht (Cuijpers et al. 2013) und die Generalisierung erlernter therapeutischer Techniken und Strategien in den Alltag, beispielsweise durch smartphonebasierte Verhaltenstagebücher und Anleitung zu Kurzübungen, gefördert wird.

Therapeutische Beziehung
Die therapeutische Beziehung gilt als eine der wesentlichen Wirkfaktoren in der klassischen Psychotherapie vor Ort. Bisherige Studien zur Beziehungsqualität zeigen, dass bei IMIs für unterschiedliche psychische Störungen trotz quantitativer und qualitativer Reduktion des therapeutischen Kontakts, zum Beispiel durch fehlende soziale und nonverbale Signale, eine qualitativ hochwertige (Andersson et al. 2012b; Knaevelsrud und Maercker 2006) und vergleichbare therapeutische Beziehung wie im traditionellen Setting aufgebaut werden kann (Cook und Doyle 2002; Ebert et al. 2013; Klasen et al. 2013; Preschl et al. 2011). So charakterisierten beispielsweise 88 % der Teilnehmenden im Rahmen einer Evaluationsstudie der internetgestützten Behandlung „Interapy" den Kontakt mit ihrem Online-Coach als angenehm und 80 % empfanden die Tatsache positiv, dass der therapeutische Kontakt ausschließlich über das Internet stattfand (Lange et al. 2003).

Wirksamkeit
Die Relevanz der therapeutischen Begleitung durch einen Online-Coach wird durch Studienergebnisse bestätigt, die zeigen, dass begleitete IMIs zu größeren Therapieerfolgen führen als unbegleitete IMIs (Baumeister et al. 2014b; Klein und Berger 2013; Palmqvist et al. 2007). In einer systematischen Übersichtsarbeit von Baumeister et al.

(2014b) konnte gezeigt werden, dass IMIs mit begleitender Unterstützung eine stärkere Symptomreduktion erzielten sowie eine deutlich geringere Abbruchrate und eine größere Anzahl absolvierter Module pro Intervention aufwiesen. Auch auf metaanalytischer Ebene wurde bei IMIs zur Behandlung von Depression mit Begleitung eine deutlich höhere Effektstärke erzielt (d = 0,78) als ohne Begleitung (d = 0,36) (Richards und Richardson 2012). Einschränkend muss hierbei jedoch angemerkt werden, dass unbegleitete IMIs im Rahmen klinischer Studien eine hohe Strukturierung für die Teilnehmenden mit sich bringen und Kontakte mit dem Forschungsteam, zum Beispiel im Rahmen telefonischer Diagnostik, eine Interventionsverbindlichkeit schaffen können, die bei reinen Selbsthilfeinterventionen in der Routineversorgung nicht gegeben wäre. Dementsprechend wird die Integration von IMIs in die Routineversorgung derzeit nur mit therapeutischer Begleitung empfohlen. Darüber hinaus gibt es Hinweise auf einen positiven Zusammenhang zwischen Betreuungszeit und Wirksamkeit, der allerdings schätzungsweise ab 100 min pro Patientin bzw. Patient innerhalb einer zehnwöchigen IMI keinen bedeutsamen Wirksamkeitszuwachs mehr erbringt (Palmqvist et al. 2007; Andersson et al. 2009; Johansson und Andersson 2012).

20.3 Internet- und mobilbasierte Interventionen in unterschiedlichen Phasen der psychosozialen Versorgung

20.3.1 Förderung psychischer Gesundheit und Prävention psychischer Störungen

Die Förderung von psychischer Gesundheit und Gesundheitsverhalten sowie die Prävention psychischer Störungen sind von zentraler Bedeutung in einem umfassenden gestuften Versorgungsansatz. Um die Prävalenz psychischer Störungen langfristig zu mindern, ist es ein wichtiger Schritt, die Anzahl der Neuerkrankungen (Inzidenzrate) zu senken. Präventions- und Förderansätze für psychische Gesundheit sind in Deutschland allerdings noch nicht flächendeckend implementiert. Allein aus Kostengründen ist eine bundesweite Verfügbarkeit traditioneller präventiver Angebote, wie zum Beispiel Gruppenkurse, nicht zeitnah zu erwarten.

Internetbasierte Interventionen eignen sich durch ihre spezifischen Eigenschaften wie der orts- und zeitunabhängigen, anonymen Nutzbarkeit und besseren Skalierbarkeit im Besonderen als niedrigschwellige Ansätze in der evidenzbasierten psychischen Gesundheitsförderung und Prävention psychischer Störungen (Buntrock et al. 2014). Zielkriterien präventiver Interventionen stellen hierbei die Inzidenzraten oder Verläufe von Risikofaktoren einer psychischen Erkrankung, wie zum Beispiel Prodromalsymptome, in einem bestimmten Zeitraum dar.

Wirksamkeit

Verschiedene Studien der letzten Jahre deuten darauf hin, dass es möglich ist, mit frühzeitig erfolgenden präventiv-psychologischen IMIs beispielsweise das Auftreten einer Depression oder Angststörung zu verhindern (van Zoonen et al. 2014). Dabei überwiegen präventive Interventionen, die sich an Zielgruppen mit Risikofaktoren (selektive Prävention) oder ersten leichten Symptomen (indizierte Prävention) richten. Im Rahmen einer indizierten präventiven IMI konnte sowohl eine signifikante Reduktion depressiver Symptomatik erzielt, als auch das Risiko der Entwicklung einer voll ausgeprägten Depression innerhalb eines Jahres um 39 % reduziert werden (Ebert et al. 2016a). Präventive IMIs, welche die breite Bevölkerung ansprechen (universelle Prävention), sind dahingehen bisher eher selten und wenig erforscht.

Darüber hinaus mehren sich in den letzten Jahren die Studien, die das große Potenzial von IMIs im Bereich der betrieblichen Gesundheitsförderung nachgewiesen haben (Lehr et al. 2016), beispielsweise zur Regenerationsförderung und Bewältigung von Schlafproblemen (Ebert et al. 2016a; Thiart et al. 2015; Lehr et al. 2014) sowie zur Reduktion von arbeitsbedingtem Stress (Heber et al. 2013; Heber et al. 2016; Ebert et al. 2016b), problematischem Alkoholkonsum (Boß et al. 2015) oder der Reduktion von Erschöpfungszuständen und Depression (Ebert et al. 2014b).

20.3.2 Behandlung psychischer Störungen

In der Behandlung voll ausgeprägter psychischer Störungen können IMIs durch ihre Zeit- und Ortsunabhängigkeit den Zugang zu evidenzbasierten psychotherapeutischen Interventionen erhöhen. Dies ist insbesondere für Betroffene vorteilhaft, die aufgrund einer geringen Versorgungsdichte, Mobilitätseinschränkungen oder Berufstätigkeit Angebote der Routineversorgung nicht in Anspruch nehmen können, die an bestimmte Gebiete oder Praxiszeiten gebunden sind (Vallury et al. 2015). Außerdem stellen klassische psychotherapeutische Angebote vor Ort nicht für alle Betroffenen die präferierte Behandlungsmodalität dar (Andrade et al. 2014). Verschiedene Studien zeigen, dass es sich bei der Teilnahme an IMIs für viele Betroffene um den Erstkontakt mit psychotherapeutischen Angeboten handelt (Buntrock et al. 2015; Ebert et al. 2016a; Thiart et al. 2015). Die größere Anonymität in der Nutzbarkeit von IMIs kann Barrieren einer tatsächlichen Inanspruchnahme psychotherapeutischer Interventionen, wie Schamgefühle und Sorge vor Stigmatisierung, reduzieren. Durch die Möglichkeit eines niedrigschwelligen Einstiegs in die psychotherapeutische Versorgung können IMIs eine indizierte, weiterführende Inanspruchnahme psychotherapeutischer Angebote vor Ort erleichtern.

Wirksamkeit

Die Wirksamkeit von IMIs in der Behandlung psychischer Störungen hat sich bereits in einer Vielzahl von Übersichtsarbeiten und Metaanalysen in der Symptomreduktion verschiedener vollausgeprägter psychischer Störungen gezeigt. Insbesondere bei der

Behandlung von Angststörungen und Depression sind IMIs in der Versorgungslandschaft gut etabliert und weisen eine hohe Evidenzbasierung auf. Die Effektstärken für IMIs bei Depression und Angststörungen im Vergleich zu keiner Behandlung liegen über zahlreiche Studien und Metaanalysen hinweg im hohen Bereich (Richards und Richardson 2012; Andrews et al. 2010; Olthuis et al. 2015; Richards et al. 2015). In einer Metaanalyse zeigte sich beispielsweise eine standardisierte gemittelte große Effektstärke von $g = 0{,}88$ auf Basis von 22 randomisiert-kontrollierten Studien (RCTs) (Andrews et al. 2010).

Auch für eine Vielzahl anderer psychischer Störungen, wie Posttraumatische Belastungsstörungen (PTBS), Schlafstörungen, Essstörungen, Schmerzstörungen oder Substanzmissbrauch wurde die Akzeptanz, Anwendbarkeit und Wirksamkeit von IMIs metaanalytisch auf Basis von RCTs ebenfalls bestätigt (Kuester et al. 2016; Macea et al. 2010; Riper et al. 2014; Zachariae et al. 2015). Die gefundenen Behandlungseffekte unterscheiden sich dabei nicht substanziell von Effektgrößen klassischer Psychotherapie vor Ort (Andersson et al. 2012a; Andersson et al. 2014; Cuijpers et al. 2010). In einer Metaanalyse auf Basis von 13 RCTs zu unterschiedlichen Störungsbildern (u. a. Depression, soziale Phobie, Tinnitus, Panikstörung, sexuelle Funktionsstörungen, spezifische Phobien) fanden Andersson et al. (2014) keine signifikanten Unterschiede zwischen traditionellen Psychotherapien vor Ort und therapeutengestützten IMIs. Des Weiteren ist die Abbruchrate internetbasierter Interventionen vergleichbar mit derjenigen bei traditioneller Psychotherapie (van Ballegooijen et al. 2014). IMIs für weitere psychische Störungen, wie zum Beispiel Zwangsstörungen, psychotische, bipolare und somatoforme Störungen, sind dahingegen bisher weniger gut untersucht. Auf Einzelstudienebene liegen allerdings erste vielversprechende Ergebnisse vor, dass IMIs auch in der Behandlung von Zwangsstörungen und psychotischen Störungen effektiv sein können, die zukünftig auch metaanalytisch bestätigt werden müssen.

Für die Zielgruppe der Kinder und Jugendlichen gibt es im Vergleich zum im Erwachsenenbereich bislang erst eingeschränkte Evidenz. Eine Metaanalyse zu IMIs bei Kindern und Jugendlichen mit Angststörungen und/oder Depression weist allerdings mit signifikanten mittleren bis großen Effektgrößen ($d = 0{,}72$) auf deren Potenzial in der Behandlung psychischer Störungen in diesem Altersbereich hin (Ebert et al. 2015b).

Die Evidenzlage hinsichtlich einer Steigerung der Effektivität von traditionellen Psychotherapien in Blended-Konzepten ist aktuell noch begrenzt. Ein erster metaanalytischer Befund auf Basis von 10 RCTs zeigt allerdings, dass eine mobile Komponente als zusätzliches Behandlungselement (bspw. SMS zur Unterstützung von Verhaltensänderungen zwischen Therapiesitzungen) die Effektivität einer psychologischen Intervention im Vergleich zu reiner Therapie vor Ort bedeutsam steigern kann ($SMD = 0{,}27$) (Lindhiem et al. 2015).

Darüber hinaus werden IMIs für verschiedene Störungsbilder zunehmend unter Routinebedingungen im klinischen Alltag getestet (Andrews und Williams 2014; El Alaoui et al. 2015a; El Alaoui et al. 2015b; Hedman et al. 2014; Williams et al. 2014). Die Untersuchungen geben Hinweise darauf, dass auch hier eine ausreichend qualifizierte, therapeutische Begleitung von zentraler Bedeutung ist (Jones et al. 2015) und insbesondere Konzepte zur Sicherstellung der Interventionsadhärenz benötigt werden (Gilbody et al. 2015).

20.3.3 Darstellung einer IMI am Beispiel von „GET.ON Panik"

Zur Veranschaulichung der typischen Vorgehensweise im Rahmen therapeutengestützter Selbsthilfe-IMIs zur Behandlung wird im Folgenden eine Intervention im Detail beispielhaft vorgestellt.

Die IMI *GET.ON Panik* ist eine im Rahmen eines europäischen Forschungsprojektes (GET.ON Gesundheitstrainings online) entwickelte Selbsthilfe-Intervention zur Bewältigung von Panikstörungen und Agoraphobie. GET.ON Panik ist ein hybrides Online-Training bestehend aus sechs aufeinanderfolgenden Lektionen und einer mobilen Smartphone-App. Die Kerninhalte umfassen Psychoedukation, interozeptive Exposition und Exposition in vivo, kognitive Umstrukturierung und Rückfallprävention. Teilnehmende können das Programm auf ihrem Stand-PC, Laptop, Tablet oder Smartphone nutzen. Alle Lektionen enthalten Informationen zum Lesen, Expertenvideos, Audiodateien, interaktive Übungen sowie konkrete Hausaufgaben. Des Weiteren gibt es für jede von den Teilnehmenden durchzuführende Aufgabe unterschiedliche lebensnahe Beispiele mit verschiedenen soziodemografischen und klinischen Charakteristika, die so als Identifikationsfiguren und Ideengeber dienen können.

Um das Training möglichst gut in den Alltag zu integrieren, können Teilnehmende über eine Smartphone-App Übungen zu interozeptiver und in vivo Exposition sowie Entspannungsübungen durchführen. Die App integriert außerdem ein mobiles Angsttagebuch, mit welchem Panikattacken unmittelbar nach ihrem Auftreten registriert und bewertet werden können. Mit Hilfe der mobilen Applikation kann das Gelernte zwischen den Trainingseinheiten vertieft, in den Alltag integriert und Erfolg sichtbar gemacht werden.

Der Transfer neu erlernter Strategien in den individuellen Alltag stellt ein wichtiges Element des Programms dar und wird neben der Smartphone-Applikation durch verschiedene Elemente wie beispielsweise Wochenpläne oder sogenannte „Tiny Tasks" unterstützt. Im Zuge der Tiny Tasks erhalten Teilnehmende täglich mehrfach Kurznachrichten auf ihr Handy mit konkreten Mini-Aufgaben zum Training der Interventionsinhalte im Alltag (z. B. „Spüren Sie in sich hinein und benennen Sie alle Emotionen, die gerade aktiviert sind, sowie deren Intensität auf einer Skala von 1-10.").

Das Programm wurde als geleitete Selbsthilfeintervention konzipiert, sodass die Teilnehmenden durch eine begleitende Psychologin/einen begleitenden Psychologen wöchentlich schriftlich Rückmeldung auf die Bearbeitung der Lektionen und die Umsetzung der Übungen erhalten. Sämtliche Kommunikation erfolgt ausschließlich über ein integriertes Nachrichtensystem auf der technischen Plattform, das nur über eine spezifische Username-Passwortkombination zugänglich ist. Die Datenübertragung erfolgt ausschließlich verschlüsselt nach aktuellen technischen Standards, um das Risiko eines Zugriffs durch Unberechtigte zu minimieren.

Neben den oben dargestellten Lektionen kann der begleitende Online-Coach den Teilnehmenden auch weitere Inhalte freischalten, um die Intervention stärker an individuelle Bedürfnisse anzupassen. Diese Zusätze können weitere Lektionen umfassen, die für den individuellen Teilnehmenden indiziert sind, aber auch spezifische mobile Tagebücher, wie zum Beispiel ein Gedanken-, Emotions- oder Schlaftagebuch darstellen. Auch können dem Teilnehmenden verschiedene standardisierte diagnostische Fragebögen zum Symptom-Monitoring digital bereitgestellt werden, die automatisch ausgewertet und grafisch aufbereitet werden. Dadurch bietet das Monitoring sowohl dem Teilnehmenden als auch dem Online-Coach einen Überblick über den individuellen Symptomverlauf.

20.3.4 Nachsorge und Rückfallprävention

Hohe Rückfallraten im Anschluss an eine erfolgreiche Therapie psychischer Störungen (Vittengl et al. 2007; Durham et al. 2005; Halmi et al. 2002; Olmsted et al. 2005) weisen auf die Wichtigkeit psychotherapeutischer Nachsorge und Rückfallprävention hin, um erzielte Behandlungserfolge in den Alltag überführen und langfristig stabilisieren zu können. Vor dem Hintergrund von durchschnittlich 6–12 Monaten Wartezeit auf eine ambulante Psychotherapie (Schulz et al. 2008) wurden IMIs spezifisch für den Fall der Nachsorge und Rückfallprävention entwickelt.

Wirksamkeit

In einer randomisiert-kontrollierten Studie wurde eine transdiagnostische webbasierte Rehabilitationsnachsorge-Intervention (W-RENA) mit Ziel der Aufrechterhaltung und Integration stationär erlernter Strategien evaluiert. Die Ergebnisse zeigen, dass Interventionsteilnehmende 3 und 12 Monate nach Entlassung ihre stationären Therapieerfolge deutlich besser stabilisieren konnten, weniger häufig eine klinisch bedeutsame Verschlechterung zeigten, häufiger in Remission waren und häufiger eine einmal erzielte Remission langfristig aufrechterhalten konnten als Teilnehmende der Kontrollgruppe, die ausschließlich poststationäre Routinemaßnahmen erhielten. Darüber hinaus gibt es weitere vielversprechende Ergebnisse, meist nicht-randomisierter Studien, hinsichtlich der Akzeptanz und Wirksamkeit von IMIs für störungsspezifische (Fichter et al. 2012; Holländare et al. 2011; Gulec et al. 2011) und transdiagnostische Nachsorge- oder Rückfallprävention (Bauer et al. 2011; Bischoff et al. 2010; Golkaramnay et al. 2007; Wolf et al. 2006).

20.4 Grenzen und mögliche negative Effekte

Neben den potenziellen Vorteilen weist die Umsetzung evidenzbasierter psychotherapeutischer Angebote in selbsthilfebasierten IMIs auch einige Grenzen und Risiken auf. Zu den Kontraindikationen von IMIs gibt es jedoch bislang kaum zuverlässige empirische

Informationen. Eine generelle Sorge ist, dass bei IMIs ohne therapeutische Begleitung vor Ort nur sehr eingeschränkt auf mögliche Notfälle, wie zum Beispiel Suizidalität, reagiert werden kann. Aus diesem Grund gilt akute Suizidalität bislang in den meisten Studien als Ausschlusskriterium, auch wenn erste Befunde dafürsprechen, dass IMIs effektiv in der Behandlung suizidaler Patientinnen und Patienten sein können (Christensen et al. 2013; Mewton und Andrews 2014).

Weitere potenzielle Risiken und negative Effekte könnten sein (Ebert und Baumeister 2016):

- Unklare oder fehlende Diagnosestellung, die eine adäquate Behandlung Hilfe suchender Personen einschränkt
- Potenzielle Symptomverschlechterungen bei einem Teil der Patientinnen und Patienten
- Überforderung der Patientinnen und Patienten durch die selbstständige Anwendung therapeutischer Methoden
- Verschlechterung der gesundheitsbezogenen Selbstwirksamkeitserwartung, falls eine IMI-Teilnahme nicht erfolgreich verlaufen sollte
- Entwicklung negativer Einstellungen gegenüber Psychotherapie im Allgemeinen, wenn Teilnehmende mit IMIs nicht zufrieden sind

Auch wenn bereits erste Untersuchungen negativer Effekte und Risiken bei IMIs existieren (Boettcher et al. 2014; Ebert et al. 2014a; Rozental et al. 2015), sollte der Bereich der Kontraindikationen, genau wie bei bestehenden traditionellen Psychotherapieangeboten, verstärkt wissenschaftlich untersucht werden.

20.5 Berufs- und datenschutzrechtliche sowie ethische Aspekte

Berufs- und datenschutzrechtliche sowie ethische Aspekte bilden derzeit den begrenzenden Rahmen für die sozialrechtliche Implementierung von IMIs in unserem Gesundheitssystem (Baumeister et al. im Druck).

Eine ausschließliche Fernbehandlung, wie sie bei IMIs in Stand-alone Maßnahmen erfolgt, ist in Deutschland durch die gültigen Musterberufsordnungen für psychologische Psychotherapeutinnen und Psychotherapeuten und Kinder- und Jugendlichenpsychotherapeutinnen und -therapeuten (Bundespsychotherapeutenkammer 2007) sowie Ärztinnen und Ärzte (Bundesärztekammer 2011) weitgehend eingeschränkt. Nach § 5 Abs. 5 der Musterberufsordnung für Psychotherapeuten (Bundespsychotherapeutenkammer 2007) ist in begründeten Ausnahmefällen unter Beachtung besonderer Sorgfaltspflichten eine psychotherapeutische Behandlung ausschließlich über elektronische Kommunikationsmedien möglich. Ein solcher Ausnahmefall kann beispielsweise bei der Behandlung von Soldaten im Ausland vorliegen (Almer 2008; Almer und Wartnjen 2009). Zudem besteht die Möglichkeit wissenschaftlich begleitete Modellprojekte durchzuführen. Die

Umsetzung der Musterordnungen auf Landesebene folgt in der Regel diesen einschränkenden Empfehlungen, so dass zwar der geforderte persönliche Kontakt auch fernkommunikativ denkbar ist, dieser aber in der Regel – insbesondere für eine ordnungsgemäße Aufklärung und Diagnosestellung – zur Sicherstellung der heilberuflichen Sorgfaltspflicht eines Kontaktes vor Ort bedarf (Stellpflug 2014).

Bei der Diskussion über die rechtlichen Grenzen einer ausschließlichen Fernbehandlung gilt es zu differenzieren, dass eine fernkommunikative psychotherapeutische Behandlung zwar rechtlich fraglich ist, die Regelungen jedoch nicht die Nutzung von IMIs zur Selbsthilfe betreffen. Dies führt dazu, dass Maßnahmen, die psychotherapeutische Techniken beinhalten, aber nicht als psychotherapeutische Behandlung gekennzeichnet sind, nicht unter die Einschränkung fallen und bereits, beispielsweise von Krankenkassen, als „Coaching" gekennzeichnet eingesetzt werden. Darüber hinaus bietet die Formulierung in der Berufsordnung für Ärztinnen und Ärzte, dass die Behandlung „nicht ausschließlich" über elektronische Medien erfolgen darf, den Spielraum, IMIs in Kombination mit einer Diagnosestellung vor Ort oder als Teil eines Blended-Konzeptes mit traditionellen Therapieangeboten einzusetzen.

Die genannten rechtlichen Einschränkungen liegen in der Sorge begründet, dass anerkannte diagnostische oder therapeutische Standards nicht eingehalten werden könnten. Der fehlende persönliche Kontakt könnte zu Behandlungsfehlern führen, sodass der Patientin bzw. dem Patient pflichtwidrig und schuldhaft ein Schaden zugefügt würde (Almer 2008). Daraus leitet sich der Grundsatz ab, dass bei vergleichbaren Erfolgsaussichten von IMIs keine zusätzlichen Gefahren für Patientinnen und Patienten entstehen dürfen. Eine Verletzung dieser Sorgfaltspflicht kann zu Haftungsfällen wie Schmerzensgeld- und Schadensersatzzahlungen führen und ggf. auch strafrechtliche Konsequenzen zur Folge haben (Almer 2008; Almer und Warntjen 2009; Erlinger und Hausdorf 2004).

Die rechtliche Grundlage verdeutlicht den hohen Stellenwert der Gewährleistung von Patientensicherheit und betont bei der Implementierung von IMIs die Notwendigkeit der Abklärung zusätzlicher Gefahren. Bislang können in dieser Diskussion allerdings noch keine empirischen Grundlagen angeführt werden. Zudem werden mögliche zusätzliche Gefahren teils einseitig betont (Hardt und Ochs 2011), während mögliche Reduktionen von Gefahren durch IMIs gegenüber dem persönlichen Kontakt oft nicht diskutiert werden. Hier wären beispielsweise eine geringere Wahrscheinlichkeit unnötiger invasiver Behandlungen (z. B. fraglicher Einsatz von Antidepressiva bei Depression leichten Grades (Baumeister 2012)) sowie eine geringere Gefahr des Patientenmissbrauchs im Vergleich zum persönlichen Behandlungskontext (Rüger 2003) denkbar. Eine sachlichere Diskussion berufsrechtlicher Aspekte hinsichtlich der Patientensicherheit bei IMIs, verglichen mit Standardbehandlungen auf empirischer Erkenntnisgrundlage, wäre daher wünschenswert.

20.5.1 Datenschutzrechtliche Aspekte

Die deutschen Datenschutzgrundlagen beziehen sich vornehmlich auf den Schutz der Privatheit des Menschen. Rechtliche Grundlage dafür ist das im Grundgesetz verankerte

"Recht auf informationelle Selbstbestimmung" jedes Individuums (Wenzel 2006), welches sich sowohl auf das „Recht auf freie Entfaltung der Persönlichkeit" (Art. 2 Abs. 1 Grundgesetz [GG]) sowie die Unantastbarkeit der menschlichen Würde (Art. 1 Abs. 1. GG) stützt. Das gesamte Datenschutzrecht unterstreicht das Freiheitsrecht einer Person zur selbstbestimmten Verfügung über ihre eigenen Daten, Inkenntnissetzung über den Inhalt vorliegender persönlicher Daten sowie Art und Verwendungszweck, deren Verarbeitung und Nutzung. Zur Gewährleistung dieses Rechts wurde im sogenannten „Volkszählungsurteil" des Bundesverfassungsgerichts konkretisiert, dass alle personenbezogenen Daten ausnahmslos unter den Schutz des Grundgesetzes fallen (Wenzel 2006). Da im Rahmen von IMIs personenbezogene Daten beispielsweise zu Behandlungsursachen und Therapieabläufen erfasst werden, gilt es diese Regelungen besonders sorgfältig zu befolgen (Ulsenheimer und Heinemann 1999).

Konkrete Maßnahmen zur Kontrolle des Datenschutzmanagements sind gesetzlich vorgegeben und umfassen unter anderem die folgenden Aspekte:

- Zutrittskontrolle
- Zugangskontrolle
- Zugriffskontrolle
- Weitergabekontrolle
- Eingabekontrolle
- Auftragskontrolle
- Verfügbarkeitskontrolle
- Trennung der Daten nach Zwecken (Wenzel 2006)

Aus der Aufzählung wird ersichtlich, dass Datenschutzmanagement nicht nur rechtliche Grundlagen bietet, sondern auch spezifische Anforderungen an Organisation und Technik stellt. Darunter fallen beispielsweise die Verschlüsselung von persönlichen Daten sowie das Vermeiden von unsicheren Kommunikationskanälen wie E-Mails, um sicherzustellen, dass Unbefugte keinen Zugriff auf sensible Daten erhalten. Weiterhin sollten auch professionelle Schutzmaßnahmen wie Firewalls ein- und regelmäßige Datensicherungen durchgeführt werden. Daher empfiehlt es sich, Datenschutzexpertinnen und -experten bei der Entwicklung und Implementierung von IMIs hinzuzuziehen.

20.5.2 Ethische Aspekte

Beim Einsatz von IMIs müssen aus ethischer Sicht sowohl Risiken als auch Chancen betrachtet werden. Die zentralen Bedenken gegenüber IMIs beziehen sich hauptsächlich auf die Gefahren im Diagnostik- und Behandlungsverlauf sowie auf die Qualität der Angebote, die bislang keiner einheitlichen Kontrolle unterliegen. Hierbei bedarf es einer differenzierten Betrachtung. Die in diesem Beitrag beschriebenen, idealerweise wissenschaftlich evaluierten Selbsthilfeprogramme, sind von der Vielzahl an kommerziellen und nicht wissenschaftlich-fundierten Behandlungsangeboten im Internet zu trennen. Bei letzterem führt vor allem die fortschreitende Kommerzialisierung der Angebote, die in einigen Ländern zu beobachten ist, in denen sich IMIs bereits stärker im Versorgungssystem etabliert haben, zu einer Vernachlässigung von qualitätssichernden Maßnahmen. Um Patientinnen und Patienten vor fragwürdigen Angeboten schützen zu können und die Auswahl wirksamer Angebote zu vereinfachen, werden klare Richtlinien benötigt, die qualitativ hochwertige und seriöse IMIs kennzeichnen. Zum aktuellen Zeitpunkt existieren solche verbindlichen Kriterien zur Qualitätssicherung jedoch noch nicht. Mit Blick auf die größtmögliche Versorgungsqualität und Patientensicherheit sollten langfristig, nach dem Vorbild medizinischer Produkte, ausschließlich IMIs, die sich im Rahmen randomisierter klinischer Studien als wirksam erwiesen haben, systematisch in die Versorgung integriert und deren Kosten von den Leistungsträgern übernommen werden.

Neben den besprochenen Risiken bieten IMIs auch bedeutsame Chancen, die nahelegen, dass ein Verzicht auf das Angebot von IMIs als Behandlungsoption ethisch bedenklich ist. Wie die bereits dargelegte empirische Evidenz zeigt, können IMIs in vielen Behandlungsbereichen gute bis sehr gute Behandlungseffekte erzielen, die vergleichbar mit der jeweiligen Standardbehandlung sind. Darüber hinaus bieten IMIs die Möglichkeit, Betroffene zu erreichen, die aus verschiedenen Gründen (z. B. gesundheitliche Einschränkungen, Schamgefühle, Präferenz für Selbsthilfe, mangelnde Verfügbarkeit von Therapeutinnen und Therapeuten) sonst keine Behandlung in Anspruch nehmen würden. Entsprechend gilt es bei der Diskussion zum Einsatz von IMIs zu differenzieren, ob diese als ergänzende oder ersetzende Behandlung verstanden werden. Die zumeist ökonomisch geführte Diskussion von IMIs als Ersatz für die Standardbehandlung ist hingegen ethisch deutlich kritischer zu sehen.

20.6 Stand der Implementierung

Aufgrund der berufsrechtlichen Einschränkungen sind IMIs bislang nur wenig in das deutsche Versorgungssystem integriert. In den Niederlanden, Schweden, Australien, England und zahlreichen weiteren Ländern weltweit sind IMIs allerdings bereits ein etablierter Bestandteil der Routineversorgung.

Mit dem Ziel IMIs dauerhaft in die Routineversorgung in Deutschland zu integrieren, werden aktuell in einer Kooperation der BARMER GEK mit dem GET.ON Institut IMIs als Angebot zur Selbstunterstützung bei Depression, Burn-out, Stress und problematischen Alkoholkonsum angeboten. In Abhängigkeit der Symptomschwere sind diese als reine Selbsthilfe, mit Unterstützung auf Anfrage oder mit intensiver Unterstützung verfügbar. Die Programme wurden im Rahmen von Forschungsprojekten gefördert, durch die Europäische Union (EU) entwickelt und wissenschaftlich evaluiert.

Des Weiteren findet die Integration von IMIs in Deutschland derzeit häufig im Rahmen von Modellprojekten statt. Ein Beispiel eines von der EU geförderten Großprojektes stellt die Implementierung internet- und videogestützter Therapieverfahren in die Routineversorgung elf europäischer Ländern dar, mit dem Ziel, die Versorgung depressiv Erkrankter zu verbessern. Im Rahmen des deutschen Projektarms, welcher von der

Friedrich-Alexander Universität Erlangen-Nürnberg geleitetet wird, erhalten Versicherte der BARMER GEK, die in ländlichen Gebieten ohne Zugang zu orts- und zeitnaher ambulanter psychotherapeutischer Versorgung leben, die Möglichkeit, nach einer intensiven Diagnostik in einer der bundesweiten Schön Kliniken, an einer videobasierten Kurztherapie inklusive begleitendem Online-Selbsthilfe-Training teilzunehmen. Außerdem können deutschlandweit alle Versicherten der BARMER, die stationär psychotherapeutisch behandelt wurden, die im Anschluss keinen Therapieplatz an ihrem Wohnort finden, eine Anschlussbehandlung via selbsthilfebasierter IMIs in Kombination mit regelmäßigen Videositzungen mit Klinik-Therapeutinnen und -Therapeuten erhalten, bis sie eine ortsnahe Therapie beginnen können.

Insgesamt bieten IMIs eine große Chance, die Vielfalt und Qualität der psychotherapeutischen Versorgung in Deutschland zu bereichern. Sie können insbesondere einen Beitrag zu bedarfsgerechter gestufter psychotherapeutischer Behandlung leisten, die auch präventive und gesundheitsfördernde Angebote sowie Nachsorge und Rückfallprävention einschließt. Forschungsergebnisse der Wirksamkeitsevaluationen von IMIs zeigen, dass sie Betroffene, die ein solches Angebot in Anspruch nehmen möchten, vergleichbar effektiv wie traditionelle Angeboten in der Symptombewältigung und Gesundheitsförderung unterstützen können. In Deutschland könnte das Potenzial von IMIs allerdings noch deutlich stärker ausgeschöpft werden. IMIs sollen hierbei keinen Ersatz von klassischer Psychotherapie, sondern vielmehr eine sinnvolle Ergänzung des Behandlungsspektrums psychotherapeutischer und psychiatrischer Behandlung darstellen.

Auf dem Weg zu einer sinnvollen Integration von IMIs in unser Gesundheitssystem scheint es aktuellen Studien folgend (Baumeister et al. 2014a; Baumeister et al. 2015; Ebert et al. 2015a; Eichenberg und Kienzle 2013) nicht auszureichen, diese lediglich zur Verfügung zu stellen. Vielmehr bedarf es für eine erfolgreiche Implementierung von IMIs in unser Versorgungssystem aktiver Disseminations- und Implementationsstrategien, die die Besonderheiten von IMIs berücksichtigen, um deren Potenzial auch bestmöglich auszuschöpfen. Edukative Angebote und Schulungsmaßnahmen können hierbei dazu beitragen, dass Vorbehalte gegenüber IMIs abgebaut und Kompetenzen zu deren Nutzung aufgebaut werden (Baumeister et al. 2014a; Baumeister et al. 2015; Ebert et al. 2015a).

Literatur

Almer S (2008) Das Fernbehandlungsverbot als rechtliche Grenze im Einsatz Neuer Medien in der psychosozialen Versorgung. In: Bauer S, Kordy H (Hrsg) E-Mental-Health. Springer, Berlin, S 13–17

Almer S, Warntjen M (2009) Psychotherapie und Internet. Psychotherapeut 54(4):393–396

Andersson G, Carlbring P, Berger T, Almlöv J, Cuijpers P (2009) What makes internet therapy work? Cogn Behav Ther 38(1):55–60

Andersson G, Paxling B, Roch-Norlund P, Östman G, Norgren A, Almlöv J, Geörén L, Dahlin M, Cuijpers P, Carlbring P, Silverberg F (2012a) Internet-Based psychodynamic versus cognitive behavioral guided self-help for generalized anxiety disorder: a randomized controlled trial. Psychother Psychosom 81(6):344–355

Andersson G, Paxling B, Wiwe M, Vernmark K, Felix CB, Lundborg L, Furmark T, Cuijpers P, Carlbring P (2012b) Therapeutic alliance in guided internet-delivered cognitive behavioural treatment of depression, generalized anxiety disorder and social anxiety disorder. Behav Res Ther 50(9):544–550

Andersson G, Cuijpers P, Carlbring P, Riper H, Hedman E (2014) Guided internet-based vs. face-to-face cognitive behavior therapy for psychiatric and somatic disorders: a systematic review and meta-analysis. World Psychiatry 13(3):288–295

Andrade LH, Alonso J, Mneimneh Z, Wells JE, Al-Hamzawi A, Borges G, Bromet E, Bruffaaerts R, de Girolamo G, de Graaf R, Florescu S, Gureje O, Hinkov HR, Hu C, Huang Y, Hwang I, Jin R, Karam EG, Kovess-Masfety V, Levinson D, Matschinger H, O'Neill S, Posada-Villa J, Sagar R, Sampson NA, Sasu C, Stein DJ, Takeshima T, Viana MC, Xavier M, Kessler RC (2014) Barriers to mental health treatment: results from the WHO World Mental Health surveys. Psychol Med 44(6):1303–1317

Andrews G, Williams AD (2014) Internet psychotherapy and the future of personalized treatment. Depress Anxiety 31(11):912–915

Andrews G, Cuijpers P, Craske MG, McEvoy P, Titov N (2010) Computer therapy for the anxiety and depressive disorders is effective, acceptable and practical health care: a meta-analysis. PLoS One 5(10):e13196

Ballegooijen W van, Cuijpers P, van Straten A, Karyotaki E, Smit JH, Riper H (2014) Adherence to internet-based and face-to-face cognitive behavioural therapy for depression: a meta-analysis. PLoS One 9(7):e100674

Bauer S, Wolf M, Haug S, Kordy H (2011) The effectiveness of internet chat groups in relapse prevention after inpatient psychotherapy. Psychother Res 21(2):219–226

Baumeister H (2012) Inappropriate prescriptions of antidepressant drugs in patients with subthreshold to mild depression: time for the evidence to become practice. J Affect Disord 139(3):240–243

Baumeister H, Nowoczin L, Lin J, Seifferth H, Seufert K, Ebert DD (2014a) Impact of an acceptance facilitating intervention on diabetes patients' acceptance of Internet-based interventions for depression: a randomized controlled trial. Diabetes Res Clin Pract 105:30–39

Baumeister H, Reichler L, Munzinger M, Lin J (2014b) The impact of guidance on Internet-based mental health interventions – A systematic review. Internet Interv 1:205–215

Baumeister H, Seifferth H, Lin J, Nowoczin L, Lüking M, Ebert D (2015) Impact of an acceptance facilitating intervention on patients' acceptance of internet-based pain interventions: a randomized controlled trial. Clin J Pain 31:528–535

Baumeister H, Lin J, Ebert DD Internetbasierte Gesundheitsinterventionen. In: Enzyklopädie Medizinische Psychologie, Bd. 2. Springer, Berlin, S 433–440 (im Druck)

Bischoff C, Schmädeke S, Dreher C, Adam M, Bencetic D, Limbacher K (2010) Akzeptanz von elektronischem Coaching in der psychosomatischen Rehabilitation. Verhal und Verhal 31(3):274–287

Boettcher J, Rozental A, Andersson G, Carlbring P (2014) Side effects in internet-based interventions for social anxiety disorder. Internet Interv 1:3–11

Boß L, Lehr D, Berking M, Riper H, Schaub MP, Ebert DD (2015) Evaluating the (cost-)effectiveness of guided and unguided internet-based self-help for problematic alcohol use in employees – a three arm randomized controlled trial. BMC Public Health 15:1043

Bundesärztekammer (2011) (Muster-) Berufsordnung für die deutschen Ärztinnen und Ärzte. Bundesärztekammer, Berlin

Bundespsychotherapeutenkammer (2007) Muster-Berufsordnung für die Psychologischen Psychotherapeutinnen und Psychotherapeuten und Kinder- und Jugendlichenpsychotherapeutinnen und Kinder- und Jugendlichenpsychotherapeuten. Bundespsychotherapeutenkammer, Berlin

Buntrock C, Ebert DD, Lehr D, Cuijpers P, Riper H, Smit F, Berking M (2014) Evaluating the efficacy and cost-effectiveness of web-based indicated prevention of major depression: design of a randomised controlled trial. BMC Psychiatry 14:25

Buntrock C, Ebert DD, Lehr D, Riper H, Smit F, Cuijpers P, Berking M (2015) Effectiveness of a web-based cognitive behavioural intervention for subthreshold depression: pragmatic randomised controlled trial. Psychother Psychosom 84(6):348–358

Christensen H, Farrer L, Batterham PJ, Mackinnon A, Griffiths KM, Donker T (2013) The effect of a web-based depression intervention on suicide ideation: secondary outcome from a randomised controlled trial in a helpline. BMJ Open 3(6):e002886

Cook JE, Doyle C (2002) Working alliance in online therapy as compared to face-to-face therapy: preliminary results. Cyberpsychol Behav 5(2):95–105

Cuijpers P, Donker T, van Straten A, Li J, Andersson G (2010) Is guided self-help as effective as face-to-face psychotherapy for depression and anxiety disorders? A systematic review and meta-analysis of comparative outcome studies. Psychol Med 40(12):1943–1957

Cuijpers P, Huibers M, Ebert DD, Koole SL, Andersson G (2013) How much psychotherapy is needed to treat depression? A metaregression analysis. J Affect Disord 149(1–3):1–13

Donker T, Batterham PJ, Warmerdam L, Bennett K, bennett A, Cuijpers P, Griffiths KM, Christensen H (2013) Predictors and moderators of response to internet-delivered interpersonal psychotherapy and cognitive behavior therapy for depression. J Affect Disord 151(1):343–351

Durham RC, Chambers JA, Power KG, Sharp DM, Macdonald RR, Major KA, Dow MG, Gumley AI (2005) Long-term outcome of cognitive behaviour therapy clinical trials in central Scotland. Health Technol Assess 9(42):1–174

Ebert DD, Baumeister H (2016) Internet- und mobil-basierte Interventionen in der Psychotherapie: Ein Überblick. Psychotherapeutenjournal 1:22–31

Ebert DD, Erbe D (2012) Internet-basierte psychologische Interventionen. In: Berking M, Rief W (Hrsg) Klinische Psychologie und Psychotherapie für Bachelor. Springer, Heidelberg

Ebert DD, Hannig W, Tarnowski T, Sieland B, Götzky B, Berking M (2013) Web-based rehabilitation aftercare following inpatient psychosomatic treatment. Rehabilitation 52(3):164–172

Ebert DD, Lehr D, Baumeister H, Boß L, Riper H, Cuijpers P, Reins JA, Buntrock C, Berking M (2014a) GET.ON Mood enhancer: efficacy of Internet-based guided self-help compared to psychoeducation for depression: an investigator-blinded randomised controlled trial. Trials 15:39

Ebert DD, Lehr D, Boß L, Riper H, Cuijpers P, Andersson G, Thiart H, Heber E, BErking M (2014b) Efficacy of an internet-based problem-solving training for teachers: results of a randomized controlled trial. Scand J Work Environ Health 40:582–596

Ebert DD, Lehr D, Smit F, Zarski AC, Riper H, Heber E, Cuijpers P, Berking M (2014c) Efficacy and cost-effectiveness of minimal guided and unguided internet-based mobile supported stress-management in employees with occupational stress: a three-armed randomised controlled trial. BMC Public Health 14:807

Ebert DD, Buntrock C, Lehr D et al. (2015a) Die Effektivität Internet-basierter therapeutengestützter Selbsthilfe in der Behandlung subklinischer Depression. Eine randomisiert kontrollierte Studie. 9. Workshop für Klinische Psychologie und Psychotherapie im Rahmen des 33. Symposiums der Fachgruppe Klinische Psychologie und Psychotherapie der DGPS

Ebert DD, Zarski A-C, Christensen H et al (2015b) Internet and computer-based cognitive behavioral therapy for anxiety and depression in youth: a meta-analysis of randomized controlled outcome trials. PLoS One 10:e0119895

Ebert DD, Berking M, Thiart H, Riper H, Laferton JA, Cuijpers P, Sieland B, Lehr D (2016a) Restoring depleted resources: efficacy and mechanisms of change of an internet-based unguided recovery training for better sleep and psychological detachment from work. Heal Psychol 34:1240–1251

Ebert DD, Heber E, Berking M, Riper H, Cuijpers P, Funk B, Lehr D (2016b) Self-guided internet- and mobile-based stress management for employees utilizing problem solving and emotion regulation skills: results of a randomized controlled trial. Occ Env Med pii:oemed-2015-103269

Eichenberg C, Kienzle K (2013) Psychotherapeuten und Internet. Psychotherapeut 58:485–493

El Alaoui S, Hedman E, Kaldo V, Hesser H, Kraepelien M, Andersson E, Rück C, Andersson G, Ljótsson B, Lindefors N (2015a) Effectiveness of internet-based cognitive-behavior therapy for social anxiety disorder in clinical psychiatry. J Consult Clin Psychol 83(5):902–914

El Alaoui S, Hedman E, Ljótsson B, Lindefors N (2015b) Long-term effectiveness and outcome predictors of therapist-guided internet-based cognitive-behavioural therapy for social anxiety disorder in routine psychiatric care. BMJ Open 5(6):e007902

Erlinger R, Hausdorf T (2004) Psychotherapie und Internet. Psychotherapeut 49:129–138

Fichter MM, Quadflieg N, Nisslmüller K, Lindner S, Osen B, Huber T, Wünsch-Leiteritz W (2012) Does internet-based prevention reduce the risk of relapse for anorexia nervosa? Behav Res Ther 50(3):180–190

Garcia-Palacios A, Hoffman H, Carlin A, Furness TA 3rd, Botella C (2002) Virtual reality in the treatment of spider phobia: a controlled study. Behav Res Ther 40(9):983–993

Gilbody S, Littlewood E, Hewitt C, Brierley G, Tharmanathan P, Araya R, Barkham M, Bower P, Cooper C, Gask L, Kessler D, Lester H, Lovell K, Parry G, Richards DA, Andersen P, Brabyn S, Knowles S, Shepherd C, White D, REEACT Team (2015) Computerised cognitive behaviour therapy (cCBT) as treatment for depression in primary care (REEACT trial): large scale pragmatic randomised controlled trial. BMJ 351:h5627

Golkaramnay V, Bauer S, Haug S, Wolf M, Kordy H (2007) The exploration of the effectiveness of group therapy through an Internet chat as aftercare: a controlled naturalistic study. Psychother Psychosom 76(4):219–225

Gulec H, Moessner M, Túry F, Fiedler P, Mezei A, Bauer S (2011) Internet-based maintenance treatment for patients with eating disorders. Prof Psychol Res Pract 42:479–486

Halmi KA, Agras WS, Mitchell J, Wilson GT, Crow S, Bryson SW, Kraemer H (2002) Relapse predictors of patients with bulimia nervosa who achieved abstinence through cognitive behavioral therapy. Arch Gen Psychiatry 59(12):1105–1109

Hardt J, Ochs M (2011) „Internettherapie" – Chancen und Gefahren. Eine erste Annäherung. Psychotherapeutenjournal 10:28

Heber E, Ebert DD, Lehr D, Nobis S, Berking M, Riper H (2013) Efficacy and cost-effectiveness of a web-based stress-management training in employees: preliminary results of a randomised controlled trial. BMC Public Health 13:655

Heber E, Lehr D, Ebert DD, Berking M, Riper H (2016) Web-based and mobile stress management intervention for employees: a randomized controlled trial. J Med Internet Res 18(1):e21

Hedman E, Ljótsson B, Kaldo V, HEsser H, El Alaoui S, Kraepelien M, Andersson E, Rück C, Svanborg C, Andersson G, Lindefors N (2014) Effectiveness of internet-based cognitive behaviour therapy for depression in routine psychiatric care. J Affect Disord 155:49–58

Holländare F, Johnsson S, Randestad M, Tillfors M, Carlbring P, Andersson G, Engström I (2011) Randomized trial of internet-based relapse prevention for partially remitted depression. Acta Psychiatr Scand 124(4):285–294

Johansson R, Andersson G (2012) Internet-based psychological treatments for depression. Expert Rev Neurother 12(7):861–869

Jones M, Ebert DD, Berger T, Görlich D, Jacobi C, Beintner I (2015) Why didn't patients use it? Engagement is the real story in Gilbody et al. (2015), not effectiveness. BMJ Response 351:h5627/rr-4

Kessler D, Lewis G, Kaur S, Wiles N, King M, Weich S, Sharp DJ, Araya R, Hollinghurst S, Peters TJ (2009) Therapist-delivered internet psychotherapy for depression in primary care: a randomised controlled trial. Lancet 374(9690):628–634

Klasen M, Knaevelsrud C, Böttche M (2013) Die therapeutische Beziehung in internetbasierten Therapieverfahren. Nervenarzt 84:823–831

Klein JP, Berger T (2013) Internetbasierte psychologische Behandlung bei Depressionen. Verhaltenstherapie 23:149–159

Knaevelsrud C, Maercker A (2006) Does the quality of the working alliance predict treatment outcome in online psychotherapy for traumatized patients? J Med Internet Res 8(4):e31

Kuester A, Niemeyer H, Knaevelsrud C (2016) Internet-based interventions for posttraumatic stress: a meta-analysis of randomized controlled trials. Clin Psychol Rev 43:1–16

Lange A, Rietdijk D, Hudcovicova M, van de Ven JP, Schrieken B, Emmelkamp PM (2003) Interapy: a controlled randomized trial of the standardized treatment of posttraumatic stress through the internet. J Consult Clin Psychol 71(5):901–909

Lehr D, Eckert M, Baum K, Thiart H, Heber E, Berking M (2014) Online-Trainings zur Stressbewältigung – eine neue Chance zur Gesundheitsförderung im Lehrerberuf? Lehrerbildung auf dem Prüfstand 7:190–212

Lehr D, Geraedts A, Asplund R et al. (2016) Occupational e-Mental Health – current approaches and promising perspectives for promoting mental health in workers. In: Wiencke M, Cacae M, Fischer S (Hrsg) Healthy at Work - Interdisciplinary Perspectives. Springer, Berlin (im Druck)

Lin J, Ebert DD, Lehr D, Berking M, Baumeister H (2013) Internetbasierte kognitiv-behaviorale Behandlungsansätze: State of the Art und Einsatzmöglichkeiten in der Rehabilitation. Rehabilitation 52(3):155–163

Lin J, Lüking M, Ebert DD, Burhmann M, Andersson G, Baumeister H (2015) Effectiveness and cost-effectiveness of a guided and unguided internet-based acceptance and commitment therapy for chronic pain: study protocol for a three-armed randomised controlled trial. Internet Interv 2:7–16

Lindhiem O, Bennett CB, Rosen D, Silk J (2015) Mobile technology boosts the effectiveness of psychotherapy and behavioral interventions: a meta-analysis. Behav Modif 39(6):785–804

Macea DD, Gajos K, Daglia Calil YA, Fregni F (2010) The efficacy of web-based cognitive behavioral interventions for chronic pain: a systematic review and meta-analysis. J Pain 11(10):917–929

Mack S, Jacobi F, Gerschler A, Strehle J, Höfler M, Busch MA, Maske UE, Hapke U, Seiffert I, Gaebel W, Zielasek J, Maier W, Wittchen HU (2014) Self-reported utilization of mental health services in the adult German population - evidence for unmet needs? Results of the DEGS1-Mental Health Module (DEGS1-MH). Int J Methods Psychiatr Res 23(3):289–303

Mak WW, Chan AT, Cheung EY, Lin CL, Ngai KC (2015) Enhancing web-based mindfulness training for mental health promotion with the health action process approach: randomized controlled trial. J Med Internet Res 17(1):e8

Merry SN, Stasiak K, Shepherd M, Frampton C, Fleming T, Lucassen MFG (2012) The effectiveness of SPARX, a computerised self help intervention for adolescents seeking help for depression: randomised controlled non-inferiority trial. BMJ 344:e2598

Mewton L, Andrews G (2014) Cognitive behaviour therapy via the internet for depression: a useful strategy to reduce suicidal ideation. J Affect Disord 170C:78–84

Olmsted MP, Kaplan AS, Rockert W (2005) Defining remission and relapse in bulimia nervosa. Int J Eat Disord 38(1):1–6

Olthuis J V, Watt MC, Bailey K, Hayden JA, Stewart SH (2015) Therapist-supported internet cognitive behavioural therapy for anxiety disorders in adults. Cochrane database Syst Rev 3:CD011565

Palmqvist B, Carlbring P, Andersson G (2007) Internet-delivered treatments with or without therapist input: does the therapist factor have implications for efficacy and cost? Expert Rev Pharmacoecon Outcomes Res 7(3):291–297

Preschl B, Maercker A, Wagner B (2011) The working alliance in a randomized controlled trial comparing online with face-to-face cognitive-behavioral therapy for depression. BMC Psychiatry 11:189

Richards D, Richardson T (2012) Computer-based psychological treatments for depression: a systematic review and meta-analysis. Clin Psychol Rev 32(4):329–342

Richards D, Richardson T, Timulak L, McElvaney J (2015) The efficacy of internet-delivered treatment for generalized anxiety disorder: a systematic review and meta-analysis. Internet Interv 2(3):272–282

Riper H, Blankers M, Hadiwijaya H, Cunningham J, Clarke S, Wiers R, Ebert D, Cuijpers P (2014) Effectiveness of guided and unguided low-intensity internet interventions for adult alcohol misuse: a meta-analysis. PLoS One 9(6):e99912

Rozental A, Boettcher J, Andersson G, Schmidt B, Carlbring P (2015) Negative effects of internet interventions: a qualitative content analysis of patients' experiences with treatments delivered online. Cogn Behav Ther 44(3):223–236

Rüger U (2003) Gewalt und Missbrauch in der Psychotherapie. Psychotherapeut 48:240–246

Schulz H, Barghaan D, Harfst T, Koch U (2008) Psychotherapeutische Versorgung in Deutschland. Gesundheitsberichterstattung des Bundes, Heft 41, Robert Koch-Institut, Berlin

Stellpflug M (2014) Rechtliche Rahmenbedingungen von Internetpsychotherapie. Psychother Aktuell 2:12–14

Thiart H, Lehr D, Ebert DD, Berking M, Riper H (2015) Log in and breathe out: internet-based recovery training for sleepless employees with work-related strain – results of a randomized controlled trial. Scand J Work Environ Health 41(2):164–174

Ulsenheimer K, Heinemann N (1999) Rechtliche Aspekte der Telemedizin - Grenzen der Telemedizin. MedR Medizinr 17(5):197–203

Vallury KD, Jones M, Oosterbroek C (2015) Computerized cognitive behavior therapy for anxiety and depression in rural areas: a systematic review. J Med Internet Res 17(6):e139

Vittengl JR, Clark LA, Dunn TW, Jarrett RB (2007) Reducing relapse and recurrence in unipolar depression: a comparative meta-analysis of cognitive-behavioral therapy's effects. J Consult Clin Psychol 75(3):475–488

Wenzel J (2006) Qualitätsmanagement mit integriertem Datenschutzmanagement bei Online-Beratung. e-beratungsjournal 2(1)

Williams AD, O'Moore K, Mason E, Andrews G (2014) The effectiveness of internet cognitive behaviour therapy (iCBT) for social anxiety disorder across two routine practice pathways. Internet Interv 1:225–229

Wolf M, Maurer WJ, Dogs P, Kordy H (2006) E-Mail in der Psychotherapie - ein Nachbehandlungsmodell via Electronic Mail für die stationäre Psychotherapie. Psychother Psychosom Med Psychol 56(3–4):138–146

Zachariae R, Lyby MS, Ritterband LM, O'Toole MS (2015) Efficacy of internet-delivered cognitive-behavioral therapy for insomnia – a systematic review and meta-analysis of randomized controlled trials. Sleep Med Rev 30:1–10

Zarski AC, Lehr D, Bering M et al. (2016) Adherence to internet and mobil-based stress management. A pooled analysis of individual participant data from three randomized controlled trials. J Med Internet Res. doi: 10.2196/jmir.4493

Zoonen K van, Buntrock C, Ebert DD, Smit F, Reynolds CF 3rd, Beekman AT, Cuijpers P (2014) Preventing the onset of major depressive disorder: a meta-analytic review of psychological interventions. Int J Epidemiol 43(2):318–329

Teil IV
Onlinebasierte Gesundheitskommunikation

Onlinebasierte Gesundheitskommunikation: Nutzung und Austausch von Gesundheitsinformationen über das Internet

Eva Baumann und Elena Link

Zusammenfassung

Das Leitbild von mündigen und kompetenten Patientinnen und Patienten stellt eine gesundheitspolitische Zielsetzung dar und geht dabei mit einem hohen Autonomiegewinn des Einzelnen einher. Um diese aktive Patientenrolle allerdings wahrnehmen zu können, sind auf der Seite der Patientinnen und Patienten funktionale, interaktive und kritische Informations- und Kommunikationskompetenzen erforderlich. Diese Kompetenzen sind dabei besonders im Internet gefragt, das ein wichtiges Werkzeug für die Rollenerfüllung darstellen kann. Vor diesem Hintergrund gibt dieser Beitrag einen Überblick über die onlinebasierte Gesundheitskommunikation, indem er sich mit Gesundheitsinformationsangeboten im Internet, dem Nutzungsverhalten, der Charakteristika und Motive der Nutzerinnen und Nutzer sowie der Potenziale und Grenzen der gesundheitsbezogenen Internetnutzung auseinandersetzt. Dabei wird sowohl die Perspektive auf das Internet als Plattform für massenmedial vermittelte Informationen als auch zwischenmenschlichen Austausch näher beschrieben.

E. Baumann (✉) · E. Link
Institut für Journalistik und Kommunikationsforschung, Hochschule für Musik, Theater und Medien Hannover, Expo Plaza 12, 30539 Hannover, Deutschland
E-Mail: eva.baumann@ijk.hmtm-hannover.de

E. Link
E-Mail: elena.link@ijk.hmtm-hannover.de

© Springer-Verlag Berlin Heidelberg 2016
F. Fischer und A. Krämer (Hrsg.), *eHealth in Deutschland*,
DOI 10.1007/978-3-662-49504-9_21

21.1 Einleitung

Im Patientenrechtegesetz ist das Leitbild mündiger Patientinnen und Patienten verankert, die Ärztinnen und Ärzten informiert und aufgeklärt auf Augenhöhe gegenübertreten. So wird der Anspruch formuliert, dass Patientinnen und Patienten „nicht mehr nur vertrauende Kranke, sondern auch selbstbewusste Beitragszahler und kritische Verbraucher" sind (BMG 2014). Eine aktive Patientenrolle, die Motivation und Befähigung zu informierten und partizipativen Entscheidungen in Gesundheitsfragen voraussetzt (Elwyn et al. 2012), wird damit ausdrücklich und unmissverständlich zur gesundheitspolitischen Zielstellung erklärt. Diese Rolle können die Bürgerinnen und Bürger jedoch nur dann zu ihrem Vorteil bzw. im Einklang mit ihren Bedürfnissen und Präferenzen für sich ausgestalten, wenn sie sich als selbstbestimmte Patientinnen und Patienten und zu gesundheitlicher Verantwortungsübernahme und Entscheidungsfindung ermächtigt und motiviert wahrnehmen. Zudem müssen sie über entsprechendes Wissen sowie Informations- und Handlungskompetenzen verfügen, um dies umsetzen zu können (Schulz und Nakamoto 2013). Die Frage, ob ein partnerschaftliches Entscheidungsmodell tatsächlich den Nutzen und die Wirksamkeit einer Behandlung für Patientinnen und Patienten erhöht und zu einer Verbesserung der Prävention und Gesundheitsversorgung beiträgt, hängt zum einen von der Bereitschaft zur Erfüllung der Informations- und Aufklärungspflichten und der Verfügbarkeit qualitativ hochwertiger sowie adäquat aufbereiteter Informationen auf Seite der Gesundheitsdienstleister ab. Zum anderen sind die Kompetenzen und Ressourcen der Patientinnen und Patienten sowie ihre Gesundheitsinteressen und Informationsbedürfnisse entscheidend, wenn es um eine informierte Entscheidungsfindung geht (Hibbard und Peters 2003).

Auch wenn eine partizipative und aktive Rolle der Patientinnen und Patienten grundsätzlich wünschenswert ist und man davon ausgehen kann, dass dies nicht nur im Kern ihren Bedürfnissen und Erwartungen entspricht (Klemperer 2011), sondern auch zunehmend eingefordert wird, stellt sich die Situation bei den einzelnen Patientinnen und Patienten sehr unterschiedlich dar. Denn „nicht alle Patienten vermögen dem […] zugebilligten Autonomiegewinn nachzukommen, sei es, weil sie ressourcenbedingt nicht dazu in der Lage sind oder ihnen die dazu nötigen Kompetenzen fehlen" (Schaeffer und Dierks 2012, S. 763). Dies verweist auf die zentrale Rolle funktionaler, interaktiver und kritischer Informations- und Kommunikationskompetenzen (Nutbeam 2000), die als Voraussetzungen der Wahrnehmung einer aktiven Patientenrolle verstanden werden können. Allerdings stellen insbesondere das Finden, Verstehen, Beurteilen und Umsetzen von Informationen ein Problem für Patientinnen und Patienten dar. Daraus folgt eine im europäischen Vergleich unterdurchschnittliche Gesundheitskompetenz der Patientinnen und Patienten in Deutschland (Zok 2014). Dies gilt insbesondere für den Umgang mit Informationen aus den Medien und speziell dem Internet als Plattform für massenmedial vermittelte Informationen und zwischenmenschlichen Austausch. Vor diesem Hintergrund werden in diesem Beitrag Gesundheitsinformationsangebote im Internet, ihre Nutzung und der online gestützte kommunikative Austausch über Gesundheitsthemen beschrieben und in den Wirkungspotenzialen und -grenzen beleuchtet.

21.2 Klassifizierung onlinebasierter Gesundheitskommunikation

Um den Gegenstand präziser fassen und mit möglichst klareren Begriffsverständnissen operieren zu können, schlägt Rossmann (2010) vor, Online-Gesundheitskommunikation[1] als einen Teilbereich von eHealth zu fassen, der all jene internetbasierten Anwendungsmöglichkeiten bezeichnet, „die einen individualkommunikativen Austausch über oder die massenkommunikative Bereitstellung von Gesundheitsinformationen ermöglichen" (Rossmann 2010, S. 341). Dieser – den Informationsaspekt fokussierenden – Definition folgend, werden im vorliegenden Beitrag die Anwendungsfelder Telemedizin, elektronische Patientenakten oder die Bereitstellung medizinischer Informationen für Experten über Datenbanken nicht unter dem Begriff Online-Gesundheitskommunikation subsumiert und daher nicht eingehender beleuchtet.

Der Klassifikation von Gitlow (2000) folgend, lässt sich das Feld der Online-Gesundheitskommunikation folgendermaßen aufspannen:

1. *Health Content*: Internetangebote, die in einem massenkommunikativen Verständnis Informationen und Wissen über Gesundheit oder Krankheit bereitstellen. Diese am weitesten verbreitete Form wird typischerweise als Gesundheitswebseite angeboten, die Informationen – häufig auch redaktioneller Natur – zu einer großen Bandbreite gesundheitsbezogener Themen liefert. Auch gibt es zahlreiche spezialisierte Portale zu ausgewählten Themenfeldern oder einer spezifischen medizinischen Fragestellung, die teilweise an spezifische Gruppen von Nutzerinnen und Nutzern ausgerichtet sind, sowie Gesundheits- und Medizin-Lexika oder Enzyklopädien wie Wikipedia, die zahlreiche gesundheitsbezogene Schlagworte beinhalten (Bachl und Scharkow 2015). Onlinebasierte Health Content-Angebote sind dabei primär auf eine einseitige Informationsvermittlung ausgerichtet, während Rückmeldungen durch Nutzerinnen und Nutzer sowie die Interaktion zwischen Personen oder mit der Redaktion im Hintergrund stehen. Allerdings ist es speziell bei komplexeren Gesundheitswebseiten immer häufiger der Fall, dass auch interaktive Elemente, wie die Option eigene Fragen zu stellen oder Beiträge zu kommentieren, integriert werden. Zudem ergänzen auch Serviceoptionen die redaktionellen Inhalte, die es ermöglichen, neben gesundheitsbezogenen Informationen auch Adressen und Kontaktdaten zum Beispiel zu Gesundheitseinrichtungen und -dienstleistern zu suchen.

2. *Health Community*: Soziale Online-Netzwerke, die einen individualkommunikativen Austausch zwischen Laien – häufig Patientinnen bzw. Patienten oder ihren Angehörigen – ermöglichen. Es handelt sich somit um virtuelle Gemeinschaften, die mittels „textbasierten, thematischen Diskussionsrunden" (Döring 2004, S. 772; Tanis 2007) einen direkten, aber auch pseudonymen und ortsunabhängigen Dialog

---

[1] Die Begriffe Internet und Online bzw. internetbasiert/-bezogen und onlinebasiert/-bezogen werden im vorliegenden Beitrag synonym verwendet.

zwischen fremden Personen mit gemeinsamen Interessen oder Anliegen ermöglichen. Die Beteiligten sind dabei sowohl Rezipienten als auch Produzenten von Inhalten. In einigen Fällen sind auch Gesundheitsexpertinnen und -experten am Dialog beteiligt, indem sie moderieren oder die Qualität der ausgetauschten Informationen sicherstellen.
3. *Health Provision*: Direkter, internetgestützter Kontakt zwischen Leistungserbringern und Patientinnen bzw. Patienten, Klientinnen bzw. Klienten oder Kundinnen bzw. Kunden, der einen wechselseitigen Austausch von Informationen vorsieht. Dies findet beispielsweise in Form einer Online-Gesundheitsberatung oder der E-Mail-Kommunikation zwischen Ärztinnen bzw. Ärzten und Patientinnen bzw. Patient statt.

Rossmann (2010) ergänzt diese funktionale Differenzierung um Interaktivitätsgrad, Interessen, Anbieter und Adressaten als weitere Klassifikationsmerkmale für Gesundheitsangebote im Internet (Tab. 21.1).

Wie bereits in der Beschreibung der Gesundheitsangebote im Internet angedeutet, sind die Online-Gesundheitskommunikationstypen in ihrer Funktionalität und ihrem Interaktivitätsgrad miteinander assoziiert. Während Health Content-Angebote der einseitigen Informationsvermittlung über das Internet dienen, sind gesundheitsbezogene Online-Communitys auf eine aktivere Beteiligung der Nutzerinnen und Nutzer am Kommunikationsprozess ausgerichtet beziehungsweise sogar angewiesen. Im Bereich der Health Provision geht es um die stärkste Form der Interaktion zwischen den Kommunikationspartnern, die auch als Transaktion bezeichnet wird. Rossmann (2010) verweist dabei auch auf Parallelen zur Klassifikation von Mühlbacher et al. (2001), die zwischen Information (z. B. Gesundheitsportale), Interaktion (z. B. Diskussionsforen) und Transaktion (z. B. virtuelle Sprechstunde, Auskunft über Ärztinnen und Ärzte, E-Commerce) unterscheiden. Allerdings muss erneut darauf hingewiesen werden, dass vor allem der Interaktionsgrad nur noch bedingt als klares Unterscheidungskriterium verschiedener Angebote funktioniert, da die Übergänge zunehmend fließend sind bzw. verschiedene Elemente unterschiedlicher Interaktionsgrade in einem Angebot integriert sind.

Es lassen sich unterschiedliche Akteure im Rahmen der Online-Gesundheitskommunikation beschreiben. Dazu gehören neben den Anbieterinnen und Anbietern gesundheitsbezogener Online-Angebote auch ihre Nutzerinnen und Nutzer bzw. Adressatinnen

Tab. 21.1 Klassifikationen von Gesundheitsangeboten im Internet (Rossmann, 2010, S. 343)

Funktionalität	Interaktivitätsgrad	Interessen	Anbieter	Adressaten
Content Communitys Provision	Information (einseitig) Interaktion (wechselseitig) Transaktion (wechselseitig)	Kommerziell nicht-kommerziell (Non-Profit)	Gesundheitswesen Politik Wissenschaft Medien Laien	Gesundheitswesen Politik Wissenschaft Laien (Öffentlichkeit, Zielgruppen, Betroffene)

und Adressaten. Als Anbieter fungieren kommerzielle und nicht-kommerzielle Akteure, die als Repräsentantinnen und Repräsentanten des Gesundheitswesens (z. B. Ärztinnen und Ärzte, Apotheken, Krankenhäuser, Krankenkassen, Gesundheitsämter, Pharmakonzerne, ärztliche Berufsverbände und andere Standesvertretungen), der Gesundheitspolitik auf Bundes-, Landes- und Kommunalebene oder der Wissenschaft (z. B. Forschungsinstitute, Wissenschaftlerinnen und Wissenschaftler) agieren, ebenso Medienunternehmen (z. B. Verlage) oder auch Laien, die als meist selbst betroffene Privatpersonen z. B. bloggen oder eine Selbsthilfegruppen betreiben. Die Ziele der Anbieter sind dabei vielfältig und reichen von der reinen Bereitstellung von Information über einen Aufklärungs- oder Bildungsanspruch sowie der Gesundheitsförderung bis zum inhaltlichen Austausch über selbst gewählte gesundheitsbezogene Themen und Fragestellungen. Zudem können auch kommerzielle Zwecke wie die Kunden-, Versicherten- oder Patientengewinnung und -bindung maßgeblich sein. Auch die Adressatinnen und Adressaten der Angebote sind entsprechend vielfältig. So gibt es Online-Angebote, die sich nur an Expertinnen und Experten des Gesundheitswesens und wissenschaftlicher Disziplinen mit Gesundheitsbezug richten. Vor allem wächst aber die Zahl der Angebote, die der Laienöffentlichkeit – das heißt der Bevölkerung allgemein oder speziellen Zielgruppen wie z. B. Betroffenen – Informations- und Kommunikationsangebote bieten (Rossmann 2010; Rossmann und Karnowski 2014).

In Anlehnung an Gitlow (2000) sowie Rossmann (2010) fokussiert sich der vorliegende Beitrag im Weiteren auf die Nutzung der beiden für die Kommunikationswissenschaft besonders zentralen (teil-)öffentlichen Bereiche der Online-Gesundheitskommunikation. Zunächst wird die Suche nach Health Content bzw. massenkommunikativ bereitgestellten Gesundheitsinformationen im Internet skizziert, anschließend wird der individualkommunikative Austausch von Gesundheitsinformationen in Online-Communitys davon abgegrenzt und in seinen Charakteristika beschrieben.

21.3 Suche nach Gesundheitsinformationen über das Internet

21.3.1 Nutzungsverhalten

Ausgehend von einem hohen Interesse an Gesundheitsthemen informiert sich die große Mehrheit der deutschen Bevölkerung – nahezu 90 % – über Gesundheitsthemen und greift hierzu auf eine Vielzahl an Quellen zurück, die auch miteinander kombiniert werden (Baumann und Czerwinski 2015). Dabei haben sich die Massenmedien längst als gleichberechtigte Informationsquelle neben Ärztinnen bzw. Ärzten und anderen professionellen Akteurinnen und Akteuren des Gesundheitswesens etabliert (Baumann 2006; Baumann und Czerwinski 2015; Roski und Schikorra 2009). Wie sich die Menschen über mediale Quellen informieren und mit diesen Informationen umgehen, ist damit von Bedeutung, wenn es um gesundheitsrelevante Entscheidungen der Menschen geht. Dem

Internet als Such-Medium kommt dabei eine besondere und stark wachsende Bedeutung zu (Cline und Haynes 2001; Europäische Kommission 2014; Higgins et al. 2011; Rossmann 2010). Umfragedaten aus dem europäischen Kontext deuten darauf hin, dass die Zahl der ‚Gesundheits-Onliner‘, also jener Personen, die das Internet nutzen und dort nach gesundheitsbezogenen Themen recherchieren, deutlich ansteigt. Darüber hinaus hat sich gezeigt, dass das Internet auch von praktischer Bedeutung dafür ist, wie sich die Menschen im Gesundheitssystem bewegen, wie sie mit Professionellen im Gesundheitswesen (Health Professionals) interagieren und welche Entscheidungen sie in Gesundheitsfragen treffen (Santana et al. 2011).

In Deutschland liegt die Gesamtreichweite des Internets bei Personen ab 14 Jahren bei knapp 80 %, Zuwachsraten gehen angesichts der bereits 100-prozentigen Reichweite in der Zielgruppe junger Menschen inzwischen nur noch von den älteren Personen aus (Frees und Koch 2015). Zudem nivelliert sich der Unterschied zwischen Männern und Frauen bei der mindestens gelegentlichen Internetnutzung weiterhin, wobei allerdings immer noch 10 % mehr Männer als Frauen täglich online sind (Frees und Koch 2015). Das Internet gehört zu den aktiven Informationskanälen und ermöglicht eine gezielte, sowohl breite als auch tiefe Informationssuche. Es verlangt von den Informationssuchenden, dass diese selbst tätig werden und das Thema, zu dem sie Informationen benötigen oder wünschen, eigenständig formulieren – entweder als Suchanfrage in einer Suchmaschine oder der Suchfunktion eines Gesundheitsportals –, oder aber indem sie selektiv eine bestimmte Webseite direkt ansteuern. Letzteres setzt jedoch vorhandenes Quellen- und Hintergrundwissen und die Vorstellung davon voraus, auf welchen Internetseiten die gewünschten Informationen zu finden sein könnten.

Die verschiedenen gesundheitsbezogenen Angebotsformen im Internet treffen auf eine hohe Nachfrage: So gehören Gesundheitsthemen zu den im Internet meistgesuchten Themen (Fox 2011). In den USA wird das Internet von insgesamt 72 % der erwachsenen Internetnutzerinnen und -nutzer beziehungsweise 59 % aller Erwachsenen zur Information über Gesundheitsthemen genutzt (Fox und Duggan 2013). Den Daten des Eurobarometers aus 2014 zufolge, halten Dreiviertel der befragten Bevölkerung in Europa das Internet für eine wertvolle Quelle, wenn es um Gesundheitsinformationen geht, 60 % suchen hier aktiv nach Informationen. Nahezu 90 % der Informationssuchenden bewerteten die Informationen im Internet als hilfreich. Die Daten für Deutschland liegen dabei nur knapp unterhalb des europäischen Durchschnitts (Europäische Kommission 2014). Die Erhebung im aktuellen Gesundheitsmonitor kommt auf geringere Quoten. Hiernach beträgt der Anteil der Gesundheits-Onliner in Deutschland lediglich 38 % der erwachsenen Gesamtbevölkerung und 53 % der erwachsenen Internetnutzer, die sich im Internet über Gesundheitsthemen informieren. Dabei gilt das Interesse insbesondere den Themen Krankheit und Gesundheitsversorgung, während Gesundheit und Wohlbefinden ähnlich wie das Themenfeld Gesundheitspolitik und -system weniger nachgefragt werden (Baumann und Czerwinski 2015).

Unter den verschiedenen Online-Angeboten mit Gesundheitsbezug rangieren massenkommunikative Angebote in der Präferenz derjenigen Onliner, die nach Gesundheitsinformationen suchen, auf den ersten Plätzen, allen voran Online-Lexika (z. B. Wikipedia) mit 63 %. Internetseiten von Gesundheitsakteuren wie Krankenkassen, Krankenhäusern und Ärztinnen bzw. Ärzten werden mit 46 % bzw. 36 % der Gesundheits-Onliner von ähnlich vielen Nutzerinnen und Nutzern nachgefragt wie gesundheitsbezogene Informations- und Kommunikationsplattformen in Form von Gesundheitsportalen (38 %). Der individualkommunikative Austausch, auf den später näher eingegangen wird, ist im Vergleich dazu von geringerer Bedeutung. Innerhalb dieses Angebotstyps werden Ratgeber-Communitys am stärksten nachgefragt (33 %), während Social Media-Angebote wie Gesundheitsforen (17 %), soziale Netzwerk-Seiten wie Facebook (10 %) oder Vergleichsportale zur Suche und Bewertung von Ärztinnen bzw. Ärzten und Krankenhäusern (12 %) einen noch deutlich geringeren Stellenwert für Gesundheits-Onliner haben (Baumann und Czerwinski 2015).

Allerdings darf man hier nicht automatisch von einer gezielten Suche in den verschiedenen Online-Quellen ausgehen. Vielmehr scheint den Nutzerinnen und Nutzern die Wahl geeigneter Angebote aus dem immensen und intransparenten Informationsangebot im Vorfeld schwer zu fallen, oder es wird aus pragmatischen Gründen nicht im Vorfeld eine bestimmte gesundheitsbezogene Webseite angesteuert. Vielmehr erfolgt der Einstieg in die Gesundheitsinformationssuche im Internet meist über eine Suchmaschine. Den Daten des Gesundheitsmonitors zufolge (Baumann und Czerwinski 2015) geben deutlich mehr als die Hälfte (61 %) derjenigen, die Gesundheitsinformationen im Internet suchen, von sich selbst an, immer erst über eine Suchmaschine zu gehen. Auch für die USA gilt, dass die dominierende Nutzungsweise keine bewusste Auswahl von einzelnen Seiten vorsieht – hier wählen sogar 77 % der Internetnutzerinnen und -nutzer einen Einstieg über Suchmaschinen, während nur 13 % ihre Suche auf einer bestimmten gesundheitsbezogenen Website beginnen (Fox und Duggan 2013). Dies deutet darauf hin, dass es den Internetnutzerinnen und -nutzern vor allem darum geht, schnell und einfach zu einem Suchergebnis zu kommen. Die Menschen scheinen durchaus „ein Bedürfnis nach Orientierung im Informationsdschungel und einer Vorselektion von Informationsangeboten im konkreten Bedarfsfall" zu haben (Baumann und Czerwinski 2015, S. 76).

21.3.2 Charakteristika und Motive der Nutzerinnen und Nutzer

Als Determinanten der Suche nach Gesundheitsinformationen gelten für die Online-Suche ähnliche Tendenzen wie für die generelle Gesundheitsinformationssuche (Baumann und Hastall 2014). Wie sich Interessierte oder Betroffene über Gesundheitsthemen informieren und speziell welche Quellen sie nutzen, hängt mit ihren soziodemografischen und sozioökonomischen Merkmalen zusammen. Typische Nutzerinnen und Nutzer sind im Altersvergleich eher jung, besser gebildet und gehören einer höheren sozialen Schicht an (Baumann und Czerwinski 2015; Fox und Duggan 2013; Santana et al. 2011). Laut Fox und Duggan (2013) nutzen nur 30 % der Erwachsenen ab 65 Jahren gesundheitsbezogene Angebote im Internet, bei den 50- bis 64-Jährigen sind es bereits 54 %, während es sich bei den 19- bis 29-Jährigen mit 72 % um die stärkste Nutzergruppe handelt. Ähnliche Altersunterschiede lassen sich auch für die Nutzerinnen und Nutzer von Gesundheitsinformationen im Internet in Europa ausmachen: So beträgt der Anteil bei den 15- bis 39-Jährigen fast 80 % und ist somit deutlich höher als bei den über 55-Jährigen, bei denen der Anteil der Nutzerinnen und Nutzer von Gesundheitsinformationen im Internet bei weniger als einem Drittel liegt (Europäische Kommission 2014). Im Gegensatz dazu sind die vorliegenden Befunde bzgl. des Geschlechtes ambivalent (Rossmann 2010). Während einige Studien einen höheren Frauenanteil identifizieren (Fox und Duggan 2013; Mohr 2007), weisen andere keinen signifikanten Unterschied oder sogar einen höheren Männeranteil nach (Baumann und Czerwinski 2015; Lausen et al. 2008; Santana et al. 2011). Eine mögliche Erklärung für diese Unterschiede kann darauf zurückzuführen sein, dass Frauen zwar mehr an Gesundheitsthemen interessiert zu sein scheinen, aber Männer generell noch eine stärker ausgeprägte Internetaffinität besitzen (Frees und Koch 2015).

Zudem nehmen das Gesundheitsbewusstsein und das Interesse an Gesundheitsthemen sowohl für die gesundheitsbezogene Internetnutzung generell als auch die Häufigkeit der Nutzung eine wichtige Rolle ein (Baumann und Czerwinski 2015). Ein ausgeprägtes Interesse führt zu einer wahrscheinlicheren Nutzung des Internets und erhöht die Vielfalt der gesuchten Gesundheitsthemen und genutzten Quellen (Dutta-Bergmann 2005). Wer sich dem Internet zu Zwecken der Gesundheitsinformation aktiv zuwendet, hat hierfür häufig einen konkreten Anlass, wie zum Beispiel eine akute Betroffenheit durch Symptome oder bestehende Erkrankungen (Baumann und Czerwinski 2015; Marstedt 2003; Santana et al. 2011), jedoch ist der Zusammenhang zwischen einer Erkrankung und der Nutzung von Informationsangeboten nicht eindeutig belegt (Fox und Purcell 2010; Lausen et al. 2008). Cain et al. (2000) unterscheiden hier drei Nutzergruppen:

- *„The Well"* (ca. 60 % der Gesundheits-Onliner), die allgemein eine geringe Auseinandersetzung mit Gesundheit zeigen und überwiegend auf der Suche nach Themen der Prävention und Wellness sind.
- *„The Newly Diagnosed"* (ca. 5 % der Gesundheits-Onliner), die in den ersten Wochen nach ihrer Diagnose intensiv nach spezifischen und konkreten Informationen zur Bewältigung der eigenen Erkrankung suchen. Sie nutzen die Vielfalt der Möglichkeiten aus, indem sie beispielsweise den Austausch mit Expertinnen und Experten sowie anderen Patientinnen und Patienten suchen, um eine zweite Meinung, Unterstützung und Rat einzuholen.
- *„The Chronically Ill"* (ca. 35 % der Gesundheits-Onliner), die ein sehr intensives und eher habitualisiertes Informationsverhalten zeigen, eine stärkere Bindung an einzelne Internetangebote haben und durch die Internetnutzung ihre Bedürfnisse nach gesundheitsbezogener Information, Austausch und Unterstützung erfüllen.

Unberücksichtigt bleiben in dieser Typologie bisher die meist jüngeren und höher gebildeten Nutzerinnen und Nutzer, die bereits vor dem Arztbesuch nach Gesundheitsinformationen suchen und die Informationsangebote im Internet als Diagnosetool verwenden (Santana et al. 2011; Schulz et al. 2011).

Des Weiteren scheinen ein höherer Anspruch an die eigene Patientenkompetenz sowie eine geringere Zufriedenheit mit der eigenen medizinischen Versorgung durch die Ärztin bzw. den Arzt mit einer intensiveren Nutzung des Internets zur Recherche nach Gesundheitsthemen assoziiert zu sein (Baumann und Czerwinski 2015). Auch Tustin (2010) zeigte, dass unzufriedene Patientinnen und Patienten signifikant häufiger das Internet als bevorzugte Informationsquelle nutzen. Der Grad der Empathie der Ärztin bzw. des Arztes sowie die Qualität der investierten Zeit sind dabei entscheidend und können ausschlaggebende Gründe für die aktive Zuwendung und Informationssuche im Internet sein.

Die Motive der Nutzung des Internets in Gesundheitsfragen plausibilisieren die genannten nutzerseitigen Determinanten und lassen sich auf verschiedene Weise klassifizieren. Powell et al. (2011) unterscheiden beispielsweise die vier Motivkategorien

- Bedürfnis nach *Rückversicherung*
- Wunsch nach einer *zweiten Meinung*, um andere Informationen zu prüfen
- Wunsch nach *ergänzenden Informationen* zur Vertiefung und Ergänzung vorhandener Informationen
- wahrgenommene *Zugangsbarrieren* zu anderen traditionellen Informationsquellen

Eine stärker auf die Art der gesuchten Unterstützung abzielende Einteilung ist bei Baumann und Czerwinski (2015) zu finden, welche die Ziele der Gesundheits-Onliner faktoranalytisch zu folgenden drei Dimensionen verdichten:

- *Informationelle Unterstützung*, um über gesundheitliche Risiken und Krankheiten allgemein besser informiert zu sein und Tipps und Hilfen für eine gesündere Lebensweise zu finden
- *Steigerung des eigenen Empowerment*, um die eigene Rolle als Patientin bzw. Patient in der Interaktion mit der Ärztin bzw. dem Arzt zu stärken und in Fragen der eigenen Gesundheit unabhängiger zu werden
- *Persönlicher Austausch*, um Gesundheitsprobleme mit anderen teilen zu können und persönliche Unterstützung zu erhalten, indem Erfahrungen und Meinungen ausgetauscht werden

Diese Motivdimensionen verweisen darauf, dass die Suche nach Gesundheitsinformationen im Internet vor allem mit dem Wunsch nach Kompetenzerwerb, Unterstützung und einer angestrebten Stärkung der aktiven Rolle als Patientin bzw. Patient in der Interaktion mit Health Professionals assoziiert ist.

So gehen viele Patientinnen und Patienten ins Internet, um sich zusätzliche Informationen als Ergänzung zu jenen Informationen zu suchen, die sie von ihrer Ärztin bzw. ihrem Arzt bekommen haben, oder um Fragen nach dem Arztbesuch zu klären. Zudem geht es auch um die Vorbereitung des Arztbesuchs (Schulz et al. 2011). Konkret soll dadurch, dass die recherchierten Informationen und das erlangte Zusatzwissen in das Arztgespräch eingebracht werden, ein Informationsdefizit gegenüber Health

Professionals ausgeglichen werden (Borch und Wagner 2009; Fox 2006). Dabei können die Gesundheitsinformationen auch dazu dienen zu entscheiden, ob ein Arztbesuch überhaupt nötig ist. Im Jahr 2007 griffen – gemäß Umfragedaten aus Europa – 41 % der Deutschen auf Gesundheitsinformationen im Internet zu, um zu entscheiden, ob sie einen Health Professional aufsuchen, 26 % informierten sich gezielt zur Vorbereitung auf den Arztbesuch, und 36 % gingen nach dem Arztbesuch ins Internet (Santana et al. 2011). Auch eine der großen Umfragestudien aus den USA bestätigt die Funktion des Internets mit Blick auf die Interaktion mit Health Professionals: Laut der Studie des Pew Research Center's Internet & American Life Project (Fox und Duggan 2013) verwenden 35 % der Erwachsenen das Internet als eine Art Selbst-Diagnosetool vor dem Arztbesuch. In über 40 % der Fälle sei diese Information von der Ärztin bzw. vom Arzt bestätigt worden, in fast einem Fünftel habe die Ärztin bzw. der Arzt dieser Selbstdiagnose jedoch nicht zugestimmt oder eine alternative Erklärung angeboten. Ein Drittel der Gesundheits-Onliner gab an, sich nach dieser Selbst-Information gegen einen Arztbesuch entschieden zu haben (Fox und Duggan 2013). Zudem bietet das Internet aber auch Möglichkeiten, einem Bedürfnis nach emotionaler und sozialer Unterstützung nachzugehen, die soll vor allem im Kontext der Online-Communitys beschrieben werden, die dafür als prädestiniert gelten (Fox und Fallows 2003).

Bisweilen scheinen die Motive und Funktionen der Gesundheitsinformationssuche sogar über das Empowerment in der Interaktion mit dem Health Professional hinauszugehen. So zeigte sich in einer Typologie, in der alle Gesundheitsinformationssuchenden in Deutschland auf Basis ihrer Ziele, ihrer bevorzugten Informationsquellen und -themen clusteranalytisch zu Informationsverhaltenstypen gebündelt wurden, dass die Nutzung des Internets als aktives Suchmedium vor allem für die Gruppe der *autarken Krankheitsexperten* besonders wichtig war. Hierbei handelte es sich um gesundheitsbewusste, überaus interessierte und in ihrem Informationsverhalten aktive Personen, die über eine gezielte Stärkung der eigenen Kompetenz in Gesundheitsfragen nach Unabhängigkeit von den professionellen Experten des Gesundheitssystems strebten. Sie waren vergleichsweise jung, hoch gebildet und gegenüber dem Gesundheitssystem kritisch eingestellt (Baumann 2006).

Angesichts des hohen Stellenwertes des sozialen Umfeldes für das gesundheitsrelevante Wissen und Verhalten, aber auch vor dem Hintergrund, dass nicht alle Menschen gleichermaßen an den Möglichkeiten der Online-Informationssuche partizipieren können oder möchten, da es dabei vor allem alters- und statusbedingte soziale Ungleichheiten im Gesundheitsinformationsverhalten gibt, kommt auch der Gesundheitsinformationssuche für Angehörige als eigenständiges Motiv eine wichtige Bedeutung zu. Familienmitglieder, Freundinnen und Freunde und Bekannte suchen nach Informationen für andere oder werden hierzu durch andere angeregt. Sie können eine wichtige Brücke zu den weniger aktiv suchenden, aber durchaus informationsbedürftigen Menschen sein und auch jenen Personen den Zugang zu Informationen ermöglichen (Abrahamson et al. 2008; Cutrona et al. 2015). Der Pew Internet Umfrage zufolge sucht die Hälfte der Gesundheits-Onliner auch nach Informationen für andere (Fox und Duggan 2013; Sadasivam et al. 2013).

Cutrona et al. (2015) kamen auf Basis des Health Information National Trends Survey (HINTS) sogar auf zwei Drittel an sogenannten *Surrogate-Seekern,* also Personen, die für andere nach Gesundheitsinformationen recherchieren.

21.3.3 Potenziale und Grenzen der Nutzung

Um die Potenziale und Grenzen der Online-Gesundheitskommunikation adäquat darstellen zu können, muss zwischen der Sicht der Anbieter auf der einen und der Nutzerinnen und Nutzer auf der anderen Seite unterschieden werden. Ein bedeutendes Potenzial von Online-Gesundheitsinformationen aus Anbietersicht liegt in der Reichweite, da durch diese massenkommunikativen Plattformen im Vergleich zu interpersonalen Informations- und Beratungsangeboten nicht nur sehr große, sondern auch spezifische Zielgruppen und disperse Nutzerinnen und Nutzer angesprochen werden können. Zudem bietet das Internet insgesamt viele Möglichkeiten der anschaulichen Aufbereitung und auch für eine interaktive Nutzung geeignete Formen der Informationsdarbietung, die eine effektive Informationsvermittlung und -verarbeitung erleichtern können. Die anonyme Nutzung kann zudem zur Nivellierung sozialer Unterschiede führen, einer Stigmatisierung vorbeugen und zu einer erhöhten Bereitschaft zur Selbstöffnung führen (Döring, 2014). Dies bietet nicht nur auf Anbieterseite neue Möglichkeiten für die Gesundheitsförderung, Prävention und Unterstützung bei der Krankheitsbewältigung, indem eine bessere Anpassung und Ansprache der Nutzerinnen und Nutzer stattfinden kann.

Auch für die Nutzerinnen und Nutzer sind mit der onlinebasierten Information und dem Austausch über Gesundheitsthemen Potenziale verbunden. Diese sind allerdings nicht voraussetzungsfrei, da ein gewisser Grad an Vorinteresse für die Zuwendung zu Gesundheitsinformationen und die Inanspruchnahme der vielfältigen gesundheitsbezogenen Angebote im Internet grundlegend und nötig ist (Fromm et al. 2011). Zudem besteht im Sinne des *Digital Divide,* welches die Unterschiede im Zugang zu und der Nutzung von Informations- und Kommunikationstechnologien zwischen Bevölkerungsgruppen (z. B. aufgrund technischer oder sozioökonomischer Faktoren) beschreibt, für bestimmte Zielgruppen immer noch ein limitierter Zugang zum Internet und zu speziellen Angeboten. Ein bedeutendes Potenzial für Nutzerinnen und Nutzer sowie Patientinnen und Patienten stellen der Wissenszuwachs und das Empowerment im Sinne eines Zugewinns an Selbstwirksamkeit und Kompetenz dar:

> Health related Internet searches can empower patients seeking to become active participants in their health care (Bylund et al. 2009, S. 1139).

In diesem wünschenswerten Fall handelt es sich um die Folge des Zuwendungsmotives nach Empowerment und nach Übernahme von Eigenverantwortung. Durch das Informationshandeln übernehmen Laien eine aktive Rolle. Sie werden dazu befähigt, sich selbst in die medizinische Versorgung einzubringen und mehr Kontrolle, Souveränität und Selbstbestimmtheit in medizinischen und gesundheitsbezogenen Fragen zu erfahren

(Fromm et al. 2011; Gutschoven und van den Bulck 2006). Aus der aktiven Auseinandersetzung mit Gesundheitsinformationen kann ein besseres Verständnis für die eigenen Gesundheitsprobleme resultieren (Baker et al. 2003), ein Arztbesuch speziell vor- oder nachbereitet und dadurch als konstruktiver wahrgenommen werden. Dies geht auch mit einer veränderten Rolle der Patientinnen und Patienten einher, da die Inanspruchnahme von ergänzenden Informationsangeboten das klassische, traditionell asymmetrische Arzt-Patienten-Verhältnis verändert (Stetina et al. 2009). Allerdings kann bisher keine verlässliche Aussage über die Frage gegeben werden, ob die Informationssuche im Internet letztlich zu einem Empowerment in dem von Gesundheitsexperten gewünschten Sinn beiträgt und diese beschriebenen Potenziale erfüllt.

Zudem wird die zunehmende Eigenständigkeit der Patientinnen und Patienten von medizinischen Expertinnen und Experten ambivalent bewertet (Dieterich 2007), da die Informationsqualität im Internet je nach Anbieter und Art des Informationsangebotes schwankt sowie eine geringe Medien- und Gesundheitskompetenz eine Bewertung und Einordnung dieser Online-Angebote erschwert. Fehlerhafte oder irreführende Informationen können im schlimmsten Fall gesundheitsbedrohliche anstatt förderliche Wirkungen nach sich ziehen (Schmid und Wang 2003). Zudem können konträre Meinungen auch zu einem Vertrauensverlust in die behandelnde Ärztin bzw. den Arzt führen (Schmidt-Kaehler 2005). Um diese Risiken zu senken, die Informationsqualität und das Vertrauen in die Online-Informationsangebote zu stärken, werden insbesondere redaktionelle Gesundheitswebseiten häufig von professionellen Expertenteams betreut sowie Zertifizierungsmöglichkeiten durch die Anbieter dieser Webseiten wahrgenommen (z. B. Hautzinger 2004). Da Studien allerdings zeigen, dass nur wenige Nutzerinnen und Nutzer auf das Impressum und die Quelle der Daten achten (Fox 2006), erscheint es umso wichtiger, dass auf die gestiegenen Anforderungen an Nutzerinnen und Nutzer reagiert wird und ihre Fähigkeit zur Selektion, Qualitäts- und Glaubwürdigkeitseinschätzung von Informationen gefördert werden (Nutbeam 2000).

21.4 Austausch über Gesundheitsthemen in der Online-Community

21.4.1 Charakteristika gesundheitsbezogener Online-Communitys und ihre Nutzerinnen und Nutzer

Neben der massenkommunikativen Bereitstellung von Gesundheitsinformationen im Internet stellt die Online-Community eine zweite bedeutende Angebotsform dar. Diese ist auf den individualkommunikativen Austausch ausgerichtet, woraus sich spezifische Charakteristika, Nutzungsformen sowie Besonderheiten der Nutzerinnen und Nutzer ergeben. In gesundheitsbezogenen Online-Communitys – auch als Online-Foren bezeichnet – tauschen sich Interessierte in der Regel zu einem bestimmten Oberthema über spezifische Fragen und Anliegen aus. Dabei kann es sich im Kontext verschiedener Erkrankungen um Symptome, Möglichkeiten der Diagnose und Therapie, um gesundheitsbezogene Lebensstile oder Trends handeln, die auf persönlichen Erfahrungen der Nutzerinnen und Nutzer beruhen. Die Nutzung der Community ist dabei – ggf. abgesehen von der Bereitschaft, zuvor ein Nutzerprofil anzulegen – besonders niederschwellig und setzt zugleich einen hohen Aktivitätsgrad von den Beteiligten voraus (Döring 2014), da es sich in den Diskursen um selbst generierte Inhalte der Teilnehmerinnen und Teilnehmer handelt.

Wie bereits allgemein dargestellt, werden auch gesundheitsbezogene Online-Communitys von einer Bandbreite an unterschiedlichen Anbietern verantwortet und initiiert. So treten hier auch Medienakteure, Stiftungen und ein vergleichsweise hoher Anteil an Selbsthilfegruppen in Erscheinung. Die Angebotsform der Online-Community kann dabei eine eigenständige Internetseite mit reinem Fokus auf das Gesundheitsforum darstellen (z. B. krebs-kompass.de) oder aber – zum Beispiel als Element eines Gesundheitsportals – mit anderen Angeboten kombiniert werden (z. B. netdoktor.de, urbia.de). Darüber hinaus finden auf allgemeinen Frage- und Beratungsportalen (z. B. gutefrage.net) gesundheitsbezogene Diskussionen statt. Im Gegensatz zu der Vielzahl der Anbieter kann der adressierte Personenkreis deutlich klarer definiert werden. Es geht bei gesundheitsbezogenen Online-Communitys darum, Peer-to-Peer-Kommunikation zwischen Laien und somit den Austausch und die Vernetzung zwischen Betroffenen, Risikogruppen, Angehörigen oder Gesundheitsinteressierten zu ermöglichen (Döring 2014). Eine Kontrollfunktion der Diskurse kann durch Expertinnen und Experten, aber auch durch offizielle Administratorinnen und Administratoren oder von den (Stamm-)Mitgliedern der Community selbst übernommen werden. Im organisatorischen Sinne handelt es sich bei Communitys um geschlossene oder (teil-)öffentliche Gruppen. Um einen niederschwelligen Zugang und einen einfachen Austausch zu ermöglichen, sind die meisten Foren öffentlich (Döring 2014), allerdings wird für die aktive Beteiligung meist eine Anmeldung vorausgesetzt. Dies kann auch bedeuten, dass man ein Profil mit Angaben über die eigene Person anlegen muss. Deutlich strengere Kontrollen finden häufig bei besonders sensiblen Themen (wie z. B. sexuellem Missbrauch) statt, indem der Zugang zu jeglichen ausgetauschten Inhalten an eine Registrierung gebunden ist.

Online-Communitys erweitern somit die Möglichkeiten der massenkommunikativen Informationsangebote im Internet um den interaktiven Austausch und haben insbesondere im Bereich der Selbsthilfe eine hohe Bedeutung (Stetina et al. 2009). Etwa 18 % der Onliner in den USA suchen im Internet nach Personen, die sich in einer ähnlichen Situation befinden (Fox 2011). Das National Cancer Institute (2013) gibt an, dass 5 % aller Erwachsenen in Amerika im Jahr 2012 gesundheitsbezogene Online-Support-Groups besucht haben. Unter den Nutzerinnen und Nutzern gesundheitsbezogener Online-Communitys befinden sich gesundheitsinteressierte Bürgerinnen und Bürger ebenso wie Patientinnen und Patienten, ihre Angehörigen oder Personen bestimmter Risikogruppen (Fox 2011). Zudem gehören chronisch Kranke zu den überdurchschnittlich häufigen Nutzerinnen und Nutzern solcher Online-Communitys (Fox 2011).

Weitere wichtige Determinanten der Zuwendung zu Online-Communitys sind das Alter und das Geschlecht der Nutzerinnen und Nutzer. Mit zunehmendem Alter werden gesundheitsbezogene Online-Communitys im Internet seltener aufgesucht (10 % der über 65-Jährigen im Vergleich zu 18 % der 50- bis 64-Jährigen). Im Geschlechtervergleich zeigen vor allem Frauen eine höhere Beteiligung (Fox 2011; Ginossar 2008). Zudem ist das Geschlecht auch mit der Art der Nutzung assoziiert. Ginossar (2008) sowie Link et al. (2014) weisen darauf hin, dass Frauen in der Community stärker nach einer emotionalen Unterstützung suchen, während Männer mehr Wert auf eine problemorientierte Unterstützung legen.

Die Nutzerinnen und Nutzer der Online-Communitys lassen sich zudem nach ihrem Aktivitätsgrad in unterschiedliche Gruppen unterteilen: Dabei kann man einen kleinen, sehr aktiven und harten Kern von *Stammmitgliedern* (ca. 1 %) sowie *aktiven Gelegenheitsgästen* identifizieren (ca. 9 %), während es sich bei dem Großteil der Nutzerinnen und Nutzer um stille *Mitleser* handelt (ca. 90 %) (Nielsen 2006).

Hinsichtlich der Motive und Gratifikationen einer aktiven oder passiven Beteiligung an der Online-Diskussion wird deutlich, dass die Nutzung einer Community dem Informations-, Beziehungs- und Identitätsmanagement dient und für ihre Mitglieder Funktionen interpersonaler Kommunikation und sozialer Unterstützung übernehmen kann (Tanis 2007). Innerhalb dieser Gemeinschaften können Nutzerinnen und Nutzer spontan Wissen, Kompetenz und Unterstützung von anderen erfahren und stärkende Beziehungen aufbauen (Oh und Lee 2012). Es handelt sich somit um ein Instrument der organisierten Selbsthilfe und des Empowerments (Dierks et al. 2006). Die Hauptfunktion von Foren bildet der Informationsaustausch inklusive der Weitergabe von Ratschlägen und Erfahrungen. Zusätzlich dient das Berichten über die eigenen Gefühle und Erlebnisse dazu, das Krankheitserleben zu bewältigen (Tanis 2007). Dabei kann auch das Motiv verfolgt werden, den eigenen Selbstwert zu stärken, während die gegenseitige Unterstützung und der Kontakt mit Personen in einer ähnlichen Situation ein Gefühl der Zugehörigkeit zu einer Gemeinschaft vermittelt (Zillien und Lenz 2008).

Somit erweitert die Gemeinschaft der Online-Community den zugänglichen Personenkreis, mit dem sich die Einzelnen über sensible, im privaten Umfeld oder mit der Ärztin bzw. dem Arzt nicht hinreichend besprochene Themen austauschen können. Neben dem Bedarf nach ergänzenden gesundheitsbezogenen Informationen stellen somit die Suche nach sozialer Unterstützung und der Kontakt zu anderen Betroffenen wichtige Zuwendungsmotive dar. Dabei erleichtert das Internet als raum-zeitlich flexibel und auch anonymisiert nutzbares Medium die Kontaktaufnahme und den Austausch über Tabus oder sensitive Themen, sodass Online-Communitys eine Kompensation fehlender Ansprechpartnerinnen bzw. partner im direkten Umfeld als Zuwendungsmotiv darstellen können (Döring 2014). Zusammengefasst ermöglicht der individualkommunikative Austausch den Teilnehmenden, in der Online-Community soziale Unterstützung auf informationeller, emotionaler und auf den Selbstwert bezogener Ebene zu erhalten (Lee und Hawkins 2010; Wright und Bell 2003).

21.4.2 Potenziale und Grenzen der Nutzung

Basierend auf den Funktionen des Austausches von informationsbezogener, sozialer und emotionaler Unterstützung können Online-Communitys wichtige Potenziale für eine Beeinflussung des physischen und besonders des psychischen Zustands der Nutzerinnen und Nutzer und vor allem von Patientinnen und Patienten erfüllen. Durch die Gemeinschaft können wichtige Ressourcen zur Selbstermächtigung bereitgestellt werden, die das Empowerment des Einzelnen unterstützen können (Döring 2014). Die Community bietet somit die Möglichkeit der gesundheitlichen Mitbestimmung, Mitverantwortung und Mitgestaltung und kann durch die aktiven Gestaltungs- und Steuerungsmöglichkeiten der Nutzerinnen und Nutzer eine angenehme Gegenerfahrung zu der Krankheits- und Behandlungsdynamik bieten (Scheiber und Gründel 2000). Dabei kann auch die Erfahrung, anderen eine Hilfestellung zu bieten, von großer Bedeutung sein. Bisher bestehen allerdings ambivalente Erkenntnisse hinsichtlich der Wirkung und Effektivität der Interaktion in gesundheitsbezogenen Online-Communitys. Die meisten Studien berichten von positiven psychischen Effekten wie einer Verringerung von Depressionen und des wahrgenommenen Stresses (Hong et al. 2012; Liebermann und Goldstein 2005), während andere keine (Eysenbach et al. 2004; Høybye et al. 2010; Owen et al. 2005) oder sogar negative Wirkungen feststellten (Salzer et al. 2010).

Speziell die onlinebasierten zwischenmenschlichen Kontakte, der Aufbau sozialer Beziehungen und das daraus resultierende Gemeinschaftsgefühl können auch einer empfundenen Einsamkeit und Depressionen entgegenwirken, neuen Lebenssinn vermitteln sowie identitätsstiftend und selbstwertstärkend sein (Döring 2014). Dies ist besonders dann wichtig, wenn es sich um seltene oder stigmatisierte Erkrankungen handelt. Zudem kann auch davon ausgegangen werden, dass die Teilnahme an einem entsprechenden Forum kurz- oder langfristig gesundheitsbezogene Verhaltensänderungen unterstützen kann. Dies beruht darauf, dass man durch das gute Beispiel anderer Patientinnen und Patienten sowie Nutzerinnen und Nutzer Rollenmodelle kennenlernt und sich zum Beispiel gegenseitig zur Einhaltung bestimmter Therapie- oder Trainingspläne motiviert.

Ebenso werden Prozesse der Nutzung von Gesundheits-Communitys nachgewiesen, die Empowerment fördern, aber auch hemmen können. Begünstigend wirkt speziell das Gemeinschaftsgefühl und die informationsbezogene sowie soziale Unterstützung, während die Konfrontation mit negativen Nebenwirkungen der Erkrankung und dem Elend der anderen eher hemmend und belastend wirken kann (Rodgers und Chen 2005; Setoyama et al. 2009). Als eine mögliche negative Folge muss Cyberhypochondrie angeführt werden, da die hohe Präsenz negativer Krankheitsverläufe tatsächlich angstverstärkend wirken kann (Baumgartner und Hartmann 2011; Ryen und Horvitz 2009). Auch sind durchaus nicht-intendierte Verhaltensweisen denkbar, da Personen ggf. auf einen erforderlichen Arztbesuch aufgrund der Informationen aus Online-Communitys verzichten oder aber andere, nicht gesundheitsförderliche Verhaltensweisen, übernehmen.

Positive und negative Wirkungspotenziale der Interaktion in der Community hängen von verschiedenen Determinanten ab. Dazu gehören zum einen persönliche Faktoren der jeweiligen Rezipientinnen und Rezipienten. Zum anderen nehmen Salzer et al. (2010) an, dass das Ausbleiben einer Verbesserung oder sogar eine zeitweise Verschlechterung des Wohlbefindens durch die Gruppenstruktur in den Online-Communities beeinflusst wird. Eine heterogene Zusammensetzung der Community ist hilfreich dafür, dass spezifische, relevante Informationen entstehen und Personen in ähnlichen Situationen, aber mit sich ergänzenden, unterschiedlichen Perspektiven und Erfahrungsschätzen repräsentiert sind (Oh und Lee 2012). Zudem können sich die Effekte auch in Abhängigkeit vom Aktivitätsgrad (stille Mitleserinnen und -leser im Vergleich zu aktiven Nutzerinnen und Nutzern) und vom Ausmaß der Selbstoffenbarung unterscheiden (Batenburg und Das 2014; Setoyama et al. 2011).

Wie generell im Internet ist auch in Gesundheits-Communitys die Informationsqualität ein kritisches Thema. Vor allem die Ferndiagnose und medizinische Ratschläge von anderen medizinischen Laien können zu einem Problem werden und zudem eine Herausforderung für die Arzt-Patienten-Kommunikation darstellen. Die Kommunikation in Online-Communitys steht unter dem Verdacht, dass die ausgetauschten Informationen häufig verzerrt oder fehlerhaft sind. Allerdings muss darauf hingewiesen werden, dass bisherige Untersuchungen zur Qualität diesen generellen Verdacht nicht bestätigen konnten (Esquivel et al. 2006). Dennoch ist davon auszugehen, dass mangelndes Fachwissen der Beteiligten, ebenso wie versteckte Werbung bei fehlender Beurteilungskompetenz und externer Absicherung der Informationen, zu einem Gesundheitsrisiko für den Einzelnen werden können. Die Kontrollmechanismen durch Expertinnen und Experten, Administratorinnen und Administratoren sowie eine kritische und engagierte Gemeinschaft sind ebenso wichtig, um diesen Risiken entgegenzuwirken. Darüber hinaus ist eine gestärkte Medien- und Gesundheitskompetenz der Nutzerinnen und Nutzer von hoher Bedeutung.

Grundlegend ist somit anzumerken, dass Gesundheits-Communitys keinen Ersatz für Offline-Unterstützung darstellen, sondern immer nur als sinnvolle Ergänzungen zu betrachten sind, die Unterstützungs- und Informationsdefizite ausgleichen können (Bender et al. 2013). Hier bislang nicht thematisiert wurden Online-Communitys, die sich nicht als Plattformen zur Informations- und Gesundheitsverbesserung verstehen, sondern deren Gegenstand auf ein selbst- oder fremdschädigendes Gesundheitsverhalten gerichtet ist (z. B. Pro-Anorexie oder Suizidforen). Solche Foren zielen auf eine Unterstützung des riskanten Verhaltens und können damit das Gesundheitsproblem und die Symptomatik der Nutzerinnen und Nutzer verstärken (Smith und Steward 2012; Stetina et al. 2009). Dies kann als eine Schattenseite der hohen Freiheitsgrade der Nutzerinnen und Nutzer interpretiert werden.

21.5 Fazit

Die Bedeutung onlinebasierter Gesundheitskommunikation wird einhellig als hoch und weiterhin steigend eingeschätzt. Dies zeigt nicht nur die Bandbreite und die Anzahl der Angebote an massenkommunikativen gesundheitsbezogenen Webseiten sowie individualkommunikativen Austauschplattformen, sondern auch die steigende Anzahl der Nutzerinnen und Nutzer sowie die Vielfalt der Nutzungsformen. Mittlerweile steht den Nutzerinnen und Nutzern eine unüberblickbare Vielfalt an Informationsangeboten und Interaktionsmöglichkeiten zur Verfügung, welche die unterschiedlichsten Gesundheitsthemen aufgreifen und neben reiner Information auch direkte Unterstützung anbieten. Diese unterscheiden sich jedoch stark hinsichtlich der Qualität der Informationsdarstellung. Obwohl Studien zum Gesundheitsinformationsverhalten und den präferierten Quellen je nach Stichprobe, dem thematischen Kontext der Frage und der Formulierung der Frage und Antwortalternativen zu bisweilen sehr unterschiedlichen Ergebnissen kommen und dadurch die Vergleichbarkeit und Generalisierbarkeit der Befunde erschwert wird, bleibt die Einschätzung des Stellenwertes der Online-Gesundheitskommunikation unbestritten.

Die größten nutzungsbezogenen Wachstumspotenziale können heute vor allem für die älteren Jahrgänge identifiziert werden, bei denen es sich angesichts des erhöhten Krankheitsrisikos um eine besonders relevante Zielgruppe handelt. Die nötige Medienkompetenz vorausgesetzt, ist mit einem weiteren Anstieg der Nutzerzahlen bzw. einer künftig höheren Nutzungsintensität zu rechnen. Aus Sicht von Nutzerinnen und Nutzern bietet die Online-Gesundheitskommunikation vor allem die Vorteile eines bequemen, kostengünstigen, zeit- und ortsunabhängigen sowie je nach Präferenz auch anonymen Zugangs zu Informationen, Austausch und Unterstützung. Dies kann nicht nur für die Krankheitsbewältigung, sondern auch für die Prävention von Krankheiten, das Empowerment und die Selbsthilfe von Patientinnen und Patienten sowie Gesundheitsinteressierten nutzbringend eingesetzt werden. Zudem kann die Möglichkeit zur Vor- und Nachbereitung von Arztbesuchen zu einem zunehmend ausgeglichenen Arzt-Patienten-Verhältnis führen, bei dem sich Patientinnen und Patienten stärker aktiv einbringen können und damit die geforderte Eigenverantwortung übernehmen. Trotz dieser antizipierten positiven Auswirkungen auf die gesamte Versorgung ist zu bedenken, dass Informationen im Internet die Arzt-Patienten-Beziehung auch negativ beeinflussen können, indem falsche oder dem ärztlichen Rat widersprechende Informationen bereitgestellt werden. Die massen- und individualkommunikativen Angebote dürfen keineswegs einen Ersatz für Offline-Unterstützung und den Kontakt zu Health Professionals darstellen, sondern sollten sowohl von den Nutzerinnen und Nutzern als auch von Ärztinnen und Ärzten als eine (sinnvolle) Ergänzung betrachtet werden.

Trotz dieser Potenziale und Chancen muss gerade aufgrund der Vielfalt an Angeboten auch kritisch reflektiert und darauf hingewiesen werden, dass speziell die Menge an gesundheitsbezogenen Online-Angeboten es Nutzerinnen und Nutzern mitunter schwer macht, die richtigen sowie qualitativ hochwertigen Informationen zu finden und geeignete Such- und Bewertungsstrategien zu entwickeln. Die Fähigkeit zur Informationssuche und -selektion ist somit eine erforderliche Schlüsselqualifikation der Online-Suchenden (Zillien und Lenz 2008). Dies gilt es, besonders zu fördern, da bisher Suchmaschinen die zentrale Einstiegs- und Navigationsstelle der Informationssuche darstellen und eine gezielte Auswahl und Auseinandersetzung mit den verfügbaren Online-Angeboten ausbleibt. Um die Potenziale der Online-Gesundheitskommunikation auszuschöpfen, ist es notwendig, dass eine Befähigung zur und Sensibilität für geeignete Such- und Bewertungskriterien der gesundheitsbezogenen Informationssuche stattfindet.

Zudem erschweren die Bedingungen einer dynamischen und konvergierenden Online-Angebotslandschaft die Orientierung für den Einzelnen. Auf Angebotsseite gibt es verstärkt Hybridformate, die eine Klassifizierung der Angebote (Gitlow 2000; Rossmann 2010) erschwert. Dies liegt an zunehmend fließenden Grenzen zwischen reinem Health Content und Interaktionsmöglichkeiten in Communitys und Foren sowie dem direkten onlinebasierten Kontakt zu Health Professionals, wobei die unterschiedlichen Formen häufig in einem Online-Angebot integriert sind. So bieten beispielsweise viele Online-Communitys auch redaktionelle Inhalte zu dem entsprechenden Themenbereich an, während eher redaktionelle Angebote wie Gesundheitsportale ihre Servicefunktionen durch direkte Interaktionsmöglichkeiten in Form von Foren bis hin zu Health Provision erweitern. Bei den Klassifizierungsmerkmalen handelt es sich somit bisweilen eher um Attribute und Merkmale der einzelnen Angebote als um verschiedene Typen von Online-Gesundheits-Angeboten.

Allgemein stellt sich somit die Frage, ob auch Nutzerinnen und Nutzer zu ‚Alleskönnern' werden müssen bzw. wie sie aus diesen Angeboten den höchsten Nutzen ziehen können. Drängender Forschungsbedarf besteht rund um die Fragen, ob und unter welchen Bedingungen Informationen und Unterstützung mittels onlinebasierten Angeboten den Internetnutzerinnen und -nutzern tatsächlich einen konstruktiven Beitrag zur Lösung ihrer Gesundheitsprobleme zu liefern vermögen und unter welchen Bedingungen diese Angebote zu einem Empowerment der Nutzerinnen und Nutzer beitragen können.

Literatur

Abrahamson JA, Fisher KE, Turner AG, Durrance JC, Turner TC (2008) Lay information mediary behavior uncovered: exploring how nonprofessionals seek health information for themselves and others online. JMLA 96(4):310

Bachl M, Scharkow M (2015) Eine quantitative Bestandsaufnahme von Informationen über Krankheiten auf der deutschsprachigen Wikipedia, 2002–2014. In: Schäfer M, Quiring O, Rossmann C, Hastall MR, Baumann E (Hrsg) Gesundheitskommunikation im gesellschaftlichen Wandel. Nomos, Baden-Baden, S 93–103

Baker L, Wagner TH, Singer S, Bundorf MK (2003) Use of the internet and e-mail for health care information: results from a national survey. JAMA 289(18):2400–2406

Batenburg A, Das E (2014) Emotional coping differences among breast cancer patients from an online support group: a cross-sectional study. J Med Internet Res 16(2):e28

Baumann E (2006) Auf der Suche nach der Zielgruppe – Das Informationsverhalten über Gesundheit und Krankheit als Grundlage erfolgreicher Gesundheitskommunikation. In: Böcken J, Braun B, Amhof R, Schnee M (Hrsg) Gesundheitsmonitor 2006. Gesundheitsversorgung und Gestaltungsoptionen aus der Perspektive von Bevölkerung und Ärzten. Verlag Bertelsmann Stiftung, Gütersloh, S 117–153

Baumann E, Czerwinski F (2015) Erst mal Doktor Google fragen? Nutzung neuer Medien zur Information und zum Austausch über Gesundheitsthemen. In: Böcken J, Braun B, Meierjürgen R (Hrsg) Gesundheitsmonitor 2015. Bürgerorientierung im Gesundheitswesen. Verlag Bertelsmann Stiftung, Gütersloh, S 57–79

Baumann E, Hastall MR (2014) Nutzung von Gesundheitsinformationen. In: Hurrelmann K, Baumann E (Hrsg) Handbuch Gesundheitskommunikation. Huber, Bern, S 451–466

Baumgartner S, Hartmann T (2011) The role of health anxiety in online health information search. Cyberpsychol Behav Soc Netw 14(10):613–618

Bender JL, Katz J, Ferris LE, Jadad AR (2013) What is the role of online support from the perspective of facilitators of face-to-face support groups? A multi-method study of the use of breast cancer online communities. Patient Educ Couns 93:472–479

BMG (2014) Patientenrechtegesetz. http://www.bmg.bund.de/glossarbegriffe/p-q/patientenrechtegesetz.html. Zugegriffen: 17. Febr. 2016

Borch S, Wagner SJ (2009) Motive und Kontext der Suche nach Gesundheitsinformationen – Theoretische Überlegungen und empirische Befunde anhand des telefonischen Gesundheitssurveys. In: Roski R (Hrsg) Zielgruppengerechte Gesundheitskommunikation. Akteure – Audience Segmentation – Anwendungsfelder. VS Verlag, Wiesbaden, S 59–87

Bylund CL, Gueguen JA, D'Agostino TA, Imes RS, Sonet E (2009) Cancer patients' decisions about discussing internet information with their doctors. Psycho Oncology 18(11):1139–1146

Cain MM, Sarasohn J, Wayne JC (2000) Health e-people: the online consumer experience. http://www.chcf.org/publications/2000/08/health-epeople-the-online-consumer-experience. Zugegriffen: 18. Febr. 2016

Cline RJW, Haynes KM (2001) Consumer health information seeking on the Internet: the state of the art. Health Educ Res 16(6):671–692

Cutrona SL, Mazor KM, Vieux SN, Luger TM, Volkman JE, Finney Rutten LJ (2015) Health information-seeking on behalf of others: characteristics of „Surrogate Seekers". J Cancer Educ 30(1):12–19

Dierks ML, Seidel G, Horch K, Schwartz FW (2006) Bürger- und Patientenorientierung im Gesundheitswesen. Gesundheitsberichterstattung des Bundes 32. Robert Koch-Institut, Berlin

Dieterich A (2007) Arzt-Patient-Beziehung im Wandel: Eigenverantwortlich, informiert, anspruchsvoll. Dtsch Ärztebl 104(37):2489–2491

Döring N (2004) Sozio-emotionale Dimensionen des Internet. In: Mangold R, Vorderer P, Bente G (Hrsg) Lehrbuch der Medienpsychologie. Hogrefe, Göttingen, S 673–695

Döring N (2014) Peer-to-Peer-Gesundheitskommunikation mittels Social Media. In: Hurrelmann K, Baumann E (Hrsg) Handbuch Gesundheitskommunikation. Huber, Bern, S 286–305

Dutta-Bergmann MJ (2005) Developing a profile of consumer intention to seek out additional information beyond a doctor: the role of communication and motivation variables. Health Commun 17(1):1–16

Elwyn G, Frosch D, Thomson R, Joseph-Williams N, Lloyd A, Kinnersley P, Cording E, Tomson D, Dodd C, Rollnick S, Edwards A, Barry M (2012) Shared decision making: a model for clinical practice. J Gen Intern Med 27(10):1361–1367

Esquivel A, Meric-Bernstam F, Bernstam E (2006) Accuracy and self correction of information received from an internet breast cancer list: content analysis. BMJ 332(7547):939–942

Europäische Kommission (2014) Europeans becoming enthusiastic users of online health information. https://ec.europa.eu/digital-agenda/en/news/europeans-becoming-enthusiastic-users-online-health-information. Zugegriffen: 17. Febr. 2016

Eysenbach G, Powell J, Englesakis M, Rizo C, Stern A (2004) Health related virtual communities and electronic support groups: systematic review of the effects of online peer to peer interactions. BMJ 328(7449):1166–1172

Fox S (2006) Online Health Search 2006. http://www.pewinternet.org/Reports/2006/Online-Health-Search-2006.aspx. Zugegriffen: 18. Febr. 2016

Fox S (2011) Peer-to-peer healthcare. http://pewinternet.org/Reports/2011/P2PHealthcare.aspx. Zugegriffen: 18. Febr. 2016

Fox S, Duggan M (2013). Health Online 2013. www.pewinternet.org/~/media//Files/Reports/PIP_HealthOnline.pdf. Zugegriffen: 18. Febr. 2016

Fox S, Fallows D (2003) Internet health resources: health searches and email have become more commonplace, but there is room for improvement in searches and overall Internet access. http://www.pewinternet.org/~/media//Files/Reports/2003/PIP_Health_Report_July_2003.pdf. Zugegriffen: 17. Febr. 2016

Fox S, Purcell K (2010) Chronic disease and the internet. http://www.pewinternet.org/files/old-media//Files/Reports/2010/PIP_Chronic_Disease_with_topline.pdf. Zugegriffen: 18. Febr. 2016

Frees B, Koch W (2015) Internetnutzung: Frequenz und Vielfalt nehmen in allen Altersgruppen zu. Ergebnisse der ARD/ZDF-Onlinestudie 2015. Media Perspektiven 9:366–377

Fromm B, Baumann E, Lampert C (2011) Gesundheitskommunikation und Medien. Ein Lehrbuch. Medienpsychologie: Konzepte – Methoden – Praxis. Kohlhammer, Stuttgart

Ginossar T (2008) Online participation: a content analysis of differences in utilization of two online cancer communities by men and women, patients and family members. Health Commun 23(1):1–12

Gitlow S (2000) The online community as a healthcare resource. In: Nash DB, Manfredi MP, Bozarth B, Howell S (Hrsg) Connecting with the new healthcare consumer. Defining your strategy. McGraw-Hill, New York, S 113–133

Gutschoven K, van den Bulck J (2006) Towards the measurement of psychological health empowerment in the general public. Paper presented at the annual meeting of the International Commun Association

Hautzinger N (2004) Health Content im Internet – Aspekte der Qualitätssicherung. In: Beck K, Schweiger W, Wirth W (Hrsg) Gute Seiten – schlechte Seiten. Qualität in der Onlinekommunikation. Fischer, München, S 257–267

Hibbard J, Peters E (2003) Supporting informed consumer health care decisions: data presentation approaches that facilitate the use of information in choice. Annu Rev Public Health 24:413–433

Higgins O, Sixsmith J, Barry M, Domegan C (2011) A literature review on health information-seeking behaviour on the web: a health consumer and health professional perspective. European Centre for Disease Prevention and Control Stockholm

Hong Y, Pena-Purcell NC, Ory MG (2012) Outcomes of online support and resources for cancer survivors: a systematic literature review. Patient Education and Counseling 86(3):288–296

Høybye MT, Dalton SO, Deltour I, Bidstrup PE, Frederiksen K, Johansen C (2010) Effect of internet peer-support groups on psychosocial adjustment to cancer: a randomised study. British J Cancer 102(9):1348–1354

Klemperer D (2011) Lohnt sich die partizipative Entscheidungsfindung? Public Health Forum 19(1):28.e1-28.e3

Lausen B, Potapov S, Prokosch HU (2008) Gesundheitsbezogene Internetnutzung in Deutschland 2007. http://www.egms.de/static/pdf/journals/mibe/2008-4/mibe000065.pdf. Zugegriffen: 17. Febr. 2016

Lee SY, Hawkins R (2010) Why do patients seek an alternative channel? The effects of unmet needs on patients' health-related internet use. J Health Commun 15(2):152–166

Liebermann MA, Goldstein BA (2005) Self-help on-line: an outcome evaluation of breast cancer bulletin boards. J Health Psychol 10(6):855–862

Link E, Scherer H, Schlütz D (2014) Unsicherheit behandeln: Kommunikation über Therapieentscheidungen in Onlineforen. In: Baumann E, Hastall MR, Rossmann C, Sowka A (Hrsg) Gesundheitskommunikation als Forschungsfeld der Kommunikations- und Medienwissenschaft. Nomos, Baden-Baden, S 209–223

Marstedt G (2003) Auf der Suche nach gesundheitlicher Information und Beratung: Befunde zum Wandel der Patientenrolle. In: Böcken J, Braun B, Schnee M (Hrsg) Gesundheitsmonitor 2003 – die ambulante Versorgung aus Sicht von Bevölkerung und Ärzteschaft. Verlag Bertelsmann Stiftung, Gütersloh, S 117–135

Mohr S (2007) Informations- und Kommunikationstechnologien in privaten Haushalten. Ergebnisse der Erhebung 2006. Wirtschaft und Statistik 545–555

Mühlbacher A, Wiest A, Schumacher N (2001) E-Health: Informations- und Kommunikationstechniken im Gesundheitswesen. In: Hurrelmann K, Leppin A (Hrsg) Moderne Gesundheitskommunikation. Huber, Bern, S 211–223

National Cancer Institute (2013) Health Information National Trends Survey. http://hints.cancer.gov. Zugegriffen: 15. Febr. 2016

Nielsen J (2006) Participation inequality: encouraging more users to contribute. http://www.nngroup.com/articles/participation-inequality/. Zugegriffen: 15. Febr. 2016

Nutbeam D (2000) Health literacy as a public health goal: a challenge for contemporary health education and communication strategies into the 21st century. Health Promot Intern 15(3):259–267

Oh H, Lee B (2012) The effect of computer-mediated social support in online communities on patient empowerment and doctor-patient communication. Health Commun 27(1):30–41

Owen JE, Klapow JC, Roth DL, Shuster JL, Bellis J, Meredith R, Tucker DC (2005) Randomized pilot of a self-guided internet coping group for women with early-stage breast cancer. Ann Behav Med 30(1):54–64

Powell J, Inglis N, Ronnie J, Large S (2011) The characteristics and motivations of online health information seekers: cross-sectional survey and qualitative interview study. J Med Internet Res 13:e20

Rodgers S, Chen Q (2005) Internet community group participation: psychosocial benefits for women with breast cancer. J Computer-Mediated Commun. doi: 10.1111/j.1083-6101.2005.tb00268.x

Roski R, Schikorra S (2009) Informations- und Medienverhalten von Versicherten und Patienten – Eine Segmentierung von Barmer Versicherten. In: Roski R (Hrsg) Zielgruppengerechte Gesundheitskommunikation. Akteure – Audience Segmentation – Anwendungsfelder. VS Verlag, Wiesbaden, S 107–130

Rossmann C (2010) Gesundheitskommunikation im Internet. Erscheinungsformen, Potenziale, Grenzen. In: Schweiger W, Beck K (Hrsg) Handbuch Online-Kommunikation. VS Verlag, Wiesbaden, S 338–363

Rossmann C, Karnowski V (2014) eHealth und mHealth: Gesundheitskommunikation online und mobil. In: Hurrelmann K, Baumann E (Hrsg) Handbuch Gesundheitskommunikation. Huber, Bern, S 271–285

Ryen W, Horvitz E (2009) Cyberchondria: studies of the escalation of medical concerns in web search. ACM Transactions on Information Systems 27

Sadasivam RS, Kinney RL, Lemon SC, Shimada SL, Allison JJ, Houston TK (2013) Internet health information seeking is a team sport: analysis of the pew internet survey. International J Med Inform 82(3):193–200

Salzer MS, Palmer SC, Kaplan K, Brusilovskiy E, Have T, Hampshire M, Metz J, Coyne JC (2010) A randomized, controlled study of Internet peer-to-peer interactions among women newly diagnosed with breast cancer. Psycho Oncology 19(4):441–446

Santana S, Lausen B, Bujnowska-Fedak M, Chronaki CE, Prokosch HU, Wynn R (2011) Informed citizen and empowered citizen in health: results from an European survey. BMC Family Practice 12(1):1–15

Schaeffer D, Dierks ML (2012) Patientenberatung. In: Hurrelmann K, Razum O (Hrsg) Handbuch Gesundheitswissenschaften (5., vollst. überarb. Aufl.). Juventa, Weinheim, S 757–790

Scheiber A, Gründel M (2000) Virtuelle Gemeinschaft? Das Internet als Informations- und Diskussionsmedium für Krebspatienten. In: Jazbinsek D (Hrsg) Gesundheitskommunikation. Westdeutscher Verlag, Wiesbaden, S 164–182

Schmid M, Wang J (2003) Der Patient der Zukunft: Das Arzt-Patienten-Verhältnis im Umbruch. Neue Rollen von Patienten und Leistungserbringern. Schweizerische Ärztezeitung 84(41):2133–2135

Schmidt-Kaehler S (2005) Patienteninformation und -beratung im Internet. Transfer medientheoretischer Überlegungen auf ein expandierendes Praxisfeld. M&K 53(4):523–543

Schulz P, Nakamoto K (2013) Health literacy and patient empowerment in health communication: the importance of separating conjoined twins. Patient Educ Couns 90(1):4–11

Schulz PJ, Zufferey M, Hartung U (2011) First check the internet, then see the doctor: how many patients do it, and who are they? Stud Commun Scin 11(2):99–130

Setoyama Y, Nakayama K, Yamazaki Y (2009) Peer support from online community on the internet among patients with breast cancer in Japan. Stud Health Technol Inform 146:886

Setoyama Y, Yamazaki Y, Namayama K (2011) Benefits of peer support in online Japanese breast cancer communities: differences between lurkers and posters. J Med Internet Res 13(4):e122

Smith A, Steward B (2012) Body perceptions and health behaviors in an online bodybuilding community. Qual Health Res 22(7):971–985

Stetina BU, Sofianopoulou A, Kryspin-Exner I (2009) AnbieterInnen, Angebote und Kennzeichen von Online-Interventionen. In: Kryspin-Exner I, Stetina BU (Hrsg) Gesundheit und Neue Medien. Springer, Wien, S 171–204

Tanis M (2007) Online social support groups. In: Joinson A, McKenna K, Postmes T, Reips UD (Hrsg) The Oxford handbook of internet psychology. Oxford University Press, New York, S 139–153

Tustin N (2010) The role of patient satisfaction in online health information seeking. J Health Commun: International Perspectives 15(1):3–17

Wright KB, Bell SB (2003) Health-related support groups on the internet: linking empirical findings to social support and computer-mediated communication theory. J Health Psychol 8(1):39–54

Zillien N, Lenz T (2008) Gesundheitsinformationen in der Wissensgesellschaft. Empirische Befunde zur gesundheitlichen Internetnutzung. In: Stegbauer C, Jäckel M (Hrsg) Social software. Formen der Kooperation in computerbasierten Netzwerken. VS Verlag, Wiesbaden, S 155–173

Zok K (2014) Unterschiede bei der Gesundheitskompetenz. Ergebnisse einer bundesweiten Repräsentativ-Umfrage unter gesetzlich Versicherten. WIdO-monitor 2014(2):1–12

Qualität von onlinebasierter Gesundheitskommunikation

Florian Fischer und Christoph Dockweiler

Zusammenfassung

Die Vielfalt an online zugänglichen Gesundheitsinformationen führt zur Notwendigkeit einer Qualitätsbeurteilung. So weisen Informationsangebote im Internet teilweise unvollständige, unzuverlässige oder interessengeleitete Inhalte auf. Vor dem Hintergrund einer konsequenten Patientinnen- und Patientenorientierung im Gesundheitswesen sind bedarfs- und bedürfnisgerecht aufbereitete Informationsangebote eine wesentliche Voraussetzung, um die Potenziale neuer Informationstechnologien optimal für Gesundheitsförderung, Prävention und gesundheitlicher Versorgung nutzbar zu machen. In dem Beitrag werden daher die Möglichkeiten zur Qualitätssicherung von onlinebasierten Gesundheitsinformationen aufgezeigt: 1) Qualitätssicherung durch Anbieter von medizinischem bzw. gesundheitsbezogenem Wissen, 2) Qualitätssicherung durch externe Kontrollen sowie 3) nutzerinnen- und nutzerorientierte Strategien zur Qualitätssicherung.

F. Fischer (✉)
Fakultät für Gesundheitswissenschaften, AG Bevölkerungsmedizin und biomedizinische Grundlagen, Universität Bielefeld, Postfach 100 131, 33501 Bielefeld, Deutschland
E-Mail: f.fischer@uni-bielefeld.de

C. Dockweiler
Fakultät für Gesundheitswissenschaften, AG Umwelt und Gesundheit, Universität Bielefeld, Postfach 100 131, 33501 Bielefeld, Deutschland
E-Mail: christoph.dockweiler@uni-bielefeld.de

© Springer-Verlag Berlin Heidelberg 2016
F. Fischer und A. Krämer (Hrsg.), *eHealth in Deutschland*,
DOI 10.1007/978-3-662-49504-9_22

22.1 Einleitung

Das Internet nimmt eine immer stärkere Bedeutung im Rahmen der Gesundheitskommunikation ein. Dies ist darauf zurückzuführen, dass gesundheits- oder krankheitsrelevante Informationen in großer Zahl online frei zugänglich sind und stark nachgefragt werden (SVR 2012; Schmidt-Kaehler 2005; Karlheim und Schmidt-Kaehler 2012). So gehören Gesundheitsinformationen mittlerweile zu den meistgesuchten Themenfeldern im Internet (Lee et al. 2015; Higgins et al. 2011; EU 2002). In einer aktuellen repräsentativen Studie aus Deutschland konnte aufgezeigt werden, dass das Internet den meistgenutzten Informationskanal für gesundheitsbezogene Themen darstellt. Fast 70 % aller Befragten, die sich innerhalb des letzten Jahres über Gesundheitsthemen informierten, suchten das Internet auf, eine leicht geringere Anzahl richtete gesundheitsbezogene Fragen an eine Ärztin bzw. einen Arzt (GIM 2015). Das Internet wird insgesamt zunehmend als ernsthafte Quelle von Gesundheitsinformationen angesehen (Fox und Duggan 2013; Andreassen et al. 2007).

Unter Gesundheitsinformationen werden jene Informationen gefasst, die das allgemeine Wissen über Gesundheit und Krankheit sowie deren Auswirkungen und Verlauf beinhalten. Des Weiteren werden Informationen sowohl über Maßnahmen zur Gesunderhaltung (Prävention und Gesundheitsförderung) als auch zur Früherkennung, Diagnostik, Behandlung, Palliation, Rehabilitation und Nachsorge von Krankheiten und damit zusammenhängende medizinische Entscheidungen gezählt. Auch Informationen zu der Pflege, Krankheitsbewältigung und dem Alltag mit einer Erkrankung fallen in den Bereich der Gesundheitsinformationen (DNEbM 2015).

Die Vielfalt an online zugänglichen Gesundheitsinformationen führt jedoch auch zur Notwendigkeit einer Qualitätsbeurteilung. Qualitätsdefizite von Gesundheitsinformationen stellen zwar kein internetspezifisches, sondern ein generelles Problem von massenmedialer Kommunikation dar; dennoch sind Qualitätsaspekte im Internet aus unterschiedlichen Gründen nochmals von größerer Bedeutung (Trepte et al. 2005). So weisen Informationsangebote im Internet teilweise unvollständige, unzuverlässige oder interessengeleitete Inhalte auf (Krüger-Brand 2012). Erst unlängst hat eine Studie den Bedarf an Maßnahmen zur Qualitätssicherung aufgezeigt. So wurde eine Analyse von 100 Webseiten zu Krankheiten durchgeführt, welche in Deutschland am häufigsten im Internet recherchiert wurden. Die Bewertung der Webseiten umfasste inhaltliche und formale Kriterien. Keine der bewerteten Webseiten konnte die Bestnote („sehr gut") erreichen. Demgegenüber erhielten mehr als die Hälfte der Webseiten die Note „ausreichend" oder schlechter. Während die formalen Qualitätskriterien weitestgehend erfüllt wurden, war die inhaltliche Qualität der Webseiten zumeist der Grund für die negativen Bewertungen (Central 2015).

Im Internet stehen professionelle Informationsangebote vielfach neben nicht-professionellen Angeboten und sind für den Laien hinsichtlich der Qualität nur schwierig einzuschätzen. Aufgrund der Vielfalt an Personen die Informationen im Internet bereitstellen sowie der geringen inhaltlichen Expertise und mangelnden Informations- und

Medienkompetenz vieler Nutzerinnen und Nutzer, welche das Internet aufgrund des niedrigschwelligen Zugangs als Informationsquelle nutzen, ist eine Qualitätsbeurteilung von zentraler Bedeutung (Schulz und Hartung 2014; SVR 2012; Trepte et al. 2005). Bislang fehlt diese zentrale Qualitätskontrolle jedoch, sodass Nutzerinnen und Nutzer bei der Auswahl und Bewertung der Gesundheitsinformationen auf sich gestellt sind (Krüger-Brand 2012; Trepte et al. 2005). Mehr noch gaben drei Viertel der Nutzerinnen und Nutzer in einer internationalen Studie an, die Quellen oder die Aktualität von onlinebasierten Gesundheitsinformationen manchmal, fast nie oder sogar nie zu prüfen (Fox 2006). Dabei zeigt eine weitere Studie aus Österreich, dass 50 % der Besucherinnen und Besucher von Arztpraxen das Internet täglich nutzen. Von diesen Internetnutzerinnen und -nutzern haben 60 % nach Gesundheitsinformationen gesucht. Jedoch haben nur 20 % diese recherchierten Informationen auch im Arztgespräch angesprochen (Felt 2008). Die nicht stattfindende Reflexion und Diskussion der onlinebasierten Gesundheitsinformationen hat dann Konsequenzen, wenn diese den Therapievorschlägen der Leistungserbringerinnen und -erbringer widersprechen und in dessen Folge möglicherweise ein Vertrauensverlust in die behandelnde Ärztin oder den behandelnden Arzt erfolgt (Schmidt-Kaehler 2005). Ein falscher Umgang mit den Informationen kann ferner in letzter Konsequenz drastische Folgen für die Gesundheit der Nutzerinnen und Nutzer haben. In einer Studie von Baker et al. (2003) gaben 16 % der chronisch erkrankten Patientinnen und Patienten an, dass sie bereits ihre Therapie aufgrund von Online-Informationen ohne Rücksprache mit ihrer Ärztin oder ihrem Arzt geändert hätten. Andere Studien deuten auf eine ähnliche Problematik hin. So zeigten zum Beispiel Weaver et al. (2008) auf, dass 11 % der befragten Patientinnen und Patienten in Folge der Nutzung von onlinebasierten Gesundheitsinformationen die Behandlungsempfehlungen ihrer Ärztin oder ihres Arztes zurückgewiesen haben. Hinzu kommt, dass insbesondere kommerzielle Unternehmen (z. B. aus der pharmazeutischen Industrie im Sinne von Disease-Education-Advertisement) ganz maßgeblich in den Bereich der Gesundheitskommunikation im Internet investieren (Simon 2007). Hierüber soll etwa ein Bewusstsein für Krankheiten bei den Nutzerinnen und Nutzern geschaffen werden, um die Motivation zur Einholung eines ärztlichen Rats über potenzielle mögliche Behandlungsmethoden zu fördern (Simon 2007). Ferner besteht die Problematik, dass die Angebote für die Nutzerinnen und Nutzer nicht immer trennscharf abgrenzbar sind und die Ebenen von Werbung und unabhängiger Information verschwimmen (Huh et al. 2005).

Vor dem Hintergrund einer konsequenten Patientinnen- und Patientenorientierung im Gesundheitswesen sind bedarfs- und bedürfnisgerecht aufbereitete Informationsangebote eine wesentliche Voraussetzung, um die Potenziale neuer Informationstechnologien optimal für Gesundheitsförderung, Prävention und gesundheitlicher Versorgung nutzbar zu machen. Nicht zuletzt aufgrund der beschriebenen Problemkonstellationen erlebte die Diskussion über die Qualität von onlinebasierter Gesundheitskommunikation in den letzten zehn Jahren eine bemerkenswerte Dynamik. Dies zeigt sich etwa mit Blick auf die Entwicklung unabhängiger Qualitätskontrollen, der Etablierung (maßgeblich staatlich unterstützter) Informationsangebote, als auch der Förderung von Nutzerinnen- und

Nutzerkompetenzen. Der vorliegende Beitrag knüpft an diese Diskussion an und gibt einen Überblick über das beschriebene Spannungsfeld.

22.2 Qualitätssicherung von (onlinebasierten) Gesundheitsinformationen

Um die Qualität von Gesundheitsinformationen im Internet aufrechterhalten bzw. sicherstellen zu können, sind eine Evidenzbasierung, Nutzerfreundlichkeit und Sicherung der Unabhängigkeit von Informationsangeboten dringend erforderlich (SVR 2012; DNEbM 2015; Steckelberg et al. 2005). In den vergangenen Jahren wurden vermehrt Aktivitäten deutlich, die sich mit den Anforderungen, Voraussetzungen und Strukturen der Erarbeitung und Implementierung von qualitätsgesicherten Gesundheitsinformationen auseinandersetzen (GVG 2011). Aufgrund der Vielfalt an verfügbaren Informationen und der hohen Inanspruchnahme von Informationsquellen im Internet durch Nutzerinnen und Nutzer haben einige Organisationen zum einen damit begonnen, spezielle Hilfsmittel zum Suchen, Bewerten und Kategorisieren dieser Informationen anzubieten. Zum anderen wurden Verhaltensregeln aufgestellt, anhand derer die Anbieter von Webseiten die Qualität der Informationen bescheinigen lassen können. Die Zielsetzung all dieser Hilfsmittel besteht darin, Unterstützung bei der Recherche, Selektion, Rezeption und Interpretation der Informationen zu geben, um somit zuverlässige und qualitätsgesicherte Informationen von irreführenden oder falschen Inhalten unterscheiden zu können (EU 2002).

Somit kann Qualitätssicherung von onlinebasierten Gesundheitsinformationen an drei Ebenen ansetzen: 1) Qualitätssicherung durch Anbieter von medizinischem bzw. gesundheitsbezogenem Wissen (z. B. Selbstverpflichtung durch Qualitätsstandards und Gütesiegel, wie dem HON-Code oder afgis-Logo), 2) Qualitätssicherung durch externe Kontrollen sowie 3) nutzerinnen- und nutzerorientierte Strategien zur Qualitätssicherung (Dierks et al. 2002). Diese Möglichkeiten zur Qualitätssicherung werden im Folgenden exemplarisch beschrieben.

22.2.1 Qualitätssicherung durch Anbieter

Die Qualitätssicherung durch Anbieter im Rahmen eines Qualitätsmanagements oder einer Selbstverpflichtung nimmt in der Diskussion um Qualitätssicherung von Gesundheitsinformationen einen bedeutenden Stellenwert ein. Eine Möglichkeit der Qualitätssicherung der Gesundheitsinformationen durch Anbieter besteht in der Integration bzw. Anwendung von Systemen des Qualitätsmanagements. Die Strategie des Qualitätsmanagements setzt sehr stark auf die Eigeninitiative der Anbieter. Es setzt dabei auf einen Selbstbewertungsprozess der Organisation und gehört zu den Standardthemen der Betriebswirtschaftslehre. Mittlerweile hat Qualitätsmanagement in vielen Einrichtungen des Gesundheitswesens Einzug gefunden. Ohne an dieser Stelle weiter auf die

Einzelheiten von Qualitätsmanagement einzugehen, sei lediglich darauf verwiesen, dass in Bezug auf festgelegte Qualitätskriterien ein internes Qualitätsmanagement auch für Anbieter von Gesundheitsinformationen dazu beitragen kann, eine hohe Qualität des Informationsangebotes zu gewährleisten (Hautzinger 2004).

Qualitätssicherung durch Anbieter kann aber auch bedeuten, einen Verhaltenskodex zu nutzen, der entweder auf selbst gewählten oder von anderen Anbietern bzw. Organisationen entwickelten Kriterien beruht. Die Zielsetzung hinter solchen Verhaltenskodizes besteht in einem Prozess der Selbstverpflichtung und -bewertung durch Anbieter von Gesundheitsinformationen im Internet. Diese Kodizes können sowohl mittels der Annahme über Dachorganisationen für mehrere Anbieter als auch durch den internen Gebrauch eines einzelnen Anbieters implementiert werden (EU 2002).

Health on the Net Foundation
Das wohl bekannteste Beispiel für einen Kodex zur Selbstverpflichtung der Anbieter stellt der HON-Code dar. Dieser Kodex wurde durch die Health on the Net Foundation – einer unabhängigen, weltweit anerkannte Organisation aus der Schweiz – entwickelt. Der HON-Code ist der älteste und am häufigsten angewendete ethische Verhaltenskodex für die Veröffentlichung von medizinischen bzw. gesundheitsbezogenen Informationen im Internet. Der Kodex wurde entwickelt, um die Verbreitung von hochwertigen Gesundheitsinformationen für Patientinnen und Patienten, Expertinnen und Experten sowie die breite Öffentlichkeit zu fördern und den Zugang zu den aktuellsten sowie relevantesten Informationsangeboten im Internet zu erleichtern (HON 2013).

Anbieter von Gesundheitsinformationen im Internet können diesen Kodex nutzen, um sich bei der Entwicklung der Informationsangebote an ethischen Grundsätzen zu orientieren. Bei Einhaltung dieser Grundsätze kann die Webseite durch die HON-Foundation zertifiziert werden und somit ein Gütesiegel (bzw. Trustmark) erhalten. Nutzerinnen und Nutzer können anhand dieses Siegels erkennen, ob die vorgegebenen Qualitätsstandards eingehalten werden. Dabei wird ein Minimum an Standards festgesetzt, um objektive und transparente Informationen bereitzustellen und an den Bedürfnissen der Rezipientinnen und Rezipienten anzupassen. Die Qualitätsstandards basieren auf insgesamt acht Prinzipien:

- Sachverständigkeit (Qualifikation der Verfasser)
- Komplementarität (Webangebot als Ergänzung, nicht als Ersatz des Verhältnisses zwischen Arzt/Ärztin und Patient/Patientin)
- Datenschutz
- Zuordnung (genaue Angaben zu Quelle und Datum)
- Nachweis (Beleg von Aussagen über Vor- und Nachteile von Produkten oder Behandlungsmethoden)
- Transparenz
- finanzielle Aufdeckung (Angabe der Finanzierungsquellen)
- Werbepolitik (Unterscheidung zwischen Werbung und redaktionellen Inhalten) (HON 2013).

Aktionsforum Gesundheitsinformationssystem e. V.
Ein weiteres bekanntes Gütesiegel aus dem deutschsprachigen Kontext stellt das afgis-Logo dar, welches vom Aktionsforum Gesundheitsinformationssystem e.V. vergeben wird. Hierbei handelt es sich um einen Verbund von Organisationen, Unternehmen, Verbänden und anderen juristischen Personen, die insgesamt zehn Transparenzkriterien festgelegt haben, um qualitätsgesicherte Gesundheitsinformationen anzubieten. Diese Kriterien sind vielfach vergleichbar oder komplementär zu den Kriterien des HON-Code. In den afgis-Kriterien wird jedoch unter anderem stärker Bezug genommen auf die klare Benennung einer Zielgruppe sowie auf die Möglichkeit für Rückmeldungen seitens der Nutzerinnen und Nutzer (afgis 2014; Schug und Prümel-Philippsen 2009).

Herausforderungen der Qualitätssicherung durch Anbieter
Aktuelle internationale Studien weisen darauf hin, dass viele Informationsangebote zu gesundheitsbezogenen Themen im Internet gängige Qualitätskriterien nicht einhalten (Saraswat et al. 2016; Chen et al. 2014; Lawrentschuk et al. 2012). Dies weist auf die Bedeutung der Bewertung von Informationsangeboten hin. Dennoch haben Maßnahmen der Selbstregulierung auch ihre Grenzen, da sie nur in den Fällen erfolgreich sind, in denen Anbieter gewillt sind, sich einer Qualitätskontrolle zu unterziehen und in denen Nutzerinnen und Nutzer in der Lage und motiviert sind, diese Qualitätssiegel auch zu berücksichtigen (Rossmann und Karnowski 2014; Rossmann 2010). Zudem können die Kodizes nicht für die Richtigkeit und Vollständigkeit der Informationen garantieren. Dennoch machen Anbieter von Gesundheitsinformationen im Internet – deren Webseiten über ein solches Gütesiegel zertifiziert wurden – deutlich, dass sie um Objektivität und Transparenz der Informationen bemüht sind.

22.2.2 Qualitätssicherung durch externe Kontrollen

Möglichkeiten zur externen Kontrolle bestehen darin, dass zusätzliche Informationen zu den Inhalten von Webseiten über Metadaten bereitgestellt werden. Metadaten können zum Beispiel über Zusatzfunktionen im Browser oder über spezielle Programme eingesetzt werden, um Webseiten zu filtern. Dies ist im Bereich des Jugendschutzes ein übliches Beispiel (Hautzinger 2004). Darüber hinaus können diese Metadaten auch im Rahmen externer Qualitätssicherung genutzt werden, indem Datenbanken oder Suchmaschinen darauf zurückgreifen. So gibt es im Internet Suchmaschinen, welche sich auf die Bereiche Medizin und Gesundheit spezialisiert haben. Über diese Suchmaschinen können Nutzerinnen und Nutzer jene Webseiten recherchieren, die Inhalte unabhängig von Industrieinteressen anbieten (Hägele 2010). Vorteile solcher spezialisierten Suchmaschinen bestehen darin, eine Vorselektion qualitativ hochwertiger Webseiten vorzunehmen.

Eine weitere Maßnahme zur externen Qualitätssicherung stellt der Webkatalog Medinfo (www.medinfo.de) dar, welcher eine systematisch geordnete Sammlung von Internetlinks aus dem deutschsprachigen Raum zu Medizin- und Gesundheitsthemen beinhaltet. Die Auswahl der Inhalte und die themenspezifische Zusammenstellung basiert auf einem redaktionellen Begutachtungsprozess. Somit erhalten Nutzerinnen und Nutzer trotz unterschiedlicher Suchstrategien und Recherchefähigkeiten aufgrund der Suchfunktionalität immer den gleichen Ausschnitt der relevanten themenzentrierten Informationen. Da die Inhalte in Form einer Katalogfunktion bereitgestellt werden, ist der Datenbestand hierarchisch – vom Allgemeinen zum Speziellen – aufbereitet. Neben den Verlinkungen zu den jeweiligen Originalquellen werden auch sowohl Querverweise zu verwandten Themen als auch aktuelle themenbezogene Nachrichten eingesetzt. Zudem gibt Medinfo auch grafisch aus, ob die jeweilige Originalquelle mit einem Qualitätssiegel (Abschn. 22.2.1) ausgezeichnet wurde. Die Zielsetzung dieses Informationsleitsystems besteht in der Unterstützung der Recherche, indem Nutzerinnen und Nutzer möglichst schnell relevante und qualitativ hochwertige Inhalte zu gesundheitsbezogenen Themen und Fragestellungen ausfindig machen können (Medinfo 2010; Hägele und Leopold 2006).

Die am stärksten ausgeprägte Form externer Steuerung besteht in gesetzlichen Regelungen mit anschließenden Sanktionsmaßnahmen. Aufgrund der globalen Struktur des Internets und damit zusammenhängender Unterschiede in der Gesetzgebung und Rechtsprechung im internationalen Kontext sowie des Rechts auf freie Meinungsäußerung und Pressefreiheit nehmen diese Maßnahmen auch nur eine untergeordnete Bedeutung ein und werden an dieser Stelle auch nicht weiter thematisiert. Bis heute ist das im Mai 2002 in Kraft getretenen Behindertengleichstellungsgesetz (BGG) in Deutschland maßgeblich für die Umsetzung von Internet-Accessibility – also der barrierefreien Zugänglichkeit von onlinebasierten Informationen. Unter dem Begriff der Barrierefreiheit im Internet wird die Forderung subsumiert, dass alle Menschen technisch-vermittelte Online-Informationen chancengleich nutzen können. Aufgrund der Multimedialität des Internets – hier vor allem die Verknüpfung auditiver und visueller Kanäle – und der Vielfältigkeit der Anbieter und der damit einhergehenden Kommunikationsmodi ist die Umsetzung von Barrierefreiheit allerdings eine anspruchsvolle Herausforderung. Entsprechend der Vorgaben des BGG sind Internetangebote in der Trägerschaft staatlicher Organisationen so zu gestalten, dass sie grundsätzlich uneingeschränkt genutzt werden können (Reiß 2006).

22.2.3 Nutzerinnen- und nutzerorientierte Strategien zur Qualitätssicherung

Was Qualität ist, hängt von der Perspektive des Betrachters ab, denn Maßnahmen der Selbstregulierung durch eine externe Qualitätssicherung greifen nur dann, wenn die Anbieter erstens auch gewillt sind sich der Kontrolle zu unterziehen und zweitens, wenn die Nutzerinnen und Nutzer in der Lage sind die Regulierung einzuordnen. Neben der angebotsorientierten und auch der externen Qualitätssicherung sollte die Qualifizierung der Nutzerinnen und Nutzer daher nicht in Vergessenheit geraten. Denn die Potenziale des Internets im Rahmen der Gesundheitskommunikation können nur dann vollständig genutzt werden, wenn Nutzerinnen und Nutzer in der Lage sind, sich das für sie spezifische gesundheitsbezogene Wissen anzueignen und die Qualität dessen beurteilen zu können. Dabei spielt der Einfluss von personellen Eigenschaften (z. B. Alter, Bildung) auf die Wahrnehmung und Bewertung von Informationen und deren Qualität eine wichtige Rolle. In einer deutschen Studie wurde festgestellt, dass junge und hochgebildete Nutzerinnen und Nutzer zu ähnlichen Einschätzungen hinsichtlich der Bedeutung von Qualitätskriterien für onlinebasierte Gesundheitsinformationen kommen wie Expertinnen und Experten (Trepte et al. 2005). Es zeigt sich jedoch auch in anderen Studien, dass Patientinnen und Patienten die online zur Verfügung gestellten Gesundheitsinformationen oftmals als unklar und verwirrend empfinden (Sethuram und Weerakkody 2010).

eHealth Literacy
In der Diskussion zur nutzerinnen- und nutzerorientierten Qualitätssicherung nimmt daher die Förderung von Gesundheitskompetenzen (Health Literacy) einen immer entscheidenderen Stellenwert ein. Unter dem Konstrukt von Health Literacy sind primär wissensbasierte Kompetenzen zu subsumieren, welche für eine gesundheitsförderliche Lebensführung eingesetzt werden (Sörensen et al. 2012). Gemäß des von Nutbeam (1999) entwickelten Modells, lassen sich drei Ebenen von Gesundheitskompetenzen unterscheiden. Diese reichen von den grundlegenden Fertigkeiten der Informationsaneignung (Lese- und Schreibfertigkeiten) *(funktionelle Health Literacy)* über die sozialen Fertigkeiten, um an alltäglichen Aktivitäten zu partizipieren *(interaktive Health Literacy)* bis hin zur Fähigkeit, gesundheitsbezogene Informationen kritisch zu analysieren und zu hinterfragen, sie mit anderen zu diskutieren und sie in der Folge optimal umzusetzen *(kritische Health Literacy)*. Personen mit einem niedrigen sozioökonomischen Status weisen empirisch eine geringe Gesundheitskompetenz auf (Neter und Brainin 2012). Zunehmendes Alter wirkt sich insoweit erschwerend aus, als mit steigendem Alter die funktionelle Health Literacy abnimmt (Piso 2007).

Die im Bereich der Onlinekommunikation entscheidende eHealth Literacy stellt einen Teilbereich der Health Literacy dar und befasst sich mit dem immer wichtiger werdenden gesundheitsbezogenen Verhalten der Internetnutzung zur Suche und kognitiven Verarbeitung von Gesundheitsinformationen. Norman und Skinner (2006) verstehen darunter die Fähigkeit zum Suchen, Finden, Verstehen und Bewerten von Gesundheitsinformationen aus elektronischen Quellen und die produktive Anwendung von online generiertem Wissen, um ein Gesundheitsproblem zu erkennen oder um es zu lösen.

Abel und Bruhin (2003) konnten zeigen, dass entsprechende Bildungsangebote zur Förderung von Health- und eHealth-Literacy positive und nachhaltige Ergebnisse bringen. Im deutschsprachigen Raum bestehen jedoch nur wenige derartige Projekte. Nennenswert sind ist dabei die Schweizer Initiative „femmesTische". Das Programm bringt mehrheitlich Frauen mit Zuwanderungsgeschichte zusammen, die sich in Diskussionsrunden im privaten oder institutionellen Rahmen mit Fragen zu Erziehung, Lebensalltag und Gesundheit auseinandersetzen. In Deutschland gibt es unterschiedliche Angebote, die neben Volkshochschulen insbesondere von der AOK-Rheinland/Hamburg vorangetrieben werden. Ebenso wie in der Schweiz spielen in Deutschland insbesondere ehrenamtliche Vereine eine wichtige Rolle in der Weiterbildung. Hier ist etwa das Frauen Computer Zentrum Berlin e. V. zu nennen. Ferner setzte sich in den vergangenen Jahren zunehmend die Etablierung von Patienteninformationszentren in der stationären (vor allem rehabilitativen) Versorgung durch, innerhalb derer ebenso Patientinnen- und Patientenedukation mit Blick auf das Erlernen von spezifischen (reflexiven) Kompetenzen im Umgang mit onlinebasierten Gesundheitsinformationen geleistet werden kann (Adler 2012).

22.3 Qualitätsdimensionen von onlinebasierten Gesundheitsinformationen

Wie bereits bei der Darstellung von Maßnahmen sowohl der internen als auch externen Qualitätssicherung deutlich geworden ist (Abschn. 22.2), bestehen vielfältige Qualitäts- und Transparenzkriterien. Trepte et al. (2005) und Dahinden et al. (2004) haben diverse Kriterienkataloge zur Beurteilung von Gesundheitsinformationen im Internet gesichtet. Auf Basis dieser Zusammenstellungen von Qualitätskriterien werden im Folgenden Qualitätsaspekte von online basierten Gesundheitsinformationen in fünf Dimensionen dargestellt:

- *Inhaltsqualität*
    - Genauigkeit und Richtigkeit, Evidenzbasierung der dargestellten Informationen
    - Objektivität/Neutralität in der Aufarbeitung und Beschreibung der Informationen: Benennung von Vor- und Nachteilen bzw. Chancen und Risiken einer Intervention
    - Vollständigkeit der (relevanten) Informationen
    - Verständlichkeit der Informationen für die Zielgruppe
    - Aktualität: regelmäßige und gekennzeichnete Aktualisierung
    - klare Trennung von Inhalt und Werbung; Vermeidung von Pop-up-Fenstern und Bannerwerbung
- *Transparenz*
    - redaktionelle Unabhängigkeit
    - Offenlegung der Autorinnen und Autoren sowie Verantwortlichen
    - Angabe der Referenzen (Zitation von fundierten Primärquellen)
    - Angabe von Finanzierungsquellen und Sponsoren
    - Benennung der Kriterien für die Auswahl der Inhalte zur Veröffentlichung, der Ziele der Webseite, der Informationen, die über den User gesammelt werden
    - Benennung des Ziels, des Zwecks und der Zielgruppe des Informationsangebots
- *Darstellungsqualität/Usability*
    - niedrigschwelliger Zugang: möglichst keine Kosten- oder Registrierungspflicht
    - Design und ästhetisches Layout

- angemessene grafische Darstellung: Kontinuität, Wiedererkennung, (logische) Struktur
- bedarfs- und bedürfnisgerechte Navigation/Strukturiertheit ausgerichtet an Anforderungen der Nutzerinnen und Nutzer
- Funktionalität (z. B. Übersichtlichkeit, Auffindbarkeit)
- Multimedialität (Fotos, Audios, Videos etc.)

- **Technische Qualität**
  - Plattform- und Softwareunabhängigkeit
  - Sicherheit: Angaben zum Datenschutz und Einhaltung der gesetzlichen Vorgaben
  - kurze Ladezeiten/hohe Übertragungsgeschwindigkeiten
  - Verlässlichkeit: niedrige Fehlerquote (z. B. durch korrekte Verlinkungen)
  - Suchfunktion

- **Qualität der Interaktivität**
  - Interne und externe Verlinkungen: einfacher und hoher Vernetzungsgrad
  - Service-Leistungen: Möglichkeit zum Feedback, zur Kontaktaufnahme und zur Anforderung von Unterstützung
  - ggf. Zugang zu (moderierten) Foren oder Chat-Rooms
  - Transaktion (Bereitstellung von Informationsmaterial, welches ggf. auch offline genutzt werden kann)

Diese genannten Qualitätskriterien und -dimensionen bilden somit eine Zusammenstellung und Erweiterung bereits bestehender Kriterienkataloge zur Bewertung von onlinebasierten Gesundheitsinformationen. Zur tatsächlichen praktischen Bewertung der Gesundheitsinformationen erscheint es sinnvoll, die bereits etablierten und kürzeren Instrumente zu nutzen. Für die Entwicklung von neuen Informationsangeboten zu gesundheitsbezogenen Themen sollten aber die genannten Kriterien im Detail bedacht werden, um die Qualität zu gewährleisten bzw. zu optimieren. Dabei ist insbesondere auf die inhaltliche Qualität Wert zu legen, während andere Qualitätsdimensionen teilweise eine nachgeordnete Bedeutung einnehmen. Neben der Gewichtung dieser Qualitätsziele sind immer auch die Bedürfnisse und der Bedarf der Nutzerinnen und Nutzer zu berücksichtigen.

22.4 Fazit und Ausblick

Die dargestellten Ansätze zur Qualitätssicherung sowie die bereits bestehenden Qualitätskriterien zeigen auf, dass es vielfältige Initiativen und Maßnahmen gibt, um die Qualität von Gesundheitsinformationen zu gewährleisten. Doch selbst wenn die Anforderungen an die Qualität von Gesundheitsinformationen weitestgehend klar sind, entscheiden die Bürgerinnen und Bürger bzw. Patientinnen und Patientinnen am Ende, wo und wie sie sich informieren. Erste Erfolg versprechende Ansätze in der Darstellung evidenzbasierter sowie nutzerinnen- und nutzerorientierter Informationsangebote zu gesundheitsbezogenen Themen im Internet bieten das Institut für Qualität und

Wirtschaftlichkeit im Gesundheitswesen (www.gesundheitsinformation.de) oder andere Anbieter, die sich teilweise auf bestimmte Indikationsgebiete fokussieren (z. B. www.krebsinformationsdienst.de).

Es reicht jedoch nicht aus, „gute" – im Sinne von qualitativ hochwertigen – Gesundheitsinformationen allein zu schaffen. Denn die Qualitätsproblematik wird sich, dem Grundgedanken eines freien Internets folgend, nicht endgültig im Rahmen aller onlinebasierter Informationsangebote regeln lassen. Umso wichtiger wird damit zukünftig die Sensibilisierung der Bürgerinnen und Bürger für die Potenziale aber vor allem auch die Probleme, die mit der Nutzung einhergehen. In diesem Zusammenhang sind die Kompetenzvermittlung und der Kompetenzerwerb von Bedeutung. Die Förderung genereller Medien- bzw. Internetkompetenzen sowie der eHealth-Literacy im Speziellen sind Kernelemente einer mündigen (gesundheitsbezogenen) Mediennutzung. Hierin liegt für die Zukunft das größte Entwicklungspotenzial der Qualitätssicherung. Nutzerinnen und Nutzer müssen befähigt werden, mit der immanenten Heterogenität der Informationsangebote im Internet umzugehen, sie einzuordnen und mit Blick auf ihre persönlichen Informationsbedürfnisse hin zu bewerten.

Literatur

Abel T, Bruhin E (2003) Health Literacy – Wissensbasierte Gesundheitskompetenz. In: Bundeszentrale für gesundheitliche Aufklärung (Hrsg) Leitbegriffe der Gesundheitsförderung. Bundeszentrale für gesundheitliche Aufklärung, Köln, S 128–131

Adler G (2012) Das Patienteninformationszentrum – Pflegebezogene Patienten- und Angehörigenedukation. In: Bechtel P, Smerdka-Arhelger I (Hrsg) Pflege im Wandel gestalten – Eine Führungsaufgabe. Springer, Heidelberg, S 223–230

afgis (2014) Aktionsforum Gesundheitsinformationssystem – Transparenzkriterien. https://www.afgis.de/qualitaetslogo/transparenzkriterien. Zugegriffen: 21. März 2016

Andreassen HK, Bujnowska-Fedak MM, Chronaki CE, Dumitru RC, Pudule I, Santana S, Voss H, Wynn R (2007) European citizens use e-health services: a study of seven countries. BMC Public Health 7:53

Baker L, Wagner TH, Singer S, Bundorf MK (2003) Use of the internet and e-mail for health care information: results from a national survey. JAMA 289(18):2400–2406

Central (2015) Praxis Dr. Internet – Studie zum Krankheitssuchverhalten in Deutschland sowie zur Qualität von Gesundheitsinformationen im Internet. www.central.de/online/portal/ceninternet/content/139788/1164096. Zugegriffen: 21. März 2016

Chen EC, Manecksha RP, Abouassaly R, Bolton DM, Reich O, Lawrentschuk N (2014) A multilingual evaluation of current health information on the Internet for the treatments of benign prostatic hyperplasia. Prostate Int 2(4):161–168

Dahinden U, Kaminski P, Niederreuther R (2004) ‚Content is King' – Gemeinsamkeiten und Unterschiede bei der Qualitätsbeurteilung aus Angebots- vs. Rezipientenperspektive. In: Beck K, Schweiger W, Wirth W (Hrsg) Gute Seiten – schlechte Seiten. Qualität in der computervermittelten Kommunikation. Fischer, München, S 103–126

Dierks ML, Lerch M, Mieth I, Schwarz G, Schwartz FW (2002) Wie können Patienten gute von schlechten Informationen unterscheiden? Qualität und Qualitätssicherung als Aufgabe von Anbietern und Nutzern. Urologe 42(1):30–34

DNEbM (2015) Gute Praxis Gesundheitsinformation. Deutsches Netzwerk Evidenzbasierte Medizin, Berlin. http://www.ebm-netzwerk.de/gpgi. Zugegriffen: 21. März 2016

EU (2002) eEurope 2002: Qualitätskriterien für Websites zum Gesundheitswesen. Rat der Europäischen Union, Brüssel

Felt U (2008) Virtuell informiert? Möglichkeiten und Herausforderungen für die Medizin im Internetzeitalter. http://sciencestudies.univie.ac.at/fileadmin/user_upload/dep_science-studies/pdf_files/VIRINFOBrosch%C3%BCre.pdf. Zugegriffen: 21. März 2016

Fox S (2006) Pew Internet & American Life Project: Online Health Search 2006. http://www.pewinternet.org. Zugegriffen: 21. März 2016

Fox S, Duggan M (2013) Health Online 2013. Pew Internet & American Life Project. Pew Research Center, Washington

GIM (2015) Informationsverhalten zu Gesundheitsthemen. http://www.g-i-m.com/fileadmin/user_upload/GIM_PR_Bus_Health.pdf. Zugegriffen: 21. März 2016

GVG (2011) Gesundheitsinformationen in Deutschland – Eine Übersicht zu Anforderungen, Angeboten und Herausforderungen. Gesellschaft für Versicherungswissenschaft und -gestaltung e. V., Köln

Hägele M (2010) Google allein macht nicht glücklich. Dtsch Ärztebl 107(Supplement PRAXiS):14

Hägele M, Leopold C (2006) Wie und wo findet man gute, verlässliche Gesundheitsinformationen im Netz? In: Jäckel A (Hrsg) Telemedizinführer Deutschland. Minerva, Bad Nauheim, S 248–251

Hautzinger N (2004) Health Content im Internet – Aspekte der Qualitätssicherung. In: Beck K, Schweiger W, Wirth W (Hrsg) Gute Seiten – schlechte Seiten. Qualität in der computervermittelten Kommunikation. Fischer, München, S 257–267

Higgins I, Sixsmith J, Barry MM, Domegan C (2011) A literature review on health information-seeking behaviour on the web: a health consumer and health professional perspective. European Centre for Disease prevention and Control, Stockholm

HON (2013) Health on the net. http://www.hon.ch/HONcode/Patients/Visitor/visitor_de.html. Zugegriffen: 21. März 2016

Huh J, DeLorme DE, Reid LN (2005) Factors affecting trust in on-line prescription drug information and impact of trust on behavior following exposure to DTC advertising. J Health Commun 10:711–731

Karlheim C, Schmidt-Kaehler S (2012) Die Internetrevolution: Implikationen für die Patientenberatung. In: Schaeffer D, Schmidt-Kaehler S (Hrsg) Lehrbuch Patientenberatung. Huber, Bern, S 133–144

Krüger-Brand H (2012) Navigieren durchs Gesundheits-Web. Dtsch Ärztebl 109(10):462–464

Lawrentschuk N, Sasges D, Tasevski R, Abouassaly R, Scott AM, Davis ID (2012) Oncology health information quality on the internet: a multilingual evaluation. Ann Surg Oncol 19:706–713

Lee K, Hoti K, Hughes JD, Emmerton LM (2015) Consumer use of „Dr. Google": a survey on health information-seeking behaviors and navigational needs. J Med Internet Res 17(12):e288

Medinfo (2010) Über medinfo.de. http://www.medinfo.de/uebermedinfo.htm. Zugegriffen: 21. März 2016

Neter E, Brainin E (2012) eHealth literacy: extending the digital divide to the realm of health information. J Med Internet Res 14(1):e19

Norman CD, Skinner HA (2006) eHealth literacy: essential skills for consumer health in a networked world. J Med Internet Res 8(2):e9

Nutbeam D (1999) Literacies across the lifespan: health literacy. Lit Numer Stud 9(2):47–55

Piso B (2007) Health Literacy – Stärken und Schwächen des Konzepts sowie praktische Konsequenzen für die Gesundheitskommunikation. Medizinische Universität, Graz

Reiß B (2006) Nutzergerecht, qualitätsgesichert, barrierefrei?! In: Jäckel A (Hrsg). Telemedizinführer Deutschland. Medizin Forum, Bad Nauheim, S 278–284

Rossmann C (2010) Gesundheitskommunikation im Internet. Erscheinungsformen, Potenziale, Grenzen. In: Schweiger W, Beck K (Hrsg) Handbuch Online-Kommunikation. VS Verlag, Wiesbaden, S 338–363

Rossmann C, Karnowski V (2014) eHealth und mHealth: Gesundheitskommunikation online und mobil. In: Hurrelmann K, Baumann E (Hrsg) Handbuch Gesundheitskommunikation. Huber, Bern, S 271–285

Saraswat I, Abouassaly R, Dwyer P, Bolton DM, Lawrentschuk N (2016) Female urinary incontinence health information quality on the Internet: a multilingual evaluation. Int Urogynecol J 27:69–76

Schmidt-Kaehler S (2005) Patienteninformation und -beratung im Internet: Transfer medientheoretischer Überlegungen auf ein expandierendes Praxisfeld. Medien & Kommunikationswissenschaft 53(3):471–485

Schug SH, Prümel-Philippsen U (2009) Grundlagen der Qualitätssicherung für Gesundheitsportale – Berichte und Expertisen. Akademische Verlagsgesellschaft, Heidelberg

Schulz PJ, Hartung U (2014) Trends und Perspektiven der Gesundheitskommunikation. In: Baumann E, Hurrelmann K (Hrsg) Handbuch Gesundheitskommunikation. Huber, Bern, S 20–33

Sethuram R, Weerakkody ANA (2010) Health information on the Internet. J Obstet Gynaecol 30(2):119–121

Simon J (2007) Direct-to-Consumer-Marketing auf dem deutschen Pharmamarkt: Entwicklungsstand und Chancen. VDM, Saarbrücken

Sörensen K, Van den Broucke S, Fullam J, Doyle G, Pelikan J, Slonska Z, Brand H, HLS-EU-Consortium (2012) Health literacy and public health: A systematic review and integration of definitions and models. BMC Public Health 12:80

Steckelberg A, Berger B, Köpke S, Heesen C, Mühlhauser I (2005) Kriterien für evidenzbasierte Patienteninformationen. ZaeFQ 99:343–351

SVR (2012) Wettbewerb an der Schnittstelle zwischen ambulanter und stationärer Gesundheitsversorgung Sondergutachten des Sachverständigenrats zur Begutachtung der Entwicklung im Gesundheitswesen. Huber, Bern

Trepte S, Baumann E, Hautzinger N, Siegert G (2005) Qualität gesundheitsbezogener Online-Angebote aus Sicht von Usern und Experten. Medien & Kommunikationswissenschaft 53(4):486–506

Weaver JB, Thompson NJ, Weaver SS, Hopkins GL (2008) Profiling characteristics of individual's using internet health information in health care adherence decision. 136. Jahrestagung der American Public Health Association, San Diego

Risikokommunikation im Internet

23

Martina Gamp, Luka-Johanna Debbeler und Britta Renner

> **Zusammenfassung**
> Dieses Kapitel stellt internetbasierte Risikokommunikation aus psychologischer Perspektive dar. Es wird beleuchtet, wie sich drei Eigenschaften des Internets (Reichweite, Schnelligkeit und Kosteneffizienz) auf die Risikokommunikation auswirken und für diese nutzbar gemacht werden können. Darüber hinaus werden Möglichkeiten aufgezeigt, wie Prinzipien einer effektiven Risikokommunikation durch das Internet umgesetzt und bereichert werden können. Anschließend werden Herausforderungen und deren mögliche Lösungen diskutiert.

23.1 Internetbasierte Risiko- und Krisenkommunikation

Tabak, Übergewicht, Bakterien und Kernkraftwerke stellen potenzielle Gefährdungen *(hazards)* für unsere Gesundheit dar, unterscheiden sich jedoch hinsichtlich einer Vielzahl von Eigenschaften. Eine Eigenschaft, die von besonderer Relevanz für die Kommunikation von Gefährdungen ist, ist der Zeitpunkt des Schadenseintritts (CDC 2014; Renner und Gamp 2014a). In Abhängigkeit dieses Zeitpunktes werden (gesundheitliche)

M. Gamp (✉) · L.-J. Debbeler · B. Renner
Fachbereich Psychologie, AG Psychologische Diagnostik & Gesundheitspsychologie,
Universität Konstanz, Postfach 47, 78457 Konstanz, Deutschland
E-Mail: martina.gamp@uni-konstanz.de

L.-J. Debbeler
E-Mail: luka-johanna.debbeler@uni-konstanz.de

B. Renner
E-Mail: britta.renner@uni-konstanz.de

© Springer-Verlag Berlin Heidelberg 2016
F. Fischer und A. Krämer (Hrsg.), *eHealth in Deutschland*,
DOI 10.1007/978-3-662-49504-9_23

Gefährdungen als Risiken *(risks)* oder Krisen *(crises)* klassifiziert. Risiken bezeichnen potenzielle Gefährdungen, die in der Zukunft auftreten können. Beispielsweise kann Übergewicht zu Herzkreislauferkrankungen und Diabetes führen oder Rauchen Lungenkrebs verursachen. Krisen hingegen treten plötzlich und unerwartet auf, wie beispielsweise der nukleare Unfall in Fukushima, Japan, im Jahr 2011 oder der Legionellen-Ausbruch in Warstein im Jahr 2013.

Die zunehmende Verfügbarkeit und Nutzung des Internets als Informations- und Kommunikationsquelle verändern sowohl die Krisen- als auch die Risikokommunikation. Neben der Zunahme an online verfügbaren Gesundheits- und Risikoinformationen hat sich auch die Art und Weise, wie diese Informationen kommuniziert und rezipiert werden, innerhalb eines Jahrzehntes zunehmend verändert (Prestin und Chou 2014). Die gesundheitsbezogene Risikokommunikation wandelte sich von einer eher statischen, eindimensionalen Kommunikationssituation, wie sie in der traditionellen, „analogen" Risikokommunikation stattfindet, hin zu einer dynamischen, multidirektionalen Kommunikation, die von einer aktiven Partizipation der Rezipientinnen und Rezipienten geprägt ist. So sind die Adressatinnen und Adressaten der Risikokommunikation nicht mehr nur Konsumentinnen bzw. Konsumenten der bereitgestellten Information, sondern produzieren und verbreiten diese auch selbst (Betsch et al. 2012; Kreps und Neuhauser 2010; Prestin und Chou 2014).

Krisenkommunikation erfolgt in der Regel unmittelbar mit einem meist klar definierten Ziel, welches in der Informationsbereitstellung über den akut vorliegenden Schadensfall sowie über geeignete Maßnahmen zur Schadensbegrenzung besteht. Risikokommunikation hingegen erfolgt anlassunabhängig und vermittelt Informationen über Eintrittswahrscheinlichkeiten sowie Ausmaß und Bedeutung eines potenziellen Schadens (BMI 2014; Weinheimer 2011; Renner und Gamp 2014a).

Neben Unterschieden in der Zielsetzung und dem zeitlichen Verlauf gehen Risiken und Krisen mit unterschiedlichen Reaktionen auf Seiten der Betroffenen und Akteure einher. So induzieren Krisen eine erhöhte öffentliche Aufmerksamkeit und wirken häufig unmittelbar verhaltensmotivierend, um die akut vorliegende Gefährdung abzuwenden. Da Risiken hingegen potenzielle Schadensfälle, das heißt prospektive Ereignisse umfassen, erhalten diese vergleichsweise weniger Aufmerksamkeit und sind im Allgemeinen weniger verhaltenswirksam. Für Risikokommunikation ergibt sich hierdurch häufig die Herausforderung, ein hinreichendes Maß an öffentlichem Interesse für die bereitgestellten Informationen herzustellen. Dies gilt insbesondere für die internetbasiert Risikokommunikation, da das Internet zu den sogenannten aktiven Informationsquellen gehört. Aktive Informationsquellen erfordern eine beabsichtigte, nicht-zufällige (keine Berieselung) und damit (kognitiv) aufwendige Informationsexposition (Dutta-Bergmann 2004). Im Rahmen bekannter Risikofaktoren, wie beispielsweise dem Rauchen, bedeutet dies, dass die Informationssuche zunächst von den Rezipientinnen und Rezipienten selbst initiiert werden muss, damit Wissen vermittelt und gegebenenfalls präventive Maßnahmen und Verhaltensweisen motiviert werden können. Anders verhält es sich mit neuen oder aktuell relevanten Risikofaktoren, welche in der Regel ähnlich wie akute Schadensfälle ein hohes Maß an Aufmerksamkeit, beispielsweise in den sozialen Medien, erhalten (Abb. 23.1).

Abb. 23.1 illustriert die Reflexion verschiedener Gefährdungen im Internet und den sozialen Medien (am Beispiel von Twitter). Die Grafen (a) und (b) illustrieren Reaktionen auf zwei potenzielle Schadensfälle (Risiken). Ein vergleichsweise bekanntes und im Internet viel diskutiertes Risiko sind Impfnebenwirkungen (a), wohingegen das Risiko einer Krebserkrankung in Folge eines erhöhten Konsums von verarbeitetem Fleisch (z. B. Wurst) einen vergleichsweise neuen Risikofall darstellt (b). In (c) wird die Rezeption einer akuten Gefährdung (Krise) dargestellt, als es im August 2013 in Warstein zu einem Legionellen-Ausbruch kam. Die Gegenüberstellung der Reaktionen auf diese verschiedenen Risiken und Krisen zeigt, dass die Kommunikation von Risiken sowie die Reaktionen der Betroffenen durch das Internet eine neue zeitliche Dynamik erhalten.

In den Reaktionen auf den bekannten Risikofall der Impfnebenwirkungen (a) zeigt sich im Laufe der letzten Jahre ein moderates öffentliches Interesse mit Schwankungen abhängig von der Medien-Berichterstattung, welches in der relativen Häufigkeit

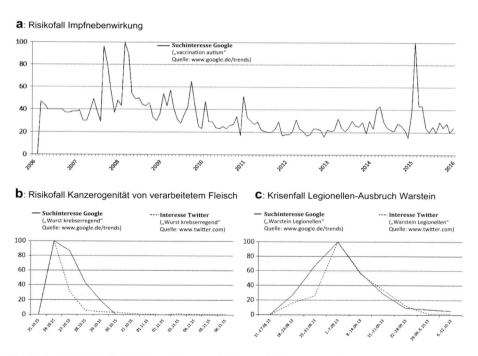

Abb. 23.1 Beispiele für die Rezeption verschiedener Gefährdungen im Internet: (a) Suchinteresse bei Google zum Risikofall „Vaccination autism" sowie Suchinteresse bei Google und interaktiver Austausch in den sozialen Medien (Twitter) für (b) den Risikofall Kanzerogenität von verarbeitetem Fleisch und (c) den Krisenfall Legionellen-Ausbruch in Warstein

der Informationssuche über Google deutlich wird. Da Risiken prospektive Ereignisse darstellen, die in der Zukunft eintreten oder nicht eintreten können, ist dieses moderate Interesse typisch für Reaktionen auf Risiken, da sie allgemein weniger Aufmerksamkeit erregen und weniger emotional verarbeitet werden (Renner und Gamp 2014a). Dennoch spiegelt sich ein anderes Muster in der Rezeption des Risikofalls zur Kanzerogenität von verarbeitetem Fleisch wider (b). Zu dem Zeitpunkt, an dem Informationen über die potenziellen Risiken von verarbeitetem Fleisch publik wurden (26. Oktober 2015), zeigte sich ein punktuell verstärktes öffentliches Interesse, welches jedoch bereits nach kurzer Zeit wieder sank und sogar gänzlich verschwand. Damit weist die Reaktion im Internet und den sozialen Medien auf diesen Risikofall ein ähnliches Muster auf wie die Reaktionen auf den Krisenfall des Legionellen-Ausbruchs in Warstein (c). Das Beispiel des Risikofalls zur Kanzerogenität von verarbeitetem Fleisch zeigt somit, dass die Kommunikation von Risiken sowie die Reaktionen auf Seiten der Betroffenen durch das Internet einer neuen zeitlichen Dynamik unterliegen und Eigenschaften ähnlich derer innerhalb einer Krise (hohes, zeitlich begrenztes öffentliches Interesse und ausgeprägte Emotionen) erhalten können.

23.2 Einfluss der Eigenschaften des Internets auf Risikokommunikation

Im Fokus dieses Kapitels steht die Kommunikation von Risiken im Internet. Im Folgenden soll daher aufgezeigt werden, wie Risikokommunikation durch die Reichweite, Schnelligkeit und Kosteneffizienz des Internets beeinflusst wird und wie diese Eigenschaften für eine erfolgreiche Kommunikation von Risiken eingesetzt werden können.

23.2.1 Reichweite

In Deutschland nutzten im Jahr 2015 rund 88 % der Bevölkerung das Internet (Internet World Stats 2016). Laut einer aktuellen Studien mit über 1700 Befragten haben 53 % der Internetnutzerinnen und -nutzer in Deutschland das Internet innerhalb der letzten 12 Monate speziell zur Suche nach gesundheitsbezogenen Themen verwendet (Baumann und Czerwinski 2015), wodurch sich das Internet zu einer der wichtigsten Informationsquellen für gesundheitsbezogene Informationen entwickelt hat (Chou et al. 2013; Hesse et al. 2005). Damit ermöglicht das Internet nicht nur eine schnelle Risikokommunikation, sondern erlaubt auch vergleichsweise einfach und günstig, eine Vielzahl an Rezipientinnen und Rezipienten verschiedener Zielgruppen zu erreichen (Chou et al. 2013; Korda und Itani 2013). So greifen viele Patientinnen und Patienten häufig auf das Internet zurück, um sich beispielsweise über Risiken und Nutzen verschiedener Diagnostik- und Therapiemöglichkeiten zu informieren und auszutauschen. Gesundheitsgefahren, Diagnostik- und Therapievorschläge für sowohl psychische als physische Erkrankungen gehören so zu den aktuell am intensivsten diskutierten Themen in den deutschsprachigen sozialen Medien wie beispielsweise Facebook, Twitter und Foren (Wippermann und Krüger 2014, 2016). Ein im Internet häufig kontrovers diskutiertes Thema ist beispielsweise die Entscheidung, sich selbst oder sein Kind impfen zu lassen. Diese Entscheidung ist komplex und basiert grundsätzlich auf einer Vielzahl von Faktoren wie ärztlichen Empfehlungen, dem Impfverhalten des sozialen Umfelds, persönlichen Erfahrungen mit dem Thema Impfung, der Einschätzung möglicher Nebenwirkungen sowie sozialen Normen und anderen Kognitionen (Betsch et al. 2012). Daher versuchen die Rezipientinnen und Rezipienten sich auch im Internet, über potenzielle Auswirkungen und alternative Handlungsmöglichkeiten zu informieren.

Auch offizielle Gesundheitsinstitutionen wie die Weltgesundheitsorganisation (WHO) nutzen vermehrt das Internet, um risikorelevante Informationen einer möglichst großen Zahl an Rezipientinnen und Rezipienten zugänglich zu machen. Die Centers for Disease Control and Prevention (CDC) in den USA haben 2012 beispielsweise eine Risikokommunikations-Kampagne gestartet, die sowohl im Internet als auch in Fachzeitschriften ein hohes Maß an Aufmerksamkeit erhalten hat. Die Kampagne „Tips From Former Smokers" (Tipps von Ex-Rauchern) zeigt ehemalige Raucherinnen und Raucher, die ihre durch Tabakkonsum verursachten, persönlichen Krankheits- und Leidensgeschichten darstellen. Über multiple Kanäle wie Fernsehen, Radio, Printmedien sowie im Internet über zum Beispiel Facebook, Twitter und YouTube, konnten laut einer empirischen Studie, welche die erste Welle der Kampagne im Frühjahr 2012 evaluierte, ca. 80 % der Raucherinnen und Raucher in den USA erreicht werden (McAfee et al. 2013). Besonders die mittlerweile an ihrer Krankheit verstorbene Ex-Raucherin Terrie Hall erreichte mit ihren über die CDC auf YouTube verfügbaren Erlebnisberichten (*testimonials*) mehr als 9,7 Mio. Zuschauerinnen und Zuschauer (Stand: 21. Januar 2016). Die empirische Begleitstudie von McAfee et al. (2013) kam zu der Einschätzung, dass mindestens 100.000 Raucherinnen und Raucher das Rauchen aufgeben und dauerhaft abstinent bleiben werden. Mit der großen Reichweite des Internets kann somit eine Zahl an Rezipientinnen und Rezipienten erreicht werden, wie es die traditionelle, „analoge" Risikokommunikation nur mit einem erheblichen Ressourcenaufwand vermag.

23.2.2 Schnelligkeit

Die Schnelligkeit, mit der sich Risikoinformationen im Internet und den sozialen Medien verbreiten, ermöglicht es öffentlichen Gesundheitsinstitutionen, gesundheitsbezogene Risikoinformationen durch regelmäßige Aktualisierungen (Updates, Newsfeed) zeitnäher (*up-to-date*) bereitzustellen, als dies mit herkömmlichen Informationsmaterialien wie Broschüren, Postern und Enzyklopädien möglich ist (Betsch et al. 2012). Gleichzeitig erfordert die schnelle, nutzergenerierte Risikodynamik im Internet zeitnahe Reaktionen seitens der öffentlichen Gesundheitsinstitutionen, um Einfluss auf die Risikowahrnehmung nehmen zu können. So veröffentlichte die WHO zum Beispiel bereits am 29.

Oktober 2015 eine Stellungnahme (WHO 2015b) als Reaktion auf besorgte Anfragen bzgl. der Konsequenzen des am 26. Oktober 2015 bekannt gegebenen Zusammenhangs zwischen dem Konsum von verarbeitetem Fleisch und einem erhöhten Krebsrisiko (Abb. 23.1b). Neben solchen unidirektionalen Veröffentlichungen auf der jeweiligen Webseite besteht darüber hinaus die Möglichkeit, als öffentliche Gesundheitsinstitution ebenfalls den multidirektionalen Austausch über die sozialen Medien wie Twitter, Facebook oder Smartphone-Apps zu nutzen (Betsch et al. 2012; Witteman und Zikmund-Fisher 2012), um so zeitnah in die interaktive Risikodiskussion einzutreten. So interagieren das Robert Koch-Institut (RKI) und die CDC beispielsweise mittels des Kurznachrichtendienstes Twitter mit Rezipientinnen und Rezipienten über aktuelle gesundheitsbezogene Gefährdungen und Entwicklungen. Die Verwendung sozialer Medien in der Risikokommunikation erfordert allerdings deren frühzeitige Implementierung in den Kommunikationsplan sowie deren regelmäßige Pflege, da die Medien nur dann eine Vielzahl an Rezipientinnen und Rezipienten erreichen können, wenn diese der kommunizierenden Institution folgen *(follower)* bzw. die App installiert haben. Daher bedarf es seitens der öffentlichen Gesundheitsinstitutionen eines Konzepts zur sinnvollen, langfristigen Nutzung dieser Medien, welches die Ziele, Maßnahmen, notwendigen Ressourcen, Prozesse und die rechtlichen Rahmenbedingungen definiert (Kommission der Europäischen Gemeinschaften 2002). Das Bundesministerium des Innern (BMI) stellt hierzu eine Checkliste zur Verfügung, die bei der Entwicklung eines Konzepts zur Verwendung sozialer Medien herangezogen werden kann (BMI 2014). Die Auflistung bezieht sich sowohl auf strategische (z. B. Welche Plattformen sollen genutzt werden?), inhaltliche (z. B. Welche inhaltlichen Themen sollen begleitet werden?), organisatorische (z. B. Wie wird die Betreuung der jeweiligen Plattformen mit den zur Verfügung stehenden Ressourcen sichergestellt?) sowie rechtliche Fragestellungen (z. B. Wie erfolgt die Einhaltung von Datenschutzregelungen?). Ein so ausgearbeitetes Konzept zur Verwendung des Internets und der sozialen Medien in der Risikokommunikation ermöglicht es, von der Schnelligkeit des Internets zu profitieren, um Risikokommunikation ereignis- und bedarfsnah zu realisieren.

23.2.3 Kosteneffizienz

Nicht zuletzt aufgrund der großen Reichweite und Schnelligkeit des Internets kann internetbasierte Risikokommunikation vergleichsweise kosteneffizient erfolgen, da in kurzer Zeit problemlos eine Vielzahl an Rezipientinnen und Rezipienten erreicht werden kann. Darüber hinaus reduzieren sich die Kosten internetbasierter Risikokommunikation im Vergleich zu einer Kommunikation mit gedruckten Informationsmaterialien. Obschon Transaktionskosten entstehen, um beispielsweise den Bekanntheitsgrad internetbasierter Informationen zu steigern, entfallen hier Druck-, Lagerungs-, Transport- oder Werbeflächenkosten. Die Kosteneffizienz, mit welcher Risikokommunikation im Internet realisiert werden kann (Swartz et al. 2006), wurde in einer Vielzahl von Studien als Grund für die Wahl des Internets als Medium zur Übermittlung von Interventionen genannt (Griffiths et al. 2006) und in verschiedenen Arbeiten thematisiert (Freeman und Chapman 2007; Noar 2011). Dennoch gibt es bisher nur wenige Studien, welche die Kosteneffizienz internetbasierter Risikokommunikation empirisch untersucht haben (Tate et al. 2009). Eine Ausnahme bildet die wissenschaftliche Auswertung der CDC-Kampagne „Tips From Former Smokers". Eine aktuelle Studie zur Kosteneffizienz der Kampagne zeigt, dass die Kampagne aufgrund der erfolgreich zum Nichtrauchen motivierten Personen zusätzlich mehr als 17.000 vorzeitige Todesfälle verhindern und mehr als 179.000 gesunde Lebensjahre *(quality-adjusted life years, QALYs)* gewinnen konnte. Verrechnet mit dem Gesamtvolumen von 48 Mio. US$ erweist sich die Kampagne mit einer Investition von ca. 393 US$ pro gerettetem Lebensjahr als äußerst kosteneffizient (Xu et al. 2015). Zum Vergleich belaufen sich diese Kosten laut der CDC normalerweise auf 50.000 US$ (CDC 2015). Damit stellt die Kampagne „Tips From Former Smokers" ein erfolgreiches Beispiel eines vergleichsweise kosteneffizienten und wirkungsvollen Einsatzes von Risikokommunikation im Internet dar. Dennoch sind weitere empirische Studien, die die Kosteneffizienz internetbasierter Risikokommunikation untersuchen, wünschenswert.

23.3 Prinzipien einer effektiven Risikokommunikation im Internet

Unabhängig davon, ob Risikokommunikation traditionell „analog" oder im Internet erfolgt, gibt es verschiedene Möglichkeiten, eine erfolgreiche Kommunikation zu begünstigen, für welche die Informationsdarbietung im Internet einen zusätzlichen Mehrwert bieten kann. Inwieweit Risikokommunikation als erfolgreich zu bewerten ist, hängt dabei vom jeweiligen Ziel der Risikokommunikation ab. Grundsätzlich können drei mögliche Ziele von Risikokommunikation unterschieden werden: 1) Informationsdarbietung, 2) Veränderung von gesundheitsbezogenen Einstellungen und Überzeugungen (z. B. der Risikowahrnehmung) und 3) Veränderung des Verhaltens (Renner und Gamp 2014a; Brewer 2011) (Abb. 23.2).

Risikokommunikation, die auf die Darbietung von Informationen abzielt (Ziel 1), erfolgt häufig unspezifisch, das heißt die Zielgruppe und die angestrebte Wirkung sind nicht klar definiert (Just-say-it-Methode) (Brewer 2011). Wenn die Informationen jedoch nicht nach ihrer Relevanz, Verständlichkeit und Nützlichkeit für die Rezipientinnen und Rezipienten (z. B. Verbraucherinnen und Verbraucher, Patientinnen und Patienten) ausgewählt sind, ist nicht zu erwarten, dass diese beachtet oder erinnert werden und einen Effekt haben. Empfehlenswert ist daher, dass Risikokommunikation immer an den Rezipientinnen und Rezipienten orientiert ist und mit einer spezifischen Zielsetzung erfolgt. Eine solche Informationsselektion findet im Rahmen der zweiten Zielsetzung von Risikokommunikation statt, welche die Veränderung der Wahrnehmung der Rezipientinnen und Rezipienten anstrebt. Durch die Vermittlung von Sachverhalten (Sach- und

Abb. 23.2 Die drei Ziele der Risikokommunikation (Renner und Gamp 2014a; Brewer 2011)

Informationsappelle) wird es den Rezipientinnen und Rezipienten ermöglicht, eine akkurate Einschätzung der Fakten und Sachlage vorzunehmen, um zum Beispiel Gesundheitsrisiken einzuschätzen (Risikowahrnehmung bzw. *Risk Perception*) (Renner et al. 2015; Renner und Schupp 2011) oder eine informierte Entscheidung *(informed decision)* zu treffen (Edwards et al. 2001; Gigerenzer et al. 2007). Wichtig ist hierbei der nicht-persuasive Charakter der Informationsselektion und -darbietung. Es erfolgt eine verständliche Darstellung der relevanten Informationen. Welche Entscheidungen oder Verhaltensweisen die Rezipientinnen und Rezipienten letztlich wählen, liegt jedoch in ihrem persönlichen Ermessen. Im Gegensatz dazu erfolgt die Informationsselektion und -darbietung im Rahmen des dritten Ziels von Risikokommunikation, welches die Veränderung von Verhalten anstrebt, sowohl selektiv als auch persuasiv. Informationen werden hier typischerweise auf eine Weise selektiert und dargestellt, welche die Auftrittswahrscheinlichkeit eines erwünschten Verhaltensmusters maximiert. Häufig werden deshalb nicht nur Sachinformationen, sondern auch emotional wirksame Informationen wie Furchtappelle, welche Wissen über und Furcht vor Gesundheitsrisiken induzieren sollen, dargeboten. Die jeweiligen Ziele von Risikokommunikation erfordern demnach unterschiedliche Informationsdarbietungen und formulieren jeweils unterschiedliche Kriterien für die Evaluierung von Risikokommunikation.

Neben beispielsweise Haftungsausschlüssen (Ziel 1) bei Webseiten *(disclaimer)* verfolgt Risikokommunikation im Internet häufig die Ziele der Wahrnehmungs- und Verhaltensänderung (Ziele 2 und 3). Damit die im Internet verfügbare Vielfalt an

Risikoinformationen von den Rezipientinnen und Rezipienten entsprechend des jeweils verfolgten Ziels effizient genutzt und verarbeitet werden kann, ist es notwendig, 1) die Informationen nach der Verhaltensrelevanz für die jeweilige Zielgruppe zu selektieren *(message tailoring)* (Moorhead et al. 2013; Lustria et al. 2013), 2) eine verzerrungsfreie und transparente Darstellung zu wählen (Gigerenzer et al. 2007) sowie 3) neben der Kommunikation einer Gefährdung (Risikokommunikation) zusätzliche Informationen über geeignete Schutzmaßnahmen (Ressourcenkommunikation) darzubieten, damit eine Verhaltensänderung erleichtert wird (Peters et al. 2013; Renner und Gamp 2014b).

23.3.1 Individuell zugeschnittene Informationen (message tailoring)

Die neuen technologischen Entwicklungen und Medien wie das Internet und SMS sowie soziale Medien wie Facebook und Twitter bieten vielversprechende Möglichkeiten, die Herausforderung einer Selektion der Risikoinformationen nach der Relevanz für die Zielgruppe bzw. die einzelnen Rezipientinnen und Rezipienten zu realisieren (Lustria et al. 2013; Renner und Gamp 2014b). Mit Hilfe dieser Medien ist es zunehmend möglich, Informationen dann bereitzustellen, wenn sie von den Rezipientinnen und Rezipienten benötigt werden und erwünscht sind *(on-demand)*. Darüber hinaus können die Informationen stärker an die individuellen Bedürfnisse der Rezipientinnen und Rezipienten angepasst werden *(message tailoring)* (Lustria et al. 2013; Moorhead et al. 2013). So ermöglicht internetbasierte Risikokommunikation, die Vorteile traditioneller massenmedialer Risikokommunikation, wie eine große Reichweite und eine hohe Kosteneffizienz, wirkungsvoll mit den Vorzügen der interpersonalen Kommunikation, nämlich der Unmittelbarkeit und Personalisierung von Informationen, zu kombinieren (Chou et al. 2013; Kreps und Neuhauser 2010).

Für die Realisierung individuell zugeschnittener *(tailored)* Risikoinformationen stehen im Internet verschiedene Möglichkeiten zur Verfügung (Lustria et al. 2009; Renner et al. 2007). So ermöglicht das Bereitstellen von *individuellem, personalisiertem Feedback* die Kommunikation von auf den Ist-Zustand abgestimmten Rückmeldungen und angemessenen Empfehlungen in Bezug auf eine bestimmte Gefährdung (Lustria et al. 2009). Individuelles, personalisiertes Feedback wird im Internet beispielsweise über sogenannte Risikorechner vermittelt. Mittels Risikorechnern können interessierte Personen ihr persönliches Gesundheitsrisiko berechnen und sich so über ihren individuellen Risikostatus informieren. Der Online-Selbsttest „Check your drinking" („Teste deinen Alkoholkonsum"; siehe auch „Kenn-Dein-Limit"-Kampagne der Bundeszentrale für gesundheitliche Aufklärung [BZgA]) gibt Rezipientinnen und Rezipienten beispielsweise individuelle Rückmeldung zu ihrem Alkoholkonsum. Die Rückmeldung basiert auf einem kurzen Online-Fragebogen, der unter anderem die AUDIT-Skala (Alcohol Use Disorders Identification Test) der WHO nutzt. Die Rückmeldung umfasst Informationen wie die Prozentzahl der Tage, an denen im letzten Jahr Alkohol konsumiert wurde, sowie

Schätzungen, wie viel Geld in Alkohol investiert und wie viele Kalorien aufgrund des Alkoholkonsums zusätzlich aufgenommen wurden. In einer randomisierten, kontrollierten Experimentalstudie zeigte sich, dass diese personalisierte Risikoinformation den wöchentlichen Alkoholkonsum drei und sechs Monate später signifikant um 30 %, das heißt um sechs bis sieben alkoholische Getränke pro Woche, reduzierte (Cunningham et al. 2009). Damit wies die onlinebasierte Risikokommunikation einen vergleichbaren Effekt auf das Verhalten auf wie er in kurzen Face-to-Face-Interventionen zur Reduktion von Alkoholkonsum festgestellt wurde (Kaner et al. 2007). Der hohe Selbstbezug der Risikoinformationen und das individuelle Feedback, wie sie beispielsweise mittels Online-Risikorechnern realisiert werden, unterstützen folglich eine effektive Risikokommunikation und letztlich die Änderung von Risikoverhalten.

Darüber hinaus kann Risikokommunikation im Internet individuell zugeschnitten *(tailored)* werden, indem in die Risikoinformation persönliche Informationen wie Namen, ein persönliches Pseudonym oder das Alter eingebunden werden *(Personalisierung)* (Lustria et al. 2009). Dies kann die persönliche Bedeutsamkeit der Nachricht erhöhen (Hawkins et al. 2008). Durch *Adaption* (auch *content matching*) können zudem Informationen gezielt dargeboten werden, die speziell für die jeweiligen Rezipientinnen und Rezipienten relevant sind (Dijkstra und De Vries 1999; Hawkins et al. 2008). Personalisierung und Adaption können in der internetbasierten Risikokommunikation sowohl automatisch mittels Algorithmen als auch über eine individuelle Betreuung der Rezipientinnen und Rezipienten realisiert werden. Die BZgA in Deutschland bietet im Internet beispielsweise ein mehrwöchiges Beratungsprogramm für Cannabis-Konsumenten an (https://www.quit-the-shit.net/). Das Projekt stellt internetgestützte, anonyme Informations- und Beratungsmöglichkeiten zur Verfügung, mit dem Ziel, jugendliche Konsumenten anzuregen, ihren Drogenkonsum kritisch zu reflektieren und ggf. zu modifizieren. Im Rahmen des Projekts definieren die Teilnehmenden gemeinsam mit einer Beraterin oder einem Berater ein persönliches Ziel, zum Beispiel den Konsum von Cannabis einzuschränken. Auf Grundlage eines Online-Tagebuchs, das die Teilnehmenden führen, erhalten sie im Sinne einer zugeschnittenen Kommunikation wöchentlich eine persönliche Rückmeldung zum Beratungsverlauf. Je nach individueller Entwicklung werden von der beratenden Person Übungen freigeschaltet, die den Teilnehmenden beim Erreichen des persönlichen Ziels unterstützen sollen *(Adaption)*. Die Wirksamkeit des quit-the-shit-Programms zeigte sich in einer wissenschaftliche Begleitstudie, die der Interventionsgruppe im Beratungsprogramm eine stärkere Reduktion im Cannabis-Konsum bestätigte, verglichen mit einer Kontrollgruppe, die auf eine Warteliste aufgenommen wurde und nicht an dem Online-Programm teilnahm (Tossmann et al. 2011).

Aus psychologischer Perspektive ist ein Grund, warum sich die individuell zugeschnittene *(tailored)* Kommunikation von Risikoinformationen als wirksam erweist, in dem Unterschied zwischen allgemeiner und selbstbezogener Risikowahrnehmung zu sehen. Unter allgemeiner Risikowahrnehmung werden generelle Vorstellungen, die Menschen von Risiken haben, wie beispielsweise „Rauchen schadet der Gesundheit", verstanden. Selbstbezogene Risikowahrnehmung umfasst hingegen, wie Personen ihre eigene Gefährdung einschätzen (z. B. „Wenn ich rauche, schadet das meiner Gesundheit"). Die allgemeine Risikowahrnehmung wirkt in der Regel wenig verhaltensmotivierend. Eine hohe selbstbezogene Risikowahrnehmung bzw. das Erleben persönlicher Verwundbarkeit geht hingegen gewöhnlich mit einer hohen Motivation für Schutzmaßnahmen einher (Ferrer und Klein 2015; Renner et al. 2015; Renner und Schupp 2011; Slovic 2000; Weinstein 2003; Brewer et al. 2007; Sheeran et al. 2013). Risikoinformationen, die individuell auf die Rezipientinnen und Rezipienten zugeschnitten sind, stellen einen direkten Bezug der Informationen zur eigenen Person her und erhöhen damit die persönliche Relevanz der Information (Hawkins et al. 2008; Kreuter und Wray 2003), wodurch eine selbstbezogene Risikowahrnehmung zielgerichteter adressiert werden kann.

23.3.2 Darstellungsformat

Da Risiken potenzielle Schadensfälle darstellen, umfasst Risikokommunikation die Vermittlung von Eintrittswahrscheinlichkeiten und damit numerischen Informationen. Idealerweise sollte gesundheitsbezogene Risikoinformation evidenzbasiert erfolgen und statistische Informationen transparent darbieten (Betsch et al. 2012; Bunge et al. 2010; Renner und Schupp 2011). In Bezug auf ein transparentes Darstellungsformat numerischer Risikoinformation konnte in zahlreichen Untersuchungen gezeigt werden, dass diese leichter verständlich sind, wenn sie in Häufigkeiten statt in Wahrscheinlichkeiten dargestellt werden (Gigerenzer et al. 2007; Hoffrage 2003; Lipkus 2007). So konnten sowohl Expertinnen und Experten als auch Laien quantitative Informationen in natürlichen Häufigkeiten (z. B. „10 von 1000 Frauen erkranken an Brustkrebs") adäquater interpretieren als in Wahrscheinlichkeiten (z. B. „die Erkrankungswahrscheinlichkeit für Brustkrebs beträgt 0,01") (Gigerenzer et al. 2007). Entscheidend für das Verständnis und die Bewertung von quantitativen Informationen ist ferner die Bezugsgröße bei der Darstellung von Risiken (Hoffrage 2003) bzw. die relative Salienz von Vorder- und Hintergrundinformationen (Stone et al. 2003). Im Oktober 2015 (Abb. 23.1**b**) warnte die WHO beispielsweise, dass sich das Risiko an Darmkrebs zu erkranken, pro 50 g täglichen Konsums von verarbeitetem Fleisch (z. B. Wurst) um 18 % erhöhe (WHO 2015a). Da es sich hierbei um ein relatives Risikoformat handelt, bedarf es zusätzlich der Bezugsgröße, um diese Information interpretieren zu können. Die Bezugsgröße in diesem Beispiel ist das absolute Risiko an Darmkrebs zu erkranken, welches bei ungefähr 5 % liegt. Eine relative Risikoerhöhung um 18 % bedeutet in diesem Fall also, dass sich das absolute Risiko um ca. 1 % (5*18/100 = 0,9) von etwa 5 % auf 6 % erhöht (Max-Plack-Institut für Bildungsforschung 2015). Verschiedene Arbeiten konnten wiederholt zeigen, dass beide Arten der Darstellung zu sehr unterschiedlichen Bewertungen von Risiken führen: Relative Risikoinformationen erwiesen sich als deutlich persuasiver als absolute (Edwards et al. 2001; Hoffrage 2003). Jørgensen und Gøtzsche (2004) untersuchten die Verwendung dieser Darstellungsformate im Internet und analysierten

Abb. 23.3 Icon Arrays zur Darstellung eines 15 %-igen Risikos in randomisierter (links) und gruppierter Form (rechts)

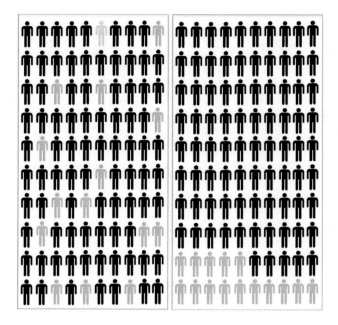

27 Webseiten, die über Nutzen und Risiken von Mammographie-Screenings informieren. Die Studie zeigte, dass 56 % der Webseiten ein relatives Format verwenden, um die Risikoreduktion aufgrund einer Screening-Teilnahme zu beschreiben. Lediglich 19 % kommunizierten den Nutzen der Teilnahme in einem transparenteren, absoluten Darstellungsformat (Jørgensen und Gøtzsche 2004; siehe auch Gigerenzer et al. 2007). Dem Ziel einer transparenten Kommunikation gegenläufig, werden numerische Risikoinformationen in der (internetbasierten) Risikokommunikation folglich häufig in einem relativen Darstellungsformat präsentiert.

Neben der Verwendung transparenter, numerischer Darstellungsformate kann die visuelle Darstellung von Informationen, beispielsweise in Form von Grafiken, Icons oder Piktogrammen, ein akkurates Verständnis von Risikokommunikation unterstützen (Gaissmaier et al. 2012; Lipkus 2007). Die Verwendung von visuellen Darstellungen hat sich als besonders nützlich erwiesen, wenn es um die Verbesserung des Verständnisses von vulnerablen Personengruppen geht, die beispielsweise Schwierigkeiten im Umgang mit numerischen Darstellungen haben *(low numeracy)* oder über ein geringes medizinisches Faktenwissen verfügen (Garcia-Retamero und Cokely 2013). Das Internet eröffnet durch die Animationsmöglichkeiten von visuellen Darstellungen sowie die Anpassung der Darstellungsmodalitäten und -formate an verschiedene Rezeptions-, Lern- und Bildungslevels bzw. -präferenzen (Lustria et al. 2013) weitere Möglichkeiten. Risikokommunikation umfasst die Vermittlung von zwei schwer zu fassenden Eigenschaften des Konzepts Risiko: die zugrunde liegende zufällige Verteilung eines Schadensfalls sowie die Anwendung der Gefährdungswahrscheinlichkeit in der Population auf das Individuum (Witteman et al. 2014). Multimedia-Techniken, wie beispielsweise Animationen, können effektive Darstellungsstrategien kombinieren und so zu einem besseren Verständnis beitragen (Abb. 23.3). So zeigte Forschung zur Darstellung der zufälligen Verteilung von Schadensfällen (z. B. das Erleiden eines Herzinfarktes), dass eine verstreute Darstellung betroffener Individuen in einem Icon Array das Verständnis von Zufälligkeit fördert (Abb. 23.3 links). Gleichzeitig wirkte sich diese Darstellung jedoch negativ auf die korrekte Einschätzung der Höhe des Risikos aus. Für die Abschätzung des Risikos erwiesen sich gruppierte und damit leichter überschau- und zählbare Darstellungen als günstiger (Abb. 23.3 rechts) (Ancker et al. 2011; Feldman-Steward et al. 2007; Schapira et al. 2001; Zikmund-Fisher 2012). Die Kombination dieser Darstellungen mittels animierter Icon Arrays bietet die Möglichkeit, die Vorteile beider Darstellungsweisen zu vereinen. Erste empirische Untersuchungen zur Wirksamkeit animierter und interaktiver Grafiken in der internetbasierten Risikokommunikation beschreiben jedoch auch nachteilige Effekte auf das Verständnis der dargestellten Statistiken. Interaktive Grafiken können die Beanspruchung der Rezipientinnen und Rezipienten erhöhen und neben ihrer Anschaulichkeit auch ablenkend wirken. Dies kann verhindern, dass die relevanten Informationen wahrgenommen werden (Zikmund-Fisher et al. 2011; Zikmund-Fisher 2012). Es bedarf daher weiterer Forschung, um zu untersuchen, unter welchen Bedingungen animierte und interaktive Grafiken wirksam für die Risikokommunikation im Internet eingesetzt werden können.

23.3.3 Schutzmaßnahmen

Besonders wenn Risikokommunikation das Ziel einer Verhaltensänderung (Ziel 3, Abb. 23.2) anstrebt, ist es aus psychologischer Perspektive wichtig, dass neben der Kommunikation einer Gefährdung zusätzliche Informationen über geeignete Schutzmaßnahmen zur Reduktion oder Eliminierung der Gefährdung vermittelt werden. In einer Metaanalyse untersuchten Peters et al. (2013) beispielsweise die Effektivität von Furchtappellen auf Verhalten. Die Ergebnisse zeigen, dass Furchtappelle nur dann wirksam waren, wenn diese in Verbindung mit wirksamen Schutzmaßnahmen kommuniziert wurden. In umgekehrter Weise gilt auch, dass eine hohe Wirksamkeit der Schutzmaßnahmen nur dann motivational wirksam wurde, wenn diese mit einer hohen Furcht einhergingen. Dies zeigt, dass Furcht alleine nicht ausreichend ist, um protektives Verhalten zu motivieren. Fehlen zusätzliche Informationen bzgl. spezifischer Schutzmaßnahmen oder werden diese von den Rezipientinnen und Rezipienten nicht als wirksam eingeschätzt, kann es hingegen zu einem sogenannten Bumerang-Effekt kommen: Die ursprünglich beabsichtigten Wirkungen der Risikokommunikation bleiben in diesem Fall nicht nur aus, sondern verkehren sich – beispielsweise in Bezug auf die Vorsatzbildung – ins Gegenteil und können somit negative gesundheitliche Folgen haben (Devos-Comby und Salovey 2002; Renner und Gamp 2014b).

Die oben genannte, erfolgreiche Kampagne „Tips From Former Smokers" informiert Raucherinnen und Raucher beispielsweise auf ihren Materialien darüber, welche Schutzmaßnahmen geeignet sind, um sich vor den Gefahren des Rauchens erfolgreich zu schützen (in diesem Fall mit dem Rauchen aufzuhören). Zudem erhalten die Rezipientinnen und Rezipienten Informationen, wie und wo sie Unterstützung bei der Umsetzung dieser Schutzmaßnahme einholen können. Kostenlose Hilfe wird konkret mittels einer Telefonhotline („1-800-QUIT-NOW"), einer informativen Homepage („I'm ready to quit!" – „Ich bin bereit aufzuhören!") sowie einer Smartphone-App („Quit Guide Mobile App" – „Aufhör-Ratgeber") angeboten. Informationen dieser Art ermöglichen die aus psychologischer Perspektive für eine Verhaltensänderung wichtige Verknüpfung von Risikokommunikation mit konkreten, wirksamen Schutzmaßnahmen.

23.4 Herausforderungen der Risikokommunikation im Internet

Neben dem großen Mehrwert, den das Internet für eine effektive Risikokommunikation hat, kann die internetbasierte Risikokommunikation auch eine Herausforderung darstellen. Eine der größten Herausforderungen ist die Sicherstellung der Qualität der im Internet verfügbaren Risikoinformationen (Moorhead et al. 2013; Prestin und Chou 2014). Theoretisch ist es jeder Organisation oder Privatperson möglich, Risikoinformationen im Internet zu verbreiten. Ferner können die bereitgestellten Informationen nicht nur passiv aufgenommen werden, sondern in den sozialen Medien auch aktiv kommentiert, diskutiert und verbreitet werden. Dadurch gibt es eine zunehmende Vielzahl an Quellen gesundheitsbezogener Risikoinformationen im Internet, die in ihrer Qualität und Konsistenz stark variieren und die Übersichtlichkeit der Informationen somit reduzieren (Moorhead et al. 2013). Dies ist problematisch, da ein Großteil der Rezipientinnen und Rezipienten den Quellen im Internet vertraut, obgleich die wenigsten die Quellen hinsichtlich ihrer Qualität evaluieren, da beispielsweise die entsprechende Medienkompetenz nicht oder nur unzureichend vorhanden ist (Betsch et al. 2012; Fox und Rainie 2002; Fox 2006). Folglich können sich auch wenig valide oder gar falsche Risikoinformationen *(frauds)* verbreiten.

Gelangen nicht valide Risikoinformationen in den Fokus des öffentlichen Interesses und werden aufgrund der Schnelligkeit, großen Reichweite und Interaktivität des Internets einer Vielzahl an Rezipientinnen und Rezipienten zugänglich, werden die Risikoinformationen schwerer steuerbar, wie das Beispiel Impfen zeigt. Risikoinformationen bzgl. Impfungen werden sowohl von öffentlichen Gesundheitsinstitutionen als auch von in Interessengruppen organisierten Impfgegnern und Privatpersonen kommuniziert (Bean 2011; Betsch et al. 2012). Problematisch ist, dass insbesondere Webseiten von Impfgegnern teils fehlerhafte Informationen enthalten oder relevante Informationen nicht darstellen (Betsch et al. 2012; Kata 2010; Scullard et al. 2011). Eine angebliche Impfnebenwirkung, die bereits seit mehreren Jahren trotz fehlenden Nachweises im Internet diskutiert wird, ist die Entwicklung einer Autismus-Erkrankung in Folge einer

Mumps-Masern-Röteln-Impfung. Diese angebliche Nebenwirkung wurde 1998 zwar im Lancet, einem wissenschaftlichen Fachjournal, publiziert (Wakefield et al. 1998), jedoch 2010 aufgrund fehlerhafter Elemente wieder zurückgezogen (The Lancet Retraction 2010). Dennoch hält die Kontroverse im Internet und den sozialen Medien nach wie vor an (Abb. 23.1a). Dies zeigt, dass selbst in dem Fall, dass fehlerhafte Informationen identifiziert und als solche gekennzeichnet werden, nicht zwangsläufig Einfluss auf die entstandene Dynamik genommen werden kann und die fehlerhafte Information dennoch weiter verbreitet und rezipiert wird.

Mögliche Gründe für dieses Phänomen sind aus psychologischer Perspektive der starke Einfluss narrativer Informationen auf Erinnerungs- und Entscheidungsprozesse (Betsch et al. 2012) sowie der sogenannte Bestätigungsfehler *(confirmation bias)* (Nickerson 1998). Narrative Informationen sind detailreiche, lebhafte Schilderungen persönlicher Erfahrungen, die im Erzählstil beispielsweise den wahrgenommenen Zusammenhang einer Impfung und einer Erkrankung verbreiten (Winterbottom et al. 2008). Im Internet und den sozialen Medien wird diese Art von Information zum Thema Impfung häufig kommuniziert (Betsch et al. 2011; Betsch et al. 2012). Narrative Informationen sind einfach zu verstehen, vergleichsweise konkret und häufig emotional. Daher werden sie besonders leicht erinnert und können so wissenschaftlich fundierte Informationen, die gegebenenfalls komplexer, differenzierter und damit weniger eingänglich sind, überlagern und so die Wahrnehmung von Impfungen maßgeblich beeinflussen. Hinzukommt, dass – wenn Menschen eine bestimmte Voreinstellung oder Erwartung zu einem Sachverhalt haben – die Informationssuche und -verarbeitung häufig einem Bestätigungsfehler unterliegen (Nickerson 1998). Informationen werden unabhängig von deren Qualität so gesucht und interpretiert, dass die ursprünglichen, gegebenenfalls fehlerhaften Erwartungen bestätigt werden. Der Erwartung widersprechende Informationen werden hingegen vernachlässigt und ignoriert, wodurch die fehlerhafte Voreinstellung aufrechterhalten werden kann. Um dennoch fehlerhaften Vorstellungen von Impfungen entgegenzuwirken, haben das RKI und das Paul-Ehrlich-Institut (PEI) in Deutschland einen Fragen-Antwort-Katalog im Internet veröffentlicht. Der Katalog adressiert 20 häufige Fehlannahmen in Bezug auf Impfungen, wie sie vielfach als narrative Informationen im Internet verbreitet werden, und stellt diese Fehlannahmen leicht verständlich und konkret richtig (RKI 2015). Ferner gibt es Bestrebungen, die Qualität medizinischer Webseiten mittels unabhängiger Qualitätskontrollen und Gütesiegel, wie beispielsweise durch das Aktionsforum Gesundheitsinformationssystem (afgis) e. V. in Deutschland, sicherzustellen. So können die Rezipientinnen und Rezipienten darauf hingewiesen werden, welche Informationen valide sind und damit für die individuelle Entscheidung berücksichtigt werden sollten.

Eine weitere Herausforderung für die internetbasierte Risikokommunikation stellt die Tatsache dar, dass Informationen im Internet nicht für alle Rezipientinnen und Rezipienten gleichermaßen zugänglich sind (Rossmann und Karnowski 2014), was auch als Digital Divide bezeichnet wird (Norris 2001). So sind es vor allem jüngere und höher gebildete Personen, die das Internet nutzen. Damit werden gerade diejenigen

Personengruppen weniger angesprochen, die vergleichsweise häufig unter gesundheitlichen Problemen leiden (Rossmann und Karnowski 2014). Die Unterschiede in der Zugänglichkeit können dabei sowohl auf einen beschränkten Internetzugang bestimmter Personengruppen *(first level digital divide)* als auch auf unterschiedliche Kompetenzen, Modalitäten oder Ziele der Nutzerinnen und Nutzer *(second level digital divide)* zurückzuführen sein (Hargittai 2002; Rossmann und Karnowski 2014). Die Problematik des Digital Divide auf beiden Ebenen wird sich in den kommenden Jahren durch den Ausbau des Internets sowie den Generationenwechsel *(digital natives)* (Prensky 2001a; Prensky 2001b; Prensky 2009) jedoch vermutlich reduzieren. Dennoch ist es wünschenswert, die Rezipientinnen und Rezipienten im Umgang mit internetbasierter Risikokommunikation zu schulen und zu unterstützen. Mögliche Ansatzpunkte sind Schulungen im Umgang mit den technischen Modalitäten, in der Handhabung, Selektion und Verarbeitung der großen zur Verfügung stehenden Informationsmenge sowie bzgl. Fragen der Datensicherheit und des Datenschutzes. Mit dieser Befähigung der Nutzerinnen und Nutzer sowie der Umsetzung der oben geschilderten Prinzipien einer effektive Risikokommunikation, wie der individuell zugeschnittenen, transparenten Darstellung von Risikoinformationen und Schutzmaßnahmen, können die Möglichkeiten des Internets für die gesundheitsbezogene Risikokommunikation wirkungsvoll eingesetzt werden.

Literatur

Ancker JS, Weber EU, Kukafka R (2011) Effect of arrangement of stick figures on estimates of proportion in risk graphics. Med Decis Making 31(1):143–150

Baumann E, Czerwinski F (2015) Erst mal Doktor Google fragen? Nutzung neuer Medien zur Information und zum Austausch über Gesundheitsthemen. In: Böcken J, Braun B, Meierjürgen R (Hrsg) Gesundheitsmonitor 2015. Verlag Bertelsmann Stiftung, Gütersloh, S 5779

Bean SJ (2011) Emerging and continuing trends in vaccine opposition website content. Vaccine 29(10):1874–1880

Betsch C, Ulshöfer C, Renkewitz F, Betsch T (2011) The influence of narrative vs. statistical information on perceiving vaccination risks. Med Decis Making 31(5):742–753

Betsch C, Brewer NT, Brocard P, Davies P, Gaissmaier W, Haase N, Leask J, Renkewitz F, Renner B, Reyna VF, Rossmann C, Sachse K, Schachinger A, Siegrist M, Stryk M (2012) Opportunities and challenges of Web 2.0 for vaccination decisions. Vaccine 30(25):3727–3733

BMI (2014) Leitfaden Krisenkommunikation. Bundesministerium des Innern, Berlin

Brewer N (2011) Goals. In: Fischhoff B, Brewer N, Downs J (Hrsg) Communicating risks and benefits: an evidence based user's guide. Food and Drug Administration, Washington, S 3–10

Brewer NT, Chapman GB, Gibbons FX, Gerrard M, McCaul KD, Weinstein ND (2007) Meta-analysis of the relationship between risk perception and health behavior: the example of vaccination. Health Psychol 26(2):136–145

Bunge M, Mühlhauser I, Steckelberg A (2010) What constitutes evidence-based patient information? Overview of discussed criteria. Patient Educ Couns 78(3):316–328

CDC (2014) Crisis and emergency risk communication. http://www.bt.cdc.gov/cerc/resources/pdf/cerc_2014edition.pdf. Zugegriffen: 28. Jan. 2016

CDC (2015) Tips from former smokers – campaign overview. http://www.cdc.gov/tobacco/campaign/tips/about/campaign-overview.html. Zugegriffen: 16. März 2016

Chou WS, Prestin A, Lyons C, Wen K (2013) Web 2.0 for health promotion: reviewing the current evidence. Am J Public Health 103(1):e9–e18

Cunningham JA, Wild TC, Cordingley J, Van Mierlo T, Humphreys K (2009) A randomized controlled trial of an internet- based intervention for alcohol abusers. Addiction 104(12):2023–2032

Devos-Comby L, Salovey P (2002) Applying persuasion strategies to alter HIV-relevant thoughts and behavior. Rev Gen Psychol 6(3):287–304

Dijkstra A, De Vries H (1999) The development of computer-generated tailored interventions. Patient Educ Couns 36(2):193–203

Dutta-Bergman MJ (2004) Primary sources of health information: comparisons in the domain of health attitudes, health cognitions, and health behaviors. Health Commun 16(3):273–288

Edwards A, Elwyn G, Covey J, Matthews E, Pill R (2001) Presenting risk information a review of the effects of framing and other manipulations on patient outcomes. J Health Comm 6(1):61–82

Feldman-Stewart D, Brundage MD, Zotov V (2007) Further insight into the perception of quantitative information: judgments of gist in treatment decisions. Med Decis Making 27(1):34–43

Ferrer RA, Klein WM (2015) Risk perceptions and health behavior. Curr Opin Psychol 5:85–89

Fox S (2006) Online health search 2006. Pew internet & American life project. http://www.pewinternet.org/2006/10/29/online-health-search-2006/. Zugegriffen: 19. Jan. 2016

Fox S, Rainie L (2002) Vital decisions: a pew internet health report. http://www.pewinternet.org/2002/05/22/vital-decisions-a-pew-internet-health-report/. Zugegriffen: 19. Jan. 2016

Freeman B, Chapman S (2007) Is "YouTube" telling or selling you something? Tobacco content on the YouTube video-sharing website. Tob Control 16(3):207–210

Garcia-Retamero R, Cokely ET (2013) Communicating health risks with visual aids. Curr Dir Psychol Sci 22(5):392–399

Gaissmaier W, Wegwarth O, Skopec D, Müller AS, Broschinski S, Politi MC (2012) Numbers can be worth a thousand pictures: individual differences in understanding graphical and numerical representations of health-related information. Health Psychol 31(3):286–296

Gigerenzer G, Gaissmaier W, Kurz-Milcke E, Schwartz LM, Woloshin S (2007) Helping doctors and patients make sense of health statistics. Psychol Sci Public Interest 8(2):53–96

Griffiths F, Lindenmeyer A, Powell J, Lowe P, Thorogood M (2006) Why are health care interventions delivered over the internet? A systematic review of the published literature. J Med Internet Res 8(2):e10

Hargittai E (2002) Second-level digital divide: differences in people's online skills. First monday, 7(4). http://firstmonday.org/article/view/942/864. Zugegriffen: 26. Jan. 2016

Hawkins RP, Kreuter M, Resnicow K, Fishbein M, Dijkstra A (2008) Understanding tailoring in communicating about health. Health Educ Res 23(3):454–466

Hesse BW, Nelson DE, Kreps GL, Croyle RT, Arora NK, Rimer BK, Viswanath K (2005) Trust and sources of health information: the impact of the internet and its implications for health care providers: findings from the first health information national trends survey. Arch Intern Med 165(22):2618

Hoffrage U (2003) Risikokommunikation bei Brustkrebsfrüherkennung und Hormonersatztherapie. Zeitschrift für Gesundheitspsychologie 11(3):76–86

Internet World Stats (2016) Internet Usage in the European Union. http://www.internetworldstats.com/stats9.htm. Zugegriffen: 16. März 2016

Jørgensen KJ, Gøtzsche PC (2004) Presentation on websites of possible benefits and harms from screening for breast cancer: cross sectional study. BMJ 328(7432):148

Kaner EF, Beyer F, Dickinson HO, Pienaar E, Campbell F, Schlesinger C, Heather N, Saunders J, Burnand B (2007) Effectiveness of brief alcohol interventions in primary care populations. Cochrane Database Syst Rev 18(2):CD004148

Kata A (2010) A postmodern Pandora's box: anti-vaccination misinformation on the internet. Vaccine 28(7):1709–1716

Kommission der Europäischen Gemeinschaften (2002) eEurope 2002: Mitteilung der Kommission. Qualitätskriterien für Websites zum Gesundheitswesen. Brüssel. http://eur-lex.europa.eu/LexUri-Serv/LexUriServ.do?uri=COM:2002:0667:FIN:DE:PDF. Zugeriffen: 26. Jan. 2016

Korda H, Itani Z (2013) Harnessing social media for health promotion and behavior change. Health Promot Pract 14(1):15–23

Kreps GL, Neuhauser L (2010) New directions in eHealth communication: opportunities and challenges. Patient Educ Couns 78(3):329–336

Kreuter MW, Wray RJ (2003) Tailored and targeted health communication: strategies for enhancing information relevance. Am J Health Behav 27(1):227–232

Lipkus IM (2007) Numeric, verbal, and visual formats of conveying health risks: suggested best practices and future recommendations. Medic Dec Making 27(5):696–713

Lustria MLA, Cortese J, Noar SM, Glueckauf RL (2009) Computer-tailored health interventions delivered over the Web: review and analysis of key components. Patient Educ Couns 74(2):156–173

Lustria MLA, Noar SM, Cortese J, Van Stee SK, Glueckauf RL, Lee J (2013) A meta-analysis of web-delivered tailored health behavior change interventions. J Health Communication 18(9):1039–1069

Max-Planck-Institut für Bildungsforschung (2015) Unstatistik des Monats, Wursthysterie. https://www.mpib-berlin.mpg.de/de/presse/dossiers/unstatistik-des-monats/archiv-zur-unstatistik. Zugegriffen: 23. Jan. 2016

McAfee T, Davis KC, Alexander RL, Pechacek TF, Bunnell R (2013) Effect of the first federally funded US antismoking national media campaign. Lancet 382(9909):2003–2011

Moorhead SA, Hazlett DE, Harrison L, Carroll JK, Irwin A, Hoving C (2013) A new dimension of health care: systematic review of the uses, benefits, and limitations of social media for health communication. J Med Internet Res 15(4):e85

Nickerson RS (1998) Confirmation bias: a ubiquitous phenomenon in many guises. Rev Gen Psychol 2(2):175

Noar SM (2011) Computer technology-based interventions in HIV prevention: state of the evidence and future directions for research. AIDS Care 23(5):525–533

Norris P (2001) Digital divide: civic engagement, information poverty, and the internet worldwide. Cambridge University Press, Cambridge

Peters GJY, Ruiter RaC, Kok G (2013) Threatening communication: a critical re-analysis and a revised meta-analytic test of fear appeal theory. Health Psychol Rev 7(Suppl1):8–31

Prensky M (2001a) Digital natives, digital immigrants. On the Horizon 9(6):1–6

Prensky M (2001b) Digital natives, digital immigrants, part 2. On the Horizon 9(5):1–6

Prensky M (2009) H. sapiens digital: from digital immigrants and digital natives to digital wisdom. Innovate 5(3):1

Prestin A, Chou WS (2014) Web 2.0 and the changing health communication environment. In: Hamilton HE, Chou WS (Hrsg) The Routledge handbook of language and health communication. Routledge, New York, S 184–197

Renner B, Gamp M (2014a) Krisen- und Risikokommunikation. Präv Gesundheitsf 9(3):230–238

Renner B, Gamp M (2014b) Psychologische Grundlagen der Gesundheitskommunikation. In: Hurrelmann K, Baumann E (Hrsg) Handbuch Gesundheitskommunikation. Huber, Bern, S 64–80

Renner B, Schupp H (2011) The perception of health risks. In: Friedman HS (Hrsg) Oxford handbook of health psychology. Oxford University Press, New York, S 637–665

Renner B, Panzer M, Oeberst A (2007) Gesundheitsbezogene Risikokommunikation. In: Six U, Gleich U, Gimmler R (Hrsg) Kommunikationspsychologie - Medienpsychologie: Lehrbuch. Beltz, Weinheim, S 251–270

Renner B, Gamp M, Schmälzle R, Schupp HT (2015) Health risk perception. In: Wright J (Hrsg) International encyclopedia of the social and behavioral sciences. Elsevier, Oxford, S 209–702

RKI (2015) Antworten des Robert Koch-Instituts und Paul-Ehrlich-Instituts zu den 20 häufgsten Einwänden gegen das Impfen. http://www.rki.de/DE/Content/Infekt/Impfen/Bedeutung/Schutzimpfungen_20_Einwaende.html. Zugegriffen: 16. März 2016

Rossmann C, Karnowski V (2014) eHealth und mHealth: Gesundheitskommunikation online und mobil. Handbuch Gesundheitskommunikation. Huber, Bern, S 271–285

Schapira MM, Nattinger AB, McHorney CA (2001) Frequency or probability? A qualitative study of risk communication formats used in health care. Med Decis Making 21(6):459–467

Scullard P, Peacock C, Davies P (2010) Googling children's health: reliability of medical advice on the internet. Arch Dis Child 95(8):580–582

Sheeran P, Harris PR, Epton T (2013) Does heightening risk appraisals change people's intentions and behavior? A meta-analysis of experimental studies. Psychol Bull 140(2):511–543

Slovic PE (2000) The perception of risk. Earthscan Publications, London

Stone ER, Sieck WR, Bull BE, Frank Yates J, Parks SC, Rush CJ (2003) Foreground:background salience: explaining the effects of graphical displays on risk avoidance. Organ Behav Hum Decis Process 90(1):19–36

Swartz LHG, Noell JW, Schroeder SW, Ary DV (2006) A randomised control study of a fully automated internet based smoking cessation programme. Tob Control 15(1):7–12

Tate DF, Finkelstein EA, Khavjou O, Gustafson A (2009) Cost effectiveness of internet interventions: review and recommendations. Ann Behav Med 38(1):40–45

The Lancet Retraction (2010) Ileal-lymphoid-nodular hyperplasia non-specific colitis and pervasive developmental disorder in children. Lancet 375(9713):445

Tossmann DHP, Jonas B, Tensil MD, Lang P, Strüber E (2011) A controlled trial of an internet-based intervention program for cannabis users. Cyberpsychol Behav Soc Netw 14(11):673–679

Wakefield AJ, Murch SH, Anthony A, Linnell J, Casson DM, Malik M, Berelowitz M, Dhillon AP, Thomson MA, Harvey P, Vaöentine A, Davies SE, Walker-Smith JA (1998) RETRACTED: Ileal-lymphoid-nodular hyperplasia, non-specific colitis, and pervasive developmental disorder in children. Lancet 351(9103):637–641

Weinheimer HP (2011) Behördliche Risikokommunikation im Bevölkerungsschutz. Brandenburgisches Institut für Gesellschaft und Sicherheit gGmbH, Potsdam

Weinstein ND (2003) Exploring the links between risk perceptions and preventive health behavior. In: Suls J, Wallston KA (Hrsg) Social psychological foundations of health and illness. Blackwell Publishing Ltd, Malden, S 22–53

WHO (2015a) IARC Monographs evaluate consumption of red meat and processed meat. https://www.iarc.fr/en/media-centre/pr/2015/pdfs/pr240_E.pdf. Zugegriffen: 16. März 2016

WHO (2015b) Links between processed meat and colorectal cancer. http://www.who.int/mediacentre/news/statements/2015/processed-meat-cancer/en/. Zugegriffen: 16. März 2016

Winterbottom A, Bekker HL, Conner M, Mooney A (2008) Does narrative information bias individual's decision making? A systematic review. Soc Sci Med 67(12):2079–2088

Wippermann P, Krüger J (2014) Werte-Index 2014. Deutscher Fachverlag, Frankfurt a. M.

Wippermann P, Krüger J (2016) Werte-Index 2016. Deutscher Fachverlag, Frankfurt a. M.

Witteman HO, Zikmund-Fisher BJ (2012) The defining characteristics of Web 2.0 and their potential influence in the online vaccination debate. Vaccine 30(25):3734–3740

Witteman HO, Fuhrel-Forbis A, Wijeysundera HC, Exe N, Dickson M, Holtzman L, Kahn VC, Zikmund-Fisher BJ (2014) Animated randomness, avatars, movement, and personalization in risk graphics. J Med Internet Res 16(3):e80

Xu X, Alexander RL, Simpson SA, Goates S, Nonnemaker JM, Davis KC, McAfee T (2015) A cost-effectiveness analysis of the first federally funded antismoking campaign. Am J Prev Med 48(3):318–325

Zikmund-Fisher BJ (2012) The right tool is what they need, not what we have: a taxonomy of appropriate levels of precision in patient risk communication. Med Care Res Rev 70(1):37–49

Zikmund-Fisher BJ, Dickson M, Witteman HO (2011) Cool but counterproductive: interactive, web-based risk communications can backfire. J Med Internet Res 13(3):1–13

24

mHealth in der medizinischen Versorgung, Prävention und Gesundheitsförderung

Constanze Rossmann und Nicola Krömer

Zusammenfassung

Der Beitrag gibt einen Überblick über den aktuellen Stand zum Einsatz von Mobiltelefonen und mobilen Smart-Devices in der medizinischen Versorgung, Prävention und Gesundheitsförderung und berücksichtigt dabei sowohl die deutsche und internationale Praxis als auch den jeweiligen Forschungsstand. Ziel ist es, einen Einblick in die Charakteristika von mHealth (mobile health), Angebote auf dem aktuellen Markt, Nutzung und Nutzungsbarrieren, verschiedene Präventionsansätze sowie Selbstmanagement von Erkrankungen unter der Anwendung von Gesundheitsapps zu geben.

24.1 Einleitung

Der Einsatz mobiler Informations- und Kommunikationstechnologien in der Gesundheitsversorgung oder -förderung, welcher unter dem Begriff mHealth (mobile health) zusammengefasst wird, gewinnt sowohl in Deutschland als auch global zunehmend an Bedeutung. Dies ist nicht zuletzt darauf zurückzuführen, dass mHealth-Angebote einige Charakteristika aufweisen, die sie für den Einsatz in der Gesundheitsversorgung und -förderung besonders interessant machen. Dazu gehören etwa die hohe Durchdringungsrate mobiler Medien und die damit verbundene gute Erreichbarkeit der Nutzerinnen und

---

C. Rossmann (✉) · N. Krömer
Philosophische Fakultät, Seminar für Medien- und Kommunikationswissenschaft,
Universität Erfurt, Nordhäuser Str. 63, 99089 Erfurt, Deutschland
E-Mail: constanze.rossmann@uni-erfurt.de

N. Krömer
E-Mail: nicola.kroemer@uni-erfurt.de

© Springer-Verlag Berlin Heidelberg 2016
F. Fischer und A. Krämer (Hrsg.), *eHealth in Deutschland*,
DOI 10.1007/978-3-662-49504-9_24

Nutzer. Dies gilt auch für Zielgruppen, die für Gesundheitsthemen über andere Kanäle häufig schwer erreichbar sind. mHealth bietet die Möglichkeit einer langfristigen Dokumentation des eigenen Verhaltens, die Einbindung interpersonaler Kommunikation, Interaktivität sowie Möglichkeiten maßgeschneiderter und hochfrequenter Zielgruppenansprache. Der Forschungsstand zu mHealth ist – vor allem in Deutschland – noch lückenhaft. Es fehlt an einem klaren Verständnis darüber, wie mHealth eingesetzt werden kann und muss, um optimale Ergebnisse zu erzielen. Auch hinsichtlich der theoretischen Fundierung von mHealth-Interventionen zeigt sich Nachholbedarf (Tomlinson et al. 2013).

In diesem Spannungsfeld bewegt sich der vorliegende Beitrag. Es werden zunächst mHealth und weitere relevante Begriffe definiert, um anschließend verschiedene Anwendungsformen, Charakteristika und Einsatzbereiche herauszuarbeiten. Der darauffolgende Abschnitt widmet sich der Nutzung mobiler Medien im Allgemeinen und der Nutzung von mHealth im Speziellen. Vor diesem Hintergrund werden anschließend Gesundheitsapps, Einsatzmöglichkeiten von mHealth (mobiles Selbstmanagement, Präventionsansätze per SMS und Apps sowie Krisenkommunikation) näher beleuchtet, um abschließend einen kritischen Blick auf die Grenzen von mHealth zu werfen.

24.2 Was ist mHealth?

24.2.1 Definition von mHealth

Der Begriff „mHealth" (kurz für „mobile health") beschreibt „den Einsatz mobiler Informations- und Kommunikationstechnologien in der Gesundheitsversorgung oder -förderung" (Rossmann und Karnowski 2014, S. 272). Ähnlich definieren Istepanian et al. (2006) mHealth als „emerging mobile communications and network technologies for healthcare" (S. 3). Nacinovich (2011) beschreibt das Phänomen als „the use of mobile communications for health information and services" (S. 4), während Abroms et al. (2012) etwas allgemeiner von „uses of mobile phones for health purposes" (S. 152) sprechen. Einig sind sich die Definitionen darin, dass mHealth kein völlig neues Phänomen, sondern vielmehr einen Teilbereich oder eine Weiterentwicklung von eHealth darstellt (für verschiedene Definitionen dieses Begriffs vgl. Rossmann 2010).

Zum besseren Verständnis der unterschiedlichen Formen von mHealth ist es notwendig, zunächst die verschiedenen technischen Geräte abzugrenzen, die hier eine Rolle spielen. Mobiltelefone werden definiert als voll funktionsfähige Telefone, die keine Festnetzanbindung benötigen, sondern über drahtlose Kommunikationsnetzwerke Signale senden oder empfangen (Abroms et al. 2012). Unterschieden werden Basis-Mobiltelefone, mit denen man lediglich telefonieren kann, Feature Phones, die zusätzliche Funktionen (in der Regel SMS-Funktion und Kamera) bieten, und Smartphones. Letztere bieten die Möglichkeit, typische Computerfunktionen mobil zu nutzen (z. B. Email, Multimedia, Internetzugang) und zusätzlich Apps zu installieren, die

die Funktionalität der Telefone auf unterschiedliche Arten erweitern. Apps aus dem Bereich des Lauftrainings nutzen beispielsweise Beschleunigungssensoren und globale Positionsbestimmungssysteme (GPS), um Laufrouten zu registrieren und zu speichern. Apps zur Kontrolle von Gesundheitsdaten verwenden Bluetooth, um das Smartphone mit externen Geräten zu verbinden (z. B. Blutzuckermessgeräte, Pulsmessgeräte). Wieder andere setzen die Kamerafunktion ein, um Lebensmittelverpackungen zu scannen und Informationen über ihren Nährstoffgehalt zurückzuspielen (Abroms et al. 2012). Wearables (am bekanntesten sind Smartwatches und Fitnessarmbänder) verknüpfen meist mehrere solcher Funktionen und bieten so die Möglichkeit, mithilfe eines am Handgelenk getragenen Gerätes, das mit dem Smartphone drahtlos kommuniziert, Bewegungen, Herzfrequenz, Schlafrhythmus und weitere Parameter zu messen und aufzuzeichnen.

Tablets, also tragbare Computer, die anders als Notebooks üblicherweise über Touchscreen bedient werden, im Vergleich zu Smartphones jedoch ein größeres Display haben, spielen in diesem Zusammenhang derzeit noch eine untergeordnete Rolle. Zwar nutzte 2014 bereits ein Fünftel der Deutschen ein Tablet (ITU 2015); aufgrund der geringeren Verbreitung und der etwas anderen Nutzungsmodalitäten (anders als Handys oder Wearables trägt man ein Tablet nicht immer bei sich) eignet sich dieses allerdings nicht für alle mHealth-Anwendungen gleichermaßen. Entsprechend dürfte das Tablet im Bereich der Gesundheitsförderung und Selbstüberwachung auch zukünftig eine eher geringe Rolle spielen, jedoch in der medizinischen Versorgung von zunehmender Bedeutung sein, zum Beispiel in Zusammenhang mit einer mobilen elektronischen Patientenakte.

24.2.2 Charakteristika von mHealth

mHealth lässt sich auf unterschiedliche Weise und für verschiedene Zwecke einsetzen (Scherenberg und Kramer 2013; Vital Wave Consulting 2009):

- Prävention und Gesundheitsförderung
- Unterstützung von Diagnostik und Behandlung
- Kommunikation und Training für Gesundheitsberufe
- Nachverfolgung von Infektionsverläufen (Surveillance und Prävention von Epidemien)
- Fernüberwachung, Kontrolle und Erinnerung an Medikationseinnahme
- Datenerfassung per Fernabfrage

Darüber hinaus lassen sich mHealth-Anwendungen nach Anbieter (z. B. Behörden, Stiftungen, Krankenkassen, Unternehmen), Adressatinnen bzw. Adressaten (Gesunde, Risikogruppen, Kranke, Laien, Expertinnen bzw. Experten), Interessen (kommerziell vs. nicht-kommerziell), Präventionsstufe (Primär-, Sekundär- und Tertiärprävention), Gesundheitsbereich (z. B. Ernährung, Fitness, Impfungen), Aktivitätsgrad (push vs. pull) und Interaktivitätsgrad (einseitige Information vs. wechselseitige Interaktion) unterscheiden. Nicht zuletzt werden mHealth-Interventionen danach klassifiziert, ob sie hauptsächlich mit SMS-Botschaften arbeiten (auch bei klassischen Mobiltelefonen und Feature Phones möglich) oder mit Smartphone-Apps operieren (Abroms et al. 2012).

Im Vergleich zu klassischen massenmedialen oder interpersonalen Kommunikationskanälen weisen mobile Medien eine Reihe von Vorteilen auf, die sie für ihren Einsatz im Gesundheitsbereich interessant machen: Generell haben mobile Medien einen hohen Durchdringungsgrad (Abschn. 24.3) und die Nutzerinnen und Nutzer tragen ihre Mobilfunkgeräte üblicherweise bei sich, wodurch sie zeit- und ortsunabhängig erreichbar sind (Ling 2012). Aus der Struktur der Nutzerinnen und Nutzer ergibt sich darüber hinaus der Vorteil, dass ganz bestimmte Zielgruppen mit mHealth angesprochen werden können, die über traditionelle Informationsangebote bisweilen nur schwer erreichbar sind (etwa jüngere Zielgruppen, Menschen aus strukturschwachen Regionen, zunehmend auch ältere Menschen). Gleichzeitig bieten mHealth-Anwendungen zahlreiche Möglichkeiten, etwa mithilfe von Apps das eigene Verhalten zu dokumentieren, langfristig zu überwachen und mit anderen (Peer-Gruppe, Gesundheitsexpertinnen und -experten) zu teilen. Somit bringen mHealth-Lösungen die Vorteile massenmedialer Kommunikation (hohe Reichweite, einfacher Zugang zu Informationen) und interaktiver interpersonaler Kommunikation (persönliche Adressierung, höheres Involvement, stärkeres Empowerment, stärkere Wirksamkeit) zusammen. Interaktive Apps können relativ einfach maßgeschneiderte Botschaften, die spezifische Probleme einzelner Personen bei der Verhaltensumsetzung berücksichtigen, aussenden und dabei Rückkoppelungsmöglichkeiten integrieren. Damit wird mHealth-Angeboten ein erhebliches Potenzial für die Verbesserung der Gesundheitsförderung und in der Gesundheitsversorgung, etwa durch Schließung von Versorgungslücken in ländlichen Räumen, zugesprochen (Abroms et al. 2012). Durch die App-basierte Einbindung persönlicher Kontakte zum Fachpersonal können darüber hinaus aus der Ferne Behandlungsergebnisse erzielt werden, die mit konventionellen Therapiemethoden vergleichbar sind (Appel et al. 2011).

24.3 Nutzung

24.3.1 Nutzung mobiler Medien

Trigger für die zunehmende Relevanz von mHealth-Angeboten ist die Verbreitung mobiler Medien selbst. Aktuelle Daten zeigen eine Penetrationsrate von Mobilfunkgeräten in Deutschland von 138 %. Der von den Netzbetreibern veröffentlichte SIM-Karten-Bestand betrug 112,6 Mio. im Jahr 2014. Auf jede Einwohnerin und jeden Einwohner in Deutschland kamen also etwa 1,4 SIM-Karten (Bundesnetzagentur 2015). Betrachtet man diese Zahlen über die letzten Jahre hinweg, so ist eine Stagnation bis hin zu einem leichten Rückgang der Durchdringung zu verzeichnen. Dies dürfte weniger auf eine geringere Nutzung von Mobiltelefonen zurückzuführen sein, als eher darauf, dass weniger Menschen auf Zweithandys setzen.

Weltweit sind die Durchdringungsraten hingegen immer noch zunehmend. So wird die Zahl der weltweiten Mobilfunknutzerinnen und -nutzer bis Ende 2015 auf 7 Mrd. geschätzt. Dies entspricht einer Penetrationsrate von 97 %. Zum Vergleich: Im Jahr 2000 lag die Verbreitung noch bei 738 Mio. Nutzerinnen und Nutzern (ITU 2015).

Im Gegensatz zur in Deutschland stagnierenden Durchdringungsrate nimmt die Verbreitung von UMTS- und LTE-fähigen SIM-Karten, die einen Zugang zu Online-Angeboten erlauben, im globalen Kontext weiter zu. Im Jahr 2014 lag die Zahl der regelmäßigen UMTS- und LTE-Nutzer bei 53 %, im Vorjahr lag die Zahl noch bei 44 % (Bundesnetzagentur 2015). Dies spiegelt sich auch in Studien zur Smartphone-Nutzung wider. So zeigt eine vom Bundesverband Digitale Wirtschaft in Kooperation mit Google und TNS Infratest durchgeführte Studie (repräsentativ für die deutsche Gesamtbevölkerung), dass 50 % der Deutschen ein Smartphone nutzen (dies entspricht einer Steigerung von 25 % von 2013 auf 2014), 63 % davon tun dies täglich. Auch die Nutzung von Tablets steigt an, befindet sich aber noch auf einem vergleichsweise geringen Niveau. 2014 nutzten 20 % der Deutschen ein Tablet, im Jahr zuvor waren es noch 15 % (Lopez 2014).

Auffällig ist, dass die Nutzung von Mobiltelefonen und Smartphones vor allem auch in jüngeren Zielgruppen stark zugenommen hat. Wichtig ist den Jugendlichen dabei vor allem die Kommunikation mit Gleichaltrigen und der Online-Zugang: So können knapp zwei Drittel der 8- bis 14-Jährigen in Deutschland über das Handy oder Smartphone auf das Internet zugreifen, während Jugendliche ohne handybasierten Onlinezugang sich in ihren kommunikativen Möglichkeiten eingeschränkt und von ihrer Peer-Gruppe ausgeschlossen fühlen (Knop et al. 2015). Somit scheinen solche Zielgruppen bereits fast permanent online zu sein:

> Im Leben von Kindern und Jugendlichen sind Handys und vor allem Smartphones zu alltäglichen Begleitern geworden, die als Multifunktionsgeräte jeden Tag und teilweise permanent genutzt werden (Knop et al. 2015, S. 3).

Aber auch die Zielgruppe der älteren Menschen nutzt zunehmend Smartphones. Waren 2011 laut den Befunden der ARD/ZDF-Onlinestudien, die jährlich bei Onlinenutzerinnen und -nutzern ab 14 Jahren durchgeführt wird, nur 9 % der Nutzerinnen und Nutzer 50 Jahre und älter, liegt der Anteil der über 49-Jährigen im Jahr 2015 schon bei 20 %. Hier dürfte ein starker Koborteneffekt zu beobachten sein, durch den zukünftig die Zahl der älteren Smartphone-Nutzerinnen und -Nutzer weiter steigen wird. Dies ist gerade auch im Hinblick auf den Einsatz von mHealth-Anwendungen von großer Bedeutung (Koch und Frees 2015).

24.3.2 Nutzung von mHealth

Zur Nutzung von Gesundheitsapps gibt es in Deutschland kaum Daten. Die Ergebnisse einer repräsentativen Telefonbefragung aus den USA zeigen, dass sich fast ein Drittel der dortigen Handybesitzer bereits mit dem Handy über Gesundheit informiert hat.

Ein Fünftel der Smartphone-Nutzer hat mindestens eine Gesundheitsapp installiert. Am populärsten sind Apps aus den Bereichen Sport, Ernährung und Gewichtsregulierung (Fox und Duggan 2012). Befunde einer durch Mobile Ecosystem Forum Ltd in Auftrag gegebenen Befragung von ca. 15.000 Handynutzerinnen und -nutzern aus 15 Ländern (darunter auch Deutschland und USA) zeigen weltweit zwischen 2013 und 2014 einen Anstieg der Nutzung von Gesundheits- und Fitnessapps von 11 % auf 15 % (Mobile Ecosystem Forum 2015). Frauen nutzen Gesundheitsapps dabei häufiger als Männer (19 % vs. 13 %). In Deutschland liegt die Zahl der Gesundheits- und Fitnessapp-Nutzerinnen und -Nutzer im Jahr 2014 bei 14 %, in den USA bei 15 %. Hauptsächlich werden Gesundheits- und Fitnessapps genutzt, um sich zu entspannen oder das Gehirn zu trainieren. Darüber hinaus spielen die Verbesserung der persönlichen Fitness, Gewichtskontrolle oder Unterstützung im Umgang mit Krankheiten eine Rolle.

24.4 Gesundheitsapps in den App-Stores

24.4.1 Qualitätsproblematik bei der App-Wahl

Das Angebot an Gesundheitsapps in den App-Stores ist mittlerweile unüberschaubar. Zu beliebigen Themen lassen sich Smartphone-Apps finden, teilweise mit großen Unterschieden in der Professionalität der Anbieter und der Qualität der Inhalte. Fitness-, Wellness- und Ernährungsapps stellen ein breites Marktsegment der Gesundheitsapps dar, ein kleinerer Bereich umfasst Apps zum Management von Erkrankungen, Remote Counseling/Monitoring Apps, medizinische Informationsapps und andere (Research2guidance 2014). Obwohl die genannten Kategorien der Apps in den vergangenen Jahren relativ gleich geblieben sind, unterliegt das Angebot an Gesundheitsapps einer rasanten Dynamik. Diese konfrontiert sowohl die App-Anbieter als auch die Nutzerinnen und Nutzer mit ständigen Veränderungen in den App-Stores und den angebotenen Apps.

Eine Wahl geeigneter Apps wird durch das Überangebot und die Dynamik angebotener Apps für die Nutzerinnen und Nutzer zunehmend schwieriger. Zudem lässt sich die Qualität angebotener Gesundheitsapps schwer einschätzen, da Qualitätsmerkmale fast vollständig fehlen. Zum Teil enthalten App-Beschreibungen in Online-Stores einen Hinweis auf vorhandene Zertifikate, Anbindungen an Institute oder Projekte oder Professionalitätsnachweise der jeweiligen Anbieter. In der überwiegenden Mehrheit fehlen solche Qualitätsnachweise jedoch. Es lässt sich demnach teilweise nicht einmal einschätzen, ob es sich bei dem Anbieter einer App um eine Privatperson oder um eine Person mit professionellem Hintergrund handelt. Nur durch eine Recherche nach Zusatzinformation, beispielsweise durch eine Konsultation der Webseite der Anbieter, lässt sich diese Information einholen. Außerdem findet sich vor allem in den Android-App-Stores eine Vielzahl sogenannter „Prank"-Apps, die fälschlicherweise vorgeben, einen bestimmten Gesundheitsservice anzubieten. Dabei handelt es sich jedoch um „Spaß-Apps", die den Service nur imitieren und nicht tatsächlich bereitstellen. Beispielsweise geben

"Prank"-Apps zur Blutdruck-Messung vor, den Blutdruck über den Fingerabdruck auf dem Bildschirm zu messen. Tatsächlich wird in der Folge nur ein erfundener Blutdruckwert angegeben. Hier besteht die Gefahr, dass unwissende Nutzerinnen und Nutzer in die Irre geführt werden. Im schlimmsten Fall könnte dies zu Fehleinschätzungen beim Gesundheitsverhalten führen.

Es gibt verschiedene Ansätze, um Instrumente zu entwickeln, mit denen die Qualität von Apps eingestuft werden kann (Stoyanov et al. 2015). Die *Mobile App Rating Scale* (MARS) umfasst einen Bewertungsbogen, der in einem durchschnittlichen Qualitätsscore und einem subjektiven Qualitätsscore resultiert (Hides et al. 2014; Stoyanov et al. 2015). Dieses Tool misst mit 23 Items das benötigte Engagement, die Funktionalität, das Design und den Informationsgehalt einer App, ist jedoch aufwendig in der Umsetzung. Die Forschung zur Feststellung der Qualität von Apps bedarf daher zukünftig weiterer Bemühungen, um geeignete und praktikable Messinstrumente bereitstellen und Leitlinien für die Qualitätsbewertung entwickeln zu können.

24.4.2 Auswahl von Apps durch Nutzerinnen und Nutzer

Es stellt sich die Frage, wie Nutzerinnen und Nutzer bisher eine geeignete qualitativ hochwertige App aus dem Überangebot an bereitgestellten Apps auswählen, wenn kaum Kriterien zu Qualität, dem Nutzen einer App oder inhaltliche Unterschiede verschiedener Apps vorab ermittelt werden können. Dogruel et al. (2015) führten eine explorative Studie zu Entscheidungsheuristiken bei der App-Wahl (bezogen auf alle Themenbereiche) durch und zeigten, dass Nutzerinnen und Nutzer dazu tendieren, jene Apps auszuwählen, die in den Stores in den ersten Positionen angezeigt werden (Top-Ranking Apps):

> (…) the current study identified five decision-making heuristics used to download a variety of smartphone apps. Of these, four were variants of a "Take the First" (TtF) heuristic that allowed smartphone users to quickly navigate the app market, by passing a good deal of other informational cues in order to download apps that were simply highly rated or ranked (Dogruel et al. 2015, S. 125).

Das Studienergebnis zeigt, dass die Nutzerinnen und Nutzer kaum über die an fünfter Stelle angezeigte App im Google Play Store hinaus nach Apps suchten. Sie „scrollten" auf dem Bildschirm des Smartphones kaum nach unten, bevor eine App ausgewählt wurde (Dogruel et al. 2015). Diese Ergebnisse deuten darauf hin, dass die Nutzerinnen und Nutzer tendenziell die an ersten Stellen angezeigten Apps wählen, ohne lange nach bestmöglichen Apps zu suchen oder verschiedene Angebote zu vergleichen.

24.4.3 App-Reviews in der Forschung

In der Forschung findet ein Vergleich von Apps in sogenannten App-Reviews statt, die mit wachsendem App-Markt im Gesundheitsbereich ebenfalls zahlreicher werden. Diese

Reviews fassen meist einen Teilbereich angebotener Apps zu einem bestimmten Gesundheitsthema ins Auge und geben Auskunft über Anzahl, Inhalte und Features der Apps (Arnhold et al. 2014; Martínez-Pérez et al. 2013). Hierbei lässt sich der Stand der Qualität oder der Stand der Interaktivität der Apps zu einem Thema feststellen und vorhandene Angebote zu einem bestimmten Zeitpunkt vergleichen. Die Anzahl der für die Reviews ausgewählten Apps variiert stark, von wenigen Apps mit ausführlicherer Beschreibung zu einer großen Anzahl an Apps mit eher quantitativen Vergleichskriterien. Arnhold et al. (2014) analysierten 656 Diabetesapps mit vorgegebenen Kategorien. Hundert et al. (2014) untersuchten hingegen 38 Tagebuch-Apps zur Kontrolle von Kopfschmerzen. Da sich der App-Markt rasant verändert, verlieren die Daten der Reviews schnell an Aktualität. Außerdem gehen die aktuell vorhandenen App-Reviews kaum über eine Beschreibung der untersuchten Apps hinaus. Gerade auftretende Probleme in der Sammlung und Codierung von App-Inhalten werden bisher kaum thematisiert. Ein Problem besteht unter anderem in der Verknüpfung von App-Inhalten mit anderen Plattformen oder Apps. Hält man daran fest, lediglich die Inhalte einer App zu betrachten, vernachlässigt man den Trend in Richtung von App-Serien und Kombinationsangeboten, bei denen verschiedene Apps parallel genutzt werden. Beispielsweise bietet die Diabetes-App-Reihe *MySugr* unter anderem ein Diabetes-Logbook, einen Blutzuckerwerte-Importer, eine Quiz-App und eine Junior-App an. Nur eine Beachtung aller miteinander verknüpften Plattformen kann daher das gesamte Angebot eines App-Anbieters erfassen, nicht zuletzt auch, weil Anbieter zunehmend eine „Cloud"-Logik verfolgen, bei der Nutzerinnen und Nutzer ihre Daten unabhängig vom Endgerät oder von der genutzten App/Webseite über unterschiedliche Kanäle abrufen können.

24.5 Einsatzmöglichkeiten von mHealth

24.5.1 Mobiles Gesundheits-Selbstmanagement

Ein Bericht von Research2guidance (2015) zeigt zwar, dass die Skepsis gegenüber mobilen Gesundheitsangeboten auf Seiten der potenziellen Anbieter in Deutschland immer noch sehr hoch ist und eine professionelle Umsetzung vielfach an strukturellen Barrieren scheitert (z. B. im Bereich von Krankenhäusern). Trotzdem wird in der medizinischen Versorgung der Einsatz mobiler Onlinemedien bereits ansatzweise umgesetzt oder aber zumindest diskutiert. Apps und mobile Programme sollen hier unter anderem eingesetzt werden, um die Betreuung von Patientinnen und Patienten und die professionelle Überwachung von Krankheiten zu verbessern. Man erhofft sich durch die App-Nutzung eine stärkere Motivation zum Selbstmanagement seitens der Patientinnen und Patienten, verbessertes Feedback durch Gesundheitsexpertinnen und -experten und eine ganzheitliche Verbesserung der Therapie und des Krankheitsmanagements.

Vorhandene Usability-, Feasibility- und Compliance-Studien widmeten sich verschiedenen Fragen der Umsetzbarkeit und des bestmöglichen Einsatzes von mHealth über

Smart-Devices oder über Mobiltelefone. Schreier et al. (2012) verglichen etwa ein App- mit einem Web-Angebot in Bezug auf die Compliance der Patientinnen und Patienten. Kaplan-Meier-Analysen zeigten einen gleich starken stetigen Abfall der Compliance- Raten in beiden Gruppen während des ersten Jahres. Danach zeigte die Web-Gruppe einen schnelleren Abfall der Compliance-Rate. Über die gesamte Interventionszeit konnte eine signifikant höhere Compliance-Rate in der App-Gruppe ($p = 0{,}03$) festge- stellt werden (Schreier et al. 2012).

Die Anzahl an Studien zu Nutzungsbereitschaft und -bedingungen von App-Ange- boten ist bereits hoch. Dagegen beschränkt sich die Mehrheit der Effektstudien bisher auf einfache SMS-Interventionen. Einige App-Effektstudien weisen jedoch bereits nach, dass eine Nutzung von Apps positive Effekte auf das Gesundheitsverhalten und den Gesundheitszustand haben kann (Derbyshire und Dancey 2013; Safran Naimark et al. 2015). Generell gibt es in der mHealth-Forschung eine Vielzahl kleinerer und größerer Effektstudien, die einen positiven Einfluss der mHealth-Nutzung nachweisen. Neben Fallstudien finden sich hierbei auch randomisierte klinische Studien (RCTs), die eine Interventionsgruppe mit mHealth-Nutzung in der Therapie experimentell mit einer Kontrollgruppe mit traditionellen Therapieansätzen vergleichen. Die Studienergebnisse müssen jedoch vor dem Hintergrund interpretiert werden, dass es sich bei den Studien- designs häufig um Pilotstudien mit kleinen Samples (Payne et al. 2015) und sehr klei- nen nachgewiesenen Effekten handelt. Umfassende Langzeitstudien, die die Effekte der App-Nutzung auf die ganzheitliche Therapie überprüfen könnten, fehlen bislang. Viele Studien beschränken sich auf einfache Umsetzbarkeits- oder Nützlichkeitsprüfung eines App-Einsatzes (Payne et al. 2015).

Das Potenzial einer App-Nutzung wird überschätzt, wenn davon ausgegangen wird, dass Apps das Selbstmanagement grundlegend verändern können. Apps können als ein Hilfsmittel betrachtet werden, das in eine traditionelle Therapie einbezogen werden kann. Bei einer App-Nutzung allein – ohne Feedback von professioneller Seite (z. B. durch eine Ärztin oder einen Arzt) – ist zu erwarten, dass die Motivation zur Nutzung und damit der positive Nutzen schnell absinken. Dies gilt es in einer Nutzungsstudie aus- führlich zu untersuchen. Nützlich erscheinen die mobilen Applikationen, wenn es darum geht, Therapieansätze zu modernisieren und damit das Selbstmanagement effektiver zu gestalten.

Im Idealfall verwenden Patientinnen und Patienten eine App zur Dateneingabe und zum Monitoring, während betreuende Ärztinnen und Ärzte und andere Spezialistinnen und Spezialisten (z. B. Pflegekräfte, Gesundheitsberaterinnen und -berater) die Daten direkt über eine Cloud im System einsehen können. Kontinuierliche, langfristige Daten können gesammelt und von Expertinnen und Experten überwacht werden. Nachfolgendes Feed- back kann genau, schnell und direkt an die Patientinnen und Patienten virtuell über die App oder in den Konsultationen übermittelt werden. Insbesondere chronische Kranke, bei denen ein hohes Maß an Eigeninitiative und Selbstmanagement gefordert ist, können hier- bei gezielter betreut werden. So können beispielsweise Ernährungsberaterinnen und -bera- ter direkt per Text Rückmeldung bei aufkommenden Ernährungsfragen geben. Dies betrifft

Patientinnen und Patienten, die einer speziellen Diät folgen müssen, und umfasst daher eine Vielzahl an Erkrankungen (u. a. Zöliakie, Diabetes, bestimmte Krebsarten, Herz-Kreislauf-Erkrankungen). Auch bei der Organisation von Arztterminen und der Bereitstellung von Gesundheitsinformationen kann eine App von Nutzen sein. Krankenhäuser in Singapur verwenden beispielsweise kollektiv die App *HealthBuddy* (SingHealth 2014), um Arzttermine zu organisieren und Gesundheitsinformationen (Gesundheitstipps, Ärztelisten, Krankheitssymptome, Spezialistenprofile, Events etc.) zur Verfügung zu stellen.

Potenzielle Verbesserungen der Gesundheitsbetreuung umfassen eine Vereinfachung des Monitorings von Gesundheitsdaten, indem Kennwerte bequemer durch die Patientinnen und Patienten festgehalten werden können (tägliche Blutzuckerwerte, Gewicht, Fitness, (Basal-)Temperatur etc.). Teilweise kann der Import von Daten bereits über das Abfotografieren von Geräten/Werten oder über eine automatische Synchronisierung mit anderen Endgeräten erfolgen (z. B. Fitnessarmband). Reminder können bei der Medikamenteneinnahme behilflich sein oder zu Verhaltensweisen wie sportlicher Betätigung motivieren. Eine Kontaktaufnahme mit anderen Patientinnen und Patienten und Gesundheitsexpertinnen und -experten wird durch Chatfunktionen gefördert und ermöglicht den Austausch.

Huuskonen et al. (2015) diskutierten auf der *International Conference on Human-Computer Interaction with Mobile Devices and Services* 2015 die Vorteile und Risiken des Einsatzes von Gesundheitsapps in der medizinischen Versorgung. Sie stellten dabei die These auf, die Nutzerinnen und Nutzer von Apps würden zu ihren eigenen Ärztinnen bzw. Ärzten und Gesundheits-Coaches. Diese These ist jedoch kritisch zu betrachten, impliziert sie doch eine deutliche Überschätzung der Kompetenzen von Patientinnen und Patienten sowie der Potenziale (mobiler) Online-Angebote. Patientinnen und Patienten bleiben Laien, die sich zwar umfangreicher online informieren können, nicht aber über das Expertenwissen verfügen, das Ärztinnen und Ärzte mitbringen. Die mobilen Online-Angebote können möglicherweise eine Betreuung oder das Selbstmanagement durch technische Neuerungen verbessern, nicht jedoch die traditionellen medizinischen Ansätze ersetzen.

24.5.2 Präventionsansätze per SMS und Apps

Auch in der Prävention wird Potenzial in mHealth-Ansätzen gesehen. Gesundheitskampagnen und präventive Projekte greifen je nach Zielgruppen auf SMS-Kampgenen oder Angebote per Apps zurück. Beispiele umfassen bisher vor allem internationale Ansätze, allerdings finden sich auch in Deutschland erste Versuche. Die Bundeszentrale für gesundheitliche Aufklärung (BZgA) stellt seit 2015 die „Vergissmeinnicht"-App im Rahmen ihrer Kampagnen zur Sexualaufklärung bereit, die regelmäßig an die Einnahme der Anti-Baby-Pille erinnert (BZgA 2015).

Apps werden zudem im Rahmen der Prävention von Langzeitfolgen durch Übergewicht in der Pädiatrie diskutiert. Insbesondere junge Zielgruppen können sinnvoll über mobile Medien adressiert werden, wenn man die Nutzungszahlen von Smart-Devices in dieser Zielgruppe in den Blick nimmt (Abschn. 24.3). Vor diesem Hintergrund scheint sich der Einsatz präventiver Maßnahmen mittels Smart-Device-Apps für Kinder und Jugendliche geradezu aufzudrängen. Kinder und Jugendliche können dort angesprochen werden, wo sie sich bewegen, nämlich auf ihren mobilen Endgeräten im Netz. Dabei werden vor allem spielerische Ansätze als wichtig erachtet, womit mobile Gaming-Elemente in den Vordergrund rücken. Der deutsche Anbieter *Handy-Games* (www.handy-games.com) verfolgt diese Strategie und produziert spielerische Apps, die Kinder und Jugendliche zu körperlicher Bewegung anhalten sollen. So kombiniert die App „Max – my fitness dog" beispielsweise Offline-Bewegung mit einer Online-Spiele-App auf dem Smartphone.

Im englischsprachigen Raum lassen sich darüber hinaus viele Gesundheitskampagnen mit App-Einsatz finden, die als Rollenmodell für deutsche Kampagnenplaner dienen können. Als Teil der nationalen HIV-Kampagnen des U.S. Department of Health & Human Services ruft die „Facing AIDS"-App dazu auf, durch einen eigenen Beitrag Teil der HIV-Aufklärungsbewegung zu werden (https://www.aids.gov/mobile-apps/). Im Bereich der Impfaufklärung ergänzt eine australische Impfkampagne ihr Angebot um eine „Save the date to vaccinate"-App (http://www.immunisation.health.nsw.gov.au). Auch zur Prävention von Verletzungen im Katastrophenschutz werden mittlerweile Apps eingesetzt, beispielsweise die Warn-App des amerikanischen Roten Kreuzes, die Erdbeben-Warnungen übermittelt und Informationen für den Fall eines Erdbebenvorfalls bereitstellt (http://www.redcross.org/mobile-apps/earthquake-app).

Abgesehen von Präventionsansätzen über Apps werden vor allem dort alternativ Interventionen über Textnachrichten (SMS) durchgeführt, wo hauptsächlich einfache Mobiltelefone genutzt werden. Dies ist vorwiegend in ressourcenschwachen Regionen der Fall oder in bestimmten Zielgruppen, die von einer Smartphone-Nutzung noch weitgehend ausgeschlossen sind. Im Entwicklungskontext spielen mobile Endgeräte mittlerweile eine zunehmend wichtige Rolle, gerade wenn sie den einzigen Zugang zu Gesundheitsinformationen bereitstellen, wo ein Zugang zu Gesundheitsressourcen nicht gegeben ist. In ressourcenschwachen Ländern können Angebote über mobile Medien daher von erheblichem Nutzen sein (Chib 2013; Chib et al. 2015). Im Verhältnis zu Deutschland ist das Mobiltelefon laut eines Berichtes des PewResearchCenter (2015) in sich entwickelnden Ländern für die Bevölkerung von hoher Relevanz.

> Cell phone ownership is much more common in the emerging and developing nations surveyed. A median of 84 % across the 32 nations own a cell phone (…). But smartphones – and the mobile access to the internet that they make possible in some locations – are not nearly as common as conventional cell phones (…). These cell phones and smartphones are critical as communication tools in most of the emerging and developing nations, mainly because the infrastructure for landline communications is sparse, and in many instances almost nonexistent (…). In several of the countries surveyed, sizeable percentages access the internet from devices other than a computer in their home. (…) (PewResearchCenter 2015, S. 11).

In Ländern mit einer hohen Verbreitung einfacher Mobiltelefone werden vorwiegend SMS in Informationskampagnen eingesetzt, um die Bevölkerung für bestimmte Themen zu sensibilisieren und um grundlegende Informationen aufklärerisch zu vermitteln. Eine SMS-Intervention in Uganda adressierte beispielsweise über ein SMS-Quiz Themen rund um HIV und Aids und versuchte damit besonders gefährdete Zielgruppe anzusprechen (Chib et al. 2013). Ähnlich führt Population Services International (PSI) in Papua-Neuguinea aktuell Interventionen für HIV-Risikogruppen durch, in denen über das Mobiltelefon Hörspiel-Serien angehört werden können und SMS-Befragungen durchgeführt werden. Was mit einfachen SMS-Interventionen zur Aufklärung von Zielgruppen begonnen hat, entwickelt sich aber auch in ressourcenschwächeren Ländern langsam zu Angeboten auf Smart-Devices weiter, da die Nutzerzahlen von Smartphones gerade in diesen Ländern stark zunehmen:

> Smartphones will account for two out of every three mobile connections globally by 2020, according to a major new report by GSMA Intelligence, the research arm of the GSMA. The new study, "Smartphone forecasts and assumptions, 2007–2020", finds that smartphones account for one in three mobile connections today, representing more than two billion mobile connections (GSMA 2014).

24.5.3 mHealth in der Krisenkommunikation

Besondere Vorteile bietet mHealth darüber hinaus in gesundheitlichen Krisenfällen. Krisensituationen, ausgelöst durch Naturkatastrophen, Epidemien, Attentate oder wirtschaftliche oder technische Zusammenbrüche, stellen die globale Gesellschaft regelmäßig vor große Herausforderungen. In Anbetracht der zunehmenden Zahl an gesundheitlichen Krisenfällen (Beispiele sind Erdbeben, etwa in Nepal im Frühjahr 2015, oder die A/H1N1-Pandemie 2009/2010) bedarf es seitens der beteiligten Regierungen, Behörden und Hilfsorganisationen einer schnellen und effektiven Krisenkommunikation, um Menschen möglichst umgehend zu informieren und den Schaden gering halten zu können. Die Mobilkommunikation bietet hier gute Möglichkeiten, die Krisenkommunikation über traditionelle massemediale Kanäle um leicht und schnell zugängliche Kanäle zu erweitern (Rossmann und Krömer 2015). Entsprechend finden sich in aktuellen Leitlinien zur Krisenkommunikation zunehmend Hinweise auf den Einsatz mobiler Medien, so etwa im von den US-amerikanischen *Centers for Disease Control and Prevention* (CDC) herausgegebenen Leitfaden „Crisis and Emergency Risk Communication" (CDC 2014) oder im Leitfaden für Krisenkommunikation in der Europäischen Union (EU), der im Rahmen des EU-Projekts CriCoRM (Crisis Communication and Risk Management) entwickelt wurde (Garcia-Jimenez et al. 2015). Auch eine Initiative in Singapur entwickelte zusammen mit dem Global Disaster Preparedness Center Leitlinien für mobile Apps zur Prävention gesundheitlicher Auswirkungen von Naturkatastrophen (Lai et al. 2015). Entsprechend diesen Empfehlungen wurde während der Ebola-Krise 2014 und 2015 beispielsweise eine App für die Helfenden bereitgestellt, um die Krankheitsausbrüche gezielt zu beobachten und den Helfenden zeitgenaue Daten zur Verfügung zu stellen (www.appsagainstebola.org).

24.6 Grenzen von mHealth

Trotz positiver Ergebnisse bisheriger Effektstudien überschätzt eine reine technologie-deterministische Sichtweise das Potenzial von mHealth. Entstehende Nachteile und Barrieren einer mHealth-Nutzung müssen diskutiert werden, um mögliche Hindernisse effektiver Kommunikation sowie negative Folgeerscheinungen nicht zu vernachlässigen. Zu den wichtigsten Aspekten zählen etwa die mangelnde Erreichbarkeit bestimmter Zielgruppen, die mobile Medien nicht oder nicht ständig nutzen, die damit verbundenen unterschiedlichen Nutzungsmodi (ausgeprägte oder geringe App-Nutzung) sowie die unterschiedliche technische Ausstattung. Bei der Programmierung von Apps müssen technische Unterschiede der verschiedenen Betriebssysteme bedacht werden – häufig werden Apps nur für einzelne Betriebssysteme angeboten und sind damit für Nutzerinnen und Nutzer anderer Systeme nicht zugänglich. Auch spielen die Vertragsbedingungen eine Rolle. Selbst wenn die Nutzung mobiler Daten zunehmend günstiger wird, variieren die Kosten immer noch immens und können somit für einige Personen noch eine Barriere darstellen. Wie oben bereits ausgeführt, werden auch Qualitätsprobleme von mHealth-Angeboten diskutiert, die es den Nutzerinnen und Nutzern nicht immer einfach machen, aus der Vielzahl der Angebote das für sie geeignete Angebot auszuwählen. Solange noch nicht abschließend geklärt ist, inwieweit die Nutzung von Mobiltelefonen und Smartphones ihrerseits gesundheitliche Probleme mit sich bringen kann (Mobilfunkstrahlung), muss immer auch die ethische Frage mitbedacht werden, inwieweit die Motivation zur Handynutzung durch Gesundheitsanbieter legitim ist, wenn dadurch Nutzerinnen und Nutzer zu einer potenziell gesundheitsgefährdenden Mobilfunknutzung animiert werden. Wichtig ist nicht zuletzt, insbesondere im Bereich der Gesundheitsversorgung, die Frage nach dem Datenschutz. Auch wenn mit der Verabschiedung des E-Health-Gesetzes nun einige rechtliche Fragen im Umgang mit digitaler Kommunikation im Gesundheitswesen geklärt sind, wird erst bis Ende 2016 durch die Gesellschaft für Telematikanwendungen der Gesundheitskarte mbH *(gematik)* geprüft, ob Versicherte Smartphones und andere mobile Geräte für die Kommunikation im Gesundheitswesen einsetzen dürfen (BMG 2015).

24.7 Ausblick und Forschungslücken

mHealth ist aus der heutigen Gesundheitsversorgung und Gesundheitsförderung nicht mehr wegzudenken. Das Angebot an mobilen Gesundheitsanwendungen (z. B. Apps, Wearables) nimmt stetig zu, gleichzeitig steigt die Zahl der Nutzerinnen und Nutzer sowie Gesundheitsexpertinnen und -experten, die von mobilen Anwendungen Gebrauch machen. Das kann Vorteile (z. B. Erreichbarkeit bestimmter Zielgruppen, Möglichkeiten der Selbstüberwachung, Empowerment, Tailoring), aber auch Nachteile haben (unterschiedliche technische Möglichkeiten, mögliche Kosten, Problem der Qualitätskontrolle und Datenüberwachung).

Insbesondere in Bezug auf die empirische Evidenz zur Nutzung und Wirksamkeit von mHealth besteht noch erheblicher Nachholbedarf. Zwar haben sich bereits einige Pilotstudien und auch Metaanalysen der Frage angenommen, inwieweit sich mHealth effektiv in der Gesundheitsförderung und -versorgung einsetzen lässt, jedoch haben die Studien allzu oft Fallstudiencharakter, sind meist kurzfristig angelegt und lassen methodische Mängel (etwa in Bezug auf Stichprobe, fehlende Kontrollgruppe) und theoretische Lücken erkennen. Auch der mangelnde Theoriebezug von mHealth-Studien wird häufig kritisiert (Tomlinson et al. 2013). Dadurch haben wir noch kein ausreichendes Verständnis darüber, wie (Dosis, Kontaktfrequenz, Dauer von Interventionen, Gestaltung der Botschaften, Einfluss maßgeschneiderter, interpersonaler und interaktiver Kommunikation) mHealth eingesetzt werden muss, um optimale Ergebnisse zu erzielen.

Literatur

Abroms LC, Padmanabhan N, Evans WD (2012) Mobile phones for health communication to promote behavior change. In: Noar SM, Harrington NG (Hrsg) eHealth applications. Promising strategies for behavior change. Routledge, New York, S 147–166

Appel LJ, Clark JM, Yeh H-C, Wang N-Y, Coughlin JW, Daumit G, Miller ER, Dalcin A, Jerome GJ, Geller S, Noronha G, Charlestin J, Reynolds JB, Durkin N, Rubin RR, Louis TA, Brancati FL (2011) Comparative effectiveness of weight-loss interventions in clinical practice. N Engl J Med 365(21):1959–1968

Arnhold M, Quade M, Kirch W (2014) Mobile applications for diabetics: a systematic review and expert-based usability evaluation considering the special requirements of diabetes patients age 50 years or older. J Med Internet Res 16(4):e104

BMG (2015) E-Health-Gesetz verabschiedet. http://www.bmg.bund.de/ministerium/meldungen/2015/e-health.html. Zugegriffen: 24. Febr. 2016

Bundesnetzagentur (2015) Tätigkeitsbericht – Telekommunikation 2014/2015. Bundesnetzagentur für Elektrizität, Gas, Telekommunikation, Post und Eisenbahnen, Bonn

BZgA (2015) „Vergissmeinnicht" – Neue App und Informationen zum Thema Verhütung und Verhütungspannen. http://www.bzga.de/presse/pressemitteilungen/?nummer=1010. Zugegriffen: 16. März 2016

CDC (2014) Crisisemergency and risk communication. Centers for disease control and prevention, CDC, Atlanta

Chib A (2013) The promise and peril of mHealth in developing countries. Mobile Media & Communication 1(1):69–75

Chib A, Wilkin H, Hoefman B (2013) Vulnerabilities in mHealth implementation: a Ugandan HIV/AIDS SMS campaign. Glob Health Promot 20(Suppl. 1):26–32

Chib A, Velthoven MH van, Car J (2015) mHealth adoption in low-resource environments: a review of the use of mobile healthcare in developing countries. J Health Commun 20(1):4–34

Derbyshire E, Dancey D (2013) Smartphone medical applications for women's health: what is the evidence-base and feedback? Int J Telemed Appl:782074

Dogruel L, Joeckel S, Bowman ND (2015) Choosing the right app: an exploratory perspective on heuristic decision processes for smartphone app selection. Mobile Media & Communication 3(1):125–144

Fox S, Duggan M (2012) Mobile Health 2012. Pew research center's internet & American life project, Washington

García-Jiménez L, Requeijo RP, Aguado Terrón JM, Losada Díaz JC (2015) Health crisis communication guidelines. Final report. CriCoRM project „Crisis Communication and Risk Management". http://www.publichealthcrisis.eu/cricorm/docs/D5_Health%20Crisis%20Communication%20Guidelines.pdf. Zugegriffen: 16. März 2016

GSMA (2014) Smartphones to account for two thirds of world's mobile market by 2020 says new GSMA intelligence study. http://www.gsma.com/newsroom/press-release/smartphones-account-two-thirds-worlds-mobile-market-2020/. Zugegriffen: 16. März 2016

Hides L, Kavanagh D, Stoyanov S, Zelenko O, Tjondronegoro Madhavan Mani D (2014) Mobile Application Rating Scale (MARS): a new tool for assessing the quality of health mobile applications. Young and Well Cooperative Research Centre, Melbourne

Hundert AS, Huguet A, McGrath PJ, Stinson JN, Wheaton M (2014) Commercially available mobile phone headache diary apps: a systematic review. JMIR Mhealth Uhealth 2(3):e36

Huuskonen P, Häkkilä J, Cheverst K (2015) Who needs a doctor anymore? Risks and promise of mobile health apps. MobileHCI '15 Adjunct, Kopenhagen

Istepanian RSH, Pattichis CS, Laxminarayan S (2006) Ubiquitous m-health systems and the convergence toward 4G mobile technologies. In: Istepanian R, Laxminarayan S, Pattichis CS (Hrsg) M-Health. Emerging mobile health systems. Springer, New York, S 3–14

ITU (2015) ICT facts & figures. The world in 2015. http://www.itu.int/en/ITU-D/Statistics/Documents/facts/ICTFactsFigures2015.pdf. Zugegriffen: 16. März 2016

Knop K, Hefner D, Schmitt S, Vorderer P (2015) Mediatisierung mobil. Handy- und Internetnutzung von Kindern und Jugendlichen. Schriftenreihe Medienforschung der Landesanstalt für Medien Nordrhein-Westfalen (LfM), Bd. 77. Vistas, Leipzig

Koch W, Frees B (2015) Unterwegsnutzung des Internets wächst bei geringerer Intensität. Ergebnisse der ARD/ZDF-Onlinestudie 2015. Media Perspektiven 9:378–382

Lai C-H, Chib A, Ling R (2015) State of the use of mobile technologies for disaster preparedness in South East Asia. Report to global disaster preparedness center, American red cross. Nanyang Technological University, Singapore

Ling RS (2012) Taken for grantedness: the embedding of mobile communication into society. MIT Press, Cambridge

Lopez C (2014) Faszination Mobile. Verbreitung, Nutzungsmuster und Trends. Bundesverband Digitale Wirtschaft in Kooperation mit Google und TNS Infratest. http://www.bvdw.org/presseserver/studie_faszination_mobile/BVDW_Faszination_Mobile_2014.pdf. Zugegriffen: 17. März 2016

Martínez-Pérez B, de la Torre-Díez I, López-Coronado M (2013) Mobile health applications for the most prevalent conditions by the world health organization: review and analysis. J Med Internet Res 15(6):e120

Mobile Ecosystem Forum (2015) Global mHealth & Wearbles Report 2015. http://www.mobileecosystemforum.com/wp-content/uploads/2015/04/mHealth-wearables-report-FINAL.pdf. Zugegriffen: 16. März 2016

Nacinovich M (2011) Defining mHealth. J Commun Healthc 4:1–3

Payne HE, Lister C, West JH, Bernhardt JM (2015) Behavioral functionality of mobile apps in health interventions: a systematic review of the literature. JMIR Mhealth Uhealth 3(1):e20

PewResearchCenter (2015) Internet seen as positive influence on education but negative on morality in emerging and developing nations. Numbers, facts, and trends shaping the world. Pew Research Center, Washington

Research2guidance (2014) mHealth App Developer Economics 2014. The state of the art of mHealth app publishing. Fourth annual study on mHealth app publishing. Research2guidance, Berlin

Research2guidance (2015) EU Countries' mHealth app market ranking 2015. A benchmarking analysis of 28 EU countries about their market readiness for mHealth business. Research2guidance, Berlin

Rossmann C (2010) Gesundheitskommunikation im Internet. Erscheinungsformen, Potenziale, Grenzen. In: Schweiger W, Beck K (Hrsg) Handbuch Online-Kommunikation. VS Verlag, Wiesbaden, S 338–363

Rossmann C, Karnowski V (2014) eHealth & mHealth: Gesundheitskommunikation online und mobil. In: Hurrelmann K, Baumann E (Hrsg) Handbuch Gesundheitskommunikation. Huber, Bern, S 271–285

Rossmann C, Krömer N (2015) eHealth & mHealth: Die Rolle der Online- und Mobil-Kommunikation in der Gesundheits- und Krisenkommunikation. Public Health Forum 23(3):156–158

Safran Naimark J, Madar Z, Shahar DR (2015) The impact of a Web-based app (eBalance) in promoting healthy lifestyles: randomized controlled trial. J Med Internet Res 17(3):e56

Scherenberg V, Kramer U (2013) Schöne neue Welt: Gesünder mit Health-Apps? Hintergründe, Handlungsbedarf und schlummernde Potenziale. In: Strahlendorf P (Hrsg) Jahrbuch Healthcare Marketing 2013. New Business, Hamburg, S 115–119

Schreier G, Eckmann H, Hayn D, Kreiner K, Kastner P, Lovell N (2012) Web versus app: compliance of patients in a telehealth diabetes management programme using two different technologies. J Telemed Telecare 18(8):476–480

SingHealth (2014) HealthBuddy. http://www.singhealth.com.sg/PatientCare/health-buddy/Pages/Home.aspx. Zugegriffen: 16. März 2016

Stoyanov SR, Hides L, Kavanagh DJ, Zelenko O, Tjondronegoro D, Mani M (2015) Mobile app rating scale: a new tool for assessing the quality of health mobile apps. JMIR Mhealth Uhealth 3(1):e27

Tomlinson M, Rotheram-Borus MJ, Swartz L, Tsai AC (2013) Scaling up mHealth: where is the evidence? PLoS Med 10:e1001382

Vital Wave Consulting (2009) mHealth for development: the opportunity of mobile technology for healthcare in the developing world. United Nations Foundation, Washington

Einsatz von Social Media als Marketinginstrument im Krankenhaussektor

25

Larissa Thevis und Florian Fischer

Zusammenfassung

Die Situation für deutsche Krankenhäuser hat sich grundlegend verändert. Sie sind einem hohen Kosten- und Konkurrenzdruck ausgesetzt und stehen dadurch im Wettbewerb zueinander. Insbesondere der von der Politik gewünschte Wettbewerbsdruck zwingt die Krankenhäuser dazu, sich mit dem Thema Marketing auseinanderzusetzen und Marketingstrategien zu entwickeln, bei der die Bedürfnisse der Patientinnen und Patienten in den Mittelpunkt aller Marketingaktivitäten gestellt werden. In diesem Zusammenhang nimmt der Einsatz von Social Media durch Einrichtungen im Gesundheitswesen zu. In diesem Beitrag werden daher die Möglichkeiten und Anforderungen sowie die Herausforderungen und Potenziale des Einsatzes von Social Media als Marketinginstrument am Beispiel des Krankenhaussektors dargestellt.

25.1 Einleitung

Politische und wirtschaftliche Rahmenbedingungen lassen den deutschen Gesundheitssektor zunehmend unter ökonomischen Druck geraten (Hodek 2009) und zwingen ihn zu mehr Wettbewerb. Der Wettbewerb soll dem Gesundheitssystem zu mehr Effizienz verhelfen, die ineffizienten Strukturen modernisieren und dadurch eine hohe Versorgungsqualität gewährleistet werden (Manzei 2014). Zudem sollen Patientinnen und Patienten

L. Thevis · F. Fischer (✉)
Fakultät für Gesundheitswissenschaften, AG Bevölkerungsmedizin und biomedizinische Grundlagen, Universität Bielefeld, Postfach 100 131, 33501 Bielefeld, Deutschland
E-Mail: f.fischer@uni-bielefeld.de

L. Thevis
E-Mail: larissa.thevis@uni-bielefeld.de

somit eine größere Wahlfreiheit und qualitativ hochwertige Behandlung erhalten (BMG 2015). Leistungserbringerinnen und -erbringer im Gesundheitssystem werden durch den Wettbewerb einem Kosten- und Konkurrenzdruck ausgesetzt. Vor dem Hintergrund des zunehmenden Wettbewerbs müssen sich Leistungserbringer im Gesundheitswesen vermehrt marktwirtschaftlich ausrichten und auch Marketing betreiben (Ullrich 2013). Dabei sollen die Bedürfnisse der Patientinnen und Patienten im Mittelpunkt aller Marketingaktivitäten stehen (Buchmann und Lüthy 2009).

Gemäß einer Studie des Digitalverbands Deutschland aus dem Jahr 2013 sind mehr als drei Viertel der Internetnutzerinnen und -nutzer mindestens in einem sozialen Netzwerk angemeldet. Etwa ein Viertel der Onlinezeit verbringen Internetnutzerinnen und -nutzer in sozialen Netzwerken *(Social Media)* (BITKOM 2013). Für Unternehmen bieten sich dadurch neue Möglichkeiten, um in direkten Kontakt mit den Kundinnen und Kunden zu treten. Patientinnen und Patienten bzw. deren Angehörige nutzen soziale Netzwerke im Internet als Informations- und Kommunikationskanal zu gesundheitlichen Themen. Dabei werden die Informationsangebote aus den neuen Medien in die Entscheidung für oder gegen einen bestimmten Leistungserbringer einbezogen (Schramm 2013). Über Twitter, Facebook oder Blogs können Erfahrungen, die mit Ärztinnen und Ärzten oder Einrichtungen gemacht wurden, ausgetauscht und die Anbieter bewertet werden. Im Zuge dieser Entwicklung haben auch Leistungserbringerinnen und -erbringer im Gesundheitswesen ihre Marketingstrategien zu überdenken (Stoffers 2014). Während sich Social Media in vielen Branchen bereits als Marketinginstrument durchgesetzt hat, sind Krankenhäuser und andere Anbieter im Gesundheitswesen beim Einsatz von neuen Medien noch zögerlich (Jendreck und Lüthy 2015; Merkel 2014; Van de Belt et al. 2012).

25.2 Marketing im Gesundheitswesen

Der Begriff „Marketing" wird in der Literatur unterschiedlich verstanden, interpretiert und definiert (Burmann et al. 2015; Kleinaltenkamp und Kuß 2013). Die American Marketing Association (AMA) fasst den Marketingbegriff sehr weit:

> Marketing is the activity, sets of institutions, and processes for creating, communicating, delivering, and exchanging offerings that have value for customers, clients, partners, and society at large (American Marketing Association 2013).

Marketing wird dementsprechend als ein aktiver Austauschprozess zwischen Unternehmen und Kundinnen und Kunden gesehen. Insbesondere im Zeitalter des Internets und durch die intensive Nutzung von Kommunikationstechnologien haben sich die Kundinnen und Kunden zu aktiven Teilnehmerinnen und Teilnehmern in der Unternehmens-Kunden-Beziehung gewandelt. Die Marketingaktivitäten beschränken sich demnach nicht mehr nur auf Kundinnen und Kunden an sich, sondern beziehen auch die Partnerinnen und Partner der Unternehmen sowie die Gesellschaft als Ganzes mit ein (Michelis 2014; Kleinaltenkamp und Kuß 2013).

25.2.1 Notwendigkeit von Krankenhausmarketing

Auch bei Leistungserbringerinnen und -erbringern im Gesundheitswesen, im Speziellen bei Krankenhäusern, ist der Einsatz von Marketing notwendig geworden. Dies liegt in mehreren Faktoren begründet: Neben den veränderten politischen Rahmenbedingungen haben sich die Ansprüche der Patientinnen und Patienten verändert. Hinzu kommt die aktive Internetnutzung, die zu mehr Fachwissen bei den Patientinnen und Patienten führt (Schramm 2013). Krankenhäuser müssen sich daher den neuen Gegebenheiten anpassen und Marketing zur Gewinnung und Bindung von Anspruchsgruppen betreiben (Ennker und Pietrowski 2009).

Durch die Einführung des Diagnosis Related Groups (DRG) Systems mit Fallpauschalen wurde die Preisgestaltung im Krankenhaussektor transparenter und einheitlicher gestaltet (Debatin 2008). Krankenhäuser müssen vor diesem Hintergrund ihre besonderen Kompetenzen und Stärken nach außen vermitteln, um sich von der Konkurrenz abzusetzen und attraktiv zu bleiben (Ennker und Pietrowski 2009).

Die Rolle der Patientinnen und Patienten hat sich verändert, da diese zunehmend informierter und emanzipierter sind. Mündige und informierte Patientinnen und Patienten zeichnen sich in diesem Zusammenhang dadurch aus, dass sie mehr Einfluss bei der Entscheidung für oder gegen eine Therapie bzw. für oder gegen ein Krankenhaus haben (Goutier 2001; Hurrelmann et al. 2001). Dabei wird das Krankenhaus nicht mehr nur nach den Behandlungsmöglichkeiten, sondern auch nach Qualität und angebotenen Serviceleistungen ausgewählt (Papenhoff und Platzköster 2010). Die im Internet angebotenen Informationen beziehen Patientinnen und Patienten in die Entscheidung für eine bestimmte Klinik mit ein. Dies liegt auch am offenen und anonymen Austausch zwischen Patientinnen und Patienten in Bewertungsportalen oder Foren (Ennker und Pietrowski 2009).

25.2.2 Zielgruppen von Marketingmaßnahmen im Krankenhaussektor

Die Marketingmaßnahmen eines Krankenhauses können nur dann erfolgreich sein, wenn die Zielgruppen für die jeweiligen Maßnahmen eindeutig definiert werden. Ansonsten besteht das Risiko, dass Marketingmaßnahmen von der gewünschten Zielgruppe nicht wahrgenommen und somit die gewünschten Effekte nicht erreicht werden (Ennker und Pietrowski 2009; Fuchs und Hermanns 2003). Unter einer Zielgruppe wird eine Gruppe von Nutzerinnen und Nutzern verstanden, die gemeinsame Bedürfnisse, ähnliche Anforderungen und einen vergleichbaren Produktnutzen haben (Ennker und Pietrowski 2009).

Krankenhäuser zeichnen sich dadurch aus, dass sie Dienstleistungen für ein sehr unterschiedlich orientiertes Kundenspektrum anbieten. Zu den Zielgruppen von Krankenhausmarketing werden die (potenziellen) Patientinnen und Patienten, Angehörige, Besucherinnen und Besucher, einweisende Ärztinnen und Ärzte, Mitarbeiterinnen und Mitarbeiter eines Krankenhauses, die Öffentlichkeit, Zulieferer aus der Pharmaindustrie und Technik, Kooperationspartnerinnen und -partner, Selbsthilfegruppen, Krankenkassen, medizinische Dienste und Medizinjournalistinnen und -journalisten gezählt (Buchmann und Lüthy 2009; Ennker und Pietrowski 2009). Die Wünsche und Bedürfnisse der einzelnen Zielgruppen sollen in die Planung von Marketingmaßnahmen einbezogen werden (Ennker und Pietrowski 2009).

25.2.3 Zentrale Marketinginstrumente im Krankenhaussektor

Um sich im Wettbewerb von anderen Krankenhäusern abzuheben und die jeweilige Zielgruppe anzusprechen, ist der gezielte Einsatz von Marketinginstrumenten im Krankenhaussektor notwendig. In Bezug auf die klassischen Instrumenten des Marketings (Produkt- und Leistungspolitik, Kommunikationspolitik, Vertriebs- und Distributionspolitik, sowie Preispolitik) (Tomczak et al. 2014) zeichnet sich die Kommunikationspolitik als zentrales Instrument des Marketings von Krankenhäusern aus (Buchmann und Lüthy 2009). Im Rahmen der Kommunikationspolitik können neben klassischer Werbung (über Internet, Fernsehen, Radio, Print, Plakat) auch Öffentlichkeitsarbeit und Public Relations (PR), Sponsoring, Messen und Kongresse eingesetzt werden (Burmann et al. 2015; Brühe et al. 2009).

Aufgrund der zeitlichen, technologischen und gesellschaftlichen Entwicklungen müssen sich die Marketinginstrumente an die neuen Gegebenheiten anpassen. Das klassische Marketing reicht heute nicht mehr aus, um Konsumentinnen und Konsumenten zu erreichen. Werbung im klassischen Sinne wird immer weniger wahrgenommen (Burmann et al. 2015), sodass neue Instrumente des Online Marketings, wie zum Beispiel Social Media, verstärkt an Bedeutung gewinnen. Social Media kann somit als ein neuer Ansatz für ein erfolgreiches Marketing gesehen werden (Hettler 2010).

25.3 Social Media als Marketinginstrument

Haenlein und Kaplan (2010) beschreiben Social Media als internetbasierte Anwendungen, die auf den technischen Grundlagen des Web 2.0 aufbauen und die Erstellung sowie den Austausch von nutzergenerierten Inhalten erlauben. Dementsprechend können alle Plattformen, die Internetnutzerinnen und -nutzer verwenden, um in Form von Texten, Bildern, Videos oder Audios zu kommunizieren und die einen Austausch von Meinungen, Eindrücken und Erfahrungen ermöglichen, als Social Media zusammengefasst werden. Ein zentrales Merkmal von Social Media ist die Interaktivität, da Nutzerinnen und Nutzer die Inhalte selbst gestalten und produzieren (Geißler 2010; Hilker 2010).

Unter Social Media-Marketing lassen sich alle Marketingaktivitäten unter Einbeziehung von Social Media verstehen (Bernecker und Beilharz 2012). Beim Social Media-Marketing geht es darum, eigene Inhalte, Produkte oder Dienstleistungen über soziale Netzwerke bekannt zu machen und mit vielen Menschen, (potenziellen) Kundinnen und Kunden oder Geschäftspartnerinnen und -partnern in Kontakt zu kommen (Weinberg 2014).

25.3.1 Social Media Plattformen

Social Media umfasst eine Vielzahl von Plattformen, die dem Austausch von Inhalten und Informationen dienen. Grob einteilen kann man diese in soziale Netzwerke, Foto- und Videoplattformen, Mobile Community, Blogs und Microblogs, Social Bookmarking und Open Source Plattformen (Bannour et al. 2014).

Das meistgenutzte soziale Netzwerk stellt *Facebook* dar (Facebook 2016), welches 2004 entwickelt und im Jahr 2008 auch für den deutschen Markt geöffnet wurde. Der entscheidende Vorteil von Facebook ist die Zentralität vieler Funktionen und die große Reichweite (Bannour et al. 2014). Auf Facebook sammeln sich Nutzerinnen und Nutzer unterschiedlichen Alters, unterschiedlicher Bildung und unterschiedlichen kulturellen Hintergrunds. Während es früher nur dem privaten Gebrauch diente, ist es mittlerweile auch ein fester Bestandteil in vielen Unternehmen (Weinberg 2014). Dies liegt daran, dass man kostengünstig und mit wenig Einsatz einen großen Personenkreis erreichen kann. Da viele Internetnutzerinnen und -nutzer bei Facebook angemeldet sind, geben sie – mehr oder weniger bewusst – viele für die Unternehmen relevante Informationen preis. Somit können mit geringem Aufwand die entsprechenden Zielgruppen erreicht werden (Bannour et al. 2014).

Der Microblogging-Dienst *Twitter* wurde 2006 gegründet und hat laut eigenen Angaben 320 Mio. aktive Nutzer pro Monat und ist in mehr als 35 Sprachen verfügbar (Twitter 2016). Für Unternehmen bietet sich durch Twitter die Möglichkeit, verschiedene Zielgruppen anzusprechen und mit ihnen in direkten Kontakt zu treten, Beziehungen aufzubauen und zu informieren. Seit 2015 stellt Twitter – ähnlich wie Facebook – Unternehmen die Möglichkeit zur Verfügung, bezahlte Werbung zu schalten. Die „promoted Tweets" erscheinen nicht nur in der Timeline von Followern, sondern auch bei Nutzerinnen und Nutzern mit ähnlichen Accounts. Aufgrund des kürzeren Registrierungsprozesses gibt es aber weniger Angaben zu den Mitgliedern und deren Zusammensetzung. Daher kann die Werbung auf Twitter nur nach Geschlecht, Ort und Endgerät selektiert werden (Swertz 2014).

Die weltweit größte und bekannteste Videoplattform ist *YouTube* (Bannour et al. 2014). YouTube hat mehr als eine Milliarde Nutzerinnen und Nutzer und steht in 75 Ländern sowie in 61 Sprachen zur Verfügung. Täglich werden auf YouTube Videos mit einer Gesamtdauer von mehreren hundert Millionen Stunden wiedergegeben und Milliarden Aufrufe generiert (YouTube o. J.). YouTube wurde 2005 gegründet und 2006 von Google übernommen. Durch die vielen Videos, die bei YouTube hochgeladen sind, hat sich YouTube zur zweitgrößten Suchmaschine der Welt entwickelt (Bannour et al. 2014; Gerloff 2014). YouTube ist ein Videoportal, bei dem sowohl Privatpersonen als auch Unternehmen Videos hochladen, anschauen, bewerten, kommentieren und favorisieren können. Neben dem Zugriff über die YouTube Webseite werden die Videos immer häufiger auch über andere soziale Netzwerke wie Facebook oder Twitter verbreitet. Wie bei den anderen beschriebenen Plattformen kann ein Unternehmen bei YouTube Werbung einstellen, die nach soziodemografischen Faktoren gefiltert werden kann (Bannour et al. 2014).

Im Gegensatz zu den anderen beschrieben Plattformen ist ***XING*** das einzige Netzwerk, welches sich auf einen bestimmten Bereich, nämlich als Geschäftsnetzwerk im deutschsprachigen Raum, spezialisiert hat. Nach dem Stand vom September 2015 hat XING 9,7 Mio. Nutzerinnen und Nutzer im Kernmarkt Deutschland, Österreich und der Schweiz (XING 2015). Unternehmen können ein Profil erstellen, welches als „Visitenkarte des Unternehmens" dienen soll (XING 2014; Weinberg 2014). Über dieses Profil können sich Unternehmen vorstellen und Neuigkeiten (z. B. Stellenanzeigen) veröffentlichen. Somit dient das Netzwerk der Pflege und Suche nach neuen Kontakten. Eine zentrale Bedeutung kommt den Gruppen in XING zu, da sich hierüber Unternehmen austauschen oder andere beobachten können (Bannour et al. 2014).

25.3.2 Ziel und Nutzen von Social Media als Marketinginstrument

Durch einen direkten Kontakt kann ein lebhafter Austausch entstehen, wodurch sich die Kundinnen und Kunden ernst genommen und wertgeschätzt fühlen (Bernecker und Beilharz 2012). Potenzielle Kundinnen und Kunden können aktiv am Dialog teilnehmen, mitlesen und einen Einblick in die Kundenpflege erhalten. Unternehmen können Nutzerinnen und Nutzern von ihren Leistungen oder ihrer Marke überzeugen (Bannour et al. 2014).

Da die sozialen Netzwerke über Mitgliederzahlen in mehrstelligen Millionenbereich verfügen, lässt sich die Reichweite und Bekanntheit eines Unternehmens erhöhen (Bannour et al. 2014; Weinberg 2014). Durch hochwertige Inhalte wird auch die Sichtbarkeit in Suchmaschinen (vor allem in Bezug auf Google) erhöht, da Social Media-Aktivitäten einen Einflussfaktor beim Suchmaschinenranking darstellen (Bauer 2015; Hinz und Kreutzer 2010).

Neben der Steigerung der Marken- und Produktbekanntheit kann durch Social Media-Marketing das Image einer Marke verändert und optimiert werden (Bernecker und Beilharz 2012). Zur Imagebildung gehören nicht nur die Präsenz in Social Media, sondern auch Reaktionen des Krankenhauses auf Kritik oder Anregungen der Patientinnen und Patienten. Persönliche Ansprachen, direktes Eingehen auf Wünsche und Anregungen üben einen positiven Einfluss auf das Image einer Marke aus. Über dargestellte Kompetenz und Vertrauenswürdigkeit lassen sich positive Impulse für das Klinikimage generieren (Wittig 2013). Der direkte Austausch mit der Zielgruppe kann ebenso einen positiven Einfluss auf das Image des Krankenhauses haben. Eine Marke, die auf Menschen zugeht und zeigt, dass Nutzerinnen und Nutzer gehört werden, kann diese zu Fürsprechern der Marke machen (Weinberg 2014).

Jüngere Zielgruppen lassen sich über soziale Netzwerke erreichen und ansprechen, sodass es verschiedene Möglichkeiten zur Personalgewinnung gibt (Bernecker und Beilharz 2012). Da die Nutzerinnen und Nutzer untereinander vernetzt sind (Bannour et al. 2014), können Stellenangebote von Usern aktiv weitergegeben werden. Gleichzeitig kann ein direkter Kontakt entstehen (Bernecker und Beilharz 2012).

Social Media-Marketing kann darüber hinaus auch zu Marktforschungszwecken eingesetzt werden. Unternehmen können mehr über die Bedürfnisse der Kundinnen und Kunden und deren Verhalten in Erfahrung bringen. Durch aktives Zuhören und aufmerksames Mitlesen erhalten Unternehmen Anregungen (Bannour et al. 2014).

25.4 Chancen und Risiken von Social Media

Der finanzielle Aufwand von Social Media ist im Vergleich zu anderen Kommunikationsmaßnahmen überschaubar. Die Nutzung von Social Media Plattformen ist zwar überwiegend kostenlos, da ein Social Media Kanal einfach und problemlos einzurichten ist, dennoch müssen personelle Ressourcen sowie die technische Ausstattung berücksichtigt werden. Um Anzeigen bei Facebook zu schalten, muss ein entsprechendes Budget eingeplant werden, welches von der Anzahl und Reichweite der Posts abhängt. Um einen qualitativ hochwertigen Facebook- oder YouTube-Auftritt zu bekommen, müssen ggf. zusätzliche Programme im Bereich Video- und Bildbearbeitung gekauft werden, um die Inhalte attraktiv zu gestalten.

Der Einsatz von Social Media bedeutet einen zusätzlichen Zeit- und Arbeitsaufwand. Zunächst müssen eine Social Media Strategie entwickelt und die damit verbundenen strategischen Schritte festgelegt werden. Diese Social Media Strategie ist Grundvoraussetzung für den effektiven Einsatz von Social Media (Bernecker und Beilharz 2012; Stoffers 2014). Sie soll dabei unterstützen, die Ziele sicherer und schneller zu erreichen, Risiken frühzeitig zu erkennen und langfristig erfolgreich im Social Media-Sektor zu sein (Bernecker und Beilharz 2012).

Zum Zeit- und Arbeitsaufwand gehören die Pflege der Plattformen, die Planung und Verbreitung der Inhalte sowie das richtig angewendete Monitoring (d. h. die Marktforschung). Die Inhalte müssen sorgfältig ausgewählt werden. Dabei ist darauf zu achten, dass es Inhalte sind, welche bei den Nutzerinnen und Nutzern der Netzwerke für Interaktionen sorgen. Ferner ist wichtig, dass nur Inhalte mit hoher Qualität publiziert werden sollten, um negativen Äußerungen und Desinteresse vorzubeugen.

Der Erfolg von Inhalten hängt zudem von der Schnelligkeit der Kommunikation ab. Die Nutzer von sozialen Netzwerken erwarten eine schnelle Reaktion auf ihre Fragen und Anregungen. Leistungserbringerinnen und -erbringern bleibt somit nur eine kurze Reaktionszeit, um als Kommunikationspartnerin bzw. -partner ernst genommen zu werden (Wittig 2013). Hieraus ergibt sich wieder ein Zeitaufwand, da Nutzerinnen und Nutzer unter anderem auch außerhalb der Arbeitszeiten Fragen stellen und ggf. negative Kommentare abgeben, die ein Feedback notwendig machen.

Auch das Monitoring, welches für den Erfolg von Social Media-Marketing unerlässlich ist, ist zeit- und arbeitsaufwendig. Nur durch das Monitoring können Schlüsse auf die Social Media Maßnahmen gezogen und Reaktionen entwickelt werden (Weinberg 2014).

Neben dem Arbeits- und Zeitaufwand müssen sich Krankenhäuser die Frage stellen, ob die Mitarbeiterinnen und Mitarbeiter über entsprechende Kenntnisse und

Qualifikationen verfügen. Das Personal, welches sich um die Social Media Plattformen kümmert, muss sowohl fachliche, persönliche, soziale als auch Führungskompetenzen mitbringen. In sozialen Netzwerken sind außerdem Feingefühl und Empathie wichtig (BITKOM 2015).

Beim Einsatz von Social Media sollten zudem vorab alle Maßnahmen im Hinblick auf rechtliche Aspekte und den Datenschutz geprüft und geplant werden. Bei den Social Media Aktivitäten sollten verschiedene spezifische Regelungsbereiche beachtet werden. Dazu gehören das Telemediengesetz, das Datenschutzrecht und die ärztliche Schweigepflicht, das Urheberrecht und damit verwandte Schutzrechte, das Werbe- und Wettbewerbsrecht sowie das Heilmittelwerbegesetz (Paul 2014).

25.5 Fazit

Social Media kann als Marketinginstrument eine Vielzahl an Vorteilen und Chancen bieten. Ob jedoch ein tatsächlicher Nutzen entsteht, hängt individuell von der Zielsetzung und Umsetzung der eigenen Social Media Strategie ab. Obwohl soziale Netzwerke mittlerweile zum alltäglichen Leben dazugehören, zögern Krankenhäuser immer noch hinsichtlich des Einsatzes von Social Media.

Eine Präsenz in sozialen Netzwerken kann für Leistungserbringer im Gesundheitswesen aber schon deshalb sinnvoll sein, um das Image des Unternehmens positiv zu verändern kann. Der Imagegewinn äußert sich im „Wir sind dabei"-Effekt, sowie in der direkten Kommunikation mit den Nutzerinnen und Nutzern. Auf Anregungen und Beschwerden kann kurzfristig reagiert werden. Zudem können wichtige Informationen für das Qualitätsmanagement gewonnen werden. Generell können Aktivitäten in Social Media eine große Reichweite erzielen, da viele Nutzerinnen und Nutzer in sozialen Netzwerken aktiv sind.

Diesen positiven Aspekten stehen jedoch auch Risiken gegenüber. Der Einsatz von Social Media bedeutet immer einen erheblichen finanziellen und personellen Aufwand. Wird Social Media nicht richtig eingesetzt oder werden die Bedürfnisse und der Bedarf der Zielgruppe nicht adressiert, kann es zu einem Kontrollverlust über die Kommunikation kommen. Dementsprechend bedarf es einer ausgewählten Marketingstrategie für den erfolgreichen Einsatz von Social Media im Gesundheitswesen.

Literatur

American Marketing Association (2013) Definition of Marketing. https://www.ama.org/About-AMA/Pages/Definition-of-Marketing.aspx. Zugegriffen: 23. März 2016

Bannour KP, Grabs A, Vogl E (2014) Follow me! Erfolgreiches Social Media Marketing mit Facebook, Twitter und Co. Galileo Computing, Bonn

Bauer T (2015) Mit Social Media an die Spitze der SERPs. http://onlinemarketing.de/news/mit-social-media-an-die-spitze-der-serps. Zugegriffen: 23. März 2016

Bernecker M, Beilharz F (2012) Social Media Marketing. Strategien, Tipps und Tricks für die Praxis. Johanna, Köln

BITKOM (2013) Soziale Netzwerke 2013. Dritte erweiterte Studie. Eine repräsentative Untersuchung zur Nutzung sozialer Netzwerke im Internet. https://www.bitkom.org/Publikationen/2013/Studien/Soziale-Netzwerke-dritte-erweiterte-Studie/SozialeNetzwerke-2013.pdf. Zugegriffen: 23. März 2016

BITKOM (2015) Social Media Leitfaden. Dritte Auflage. Bundesverband Informationswirtschaft. Telekommunikation und neue Medien e. V., Berlin

Brühe C, Kirchgeorg M, Springer C (2009) Live Communication Management: ein strategischer Leitfaden zur Konzeption, Umsetzung und Erfolgskontrolle. Springer Gabler, Wiesbaden

Buchmann U, Lüthy A (2009) Marketing als Strategie im Krankenhaus. Patienten- und Kundenorientierung erfolgreich umsetzen. Kohlhammer, Stuttgart

BMG (2015) Wettbewerb im Gesundheitswesen. http://www.bmg.bund.de/themen/krankenversicherung/herausforderungen/wettbewerb.html. Zugegriffen: 23. März 2016

Burmann C, Kirchgeorg M, Meffert H (2015) Marketing: Grundlagen marktorientierter Unternehmensführung Konzepte – Instrumente – Praxisbeispiele. Springer, Wiesbaden

Debatin JF (2008) Krankenhäuser: Mehr Qualität und Effizienz durch Wettbewerb. In: Schumpelick V, Vogel B (Hrsg) Medizin zwischen Humanität und Wettbewerb. Probleme, Trends und Perspektiven. Herder, Freiburg, S 392–399

Ennker J, Pietrowski D (2009) Krankenhausmarketing: ein Wegweiser aus ärztlicher Perspektive. Steinkopff, Heidelberg

Facebook (2016) Company Infos. http://newsroom.fb.com/company-info/. Zugegriffen: 23. März 2016

Fuchs WP, Hermanns P (2003) Krankenhaus-Marketing im stationären und ambulanten Bereich: Das Krankenhaus als Dienstleistungsunternehmen. Deutscher Ärzte-Verlag, Köln

Geißler C (2010) Was sind... Social Media? Harvard Bus Manage 9:31

Gerloff J (2014) Erfolgreich auf YouTube: Social-Media-Marketing mit Online Videos. mitp, Hamburg

Goutier MHJ (2001) Patienten-Empowerment. In: Kreyher VL (Hrsg) Handbuch Gesundheits- und Medizinmarketing. Chancen, Strategien und Erfolgsfaktoren. R. v. Decker, Heidelberg, S 37–51

Haenlein M, Kaplan AM (2010) Users of the world, unite! The challenges and opportunities of Social Media Bus Horiz 53:59–68

Hettler U (2010) Social Media Marketing. Marketing mit Blogs. Sozialen Netzwerken und weiteren Anwendungen des Web 2.0. Oldenbourg Wissenschaftsverlag, München

Hilker C (2010) Social Media für Unternehmen. Wie man Xing, Twitter, YouTube und Co. erfolgreich im Business einsetzt. Linde, Wien

Hinz J, Kreutzer RT (2010) Möglichkeiten und Grenzen von Social Media Marketing. Working Papers No. 58. IMB Institute of Management, Berlin

Hodek JM (2009) Markenbildung im Krankenhaussektor. Betriebswirtschaftliche Forschung und Praxis 3:254–270

Hurrelmann K, Reibnitz C, Schnabel PE (2001) Der mündige Patient: Konzepte zur Patientenberatung und Konsumentensouveränität im Gesundheitswesen. Juventa Verlag, Weinheim

Jendreck K, Lüthy A (2015) Social Media – auch hierzulande für Krankenhäuser attraktiv? Dtsch Ärztebl 112(7):276–278

Kleinaltenkamp M, Kuß A (2013) Marketing-Einführung: Grundlagen – Überblick – Beispiele. Springer, Wiesbaden

Manzei A (2014) Über die neue Unmittelbarkeit des Marktes im Gesundheitswesen. Wie durch die Digitalisierung der Patientenakte ökonomische Entscheidungskriterien an das Patientenbett gelangen. In: Manzei A, Schmiede R (Hrsg) 20 Jahre Wettbewerb im Gesundheitswesen. Theoretische und empirische Analysen zur Ökonomisierung von Medizin und Pflege. Springer, Wiesbaden, S 219–240

Merkel S (2014) Krankenhäuser bei Facebook – Landschaft, Nutzung, Aktivitäten. Institut für Arbeit und Technik der Westfälischen Hochschule, Gelsenkirchen.

Michelis D (2014) Der vernetze Konsument. Grundlagen des Marketing im Zeitalter partizipativer Unternehmensführung. Springer, Wiesbaden

Papenhoff M, Platzköster C (2010) Marketing für Krankenhäuser und Reha-Kliniken. Marktorientierung & Strategie. Analyse & Umsetzung. Trend & Chancen. Springer, Heidelberg

Paul JA (2014) Rechtliche Rahmenbedingungen und Datenschutz. In: Lüthy A, Stoffers C (Hrsg) Social Media und Online-Kommunikation für das Krankenhaus. Konzepte, Methoden, Umsetzung. MWV Medizinisch Wissenschaftliche Verlagsgesellschaft, Berlin, S 59–69

Schramm A (2013) Online-Marketing für das erfolgreiche Krankenhaus. Springer, Berlin

Stoffers C (2014) Social Media im Web 2.0: Revolution der Online-Kommunikation. In: Lüthy A, Stoffers C (Hrsg) Social Media und Online-Kommunikation für das Krankenhaus. Konzepte, Methoden, Umsetzung. MWV Medizinisch Wissenschaftliche Verlagsgesellschaft, Berlin, S 3–15

Swertz S (2014) Online-Marketing: Werbung auf Twitter. http://www.onlinemarketing-ihk.de/blog/2014/04/23/online-marketing-werbung-auf-twitter/. Zugegriffen: 23. März 2016

Tomczak T, Kuß A, Reinecke S (2014) Marketingplanung: Einführung in die marktorientierte Unternehmens- und Geschäftsfeldplanung. Springer Gabler, Wiesbaden

Twitter (2016) Twitter usage. https://about.twitter.com/company. Zugegriffen: 23. März 2016

Ullrich TW (2013) Klinikmarketing – Warum? In: Bradstädter M, Ullrich TW, Haertel A (Hrsg) Klinikmarketing mit Web 2.0. Ein Handbuch für die Gesundheitswirtschaft. Kohlhammer, Stuttgart, S 13–19

Van de Belt TH, Berben SA, Samsom M, Engelen LJ, Schoonhoven L (2012) Use of social media by western european hospitals: Longitudinal study. J Med Internet Res 14(3):e61

Weinberg T (2014) Social Media Marketing. Strategien für Twitter, Facebook & Co. O'Reilly, Köln

Wittig N (2013). Äußere Einflüsse. In: Conrad C, Goepfert A (Hrsg) Unternehmen Krankenhaus. Thieme, Stuttgart, S 65–78

XING (2014) Employer Branding mit XING & KUNUNU. Für Arbeitgeber mit Profil. https://recruiting.xing.com/uploads/downloads/PDF_interaktiv_Employer_Branding_140414_03.pdf. Zugegriffen: 23. März 2016

XING (2015) Xing ist das soziale Netzwerk für berufliche Kontakte. https://corporate.xing.com/deutsch/unternehmen. Zugegriffen: 23. März 2016

YouTube (o. J.) Statistik. https://www.youtube.com/yt/press/de/statistics.html. Zugegriffen: 23. März 2016

Stichwortverzeichnis

A

Adaption, 259
Adoption, 259
ADT, 40
Afgis-Kriterien, 412
Aktionsforum Gesundheitsinformationssystem e. V., 412
Akzeptanz, 17, 258, 353
    Adaption, 260
    Adoption, 260
Ambient Assisted Living, 204
Anwendungsbereiche, 8
Apps
    Fitness, 446
    Gesundheit, 446
Arzneimitteltherapiesicherheit, 159, 173, 187, 286
Arzthaftung, 54
Aufklärung, 52
Aufklärungsfehler, 52
Aufklärungspflicht, 52
Autonomie, 89

B

Behandlungsfehler, 51, 52
Behandlungsmethode, 104
    NUB, 108
Behandlungsprozess, Komplexitätsanstieg, 120
Behandlungsvertrag, 50
Big Data, 67, 68
BlendedLearning, 225
Bundesdatenschutzgesetz, 63
Business Intelligence, 171

C

CDA (Clinical Document Architecture), 33, 35
Coaching, 312
Content matching, 430
Controlling, 170, 171

D

Datenschutz, 62–64, 66, 67, 71, 158, 161, 210, 352, 373
    Anonymisierung, 64, 65
    Datensparsamkeit, 65
    Datenvermeidung, 65
    Einwilligung, 69, 70
    personenbezogene Daten, 64, 71
    Zweckbindungsgrundsatz, 65
Datenschutzgrundverordnung, 73
Datensicherheit, 71, 158, 161
    Auftragskontrolle, 73
    Verfügbarkeitskontrolle, 73
    Weitergabekontrolle, 72
    Zugriffsberechtigung, 72
    Zutrittskontrolle, 72
Datenverschlüsselung, 55
Definition, 5, 6
DICOM, 37, 38
DigitalDivide, 395
Digitale Agenda, 242, 243

E

eHealth Action Plan, 243
E-Health-Gesetz, 49
eHealth Literacy, 414

Einwilligung, 52
eLearning, 224
Elektronische Gesundheitskarte, 155, 285
    Einführung, 158, 159
    Testphase, 158
Elektronische Patientenakte, 170, 190, 197
    Aktentypen, 188
    dokumentbasierte, 191
    einrichtungsübergreifende, 185, 186, 189
    phänomenbasierte, 191
Empowerment, 312, 396
Entlassungsbericht, 35
Ergebnisqualität, 137
Erprobungsregelung, 112
Ethik, 84, 374
    Bewertungsmatrix für eHealth, 91
    Kohärentismus, 86–88
    normative, 84, 88
Europäische Krankenversicherungskarte, 159
Evaluation, 115, 117
    Akzeptanz, 120
    Komplexitätsanstieg im
        Behandlungsprozess, 120
    Kostenerfassung, 118
    Kostenverteilung, 117
    Lerneffekte, 119
    Nutzeneffekte, 118
    Nutzenverteilung, 117
    Verblindung, 118
    Wahl der Perspektive, 117
Evidenz, 130

F
Facebook, 461
Fernbehandlungsverbot, 53–55, 58, 372
FHIR (Fast Healthcare Interoperability
    Resources), 36
Finanzierung, 102
Flipped-Classroom, 229
Förderprogramm, 244

G
Gamification, 231
Gematik, 158
Gesundheitsapps, 446
    Qualität, 446
Gesundheitsinformation, 386
    Qualitätssicherung, 410

Gesundheitskarte, elektronische Siehe elektronische Gesundheitskarte, 155
Gesundheitskommunikation
    Health Community, 387
    Health Content, 387
    Health Provision, 388
Gesundheitsmarkt
    erster, 105
    zweiter, 105, 114
Gesundheitstelematik, 5, 6

H
Health Community, 387
Health Content, 387
Health Literacy, 414
Health on the Net Foundation, 411
Health Provision, 388
Heilmittelwerbegesetz, 57
HL7 (Health Level 7), 29, 30, 32, 33, 169, 170
    FHIR, 36
HON-Code, 411
Hospital Engineering, 176
Hub and spoke-Struktur, 350

I
IHE (Integrating the Healthcare Enterprise),
    27–29, 196
Infektionsschutz, 35
Integrierte Versorgung, 111
Intensivmedizin, telemedizinisch unterstützte,
    348
Internet
    gesundheitsbezogene Angebote, 390
    Nutzungsverhalten, 390
Interoperabilität, 16, 26, 195, 287
Inverted Classroom Model, 229

K
Kardiologie, telemedizinisch unterstützte, 308
Kohärentismus, ethischer, 86
Kosteneffektivität, 15, 16
Krankenhausinformationssystem, 168, 177
Krankenhausmarketing, 459
Krankenversicherung, private, 113
Krisenkommunikation, 422
    mHealth, 452

L

Landesinitiative eGesundheit.nrw, 280
Learning Management System, 225
LOINC (Logical Observation Identifier Names and Codes), 43, 44

M

Marketing, 458
    Instrumente, 460
    Krankenhaus, 459
    Social Media, 460
    Zielgruppen, 459
Massive Open Online Course, 227
Medikationsplan, 36, 52
Medizinethik, 88
Meldewesen, 35
Message tailoring, 429
mHealth, 441
    Charakteristika, 443
    Definition, 442
    Grenzen, 453
    Nutzung, 445
Mobile Health Siehe mHealth, 441
Modellprojekt, 112, 276

N

Neurologie, telemedizinisch unterstützte, 337
NUB (neue Untersuchungs- und Behandlungsmethoden), 108

O

Online-Badges, 232
Online-Community, 396
Online-Forum, 396
Online-Gesundheitskommunikation, 387
    Akteure, 388
    Nutzergruppen, 392
    Qualität, 408
OpenEHR, 197

P

Patientenakte, elektronische Siehe elektronische Patientenakte, 170
Patientenautonomie, 64
Pfadcontrolling, 172

Pfadmanagement, 172
Podcast, 226
Prozessqualität, 136

Q

Qualitätsanforderungen, 135
Qualitätsdimensionen, 136

R

Regelversorgung, 116, 276, 277, 343
Regionale Vernetzung, 275
RELMA (Regenstrief LOINC Mapping Assistant), 44
Rettungsdienst, telemedizinisch unterstützter, 322
RIM, 32
Risikokommunikation, 422
    Content matching, 430
    Internet, 427
    Message tailoring, 429

S

Schadenersatzanspruch, 52
Schweigepflicht, 53, 66
Screencast, 226
Selbstbestimmung
    informationelle, 63
    Patientenautonomie, 64
Selbsthilfe, 365, 370
Semantik, 193
Semantik-Standards, 41
Serious Games, 230, 365
Sicherheitsstandard, 56
Simulation, 227
Social Media, 460
    Plattformen, 461
Standard, Semantik, 41
Standardisierung, 26, 27, 287
Strukturqualität, 136

T

Technikethik, 90, 91
Technikfolgenabschätzung, 90
Telekonsil, 56, 340
Telekonsultation, 326

Telematikanforderungen der Landesinitiative
    eGesundheit.nrw, 278
Telematikinfrastruktur, 155, 168
Telemedizin, 8, 13
    Intensivmedizin, 348
    Kardiologie, 308
    Neurologie, 337
    Notfallmedizin, 330
    Radiologie, 296
    Rettungsdienst, 322
Telemonitoring, 308, 309
    Formen, 312
Telenotarzt, 322
Telenotfallmedizin, 330
Teleradiologie, 295, 296
    Anforderungen, 301
    Grenzen, 301
    Nutzergruppen, 300
    Vorteile, 298
Tele-Stroke Unit, 339
Twitter, 461

U
Untersuchungsmethode, 104
    NUB, 108
Unterversorgung, 298

V
Vergütung, 102, 106
    ambulanter Sektor, 109

Integrierte Versorgung, 111
    Modellvorhaben, 112
    private Krankenversicherung, 113
    sektorenübergreifende, 111
    stationärer Sektor, 107
Vernetzung, regionale, 275
Videocast, 226
Virtual Reality, 365
Virtuelle Umgebungen, 365
Virtueller Patient, 228

W
Werbung, 57–60, 71, 80
Wettbewerb, 457
Workflow-Engine, 172
Workflow-Management, 172
    System, 172

X
xDT, 39
XING, 462

Y
YouTube, 461

Z
Zulassung, 103